丛书总主编　陈宜瑜

丛书副总主编　于贵瑞　何洪林

中国生态系统定位观测与研究数据集

森林生态系统卷

湖南会同站

（2008—2015）

王清奎　关　欣　汪思龙　主编

U0241274

中国农业出版社

北　京

图书在版编目（CIP）数据

中国生态系统定位观测与研究数据集．森林生态系统卷．湖南会同站：2008—2015 / 陈宜瑜总主编；王清奎，关欣，汪思龙主编 . —北京：中国农业出版社，2022.12
ISBN 978-7-109-29358-8

Ⅰ．①中…　Ⅱ．①陈…　②王…　③关…　④汪…　Ⅲ．①生态系统—统计数据—中国②森林生态系统—统计数据—会同县—2008—2015　Ⅳ．①Q147②S718.55

中国版本图书馆 CIP 数据核字（2022）第 067479 号

ZHONGGUO SHENGTAI XITONG DINGWEI GUANCE YU YANJIU SHUJUJI

中国农业出版社出版
地址：北京市朝阳区麦子店街 18 号楼
邮编：100125
责任编辑：李昕昱　　文字编辑：李瑞婷
版式设计：李　文　　责任校对：刘丽香
印刷：中农印务有限公司
版次：2022 年 12 月第 1 版
印次：2022 年 12 月北京第 1 次印刷
发行：新华书店北京发行所
开本：889mm×1194mm　1/16
印张：24.75
字数：748 千字
定价：168.00 元

丛书指导委员会

顾　　问　　孙鸿烈　蒋有绪　李文华　孙九林

主　　任　　陈宜瑜

委　　员　　方精云　傅伯杰　周成虎　邵明安　于贵瑞　傅小峰　王瑞丹
　　　　　　王树志　孙　命　封志明　冯仁国　高吉喜　李　新　廖方宇
　　　　　　廖小罕　刘纪远　刘世荣　周清波

丛书编委会

主　　编　　陈宜瑜

副 主 编　　于贵瑞　何洪林

编　　委　　（按拼音顺序排列）

白永飞　曹广民　常瑞英　陈德祥　陈　隽　陈　欣　戴尔阜
范泽鑫　方江平　郭胜利　郭学兵　何志斌　胡　波　黄　晖
黄振英　贾小旭　金国胜　李　华　李新虎　李新荣　李玉霖
李　哲　李中阳　林露湘　刘宏斌　潘贤章　秦伯强　沈彦俊
石　蕾　宋长春　苏　文　隋跃宇　孙　波　孙晓霞　谭支良
田长彦　王安志　王　兵　王传宽　王国梁　王克林　王　堃
王清奎　王希华　王友绍　吴冬秀　项文化　谢　平　谢宗强
辛晓平　徐　波　杨　萍　杨自辉　叶　清　于　丹　于秀波
曾凡江　占车生　张会民　张秋良　张硕新　赵　旭　周国逸
周　桔　朱安宁　朱　波　朱金兆

中国生态系统定位观测与研究数据集
森林生态系统卷·湖南会同站

编 委 会

进入 20 世纪 80 年代以来，生态系统对全球变化的反馈与响应、可持续发展成为生态系统生态学研究的热点，通过观测、分析、模拟生态系统的生态学过程，可为实现生态系统可持续发展提供管理与决策依据。长期监测数据的获取与开放共享已成为生态系统研究网络的长期性、基础性工作。

国际上，美国长期生态系统研究网络（US LTER）于 2004 年启动了 Eco Trends 项目，依托 US LTER 站点积累的观测数据，发表了生态系统（跨站点）长期变化趋势及其对全球变化响应的科学研究报告。英国环境变化网络（UK ECN）于 2016 年在 *Ecological Indicators* 发表专辑，系统报道了 UK ECN 的 20 年长期联网监测数据推动了生态系统稳定性和恢复力研究，并发表和出版了系列的数据集和数据论文。长期生态监测数据的开放共享、出版和挖掘越来越重要。

在国内，国家生态系统观测研究网络（National Ecosystem Research Network of China，简称 CNERN）及中国生态系统研究网络（Chinese Ecosystem Research Network，简称 CERN）的各野外站在长期的科学观测研究中积累了丰富的科学数据，这些数据是生态系统生态学研究领域的重要资产，特别是 CNERN/CERN 长达 20 年的生态系统长期联网监测数据不仅反映了中国各类生态站水分、土壤、大气、生物要素的长期变化趋势，同时也能为生态系统过程和功能动态研究提供数据支撑，为生态学模型的验证和发展、遥感产品地面真实性检验提供数据支撑。通过集成分析这些数据，CNERN/CERN 内外的科研人员发表了很多重要科研成果，支撑了国家生态文明建设的重大需求。

近年来，数据出版已成为国内外数据发布和共享，实现"可发现、可访问、可理解、可重用"（即 FAIR）目标的重要手段和渠道。CNERN/CERN 继 2011 年出版"中国生态系统定位观测与研究数据集"丛书后再次出版新一期数据集丛书，旨在以出版方式提升数据质量、明确数据知识产权，推动融合专业理论或知识的更高层级的数据产品的开发挖掘，促进 CNERN/CERN 开放共享由数据服务向知识服务转变。

该丛书包括农田生态系统、草地与荒漠生态系统、森林生态系统以及湖泊湿地海湾生态系统共 4 卷（51 册）以及森林生态系统图集 1 册，各册收集了野外台站的观测样地与观测设施信息，水分、土壤、大气和生物联网观测数据以及特色研究数据。本次数据出版工作必将促进 CNERN/CERN 数据的长期保存、开放共享，充分发挥生态长期监测数据的价值，支撑长期生态学以及生态系统生态学的科学研究工作，为国家生态文明建设提供支撑。

2021 年 7 月

　　科学数据是科学发现和知识创新的重要依据与基石。大数据时代，科技创新越来越依赖于科学数据综合分析。2018 年 3 月，国家颁布了《科学数据管理办法》，提出要进一步加强和规范科学数据管理，保障科学数据安全，提高开放共享水平，更好地为国家科技创新、经济社会发展提供支撑，标志着我国正式在国家层面加强和规范科学数据管理工作。

　　随着全球变化、区域可持续发展等生态问题的日趋严重以及物联网、大数据和云计算技术的发展，生态学进入"大科学、大数据"时代，生态数据开放共享已经成为推动生态学科发展创新的重要动力。

　　国家生态系统观测研究网络（National Ecosystem Research Network of China，简称 CNERN）是一个数据密集型的野外科技平台，各野外台站在长期的科学研究中，积累了丰富的科学数据。2011 年，CNERN 组织出版了"中国生态系统定位观测与研究数据集"丛书。该丛书共 4 卷、51 册，系统收集整理了 2008 年以前的各野外台站元数据，观测样地信息与水分、土壤、大气和生物监测以及相关研究成果的数据。该丛书的出版，拓展了 CNERN 生态数据资源共享模式，为我国生态系统研究、资源环境的保护利用与治理以及农、林、牧、渔业相关生产活动提供了重要的数据支撑。

　　2009 年以来，CNERN 又积累了 10 年的观测与研究数据，同时国家生态科学数据中心于 2019 年正式成立。中心以 CNERN 野外台站为基础，生态系统观测研究数据为核心，拓展部门台站、专项观测网络、科技计划项目、科研团队等数据来源渠道，推进生态科学数据开放共享、产品加工和分析应用。为了开发特色数据资源产品、整合与挖掘生态数据，国家生态科学数据中心立足国家野外生态观测台站长期监测数据，组织开展了新一版的观测与研究数据集的出版工作。

本次出版的数据集主要围绕"生态系统服务功能评估""生态系统过程与变化"等主题进行了指标筛选，规范了数据的质控、处理方法，并参考数据论文的体例进行编写，以翔实地展现数据产生过程，拓展数据的应用范围。

该丛书包括农田生态系统、草地与荒漠生态系统、森林生态系统以及湖泊湿地海湾生态系统共 4 卷（51 册）以及图集 1 本，各册收集了野外台站的观测样地与观测设施信息，水分、土壤、大气和生物联网观测数据以及特色研究数据。该套丛书的再一次出版，必将更好地发挥野外台站长期观测数据的价值，推动我国生态科学数据的开放共享和科研范式的转变，为国家生态文明建设提供支撑。

2021 年 8 月

　　湖南会同森林生态系统国家野外科学观测研究站（简称会同站）位于湖南西南部，地处长江水系之沅江上游，为云贵高原向江南丘陵的过渡带，低山丘陵地貌。母岩以板岩、页岩为主，土壤为红壤或红黄壤，属典型中亚热带气候区。常绿阔叶林是我国亚热带地带性的植被类型，更是会同站所在区域最具代表性的森林植被，由于地处东西常绿阔叶林过渡地带，且为中国植被区系南北交汇处，生物多样性十分丰富。该区域也是我国重要用材林基地，栽培面积最大的人工用材林为杉木人工林，为杉木的中心产区，因盛产优质杉木，"广木之乡"驰名中外。

　　会同站自 1960 年建站以来，一直围绕中亚热带常绿阔叶林生态区开展森林生态学研究。建站初期，主要应国家森林后备资源培育的战略需求，最早开展人工林速生丰产的生态学基础研究，以我国栽培面积最大的杉木为研究对象，揭示了人工林生产力的多尺度演变规律，最早启动杉木纯林地力衰退机理研究，并形成了国内最具特色的森林长期肥力维持机制研究，以人工林可持续经营为目的的杉木阔叶树混交模式在杉木产区得到广泛应用。20 世纪末以来，会同森林站启动了常绿阔叶林定位研究，揭示了中亚热带常绿阔叶林土壤退化的机理以及演替过程中常绿阔叶林生物量和碳储量的变化规律。

　　会同站定位研究和长期观测始于 20 世纪 50 年代末。老一辈科学家为了解决国家木材供需矛盾，揭示杉木速生丰产林的生态学原理，在会同站以杉木人工林为主要对象开展定位研究和长期观测。围绕杉木人工林的木材生产及其限制因子，科研人员在站区周围针对杉木人工林开展野外调查和定位观测，调查不同林龄、不同立地、不同经营措施杉木人工林的立地条件、群落组成、生物生产力、土壤理化性质等，针对典型林分开展林内小气候、地表径流等定位观测。最早明确了杉木人工林生长发育与环境因子的相互作用关系，阐明了杉木人工林生物生产力分配格局在不同分布地带的差异，揭示了杉木人工林连栽地力衰退的机理，构建了杉木人工林土壤质量管理的技术体系，创立了杉木人工林生态学。同时积累了我国时间跨度最长的人工林生态学定位研究数据库。

会同站从 1989 年进入中国生态系统研究网络（CERN）以来，逐渐开始按照 CERN 的观测规范和指标体系开展长期观测，杉木人工林仍然是主要观测对象之一，包括水分、土壤、气象和生物 4 大要素。通过规范性多要素长期观测，会同站在已有基础上揭示了杉木人工林土壤质量退化的养分机理、毒性机理以及生物学机理。1989 年后，会同站启动了常绿阔叶林和杉木人工林群落结构、生物量、凋落量以及土壤理化性质等的对比研究，并于 1999 年建立了常绿阔叶林综合观测样地，随后按照 CERN 长期监测规范和指标体系，开展水分、土壤、气象和生物 4 大要素的观测。1998—2015 年气象观测发现，湖南会同林区春季和冬季气温变化有降低的趋势，秋季比较平稳，变化不大，夏季则有升高的趋势；平均年降水量 1 167.3 mm，整体呈现递减的趋势。根据土壤要素观测和分析，湖南会同林区人工林土壤有机碳含量（19.96～37.90 g/kg）明显低于天然常绿阔叶林（28.77～47.48 g/kg），表明人工林经营导致该地区土壤有机碳下降。相比较而言，湖南会同林区常绿阔叶林土壤有机碳、全氮远低于云南哀牢山常绿阔叶林，高于浙江天童山常绿阔叶林。根据生物要素观测，2004—2015 年，常绿阔叶林综合观测样地乔木层生物量现存量变化在

$262\sim294$ t/hm²，年平均增长 3.13 t/hm²，与浙江天童木荷－米槠林（3.56 t/hm²）相似。除了林中出现的自然死亡和雷击倒伏植株之外，群落生物量处于缓慢积累过程。从生物量积累过程来看，该群落已接近成熟阶段。1983 年造杉木人工林综合观测样地，33 年生杉木生物量年平均积累 7.17 t/hm²。这一结果说明 33 年生杉木仍有较高的生产力。

会同站定位研究和长期观测同时积累了大量数据集。2006 年以前的数据集已于 2012 年由中国农业出版社出版，《中国生态系统定位观测与研究数据集·森林生态系统卷：湖南会同站（1960—2006）》汇集了会同站 1960 年以来的定位研究和长期监测数据，数据包含 1960—2006 年定位研究专题数据示例及 1998—2006 年水分、气象、生物、土壤监测数据集。本数据集观测时间段主要为 2009—2015 年，数据来源于会同站 28 个观测场。本书实质是对会同站数据集使用的简要说明，并为数据引用提供一个标准化的依据。公布的实体数据来源可靠、产权明确、数据质量控制严谨，对科研、管理、技术人员也具有明显的参考价值，并可直接引用。

本数据集由会同站依据国家生态数据中心指南组织编写而成。本书第一章由关欣撰写，第二章由关欣汇编，第三章的生物数据由黄苛、颜绍馗汇编，水分数据由朱睦楠汇编，土壤数据由于小军汇编，气象数据由张秀永汇编，第四章由王清奎、杨庆朋、陈龙池、张伟东汇编。全书由王清奎、汪思龙指导和审核。由于编撰和出版时间仓促，数据质量控制以及书稿编写过程难免存在疏漏，敬请广大读者在使用过程中批评指正，以便再版。

本数据集在编写过程中得到会同站全体监测人员、技术人员、科研人员的积极配合与大力支持，更有老一辈科学家多年来的汗水与心血，是他们的辛勤劳动为本数据集在极短的时间内完成并出版提供了保障，在此表示衷心感谢。

编　者

2021 年 1 月 18 日

CONTENTS 目 录

第1章

□□□□□□□□□□□□□□□□□□□□

会同站介绍

1.1 概述

1.1.1 地理位置

会同位于湖南西南部，地处长江水系之沅江上游，地理位置为26°N，109°E，东枕雪峰山脉，西倚云贵高原，为云贵高原向江南丘陵的过渡带，海拔300～1 100 m，以低山丘陵地貌为主，母岩以板岩、页岩为主，土壤为红壤或红黄壤，属典型中亚热带气候区，年平均气温16.5 ℃，年降水量为1 200～1 400 mm，总面积达2 248.55 km²，辖7镇18乡，人口34.21万，侗、苗、瑶、满等17个少数民族人口占57.8%。渠水、巫水流经全境。森林覆盖面积达71.4%，地带性植被类型为典型的亚热带常绿阔叶林，是中亚热带地区森林环境包括水分、土壤、气候、生物最具代表性的研究和监测区域。同时该地区的水热资源特别有利于杉木生长，盛行人工种植杉木，素有"广木之乡"的美誉。

1.1.2 历史沿革

会同森林生态实验站前身是"中国科学院林业土壤研究所会同工作站"。20世纪50年代，中国科学院沈阳应用生态研究所（原林业土壤研究所）的科学家们预见我国天然林资源的明显不足，从国家长远需求出发，提出利用亚热带丰富的水热资源大力发展人工林，从根本上解决木材供应不足的问题，率先在国内开展人工林和常绿阔叶林的平行定位观测和试验研究，并于1960年3月建立了"中国科学院林业土壤研究所会同工作站。"1978年工作站更名为"中国科学院林业土壤研究所会同森林生态实验站"。1979年参加联合国教科文组织"人与生物圈"计划的生物圈保护区网。1989年被首批纳入中国生态系统研究网络（CERN），同时被更名为"中国科学院会同森林生态实验站"。2005年首批被国家科技部批准为国家生态与环境野外科学观测研究站，并被命名为"湖南会同森林生态系统国家野外科学观测研究站"。

1.1.3 支撑条件

经过60多年建设和完善，会同站已经成为长期试验林类型齐全、实验室面积和功能配套、分析仪器和观测设施功能完备的野外站。特别是会同站拥有100 hm²实验林场，林权归实验站所有，为开展常绿阔叶林结构与服务功能、森林生态系统生物地球化学循环和人工林长期生产力调控试验研究提供了极好的保障。1983年以来，实验林场先后营造了不同林龄的杉木人工纯林、杉木阔叶树混交林、马尾松人工纯林和马尾松阔叶树混交林，为人工林结构、功能优化研究提供了良好的试验研究平台。主要观测和试验设施包括地表与地下水径流场、树木养分需求平衡观测场、自动气象观测站和森林小气候自动观测塔等。先后搭建了人工林结构优化与凋落物跟踪试验平台、土壤动物去除试验平台、森林凋落物管理试验平台、杉木人工林经营管理研究平台、杉木人工林大样地研究平台、地下生态过程试验平台、杉木人工林养分管理试验平台等典型长期试验平台。实验林场现有生活和工作面积约

700 m²，仪器和实验室面积共 300 m²。2019 年，会同站搬迁至会同县科技创新基地新园区，占地面积 50 亩①，实验楼 3 478 m²，配备了设施齐备的无机分析实验室、有机化学实验室、土壤动物与微生物实验室、无菌操作与恒温培养实验室、植物生理生态实验室等，使会同站分析测试功能和对外开放条件得到了显著提升。

1.2 研究方向

会同站现有团队成员 30 人，其中博士研究生 17 人，硕士研究生 3 人，学士 1 人；博士研究生导师 5 人，硕士研究生导师 7 人；正高级研究员 7 人，副研究员/高级工程师 8 人，助理研究员/工程师 6 人；具有高级职称 15 人，中级职称 6 人，初级职称 3 人。

1.3 研究成果

会同站建站初期，科研人员围绕杉木人工林的结构、功能和生产力进行多学科长期定位研究，阐明了杉木人工林不同时空尺度上的演变规律，率先在国内对杉木人工林连栽导致地力衰退的原因和机理进行了深入的研究，并提出了杉木人工林地力衰退的营养机理和毒性机理。20 世纪 70 年代末，首次在国内系统研究了杉木阔叶树混交的生态效益和经济效益，并通过对根系周转和凋落物混合分解效应的研究，阐明了杉木与阔叶树种间作用机制。从恢复生态学角度揭示了杉木人工林土壤退化与恢复的关键调控物质——土壤有机质。"七五""八五"期间还承担了国家环保攻关课题，综合研究了酸雨对亚热带森林的影响，阐明了酸雨危害森林的阈值、影响机理和控制对策。"十二五""十三五"期间，会同站依托各类长期试验平台开展了深入系统的研究工作，在森林生态系统结构与服务功能、碳氮生物地球化学循环以及人工林生产力形成和调控机制领域取得了许多创新成果。

60 多年来，会同站一直围绕着国家战略目标开展监测、研究和示范。建站初期，针对我国木材供应紧缺问题，会同站科研人员瞄准后备森林资源培育这一国家战略目标，开展速生丰产林生态学定位研究，并在 1989 年进入 CERN 之后，启动天然常绿阔叶林长期观测和定位研究。2003 年，我国林业从木材生产转向生态建设，特别是党的十八大明确提出大力推进生态文明建设以来，会同站的目标定位逐步调整为森林生态服务功能提升的基础和应用研究。

方向定位：会同站立足武陵山区生物多样性与水土保持国家重点生态功能区和长江中游生态脆弱区，瞄准区域生态安全战略需求和森林生态系统生态学国际前沿，以中亚热带常绿阔叶林和人工用材林为主要研究对象，开展森林生态系统结构、功能、生态过程的长期定位观测和比较研究。探索森林生态系统结构、过程与服务功能关系，以及生态恢复过程调控机理；研发退化常绿阔叶林生态恢复与重建技术，构建区域森林生态服务功能综合评估和提升技术体系，为区域生态安全和木材生产服务；培养我国森林生态学领域所需尖端人才。

目标：通过长期观测，阐明亚热带常绿阔叶林群落结构、生态服务功能多尺度演变规律、生态恢复过程和调控机理；揭示亚热带典型人工林长期生产力维持机制，构建区域森林生态服务功能提升技术与优化模式；充分发挥区位优势，力争成为国际有重要影响力的生态学研究平台和尖端人才的培养基地。

主要研究方向：①亚热带主要森林类型生态系统结构与服务功能。重点围绕武陵山区生物多样性与水土保持国家重点生态功能区开展生态系统结构、过程与生态服务功能之间的关系，揭示主要生态服务功能的形成机制。②亚热带森林生态系统生物地球化学循环。在全球变化背景下，围绕本区域生

---

① 亩为非法定计量单位，1 亩＝1/15 公顷，下同。——编者注

态系统退化、水土流失严重等突出的生态问题，开展碳、氮和水生物地球化学循环及其耦合机制研究，揭示森林退化和恢复过程中关键物质的生物地球化学循环规律。③亚热带森林生产力形成与调控机制。在人工纯林和混交林比较研究的基础上，深入研究人工混交林种间相互作用关系及其对生产力的影响，分析人工林发育过程中林分结构和经营管理措施对土壤生态过程的长期影响，构建地带性森林重建技术与模式。

截至 2020 年，会同站先后承担国家科技攻关项目、国家科技支撑项目、科技部"973"计划项目、国家自然科学基金重点项目、国家自然科学基金面上项目、青年科学基金、中国科学院战略先导项目、院地（企）合作项目等共计 60 余项，总经费 5 000 余万元。

建站以来，会同站的科研人员依托会同站的工作共发表学术论文 341 篇，其中 SCI 论文 135 篇，EI 论文 3 篇，CSCD 论文 201 篇。其中 SCI 论文均发表在 *Global Change Biology*、*New Phytologist*、*Ecology*、*Soil Biology and Biochemistry*、*Agricultural and Forest Meteorology* 等国际知名期刊上。在国内外森林生态学、土壤学等领域产生了重要影响。同时出版论文集和专著 7 部，获得中国科学院科技进步一等奖一项，中国科学院科技进步二等奖两项，河南省科技进步一等奖一项，湖南省科技进步二等奖一项，湖南省科技进步三等奖三项。

1.3.1　代表性创新研究成果

1.3.1.1　人工林林型分类原则

20 世纪 50 年代末至 60 年代，基于对我国特有杉木人工林的多学科综合研究，会同站研究团队从理论上阐述了杉木人工林的特殊性，并明确了人工林的 3 大组成要素，即树种组成、立地条件和经营因素。随后，在国内外林型学研究的基础上首次提出了杉木人工林林型四级分类系统。第一级为树种的林型区和亚区，主要反映森林生长发育与大区气候之间的关系；第二级为林型组，主要根据地貌类型进行划分；第三级为林型，主要根据土壤条件划分，反映森林生长发育与土壤条件的关系，林型是目的树种和立地条件均相同的森林地段的组合；第四级为栽培型，主要根据杉木的初植密度和抚育强度等人为措施进行划分。按此原则，笔者将全国杉木人工林划分为 3 个林型组，5 个亚组，8 个林型以及 13 个栽培型。这一分类原则把人为措施纳入杉木人工林林型的划分依据，是林型学研究的一个重要突破。后来，这一分类原则成为我国人工林林型分类的主要方法。

1.3.1.2　杉木人工林地力衰退机理

20 世纪 60 年代以来，大面积人工纯林连栽已普遍造成林地土壤质量退化，其退化机理与调控措施一度成为国内外研究热点。会同站研究团队通过大量调查和数据分析，最早发现杉木人工纯林连栽生产力下降的规律，即呈现出头耕土＞二耕土＞三耕土的变化趋势。在随后 40 多年研究的基础上，首次提出并全面阐明了杉木人工林土壤质量衰退的三大机理：①营养机理。杉木从栽植到主伐一直处于养分消耗状态，栽植 30 年后林地土壤中氮、磷、钾分别降低了 40.5%、47.5%、42.3%。②自毒机理。首次从杉木连栽土壤中分离鉴定出一种新化感物质——环二肽，它在自然浓度条件下能抑制幼苗生长。该物质主要来源于杉木根系。③生物机理。随杉木人工林林龄增加、栽植代数增加，土壤微生物总量和细菌总量下降，真菌则因林地木质素增加而数量增多，微生物的生化活性也明显下降；首次发现杉木连栽降低了土壤动物密度与多样性。

1.3.1.3　杉木人工林土壤质量的调控技术体系

针对杉木人工林土壤质量的退化程度及退化机理，通过大量的试验示范，构建了杉木人工林土壤质量的调控技术体系。该技术体系主要由 3 部分构成：①林分结构优化。引入阔叶树种以便克服杉木纯林带来的诸多弊端，如微生物群落结构改变和土壤动物密度与多样性下降，从而达到功能优化的经营目的。②凋落物调控技术。鉴于杉木凋落物质量差、难以分解，提出通过添加少量外源氮以加速杉木凋落物分解。③土壤养分管理技术。通过施肥提高土壤中氮、磷、钾的含量，从而促进杉木人工林土壤肥力的快速恢复。此外，提出新的土壤质量评价方法，从土壤水分有效性、养分有效性和根系适应性 3 个方面评价土壤功能。对于特定林分的土壤，可以根据土壤质量评价指标标准化的评分方程进行计算，该指标体系的建立对于亚热带人工林土壤的生态管理具有重要的理论指导意义。

1.3.1.4 我国亚热带酸雨对森林环境的危害

我国亚热带是继欧洲、北美洲之后世界上出现的第三大酸雨区。通过野外考察和田间模拟实验，首次揭示了我国酸雨区降水酸度与土壤中铝活化关系，以及树木受铝毒害的阈值和铝钙比；降水酸度与森林病虫害之间的关系证实了酸雨严重污染区树木死亡的原因。树木长期受酸雨危害，生长势减弱，次期性害虫及一些病原菌入侵寄生是造成并加速树木死亡的重要原因。酸雨还造成森林生长量降低甚至森林死亡，如四川盆地、重庆市和贵州已有 155 800 hm^2 森林死亡。

1.3.1.5 亚热带森林土壤有机质的周转过程与调控机理

土壤有机质是维持森林生态系统长期生产力和养分循环过程的关键物质，明晰土壤有机质的周转过程及其主要调控机理对于提升森林生态服务功能具有非常重要的作用。会同站科研团队在国内较早对杉木人工林土壤活性有机质进行了研究，并揭示了连栽、混交等经营措施对其变化动态的影响；此外，还利用凋落物添加/去除实验量化了杉木根系和凋落物对土壤有机质及土壤 CO_2 排放的相对贡献。植物凋落物和根系分泌物不仅是形成土壤有机质的物质来源，还会通过激发效应改变有机质的矿化过程。笔者利用 ^{13}C 稳定同位素技术量化了凋落物和植物根系诱导的激发效应，并利用 ^{13}C - PLFA 技术明确了在激发效应中发挥主要作用的微生物类群。土壤有机质矿化过程中释放的 CO_2 是大气 CO_2 的主要来源，其温度敏感性对于准确预测全球气候变化具有重要的作用。笔者用 2℃ 培养条件对东部森林土壤有机质的温度敏感性进行了评估，并揭示出碳质量和微生物群落结构对温度敏感性的控制作用。此研究对于深入理解全球变化背景下森林土壤的碳汇功能具有重要的作用。

1.3.1.6 天然常绿阔叶林碳汇功能的形成与调控

天然常绿阔叶林是我国亚热带地区实现碳汇功能的主体之一。对湖南省 256 个森林样地进行野外调查后发现：①天然常绿阔叶林具有最高的碳汇功能，其碳密度达到 146～158 t/hm^2，远高于杉木、马尾松和竹林等人工林。②在天然常绿阔叶林中，土壤和植被具有相似的碳密度，表明土壤固碳在缓解全球 CO_2 浓度升高中的作用不容忽视。③马尾松作为先锋树种，是森林演替为天然常绿阔叶林的关键演替阶段之一。在对天然马尾松林和人工马尾松林碳库的比较中，发现不同起源的马尾松林生态系统具有类似的碳储量。上述研究表明可以通过人为促进更新加速森林的演替过程，以便森林更快地达到最高的固碳潜力。

1.3.2 科研创新进展详述

1.3.2.1 森林生态系统结构与服务功能

森林生态系统结构与服务功能密切相关。为进一步阐明生态系统结构与服务功能的关系，会同站突出长期定位监测优势，以点带面，点面结合，开展亚热带典型森林生态系统结构与服务功能关系的研究，尤其是供给服务和调节服务及其权衡关系的研究，旨在为优化亚热带森林生态系统管理模式、实现森林生态系统服务的可持续性提供数据支撑和理论依据。

（1）不同尺度森林生态系统碳格局

森林固碳是森林生态系统调节服务的重要内容之一。会同站利用长期监测数据，结合湖南省野外样地调查数据，在不同尺度上对森林生态系统碳储量进行了估算，并采用精确、详细的参数，得到了更为准确的湖南省森林生态系统碳储量和碳密度及其空间分布格局，进一步量化湖南省森林生态系统固碳潜力，为湖南省森林固碳管理提供数据支撑。

研究发现不同类型森林生态系统碳密度存在较大差异，而且土壤在生态系统固碳中具有重要地位，人为管理没有对固碳产生显著负面影响。通过对会同森林生态实验站么哨林场各森林生态系统碳密度的比较，发现马尾松木荷混交林和杉木火力楠（醉香含笑）混交林生态系统碳密度达到 359 t/hm² 和331 t/hm²，显著高于马尾松纯林（274 t/hm²）和杉木纯林（194 t/hm²），具有较高固碳能力。在湖南省尺度上，阔叶林和竹林生态系统平均碳密度最高，达到 152 t/hm² 和 136 t/hm²，柏木林（120 t/hm²）、杉木林（118 t/hm²）和马尾松林（103 t/hm²）居中，杨树林和桉树林最低（图 1-1）。选择合适树种造林有利于增加森林固碳量，减缓全球气候变化。

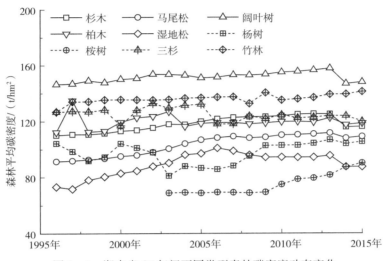

图 1-1　湖南省 20 年间不同类型森林碳密度动态变化

进一步研究发现，随着森林演替，生态系统碳密度呈现增加趋势，乔木层占 60%～68%，是生态系统碳密度的主要贡献者；土壤层占 31%～37%，对生态系统碳密度贡献较小。然而，在湖南省尺度上，不同演替阶段的植被碳密度为 94～129 t/hm²，土壤碳密度为 96～132 t/hm²，植被和土壤对生态系统碳密度的贡献都近 50%，表明土壤的固碳能力具有与植被同等重要的地位。应加强对森林土壤的管理，以提高森林的固碳能力。

在湖南省尺度上，与天然林相比，人工林土壤碳密度的降低抵消了植被碳密度的增加，导致人工林与天然林碳密度在生态系统水平上无差异（图 1-2）。尽管短期内森林转变降低土壤碳密度，但是从长期来看，土壤碳密度能恢复到最初水平，消除了人为干扰的影响。相关结果发表于 *Plant and Soil*、*Forest Ecology and Management*、*Annals of Forest Science* 等期刊。

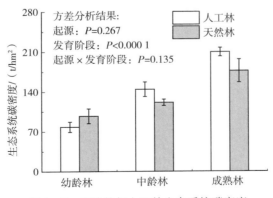

图 1-2　天然林与人工林生态系统碳密度

湖南省森林具有巨大的固碳潜力。1996—2015 年，湖南省森林生态系统碳储量从 820.2 Tg 增加到 1 277.8 Tg，净固碳量为 457.6 Tg。森林生态系统碳密度从 110.3 t/hm² 增加到 130.8 t/hm²。森林生态系统碳储量空间分布不均匀，主要分布于湘西南和湘南，而湘中最低，如怀化市最高，为 216.9 Tg，而湘潭市最低，仅为 23.3 Tg。

以地带性常绿阔叶林生态系统碳密度为参考，湖南省所有类型森林生态系统固碳潜力为 1 321.5 Tg，高于 2015 年全省森林生态系统碳储量总和，表现出巨大的固碳潜力，其中植被固碳潜力为 1 029.2 Tg，土壤固碳潜力为 292.3 Tg。未来，在重视土壤固碳的前提下，应加强地上植被管理，以增加森林固碳，减缓全球气候变化。相关结果发表于 *Forest Ecology and Management*、*Science of the Total Environment* 等期刊。

近年来，基于统计模型的遥感方法已成为估算森林生物量的重要技术手段，但在我国亚热带地区，由于受光谱信号饱和、模型外推偏差大、云数据获取困难等影响，该方法的应用受到极大的限制。同时，人工林由于受人类活动和自然因素的频繁干扰，生物量变化剧烈，这在全球范围内已经成为森林碳计量和固碳功能不确定性的重要因素。会同站研究团队以湖南省会同县为例，从森林干扰历史重建角度出发，利用 Landsat 时间序列数据实现了区域人工林林龄的遥感反算，并将其与林木异速生长模型和机器学习算法相结合，提出了以林龄为核心的人工林生物量遥感估算方法。通过结合林龄与异速生长模型，可以改进人工林密度和生物量估算精度，所得结果与生态理论更为符合。亚热带地区是我国速生丰产林的主要分布区，同时也是我国生物多样性保护和水土保持重要功能区。本研究丰富了人工林碳计量的研究方法，同时为亚热带人工林集中分布地区森林生态系统服务功能的估算提供了一个关键技术支撑。成果发表在 *Remote Sensing of Environment* 期刊。

（2）森林水源涵养深度的空间格局

水源涵养也是森林生态系统调节服务的重要内容之一。基于水量平衡法，利用生态服务功能评估模型（InVEST 模型）进行区域产水量计算，并进一步结合地形、水文以及土壤渗透性等因素计算实际水源涵养深度，在全省尺度上绘制森林生态系统水源涵养深度空间分布图，为湖南省长江防护林区域划分提供数据支撑。

湖南省森林年均产水量和水源涵养深度空间分布极不均匀。湖南省不同地区森林年均产水量空间分布不均匀，湘西北的沅江流域年均产水量最高，湘中和洞庭湖区域最低。这与湖南省各地区降水量有密切关系。受地形起伏和土壤质地等因素主导，湘江流域、洞庭湖区域森林生态系统水源涵养深度普遍偏低，而沅江流域的张家界、湘西等地区水源涵养深度较高。

（3）森林生态系统结构与服务功能的关系

依托会同站实验林场，对不同类型森林生态系统服务功能进行系统评估，尤其是供给服务（木材生产）和调节服务（固碳、水源涵养、水土保持），结果发现没有任何一种森林类型总是在所有生态系统服务功能上都保持最高水平。人工混交林具有最高的供给服务价值，而常绿阔叶林固碳功能最高。总体来说，混交林具有最高的生态系统服务功能，其次为针叶人工林和阔叶人工林，而常绿阔叶林调节服务价值最高。相关结果发表于 *Plant and Soil* 等期刊。

1.3.2.2 亚热带森林生态系统生物地球化学循环

近年会同站在生物地球化学循环领域的研究主要集中在土壤及其与植物的相互作用方面，并在森林土壤有机碳来源及其稳定性机制方面取得了突破性进展，使会同站在森林土壤及其生态过程领域的研究保持国内领先地位。森林生态系统中，凋落物和死亡细根是土壤有机碳的主要来源，同时也会通过激发效应调节土壤有机碳的矿化过程。会同站研究人员针对凋落物分解和土壤有机碳矿化的控制因子以及它们之间的激发效应，野外实验与室内培养实验相结合，采用 ¹³C 稳定同位素示踪技术与 ¹³C-PLFA 生物标记物技术对上述过程进行了一系列研究。

研究人员利用亚热带森林生态系统共存的 18 种凋落物，开展氮沉降和凋落物分解关系的研究。研究结果表明：①经过 1 年的分解，氮沉降显著降低了凋落物分解速率，并且氮效应随着氮沉降水平的提高而增强。②氮沉降对不同质量凋落物分解的影响不同，中等质量与高质量凋落物分解的氮效应分别为 26%±5% 和 29%±4%，显著高于低质量凋落物。③无论土壤动物存在与否，氮沉降和凋落物分解的关系均表现出类似的模式。实验在土壤动物存在与否两种情况下，用 18 种凋落物、4 个氮添加水平以及 6 次野外重复形成可靠的数据基础，以扎实的结论支持了微生物的氮挖掘理论，即氮沉降会通过降低凋落物分解而促进森林土壤有机碳积累。这些结果为深入理解氮沉降全球变化背景下亚热带森林土壤有机质的形成过程提供了可靠的理论支持和崭新的研究思路。相关研究结果发表于 *Ecology* 期刊。

在全球尺度上，凋落物分解主要受年均温、年降水量等气候因子的控制；而在区域尺度上，则主要受凋落物质量、土壤动物和微生物活性的影响。近些年，人们对土壤动物如何影响凋落物分解做了大量研究，并揭示了土壤动物在调控凋落物分解过程中发挥的重要作用。然而，人们对土壤动物效应在全球尺度与区域尺度上的控制因子还缺乏足够的认识，这直接限制了研究者无法将土壤动物纳入 Century、3 - PG 等生态系统过程模型中。针对以往案例研究所用凋落物种类少以及分解实验持续时间短等方法引起的实验结果不确定性大的问题，会同站研究人员利用 Meta 分析以及凋落物长期分解实验在一定程度上克服了上述实验方法问题，在气候和凋落物质量介导土壤动物与凋落物分解关系中的作用进行了澄清和补充。利用 75 篇已发表的论文中 197 个物种的 543 个研究案例在全球尺度上量化了土壤动物对凋落物分解的影响，并用增强回归树模型探讨了土壤动物效应的控制因子。研究结果表明：①排除土壤动物后，凋落物分解速率下降了 35%。②土壤动物效应的变异主要被年均温、年降水量等气候因子解释（46.8%）。③土壤动物对高质量凋落物分解具有更重要的促进作用。研究结果还显示土壤动物在温暖潮湿的环境中对凋落物分解的促进作用更大。同时也得到了一些在案例研究中无法得到的结论，比如说土壤动物的选择性取食是控制凋落物分解动态的重要机制。相关结果发表于 *Soil Biology and Biochemistry* 期刊。

在全球变化的背景下，土壤有机碳分解的温度敏感性是该领域研究的热点之一。虽然人们对此已经进行了十多年的研究，但是还有诸多问题存在很大争议，比如在全球尺度上，温度敏感性的控制因素是什么？顽固性碳的温度敏感性是否比易分解碳更高？在外源碳存在的情况下，土壤有机碳的温度敏感性如何变化？首先，研究人员针对已有研究采用平行恒温培养方法的不足，采用基于样品采集区年均温的循环变温培养方法，研究土壤有机碳温度敏感性的水平空间分布格局及其关键控制因子。结果发现我国东部典型森林生态系统土壤有机碳温度敏感性表现为空间非线性变化；革兰氏阴性细菌对土壤有机碳温度敏感性空间变异的解释程度最高，其次为碳氮比，且低质量土壤有机碳的分解对温度的变化更敏感，支持了"碳质量-温度"假设。本研究揭示了土壤有机碳质量和微生物对中国东部森林土壤有机碳温度敏感性的重要性，提出在利用模型预测森林生态系统碳循环时应考虑土壤基质质量和微生物特征，可以提高模型预测的准确性。相关结果发表于 *Global Change Biology* 期刊。随后，研究人员利用 C_4 土壤包含 ^{13}C 同位素可区分的两个碳库的特点，采用北方的玉米土和南方的甘蔗土进行了长达 1 年的培养实验，并用 ^{13}C 同位素对源于顽固性碳和易分解碳的 CO_2 进行了有效区分。结果显示采用等碳、等时或者模型拟合法计算出的土壤有机碳 Q_{10} 值，都一致地显示出顽固性碳的温度敏感性更高。相关结果发表于 *Global Change Biology* 期刊。

尽管以往人们将凋落物分解与土壤有机质周转分别研究，然而这两个生态过程并非独立存在，而是通过"激发效应"紧密地联系在一起。近年来，会同站研究人员主要关注我国亚热带地区凋落物分解与土壤有机质周转之间的关系，在国内较早利用 ^{13}C 稳定同位素示踪技术区分源于凋落物和土壤有机碳的 CO_2，在激发效应领域开展了相关研究。同时利用 ^{13}C - PLFA 技术对在激发效应中发挥作用的微生物类群开展了研究。研究人员首先对 22 篇与激发效应相关的文献中的 520 对数据做了 Meta 分析，评估激发效应的强度并探讨了激发效应强度变异的控制因素。结果表明：①由于凋落物等外源有机碳的加入，土壤有机碳分解速率提高了 26.5%，激发效应是一个普遍存在的现象。②外源有机碳诱导的激发效应强度与土壤理化性质密切相关，具体而言，有机碳含量（＞20 g/kg）和 C/N（＞10）较高的土壤具有较强的激发效应，而氮含量较高的土壤则具有较弱的激发效应。③激发效应强度与实验条件有关，培养前期的激发效应强度大于培养后期，并且随着培养温度的提高，激发效应强度呈减弱趋势。此研究首次利用 Meta 分析对激发效应做了综合论述，初步识别了激发效应方向与强度的控制因子，并为后续实验提供了研究思路。随后，利用 ^{13}C 标记的杉木、桤木、马尾松和火力楠凋落物开展了激发效应研究，并用质量平衡法计算了培养期间土壤碳平衡的变化，结果表明：①添加凋落物后，土壤有机碳分解速率显著提高，表现出强烈的激发效应。②加入铵态氮或硝态氮后，激发效应强度减弱，该现象可以被微生物的氮挖掘理论所解释，及微生物优先利用添加的无机氮，从而减少了从土壤有机质中获取氮素。③与表层土壤相比，深层土壤具有更强的激发效应，表明深层土壤有机质的稳定性在于缺乏外源有机质的输入。④^{13}C‐PLFA 技术表明细菌和真菌在激发效应中发挥重要作用。这些研究以亚热带主要树种凋落物和森林土壤为研究对象，针对凋落物‐土壤界面，在激发效应领域做了有益的尝试，并为理解亚热带森林土壤有机质形成过程提供了重要的理论依据。相关结果发表于 *Soil Biology and Biochemistry* 期刊。

　　在森林生态系统中，树木通过细根周转和根系分泌物对土壤有机碳矿化具有重要的影响。会同站研究人员首先对以往研究进行了梳理，提出进化稳定策略模型（ESS），对植物与微生物之间的养分利用策略和博弈过程进行描述，同时在 PhotoCent 模型中引入根际激发效应的作用，对杜克森林生态系统碳循环过程进行了模拟。结果显示考虑植物的根际激发效应后，模型对生态系统植物产量、氮吸收和有机碳积累等过程刻画更为精细，模型预测能力大大提高。该结果于 2013 年发表在 *New Phytologist* 期刊。随后，对已发表论文做了 Meta 分析，结果显示木本植物诱导的激发效应最强，而农作物诱导的激发效应最弱；植物地上部分生物量对激发效应变异的解释能力最强，而与土壤联系最密切的根系生物量反而与激发效应强度没有显著性关联。该结果于 2017 年发表在 *Soil Biology and Biochemistry* 期刊。在上述梳理过程的启示下，研究人员采用杉木、杨树和落叶松，研究了物种和种内竞争对激发效应的影响，结果显示不同物种的根际激发效应强度不同，随着生物量的增加，土壤总氮矿化、植物的氮获取和根际激发效应强度显著增加，而种内竞争则显著降低了激发效应。该结果发表在 *New Phytologist* 期刊。

1.3.2.3　亚热带人工林生产力形成与调控机制

　　会同站最早开展杉木人工林生产力演变规律研究，并发现杉木纯林连栽导致生产力下降的现象与原因。近年来，从林分结构调控、养分管理、杉阔混交以及最佳轮伐期量化等方面深入研究了杉木人工林现实生产力和长期生产力的维持机制及调控措施，取得一系列成果。

　　（1）现实生产力维持与调控

　　近年来，会同站依托国家重点基础研究发展计划（"973"计划），建立了冠层结构调控长期试验平台、养分调控长期试验平台等。冠层结构调控试验发现，对照样地杉木单株立木材积累积增量为 0.07 ± 0.004 m³，而轻度和重度间伐相比于对照分别增加了 24％和 32％。该结果表明间伐可以极大地促进剩余木地上木材蓄积。为进一步阐明间伐促进剩余木生长的机制，测定了不同叶龄的光合速率，并首次结合双同位素方法（同时测定叶片的 ^{13}C 和 ^{18}O）和叶片的水溶性氮等数据揭示了间伐提升杉木生产力的生理机制。间伐后保留木胸径的增加归因于间伐对当年生和一年生叶片光合速率的促进作用。尽管当年生和一年生叶片光合速率均明显增加，但其控制机制不同，间伐引起当年生叶片羧化能力和气孔导度的增加，而对一年生叶片来说，只是羧化能力有显著增加，对二年生叶片几乎没有影响（图 1‐3）。该研究为杉木人工林经营中冠层精准调控提供了理论基础和数据支撑。

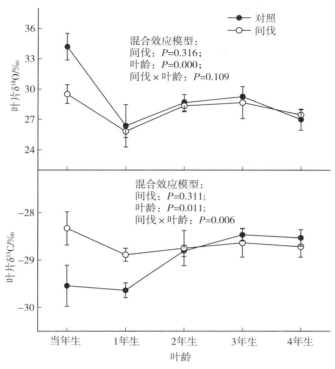

图1-3 不同叶龄针叶¹³C和¹⁸O自然丰度对间伐的响应

养分调控实验发现，与对照（CT）相比，施肥4年后，施氮（N）、磷（P）、氮磷（NP）肥处理的杉木林蓄积分别增加了27.1%、6.9%和24.1%。单施氮肥的杉木蓄积增加最大，其次为施氮磷肥，而单施磷肥的杉木蓄积增加较小。施肥增加了地上生物碳储量。2012—2016年，施肥使树干固碳量增加了 $1.30\sim5.10$ t/hm²，树枝固碳量增加了 $0.24\sim1.12$ t/hm²，树叶固碳量增加了 $0.08\sim0.76$ t/hm²，树皮固碳量增加了 $0.10\sim0.52$ t/hm²。地上生物固碳量的增量主要分配在树干中，平均占增量的63.3%，树枝占15.8%，树叶为13.2%，而树皮不足8.0%。

养分调控作为一种管理措施，可以有效改善土壤养分状况，提高人工林的生产力。同时，施肥还可以改变森林地下生态系统碳循环过程，例如土壤呼吸。以杉木人工林为研究对象，采用切根法来区分土壤自养呼吸和异养呼吸，探讨施肥对土壤呼吸的影响及其控制机理。研究结果表明：①土壤呼吸具有明显的季节变化，土壤自养呼吸和异养呼吸分别占土壤总呼吸的27%和73%，它们对土壤总呼吸的贡献不受施肥的影响。②施肥降低了土壤总呼吸、自养呼吸和异养呼吸，分别比对照降低了18.6%、23.6%和17.1%（图1-4）。细根生物量是影响土壤异养呼吸和自养呼吸的主要因素，异养呼吸还受土壤有机碳、活性碳库组分及土壤氮素有效性的影响。该研究结果阐明了施肥对土壤碳释放的重要性及其对森林生态系统固碳潜力评估的意义。

依托冠层调控试验平台和养分调控试验平台，系统分析了根系觅养行为和生产力的关联。结果发现间伐、修枝和施肥均增加了细根的比根长和根氮含量，降低了根长和根长密度，表明结构调控后细根的觅养策略发生了变化。以上研究表明结构与养分调控提升杉木生产力不仅与地上光合作用相关，还与地下生态过程，尤其是根系觅养行为紧密耦合。这些研究为后期开展人工林林冠结构精准调控奠定了重要的理论基础。

通过杉阔混交可有效改善生态系统功能，进而促进现实生产力的提升。会同站前期研究发现杉木根系释放的环二肽是影响杉木生产力的自毒物质，并据此首次提出了杉木连栽导致地力衰退的毒性机理。在此基础上，研究再获突破，最近提出火力楠分解环二肽解除杉木纯林自毒作用的新机制，丰富

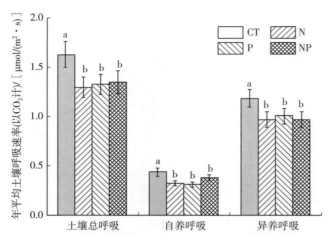

图 1-4　施肥对土壤总呼吸、自养呼吸和异养呼吸年均速率的影响

了混种树种相互作用的理论。该研究依托会同站长达 25 年的杉阔混交平台以及一系列的控制试验，结果发现混交非固氮树种火力楠能显著促进杉木生长。与杉木纯林相比，与火力楠混交降低了杉木根系释放环二肽的速率，并增加了土壤中环二肽的降解速率，从而实现杉木自毒到化学促进的转变。同时发现混交火力楠后，微生物群落结构发现显著改变，尤其是丛枝菌根真菌比例显著增加。该机制的发现为树种相互关系，尤其是地下相互作用研究提供了新的视角，为人工林种植如何选择混交树种提供了重要的理论支撑。相关研究发表在 *Ecology* 期刊。

依托会同站人工林间伐长期试验样地，采用网袋法区分自养呼吸和异养呼吸，连续两年动态监测土壤总呼吸及其组分。结果发现，间伐后第 1 年土壤总呼吸增加了 17.3%，而第 2 年与对照相比没有差异。土壤异养呼吸在第 1 年显著增加了 32.5%，而在第 2 年无显著差异。与土壤总呼吸和异养呼吸不同的是，自养呼吸两年均未受到间伐的影响。间伐后异养呼吸的增加主要归因于增加的土壤温度。间伐后林冠开度增加，光辐射显著增强，土壤温度也随之增加。此外，无论任何处理，自养呼吸的温度敏感性均高于异养呼吸，但是不同处理间的温度敏感性没有差异。成果发表在 *Geoderma* 期刊。

以亚热带常见树种杉木和枫香为研究对象，用环剥的方法完全阻断光合产物的供应，动态监测非结构性碳分配格局和树干呼吸动态，以揭示底物供应和树干呼吸温度敏感性的关系。结果发现，对杉木而言，无论春季还是冬季，环剥部位上方的树干呼吸均显著增加，而环剥部位下方仅在冬季显著下降。枫香则有所不同，春季环剥导致上方和下方树干呼吸分别增加和下降，但冬季上、下方均无明显差异。相比于对照，杉木冬季环剥导致上部树干呼吸的 Q_{10} 值增加了 45%，下部降低了 16%，而夏季环剥对 Q_{10} 的影响则较弱。枫香则相反，夏季环剥导致上部树干呼吸的 Q_{10} 值增加了 95%，下部降低了 45%，冬季环剥则无响应。树干呼吸及其 Q_{10} 值对环剥的响应均与非结构性碳在不同位置、不同季节的分配模式相关。该结果从不同阶段（生长季和非生长季）、不同树种（常绿和落叶树种）等角度深入研究了环剥对非结构性碳的分配、树干呼吸及其温度敏感性的影响，验证了基于米氏方程的科学假设。成果发表在 *Agricultural and Forest Meteorology* 期刊。

（2）长期生产力维持与调控

会同站依托长期定位研究，最早发现在传统经营模式下（短轮伐期、纯林作业），杉木人工纯林连栽导致地力衰退的规律。最新数据分析发现木材生物量碳与地下生态系统碳储量随着连栽代数增加的变化规律；无论立地指数是 14 还是 16，杉木人工林树干生物量碳（TBC）、地下根系生物量碳（RBC）、土壤碳库（SOC）的关系，即 R＝TBC/（RBC＋SOC），随着林龄增大而增加，随着连栽代数增加均呈下降趋势。这一结果暗示延长轮伐期和树种轮栽可以维持林地长期生产力，也为人工林长期生产力的维持和调控奠定了重要基础。

在湖南省全省建立了 116 个森林样方（每个样方面积均为 1 000 m²），对地上、地下一系列指标进行了调查、测量、分析。结果发现常绿阔叶林转变为杉木人工林后，土壤碳库呈现先降低后增高的趋势。以常绿阔叶林转变为杉木人工林为起点，土壤碳库恢复到起点水平需要 27 年（图 1 - 5）。由此推断 27 年是该区域杉木人工林最短轮伐期，该研究为区域杉木人工林轮伐期的确定提供了科学参考。

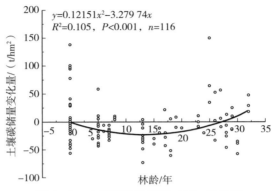

图 1 - 5　土壤碳库随时间（年）的恢复

土壤和植被不仅是森林生态系统最主要的碳库，还是林分长期生产力维持的基石，研究人员在林分数量成熟的基础上，提出了生态系统碳成熟的概念，计算出湖南省杉木人工林生态系统碳成熟龄为 26 年，比数量成熟龄延长了 13 年，且与上述土壤有机碳恢复年限接近。从生态系统角度看，碳库包括乔木、林下植被、枯落物以及土壤有机碳，而不只是乔木层中的干材部分。传统的数量成熟仅考虑干材蓄积量增长或碳积累，而忽略了生态系统最为重要的土壤有机碳和植被其他组分的碳，特别是土壤有机碳，它是亚热带地区限制森林长期生产力的因素。根据生态服务功能各功能之间的关系，单纯优化生态系统某一种服务功能往往导致其他服务功能的退化。根据会同站对土壤有机碳动态变化规律的研究，若按传统的数量成熟龄采伐，将导致土壤有机碳处于严重消耗状态。因此，这一采伐方式直接威胁到森林的长期生产力。鉴于杉木人工林土壤碳成熟晚于植被碳成熟，适当延长杉木主伐年龄将有利于其长期生产力的维持。从长期生产力形成和调控的角度，人工林的采伐应该根据碳成熟，特别是土壤有机碳成熟期来决定。需要指出的是，由于长时间序列上的土壤碳动态数据较难获取，研究人员采用空间代替时间的方法，选取立地、林分密度相对一致的部分样地，可能具有较大的误差，导致得出的杉木数量成熟龄偏低。但是，基于同样样地得出的生态系统碳成熟龄明显比数量成熟龄要长。

第2章

主要样地与观测设施

2.1 概述

会同森林站共设有 28 个观测场，其中水分观测场 10 个，土壤观测场 20 个，气象观测场 1 个，生物观测场 3 个，具体见表 2-1。主要观测场的空间位置见图 2-1。

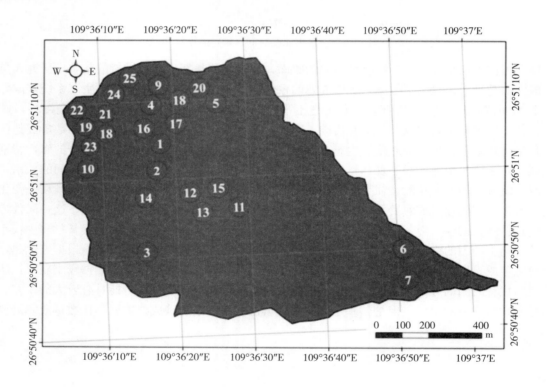

图 2-1 会同森林站主要观测场分布示意图

1. 会同气象观测场 2. 会同杉木人工林综合观测场 3. 会同常绿阔叶林综合观测场 4. 会同杉木人工林 1 号辅助观测场 5. 会同么哨 12 号辅助观测场 6. 会同么哨 13 号辅助观测场 7. 会同么哨 14 号辅助观测场 8. 会同么哨 15 号辅助观测场 9. 会同么哨 16 号辅助观测场 10. 会同杉木人工林 17 号辅助观测场 11. 会同杉木人工林 18 号辅助观测场 12. 会同杉栲混交林 19 号辅助观测场 13. 会同杉椆混交林 20 号辅助观测场 14. 会同杉樟混交林 21 号辅助观测场 15. 会同杉楸混交林 22 号辅助观测场 16. 会同杉楠混交林 23 号辅助观测场 17. 会同火力楠纯林 24 号辅助观测场 18. 会同杉木人工林 25 号辅助观测场 19. 会同杉木人工林 26 号辅助观测场 20. 会同马尾松纯林 27 号辅助观测场 21. 会同荷木人工林 28 号辅助观测场 22. 会同马尾松纯林 29 号辅助观测场 23. 会同马荷混交林 30 号辅助观测场 24. 会同杉木人工林 32 号辅助观测场 25. 会同人工阔叶树混交林 33 号辅助观测场

表 2 - 1　会同森林站观测场、采样地名称及代码

观测场名	观测场代码	采样地名称	采样地代码
会同气象观测场（水分、气象）	HTFQX01	会同气象观测场烘干法土壤含水量监测区	HTFQX01CHG _ 01
		会同气象观测场 FDR 仪法土壤含水量监测区	HTFQX01CTS _ 01
		会同气象观测场雨水采样器	HTFQX01CYS _ 01
		会同气象观测场 E601 水面蒸发仪	HTFQX01CZF _ 01
会同杉木人工林综合观测场（水分、土壤、生物）	HTFZH01	会同杉木人工林综合观测场永久样地	HTFZH01ABC _ 01
		会同杉木人工林综合观测场破坏样地	HTFZH01ABC _ 02
		会同杉木人工林综合观测场穿透降水监测区	HTFZH01CCJ _ 01
		会同杉木人工林综合观测场枯枝落叶含水量监测区	HTFZH01CKZ _ 01
		会同杉木人工林综合观测场树干径流监测区	HTFZH01CSJ _ 01
		会同杉木人工林综合观测场烘干法土壤含水量监测区	HTFZH01CHG _ 01
		会同杉木人工林综合观测场 FDR 仪法土壤含水量监测区	HTFZH01CTS _ 01
		会同杉木人工林综合观测场地表径流监测场	HTFZH01CRJ _ 01
会同常绿阔叶林综合观测场（水分、土壤、生物）	HTFZH02	会同常绿阔叶林综合观测场永久样地	HTFZH02ABC _ 01
		会同常绿阔叶林综合观测场破坏样地	HTFZH02ABC _ 02
		会同常绿阔叶林综合观测场穿透降水监测区	HTFZH02CCJ _ 01
		会同常绿阔叶林综合观测场枯枝落叶含水量监测区	HTFZH02CKZ _ 01
		会同常绿阔叶林综合观测场树干径流监测区	HTFZH02CSJ _ 01
		会同常绿阔叶林综合观测场烘干法土壤含水量监测区	HTFZH02CHG _ 01
		会同常绿阔叶林综合观测场 FDR 仪法土壤含水量监测区	HTFZH02CTS _ 01
		会同常绿阔叶林综合观测场地表径流监测场	HTFZH02CRJ _ 01
会同杉木人工林 1 号辅助观测场（土壤、生物）	HTFFZ01	会同杉木人工林 1 号辅助观测场永久样地	HTFFZ01AB0 _ 01
		会同杉木人工林 1 号辅助观测场破坏样地	HTFFZ01ABC _ 02
会同牛皮冲 10 号辅助观测场（水分）	HTFFZ10	会同牛皮冲 10 号辅助观测场渠水流动地表水监测区	HTFFZ10CLB _ 01
		会同牛皮冲 10 号辅助观测场鱼塘静止地表水监测区	HTFFZ10CJB _ 01
会同苏溪口 11 号辅助观测场（水分）	HTFFZ11	会同苏溪口 11 号辅助观测场地下水监测区	HTFFZ11CDX _ 01
		会同苏溪口 11 号辅助观测场雨水采样器	HTFFZ11CYS _ 01
会同么哨 12 号辅助观测场（水分）	HTFFZ12	会同么哨 12 号辅助观测场地下水监测区	HTFFZ12CDX _ 01
会同么哨 13 号辅助观测场（水分）	HTFFZ13	会同么哨 13 号辅助观测场山沟地下水采样区	HTFFZ13CDX _ 01
会同么哨 14 号辅助观测场（水分）	HTFFZ14	会同么哨 14 号辅助观测场山沟地下水采样区	HTFFZ14CDX _ 01
会同么哨 15 号辅助观测场（水分）	HTFFZ15	会同么哨 15 号辅助观测场地表径流监测场	HTFFZ15CRJ _ 01
会同么哨 16 号辅助观测场（水分）	HTFFZ16	会同么哨 16 号辅助观测场地表径流监测场	HTFFZ16CRJ _ 01
会同杉木人工林 17 号辅助观测场（土壤）	HTFFZ17	会同杉木人工林 17 号辅助观测场土壤采样地	HTFFZ17ABC _ 01
会同杉木人工林 18 号辅助观测场（土壤）	HTFFZ18	会同杉木人工林 18 号辅助观测场土壤采样地	HTFFZ18ABC _ 01
会同杉栲混交林 19 号辅助观测场（土壤）	HTFFZ19	会同杉栲混交林 19 号辅助观测场土壤采样地	HTFFZ19ABC _ 01
会同杉桤混交林 20 号辅助观测场（土壤）	HTFFZ20	会同杉桤混交林 20 号辅助观测场土壤采样地	HTFFZ20ABC _ 01
会同杉樟混交林 21 号辅助观测场（土壤）	HTFFZ21	会同杉樟混交林 21 号辅助观测场土壤采样地	HTFFZ21ABC _ 01
会同杉楸混交林 22 号辅助观测场（土壤）	HTFFZ22	会同杉楸混交林 22 号辅助观测场土壤采样地	HTFFZ22ABC _ 01

（续）

观测场名	观测场代码	采样地名称	采样地代码
会同杉楠混交林 23 号辅助观测场（土壤）	HTFFZ23	会同杉楠混交林 23 号辅助观测场土壤采样地	HTFFZ23ABC_01
会同火力楠纯林 24 号辅助观测场（土壤）	HTFFZ24	会同火力楠纯林 24 号辅助观测场土壤采样地	HTFFZ24ABC_01
会同杉木人工林 25 号辅助观测场（土壤）	HTFFZ25	会同杉木人工林 25 号辅助观测场土壤采样地	HTFFZ25ABC_01
会同杉木人工林 26 号辅助观测场（土壤）	HTFFZ26	会同杉木人工林 26 号辅助观测场土壤采样地	HTFFZ26ABC_01
会同马尾松纯林 27 号辅助观测场（土壤）	HTFFZ27	会同马尾松纯林 27 号辅助观测场土壤采样地	HTFFZ27ABC_01
会同荷木人工林 28 号辅助观测场（土壤）	HTFFZ28	会同荷木人工林 28 号辅助观测场土壤采样地	HTFFZ28ABC_01
会同马尾松纯林 29 号辅助观测场（土壤）	HTFFZ29	会同马尾松纯林 29 号辅助观测场土壤采样地	HTFFZ29ABC_01
会同马荷混交林 30 号辅助观测场（土壤）	HTFFZ30	会同马荷混交林 30 号辅助观测场土壤采样地	HTFFZ30ABC_01
会同湿地松纯林 31 号辅助观测场（土壤）	HTFFZ31	会同湿地松纯林 31 号辅助观测场土壤采样地	HTFFZ31ABC_01
会同杉木人工林 32 号辅助观测场（土壤）	HTFFZ32	会同杉木人工林 32 号辅助观测场土壤采样地	HTFFZ32ABC_01
会同人工阔叶树混交林 33 号辅助观测场（土壤）	HTFFZ33	会同人工阔叶树混交林 33 号辅助观测场土壤采样地	HTFFZ33ABC_01

2.2　主要样地简介

2.2.1　会同杉木人工林综合观测场（HTFZH01）

观测场建立于 1997 年，面积 15 000 m²，能满足 100 年的监测要求，观测场内设有永久样地和破坏样地。永久样地面积约 5 000 m²，内设 40 m×50 m 的 1 个一级样方，一级样方内又划分为 25 个 8 m×10 m 的二级样方，整个一级样方用围栏永久性保护。

观测场为 1983 年人工栽植杉木纯林，至 2004 年底，平均树高 20.3 m、胸径 21.5 cm。乔木层为杉木；灌木层主要以杜茎山、菝葜为主，种类较少；草本层种类较多，有狗脊、野慈姑、乌蔹莓、紫菀、多花黄精、土牛膝、水蜈蚣、土茯苓、蕨、中华里白、尾穗苋、书带薹草、马唐、鹿藿、牛膝、六月雪、舶梨榕、竹柏、荩草、鸡矢藤、寒莓、天名精、贯众、地桃花、黄精、通泉草、蛇葡萄、白英、薯蓣、海金沙、臭牡丹、中华猕猴桃、地果、紫萁等。海拔高度 500～540 m，地貌为山地中丘陵，坡度 20°，坡向 ES（东南），坡位中坡。

土壤剖面特征：枯枝落叶分解少，浅黄至黄色，石砾含量较多，母岩属板页岩。0～10 cm 有机质多、土色深，10～20 cm 色浅，20～30 cm 土色黄、细根多，30～40 cm 土色黄、中根多，40 cm 往下土壤母质明显。

本观测场属于二耕土（即栽植第 2 代杉木），在 1983 年人工栽植杉木纯林，建立前无其他植被群落等方面的变动，人为干扰活动较少。由于原始栽植密度较大，在 1997 年进行过第 1 次抚育间伐。建立观测场后，由于密度较大，2003 年又进行了第 2 次抚育间伐。

观测场的监测样地有会同杉木人工林综合观测场永久样地、会同杉木人工林综合观测场破坏样地、会同杉木人工林综合观测场穿透降水监测区、会同杉木人工林综合观测场枯枝落叶含水量监测区、会同杉木人工林综合观测场树干径流监测区、会同杉木人工林综合观测场烘干法土壤含水量监测区、会同杉木人工林综合观测场 FDR 仪法土壤含水量监测区、会同杉木人工林综合观测场地表径流监测场。

观测场所有样地综合配置分布如图 2-2 所示。

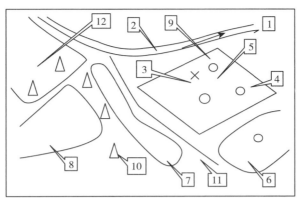

图 2-2　会同杉木人工林综合观测场示意

1. 试验林场场部　2. 村级公路　3. 穿透雨十字槽收集器　4. 土壤温湿盐监测区
5. 枯枝落叶含水量采样区　6. 烘干法土壤含水量采样区　7. 树干径流监测区
8. 地表径流监测区　9. 永久样地　10. 穿透雨雨量收集器　11. 林间小道　12. 土壤生物破坏性取样地

2.2.1.1　会同杉木人工林综合观测场永久样地（HTFZH01ABC_01）监测项目

生物监测项目：树高、胸径生长调查；灌木调查；草本调查；鸟类，动物（大、中、小型动物及昆虫等），土壤动物；土壤含水量和土壤微生物量碳；生物量（包括乔、灌、草）；叶面积指数（包括乔、灌、草）；乔、灌、草物候观测等。

土壤监测项目：有机质、全氮、全磷、全钾、有效磷、速效钾、硝态氮、铵态氮、缓效钾和pH；速效微量元素（有效铜、有效硼、有效锰、有效硫）；阳离子交换量（交换性钙、镁、钾、钠、铝、氢等）；微量元素（硼、钼、锌、锰、铜、铁）；重金属（铬、铅、镍、镉、硒、砷、汞）；土壤矿质全量及机械组成。

生物调查：乔木在 40 m×50 m 永久样地中所有二级样方中进行，灌木在二级样方中 5 m×5 m 的小样方中进行，草本在 1 m×1 m 的小样方中进行。生物采样设计及编码如图 2-3 所示。

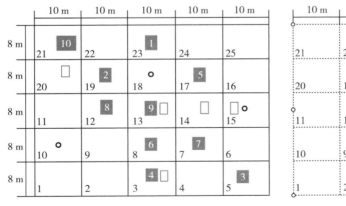

☐ 叶面积指数调查样方　■ 凋落物调查样方　○ 含水量测管　☐ 永久样方　⋯ 破坏样方

图 2-3　会同杉木人工林综合观测场采样设计示意

土壤采样在永久样地内沿样带线间距 2 m 多点采样混合或在二级小样方内 S 形多点采样混合得到代表分区的样品，6 个分区的样品代表采样地的样品。

2.2.1.2　会同杉木人工林综合观测场破坏样地（HTFZH01ABC_02）监测项目

土壤监测项目：剖面容重；土壤剖面调查。

生物监测项目：树高、胸径生长调查；灌木调查；草本调查；鸟类，动物（大、中、小型动物及昆虫等），土壤动物；土壤含水量和土壤微生物量碳；生物量（包括乔、灌、草）；叶面积指数（包括乔、灌、草）；乔、灌、草物候观测（根据不同的植物种类）。

2.2.1.3　会同杉木人工林综合观测场穿透降水监测区（HTFZH01CCJ_01）

2002 年建立并采集数据，位于永久样地内。穿透降水的收集有两种方法，一种是集水面积为 0.031 4 m² 的专用雨量筒收集，重复 5 次；另一种是集水面积为 7.04 m² 人工铁皮十字槽收集。

2.2.1.4　会同杉木人工林综合观测场枯枝落叶含水量监测区（HTFZH01CKZ_01）

2002 年建立并采集数据，位于永久样地内。此观测点共设 5 个平行处理，每隔 5 d 进行 1 次采样，采用烘干法测定枯枝落叶含水量。

2.2.1.5　会同杉木人工林综合观测场树干径流监测区（HTFZH01CSJ_01）

2002 年建立并采集数据，位于永久样地内。共监测 20 棵树的树干径流，每次下雨后进行观测。

2.2.1.6　会同杉木人工林综合观测场烘干法土壤含水量监测区（HTFZH01CHG_01）

2002 年建立并采集数据，每月进行 1 次采样，采用烘干法 3 次平行测定土壤含水量。

2.2.1.7　会同杉木人工林综合观测场 FDR 仪法土壤含水量监测区（HTFZH01CTS_01）

2017 年开始安装监测，3 套系统位于杉木综合观测场内，分布在 4、9、14 号二级小样方中，主要自动化监测 1 m 深度内的土壤温度、含水量、介电常数。2020 年改为会同杉木人工林综合观测场土壤温湿盐监测区。

2.2.1.8　会同杉木人工林综合观测场地表径流监测场（HTFZH01CRJ_01）

2004 年建立并采集数据，位于破坏样地内，周边是以杉木为主的人工林，集水面积为 218.45 m²，每次下雨后及时监测数据。

2.2.2　会同常绿阔叶林综合观测场（HTFZH02）

观测场建立于 1997 年，面积 15 000 m²，能满足 100 年的监测要求，观测场内设有永久样地和破坏样地。永久样地面积约 5 000 m²，内设 20 m×100 m＋10 m×50 m 的 1 个一级样方，一级样方内又划分为 25 个 10 m×10 m 的二级样方，整个一级样方用围栏永久性保护。

本观测场为亚热带地区目前保留很少的天然次生常绿阔叶林，林内大部分树种为当地稀有植物，同时也是这种林分的主要植物群落组成种。这种林地的土壤相对较肥沃，当地群众喜欢砍伐这种林分后，在其迹地上栽植杉木纯林，以达到速生丰产的目的。在会同站实验林场内，目前保留有这种林分 350～400 亩，用它与杉木纯林做对照，长期监测其水分、小气候、生物、土壤的变化及林地的养分循环等，同时探讨其演变、产生过程及物种多样性的结构和功能等。

林分经 40 多年自然演替形成次生常绿阔叶林。乔木层组成主要有栲、青冈、刨花润楠，伴生树种有樟树、枫香树、杨梅、大花枇杷等；灌木有山茶、山核桃、白叶莓、杜茎山、油茶、柃木、亮叶雀梅藤、黄杞、寒莓等；草本植物有土茯苓、狗脊、薹草、小叶菝葜等，禾本科以箬竹为主。海拔高度 300～415 m，地貌为山地中丘陵，坡度 32°，坡向 ES（东南），坡位中坡。

土壤剖面特征：枯枝落叶分解多，土壤为棕至浅黄色，石砾含量较多，母岩为板页岩；0～10 cm 腐殖质多、土色深，10～20 cm 土色较浅，20～30 cm 细根多、浅黄色，30～40 cm 中根多，40 cm 往下浅黄色至黄色、可见少量大根。

本观测场是天然次生常绿阔叶林，建立前无其他植被群落等方面的变动，也无人为干扰活动等。建立观测场后，观测场采样地用围栏保护。为便于物候观测和调查测量，将每一棵树（乔木）进行编号标记。

观测场的监测样地有会同常绿阔叶林综合观测场永久样地、会同常绿阔叶林综合观测场破坏样地、会同常绿阔叶林综合观测场穿透降水监测区、会同常绿阔叶林综合观测场枯枝落叶含水量监测区、会同常绿阔叶林综合观测场树干径流监测区、会同常绿阔叶林综合观测场烘干法土壤含水量监测区、会同常绿阔叶林综合观测场 FDR 仪法土壤含水量监测区、会同常绿阔叶林综合观测场地表径流监测场。

观测场所有样地综合配置分布如图 2-4 所示。

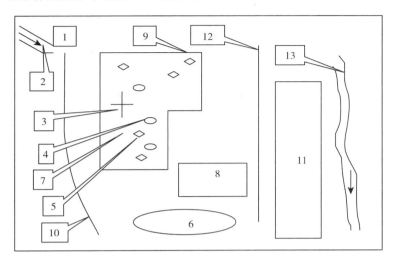

图 2-4　会同常绿阔叶林综合观测场示意图

1. 试验林场场部　2. 村级公路　3. 穿透雨十字槽收集器　4. FDR 仪测管
5. 枯枝落叶含水量采样区　6. 烘干法土壤含水量采样区　7. 树干径流监测点　8. 地表径流监测区
9. 永久样地　10. 林间小道　11. 土壤生物破坏性取样地　12. 以前农田灌溉渠道　13. 山沟小溪流

2.2.2.1　会同常绿阔叶林综合观测场永久样地、破坏样地（HTFZH02ABC_01、HTFZH02ABC_02）

生物监测项目：树高、胸径生长调查；灌木调查；草本调查；鸟类，动物（大、中、小型动物及昆虫等），土壤动物；土壤含水量和土壤微生物量碳；生物量（包括乔、灌、草）；叶面积指数（包括乔、灌、草）；乔、灌、草物候观测等。

土壤监测项目：有机质、全氮、全磷、全钾、有效磷、速效钾、硝态氮、铵态氮、缓效钾和 pH；速效微量元素（有效铜、有效硼、有效锰、有效硫）；阳离子交换量（交换性钙、镁、钾、钠、铝、氢等）；微量元素（硼、钼、锌、锰、铜、铁）；重金属（铬、铅、镍、镉、硒、砷、汞）；土壤矿质全量及机械组成。

采样设计及编码如图 2-5 所示。

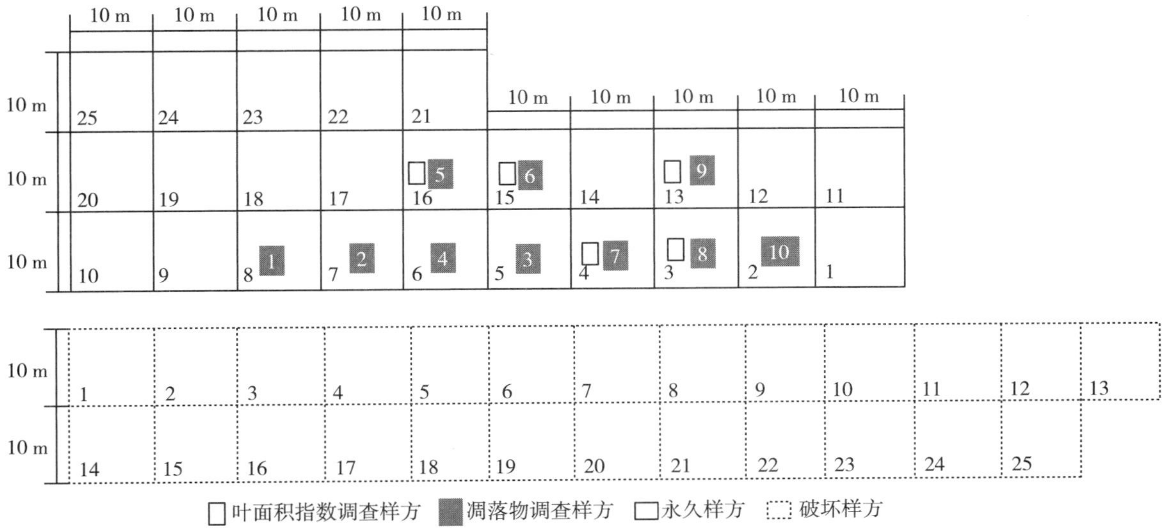

图 2-5　会同常绿阔叶林综合观测场采样设计示意

2.2.2.2　会同常绿阔叶林综合观测场穿透降水监测区（HTFZH02CCJ_01）

2002 年建立并采集数据，位于永久样地内。穿透降水的收集是集水面积为 7.09 ㎡ 人工铁皮十字槽收集。

2.2.2.3　会同常绿阔叶林综合观测场枯枝落叶含水量监测区（HTFZH02CKZ_01）

2002 年建立并采集数据，位于永久样地内。此观测点共设 5 个平行处理，每隔 5 天进行 1 次采样，采用烘干法测定枯枝落叶含水量。

2.2.2.4　会同常绿阔叶林综合观测场树干径流监测区（HTFZH02CSJ_01）

2002 年建立并采集数据，位于永久样地内。共监测 20 棵树的树干径流，每次下雨后进行观测。

2.2.2.5　会同常绿阔叶林综合观测场烘干法土壤含水量监测区（HTFZH02CHG_01）

2002 年建立并采集数据，每月进行 1 次采样，采用烘干法 3 次平行测定土壤含水量。

2.2.2.6　会同常绿阔叶林综合观测场 FDR 仪法土壤含水量监测区（HTFZH02CTS_01）

2017 年开始安装监测，3 套系统位于常绿阔叶林综合观测场边缘，主要自动化监测 1 m 深度内的土壤温度、含水量、介电常数。

2.2.2.7　会同常绿阔叶林综合观测场地表径流监测场（HTFZH02CRJ_01）

2004 年建立并采集数据，位于破坏样地内，周边是以槠、栲和石栎属（柯属）为主的次生常绿阔叶林，集水面积为 415.15 ㎡，每次下雨后及时监测数据。

采样设计及编码如图 2-6 所示。

2.2.3　会同杉木人工林 1 号辅助观测场（HTFFZ01）

本观测场属于二耕土（即栽植第 2 代杉木），在 1983 年人工栽植杉木纯林，建立前无其他植被群落等方面的变动，人为干扰活动较少。由于原始栽植密度较大，在 1997 年进行过第 1 次抚育间伐。2003 年又进行了第 2 次抚育间伐。本观测场作为综合观测场永久样地的辅助观测场，同时又是土壤、生物监测项目的补充，与综合观测场管理方式相同。

乔木层为杉木，虽呈不同程度的分化，但生长较为均匀，平均胸径 19.0 cm，株行距 1.9 m×2.5 m。林下植被有杜茎山、中华猕猴桃、火力楠、野漆、枬木、刺楸、青冈、油桐、木姜子、鼠李、合欢、油茶、紫萁、狗脊、芒萁、苔草、菝葜、苍耳、佩兰等。海拔高度 529～565 m，地貌为山地中丘陵，坡度 27°，坡向 ES（东南），坡位中坡。

土壤剖面特征：地表面枯枝落叶较多，0～10 cm 有机质多、土色深，10～20 cm 色浅，20～30 cm 土色黄、细根多，30～40 cm 土色黄、中根多，40 cm 往下土壤母质明显。

观测场的监测样地有会同杉木人工林 1 号辅助观测场永久样地、会同杉木人工林 1 号辅助观测场破坏样地。

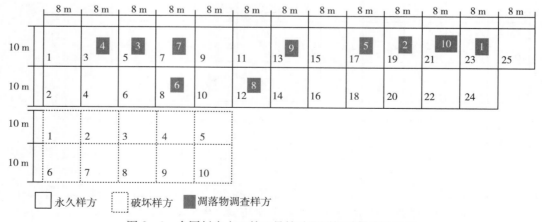

图 2-6　会同杉木人工林 1 号辅助观测场采样设计示意

2.2.4　会同气象观测场（HTFQX01）

　　会同气象观测场为 25 m×25 m 标准气象观测场，海拔高度 557 m，地理位置，26°51′12″N，109°36′29″E。观测场地四周空旷平坦，气流畅通，四周设置约 1.2 m 高的稀疏围栏，场地内部平整，草层均匀，且高度小于 20 cm。为了保持观测场内的自然状态，场内铺设有 0.3～0.5 m 宽的观测小道，小道下为排水系统。根据观测场内仪器布设位置和线缆铺设的需要，在观测小道下修建了电缆沟和埋设了电缆管，用于铺设仪器设备线缆。观测场的防雷措施符合气象行业规定的防雷技术标准要求（图 2-7）。

图 2-7　会同气象观测场全景

　　观测场内仪器设施的布置遵循高仪器设施安置在北边，矮仪器设施安置在南边的原则，各仪器设施东西排列成行，南北布设成列，相互间东西间距不小于 4 m，南北间距不小于 3 m，仪器距离观测场边缘护栏不小于 3 m。辐射观测仪器设置在观测场的南边，符合总辐射表、直接辐射表、散射辐射表和日照观测仪器的要求，反射辐射和净全辐射观测仪器安装在符合条件且有代表性的下垫面（图 2-8）。

2.2.5　会同牛皮冲 10 号辅助观测场（HTFFZ10）

　　为了满足地表水的监测要求，2004 年建立此观测场，场内设置有会同牛皮冲 10 号辅助观测场渠水流动地表水监测区（HTFFZ10CLB_01）与会同牛皮冲 10 号辅助观测场鱼塘静止地表水监测区（HTFFZ10CJB_01）。流动地表水选择站区附近的天然河流渠水，也是会同县境内第一大河流，对站区生态环境影响较大。站区雨水汇入渠水处有一天然的池塘，现被附近的百姓承包养鱼。将鱼塘和站区雨水汇入处的渠水段作为静止地表水和流动地表水的采样监测区。

2.2.6　会同苏溪口 11 号辅助观测场（HTFFZ11）

　　观测场内设置有地下水监测区老井和地下水监测区新井。老井是会同苏溪口废弃的一口井，直径 2 m，深 12 m，井上封闭，留小门进去，现在作为地下水位观测井之一，也是地下水质分析采样点；新井是苏溪口一口生活用井，作为地下水质分析采样点。

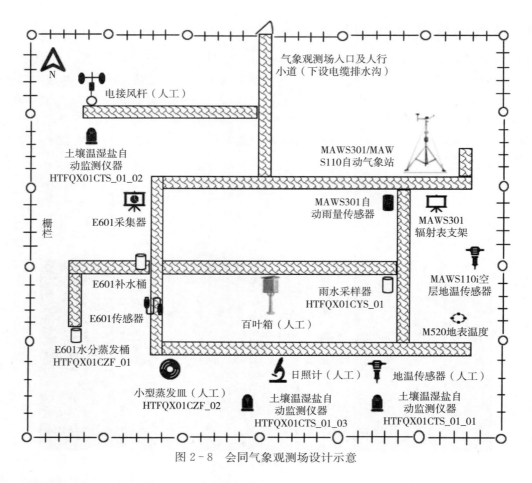

图 2-8　会同气象观测场设计示意

2.2.7　会同么哨 12 号辅助观测场（HTFFZ12）

观测场内设置有地下水监测区监测井和地下水监测区饮用井。监测井是在会同站林场挖的一口用于监测地下水位的井，直径 0.8 m，深 6 m，井上封闭，留小门进去，作为地下水位观测井之一，也是地下水质分析采样点；饮用井是把地下冒出的泉水汇聚到水池里，并作为生活用水，此井作为地下水质分析采样点。

2.2.8　会同么哨 13 号辅助观测场（HTFFZ13）

观测场内设置山沟 1 深层地下水采样区。

2.2.9　会同么哨 14 号辅助观测场（HTFFZ14）

观测场内设置山沟 2 深层地下水采样区。

2.2.10　会同么哨 15 号辅助观测场（HTFFZ15）

2008 年建立并采集数据，位于破坏样地内，周边是以杉木、火力楠和荷木为主的人工混交林，集水面积为 24 001.2m²，每次下雨后及时监测数据。

2.2.11　会同么哨 16 号辅助观测场（HTFFZ16）

2008 年建立并采集数据，位于破坏样地内，周边是阔叶树人工混交林，集水面积为 25 334.6

m²，每次下雨后及时监测数据。

2.2.12　会同土壤辅助观测场（HTFFZ17—HTFFZ33）

会同站土壤辅助观测场有会同杉木人工林 17 号辅助观测场（HTFFZ17）、会同杉木人工林 18 号辅助观测场（HTFFZ18）、会同杉栲混交林 19 号辅助观测场（HTFFZ19）、会同杉桤混交林 20 号辅助观测场（HTFFZ20）、会同杉樟混交林 21 号辅助观测场（HTFFZ21）、会同杉楸混交林 22 号辅助观测场（HTFFZ22）、会同杉楠混交林 23 号辅助观测场（HTFFZ23）、会同火力楠纯林 24 号辅助观测场（HTFFZ24）、会同杉木人工林 25 号辅助观测场（HTFFZ25）、会同杉木人工林 26 号辅助观测场（HTFFZ26）、会同马尾松纯林 27 号辅助观测场（HTFFZ27）、会同荷木人工林 28 号辅助观测场（HTFFZ28）、会同马尾松纯林 29 号辅助观测场（HTFFZ29）、会同马荷混交林 30 号辅助观测场（HTFFZ30）、会同湿地松纯林 31 号辅助观测场（HTFFZ31）、会同杉木人工林 32 号辅助观测场（HTFFZ32）、会同人工阔叶树混交林 33 号辅助观测场（HTFFZ33），共 17 个，建立于 2000 年，面积 1 500～5 000 m²，观测场内没有设永久样地和破坏样地，只是土壤采样地。样地内设 30 m×40 m 的 1 个一级样方，一级样方内又划分为 25 个 6 m×8 m 的二级样方，土壤监测采样都在样地的一级样方内进行（图 2-9）。

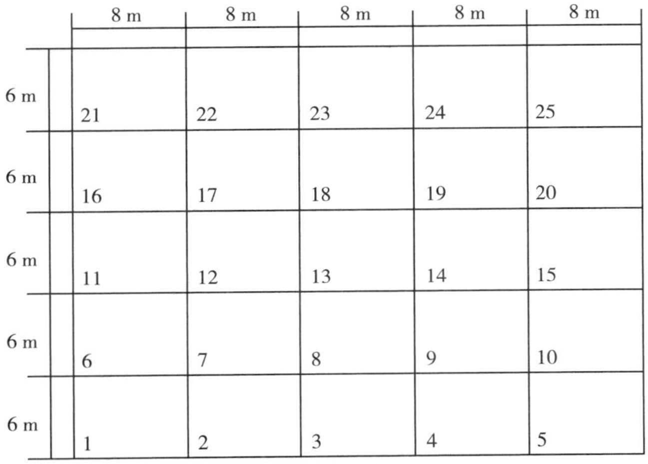

图 2-9　土壤辅助观测场样方示意

土壤监测项目：有机质、全氮、全磷、全钾、有效磷、速效钾、硝态氮、铵态氮、缓效钾和 pH；速效微量元素（有效铜、有效硼、有效锰、有效硫）；阳离子交换量（交换性钙、镁、钾、钠、铝、氢等）；微量元素（硼、钼、锌、锰、铜、铁）；重金属（铬、铅、镍、镉、硒、砷、汞）；土壤矿质全量及机械组成；土壤容重。

2.3　主要观测设施简介

2.3.1　凋落物收集框

凋落物收集框主要用于监测凋落物组成和质量，在 3 个观测场永久样地中都有分布，每个样地定点布置 10 个凋落物框，每月人工收集 1 次数据。目前凋落物收集框由木质材料升级为 PVC 材料，加上定制纱网，组装方便快捷，抗外力、抗腐朽性能好（图 2-10）。森林凋落物是森林生态系统的重要组成结构，凋落物量在某种程度反映了森林初级生产力，其凋落过程及其数量与组成的变化客观地反映了森林生态系统变化规律，凋落物长期监测可为各项在该区域进行的科学研究提供基础数据，是森林生态系统研究必不可少的重要指标。

图 2-10　凋落物收集框

2.3.2　树木径向生长仪

DC2 树木径向生长仪主要用于测量树木胸径变化，会同站一共 8 套，每套由 1 个数据记录器和 4 个传感器组成，于 2015-12-26 安装调试后运行，其中 4 套安装于会同杉木人工林综合观测场永久样地（HTFZH01ABC_01），2 套安装于会同杉木人工林 1 号辅助观测场永久样地（HTFFZ01AB0_01），2 套安装于会同常绿阔叶林综合观测场永久样地（HTFZH02ABC_01），每 30 min 自动采集 1 次胸径数据，全天候无人值守，只需定期维护和下载数据（图 2-11）。胸径作为森林生态研究的重要参数之一，是林木资产评估、生物量模型构建不可缺少的指标，胸径长期监测可为各项在该区域进行的科学研究提供基础数据。

图 2-11　树木径向生长仪

2.3.3　植物生长节律在线自动观测系统

植物生长节律在线自动观测系统主要用于植物群落、优势植物种物候期、归一化植被指数（ND-VI 指数）及盖度等图像数据高频采集与数据在线管理，系统主要包括图像获取设备、图像存储和传输设备、图像数据管理平台、野外供电及安装支架等辅助设备。其中图像获取设备包括多光谱成像仪1 个、RGB 数字摄像机/相机 8 个；图像存储和传输设备包括数据采集器及无线传输模块各 4 个；图像数据管理平台包括分中心-台站 2 级 B/S 架构图像数据库在线管理软件 1 套；野外供电及安装支架等辅助设备包括太阳能供电、避雷、防雨、防尘设备及安装支架等（图 2 - 12）。会同站共计 4 套，于 2017 - 10 - 21 安装调试后运行，该系统可实现自动获取、存储、传输植物多光谱和植物 RGB 图像数据，自动入库管理。植物物候是指示自然环境变化的重要指标，对生态系统平衡、气候变化、林业和畜牧业发展等具有重要的指导作用。植物物候长期监测可为各项在该区域进行的科学研究提供基础数据。

图 2 - 12　植物生长节律在线自动观测系统

2.3.4　E601 水面蒸发皿

E601 水面蒸发皿位于会同站气象观测场，中心坐标 $26°51'5''N$，$109°36'18''E$。2004 年 8 月建立自动监测蒸发设施并运行，每小时监测 1 次数据，并和人工每天观测 1 次数据进行相互补充对照。水面蒸发皿自动观测的基本项目是蒸发量、降水量、水面温度，自动扣除降水使水面上升对蒸发的影响，并记录上升值作为降水参考。仪器主要由自动采集控制系统、E601 蒸发桶及水圈、蒸发传感器和自动补水装置组成。

2.3.5　地下水监测区监测井

会同站地下水监测区监测井有两个地方。一个位于会同苏溪口 11 号辅助观测场，设置两个采样点用于水质分析和地下井水位长期监测，采样点 1 为会同苏溪口 11 号辅助观测场地下水监测区老井（HTFFZ11CDX＿01＿01），采样点 2 为会同苏溪口 11 号辅助观测场地下水监测区新井（HT-

FFZ11CDX_01_02）；另一个位于会同么哨 12 号辅助观测场，设置两个采样点用于水质分析和地下井水位长期监测，采样点 1 为会同么哨 12 号辅助观测场地下水监测区监测井（HTFFZ12CDX_01_01），采样点 2 为会同么哨 12 号辅助观测场地下水监测区饮用井（HTFFZ12CDX_01_02）。

2.3.6　穿透降水监测设施

会同站穿透降水监测主要用于长期观测林内降水，设施布置在两个观测场。一个位于会同杉木人工林综合观测场，设有 5 个雨量筒，1 个十字槽穿透雨收集池；另一个位于会同常绿阔叶林综合观测场，设有 1 个十字槽穿透雨收集池。

2.3.7　树干径流监测设施

会同站树干径流监测设施布置在两个观测场。一个位于会同杉木人工林综合观测场旁，设有 20 个装置，监测 20 棵杉木树的树干径流情况；另一个位于会同常绿阔叶林综合观测场，设有 20 个装置，监测 20 棵主要优势树种的树干径流情况。

2.3.8　地表径流监测场

会同站共设置 4 个地表径流监测场。第 1 个位于会同杉木人工林综合观测场旁的杉木人工林破坏样地上建成的一个人工径流场，径流观测点位于径流场的最低处，海拔约 520 m，场地集水面积为 218.45 m²；第 2 个位于会同常绿阔叶林综合观测场内的破坏样地上建成的一个人工径流场，径流观测点位于径流场的最低处，海拔约 400 m，场地集水面积为 415.15 m²；第 3 个位于会同么哨 15 号辅助观测场地表径流监测场，利用山脊分界线建成一个面积为 36 亩的天然径流场，场内林分有杉木人工林、火力楠纯林、杉木火力楠混交林和荷木纯林，径流观测点位于径流场的最低处，海拔约 510 m，集水面积 24 001.20 m²；第 4 个位于会同么哨 16 号辅助观测场地表径流监测场，利用山脊分界线建成一个面积为 38 亩的天然径流场，场内树木在 2005 年秋冬被皆伐，2006 年春随机栽植阔叶树种〔楠木（桢楠）、火力楠、栲、青冈、刺楸〕，保留自然生的枫香、白栎，栽植密度 2 m×2 m，150～160 株/亩，径流观测点位于径流场的最低处，海拔约 530 m，集水面积 25 334.6 m²。

2.3.9　仪器法土壤含水量监测管

仪器法土壤含水量监测管分别在会同气象观测场、会同杉木人工林综合观测场、会同常绿阔叶林综合观测场各安装 5 根，使用仪器 Diviner 2000 每隔 5 d 进行 1 次人工监测，主要用于土壤水分监测。

2.3.10　TDR 土壤温湿盐自动观测系统

TDR 土壤温湿盐自动观测系统分别在会同气象观测场、会同杉木人工林综合观测场、会同常绿阔叶林综合观测场各安装 3 套，2017 年 6 月安装 6 套新系统和改造 3 套旧系统。每天半小时监测 1 次数据，并和人工每月 1 次观测数据进行校正。

TDR 土壤温湿盐自动观测的基本项目是土壤的温度、含水量、盐分。仪器主要由低温型土壤三参数传感器、数据采集器、供电模块、无线通信模块等组成，可以把土壤温湿盐数据通过 4G 通信的方式上传到服务器，用户只需要通过网络终端平台就可查看数据。

2.3.11　常绿阔叶林综合观测场涡度相关系统

涡度相关系统位于会同常绿阔叶林综合观测场通量铁塔上，中心坐标 26°51′52″N，109°36′35″E。2017 年 3 月进行安装运行，每半小时监测 1 次数据。

涡度相关系统观测的基本项目是水通量、二氧化碳通量、气象基本要素。仪器由 LI-7500A 开

路式 CO_2/H_2O 分析仪、三维超声风速仪、温湿度传感器、翻斗式雨量筒、光合有效辐射传感器、土壤温湿盐传感器、土壤热通量传感器等组成，通过 4G 通信方式将数据上传到服务器，用户通过网络终端平台就可查看数据，也可以直接现场下载数据。

2.3.12　MAWS301 / MAWS110 自动气象站

MAWS301 / MAWS110 自动气象站是由硬件和系统软件组成的自动观测系统，可为生态科学、环境学、全球变化以及相关研究提供高精度、高观测频率、连续及长期的各种观测数据。可以对气象、辐射和土壤环境变化要素进行长期、连续自动观测和存储气象观测要素。所有的气象、辐射和土壤环境要素均通过传感器的感应元件输出电信号，再通过系统软件的转换而得到连续、准确、完整的实际需要的各气象、辐射和土壤环境变化的观测要素值。

2.3.12.1　自动气象站的主要功能

自动气象站能够自动采集气压、温度、湿度、风向、风速、雨量、日照、辐射、地温等气象要素。可按观测要求编发定时观测报表。可按照气象专业计算公式自动计算海平面气压；按照湿度参量的计算公式计算水汽压、相对湿度、露点温度以及所需的各种统计量。按用户要求形成观测数据文件。可以应用笔记本计算机通过通信口下载数据；也可以配合台式计算机通过接口线在远端控制进行适时采集，还可通过网络实现自动气象站的远程监控。

2.3.12.2　自动气象站主要观测设施简介

数据采集器是模块化结构，按照 CERN 设计的观测要求，配置了 DPS50（交流/直流）AC/DC 转换器板 1 块，DMC50B CPU 板 1 块，DM150 传感器接口板 2 块，DMM55B 存储板 1 块，DPA501 气压传感器 1 块，QL150 数据变送器 1 个，DMB 50 母板 1 块，满足了 CERN 要求接入的全部传感器，可以存储 CERN 规定的观测数据 60 d 以上（图 2-13），各部分的功能见表 2-2。

表 2-2　自动气象站主要组成部件结构介绍说明

仪器名称	型号	介绍说明
母板	DMB50	可容纳 8 个选项插槽，使数据信号在不同板之间传送。该系统还提供输入电源线瞬变保护，配有电源断电器和整流 DC 分配器
电源板	DPS50	此为多功能的开关电源，有 4 路独立的供电电路，所有的功能端口由软件控制，自动寻找内部 DC 电流的整流和生成，控制电池的充电电流和电压水平
CPU 板	DMC50B	具有协调 MAWS301 各板的功能，具备系统时钟、传感器校准和串口通信通道，使用全静态微处理器，并提供 5 片闪存，用于存储程序代码、应用配置以及系统的数据库和操作系统
数字接口板	DM150	为多用途接口板，可用于测量 DC 电压、电阻、电桥、频率、周期和并行数据输入/输出，输入方式由程序设定。同时具有电源的自检以及转换值的内部校验功能
存储板	DMM55B	提供了 2 MB 的储存空间，以天为单位观测数据的存储，分为 D 和 E 两个驱动器，可存储 35 d 以上的观测数据，自带 3 V 备份锂电池，数据可通过 MAWS301 串口下载
气压传感器	DPA501	为数字气压传感器测量气压，安装于母板 DMB50 最左边的插槽中，在测量板与 MAWS301 机箱下部有一通风口，维持环境气压平衡
数据变送器	QL150	将 QL150 地表和土壤温度数据采集器所观测到的数据传送到 DMC50B 的 COM4 端口和采集器，完成数据的处理和存储

图 2-13　数据采集器

2.3.12.3　测量传感器简介

（1）DPA 501 数字气压表

测量距地面 0.6 m 的气压，分别采集每分钟气压值、正点气压值以及每小时内最高和最低气压值、一天最高和最低气压极值。

每分钟气压值：每 10 s 采测 1 个气压值，每分钟采测 6 个气压值，去掉 1 个最大值和 1 个最小值后取平均值，作为每分钟的气压值存储。

正点气压值以及每小时内最高和最低气压值：正点时采测 00 min 的气压值作为正点数据存储，同时获取前 1 h 内的最高和最低气压值以及出现的时间进行存储。

一天最高和最低气压极值：每日 20 时从每小时的最高和最低气压值及出现的时间中挑选出 1 d 内的最高和最低气压值及出现时间进行存储。

（2）WAA 151 风速传感器和 WAV 151 风向传感器

分别采集每 2 min 和每 10 min 的平均风速、风向，正点时风速、风向数据，每日极大风速、风向数据。

每 2 min 和每 10 min 平均风速、风向数据：每 1 秒采测 1 次风向和风速数据，取 3 s 平均风向和风速值，再以 3 s 为步长，用滑动平均方法计算出 2 min 平均风向和风速值；然后以 1 min 为步长，用滑动平均方法计算出 10 min 平均风向和风速值。

正点时风速、风向数据：正点时采测 00 min 的 2 min 平均风向和风速瞬时值、10 min 平均风向和风速值、10 min 最大风速和对应风向及出现的时间作为正点值存储，同时从前 1 h 内每 3 s 平均风速值中挑出 1 h 内的极大风速和出现时间，从每分钟的 10 min 平均风速值中挑取 1 h 内的最大风速、对应风向及出现时间进行存储。

每日极大风速、风向数据：每日 20 时从每小时的最大风速和极大风速中挑取每日的最大风速、对应风向及出现时间进行存储。数据记录时，风向记录整数度数值，风速保留 1 位小数。

（3）HMP 45D 温湿度传感器

采集距地面 1.5 m 的每分钟平均温度值和相对湿度值，正点时温度和相对湿度值，每天最高和最低温度、相对湿度值。

每分钟平均温度值和相对湿度值：每 10 s 采测 1 个温度和相对湿度值，每分钟采测 6 个，去掉 1 个最大值和 1 个最小值后取平均值，作为每分钟的温度和相对湿度值存储。

正点时温度和相对湿度值：正点时采测 00 min 的温度和相对湿度值作为正点数据存储，同时获取前 1 h 内的最高和最低温度值、最小相对湿度值及出现时间进行存储。

每天最高和最低温度、相对湿度值：每日 20 时从每小时的最高和最低温度值、最小相对湿度值及出现的时间中挑选出 1 d 内的最高和最低温度值、最小相对湿度极值及出现时间存储。数据记录时，温度保留 1 位小数，相对湿度取整数值。

（4）RG 13H 翻斗式自动雨量计

采集距地面 0.5 米处每分钟、每小时以及日降水量数据。

每分钟降水量：1 分钟降水量之和。

每小时降水量：正点时降水量之和。

日降水量：前日 20 时至本日 20 时降水量之和。

（5）QMT 110 地表和土壤温度传感器

分别采集每分钟、正点时、每日地表和土壤层 5 cm、10 cm、15 cm、20 cm、40 cm、60 cm、100 cm 处的地温数据。

每分钟地表和土壤各层地温数据：每 10 s 采测 1 次地表和土壤层各层温度值，每分钟采测 6 次，每层各去掉 1 个最大值和最小值后取平均值，作为每分钟的地表和每层地温值存储。

正点时地表和土壤各层地温数据：正点时存储 00 min 的数值作为正点数据存储，同时获取每小时地表温度的最高、最低值和出现时间。

每日地表和土壤各层地温数据：每日 20 时挑取每日的地表温度最高、最低值和出现的时间进行存储，数据记录保留 1 位小数。

（6）CM11 总辐射表、CM6B 反射辐射表、QMN101 净辐射表、LI－190SE 光量子表

分别采集距地面 1.5 m 处太阳各辐射值。

每分钟总辐射、反射辐射、净辐射、光合有效辐射值为每 10 s 采测 1 次，每分钟采测 6 次辐照度（瞬时值），去除 1 个最大值和 1 个最小值后取平均值存储。

正点（地方平均太阳时）00 min 采集存储各辐射量辐照度，同时计算、存储各辐射量曝辐量（累计值），挑选小时每分钟最大值及出现的时间存储。每日 24 时（地方平均太阳时）计算当日辐射要素最大辐照度和出现时间并存储，累加计算辐照度日总量。数据记录格式：辐照度（W/m²）取整数，曝辐量及日总量（MJ/m²）保留 3 位小数；光量子通量密度（PPED）[μmol/（m²·s）] 数值取整数，小时累计值光量子通量密度（mol/m²）保留 3 位小数。

（7）QSD 102 日照计

采集距地面 1.5 米处阈值为 120 W/m² 时的太阳照射时间，即日照时数，以分钟数为基本单位累加。

以太阳直接辐射达 120 W/m² 为阈值，每分钟记录有无日照信息；以太阳直接辐射达 120 W/m² 为阈值，正点小时（整点，为地方平均太阳时）记录每小时日照分钟数并存储，若无日照记为 0。数据记录时，日照时数（每小时内日照分钟数）以分钟数为单位，取整数计数，日统计时以"××小时：××分钟"统计结果并记录。

第3章

联网长期观测数据

3.1 生物观测数据

3.1.1 群落生物量数据集

3.1.1.1 概述

本数据集记录了会同杉木人工林综合观测场永久样地（HTFZH01ABC_01）、会同常绿阔叶林综合观测场永久样地（HTFZH02ABC_01）、会同杉木人工林 1 号辅助观测场永久样地（HTFFZ01AB0_01）按群落乔木层、灌木层、草本层分别统计的年生物量数据。其中，乔木层数据年份为 2009—2015 年，灌木层、草本层数据年份分别为 2010 年、2011 年、2015 年。

3.1.1.2 数据采集和处理方法

乔木层数据采集方法为整个观测样地全部调查，测量记录编号树木树高和胸径；灌木、草本层是在样地内选择 5 个二级样方，整个二级样方调查，测量记录样方内所有灌木及草本物种的数量、高度和基径。

在质控数据的基础上根据实测株高、胸径（或基径），利用生物量模型计算植物物种各器官（或部分）生物量。考虑到对长期监测样地的保护，草本层在破坏样地采取收割烘干法分别计算每个物种单株地上部分的生物量，最后根据物种单株的生物量计算调查样地草本层的生物量。最后计算单位面积（每平方米）的生物量，形成样地尺度的数据产品。

3.1.1.3 数据质量控制和评估

调查前期根据统一的调查规范方案，对所有参与调查的人员进行集中技术培训，尽可能地保证调查人员固定，减少人为误差。调查过程中采用统一型号的胸径尺测量，乔木调查时参照往年的数据对测量指标进行核对，如胸径和树高低于往年，则需要重新核对测量，对于不能当场确定的树种名称，采集相关凭证标本并在室内进行鉴定；调查人和记录人完成小样方调查时，当即对原始记录表进行核查，发现有误的数据及时纠正。调查完成后，调查人和记录人完成对样方数据的进一步核查，并补充相关信息，纸质版数据录入完成后，调查人和记录人对数据进行自查，检查原始记录表和电子版数据表的一致性，以确保数据输入的准确性。对于树种的补充信息、种名及其特性等主要采用生物分中心提供的森林填报系统生成，系统不能生成的则参考《中国植物志》电子版网站（http：//www.iplant.cn/frps）和《中国植物志》英文修订版官方网站（http：//foc.iplant.cn/）。野外纸质原始数据集妥善保存并备份，以备将来核查。

对原始数据采用阈值检查、一致性检查等方法进行质控。阈值检查是根据多年数据比对，对超出历史数据阈值范围的监测数据进行校验，删除异常值或标注说明；一致性检查主要对比数量级是否与其他测量值不同。乔木层和灌木层在计算生物量时，对参与计算的各个参数，包括植物的株高、株数和胸径（基径）的数量级、单位进行核查，然后把生物量模型和物种对应，对于没有生物量模型的物种，则采用通用生物量模型计算。生物量计算完毕后，对计算结果进行核查，避免因在计算过程中模型输入错误而导致的数据错误，确保数据的可靠性。

3.1.1.4　数据使用方法和建议

　　森林群落生物量直接反映了森林生态系统结构优劣和功能高低，是森林生态系统环境质量的综合体现，森林群落生物量可以为定量估算植被的碳储量、碳循环研究提供重要的参考。本数据集为亚热带常绿阔叶林和杉木人工林的碳相关研究奠定了基础，原始数据可通过湖南会同森林生态系统国家野外科学观测研究站网站（http：//htf. cern. ac. cn/）获取，登录后点击"资源服务"下的"数据服务"，进入相应页面下载数据。

3.1.1.5　数据

　　见表 3-1 和表 3-2。

表 3-1　群落各层次生物量

年份	样地代码	样地面积/m²	群落层次	生物量/（kg/m²）
2009	HTFZH02ABC＿01	2 500	乔木层	28.04
2009	HTFFZ01AB0＿01	2 000	乔木层	13.04
2009	HTFZH01ABC＿01	2 000	乔木层	16.04
2010	HTFZH02ABC＿01	2 500	乔木层	28.22
2010	HTFFZ01AB0＿01	2 000	乔木层	13.42
2010	HTFZH01ABC＿01	2 000	乔木层	16.53
2010	HTFZH02ABC＿01	2 500	草本层	0.02
2010	HTFFZ01AB0＿01	2 000	草本层	0.06
2010	HTFZH01ABC＿01	2 000	草本层	0.07
2010	HTFFZ01AB0＿01	2 000	灌木层	0.31
2010	HTFZH01ABC＿01	2 000	灌木层	0.27
2010	HTFZH02ABC＿01	2 500	灌木层	0.24
2011	HTFZH02ABC＿01	2 500	乔木层	28.60
2011	HTFFZ01AB0＿01	2 000	乔木层	13.84
2011	HTFZH01ABC＿01	2 000	乔木层	17.14
2011	HTFZH02ABC＿01	2 500	草本层	0.01
2011	HTFFZ01AB0＿01	2 000	草本层	0.06
2011	HTFZH01ABC＿01	2 000	草本层	0.07
2011	HTFFZ01AB0＿01	2 000	灌木层	0.30
2011	HTFZH01ABC＿01	2 000	灌木层	0.22
2011	HTFZH02ABC＿01	2 500	灌木层	0.25
2012	HTFZH02ABC＿01	2 500	乔木层	28.87
2012	HTFFZ01AB0＿01	2 000	乔木层	14.00
2012	HTFZH01ABC＿01	2 000	乔木层	17.46
2013	HTFZH02ABC＿01	2 500	乔木层	28.90
2013	HTFFZ01AB0＿01	2 000	乔木层	14.14
2013	HTFZH01ABC＿01	2 000	乔木层	17.55
2014	HTFZH02ABC＿01	2 500	乔木层	29.56
2014	HTFFZ01AB0＿01	2 000	乔木层	14.82
2014	HTFZH01ABC＿01	2 000	乔木层	18.48
2015	HTFZH02ABC＿01	2 500	乔木层	29.48
2015	HTFFZ01AB0＿01	2 000	乔木层	15.11
2015	HTFZH01ABC＿01	2 000	乔木层	18.98
2015	HTFZH02ABC＿01	2 500	草本层	0.01
2015	HTFFZ01AB0＿01	2 000	草本层	0.05
2015	HTFZH01ABC＿01	2 000	草本层	0.05
2015	HTFFZ01AB0＿01	2 000	灌木层	0.29
2015	HTFZH01ABC＿01	2 000	灌木层	0.10
2015	HTFZH02ABC＿01	2 500	灌木层	0.29

表3-2 生物量模型

序号	样地代码	植物种名	项目	模型	符号说明	模型适用植物种
1	HTFZH02ABC_02	杉木	树干干重 (kg)	$\lg (TWs) =0.827 \times \lg (D^2H) -1.293$	TWs 为树干干重、单位 kg; D 为胸径、单位 cm; H 为高度、单位 m	杉木、该模型也适用于其他观测场该类物种
2	HTFZH02ABC_02	杉木	树枝干重 (kg)	$\lg (TWb) =0.864 \times \lg (D^2H) -2.263$	TWb 为树枝干重、单位 kg; D 为胸径、单位 cm; H 为高度、单位 m	杉木、该模型也适用于其他观测场该类物种
3	HTFZH02ABC_02	杉木	树叶干重 (kg)	$\lg (TWl) =0.6684 \times \lg (D^2H) -0.923$	TWl 为树叶干重、单位 kg; D 为胸径、单位 cm; H 为高度、单位 m	杉木、该模型也适用于其他观测场该类物种
4	HTFZH02ABC_02	杉木	果（花）干重 (kg)	$\lg (TWf) =1.107 \times \lg (D^2H) -4.131$	TWf 为果（花）干重、单位 kg; D 为胸径、单位 cm; H 为高度、单位 m	杉木、该模型也适用于其他观测场该类物种
5	HTFZH02ABC_02	杉木	树皮干重 (kg)	$\lg (TWp) =2.498 \times \lg (D^2H) -0.316 \times [\lg (D^2H)]^2 +0.0127 \times [\lg (D^2H)]^3 -4.590$	TWp 为树皮干重、单位 kg; D 为胸径、单位 cm; H 为高度、单位 m	杉木、该模型也适用于其他观测场该类物种
6	HTFZH02ABC_02	杉木	地下部总干重 (kg)	$\lg (TWr) =0.668 \times \lg (D^2H) -0.923$	TWr 为地下部总干重、单位 kg; D 为胸径、单位 cm; H 为高度、单位 m	杉木、该模型也适用于其他观测场该类物种
7	HTFZH02ABC_02	栲	树干干重 (kg)	$\lg (TWs) =0.896 \times \lg (D^2H) -1.362$	TWs 为树干干重、单位 kg; D 为胸径、单位 cm; H 为高度、单位 m	栲、该模型也适用于其他观测场该类物种
8	HTFZH02ABC_02	栲	树枝干重 (kg)	$\lg (TWb) =0.773 \times \lg (D^2H) -1.191$	TWb 为树枝干重、单位 kg; D 为胸径、单位 cm; H 为高度、单位 m	栲、该模型也适用于其他观测场该类物种
9	HTFZH02ABC_02	栲	树叶干重 (kg)	$\lg (TWl) =0.727 \times \lg (D^2H) -1.596$	TWl 为树叶干重、单位 kg; D 为胸径、单位 cm; H 为高度、单位 m	栲、该模型也适用于其他观测场该类物种
10	HTFZH02ABC_02	栲	树皮干重 (kg)	$\lg (TWp) =0.753 \times \lg (D^2H) -1.404$	TWp 为树皮干重、单位 kg; D 为胸径、单位 cm; H 为高度、单位 m	栲、该模型也适用于其他观测场该类物种
11	HTFZH02ABC_02	栲	地下部总干重 (kg)	$\lg (TWr) =0.791 \times \lg (D^2H) -1.329$	TWr 为地下部总干重、单位 kg; D 为胸径、单位 cm; H 为高度、单位 m	栲、该模型也适用于其他观测场该类物种
12	HTFZH02ABC_02	青冈	树干干重 (kg)	$\lg (TWs) =0.882 \times \lg (D^2H) -1.113$	TWs 为树干干重、单位 kg; D 为胸径、单位 cm; H 为高度、单位 m	青冈、柯、该模型也适用观测场该类物种
13	HTFZH02ABC_02	青冈	树枝干重 (kg)	$\lg (TWb) =0.889 \times \lg (D^2H) -1.473$	TWb 为树枝干重、单位 kg; D 为胸径、单位 cm; H 为高度、单位 m	青冈、柯、该模型也适用观测场该类物种

（续）

序号	样地代码	植物种名	项目	模型	符号说明	模型适用植物种
14	HTFZH02ABC_02	青冈	树叶干重（kg）	$TWl=1.452+0.00214\times(D^2H)$	TWl 为树叶干重，单位 kg；D 为胸径，单位 cm；H 为高度，单位 m	青冈、柯，该模型也适用于其他观测场该类物种
15	HTFZH02ABC_02	青冈	树皮干重（kg）	$\lg(TWp)=0.753\times\lg(D^2H)-1.404$	TWp 为树皮干重，单位 kg；D 为胸径，单位 cm；H 为高度，单位 m	青冈、柯，该模型也适用于其他观测场该类物种
16	HTFZH02ABC_02	青冈	地下部总干重（kg）	$TWr=1.686+0.014\times(D^2H)-0.000\,000\,251\times(D^2H)^2$	TWr 为地下部总干重，单位 kg；D 为胸径，单位 cm；H 为高度，单位 m	青冈、柯，该模型也适用于其他观测场该类物种
17	HTFZH02ABC_02	刨花润楠	树干干重（kg）	$\lg(TWs)=0.878\times\lg(D^2H)-1.276$	TWs 为树干干重，单位 kg；D 为胸径，单位 cm；H 为高度，单位 m	刨花润楠、虎皮楠，该模型也适用于其他观测场该类物种
18	HTFZH02ABC_02	刨花润楠	树枝干重（kg）	$\lg(TWb)=0.814\times\lg(D^2H)-1.475$	TWb 为树枝干重，单位 kg；D 为胸径，单位 cm；H 为高度，单位 m	刨花润楠、虎皮楠，该模型也适用于其他观测场该类物种
19	HTFZH02ABC_02	刨花润楠	树叶干重（kg）	$\lg(TWl)=0.715\times\lg(D^2H)-1.508$	TWl 为树叶干重，单位 kg；D 为胸径，单位 cm；H 为高度，单位 m	刨花润楠、虎皮楠，该模型也适用于其他观测场该类物种
20	HTFZH02ABC_02	刨花润楠	树皮干重（kg）	$\lg(TWp)=0.694\times\lg(D^2H)-1.568$	TWp 为树皮干重，单位 kg；D 为胸径，单位 cm；H 为高度，单位 m	刨花润楠、虎皮楠，该模型也适用于其他观测场该类物种
21	HTFZH02ABC_02	刨花润楠	地下部总干重（kg）	$\lg(TWr)=0.693\times\lg(D^2H)-0.971$	TWr 为地下部总干重，单位 kg；D 为胸径，单位 cm；H 为高度，单位 m	刨花润楠、虎皮楠，该模型也适用于其他观测场该类物种
22	HTFZH02ABC_02	杜茎山	地下部总干重（g）	$SWr=0.544+0.146\times(D^2H)$	SWr 为地下部总干重，单位 g；D 为基径，单位 cm；H 为高度，单位 cm	杜茎山，该模型适用于其他观测场该类物种
23	HTFZH02ABC_02	杜茎山	地上部总干重（g）	$SWa=0.803+0.476\times(D^2H)$	SWa 为地上部总干重，单位 g；D 为基径，单位 cm；H 为高度，单位 cm	杜茎山，该模型适用于其他观测场该类物种
24	HTFZH02ABC_02	杜茎山	叶干重（g）	$SWl=0.605+0.224\times(D^2H)$	SWl 为叶干重，单位 g；D 为基径，单位 cm；H 为高度，单位 cm	杜茎山，该模型适用于其他观测场该类物种
25	HTFZH02ABC_02	杜茎山	枝干干重（g）	$SWb=0.198+0.252\times(D^2H)$	SWb 为枝干重，单位 g；D 为基径，单位 cm；H 为高度，单位 cm	杜茎山，该模型适用于其他观测场该类物种
26	HTFZH02ABC_02	枫香树	地下部总干重（g）	$TWr=1.881+0.116\times(D^2H)$	TWr 为地下部总干重，单位 g；D 为基径，单位 cm；H 为高度，单位 cm	枫香幼树，该模型也适用于其他观测场该类物种

（续）

序号	样地代码	植物种名	项目	模型	符号说明	模型适用植物种
27	HTFZH02ABC_02	枫香树	地上部总干重 (g)	$TWa=2.388+0.164\times(D^2H)$	TWa 为地上部总干重，单位 g；D 为基径，单位 cm；H 为高度，单位 cm	枫香幼树，该模型也适用于其他观测场该类物种
28	HTFZH02ABC_02	枫香树	叶干重 (g)	$TWl=0.118\times(D^2H)^{0.958}$	TWl 为叶干重，单位 g；D 为基径，单位 cm；H 为高度，单位 cm	枫香幼树，该模型也适用于其他观测场该类物种
29	HTFZH02ABC_02	枫香树	枝干干重 (g)	$TWb=1.617+0.157\times(D^2H)$	TWb 为枝干干重，单位 g；D 为基径，单位 cm；H 为高度，单位 cm	枫香幼树，该模型也适用于其他观测场该类物种
30	HTFZH02ABC_02	箬竹	地下部总干重 (g)	$SWr=5.186+0.0424\times(D^2H)$	SWr 为地下部总干重，单位 g；D 为基径，单位 cm；H 为高度，单位 cm	箬竹，该模型也适用场该类物种其他观测
31	HTFZH02ABC_02	箬竹	地上部总干重 (g)	$Swa=8.965+0.228\times(D^2H)$	SWa 为地上部总干重，单位 g；D 为基径，单位 cm；H 为高度，单位 cm	箬竹，该模型也适用场该类物种其他观测
32	HTFZH02ABC_02	箬竹	叶干重 (g)	$SWl=0.03\times(D^2H)+2.808$	SWl 为叶干重，单位 g；D 为基径，单位 cm；H 为高度，单位 cm	箬竹，该模型也适用场该类物种其他观测
33	HTFZH02ABC_02	箬竹	枝干干重 (g)	$SWb=6.157+0.198\times(D^2H)$	SWb 为枝干干重，单位 g；D 为基径，单位 cm；H 为高度，单位 cm	箬竹，该模型也适用场该类物种其他观测
34	HTFZH02ABC_02	广东紫珠	地下部总干重 (g)	$TWr=2.592+0.0400\times(D^2H)$	TWr 为地下部总干重，单位 g；D 为基径，单位 cm；H 为高度，单位 cm	广东紫珠、紫珠、该模型观测于其他观测场该类物种
35	HTFZH02ABC_02	广东紫珠	地上部总干重 (g)	$TWa=11.201+0.153\times(D^2H)$	TWa 为地上部总干重，单位 g；D 为基径，单位 cm；H 为高度，单位 cm	广东紫珠、紫珠、该模型观测于其他观测场该类物种
36	HTFZH02ABC_02	广东紫珠	叶干重 (g)	$TWl=0.756+0.191\times TWb$	TWl 为叶干重，单位 g；TWb 为枝干干重，单位 g	广东紫珠、紫珠、该模型观测场该类物种
37	HTFZH02ABC_02	广东紫珠	枝干干重 (g)	$TWb=8.358+0.131\times(D^2H)$	TWb 为枝干干重，单位 g；D 为基径，单位 cm；H 为高度，单位 cm	广东紫珠、紫珠、该模型观测于其他观测场该类物种
38	HTFZH02ABC_02	油茶	地下部总干重 (g)	$TWr=0.579\times(D^2H)^{0.674}$	TWr 为地下部总干重，单位 g；D 为基径，单位 cm；H 为高度，单位 cm	油茶，该模型也适用于其他观测场该类物种
39	HTFZH02ABC_02	油茶	地上部总干重 (g)	$TWa=0.829\times(D^2H)^{0.853}$	TWa 为地上部总干重，单位 g；D 为基径，单位 cm；H 为高度，单位 cm	油茶，该模型也适用于其他观测场该类物种

（续）

序号	样地代码	植物种名	项目	模型	符号说明	模型适用植物种
40	HTFZH02ABC_02	油茶	叶干重 (g)	$TWl=0.429\times(D^2H)^{0.806}$	TWl 为叶干重，单位 g；D 为基径，单位 cm；H 为高度，单位 cm	油茶，该模型也适用于其他观测场该类物种
41	HTFZH02ABC_02	油茶	枝干干重 (g)	$TWb=0.376\times(D^2H)^{0.917}$	TWb 为枝干干重，单位 g；D 为基径，单位 cm；H 为高度，单位 cm	油茶，该模型也适用于其他观测场该类物种
42	HTFZH02ABC_02	细齿叶柃	地下部总干重 (g)	$TWr=0.125\times(D^2H)+1.050$	TWr 为地下部总干重，单位 g；D 为基径，单位 cm；H 为高度，单位 cm	细枝叶柃，细枝叶柃该类场观测于其他观测场该类物种
43	HTFZH02ABC_02	细齿叶柃	地上部总干重 (g)	$TWa=0.293\times(D^2H)+10.07$	TWa 为地上部总干重，单位 g；D 为基径，单位 cm；H 为高度，单位 cm	细枝叶柃，细枝叶柃该类场观测于其他观测场该类物种
44	HTFZH02ABC_02	细齿叶柃	叶干重 (g)	$TWl=0.113\times(D^2H)+2.477$	TWl 为叶干重，单位 g；D 为基径，单位 cm；H 为高度，单位 cm	细枝叶柃，细枝叶柃该类场观测于其他观测场该类物种
45	HTFZH02ABC_02	细齿叶柃	枝干干重 (g)	$TWb=0.191\times(D^2H)+6.287$	TWb 为枝干干重，单位 g；D 为基径，单位 cm；H 为高度，单位 cm	细枝叶柃，细枝叶柃该类场观测于其他观测场该类物种
46	HTFZH02ABC_02	樟	地下部总干重 (g)	$TWr=0.001\times(D^2H)^2-0.015\times(D^2H)+2.911$	TWr 为地下部总干重，单位 g；D 为基径，单位 cm；H 为高度，单位 cm	黄樟、樟，该模型也适用于其他观测场该类物种
47	HTFZH02ABC_02	樟	地上部总干重 (g)	$TWa=0.336\times(D^2H)+1.081$	TWa 为地上部总干重，单位 g；D 为基径，单位 cm；H 为高度，单位 cm	黄樟、樟，该模型也适用于其他观测场该类物种
48	HTFZH02ABC_02	樟	叶干重 (g)	$TWl=0.133\times(D^2H)+1.098$	TWl 为叶干重，单位 g；D 为基径，单位 cm；H 为高度，单位 cm	黄樟、樟，该模型也适用于其他观测场该类物种
49	HTFZH02ABC_02	樟	树枝干重 (g)	$TWb=0.026\times(D^2H)+0.200$	TWb 为树枝干重，单位 g；D 为基径，单位 cm；H 为高度，单位 cm	黄樟、樟，该模型也适用于其他观测场该类物种
50	HTFZH02ABC_02	樟	树干干重 (g)	$TWf=0.2\times(D^2H)-0.0103$	TWf 为树干干重，单位 g；D 为基径，单位 cm；H 为高度，单位 cm	黄樟、樟，该模型也适用于其他观测场该类物种
51	HTFZH01ABC_02	赤杨叶	地下部总干重 (g)	$SWr=0.033\times(D^2H)+2.984$	SWr 为地下部总干重，单位 g；D 为基径，单位 cm；H 为高度，单位 cm	赤杨叶，该模型也适用于其他观测场该类物种
52	HTFZH01ABC_02	赤杨叶	地上部总干重 (g)	$SWa=0.145\times(D^2H)+5.652$	SWa 为地上部总干重，单位 g；D 为基径，单位 cm；H 为高度，单位 cm	赤杨叶，该模型也适用于其他观测场该类物种

（续）

序号	样地代码	植物种名	项目	模型	符号说明	模型适用植物种
53	HTFZH01ABC_02	赤杨叶	叶干重（g）	$SWl=0.024\times(D^2H)+1.536$	SWl为叶干重，单位g；D为基径，单位cm；H为高度，单位cm	赤杨叶；该模型也适用于其他观测场该类物种
54	HTFZH01ABC_02	赤杨叶	枝干重（g）	$SWb=0.120\times(D^2H)+4.116$	SWb为枝干重，单位g；D为基径，单位cm；H为高度，单位cm	赤杨叶；该模型也适用于其他观测场该类物种
55	HTFZH01ABC_02	山乌桕	地下部总干重（g）	$SWr=0.214\times(D^2H)-0.019$	SWr为地下部总干重，单位g；D为基径，单位cm；H为高度，单位cm	山乌桕；该模型也适用于其他观测场该类物种
56	HTFZH01ABC_02	山乌桕	地上部总干重（g）	$SWa=0.228\times(D^2H)+1.494$	SWa为地上部总干重，单位g；D为基径，单位cm；H为高度，单位cm	山乌桕；该模型也适用于其他观测场该类物种
57	HTFZH01ABC_02	山乌桕	叶干重（g）	$SWl=0.044\times(D^2H)+0.021$	SWl为叶干重，单位g；D为基径，单位cm；H为高度，单位cm	山乌桕；该模型也适用于其他观测场该类物种
58	HTFZH01ABC_02	山乌桕	枝干重（g）	$SWb=0.131\times(D^2H)+0.920$	SWb为枝干重，单位g；D为基径，单位cm；H为高度，单位cm	山乌桕；该模型也适用于其他观测场该类物种
59	HTFZH01ABC_02	山莓	地下部总干重（g）	$SWr=0.107\times(D^2H)+1.100$	SWr为地下部总干重，单位g；D为基径，单位cm；H为高度，单位cm	山莓；该模型也适用于其他观测场该类物种
60	HTFZH01ABC_02	山莓	地上部总干重（g）	$SWa=0.368\times(D^2H)+1.351$	SWa为地上部总干重，单位g；D为基径，单位cm；H为高度，单位cm	山莓；该模型也适用于其他观测场该类物种
61	HTFZH01ABC_02	山莓	叶干重（g）	$SWl=0.109\times(D^2H)+0.682$	SWl为叶干重，单位g；D为基径，单位cm；H为高度，单位cm	山莓；该模型也适用于其他观测场该类物种
62	HTFZH01ABC_02	山莓	枝干重（g）	$SWb=0.259\times(D^2H)+0.669$	SWb为枝干重，单位g；D为基径，单位cm；H为高度，单位cm	山莓；该模型也适用于其他观测场该类物种
63	HTFZH01ABC_02	梵天花	地下部总干重（g）	$SWr=0.016\times(D^2H)+0.747$	SWr为地下部总干重，单位g；D为基径，单位cm；H为高度，单位cm	梵天花、地桃花、苍耳等，该模型也适用于其他观测场该类物种
64	HTFZH01ABC_02	梵天花	地上部总干重（g）	$SWa=0.119\times(D^2H)+0.641$	SWa为地上部总干重，单位g；D为基径，单位cm；H为高度，单位cm	梵天花、地桃花、苍耳等，该模型也适用于其他观测场该类物种
65	HTFZH01ABC_02	梵天花	叶干重（g）	$SWl=0.011\times(D^2H)+0.589$	SWl为叶干重，单位g；D为基径，单位cm；H为高度，单位cm	梵天花、地桃花、苍耳等，该模型也适用于其他观测场该类物种

（续）

序号	样地代码	植物种名	项目	模型	符号说明	模型适用植物种
66	HTFZH01ABC_02	梵天花	枝干干重 (g)	$SWb = 0.118 \times (D^2H)^{0.958}$	SWb 为枝干干重，单位 g；D 为基径，单位 cm；H 为高度，单位 cm	梵天花、地桃花、苍耳等，该模型也适用于其他观测场该类物种
67	HTFZH01ABC_02	水竹	地下部总干重 (g)	$SWr = 0.03 \times (D^2H) + 7.166$	SWr 为地下部总干重，单位 g；D 为基径，单位 cm	水竹、花竹、楠竹（毛竹）等，该模型也适用于其他观测场该类物种
68	HTFZH01ABC_02	水竹	地上部总干重 (g)	$SWa = 0.371 \times (D^2H) + 0.271$	SWa 为地上部总干重，单位 g；D 为基径，单位 cm	水竹、花竹、楠竹等，该模型也适用于其他观测场该类物种
69	HTFZH01ABC_02	水竹	叶干重 (g)	$SWl = 0.045 \times (D^2H) + 2.197$	SWl 为叶干重，单位 g；D 为基径，单位 cm；H 为高度，单位 cm	水竹、花竹、楠竹等，该模型也适用于其他观测场该类物种
70	HTFZH01ABC_02	水竹	枝干干重 (g)	$SWb = 0.213 \times (D^2H) + 3.229$	SWb 为枝干干重，单位 g；D 为基径，单位 cm	水竹花竹、楠竹等，该模型也适用于其他观测场该类物种
71	HTFZH01ABC_02	空心泡	地下部总干重 (g)	$SWr = 0.001 \times (D^2H) + 0.208$	SWr 为地下部总干重，单位 g；D 为基径，单位 cm	空心泡。该模型也适用于其他观测场该类物种
72	HTFZH01ABC_02	空心泡	地上部总干重 (g)	$SWa = 0.460 \times (D^2H) + 0.218$	SWa 为地上部总干重，单位 g；D 为基径，单位 cm	空心泡。该模型也适用于其他观测场该类物种
73	HTFZH01ABC_02	空心泡	叶干重 (g)	$SWl = 0.133 \times (D^2H) + 0.388$	SWl 为叶干重，单位 g；D 为基径，单位 cm	空心泡。该模型也适用于其他观测场该类物种
74	HTFZH01ABC_02	空心泡	枝干干重 (g)	$SWb = 0.192 \times (D^2H) + 0.622$	SWb 为枝干干重，单位 g；D 为基径，单位 cm	空心泡。该模型也适用于其他观测场该类物种
75	HTFZH01ABC_02	楮	地下部总干重 (g)	$SWr = 0.076 \times (D^2H) + 1.253$	SWr 为地下部总干重，单位 g；D 为基径，单位 cm	楮。该模型也适用于其他观测场该类物种
76	HTFZH01ABC_02	楮	地上部总干重 (g)	$SWa = 0.185 \times (D^2H)^{1.066}$	SWa 为地上部总干重，单位 g；D 为基径，单位 cm	楮。该模型也适用于其他观测场该类物种
77	HTFZH01ABC_02	楮	叶干重 (g)	$SWl = 1 \times 10^{-5} \times (D^2H)^2 + 0.011 \times (D^2H) + 0.157$	SWl 为叶干重，单位 g；D 为基径，单位 cm；H 为高度，单位 cm	楮。该模型也适用于其他观测场该类物种
78	HTFZH01ABC_02	楮	枝干干重 (g)	$SWb = 0.149 \times (D^2H)^{1.100}$	SWb 为枝干干重，单位 g；D 为基径，单位 cm；H 为高度，单位 cm	楮。该模型也适用于其他观测场该类物种

（续）

序号	样地代码	植物种名	项目	模型	符号说明	模型适用植物种
79	HTFZH01ABC_02	盐肤木	地下部总干重 (g)	$SWr=0.184\times(D^2H)+2.140$	SWr 为地下部总干重、单位 g; D 为基径、单位 cm; H 为高度、单位 cm	盐肤木，该模型也适用于其他观测场该类物种
80	HTFZH01ABC_02	盐肤木	地上部总干重 (g)	$SWa=0.412\times(D^2H)+1.791$	SWa 为地上部总干重、单位 g; D 为基径、单位 cm; H 为高度、单位 cm	盐肤木，该模型也适用于其他观测场该类物种
81	HTFZH01ABC_02	盐肤木	叶干重 (g)	$SWl=0.013\times(D^2H)+2.249$	SWl 为叶干重、单位 g; D 为基径、单位 cm; H 为高度、单位 cm	盐肤木，该模型也适用于其他观测场该类物种
82	HTFZH01ABC_02	盐肤木	枝干干重 (g)	$SWb=0.368\times(D^2H)-0.127$	SWb 为枝干干重、单位 g; D 为基径、单位 cm; H 为高度、单位 cm	盐肤木，该模型也适用于其他观测场该类物种
83	HTFZH01ABC_02	醉香含笑	地下部总干重 (g)	$SWr=0.064\times(D^2H)+0.474$	SWr 为地下部总干重、单位 g; D 为基径、单位 cm; H 为高度、单位 cm	醉香含笑、深山含笑，该模型也适用于其他观测场该类物种
84	HTFZH01ABC_02	醉香含笑	地上部总干重 (g)	$SWa=0.345\times(D^2H)+0.156$	SWa 为地上部总干重、单位 g; D 为基径、单位 cm; H 为高度、单位 cm	醉香含笑、深山含笑，该模型也适用于其他观测场该类物种
85	HTFZH01ABC_02	醉香含笑	叶干重 (g)	$SWl=0.174\times(D^2H)+0.573$	SWl 为叶干重、单位 g; D 为基径、单位 cm; H 为高度、单位 cm	醉香含笑、深山含笑，该模型也适用于其他观测场该类物种
86	HTFZH01ABC_02	醉香含笑	枝干干重 (g)	$SWb=0.169\times(D^2H)+0.778$	SWb 为枝干干重、单位 g; D 为基径、单位 cm; H 为高度、单位 cm	醉香含笑、深山含笑，该模型也适用于其他观测场该类物种
87	HTFZH01ABC_02	刨花润楠	地下部总干重 (g)	$SWr=0.092\times(D^2H)+1.370$	SWr 为地下部总干重、单位 g; D 为基径、单位 cm; H 为高度、单位 cm	刨花润楠、虎皮楠、狭叶润楠等，该模型也适用于其他观测场该类物种
88	HTFZH01ABC_02	刨花润楠	地上部总干重 (g)	$SWa=0.262\times(D^2H)+3.693$	SWa 为地上部总干重、单位 g; D 为基径、单位 cm; H 为高度、单位 cm	刨花润楠、虎皮楠、狭叶润楠等，该模型也适用于其他观测场该类物种
89	HTFZH01ABC_02	刨花润楠	叶干重 (g)	$SWl=0.076\times(D^2H)+2.750$	SWl 为叶干重、单位 g; D 为基径、单位 cm; H 为高度、单位 cm	刨花润楠、虎皮楠、狭叶润楠等，该模型也适用于其他观测场该类物种

（续）

序号	样地代码	植物种名	项目	模型	符号说明	模型适用植物种
90	HTFZH01ABC_02	刨花润楠	枝干干重 (g)	$SWb=0.185\times(D^2H)+0.942$	SWb 为枝干干重，单位 g；D 为基径，单位 cm；H 为高度，单位 cm	刨花润楠、虎皮楠、狭叶润楠等。该模型也适用于其他观测场该类物种
91	HTFZH01ABC_02	山胡椒	地下部总干重 (g)	$SWr=0.035\times(D^2H)^{1.077}$	SWr 为地下部总干重，单位 g；D 为基径，单位 cm；H 为高度，单位 cm	山胡椒、山鸡椒、毛叶木姜子等相似物种。该模型也适用于其他观测场该类物种
92	HTFZH01ABC_02	山胡椒	地上部总干重 (g)	$SWa=0.207\times(D^2H)^{0.998}$	SWa 为地上部总干重，单位 g；D 为基径，单位 cm；H 为高度，单位 cm	山胡椒、山鸡椒、毛叶木姜子等相似物种。该模型也适用于其他观测场该类物种
93	HTFZH01ABC_02	山胡椒	叶干重 (g)	$SWl=0.011\times(D^2H)^{1.301}$	SWl 为叶干重，单位 g；D 为基径，单位 cm；H 为高度，单位 cm	山胡椒、山鸡椒、毛叶木姜子等相似物种。该模型也适用于其他观测场该类物种
94	HTFZH01ABC_02	山胡椒	枝干干重 (g)	$SWb=0.161\times(D^2H)^{1.022}$	SWb 为枝干干重，单位 g；D 为基径，单位 cm；H 为高度，单位 cm	山胡椒、山鸡椒、毛叶木姜子等相似物种。该模型也适用于其他观测场该类物种
95	HTFZH01ABC_02	大叶白纸扇	地下部总干重 (g)	$SWr=2\times10^{-6}\times(D^2H)^2+0.022\times(D^2H)+9.081$	SWr 为地下部总干重，单位 g；D 为基径，单位 cm；H 为高度，单位 cm	大叶白纸扇。该模型也适用于其他观测场该类物种
96	HTFZH01ABC_02	大叶白纸扇	地上部总干重 (g)	$SWa=0.126\times(D^2H)+5.900$	SWa 为地上部总干重，单位 g；D 为基径，单位 cm；H 为高度，单位 cm	大叶白纸扇。该模型也适用于其他观测场该类物种
97	HTFZH01ABC_02	大叶白纸扇	叶干重 (g)	$SWl=10^{-5}\times(D^2H)^2-0.010\times(D^2H)+3.492$	SWl 为叶干重，单位 g；D 为基径，单位 cm；H 为高度，单位 cm	大叶白纸扇。该模型也适用于其他观测场该类物种
98	HTFZH01ABC_02	大叶白纸扇	枝干干重 (g)	$SWb=0.120\times(D^2H)+5.231$	SWb 为枝干干重，单位 g；D 为基径，单位 cm；H 为高度，单位 cm	大叶白纸扇。该模型也适用于其他观测场该类物种
99	HTFZH01ABC_02	油桐	地下部总干重 (g)	$SWr=0.085\times(D^2H)+2.525$	SWr 为地下部总干重，单位 g；D 为基径，单位 cm；H 为高度，单位 cm	油桐、毛桐、木油桐。该模型也适用于其他观测场该类物种
100	HTFZH01ABC_02	油桐	地上部总干重 (g)	$SWa=0.285\times(D^2H)+2.897$	SWa 为地上部总干重，单位 g；D 为基径，单位 cm；H 为高度，单位 cm	油桐、毛桐、木油桐。该模型也适用于其他观测场该类物种

（续）

序号	样地代码	植物种名	项目	模型	符号说明	模型适用植物种
101	HTFZH01ABC_02	油桐	叶干重（g）	$SW_l=0.067\times(D^2H)+1.897$	SW_l为叶干重，单位g；D为基径，单位cm；H为高度，单位cm	油桐、毛桐、木油桐，该模型也适用于其他观测场该类物种
102	HTFZH01ABC_02	油桐	枝干重（g）	$SW_b=0.218\times(D^2H)+1.00$	SW_b为枝干重，单位g；D为基径，单位cm；H为高度，单位cm	油桐、毛桐、木油桐，该模型也适用于其他观测场该类物种
103	HTFZH01ABC_02	钩藤	地下部总干重（g）	$SW_r=0.096\times(D^2H)+1.865$	SW_r为地下部总干重，单位g；D为基径，单位cm；H为高度，单位cm	钩藤，该模型也适用于其他观测场类物种
104	HTFZH01ABC_02	钩藤	地上部总干重（g）	$SW_a=0.228\times(D^2H)+1.494$	SW_a为地上部总干重，单位g；D为基径，单位cm；H为高度，单位cm	钩藤，该模型也适用于其他观测场类物种
105	HTFZH01ABC_02	钩藤	叶干重（g）	$SW_l=0.088\times(D^2H)+0.3562$	SW_l为叶干重，单位g；D为基径，单位cm；H为高度，单位cm	钩藤，该模型也适用于其他观测场类物种
106	HTFZH01ABC_02	钩藤	枝干重（g）	$SW_b=0.139\times(D^2H)+1.137$	SW_b为枝干重，单位g；D为基径，单位cm；H为高度，单位cm	钩藤，该模型也适用于其他观测场类物种
107	HTFZH01ABC_02	黄毛猕猴桃	地下部总干重（g）	$SW_r=0.121\times(D^2H)+1.341$	SW_r为地下部总干重，单位g；D为基径，单位cm；H为高度，单位cm	黄毛猕猴桃，该模型也适用于其他观测场类物种
108	HTFZH01ABC_02	黄毛猕猴桃	地上部总干重（g）	$SW_a=0.537\times(D^2H)-0.083$	SW_a为地上部总干重，单位g；D为基径，单位cm；H为高度，单位cm	黄毛猕猴桃，该模型也适用于其他观测场类物种
109	HTFZH01ABC_02	蕨	地下部总干重（g）	$SW_r=0.221\times(D^2H)+2.086$	SW_r为地下部总干重，单位g；D为基径，单位cm；H为高度，单位cm	蕨，该模型也适用于其他观测场该类物种
110	HTFZH01ABC_02	蕨	地上部总干重（g）	$SW_a=0.057\times(D^2H)+0.546$	SW_a为地上部总干重，单位g；D为基径，单位cm；H为高度，单位cm	蕨，该模型也适用于其他观测场该类物种
111	HTFZH01ABC_02	牛膝	地下部总干重（g）	$SW_r=0.172\times(D^2H)+0.172$	SW_r为地下部总干重，单位g；D为基径，单位cm；H为高度，单位cm	牛膝，该模型也适用于其他观测场该类物种
112	HTFZH01ABC_02	牛膝	地上部总干重（g）	$SW_a=0.200\times(D^2H)+0.830$	SW_a为地上部总干重，单位g；D为基径，单位cm；H为高度，单位cm	牛膝，该模型也适用于其他观测场该类物种
113	HTFZH01ABC_02	芒	地下部总干重（g）	$SW_r=0.146\times(D^2H)+0.367$	SW_r为地下部总干重，单位g；D为基径，单位cm；H为高度，单位cm	芒，该模型也适用于其他观测场该类物种

（续）

序号	样地代码	植物种名	项目	模型	符号说明	模型适用植物种
114	HTFZH01ABC_02	芒	地上部总重 (g)	$SWa = 0.215 \times (D^2H) + 0.503$	SWa 为地上部总干重，单位 g；D 为基径，单位 cm；H 为高度，单位 cm	该模型也适用于其他观测场该类物种
115	HTFZH02ABC_02	林下植被灌木种混合模型	地下部总重 (g)	$TWr = 10^{-0.13+0.802\times\lg[2.798+0.214\times(D_2H+1]} - 1$	TWr 为地下部总干重，单位 g；D 为胸径单位 cm，H 为高单位为 cm	林下植被灌木种、该模型也适用于其他观测场该类物种
116	HTFZH02ABC_02	林下植被灌木种混合模型	地上部总重 (g)	$TWa = 2.798 + 0.214 \times (D^2H)$	TWa 为地上部总干重，单位 g；D 为基径，单位 cm；H 为高度，单位 cm	林下植被灌木种、该模型也适用于其他观测场该类物种
117	HTFZH02ABC_02	林下植被灌木种混合模型	叶干重 (g)	$TWl = 10^{0.0217+0.511\times\lg[2.798+0.214\times(D_2H+1]} - 1$	TWl 为叶干重，单位 g；D 为胸径单位为 cm，H 为高度单位为 cm	林下植被灌木种、该模型也适用于其他观测场该类物种
118	HTFZH02ABC_02	林下植被灌木种混合模型	枝干干重 (g)	$TWb = 0.775 + 0.190 \times (D^2H)$	TWb 为枝干干重，单位 g；D 为基径，单位 cm；H 为高度，单位 cm	林下植被灌木种、该模型也适用于其他观测场该类物种
119	HTFZH02ABC_02	乔木层树种混合模型	树干干重 (kg)	$TWs = 10^{-1.179\,65+0.866\,65\times\lg(D_2H)}$	TWs 为树干干重，单位 kg；D 为胸径，单位 m；H 为高度，单位 m	乔木层树种、该模型也适用于其他观测场该类物种
120	HTFZH02ABC_02	乔木层树种混合模型	树枝干重 (kg)	$TWb = 10^{-1.365+0.821\times\lg(D_2H)}$	TWb 为树枝干重，单位 kg；D 为胸径，单位 m；H 为高度，单位 m	乔木层树种、该模型也适用于其他观测场该类物种
121	HTFZH02ABC_02	乔木层树种混合模型	树叶干重 (kg)	$TWl = 10^{0.098\,3\times\lg(D_2H)+0.101\times[\lg(D_2H)]2-0.671}$	TWl 为树叶干重，单位 kg；D 为胸径，单位 m；H 为高度，单位 m	乔木层树种、该模型也适用于其他观测场该类物种
122	HTFZH02ABC_02	乔木层树种混合模型	树皮干重 (kg)	$TWp = 10^{0.744\times\lg(D_2H)-1.607}$	TWp 为树皮干重，单位 kg；D 为胸径，单位 m；H 为高度，单位 m	乔木层树种、该模型也适用于其他观测场该类物种
123	HTFZH02ABC_02	乔木层树种混合模型	地下部总重 (kg)	$TWr = 10^{0.747\times\lg(D_2H)-1.100}$	TWr 为地下部总干重，单位 kg；D 为胸径，单位 m；H 为高度，单位 m	乔木层树种、该模型也适用于其他观测场该类物种

注：生物量模型涉及的解析木都是在破坏样地中采样。

3.1.2 分种生物量数据集

3.1.2.1 概述

本数据集记录了会同杉木人工林综合观测场永久样地（HTFZH01ABC_01）、会同常绿阔叶林综合观测场永久样地（HTFZH02ABC_01）、会同杉木人工林1号辅助观测场永久样地（HTFFZ01AB0_01）按群落乔木层、灌木层、草本层各物种分别统计的年生物量数据。其中，乔木层数据年份为2009—2015年，灌木层、草本层数据年份分别为2010年、2011年、2015年。

3.1.2.2 数据采集和处理方法

乔木层数据采集方法为整个观测样地全部调查，测量记录编号树木树高和胸径；灌木、草本层是在样地内随机选择5个二级样方，整个二级样方调查，测量记录样方内所有灌木及草本物种的数量、高度和基径。

在质控数据的基础上根据实测株高、胸径（或基径），利用生物量模型计算植物物种各器官（或部分）生物量，乔木和灌木利用生物量模型计算植物物种各器官（或部分）生物量，草本层在破坏样地采取收割烘干法分别计算每个物种单株地上部分的生物量，再根据物种单株的生物量计算调查样地草本层的生物量，最后按乔灌草以及植物种类分类，分别统计各物种的株数、地上和地下生物量。乔木层将每个样地内的生物量累加求和计算样地各物种生物量，灌木、草本层根据调查面积中各物种数量和生物量换算成整个样地各物种数量和生物量，其中草本只统计地上活体的生物量，形成样地尺度的数据产品。

3.1.2.3 数据质量控制和评估

通过监测各个物种的生物量，可以掌握每个物种在森林群落结构中的地位及重要性。

调查前期根据统一的调查规范方案，对所有参与调查的人员进行集中技术培训，尽可能地保证调查人员固定性，减少人为误差。调查过程中，采用统一型号的胸径尺测量，乔木调查时参照往年的数据，对测量指标进行核对，如胸径和树高低于往年，则需要重新核对测量，对于不能当场确定的树种名称，采集相关凭证标本并在室内进行鉴定；调查人和记录人完成小样方调查时，当即对原始记录表进行核查，发现有误的数据及时纠正。调查完成后，调查人和记录人完成对样方数据的进一步核查，并补充相关信息，纸质版数据录入完成时，调查人和记录人对数据进行自查，检查原始记录表和电子版数据表的一致性，以确保数据输入的准确性。对于树种的补充信息、种名及其特性等主要采用生物分中心提供的森林填报系统生成，系统不能生成的则参考《中国植物志》电子版网站（http：//www.iplant.cn/frps）和《中国植物志》英文修订版官方网站（http：//foc.iplant.cn/）。野外纸质原始数据集妥善保存并备份，以备将来核查。

对原始数据采用阈值检查、一致性检查等方法进行质控。阈值检查是根据多年数据比对，对超出历史数据阈值范围的监测数据进行校验，删除异常值或标注说明；一致性检查主要对比数量级是否与其他测量值不同。

3.1.2.4 数据使用方法和建议

本数据集原始数据可通过湖南会同森林生态系统国家野外科学观测研究站网络（http：//htf.cern.ac.cn/meta/metaData）获取，登录后点击"资源服务"下的"数据服务"，进入相应页面下载数据。

3.1.2.5 数据

见表3-3至表3-5。

表 3-3　乔木层各物种生物量

年份	样地代码	样地面积/m²	植物名称	植物株数/株	地上部总干重/kg	地下部总干重/kg
2009	HTFZH02ABC_01	2 500	黄杞	21	1 806.18	471.23
2009	HTFZH02ABC_01	2 500	柯	13	532.41	147.44
2009	HTFZH02ABC_01	2 500	油茶	11	78.36	25.89
2009	HTFZH02ABC_01	2 500	山乌桕	12	5 389.12	1 224.59
2009	HTFZH02ABC_01	2 500	檵木	5	469.27	200.01
2009	HTFZH02ABC_01	2 500	栲	63	23 963.62	4 781.39
2009	HTFZH02ABC_01	2 500	杨梅	1	207.73	52.52
2009	HTFZH02ABC_01	2 500	笔罗子	49	1 065.50	311.86
2009	HTFZH02ABC_01	2 500	细齿叶柃	17	77.21	27.27
2009	HTFZH02ABC_01	2 500	刨花润楠	24	7 746.07	1 648.40
2009	HTFZH02ABC_01	2 500	石灰花楸	6	1 475.39	340.24
2009	HTFZH02ABC_01	2 500	青冈	34	6 286.83	1 426.70
2009	HTFZH02ABC_01	2 500	中华石楠	3	222.80	60.95
2009	HTFZH02ABC_01	2 500	光亮山矾	3	231.98	62.46
2009	HTFZH02ABC_01	2 500	虎皮楠	1	1.92	0.99
2009	HTFZH02ABC_01	2 500	毛豹皮樟	2	383.77	92.17
2009	HTFZH02ABC_01	2 500	日本五月茶	7	36.77	12.95
2009	HTFZH02ABC_01	2 500	黄樟	1	73.82	20.94
2009	HTFZH02ABC_01	2 500	枫香树	2	4 132.03	778.95
2009	HTFZH02ABC_01	2 500	野柿	4	557.74	140.91
2009	HTFZH02ABC_01	2 500	南酸枣	2	635.29	144.28
2009	HTFZH02ABC_01	2 500	小瘤果茶	2	6.08	2.18
2009	HTFZH02ABC_01	2 500	粗糠柴	1	6.58	2.31
2009	HTFZH02ABC_01	2 500	冬青	1	5.02	1.79
2009	HTFZH02ABC_01	2 500	亮叶桦	1	301.06	72.87
2009	HTFZH02ABC_01	2 500	栓叶安息香	4	1 529.44	335.63
2009	HTFZH02ABC_01	2 500	枇杷	2	76.28	22.34
2009	HTFZH02ABC_01	2 500	沉水樟	2	242.11	63.74
2009	HTFZH02ABC_01	2 500	黄棉木	2	57.44	17.63
2010	HTFZH02ABC_01	2 500	黄杞	19	1 764.81	459.43
2010	HTFZH02ABC_01	2 500	柯	9	413.51	116.35
2010	HTFZH02ABC_01	2 500	油茶	11	80.05	26.42
2010	HTFZH02ABC_01	2 500	山乌桕	12	5 472.51	1 241.46

（续）

年份	样地代码	样地面积/m²	植物名称	植物株数/株	地上部总干重/kg	地下部总干重/kg
2010	HTFZH02ABC_01	2 500	檵木	5	469.35	200.05
2010	HTFZH02ABC_01	2 500	栲	63	24 261.92	4 831.78
2010	HTFZH02ABC_01	2 500	杨梅	1	209.23	52.86
2010	HTFZH02ABC_01	2 500	笔罗子	53	1 105.78	325.23
2010	HTFZH02ABC_01	2 500	细齿叶柃	17	78.51	27.69
2010	HTFZH02ABC_01	2 500	刨花润楠	24	7 948.73	1 684.89
2010	HTFZH02ABC_01	2 500	石灰花楸	5	1 452.60	331.36
2010	HTFZH02ABC_01	2 500	青冈	35	6 215.97	1 415.74
2010	HTFZH02ABC_01	2 500	中华石楠	3	230.07	62.67
2010	HTFZH02ABC_01	2 500	光亮山矾	3	240.61	64.50
2010	HTFZH02ABC_01	2 500	虎皮楠	1	2.08	1.07
2010	HTFZH02ABC_01	2 500	毛豹皮樟	2	384.62	92.42
2010	HTFZH02ABC_01	2 500	日本五月茶	8	42.49	14.96
2010	HTFZH02ABC_01	2 500	黄樟	1	74.74	21.18
2010	HTFZH02ABC_01	2 500	枫香树	2	4 125.39	777.70
2010	HTFZH02ABC_01	2 500	野柿	3	522.17	129.81
2010	HTFZH02ABC_01	2 500	南酸枣	2	661.17	149.46
2010	HTFZH02ABC_01	2 500	小瘤果茶	2	6.37	2.29
2010	HTFZH02ABC_01	2 500	粗糠柴	1	6.58	2.31
2010	HTFZH02ABC_01	2 500	冬青	1	5.02	1.79
2010	HTFZH02ABC_01	2 500	亮叶桦	1	301.06	72.87
2010	HTFZH02ABC_01	2 500	栓叶安息香	4	1 544.00	338.67
2010	HTFZH02ABC_01	2 500	枇杷	2	76.64	22.46
2010	HTFZH02ABC_01	2 500	沉水樟	2	241.20	63.60
2010	HTFZH02ABC_01	2 500	黄棉木	2	59.91	18.33
2011	HTFZH02ABC_01	2 500	黄杞	19	1 685.26	436.70
2011	HTFZH02ABC_01	2 500	柯	10	421.31	119.63
2011	HTFZH02ABC_01	2 500	油茶	10	80.64	26.50
2011	HTFZH02ABC_01	2 500	山乌桕	12	5 525.78	1 252.36
2011	HTFZH02ABC_01	2 500	檵木	5	469.35	200.05
2011	HTFZH02ABC_01	2 500	栲	71	24 759.22	4 930.75
2011	HTFZH02ABC_01	2 500	杨梅	1	210.87	53.22
2011	HTFZH02ABC_01	2 500	笔罗子	60	1 119.37	329.52

（续）

年份	样地代码	样地面积/m²	植物名称	植物株数/株	地上部总干重/kg	地下部总干重/kg
2011	HTFZH02ABC_01	2 500	细齿叶柃	17	78.89	27.78
2011	HTFZH02ABC_01	2 500	刨花润楠	25	8 140.77	1 718.66
2011	HTFZH02ABC_01	2 500	石灰花楸	4	1 340.30	300.52
2011	HTFZH02ABC_01	2 500	青冈	37	6 290.01	1 433.81
2011	HTFZH02ABC_01	2 500	中华石楠	3	234.87	63.85
2011	HTFZH02ABC_01	2 500	光亮山矾	3	251.64	67.16
2011	HTFZH02ABC_01	2 500	虎皮楠	1	2.26	1.14
2011	HTFZH02ABC_01	2 500	毛豹皮樟	2	389.18	93.37
2011	HTFZH02ABC_01	2 500	日本五月茶	9	45.90	16.14
2011	HTFZH02ABC_01	2 500	黄樟	2	49.77	14.83
2011	HTFZH02ABC_01	2 500	枫香树	2	4 128.65	778.13
2011	HTFZH02ABC_01	2 500	柿	3	528.35	131.22
2011	HTFZH02ABC_01	2 500	南酸枣	2	672.73	151.89
2011	HTFZH02ABC_01	2 500	小瘤果茶	2	6.71	2.41
2011	HTFZH02ABC_01	2 500	粗糠柴	1	6.85	2.40
2011	HTFZH02ABC_01	2 500	冬青	1	5.02	1.79
2011	HTFZH02ABC_01	2 500	亮叶桦	1	287.67	70.01
2011	HTFZH02ABC_01	2 500	栓叶安息香	4	1 557.20	341.44
2011	HTFZH02ABC_01	2 500	枇杷	2	76.94	22.55
2011	HTFZH02ABC_01	2 500	毛叶木姜子	15	69.74	24.70
2011	HTFZH02ABC_01	2 500	木油桐	9	26.69	9.54
2011	HTFZH02ABC_01	2 500	沉水樟	2	266.30	69.20
2011	HTFZH02ABC_01	2 500	黄棉木	2	61.57	18.80
2012	HTFZH02ABC_01	2 500	黄杞	19	1 712.27	443.13
2012	HTFZH02ABC_01	2 500	柯	10	430.35	121.82
2012	HTFZH02ABC_01	2 500	油茶	10	83.89	27.56
2012	HTFZH02ABC_01	2 500	山乌桕	12	5 611.63	1 269.66
2012	HTFZH02ABC_01	2 500	檵木	5	469.78	200.21
2012	HTFZH02ABC_01	2 500	栲	71	24 898.81	4 956.31
2012	HTFZH02ABC_01	2 500	杨梅	1	215.55	54.27
2012	HTFZH02ABC_01	2 500	笔罗子	60	1 138.86	335.42
2012	HTFZH02ABC_01	2 500	细齿叶柃	17	81.66	28.69
2012	HTFZH02ABC_01	2 500	刨花润楠	25	8 254.00	1 739.31

（续）

年份	样地代码	样地面积/m²	植物名称	植物株数/株	地上部总干重/kg	地下部总干重/kg
2012	HTFZH02ABC_01	2 500	石灰花楸	4	1 350.90	302.69
2012	HTFZH02ABC_01	2 500	青冈	37	6 329.42	1 442.54
2012	HTFZH02ABC_01	2 500	中华石楠	3	237.00	64.44
2012	HTFZH02ABC_01	2 500	光亮山矾	3	252.93	67.50
2012	HTFZH02ABC_01	2 500	虎皮楠	1	2.40	1.20
2012	HTFZH02ABC_01	2 500	毛豹皮樟	2	394.18	94.44
2012	HTFZH02ABC_01	2 500	日本五月茶	9	48.15	16.91
2012	HTFZH02ABC_01	2 500	黄樟	2	79.08	22.44
2012	HTFZH02ABC_01	2 500	枫香树	2	4 142.84	780.38
2012	HTFZH02ABC_01	2 500	柿	3	534.11	132.57
2012	HTFZH02ABC_01	2 500	南酸枣	2	689.76	155.31
2012	HTFZH02ABC_01	2 500	小瘤果茶	2	7.05	2.53
2012	HTFZH02ABC_01	2 500	粗糠柴	1	7.41	2.58
2012	HTFZH02ABC_01	2 500	冬青	1	5.02	1.79
2012	HTFZH02ABC_01	2 500	亮叶桦	1	291.30	70.79
2012	HTFZH02ABC_01	2 500	栓叶安息香	4	1 559.45	342.01
2012	HTFZH02ABC_01	2 500	枇杷	2	77.38	22.69
2012	HTFZH02ABC_01	2 500	毛叶木姜子	15	74.80	26.43
2012	HTFZH02ABC_01	2 500	木油桐	9	28.74	10.27
2012	HTFZH02ABC_01	2 500	沉水樟	2	274.67	71.07
2012	HTFZH02ABC_01	2 500	黄棉木	2	62.14	18.98
2013	HTFZH02ABC_01	2 500	黄杞	19	1 725.44	446.49
2013	HTFZH02ABC_01	2 500	柯	10	439.08	123.94
2013	HTFZH02ABC_01	2 500	油茶	10	86.78	28.47
2013	HTFZH02ABC_01	2 500	山乌桕	12	5 625.70	1 272.56
2013	HTFZH02ABC_01	2 500	檵木	5	470.96	200.71
2013	HTFZH02ABC_01	2 500	栲	71	24 927.19	4 962.75
2013	HTFZH02ABC_01	2 500	杨梅	1	218.86	55.00
2013	HTFZH02ABC_01	2 500	笔罗子	60	1 158.77	341.11
2013	HTFZH02ABC_01	2 500	细齿叶柃	17	83.78	29.41
2013	HTFZH02ABC_01	2 500	刨花润楠	25	8 290.69	1 746.12
2013	HTFZH02ABC_01	2 500	石灰花楸	4	1 352.55	303.12
2013	HTFZH02ABC_01	2 500	青冈	37	6 224.63	1 445.85

（续）

年份	样地代码	样地面积/m²	植物名称	植物株数/株	地上部总干重/kg	地下部总干重/kg
2013	HTFZH02ABC_01	2 500	中华石楠	3	239.38	65.06
2013	HTFZH02ABC_01	2 500	光亮山矾	3	254.15	67.81
2013	HTFZH02ABC_01	2 500	虎皮楠	1	2.44	1.22
2013	HTFZH02ABC_01	2 500	毛豹皮樟	2	397.12	95.09
2013	HTFZH02ABC_01	2 500	日本五月茶	9	49.23	17.26
2013	HTFZH02ABC_01	2 500	黄樟	2	80.91	22.93
2013	HTFZH02ABC_01	2 500	枫香树	2	4 142.84	780.38
2013	HTFZH02ABC_01	2 500	柿	3	537.39	133.33
2013	HTFZH02ABC_01	2 500	南酸枣	2	690.17	155.42
2013	HTFZH02ABC_01	2 500	小瘤果茶	2	7.10	2.55
2013	HTFZH02ABC_01	2 500	粗糠柴	1	7.80	2.71
2013	HTFZH02ABC_01	2 500	冬青	1	5.29	1.88
2013	HTFZH02ABC_01	2 500	亮叶桦	1	292.88	71.12
2013	HTFZH02ABC_01	2 500	栓叶安息香	4	1 559.92	342.13
2013	HTFZH02ABC_01	2 500	枇杷	2	77.83	22.84
2013	HTFZH02ABC_01	2 500	毛叶木姜子	15	75.92	26.81
2013	HTFZH02ABC_01	2 500	木油桐	9	29.36	10.50
2013	HTFZH02ABC_01	2 500	沉水樟	2	275.11	71.19
2013	HTFZH02ABC_01	2 500	黄棉木	2	62.78	19.15
2014	HTFZH02ABC_01	2 500	黄杞	19	1 781.06	459.53
2014	HTFZH02ABC_01	2 500	柯	10	458.62	128.57
2014	HTFZH02ABC_01	2 500	油茶	10	95.33	31.14
2014	HTFZH02ABC_01	2 500	山乌桕	12	5 770.86	1 301.72
2014	HTFZH02ABC_01	2 500	檵木	5	192.31	203.97
2014	HTFZH02ABC_01	2 500	栲	71	25 410.76	5 058.14
2014	HTFZH02ABC_01	2 500	杨梅	1	222.08	55.72
2014	HTFZH02ABC_01	2 500	笔罗子	60	1 229.75	361.83
2014	HTFZH02ABC_01	2 500	细齿叶柃	17	90.16	31.49
2014	HTFZH02ABC_01	2 500	刨花润楠	25	8 558.54	1 792.97
2014	HTFZH02ABC_01	2 500	石灰花楸	4	1 373.63	306.89
2014	HTFZH02ABC_01	2 500	青冈	37	6 446.11	1 479.21
2014	HTFZH02ABC_01	2 500	中华石楠	3	254.21	68.59
2014	HTFZH02ABC_01	2 500	光亮山矾	3	275.33	72.82

（续）

年份	样地代码	样地面积/m²	植物名称	植物株数/株	地上部总干重/kg	地下部总干重/kg
2014	HTFZH02ABC_01	2 500	虎皮楠	1	2.73	1.35
2014	HTFZH02ABC_01	2 500	毛豹皮樟	2	413.18	98.52
2014	HTFZH02ABC_01	2 500	日本五月茶	9	55.02	19.19
2014	HTFZH02ABC_01	2 500	黄樟	2	82.44	23.33
2014	HTFZH02ABC_01	2 500	枫香树	2	4 199.99	789.41
2014	HTFZH02ABC_01	2 500	柿	3	569.97	140.54
2014	HTFZH02ABC_01	2 500	南酸枣	2	703.49	158.25
2014	HTFZH02ABC_01	2 500	小瘤果茶	2	8.33	2.97
2014	HTFZH02ABC_01	2 500	粗糠柴	1	9.42	3.23
2014	HTFZH02ABC_01	2 500	冬青	1	5.29	1.88
2014	HTFZH02ABC_01	2 500	亮叶桦	1	309.29	74.62
2014	HTFZH02ABC_01	2 500	栓叶安息香	4	1 623.57	354.97
2014	HTFZH02ABC_01	2 500	枇杷	2	83.72	24.44
2014	HTFZH02ABC_01	2 500	毛叶木姜子	15	86.98	30.52
2014	HTFZH02ABC_01	2 500	木油桐	9	34.62	12.32
2014	HTFZH02ABC_01	2 500	沉水樟	2	295.97	76.05
2014	HTFZH02ABC_01	2 500	黄棉木	2	68.09	20.63
2015	HTFZH02ABC_01	2 500	黄杞	19	1 771.07	457.00
2015	HTFZH02ABC_01	2 500	柯	10	454.09	127.52
2015	HTFZH02ABC_01	2 500	油茶	10	92.18	30.17
2015	HTFZH02ABC_01	2 500	山乌桕	12	5 742.01	1 296.05
2015	HTFZH02ABC_01	2 500	檵木	5	330.74	203.83
2015	HTFZH02ABC_01	2 500	栲	71	25 472.53	5 066.65
2015	HTFZH02ABC_01	2 500	杨梅	1	225.33	56.43
2015	HTFZH02ABC_01	2 500	笔罗子	60	1 217.39	357.39
2015	HTFZH02ABC_01	2 500	细齿叶柃	17	88.64	31.00
2015	HTFZH02ABC_01	2 500	刨花润楠	25	8 468.22	1 777.55
2015	HTFZH02ABC_01	2 500	石灰花楸	4	1 379.36	308.37
2015	HTFZH02ABC_01	2 500	青冈	37	6 386.53	1 466.67
2015	HTFZH02ABC_01	2 500	中华石楠	3	244.67	66.38
2015	HTFZH02ABC_01	2 500	光亮山矾	3	263.96	70.13

（续）

年份	样地代码	样地面积/m²	植物名称	植物株数/株	地上部总干重/kg	地下部总干重/kg
2015	HTFZH02ABC_01	2 500	虎皮楠	1	2.73	1.35
2015	HTFZH02ABC_01	2 500	毛豹皮樟	2	406.83	97.13
2015	HTFZH02ABC_01	2 500	日本五月茶	9	52.11	18.24
2015	HTFZH02ABC_01	2 500	黄樟	2	83.47	23.60
2015	HTFZH02ABC_01	2 500	枫香树	2	4 178.20	785.97
2015	HTFZH02ABC_01	2 500	柿	3	547.55	135.59
2015	HTFZH02ABC_01	2 500	南酸枣	2	717.07	160.69
2015	HTFZH02ABC_01	2 500	小瘤果茶	2	7.69	2.75
2015	HTFZH02ABC_01	2 500	粗糠柴	1	8.50	2.94
2015	HTFZH02ABC_01	2 500	冬青	1	5.62	1.99
2015	HTFZH02ABC_01	2 500	亮叶桦	1	298.66	72.36
2015	HTFZH02ABC_01	2 500	栓叶安息香	4	1 587.00	347.51
2015	HTFZH02ABC_01	2 500	枇杷	2	80.45	23.52
2015	HTFZH02ABC_01	2 500	毛叶木姜子	15	80.39	28.30
2015	HTFZH02ABC_01	2 500	木油桐	9	31.36	11.19
2015	HTFZH02ABC_01	2 500	沉水樟	2	282.08	72.75
2015	HTFZH02ABC_01	2 500	黄棉木	2	64.82	19.72
2009	HTFFZ01AB0_01	2 000	杉木	182	24 612.10	1 466.17
2010	HTFFZ01AB0_01	2 000	杉木	182	25 347.78	1 483.61
2011	HTFFZ01AB0_01	2 000	杉木	182	26 184.35	1 502.92
2012	HTFFZ01AB0_01	2 000	杉木	182	26 497.50	1 509.73
2013	HTFFZ01AB0_01	2 000	杉木	182	26 757.81	1 516.91
2014	HTFFZ01AB0_01	2 000	杉木	182	28 068.38	1 571.20
2015	HTFFZ01AB0_01	2 000	杉木	182	28 622.46	1 592.83
2009	HTFZH01ABC_01	2 000	杉木	207	30 430.52	1 655.81
2010	HTFZH01ABC_01	2 000	杉木	207	31 374.92	1 680.36
2011	HTFZH01ABC_01	2 000	杉木	207	32 563.86	1 707.56
2012	HTFZH01ABC_01	2 000	杉木	207	33 199.13	1 726.62
2013	HTFZH01ABC_01	2 000	杉木	207	33 376.11	1 730.96
2014	HTFZH01ABC_01	2 000	杉木	207	35 157.27	1 799.42
2015	HTFZH01ABC_01	2 000	杉木	206	36 132.81	1 831.04

表 3-4 灌木层各物种生物量

年份	样地代码	样地面积/m²	植物名称	植物株数/株	地上部总干重/kg	地下部总干重/kg
2010	HTFZH02ABC_01	2 500	菝葜	150	0.63	0.26
2010	HTFZH02ABC_01	2 500	笔罗子	70	2.86	0.81
2010	HTFZH02ABC_01	2 500	杜茎山	515	1.10	0.49
2010	HTFZH02ABC_01	2 500	虎皮楠	10	0.07	0.03
2010	HTFZH02ABC_01	2 500	黄杞	130	1.30	0.49
2010	HTFZH02ABC_01	2 500	鲫鱼胆	185	0.45	0.19
2010	HTFZH02ABC_01	2 500	九管血	5	0.02	0.01
2010	HTFZH02ABC_01	2 500	栲	780	5.31	2.02
2010	HTFZH02ABC_01	2 500	马尾松	10	0.03	0.01
2010	HTFZH02ABC_01	2 500	刨花润楠	155	0.61	0.22
2010	HTFZH02ABC_01	2 500	毛叶木姜子	35	0.06	0.01
2010	HTFZH02ABC_01	2 500	箬竹	24 310	399.45	164.36
2010	HTFZH02ABC_01	2 500	石灰花楸	10	1.18	0.33
2010	HTFZH02ABC_01	2 500	柯	30	0.74	0.27
2010	HTFZH02ABC_01	2 500	土茯苓	30	0.11	0.04
2010	HTFZH02ABC_01	2 500	网脉崖豆藤	20	0.50	0.16
2010	HTFZH02ABC_01	2 500	细齿叶柃	40	0.60	0.13
2010	HTFZH02ABC_01	2 500	油茶	40	0.55	0.20
2010	HTFZH02ABC_01	2 500	枫香树	5	0.01	0.01
2010	HTFZH02ABC_01	2 500	薄叶羊蹄甲（细花首冠藤）	50	0.17	0.07
2010	HTFZH02ABC_01	2 500	青冈	40	4.17	1.02
2010	HTFZH02ABC_01	2 500	日本五月茶	30	0.35	0.14
2010	HTFZH02ABC_01	2 500	长叶柄野扇花	5	0.01	0.01
2010	HTFZH02ABC_01	2 500	粗糠柴	5	0.02	0.01
2010	HTFZH02ABC_01	2 500	黄牛奶树	5	0.43	0.13
2010	HTFZH02ABC_01	2 500	峨眉鼠刺	10	0.05	0.02
2010	HTFZH02ABC_01	2 500	小瘤果茶	10	0.05	0.02
2010	HTFZH02ABC_01	2 500	马甲菝葜	10	4.22	0.94
2010	HTFZH02ABC_01	2 500	毛桐	25	0.10	0.07
2010	HTFZH02ABC_01	2 500	密齿酸藤子	15	0.05	0.02
2010	HTFZH02ABC_01	2 500	山鸡椒	10	0.01	0.00
2010	HTFZH02ABC_01	2 500	山乌桕	60	0.13	0.04
2010	HTFZH02ABC_01	2 500	赤杨叶	100	0.60	0.31

（续）

年份	样地代码	样地面积/m²	植物名称	植物株数/株	地上部总干重/kg	地下部总干重/kg
2010	HTFZH02ABC_01	2 500	钩藤	195	0.56	0.48
2010	HTFZH02ABC_01	2 500	南酸枣	30	0.10	0.04
2010	HTFZH02ABC_01	2 500	樟	15	1.04	1.16
2010	HTFZH02ABC_01	2 500	紫麻	65	1.42	0.09
2010	HTFZH02ABC_01	2 500	楤木	10	0.16	0.08
2010	HTFZH02ABC_01	2 500	朴树	30	0.13	0.05
2010	HTFZH02ABC_01	2 500	木油桐	5	1.10	0.34
2010	HTFZH02ABC_01	2 500	山莓	10	0.02	0.01
2010	HTFZH02ABC_01	2 500	水团花	5	0.23	0.08
2010	HTFZH02ABC_01	2 500	腺毛莓	5	0.01	0.01
2010	HTFZH02ABC_01	2 500	油桐	5	0.32	0.10
2010	HTFZH02ABC_01	2 500	醉鱼草	30	0.09	0.04
2011	HTFZH02ABC_01	2 500	杜茎山	305	0.84	0.35
2011	HTFZH02ABC_01	2 500	虎皮楠	10	0.06	0.02
2011	HTFZH02ABC_01	2 500	栲	1 620	5.86	2.47
2011	HTFZH02ABC_01	2 500	刨花润楠	240	1.76	0.63
2011	HTFZH02ABC_01	2 500	油茶	40	0.69	0.07
2011	HTFZH02ABC_01	2 500	红果菝葜	20	0.14	0.06
2011	HTFZH02ABC_01	2 500	赤杨叶	60	0.63	0.25
2011	HTFZH02ABC_01	2 500	灰毛鸡血藤	110	0.40	0.17
2011	HTFZH02ABC_01	2 500	毛叶木姜子	175	14.31	3.18
2011	HTFZH02ABC_01	2 500	毛桐	95	0.54	0.32
2011	HTFZH02ABC_01	2 500	黄杞	35	1.77	0.49
2011	HTFZH02ABC_01	2 500	亮叶桦	30	0.53	0.19
2011	HTFZH02ABC_01	2 500	大叶白纸扇	35	0.32	0.34
2011	HTFZH02ABC_01	2 500	刺楸	25	0.26	0.11
2011	HTFZH02ABC_01	2 500	山乌桕	320	1.83	1.26
2011	HTFZH02ABC_01	2 500	楤木	5	0.02	0.02
2011	HTFZH02ABC_01	2 500	山莓	5	0.01	0.01
2011	HTFZH02ABC_01	2 500	钩藤	180	4.16	1.98
2011	HTFZH02ABC_01	2 500	土茯苓	15	0.05	0.02
2011	HTFZH02ABC_01	2 500	藤黄檀	25	0.18	0.07
2011	HTFZH02ABC_01	2 500	菝葜	45	0.15	0.06

（续）

年份	样地代码	样地面积/m²	植物名称	植物株数/株	地上部总干重/kg	地下部总干重/kg
2011	HTFZH02ABC_01	2 500	黄樟	15	0.13	0.08
2011	HTFZH02ABC_01	2 500	箬竹	26 590	385.98	169.03
2011	HTFZH02ABC_01	2 500	柯	115	1.65	0.63
2011	HTFZH02ABC_01	2 500	毛豹皮樟	20	0.16	0.14
2011	HTFZH02ABC_01	2 500	青冈	75	0.29	0.12
2011	HTFZH02ABC_01	2 500	薄叶羊蹄甲	105	0.43	0.18
2011	HTFZH02ABC_01	2 500	日本五月茶	20	0.17	0.07
2011	HTFZH02ABC_01	2 500	鲫鱼胆	185	0.23	0.12
2011	HTFZH02ABC_01	2 500	网脉崖豆藤	10	0.03	0.01
2011	HTFZH02ABC_01	2 500	短梗南蛇藤	90	6.41	1.91
2011	HTFZH02ABC_01	2 500	笔罗子	65	0.96	0.37
2011	HTFZH02ABC_01	2 500	紫麻	10	0.25	0.01
2011	HTFZH02ABC_01	2 500	盐肤木	10	0.14	0.08
2011	HTFZH02ABC_01	2 500	细齿叶柃	30	0.32	0.04
2011	HTFZH02ABC_01	2 500	太平莓	10	0.04	0.02
2011	HTFZH02ABC_01	2 500	异叶榕	5	0.02	0.01
2011	HTFZH02ABC_01	2 500	藤构	5	0.01	0.01
2011	HTFZH02ABC_01	2 500	马甲菝葜	15	0.08	0.03
2011	HTFZH02ABC_01	2 500	石灰花楸	10	0.13	0.05
2011	HTFZH02ABC_01	2 500	观音竹	5	0.01	0.01
2011	HTFZH02ABC_01	2 500	峨眉鼠刺	35	0.27	0.11
2011	HTFZH02ABC_01	2 500	中华猕猴桃	5	0.04	0.01
2011	HTFZH02ABC_01	2 500	冬青	5	0.04	0.02
2011	HTFZH02ABC_01	2 500	枫香树	10	0.03	0.03
2011	HTFZH02ABC_01	2 500	油桐	5	0.48	0.15
2011	HTFZH02ABC_01	2 500	薄叶山矾	5	0.02	0.01
2011	HTFZH02ABC_01	2 500	核子木	75	2.22	0.79
2011	HTFZH02ABC_01	2 500	木油桐	35	3.13	0.99
2011	HTFZH02ABC_01	2 500	紫珠	5	0.08	0.02
2011	HTFZH02ABC_01	2 500	檵木	5	0.02	0.01
2011	HTFZH02ABC_01	2 500	野柿	5	0.01	0.01
2011	HTFZH02ABC_01	2 500	朱砂根	5	0.01	0.01
2015	HTFZH02ABC_01	2 500	菝葜	55	0.17	0.07

（续）

年份	样地代码	样地面积/m²	植物名称	植物株数/株	地上部总干重/kg	地下部总干重/kg
2015	HTFZH02ABC_01	2 500	笔罗子	130	4.66	1.44
2015	HTFZH02ABC_01	2 500	杜茎山	205	0.58	0.24
2015	HTFZH02ABC_01	2 500	海桐	30	0.16	0.07
2015	HTFZH02ABC_01	2 500	黄杞	210	3.95	1.48
2015	HTFZH02ABC_01	2 500	栲	850	7.62	2.98
2015	HTFZH02ABC_01	2 500	青冈	85	1.16	0.42
2015	HTFZH02ABC_01	2 500	日本五月茶	75	5.89	1.74
2015	HTFZH02ABC_01	2 500	箬竹	29 100	479.52	197.03
2015	HTFZH02ABC_01	2 500	柯	65	0.29	0.12
2015	HTFZH02ABC_01	2 500	油茶	50	2.78	0.72
2015	HTFZH02ABC_01	2 500	马尾松	5	0.03	0.01
2015	HTFZH02ABC_01	2 500	毛桐	5	0.02	0.01
2015	HTFZH02ABC_01	2 500	刨花润楠	40	0.17	0.06
2015	HTFZH02ABC_01	2 500	山乌桕	5	0.01	0.00
2015	HTFZH02ABC_01	2 500	野柿	5	0.01	0.01
2015	HTFZH02ABC_01	2 500	中华石楠	10	0.12	0.04
2015	HTFZH02ABC_01	2 500	苎麻	10	0.03	0.01
2015	HTFZH02ABC_01	2 500	赤杨叶	10	3.61	0.84
2015	HTFZH02ABC_01	2 500	灯台树	5	0.02	0.01
2015	HTFZH02ABC_01	2 500	胡颓子	10	0.03	0.01
2015	HTFZH02ABC_01	2 500	黄樟	5	0.01	0.02
2015	HTFZH02ABC_01	2 500	毛叶木姜子	5	0.00	0.00
2015	HTFZH02ABC_01	2 500	石灰花楸	5	0.02	0.01
2015	HTFZH02ABC_01	2 500	栓叶安息香	10	0.03	0.01
2015	HTFZH02ABC_01	2 500	细齿叶柃	25	0.07	0.03
2015	HTFZH02ABC_01	2 500	油桐	10	3.12	0.95
2015	HTFZH02ABC_01	2 500	粗叶木	25	0.20	0.08
2015	HTFZH02ABC_01	2 500	鲫鱼胆	10	0.05	0.02
2015	HTFZH02ABC_01	2 500	细枝柃	5	0.02	0.01
2015	HTFZH02ABC_01	2 500	紫麻	10	0.15	0.04
2010	HTFFZ01AB0_01	2 000	常山	60	0.26	0.11
2010	HTFFZ01AB0_01	2 000	赤杨叶	140	2.95	0.91
2010	HTFFZ01AB0_01	2 000	刺楸	85	68.89	8.08

（续）

年份	样地代码	样地面积/m²	植物名称	植物株数/株	地上部总干重/kg	地下部总干重/kg
2010	HTFFZ01AB0_01	2 000	楤木	40	8.07	3.66
2010	HTFFZ01AB0_01	2 000	粗叶悬钩子	170	0.59	0.25
2010	HTFFZ01AB0_01	2 000	大叶白纸扇	355	87.95	21.12
2010	HTFFZ01AB0_01	2 000	杜茎山	2 500	13.45	4.87
2010	HTFFZ01AB0_01	2 000	短梗菝葜	125	0.59	0.25
2010	HTFFZ01AB0_01	2 000	梵天花	600	1.35	0.58
2010	HTFFZ01AB0_01	2 000	钩藤	75	2.76	1.26
2010	HTFFZ01AB0_01	2 000	贵州桤叶树	65	2.49	0.84
2010	HTFFZ01AB0_01	2 000	寒莓	660	2.07	0.87
2010	HTFFZ01AB0_01	2 000	核子木	5	3.26	0.67
2010	HTFFZ01AB0_01	2 000	红果菝葜	45	0.25	0.10
2010	HTFFZ01AB0_01	2 000	花竹	10	0.05	0.02
2010	HTFFZ01AB0_01	2 000	华中樱桃	45	17.28	3.73
2010	HTFFZ01AB0_01	2 000	黄牛奶树	50	3.33	1.02
2010	HTFFZ01AB0_01	2 000	鲫鱼胆	690	1.54	0.68
2010	HTFFZ01AB0_01	2 000	空心泡	1 820	2.53	0.38
2010	HTFFZ01AB0_01	2 000	满树星	30	0.34	0.14
2010	HTFFZ01AB0_01	2 000	毛桐	40	2.67	0.86
2010	HTFFZ01AB0_01	2 000	毛叶高粱泡（毛叶高粱藨）	65	0.26	0.11
2010	HTFFZ01AB0_01	2 000	木蜡树	60	1.51	0.53
2010	HTFFZ01AB0_01	2 000	刨花润楠	75	16.67	5.86
2010	HTFFZ01AB0_01	2 000	朴树	25	1.60	0.44
2010	HTFFZ01AB0_01	2 000	山胡椒	40	0.35	0.08
2010	HTFFZ01AB0_01	2 000	山櫃	65	1.17	0.58
2010	HTFFZ01AB0_01	2 000	山莓	145	0.42	0.23
2010	HTFFZ01AB0_01	2 000	杉木	45	0.13	0.06
2010	HTFFZ01AB0_01	2 000	太平莓	470	1.48	0.62
2010	HTFFZ01AB0_01	2 000	藤黄檀	5	0.29	0.09
2010	HTFFZ01AB0_01	2 000	细齿叶柃	110	1.78	0.41
2010	HTFFZ01AB0_01	2 000	野柿	15	0.41	0.15
2010	HTFFZ01AB0_01	2 000	异叶榕	85	2.22	0.77
2010	HTFFZ01AB0_01	2 000	油桐	75	23.64	7.18
2010	HTFFZ01AB0_01	2 000	紫麻	175	82.64	11.35

（续）

年份	样地代码	样地面积/m²	植物名称	植物株数/株	地上部总干重/kg	地下部总干重/kg
2010	HTFFZ01AB0_01	2 000	紫珠	165	4.14	1.03
2010	HTFFZ01AB0_01	2 000	醉香含笑	1 325	108.09	20.64
2010	HTFFZ01AB0_01	2 000	菝葜	235	1.49	0.62
2010	HTFFZ01AB0_01	2 000	白叶莓	15	0.05	0.02
2010	HTFFZ01AB0_01	2 000	草珊瑚	55	0.26	0.11
2010	HTFFZ01AB0_01	2 000	地桃花	5	0.00	0.00
2010	HTFFZ01AB0_01	2 000	黄樟	10	0.02	0.05
2010	HTFFZ01AB0_01	2 000	毛叶木姜子	40	7.44	1.59
2010	HTFFZ01AB0_01	2 000	山乌桕	10	0.08	0.06
2010	HTFFZ01AB0_01	2 000	细枝柃	15	0.17	0.02
2010	HTFFZ01AB0_01	2 000	狭叶润楠	20	0.83	0.29
2010	HTFFZ01AB0_01	2 000	楮	85	10.60	2.93
2010	HTFFZ01AB0_01	2 000	宜昌悬钩子	10	0.03	0.01
2010	HTFFZ01AB0_01	2 000	银果牛奶子	10	0.03	0.01
2010	HTFFZ01AB0_01	2 000	油茶	50	0.58	0.23
2010	HTFFZ01AB0_01	2 000	珍珠莲	45	0.20	0.08
2010	HTFFZ01AB0_01	2 000	光亮山矾	15	0.99	0.31
2010	HTFFZ01AB0_01	2 000	荚蒾	20	2.28	0.65
2010	HTFFZ01AB0_01	2 000	瑞香	5	0.31	0.10
2010	HTFFZ01AB0_01	2 000	土茯苓	30	0.13	0.06
2010	HTFFZ01AB0_01	2 000	苎麻	15	0.04	0.02
2010	HTFFZ01AB0_01	2 000	广东紫珠	20	0.32	0.08
2010	HTFFZ01AB0_01	2 000	虎皮楠	15	3.98	1.40
2010	HTFFZ01AB0_01	2 000	盐肤木	5	0.48	0.22
2010	HTFFZ01AB0_01	2 000	枳椇	5	0.31	0.10
2010	HTFFZ01AB0_01	2 000	大乌泡	5	0.02	0.01
2010	HTFFZ01AB0_01	2 000	冬青	5	1.74	0.40
2010	HTFFZ01AB0_01	2 000	黑果菝葜	35	0.24	0.10
2010	HTFFZ01AB0_01	2 000	红柴枝	5	0.86	0.23
2010	HTFFZ01AB0_01	2 000	黄杞	55	0.93	0.36
2010	HTFFZ01AB0_01	2 000	青冈	5	0.30	0.09
2010	HTFFZ01AB0_01	2 000	四川溲疏	55	0.33	0.14
2010	HTFFZ01AB0_01	2 000	杨梅	10	0.11	0.04

（续）

年份	样地代码	样地面积/m²	植物名称	植物株数/株	地上部总干重/kg	地下部总干重/kg
2010	HTFFZ01AB0_01	2 000	棕榈	5	0.05	0.02
2011	HTFFZ01AB0_01	2 000	银果牛奶子	10	0.08	0.03
2011	HTFFZ01AB0_01	2 000	杜茎山	1 650	13.66	4.68
2011	HTFFZ01AB0_01	2 000	刺楸	85	6.29	1.37
2011	HTFFZ01AB0_01	2 000	四川溲疏	5	0.02	0.01
2011	HTFFZ01AB0_01	2 000	鲫鱼胆	190	0.54	0.22
2011	HTFFZ01AB0_01	2 000	藤构	340	3.44	1.36
2011	HTFFZ01AB0_01	2 000	山櫨	155	2.58	1.40
2011	HTFFZ01AB0_01	2 000	小叶栎	10	0.04	0.02
2011	HTFFZ01AB0_01	2 000	满树星	80	2.05	0.65
2011	HTFFZ01AB0_01	2 000	杉木	330	2.53	1.05
2011	HTFFZ01AB0_01	2 000	短梗菝葜	445	3.97	1.62
2011	HTFFZ01AB0_01	2 000	醉香含笑	1 115	167.74	31.61
2011	HTFFZ01AB0_01	2 000	紫珠	105	2.07	0.51
2011	HTFFZ01AB0_01	2 000	木蜡树	140	9.82	2.76
2011	HTFFZ01AB0_01	2 000	土茯苓	130	0.46	0.20
2011	HTFFZ01AB0_01	2 000	紫麻	170	26.58	1.07
2011	HTFFZ01AB0_01	2 000	蛇葡萄	55	0.23	0.09
2011	HTFFZ01AB0_01	2 000	灰毛鸡血藤	325	1.90	0.80
2011	HTFFZ01AB0_01	2 000	虎皮楠	35	3.45	1.21
2011	HTFFZ01AB0_01	2 000	毛叶木姜子	15	29.48	5.68
2011	HTFFZ01AB0_01	2 000	赤杨叶	15	1.29	0.32
2011	HTFFZ01AB0_01	2 000	山莓	80	0.36	0.16
2011	HTFFZ01AB0_01	2 000	大叶白纸扇	285	84.33	20.67
2011	HTFFZ01AB0_01	2 000	细齿叶柃	45	0.85	0.22
2011	HTFFZ01AB0_01	2 000	毛桐	20	5.58	1.70
2011	HTFFZ01AB0_01	2 000	钩藤	50	0.58	0.31
2011	HTFFZ01AB0_01	2 000	藤黄檀	75	3.44	1.12
2011	HTFFZ01AB0_01	2 000	山槐	5	0.08	0.03
2011	HTFFZ01AB0_01	2 000	刨花润楠	45	3.78	1.33
2011	HTFFZ01AB0_01	2 000	空心泡	235	0.13	0.05
2011	HTFFZ01AB0_01	2 000	贵州桤叶树	20	1.55	0.47
2011	HTFFZ01AB0_01	2 000	阔叶猕猴桃	10	0.29	0.10

（续）

年份	样地代码	样地面积/m²	植物名称	植物株数/株	地上部总干重/kg	地下部总干重/kg
2011	HTFFZ01AB0_01	2 000	红果菝葜	80	0.36	0.15
2011	HTFFZ01AB0_01	2 000	油桐	70	35.55	10.72
2011	HTFFZ01AB0_01	2 000	笔罗子	5	0.24	0.08
2011	HTFFZ01AB0_01	2 000	油茶	50	0.66	0.10
2011	HTFFZ01AB0_01	2 000	常山	70	0.62	0.25
2011	HTFFZ01AB0_01	2 000	梵天花	95	0.07	0.07
2011	HTFFZ01AB0_01	2 000	菝葜	230	0.75	0.32
2011	HTFFZ01AB0_01	2 000	异叶榕	150	9.39	2.76
2011	HTFFZ01AB0_01	2 000	太平莓	250	0.75	0.31
2011	HTFFZ01AB0_01	2 000	中华猕猴桃	25	1.81	0.56
2011	HTFFZ01AB0_01	2 000	黄牛奶树	30	6.62	1.66
2011	HTFFZ01AB0_01	2 000	马甲菝葜	15	0.06	0.03
2011	HTFFZ01AB0_01	2 000	湖南悬钩子	150	0.55	0.23
2011	HTFFZ01AB0_01	2 000	细枝柃	20	0.24	0.04
2011	HTFFZ01AB0_01	2 000	华中樱桃	105	10.11	2.33
2011	HTFFZ01AB0_01	2 000	红柴枝	30	8.11	1.68
2011	HTFFZ01AB0_01	2 000	樟	10	0.06	0.05
2011	HTFFZ01AB0_01	2 000	杨梅	40	2.35	0.74
2011	HTFFZ01AB0_01	2 000	鞘柄菝葜	5	0.02	0.01
2011	HTFFZ01AB0_01	2 000	粗叶悬钩子	365	1.46	0.62
2011	HTFFZ01AB0_01	2 000	山乌桕	5	0.18	0.16
2011	HTFFZ01AB0_01	2 000	楤木	10	0.07	0.05
2011	HTFFZ01AB0_01	2 000	小叶菝葜	5	0.02	0.01
2011	HTFFZ01AB0_01	2 000	花竹	15	0.08	0.04
2011	HTFFZ01AB0_01	2 000	毛叶高粱泡	35	0.11	0.04
2011	HTFFZ01AB0_01	2 000	中华石楠	5	0.02	0.01
2011	HTFFZ01AB0_01	2 000	野鸦椿	5	2.83	0.59
2011	HTFFZ01AB0_01	2 000	楮	30	27.18	5.20
2011	HTFFZ01AB0_01	2 000	野柿	5	0.08	0.03
2011	HTFFZ01AB0_01	2 000	白栎	15	0.04	0.02
2011	HTFFZ01AB0_01	2 000	多花勾儿茶	5	0.02	0.01
2011	HTFFZ01AB0_01	2 000	小槐花	10	0.05	0.02
2011	HTFFZ01AB0_01	2 000	青冈	5	0.02	0.01

（续）

年份	样地代码	样地面积/m²	植物名称	植物株数/株	地上部总干重/kg	地下部总干重/kg
2011	HTFFZ01AB0_01	2 000	六月雪	30	0.11	0.05
2011	HTFFZ01AB0_01	2 000	锥	10	0.03	0.01
2011	HTFFZ01AB0_01	2 000	荚蒾	10	0.03	0.01
2011	HTFFZ01AB0_01	2 000	掌叶悬钩子	5	0.01	0.01
2011	HTFFZ01AB0_01	2 000	灯台树	5	0.06	0.02
2011	HTFFZ01AB0_01	2 000	三叶木通	5	0.06	0.03
2011	HTFFZ01AB0_01	2 000	山胡椒	5	0.01	0.00
2011	HTFFZ01AB0_01	2 000	黄樟	5	0.44	0.42
2015	HTFFZ01AB0_01	2 000	菝葜	135	2.07	0.77
2015	HTFFZ01AB0_01	2 000	臭樱	5	2.53	0.54
2015	HTFFZ01AB0_01	2 000	大叶白纸扇	120	36.06	9.18
2015	HTFFZ01AB0_01	2 000	杜茎山	1 565	13.49	4.60
2015	HTFFZ01AB0_01	2 000	梵天花	10	0.01	0.01
2015	HTFFZ01AB0_01	2 000	海桐	10	0.03	0.01
2015	HTFFZ01AB0_01	2 000	胡颓子	15	0.25	0.09
2015	HTFFZ01AB0_01	2 000	虎皮楠	45	5.96	2.10
2015	HTFFZ01AB0_01	2 000	黄牛奶树	60	7.03	1.98
2015	HTFFZ01AB0_01	2 000	毛桐	10	0.41	0.14
2015	HTFFZ01AB0_01	2 000	毛叶木姜子	20	76.80	14.25
2015	HTFFZ01AB0_01	2 000	南酸枣	15	1.39	0.40
2015	HTFFZ01AB0_01	2 000	牛尾菜	20	0.29	0.11
2015	HTFFZ01AB0_01	2 000	刨花润楠	110	31.31	11.00
2015	HTFFZ01AB0_01	2 000	山胡椒	5	0.02	0.01
2015	HTFFZ01AB0_01	2 000	山鸡椒	60	16.63	3.63
2015	HTFFZ01AB0_01	2 000	山姜	45	0.15	0.06
2015	HTFFZ01AB0_01	2 000	杉木	150	9.84	2.98
2015	HTFFZ01AB0_01	2 000	柯	15	0.10	0.04
2015	HTFFZ01AB0_01	2 000	太平莓	35	0.10	0.04
2015	HTFFZ01AB0_01	2 000	藤构	15	0.04	0.02
2015	HTFFZ01AB0_01	2 000	细齿叶柃	15	0.10	0.04
2015	HTFFZ01AB0_01	2 000	小果冬青	65	4.75	1.43
2015	HTFFZ01AB0_01	2 000	小叶女贞	20	0.16	0.06
2015	HTFFZ01AB0_01	2 000	野漆	30	2.36	0.67

（续）

年份	样地代码	样地面积/m²	植物名称	植物株数/株	地上部总干重/kg	地下部总干重/kg
2015	HTFFZ01AB0＿01	2 000	宜昌悬钩子	10	0.03	0.01
2015	HTFFZ01AB0＿01	2 000	异叶榕	35	0.47	0.18
2015	HTFFZ01AB0＿01	2 000	油茶	5	0.05	0.02
2015	HTFFZ01AB0＿01	2 000	紫麻	75	1.06	0.25
2015	HTFFZ01AB0＿01	2 000	紫珠	75	1.82	0.45
2015	HTFFZ01AB0＿01	2 000	醉香含笑	495	112.70	21.13
2015	HTFFZ01AB0＿01	2 000	刺楸	20	0.36	0.13
2015	HTFFZ01AB0＿01	2 000	广东紫珠	15	0.19	0.04
2015	HTFFZ01AB0＿01	2 000	华中樱桃	15	40.17	5.76
2015	HTFFZ01AB0＿01	2 000	黄泡	90	0.29	0.12
2015	HTFFZ01AB0＿01	2 000	鲫鱼胆	60	0.16	0.07
2015	HTFFZ01AB0＿01	2 000	空心泡	245	0.15	0.05
2015	HTFFZ01AB0＿01	2 000	白花泡桐	10	55.01	7.40
2015	HTFFZ01AB0＿01	2 000	宽卵叶长柄山蚂蟥	20	0.06	0.02
2015	HTFFZ01AB0＿01	2 000	天名精	5	0.01	0.01
2015	HTFFZ01AB0＿01	2 000	楮	30	0.04	0.05
2015	HTFFZ01AB0＿01	2 000	青花椒	5	0.05	0.02
2015	HTFFZ01AB0＿01	2 000	苎麻	40	0.12	0.05
2015	HTFFZ01AB0＿01	2 000	草珊瑚	35	0.12	0.05
2015	HTFFZ01AB0＿01	2 000	钩藤	5	0.31	0.20
2015	HTFFZ01AB0＿01	2 000	黄檀	35	10.68	2.52
2015	HTFFZ01AB0＿01	2 000	黄樟	10	30.27	12.34
2015	HTFFZ01AB0＿01	2 000	栲	20	0.06	0.02
2015	HTFFZ01AB0＿01	2 000	细辛	5	0.01	0.01
2015	HTFFZ01AB0＿01	2 000	细枝柃	10	1.68	0.44
2015	HTFFZ01AB0＿01	2 000	油桐	10	0.68	0.22
2015	HTFFZ01AB0＿01	2 000	白栎	10	0.47	0.16
2015	HTFFZ01AB0＿01	2 000	笔罗子	10	0.08	0.03
2010	HTFZH01ABC＿01	2 000	菝葜	140	0.69	0.29
2010	HTFZH01ABC＿01	2 000	常山	30	0.64	0.24
2010	HTFZH01ABC＿01	2 000	赤杨叶	55	3.55	0.90
2010	HTFZH01ABC＿01	2 000	刺楸	50	37.98	3.91
2010	HTFZH01ABC＿01	2 000	楤木	45	0.70	0.37

（续）

年份	样地代码	样地面积/m²	植物名称	植物株数/株	地上部总干重/kg	地下部总干重/kg
2010	HTFZH01ABC_01	2 000	粗叶悬钩子	15	0.04	0.02
2010	HTFZH01ABC_01	2 000	大叶白纸扇	330	57.21	13.88
2010	HTFZH01ABC_01	2 000	杜茎山	1 185	10.17	3.47
2010	HTFZH01ABC_01	2 000	梵天花	210	0.51	0.21
2010	HTFZH01ABC_01	2 000	钩藤	105	1.69	0.84
2010	HTFZH01ABC_01	2 000	光亮山矾	5	0.30	0.09
2010	HTFZH01ABC_01	2 000	广东紫珠	20	0.60	0.15
2010	HTFZH01ABC_01	2 000	寒莓	95	0.32	0.13
2010	HTFZH01ABC_01	2 000	红柴枝	85	4.59	1.46
2010	HTFZH01ABC_01	2 000	红果菝葜	10	0.03	0.01
2010	HTFZH01ABC_01	2 000	虎皮楠	20	0.48	0.17
2010	HTFZH01ABC_01	2 000	鲫鱼胆	790	1.99	0.85
2010	HTFZH01ABC_01	2 000	空心泡	145	0.08	0.03
2010	HTFZH01ABC_01	2 000	满树星	65	0.54	0.22
2010	HTFZH01ABC_01	2 000	毛桐	10	0.91	0.29
2010	HTFZH01ABC_01	2 000	木蜡树	25	3.22	0.86
2010	HTFZH01ABC_01	2 000	刨花润楠	50	3.60	1.27
2010	HTFZH01ABC_01	2 000	青冈	80	1.43	0.51
2010	HTFZH01ABC_01	2 000	山胡椒	10	0.15	0.03
2010	HTFZH01ABC_01	2 000	山鸡椒	5	2.26	0.48
2010	HTFZH01ABC_01	2 000	山莓	185	0.35	0.23
2010	HTFZH01ABC_01	2 000	山乌桕	25	8.36	7.82
2010	HTFZH01ABC_01	2 000	深山含笑	25	6.62	1.24
2010	HTFZH01ABC_01	2 000	太平莓	1 940	6.50	2.74
2010	HTFZH01ABC_01	2 000	藤黄檀	25	4.67	1.06
2010	HTFZH01ABC_01	2 000	细齿叶柃	200	2.70	0.51
2010	HTFZH01ABC_01	2 000	异叶榕	60	3.39	1.05
2010	HTFZH01ABC_01	2 000	油桐	25	8.51	2.58
2010	HTFZH01ABC_01	2 000	枳椇	15	45.67	6.62
2010	HTFZH01ABC_01	2 000	紫麻	165	121.35	9.57
2010	HTFZH01ABC_01	2 000	紫珠	70	1.17	0.28
2010	HTFZH01ABC_01	2 000	白栎	10	0.24	0.09
2010	HTFZH01ABC_01	2 000	白叶莓	5	0.01	0.01

（续）

年份	样地代码	样地面积/m²	植物名称	植物株数/株	地上部总干重/kg	地下部总干重/kg
2010	HTFZH01ABC _ 01	2 000	薄叶山矾	10	0.33	0.11
2010	HTFZH01ABC _ 01	2 000	短梗菝葜	30	0.45	0.17
2010	HTFZH01ABC _ 01	2 000	枫香树	5	0.10	0.07
2010	HTFZH01ABC _ 01	2 000	光萼小蜡	5	0.09	0.03
2010	HTFZH01ABC _ 01	2 000	黄樟	10	0.02	0.05
2010	HTFZH01ABC _ 01	2 000	亮叶桦	5	0.02	0.01
2010	HTFZH01ABC _ 01	2 000	毛豹皮樟	20	2.45	7.04
2010	HTFZH01ABC _ 01	2 000	毛叶木姜子	25	76.41	14.48
2010	HTFZH01ABC _ 01	2 000	瑞香	5	0.01	0.01
2010	HTFZH01ABC _ 01	2 000	小叶栎	35	0.29	0.11
2010	HTFZH01ABC _ 01	2 000	油茶	45	0.34	0.15
2010	HTFZH01ABC _ 01	2 000	棕榈	5	0.01	0.01
2010	HTFZH01ABC _ 01	2 000	醉香含笑	45	6.34	1.20
2010	HTFZH01ABC _ 01	2 000	长叶柄野扇花	5	0.05	0.02
2010	HTFZH01ABC _ 01	2 000	黄牛奶树	30	2.08	0.63
2010	HTFZH01ABC _ 01	2 000	毛叶高粱泡	5	0.01	0.01
2010	HTFZH01ABC _ 01	2 000	木油桐	5	0.49	0.15
2010	HTFZH01ABC _ 01	2 000	土茯苓	55	0.34	0.14
2010	HTFZH01ABC _ 01	2 000	楝	10	4.16	0.93
2010	HTFZH01ABC _ 01	2 000	朴树	10	0.08	0.03
2010	HTFZH01ABC _ 01	2 000	腺毛莓	5	0.01	0.01
2010	HTFZH01ABC _ 01	2 000	野柿	5	0.03	0.01
2010	HTFZH01ABC _ 01	2 000	大乌泡	20	0.07	0.03
2010	HTFZH01ABC _ 01	2 000	湖南悬钩子	5	0.01	0.01
2010	HTFZH01ABC _ 01	2 000	华中樱桃	5	1.72	0.40
2010	HTFZH01ABC _ 01	2 000	杉木	5	5.36	0.99
2010	HTFZH01ABC _ 01	2 000	细枝柃	5	0.06	0.01
2010	HTFZH01ABC _ 01	2 000	楮	10	1.35	0.38
2011	HTFZH01ABC _ 01	2 000	紫珠	115	3.60	0.90
2011	HTFZH01ABC _ 01	2 000	杜茎山	1 705	12.42	4.32
2011	HTFZH01ABC _ 01	2 000	太平莓	350	1.16	0.49
2011	HTFZH01ABC _ 01	2 000	刨花润楠	50	1.90	0.67
2011	HTFZH01ABC _ 01	2 000	空心泡	65	0.04	0.01

（续）

年份	样地代码	样地面积/m²	植物名称	植物株数/株	地上部总干重/kg	地下部总干重/kg
2011	HTFZH01ABC_01	2 000	鲫鱼胆	1 190	3.40	1.40
2011	HTFZH01ABC_01	2 000	红柴枝	135	3.16	1.16
2011	HTFZH01ABC_01	2 000	钩藤	90	2.31	1.08
2011	HTFZH01ABC_01	2 000	醉香含笑	65	13.49	2.53
2011	HTFZH01ABC_01	2 000	菝葜	135	0.45	0.19
2011	HTFZH01ABC_01	2 000	樟	20	1.72	5.82
2011	HTFZH01ABC_01	2 000	棕榈	20	0.55	0.18
2011	HTFZH01ABC_01	2 000	细齿叶柃	95	1.08	0.16
2011	HTFZH01ABC_01	2 000	刺楸	70	1.51	0.53
2011	HTFZH01ABC_01	2 000	藤构	225	0.90	0.38
2011	HTFZH01ABC_01	2 000	大叶白纸扇	290	48.36	11.86
2011	HTFZH01ABC_01	2 000	黄牛奶树	80	13.73	3.35
2011	HTFZH01ABC_01	2 000	紫麻	100	69.83	7.24
2011	HTFZH01ABC_01	2 000	毛叶木姜子	25	17.67	3.68
2011	HTFZH01ABC_01	2 000	蛇葡萄	10	0.04	0.02
2011	HTFZH01ABC_01	2 000	梵天花	150	0.21	0.13
2011	HTFZH01ABC_01	2 000	华中樱桃	5	0.40	0.12
2011	HTFZH01ABC_01	2 000	红果菝葜	105	0.46	0.19
2011	HTFZH01ABC_01	2 000	常山	40	0.24	0.10
2011	HTFZH01ABC_01	2 000	土茯苓	115	0.46	0.19
2011	HTFZH01ABC_01	2 000	山橿	55	5.58	14.93
2011	HTFZH01ABC_01	2 000	朴树	10	0.85	0.23
2011	HTFZH01ABC_01	2 000	楮	30	0.30	0.13
2011	HTFZH01ABC_01	2 000	杉木	110	2.82	0.90
2011	HTFZH01ABC_01	2 000	深山含笑	95	10.66	2.02
2011	HTFZH01ABC_01	2 000	短梗南蛇藤	20	0.74	0.25
2011	HTFZH01ABC_01	2 000	小叶栎	70	0.99	0.38
2011	HTFZH01ABC_01	2 000	赤杨叶	20	1.02	0.27
2011	HTFZH01ABC_01	2 000	木蜡树	50	2.12	0.66
2011	HTFZH01ABC_01	2 000	湖南悬钩子	15	0.06	0.03
2011	HTFZH01ABC_01	2 000	楤木	60	15.02	6.79
2011	HTFZH01ABC_01	2 000	山乌桕	10	1.61	1.49

（续）

年份	样地代码	样地面积/m²	植物名称	植物株数/株	地上部总干重/kg	地下部总干重/kg
2011	HTFZH01ABC_01	2 000	红毛悬钩子	5	0.02	0.01
2011	HTFZH01ABC_01	2 000	薄叶山矾	30	10.05	1.83
2011	HTFZH01ABC_01	2 000	异叶榕	65	8.20	1.98
2011	HTFZH01ABC_01	2 000	杨梅	20	0.79	0.25
2011	HTFZH01ABC_01	2 000	山鸡椒	15	15.13	3.04
2011	HTFZH01ABC_01	2 000	广东紫珠	15	0.24	0.06
2011	HTFZH01ABC_01	2 000	毛桐	10	10.11	3.03
2011	HTFZH01ABC_01	2 000	多花勾儿茶	5	0.02	0.01
2011	HTFZH01ABC_01	2 000	中华猕猴桃	45	0.90	0.32
2011	HTFZH01ABC_01	2 000	油茶	30	1.14	0.25
2011	HTFZH01ABC_01	2 000	油桐	30	49.81	14.90
2011	HTFZH01ABC_01	2 000	亮叶桦	5	0.64	0.18
2011	HTFZH01ABC_01	2 000	粗叶悬钩子	10	0.03	0.01
2011	HTFZH01ABC_01	2 000	粗糠柴	5	0.48	0.14
2011	HTFZH01ABC_01	2 000	胡枝子	15	0.06	0.03
2011	HTFZH01ABC_01	2 000	掌叶悬钩子	5	0.02	0.01
2011	HTFZH01ABC_01	2 000	虎皮楠	10	0.06	0.02
2011	HTFZH01ABC_01	2 000	山莓	10	0.05	0.02
2011	HTFZH01ABC_01	2 000	毛豹皮樟	15	1.16	2.58
2011	HTFZH01ABC_01	2 000	光亮山矾	5	0.16	0.06
2011	HTFZH01ABC_01	2 000	满树星	5	0.01	0.01
2011	HTFZH01ABC_01	2 000	细枝柃	5	0.05	0.01
2011	HTFZH01ABC_01	2 000	青冈	40	0.31	0.13
2011	HTFZH01ABC_01	2 000	藤黄檀	10	0.04	0.02
2011	HTFZH01ABC_01	2 000	日本五月茶	5	0.02	0.01
2011	HTFZH01ABC_01	2 000	核子木	5	3.26	0.67
2011	HTFZH01ABC_01	2 000	木荷	5	0.05	0.02
2011	HTFZH01ABC_01	2 000	三叶木通	10	0.11	0.04
2011	HTFZH01ABC_01	2 000	马甲菝葜	25	0.07	0.03
2011	HTFZH01ABC_01	2 000	野鸦椿	10	1.13	0.32

（续）

年份	样地代码	样地面积/m²	植物名称	植物株数/株	地上部总干重/kg	地下部总干重/kg
2015	HTFZH01ABC_01	2 000	菝葜	40	0.12	0.05
2015	HTFZH01ABC_01	2 000	赤杨叶	15	0.16	0.06
2015	HTFZH01ABC_01	2 000	刺槐	10	0.57	0.18
2015	HTFZH01ABC_01	2 000	大叶白纸扇	70	12.18	3.04
2015	HTFZH01ABC_01	2 000	杜茎山	1 370	9.76	3.40
2015	HTFZH01ABC_01	2 000	梵天花	25	0.02	0.02
2015	HTFZH01ABC_01	2 000	枫香	5	0.05	0.04
2015	HTFZH01ABC_01	2 000	广东紫珠	20	0.25	0.06
2015	HTFZH01ABC_01	2 000	虎皮楠	25	2.43	0.86
2015	HTFZH01ABC_01	2 000	黄精	65	0.19	0.08
2015	HTFZH01ABC_01	2 000	黄牛奶树	10	3.88	0.77
2015	HTFZH01ABC_01	2 000	鲫鱼胆	240	0.56	0.24
2015	HTFZH01ABC_01	2 000	空心泡	30	0.01	0.01
2015	HTFZH01ABC_01	2 000	南酸枣	5	1.19	0.30
2015	HTFZH01ABC_01	2 000	刨花润楠	50	11.67	4.10
2015	HTFZH01ABC_01	2 000	山鸡椒	35	29.60	5.39
2015	HTFZH01ABC_01	2 000	山姜	445	1.46	0.62
2015	HTFZH01ABC_01	2 000	杉木	140	6.09	2.01
2015	HTFZH01ABC_01	2 000	深山含笑	125	28.51	5.34
2015	HTFZH01ABC_01	2 000	柯	15	0.04	0.02
2015	HTFZH01ABC_01	2 000	太平莓	40	0.12	0.05
2015	HTFZH01ABC_01	2 000	细齿叶柃	95	0.31	0.13
2015	HTFZH01ABC_01	2 000	小果冬青	35	1.51	0.50
2015	HTFZH01ABC_01	2 000	小叶青冈	20	0.15	0.06
2015	HTFZH01ABC_01	2 000	油茶	50	1.32	0.43
2015	HTFZH01ABC_01	2 000	棕榈	15	23.13	3.94
2015	HTFZH01ABC_01	2 000	刺楸	30	1.43	0.42
2015	HTFZH01ABC_01	2 000	楤木	10	4.83	2.17
2015	HTFZH01ABC_01	2 000	栲	5	0.01	0.01
2015	HTFZH01ABC_01	2 000	木油桐	10	0.14	0.05

（续）

年份	样地代码	样地面积/m²	植物名称	植物株数/株	地上部总干重/kg	地下部总干重/kg
2015	HTFZH01ABC_01	2 000	藤构	15	0.04	0.02
2015	HTFZH01ABC_01	2 000	异叶榕	10	0.13	0.05
2015	HTFZH01ABC_01	2 000	紫麻	150	10.11	2.59
2015	HTFZH01ABC_01	2 000	醉香含笑	35	7.03	1.32
2015	HTFZH01ABC_01	2 000	钩藤	10	0.43	0.08
2015	HTFZH01ABC_01	2 000	水麻	5	0.02	0.01
2015	HTFZH01ABC_01	2 000	细枝柃	15	0.12	0.05
2015	HTFZH01ABC_01	2 000	油桐	20	5.62	1.71
2015	HTFZH01ABC_01	2 000	山乌桕	15	0.03	0.00
2015	HTFZH01ABC_01	2 000	土茯苓	5	0.02	0.01
2015	HTFZH01ABC_01	2 000	青花椒	5	0.03	0.01
2015	HTFZH01ABC_01	2 000	青冈	5	0.17	0.06
2015	HTFZH01ABC_01	2 000	杨梅	5	0.14	0.05
2015	HTFZH01ABC_01	2 000	野鸦椿	5	0.78	0.21

表 3-5　草本层各物种生物量

年份	样地代码	样地面积/m²	植物名称	植物株数/株	地上部总干重/kg	地下部总干重/kg
2010	HTFZH02ABC_01	2 500	狗脊蕨	1 665	9.51	—
2010	HTFZH02ABC_01	2 500	黑足鳞毛蕨	2 305	5.91	—
2010	HTFZH02ABC_01	2 500	金星蕨	50	0.02	—
2010	HTFZH02ABC_01	2 500	芒	30	0.09	—
2010	HTFZH02ABC_01	2 500	团叶陵齿蕨	185	0.09	—
2010	HTFZH02ABC_01	2 500	银果牛奶子	10	0.05	—
2010	HTFZH02ABC_01	2 500	边缘鳞盖蕨	170	0.75	—
2010	HTFZH02ABC_01	2 500	多花黄精	5	0.02	—
2010	HTFZH02ABC_01	2 500	碎米莎草	450	0.76	—
2010	HTFZH02ABC_01	2 500	条穗薹草	125	0.21	—
2010	HTFZH02ABC_01	2 500	乌蕨	40	0.04	—
2010	HTFZH02ABC_01	2 500	轮钟花	10	0.07	—
2010	HTFZH02ABC_01	2 500	东风草	10	0.05	—
2010	HTFZH02ABC_01	2 500	直鳞肋毛蕨	10	0.02	—
2010	HTFZH02ABC_01	2 500	海金沙	5	0.02	—

（续）

年份	样地代码	样地面积/m²	植物名称	植物株数/株	地上部总干重/kg	地下部总干重/kg
2010	HTFZH02ABC_01	2 500	芒萁	5	0.01	—
2010	HTFZH02ABC_01	2 500	山姜	30	0.06	—
2010	HTFZH02ABC_01	2 500	深绿卷柏	35	0.07	—
2011	HTFZH02ABC_01	2 500	黑足鳞毛蕨	1 450	2.06	—
2011	HTFZH02ABC_01	2 500	狗脊蕨	1 125	2.94	—
2011	HTFZH02ABC_01	2 500	乌蕨	455	0.56	—
2011	HTFZH02ABC_01	2 500	芒	185	0.61	—
2011	HTFZH02ABC_01	2 500	芒萁	205	0.20	—
2011	HTFZH02ABC_01	2 500	稀羽鳞毛蕨	45	0.04	—
2011	HTFZH02ABC_01	2 500	碎米莎草	730	2.58	—
2011	HTFZH02ABC_01	2 500	海金沙	5	0.00	—
2011	HTFZH02ABC_01	2 500	金星蕨	15	0.01	—
2011	HTFZH02ABC_01	2 500	黄毛猕猴桃	10	0.02	—
2011	HTFZH02ABC_01	2 500	江南星蕨	100	0.12	—
2011	HTFZH02ABC_01	2 500	黑老虎	80	3.13	—
2011	HTFZH02ABC_01	2 500	团叶陵齿蕨	30	0.03	—
2011	HTFZH02ABC_01	2 500	边缘鳞盖蕨	25	0.03	—
2011	HTFZH02ABC_01	2 500	蓬莱葛	55	0.34	—
2011	HTFZH02ABC_01	2 500	轮钟花	10	0.11	—
2011	HTFZH02ABC_01	2 500	三脉紫菀	15	0.08	—
2011	HTFZH02ABC_01	2 500	野雉尾金粉蕨	30	0.03	—
2011	HTFZH02ABC_01	2 500	半边旗	5	0.00	—
2011	HTFZH02ABC_01	2 500	深绿卷柏	40	0.04	—
2011	HTFZH02ABC_01	2 500	十字薹草	5	0.01	—
2011	HTFZH02ABC_01	2 500	乌蔹莓	5	0.42	—
2015	HTFZH02ABC_01	2 500	朱砂根	20	0.10	—
2015	HTFZH02ABC_01	2 500	稀羽鳞毛蕨	35	0.17	—
2015	HTFZH02ABC_01	2 500	黑足鳞毛蕨	380	2.14	—
2015	HTFZH02ABC_01	2 500	狗脊蕨	1 010	14.27	—
2015	HTFZH02ABC_01	2 500	苎麻	10	0.14	—
2015	HTFZH02ABC_01	2 500	乌蕨	75	0.10	—
2015	HTFZH02ABC_01	2 500	芒萁	50	0.49	—
2015	HTFZH02ABC_01	2 500	边缘鳞盖蕨	115	0.58	—
2015	HTFZH02ABC_01	2 500	碎米莎草	285	0.82	—
2015	HTFZH02ABC_01	2 500	棠叶悬钩子	10	0.05	—
2015	HTFZH02ABC_01	2 500	里白	100	2.54	—
2015	HTFZH02ABC_01	2 500	江南卷柏	5	0.01	—
2015	HTFZH02ABC_01	2 500	亮鳞肋毛蕨	5	0.01	—
2010	HTFFZ01AB0_01	2 000	边缘鳞盖蕨	1 450	9.93	—

（续）

年份	样地代码	样地面积/m²	植物名称	植物株数/株	地上部总生物量/kg	地下总生物量/kg
2010	HTFFZ01AB0＿01	2 000	淡竹叶	34 255	16.48	—
2010	HTFFZ01AB0＿01	2 000	短毛金线草	65	0.26	—
2010	HTFFZ01AB0＿01	2 000	钝角金星蕨	165	0.56	—
2010	HTFFZ01AB0＿01	2 000	多花黄精	35	0.25	—
2010	HTFFZ01AB0＿01	2 000	狗脊蕨	175	0.78	—
2010	HTFFZ01AB0＿01	2 000	黑足鳞毛蕨	2 105	10.01	—
2010	HTFFZ01AB0＿01	2 000	华东蹄盖蕨	5	0.02	—
2010	HTFFZ01AB0＿01	2 000	见血青	85	0.14	—
2010	HTFFZ01AB0＿01	2 000	金毛狗蕨	375	10.53	—
2010	HTFFZ01AB0＿01	2 000	金星蕨	1 830	11.93	—
2010	HTFFZ01AB0＿01	2 000	锯叶合耳菊	115	0.51	—
2010	HTFFZ01AB0＿01	2 000	蕨	135	2.31	—
2010	HTFFZ01AB0＿01	2 000	芒	975	1.60	—
2010	HTFFZ01AB0＿01	2 000	芒萁	415	3.50	—
2010	HTFFZ01AB0＿01	2 000	求米草	3 150	3.51	—
2010	HTFFZ01AB0＿01	2 000	三脉紫菀	95	0.45	—
2010	HTFFZ01AB0＿01	2 000	碎米莎草	105	0.33	—
2010	HTFFZ01AB0＿01	2 000	乌蕨	85	0.30	—
2010	HTFFZ01AB0＿01	2 000	稀羽鳞毛蕨	105	0.46	—
2010	HTFFZ01AB0＿01	2 000	有齿金星蕨	585	4.01	—
2010	HTFFZ01AB0＿01	2 000	中日金星蕨	15	0.02	—
2010	HTFFZ01AB0＿01	2 000	紫萁	655	11.34	—
2010	HTFFZ01AB0＿01	2 000	齿头鳞毛蕨	10	0.01	—
2010	HTFFZ01AB0＿01	2 000	莎草	35	0.10	—
2010	HTFFZ01AB0＿01	2 000	里白	475	17.10	—
2010	HTFFZ01AB0＿01	2 000	淡绿双盖蕨	10	0.07	—
2010	HTFFZ01AB0＿01	2 000	平羽凤尾蕨	5	0.01	—
2010	HTFFZ01AB0＿01	2 000	海金沙	15	0.23	—
2010	HTFFZ01AB0＿01	2 000	假稀羽鳞毛蕨	10	0.02	—
2010	HTFFZ01AB0＿01	2 000	宽卵叶长柄山蚂蟥	20	0.02	—
2010	HTFFZ01AB0＿01	2 000	林下凸轴蕨	10	0.02	—
2010	HTFFZ01AB0＿01	2 000	龙芽草	5	0.02	—
2010	HTFFZ01AB0＿01	2 000	毛堇菜	5	0.01	—
2010	HTFFZ01AB0＿01	2 000	山姜	95	0.20	—
2010	HTFFZ01AB0＿01	2 000	条穗薹草	290	0.42	—
2010	HTFFZ01AB0＿01	2 000	委陵菜	5	0.01	—
2010	HTFFZ01AB0＿01	2 000	东风草	5	0.05	—
2010	HTFFZ01AB0＿01	2 000	盘果菊	10	0.03	—
2010	HTFFZ01AB0＿01	2 000	棉毛尼泊尔天名精	5	0.01	—

（续）

年份	样地代码	样地面积/m²	植物名称	植物株数/株	地上部总生物量/kg	地下总生物量/kg
2010	HTFFZ01AB0_01	2 000	牛膝	5	0.01	—
2010	HTFFZ01AB0_01	2 000	异基双盖蕨	15	0.05	—
2010	HTFFZ01AB0_01	2 000	半边旗	25	0.07	—
2010	HTFFZ01AB0_01	2 000	对马耳蕨	5	0.01	—
2010	HTFFZ01AB0_01	2 000	野雉尾金粉蕨	15	0.11	—
2011	HTFFZ01AB0_01	2 000	紫萁	285	0.85	—
2011	HTFFZ01AB0_01	2 000	黑足鳞毛蕨	1 785	2.22	—
2011	HTFFZ01AB0_01	2 000	边缘鳞盖蕨	760	0.84	—
2011	HTFFZ01AB0_01	2 000	黄毛猕猴桃	440	5.33	—
2011	HTFFZ01AB0_01	2 000	草珊瑚	110	0.19	—
2011	HTFFZ01AB0_01	2 000	金星蕨	1 820	1.93	—
2011	HTFFZ01AB0_01	2 000	狗脊蕨	125	0.14	—
2011	HTFFZ01AB0_01	2 000	里白	45	0.37	—
2011	HTFFZ01AB0_01	2 000	华东蹄盖蕨	25	0.02	—
2011	HTFFZ01AB0_01	2 000	斜方复叶耳蕨	60	0.07	—
2011	HTFFZ01AB0_01	2 000	稀羽鳞毛蕨	185	0.23	—
2011	HTFFZ01AB0_01	2 000	俞藤	590	12.50	—
2011	HTFFZ01AB0_01	2 000	海金沙	45	0.04	—
2011	HTFFZ01AB0_01	2 000	乌蕨	50	0.05	—
2011	HTFFZ01AB0_01	2 000	求米草	3 495	3.76	—
2011	HTFFZ01AB0_01	2 000	络石	330	0.32	—
2011	HTFFZ01AB0_01	2 000	寒莓	385	0.40	—
2011	HTFFZ01AB0_01	2 000	蕨	115	0.30	—
2011	HTFFZ01AB0_01	2 000	芒	140	0.15	—
2011	HTFFZ01AB0_01	2 000	锯叶合耳菊	115	0.26	—
2011	HTFFZ01AB0_01	2 000	十字薹草	70	0.09	—
2011	HTFFZ01AB0_01	2 000	毛鸡矢藤	85	0.13	—
2011	HTFFZ01AB0_01	2 000	牛膝	45	0.06	—
2011	HTFFZ01AB0_01	2 000	多花黄精	25	0.04	—
2011	HTFFZ01AB0_01	2 000	山姜	85	0.16	—
2011	HTFFZ01AB0_01	2 000	淡竹叶	33 435	31.20	—
2011	HTFFZ01AB0_01	2 000	显齿蛇葡萄	535	2.56	—
2011	HTFFZ01AB0_01	2 000	龙芽草	50	0.05	—
2011	HTFFZ01AB0_01	2 000	盘果菊	35	0.04	—
2011	HTFFZ01AB0_01	2 000	日本薯蓣	20	0.02	—
2011	HTFFZ01AB0_01	2 000	鸡矢藤	65	0.13	—
2011	HTFFZ01AB0_01	2 000	金毛狗蕨	150	2.72	—
2011	HTFFZ01AB0_01	2 000	三脉紫菀	110	0.12	—
2011	HTFFZ01AB0_01	2 000	宽卵叶长柄山蚂蟥	5	0.00	—

（续）

年份	样地代码	样地面积/m²	植物名称	植物株数/株	地上部总生物量/kg	地下总生物量/kg
2011	HTFFZ01AB0＿01	2 000	镰羽瘤足蕨	15	0.02	—
2011	HTFFZ01AB0＿01	2 000	棉毛尼泊尔天名精	5	0.00	—
2011	HTFFZ01AB0＿01	2 000	有齿金星蕨	230	0.26	—
2011	HTFFZ01AB0＿01	2 000	荩草	15	0.02	—
2011	HTFFZ01AB0＿01	2 000	见血青	10	0.01	—
2011	HTFFZ01AB0＿01	2 000	姬蕨	30	0.05	—
2011	HTFFZ01AB0＿01	2 000	碎米莎草	20	0.03	—
2011	HTFFZ01AB0＿01	2 000	丛枝蓼	5	0.01	—
2011	HTFFZ01AB0＿01	2 000	淡绿双盖蕨	20	0.07	—
2011	HTFFZ01AB0＿01	2 000	二回羽叶边缘鳞盖蕨	15	0.01	—
2011	HTFFZ01AB0＿01	2 000	大果俞藤	70	2.41	—
2011	HTFFZ01AB0＿01	2 000	短毛金线草	15	0.02	—
2011	HTFFZ01AB0＿01	2 000	白英	30	0.11	—
2011	HTFFZ01AB0＿01	2 000	阔鳞鳞毛蕨	25	0.08	—
2011	HTFFZ01AB0＿01	2 000	茜草	15	0.03	—
2011	HTFFZ01AB0＿01	2 000	宽叶金粟兰	10	0.03	—
2011	HTFFZ01AB0＿01	2 000	苎麻	10	0.05	—
2011	HTFFZ01AB0＿01	2 000	林下凸轴蕨	10	0.01	—
2011	HTFFZ01AB0＿01	2 000	栝楼	5	0.10	—
2011	HTFFZ01AB0＿01	2 000	毛堇菜	5	0.00	—
2011	HTFFZ01AB0＿01	2 000	渐尖毛蕨	5	0.01	—
2011	HTFFZ01AB0＿01	2 000	下田菊	10	0.01	—
2015	HTFFZ01AB0＿01	2 000	醉鱼草	55	0.92	—
2015	HTFFZ01AB0＿01	2 000	中华里白	25	1.16	—
2015	HTFFZ01AB0＿01	2 000	太平莓	35	0.20	—
2015	HTFFZ01AB0＿01	2 000	碎米莎草	35	0.11	—
2015	HTFFZ01AB0＿01	2 000	山姜	45	0.60	—
2015	HTFFZ01AB0＿01	2 000	牛膝	5	0.02	—
2015	HTFFZ01AB0＿01	2 000	金星蕨	875	2.37	—
2015	HTFFZ01AB0＿01	2 000	黑足鳞毛蕨	1 115	5.66	—
2015	HTFFZ01AB0＿01	2 000	狗脊蕨	35	0.80	—
2015	HTFFZ01AB0＿01	2 000	淡竹叶	25 375	11.78	—
2015	HTFFZ01AB0＿01	2 000	边缘鳞盖蕨	435	3.41	—
2015	HTFFZ01AB0＿01	2 000	苎麻	40	0.31	—
2015	HTFFZ01AB0＿01	2 000	中华鳞毛蕨	25	0.23	—
2015	HTFFZ01AB0＿01	2 000	香蓼	25	0.58	—
2015	HTFFZ01AB0＿01	2 000	下田菊	40	0.39	—
2015	HTFFZ01AB0＿01	2 000	稀羽鳞毛蕨	50	0.44	—
2015	HTFFZ01AB0＿01	2 000	天名精	5	0.06	—

（续）

年份	样地代码	样地面积/m²	植物名称	植物株数/株	地上部总生物量/kg	地下总生物量/kg
2015	HTFFZ01AB0_01	2 000	宽卵叶长柄山蚂蟥	20	0.13	—
2015	HTFFZ01AB0_01	2 000	求米草	7 875	8.02	—
2015	HTFFZ01AB0_01	2 000	空心泡	245	0.81	—
2015	HTFFZ01AB0_01	2 000	黄泡	90	0.74	—
2015	HTFFZ01AB0_01	2 000	斜方复叶耳蕨	95	0.46	—
2015	HTFFZ01AB0_01	2 000	细辛	5	0.04	—
2015	HTFFZ01AB0_01	2 000	沙参	15	0.27	—
2015	HTFFZ01AB0_01	2 000	平羽凤尾蕨	20	0.16	—
2015	HTFFZ01AB0_01	2 000	金毛狗蕨	95	5.63	—
2015	HTFFZ01AB0_01	2 000	三脉紫苑	10	0.08	—
2015	HTFFZ01AB0_01	2 000	茜草	25	0.28	—
2010	HTFZH01ABC_01	2 000	边缘鳞盖蕨	3 335	28.19	—
2010	HTFZH01ABC_01	2 000	齿头鳞毛蕨	45	0.12	—
2010	HTFZH01ABC_01	2 000	淡竹叶	16 175	8.67	—
2010	HTFZH01ABC_01	2 000	多花黄精	35	0.29	—
2010	HTFZH01ABC_01	2 000	平羽凤尾蕨	25	0.20	—
2010	HTFZH01ABC_01	2 000	狗脊蕨	1 555	25.36	—
2010	HTFZH01ABC_01	2 000	海金沙	60	1.44	—
2010	HTFZH01ABC_01	2 000	黑足鳞毛蕨	1 480	8.66	—
2010	HTFZH01ABC_01	2 000	华东蹄盖蕨	55	0.13	—
2010	HTFZH01ABC_01	2 000	金毛狗蕨	380	13.67	—
2010	HTFZH01ABC_01	2 000	金星蕨	6 955	16.50	—
2010	HTFZH01ABC_01	2 000	荩草	705	1.13	—
2010	HTFZH01ABC_01	2 000	宽卵叶长柄山蚂蟥	45	0.06	—
2010	HTFZH01ABC_01	2 000	阔鳞鳞毛蕨	30	0.12	—
2010	HTFZH01ABC_01	2 000	龙芽草	15	0.06	—
2010	HTFZH01ABC_01	2 000	芒	140	0.56	—
2010	HTFZH01ABC_01	2 000	芒萁	100	0.59	—
2010	HTFZH01ABC_01	2 000	求米草	535	0.87	—
2010	HTFZH01ABC_01	2 000	山姜	840	6.02	—
2010	HTFZH01ABC_01	2 000	碎米莎草	45	0.21	—
2010	HTFZH01ABC_01	2 000	天名精	20	0.10	—
2010	HTFZH01ABC_01	2 000	乌蕨	115	0.33	—
2010	HTFZH01ABC_01	2 000	稀羽鳞毛蕨	280	1.72	—
2010	HTFZH01ABC_01	2 000	杏香兔儿风	5	0.01	—
2010	HTFZH01ABC_01	2 000	有齿金星蕨	285	0.78	—
2010	HTFZH01ABC_01	2 000	红马蹄草	100	0.19	—
2010	HTFZH01ABC_01	2 000	牛膝	60	0.21	—
2010	HTFZH01ABC_01	2 000	日本薯蓣	10	0.35	—

（续）

年份	样地代码	样地面积/m²	植物名称	植物株数/株	地上部总生物量/kg	地下总生物量/kg
2010	HTFZH01ABC_01	2 000	三脉紫菀	15	0.07	—
2010	HTFZH01ABC_01	2 000	蛇葡萄	5	0.03	—
2010	HTFZH01ABC_01	2 000	薯蓣	5	0.09	—
2010	HTFZH01ABC_01	2 000	假斜方复叶耳蕨	25	0.10	—
2010	HTFZH01ABC_01	2 000	淡绿双盖蕨	130	2.02	—
2010	HTFZH01ABC_01	2 000	亮鳞肋毛蕨	70	1.13	—
2010	HTFZH01ABC_01	2 000	姬蕨	20	0.04	—
2010	HTFZH01ABC_01	2 000	条穗薹草	135	0.29	—
2010	HTFZH01ABC_01	2 000	斜方复叶耳蕨	30	0.09	—
2010	HTFZH01ABC_01	2 000	异基双盖蕨	15	0.05	—
2010	HTFZH01ABC_01	2 000	对马耳蕨	70	0.28	—
2010	HTFZH01ABC_01	2 000	凤丫蕨	50	0.27	—
2010	HTFZH01ABC_01	2 000	盘果菊	10	0.04	—
2010	HTFZH01ABC_01	2 000	见血青	165	0.19	—
2010	HTFZH01ABC_01	2 000	锯叶合耳菊	10	0.05	—
2010	HTFZH01ABC_01	2 000	中日金星蕨	5	0.01	—
2010	HTFZH01ABC_01	2 000	穗花香科科	10	0.02	—
2010	HTFZH01ABC_01	2 000	直鳞肋毛蕨	65	0.34	—
2010	HTFZH01ABC_01	2 000	紫萁	40	0.72	—
2010	HTFZH01ABC_01	2 000	星宿菜	5	0.02	—
2010	HTFZH01ABC_01	2 000	假稀羽鳞毛蕨	5	0.01	—
2011	HTFZH01ABC_01	2 000	淡竹叶	14 335	13.49	—
2011	HTFZH01ABC_01	2 000	求米草	890	0.92	—
2011	HTFZH01ABC_01	2 000	金星蕨	5 145	5.30	—
2011	HTFZH01ABC_01	2 000	俞藤	405	9.40	—
2011	HTFZH01ABC_01	2 000	边缘鳞盖蕨	4 010	6.04	—
2011	HTFZH01ABC_01	2 000	锯叶合耳菊	45	0.10	—
2011	HTFZH01ABC_01	2 000	狗脊蕨	940	4.26	—
2011	HTFZH01ABC_01	2 000	稀羽鳞毛蕨	545	0.74	—
2011	HTFZH01ABC_01	2 000	十字薹草	50	0.05	—
2011	HTFZH01ABC_01	2 000	络石	50	0.01	—
2011	HTFZH01ABC_01	2 000	黑足鳞毛蕨	975	1.56	—
2011	HTFZH01ABC_01	2 000	宽卵叶长柄山蚂蟥	125	0.17	—
2011	HTFZH01ABC_01	2 000	黄毛猕猴桃	430	11.20	—
2011	HTFZH01ABC_01	2 000	杏香兔儿风	5	0.00	—
2011	HTFZH01ABC_01	2 000	毛鸡矢藤	30	0.03	—
2011	HTFZH01ABC_01	2 000	碎米莎草	130	0.45	—
2011	HTFZH01ABC_01	2 000	淡绿双盖蕨	350	1.10	—

（续）

年份	样地代码	样地面积/m²	植物名称	植物株数/株	地上部总生物量/kg	地下总生物量/kg
2011	HTFZH01ABC_01	2 000	灰毛泡	385	0.46	—
2011	HTFZH01ABC_01	2 000	寒莓	25	0.03	—
2011	HTFZH01ABC_01	2 000	芒	200	0.21	—
2011	HTFZH01ABC_01	2 000	龙芽草	10	0.01	—
2011	HTFZH01ABC_01	2 000	山姜	815	2.55	—
2011	HTFZH01ABC_01	2 000	苔草	115	0.12	—
2011	HTFZH01ABC_01	2 000	乌蕨	165	0.19	—
2011	HTFZH01ABC_01	2 000	多花黄精	15	0.06	—
2011	HTFZH01ABC_01	2 000	盘果菊	45	0.06	—
2011	HTFZH01ABC_01	2 000	二回羽叶边缘鳞盖蕨	315	0.39	—
2011	HTFZH01ABC_01	2 000	羊耳菊	5	0.01	—
2011	HTFZH01ABC_01	2 000	天名精	10	0.02	—
2011	HTFZH01ABC_01	2 000	蕨	10	0.05	—
2011	HTFZH01ABC_01	2 000	鸡矢藤	35	0.14	—
2011	HTFZH01ABC_01	2 000	显齿蛇葡萄	15	0.02	—
2011	HTFZH01ABC_01	2 000	日本薯蓣	15	0.03	—
2011	HTFZH01ABC_01	2 000	三脉紫菀	35	0.04	—
2011	HTFZH01ABC_01	2 000	阔鳞鳞毛蕨	35	0.04	—
2011	HTFZH01ABC_01	2 000	下田菊	10	0.01	—
2011	HTFZH01ABC_01	2 000	牛膝	115	0.34	—
2011	HTFZH01ABC_01	2 000	见血青	150	0.32	—
2011	HTFZH01ABC_01	2 000	海金沙	50	0.04	—
2011	HTFZH01ABC_01	2 000	东风草	25	0.03	—
2011	HTFZH01ABC_01	2 000	华东蹄盖蕨	320	0.35	—
2011	HTFZH01ABC_01	2 000	红马蹄草	25	0.02	—
2011	HTFZH01ABC_01	2 000	白英	5	0.02	—
2011	HTFZH01ABC_01	2 000	紫萁	130	0.63	—
2011	HTFZH01ABC_01	2 000	瑞香	5	0.00	—
2011	HTFZH01ABC_01	2 000	傅氏凤尾蕨	25	0.02	—
2011	HTFZH01ABC_01	2 000	直鳞肋毛蕨	60	0.09	—
2011	HTFZH01ABC_01	2 000	齿头鳞毛蕨	15	0.02	—
2011	HTFZH01ABC_01	2 000	斜方复叶耳蕨	100	0.28	—
2011	HTFZH01ABC_01	2 000	金毛狗蕨	440	5.12	—
2011	HTFZH01ABC_01	2 000	东南葡萄	100	0.55	—
2011	HTFZH01ABC_01	2 000	棉毛尼泊尔天名精	5	0.00	—
2011	HTFZH01ABC_01	2 000	里白	225	1.53	—
2011	HTFZH01ABC_01	2 000	钮子瓜	10	0.00	—
2011	HTFZH01ABC_01	2 000	疏羽凸轴蕨	40	0.04	—
2011	HTFZH01ABC_01	2 000	黑老虎	5	0.06	—

（续）

年份	样地代码	样地面积/m²	植物名称	植物株数/株	地上部总生物量/kg	地下总生物量/kg
2011	HTFZH01ABC_01	2 000	半边旗	30	0.03	—
2011	HTFZH01ABC_01	2 000	团叶陵齿蕨	50	0.04	—
2015	HTFZH01ABC_01	2 000	下田菊	55	0.66	—
2015	HTFZH01ABC_01	2 000	太平莓	40	0.23	—
2015	HTFZH01ABC_01	2 000	山姜	445	3.37	—
2015	HTFZH01ABC_01	2 000	沙参	15	0.37	—
2015	HTFZH01ABC_01	2 000	求米草	6 550	5.73	—
2015	HTFZH01ABC_01	2 000	空心泡	30	0.09	—
2015	HTFZH01ABC_01	2 000	金星蕨	2 930	11.28	—
2015	HTFZH01ABC_01	2 000	金毛狗蕨	290	18.43	—
2015	HTFZH01ABC_01	2 000	黄精	65	1.43	—
2015	HTFZH01ABC_01	2 000	黑足鳞毛蕨	295	1.42	—
2015	HTFZH01ABC_01	2 000	狗脊蕨	345	1.62	—
2015	HTFZH01ABC_01	2 000	淡竹叶	3 980	2.28	—
2015	HTFZH01ABC_01	2 000	边缘鳞盖蕨	1 640	11.01	—
2015	HTFZH01ABC_01	2 000	斜方复叶耳蕨	225	1.19	—
2015	HTFZH01ABC_01	2 000	平羽凤尾蕨	20	0.09	—
2015	HTFZH01ABC_01	2 000	牛膝	25	0.34	—
2015	HTFZH01ABC_01	2 000	亮鳞肋毛蕨	10	0.09	—
2015	HTFZH01ABC_01	2 000	醉鱼草	10	0.68	—
2015	HTFZH01ABC_01	2 000	紫萁	15	0.34	—
2015	HTFZH01ABC_01	2 000	香薷	5	0.02	—
2015	HTFZH01ABC_01	2 000	鸭儿芹	5	0.04	—
2015	HTFZH01ABC_01	2 000	水麻	5	0.05	—
2015	HTFZH01ABC_01	2 000	龙牙草	5	0.04	—
2015	HTFZH01ABC_01	2 000	虎耳草	25	0.11	—
2015	HTFZH01ABC_01	2 000	稀羽鳞毛蕨	15	0.17	—
2015	HTFZH01ABC_01	2 000	碎米莎草	5	0.02	—
2015	HTFZH01ABC_01	2 000	棠叶悬钩子	30	0.71	—
2015	HTFZH01ABC_01	2 000	凤丫蕨	5	0.03	—
2015	HTFZH01ABC_01	2 000	白茅	10	0.11	—

注：—表示草本未分种统计。

3.1.3　乔木胸径、灌木基径数据集

3.1.3.1　概述

本数据集记录了会同杉木人工林综合观测场永久样地（HTFZH01ABC_01）、会同常绿阔叶林综合观测场永久样地（HTFZH02ABC_01）、会同杉木人工林 1 号辅助观测场永久样地（HT-FFZ01AB0_01）按群落乔木层、灌木层各物种分别统计的年胸径、基径数据。其中，乔木层数据年份为 2009—2015 年，灌木层数据分别为 2010 年、2011 年、2015 年。

3.1.3.2 数据采集和处理方法

乔木层数据采集方法为整个观测样地全部调查，测量记录编号树木胸径；灌木层选择 5 个二级样方，整个二级样方调查，测量记录样方内所有灌木物种的数量和基径。

调查前期根据统一的调查规范方案，对所有参与调查的人员进行集中技术培训，尽可能地保证调查人员固定性，减少人为误差。调查过程中，采用统一型号的胸径尺测量，乔木调查时参照往年的数据，对测量指标进行核对，如胸径和树高低于往年，则需要重新核对测量，对于不能当场确定的树种名称，采集相关凭证标本并在室内进行鉴定；调查人和记录人完成小样方调查时，当即对原始记录表进行核查，发现有误的数据及时纠正。调查完成后，调查人和记录人完成对样方数据的进一步核查，并补充相关信息，纸质版数据录入完成时，调查人和记录人对数据进行自查，检查原始记录表和电子版数据表的一致性，以确保数据输入的准确性。对于树种的补充信息、种名及其特性等主要采用生物分中心提供的森林填报系统生成，系统不能生成的则参考《中国植物志》电子版网站（http：//www. iplant. cn/frps）和《中国植物志》英文修订版官方网站（http：//foc. iplant. cn/）。野外纸质原始数据集妥善保存并备份，以备将来核查。

在质控数据的基础上根据实测胸径（灌木基径），按乔灌层以及植物种类分类，分别统计各物种的株数、胸径或基径，乔木层统计整个样地所有乔木物种的胸径，灌木层统计 5 个调查的二级样方内灌木物种的基径。

3.1.3.3 数据质量控制和评估

对原始数据采用阈值检查、一致性检查等方法进行质控。阈值检查是根据多年数据比对，对超出历史数据阈值范围的监测数据进行校验，删除异常值或标注说明；一致性检查主要对比数量级是否与其他测量值不同。

3.1.3.4 数据使用方法和建议

植物胸径（基径）作为植物生长形态的基本指标，通过对其长期监测，在一定程度上可以掌握植物的健康程度以及植物对环境变化的响应，同时胸径作为计算植物生物量必要的参数，可以根据特定的模型计算该植物物种的生物量。本数据集原始数据可通过湖南会同森林生态系统国家野外科学观测研究站网站（http：//htf. cern. ac. cn/meta/metaData）获取，登录后点击"资源服务"下的"数据服务"，进入相应页面下载数据。

3.1.3.5 数据

见表 3-6，表 3-7。

表 3-6　乔木层各物种胸径

年份	样地代码	样地面积/m²	植物名称	植物株数/株	胸径/cm	标准差
2009	HTFFZ01AB0_01	2 000	杉木	182	23.63	4.07
2010	HTFFZ01AB0_01	2 000	杉木	182	23.85	4.19
2011	HTFFZ01AB0_01	2 000	杉木	182	24.09	4.32
2012	HTFFZ01AB0_01	2 000	杉木	182	24.17	4.30
2013	HTFFZ01AB0_01	2 000	杉木	182	24.25	4.29
2014	HTFFZ01AB0_01	2 000	杉木	182	24.94	4.73
2015	HTFFZ01AB0_01	2 000	杉木	182	25.20	4.86
2009	HTFZH01ABC_01	2 000	杉木	207	23.47	3.75
2010	HTFZH01ABC_01	2 000	杉木	207	23.74	3.90

73

（续）

年份	样地代码	样地面积/m²	植物名称	植物株数/株	胸径/cm	标准差
2011	HTFZH01ABC_01	2 000	杉木	207	24.04	4.06
2012	HTFZH01ABC_01	2 000	杉木	207	24.24	4.12
2013	HTFZH01ABC_01	2 000	杉木	207	24.29	4.09
2014	HTFZH01ABC_01	2 000	杉木	207	25.04	4.55
2015	HTFZH01ABC_01	2 000	杉木	206	25.49	4.83
2009	HTFZH02ABC_01	2 500	笔罗子	49	8.60	5.69
2010	HTFZH02ABC_01	2 500	笔罗子	53	8.35	5.51
2011	HTFZH02ABC_01	2 500	笔罗子	60	7.89	5.36
2012	HTFZH02ABC_01	2 500	笔罗子	60	7.94	5.35
2013	HTFZH02ABC_01	2 500	笔罗子	60	7.96	5.34
2014	HTFZH02ABC_01	2 500	笔罗子	60	8.17	5.32
2015	HTFZH02ABC_01	2 500	笔罗子	60	8.12	5.40
2009	HTFZH02ABC_01	2 500	沉水樟	2	14.94	—
2010	HTFZH02ABC_01	2 500	沉水樟	2	14.88	—
2011	HTFZH02ABC_01	2 500	沉水樟	2	15.79	—
2012	HTFZH02ABC_01	2 500	沉水樟	2	15.98	—
2013	HTFZH02ABC_01	2 500	沉水樟	2	15.98	—
2014	HTFZH02ABC_01	2 500	沉水樟	2	16.65	—
2015	HTFZH02ABC_01	2 500	沉水樟	2	16.04	—
2009	HTFZH02ABC_01	2 500	粗糠柴	1	3.90	—
2010	HTFZH02ABC_01	2 500	粗糠柴	1	3.90	—
2011	HTFZH02ABC_01	2 500	粗糠柴	1	4.00	—
2012	HTFZH02ABC_01	2 500	粗糠柴	1	4.20	—
2013	HTFZH02ABC_01	2 500	粗糠柴	1	4.30	—
2014	HTFZH02ABC_01	2 500	粗糠柴	1	4.80	—
2015	HTFZH02ABC_01	2 500	粗糠柴	1	4.50	—
2009	HTFZH02ABC_01	2 500	冬青	1	3.00	—
2010	HTFZH02ABC_01	2 500	冬青	1	3.00	—
2011	HTFZH02ABC_01	2 500	冬青	1	3.00	—
2012	HTFZH02ABC_01	2 500	冬青	1	3.00	—
2013	HTFZH02ABC_01	2 500	冬青	1	3.10	—
2014	HTFZH02ABC_01	2 500	冬青	1	3.10	—
2015	HTFZH02ABC_01	2 500	冬青	1	3.20	—

（续）

年份	样地代码	样地面积/m²	植物名称	植物株数/株	胸径/cm	标准差
2009	HTFZH02ABC_01	2 500	枫香树	2	57.40	—
2010	HTFZH02ABC_01	2 500	枫香树	2	57.21	—
2011	HTFZH02ABC_01	2 500	枫香树	2	57.21	—
2012	HTFZH02ABC_01	2 500	枫香树	2	57.31	—
2013	HTFZH02ABC_01	2 500	枫香树	2	57.31	—
2014	HTFZH02ABC_01	2 500	枫香树	2	57.73	—
2015	HTFZH02ABC_01	2 500	枫香树	2	57.47	—
2009	HTFZH02ABC_01	2 500	光亮山矾	3	11.98	6.51
2010	HTFZH02ABC_01	2 500	光亮山矾	3	12.18	6.66
2011	HTFZH02ABC_01	2 500	光亮山矾	3	12.40	6.78
2012	HTFZH02ABC_01	2 500	光亮山矾	3	12.42	6.67
2013	HTFZH02ABC_01	2 500	光亮山矾	3	12.44	6.62
2014	HTFZH02ABC_01	2 500	光亮山矾	3	13.00	6.87
2015	HTFZH02ABC_01	2 500	光亮山矾	3	12.65	6.72
2009	HTFZH02ABC_01	2 500	虎皮楠	1	2.50	—
2010	HTFZH02ABC_01	2 500	虎皮楠	1	2.60	—
2011	HTFZH02ABC_01	2 500	虎皮楠	1	2.70	—
2012	HTFZH02ABC_01	2 500	虎皮楠	1	2.80	—
2013	HTFZH02ABC_01	2 500	虎皮楠	1	2.80	—
2014	HTFZH02ABC_01	2 500	虎皮楠	1	3.00	—
2015	HTFZH02ABC_01	2 500	虎皮楠	1	3.00	—
2009	HTFZH02ABC_01	2 500	黄棉木	2	8.67	—
2010	HTFZH02ABC_01	2 500	黄棉木	2	8.76	—
2011	HTFZH02ABC_01	2 500	黄棉木	2	8.79	—
2012	HTFZH02ABC_01	2 500	黄棉木	2	8.83	—
2013	HTFZH02ABC_01	2 500	黄棉木	2	8.83	—
2014	HTFZH02ABC_01	2 500	黄棉木	2	9.21	—
2015	HTFZH02ABC_01	2 500	黄棉木	2	8.98	—
2009	HTFZH02ABC_01	2 500	黄杞	21	16.64	10.08
2010	HTFZH02ABC_01	2 500	黄杞	19	17.28	10.29
2011	HTFZH02ABC_01	2 500	黄杞	19	16.86	10.61
2012	HTFZH02ABC_01	2 500	黄杞	19	16.95	10.60
2013	HTFZH02ABC_01	2 500	黄杞	19	16.96	10.59

（续）

年份	样地代码	样地面积/m²	植物名称	植物株数/株	胸径/cm	标准差
2014	HTFZH02ABC _ 01	2 500	黄杞	19	17.18	10.64
2015	HTFZH02ABC _ 01	2 500	黄杞	19	17.11	10.68
2009	HTFZH02ABC _ 01	2 500	黄樟	1	13.40	—
2010	HTFZH02ABC _ 01	2 500	黄樟	1	13.50	—
2011	HTFZH02ABC _ 01	2 500	黄樟	2	9.87	—
2012	HTFZH02ABC _ 01	2 500	黄樟	2	9.97	—
2013	HTFZH02ABC _ 01	2 500	黄樟	2	10.06	—
2014	HTFZH02ABC _ 01	2 500	黄樟	2	10.09	—
2015	HTFZH02ABC _ 01	2 500	黄樟	2	10.14	—
2009	HTFZH02ABC _ 01	2 500	檵木	5	16.70	6.84
2010	HTFZH02ABC _ 01	2 500	檵木	5	16.68	6.84
2011	HTFZH02ABC _ 01	2 500	檵木	5	16.68	6.84
2012	HTFZH02ABC _ 01	2 500	檵木	5	16.70	6.77
2013	HTFZH02ABC _ 01	2 500	檵木	5	16.70	6.77
2014	HTFZH02ABC _ 01	2 500	檵木	5	16.82	6.87
2015	HTFZH02ABC _ 01	2 500	檵木	5	16.78	6.85
2009	HTFZH02ABC _ 01	2 500	栲	63	29.00	22.95
2010	HTFZH02ABC _ 01	2 500	栲	63	28.90	23.03
2011	HTFZH02ABC _ 01	2 500	栲	71	27.49	22.40
2012	HTFZH02ABC _ 01	2 500	栲	71	27.56	22.40
2013	HTFZH02ABC _ 01	2 500	栲	71	27.57	22.39
2014	HTFZH02ABC _ 01	2 500	栲	71	27.87	22.50
2015	HTFZH02ABC _ 01	2 500	栲	71	27.78	22.51
2009	HTFZH02ABC _ 01	2 500	柯	13	8.78	5.32
2010	HTFZH02ABC _ 01	2 500	柯	9	8.61	6.27
2011	HTFZH02ABC _ 01	2 500	柯	10	8.30	6.10
2012	HTFZH02ABC _ 01	2 500	柯	10	8.39	6.14
2013	HTFZH02ABC _ 01	2 500	柯	10	8.45	6.19
2014	HTFZH02ABC _ 01	2 500	柯	10	8.66	6.29
2015	HTFZH02ABC _ 01	2 500	柯	10	8.57	6.25
2009	HTFZH02ABC _ 01	2 500	亮叶桦	1	23.60	—
2010	HTFZH02ABC _ 01	2 500	亮叶桦	1	23.60	—
2011	HTFZH02ABC _ 01	2 500	亮叶桦	1	23.70	—

（续）

年份	样地代码	样地面积/m²	植物名称	植物株数/株	胸径/cm	标准差
2012	HTFZH02ABC＿01	2 500	亮叶桦	1	23.80	—
2013	HTFZH02ABC＿01	2 500	亮叶桦	1	23.80	—
2014	HTFZH02ABC＿01	2 500	亮叶桦	1	24.50	—
2015	HTFZH02ABC＿01	2 500	亮叶桦	1	24.00	—
2009	HTFZH02ABC＿01	2 500	毛豹皮樟	2	22.15	—
2010	HTFZH02ABC＿01	2 500	毛豹皮樟	2	22.15	—
2011	HTFZH02ABC＿01	2 500	毛豹皮樟	2	22.22	—
2012	HTFZH02ABC＿01	2 500	毛豹皮樟	2	22.30	—
2013	HTFZH02ABC＿01	2 500	毛豹皮樟	2	22.32	—
2014	HTFZH02ABC＿01	2 500	毛豹皮樟	2	22.85	—
2015	HTFZH02ABC＿01	2 500	毛豹皮樟	2	22.47	—
2014	HTFZH02ABC＿01	2 500	毛叶木姜子	15	4.19	0.94
2015	HTFZH02ABC＿01	2 500	毛叶木姜子	15	3.95	0.97
2013	HTFZH02ABC＿01	2 500	木油桐	9	3.03	0.81
2014	HTFZH02ABC＿01	2 500	木油桐	9	3.37	0.87
2015	HTFZH02ABC＿01	2 500	木油桐	9	3.15	0.84
2009	HTFZH02ABC＿01	2 500	南酸枣	2	23.89	—
2010	HTFZH02ABC＿01	2 500	南酸枣	2	24.27	—
2011	HTFZH02ABC＿01	2 500	南酸枣	2	24.79	—
2012	HTFZH02ABC＿01	2 500	南酸枣	2	25.03	—
2013	HTFZH02ABC＿01	2 500	南酸枣	2	25.03	—
2014	HTFZH02ABC＿01	2 500	南酸枣	2	25.34	—
2015	HTFZH02ABC＿01	2 500	南酸枣	2	25.48	—
2009	HTFZH02ABC＿01	2 500	刨花润楠	24	27.19	13.12
2010	HTFZH02ABC＿01	2 500	刨花润楠	24	27.33	13.15
2011	HTFZH02ABC＿01	2 500	刨花润楠	25	26.97	13.77
2012	HTFZH02ABC＿01	2 500	刨花润楠	25	27.11	13.77
2013	HTFZH02ABC＿01	2 500	刨花润楠	25	27.14	13.76
2014	HTFZH02ABC＿01	2 500	刨花润楠	25	27.62	13.92
2015	HTFZH02ABC＿01	2 500	刨花润楠	25	27.37	13.81
2009	HTFZH02ABC＿01	2 500	枇杷	2	10.17	—
2010	HTFZH02ABC＿01	2 500	枇杷	2	10.17	—
2011	HTFZH02ABC＿01	2 500	枇杷	2	10.20	—

（续）

年份	样地代码	样地面积/m²	植物名称	植物株数/株	胸径/cm	标准差
2012	HTFZH02ABC_01	2 500	枇杷	2	10.22	—
2013	HTFZH02ABC_01	2 500	枇杷	2	10.25	—
2014	HTFZH02ABC_01	2 500	枇杷	2	10.70	—
2015	HTFZH02ABC_01	2 500	枇杷	2	10.38	—
2011	HTFZH02ABC_01	2 500	木油桐	9	2.91	0.83
2012	HTFZH02ABC_01	2 500	木油桐	9	3.02	0.81
2009	HTFZH02ABC_01	2 500	青冈	34	17.65	11.82
2010	HTFZH02ABC_01	2 500	青冈	35	17.30	11.65
2011	HTFZH02ABC_01	2 500	青冈	37	16.87	11.61
2012	HTFZH02ABC_01	2 500	青冈	37	16.90	11.60
2013	HTFZH02ABC_01	2 500	青冈	37	16.91	11.57
2014	HTFZH02ABC_01	2 500	青冈	37	17.19	11.64
2015	HTFZH02ABC_01	2 500	青冈	37	17.07	11.67
2011	HTFZH02ABC_01	2 500	毛叶木姜子	15	3.73	0.95
2012	HTFZH02ABC_01	2 500	毛叶木姜子	15	3.85	0.94
2013	HTFZH02ABC_01	2 500	毛叶木姜子	15	3.86	0.93
2009	HTFZH02ABC_01	2 500	日本五月茶	7	3.84	0.87
2010	HTFZH02ABC_01	2 500	日本五月茶	8	3.89	0.84
2011	HTFZH02ABC_01	2 500	日本五月茶	9	3.79	0.95
2012	HTFZH02ABC_01	2 500	日本五月茶	9	3.89	0.93
2013	HTFZH02ABC_01	2 500	日本五月茶	9	3.90	0.95
2014	HTFZH02ABC_01	2 500	日本五月茶	9	4.19	0.97
2015	HTFZH02ABC_01	2 500	日本五月茶	9	4.00	0.91
2009	HTFZH02ABC_01	2 500	山乌桕	12	27.21	5.37
2010	HTFZH02ABC_01	2 500	山乌桕	12	27.34	5.35
2011	HTFZH02ABC_01	2 500	山乌桕	12	27.50	5.40
2012	HTFZH02ABC_01	2 500	山乌桕	12	27.67	5.44
2013	HTFZH02ABC_01	2 500	山乌桕	12	27.68	5.43
2014	HTFZH02ABC_01	2 500	山乌桕	12	28.07	5.42
2015	HTFZH02ABC_01	2 500	山乌桕	12	27.92	5.42
2009	HTFZH02ABC_01	2 500	石灰花楸	6	24.57	14.99
2010	HTFZH02ABC_01	2 500	石灰花楸	5	26.63	15.50
2011	HTFZH02ABC_01	2 500	石灰花楸	4	29.05	16.98

（续）

年份	样地代码	样地面积/m²	植物名称	植物株数/株	胸径/cm	标准差
2012	HTFZH02ABC_01	2 500	石灰花楸	4	29.15	16.97
2013	HTFZH02ABC_01	2 500	石灰花楸	4	29.16	16.93
2014	HTFZH02ABC_01	2 500	石灰花楸	4	29.36	17.01
2015	HTFZH02ABC_01	2 500	石灰花楸	4	29.39	16.97
2011	HTFZH02ABC_01	2 500	柿	3	18.16	9.29
2012	HTFZH02ABC_01	2 500	柿	3	18.27	9.24
2013	HTFZH02ABC_01	2 500	柿	3	18.28	9.19
2014	HTFZH02ABC_01	2 500	柿	3	18.94	9.34
2015	HTFZH02ABC_01	2 500	柿	3	18.37	9.19
2009	HTFZH02ABC_01	2 500	栓叶安息香	4	25.65	15.84
2010	HTFZH02ABC_01	2 500	栓叶安息香	4	25.71	15.83
2011	HTFZH02ABC_01	2 500	栓叶安息香	4	25.78	15.80
2012	HTFZH02ABC_01	2 500	栓叶安息香	4	25.80	15.76
2013	HTFZH02ABC_01	2 500	栓叶安息香	4	25.80	15.76
2014	HTFZH02ABC_01	2 500	栓叶安息香	4	26.30	15.78
2015	HTFZH02ABC_01	2 500	栓叶安息香	4	25.95	15.76
2009	HTFZH02ABC_01	2 500	细齿叶柃	17	3.69	1.03
2010	HTFZH02ABC_01	2 500	细齿叶柃	17	3.72	1.06
2011	HTFZH02ABC_01	2 500	细齿叶柃	17	3.75	1.07
2012	HTFZH02ABC_01	2 500	细齿叶柃	17	3.78	1.14
2013	HTFZH02ABC_01	2 500	细齿叶柃	17	3.81	1.13
2014	HTFZH02ABC_01	2 500	细齿叶柃	17	3.98	1.23
2015	HTFZH02ABC_01	2 500	细齿叶柃	17	3.92	1.19
2009	HTFZH02ABC_01	2 500	小瘤果茶	2	2.93	—
2010	HTFZH02ABC_01	2 500	小瘤果茶	2	2.93	—
2011	HTFZH02ABC_01	2 500	小瘤果茶	2	2.98	—
2012	HTFZH02ABC_01	2 500	小瘤果茶	2	3.08	—
2013	HTFZH02ABC_01	2 500	小瘤果茶	2	3.08	—
2014	HTFZH02ABC_01	2 500	小瘤果茶	2	3.39	—
2015	HTFZH02ABC_01	2 500	小瘤果茶	2	3.20	—
2009	HTFZH02ABC_01	2 500	杨梅	1	23.50	—
2010	HTFZH02ABC_01	2 500	杨梅	1	23.60	—
2011	HTFZH02ABC_01	2 500	杨梅	1	23.60	—

（续）

年份	样地代码	样地面积/m²	植物名称	植物株数/株	胸径/cm	标准差
2012	HTFZH02ABC_01	2 500	杨梅	1	23.80	—
2013	HTFZH02ABC_01	2 500	杨梅	1	23.80	—
2014	HTFZH02ABC_01	2 500	杨梅	1	23.90	—
2015	HTFZH02ABC_01	2 500	杨梅	1	24.00	—
2009	HTFZH02ABC_01	2 500	野柿	4	16.50	8.18
2010	HTFZH02ABC_01	2 500	野柿	3	18.10	9.38
2009	HTFZH02ABC_01	2 500	油茶	11	4.47	2.31
2010	HTFZH02ABC_01	2 500	油茶	11	4.48	2.30
2011	HTFZH02ABC_01	2 500	油茶	10	4.72	2.28
2012	HTFZH02ABC_01	2 500	油茶	10	4.79	2.29
2013	HTFZH02ABC_01	2 500	油茶	10	4.85	2.30
2014	HTFZH02ABC_01	2 500	油茶	10	5.13	2.34
2015	HTFZH02ABC_01	2 500	油茶	10	5.00	2.31
2009	HTFZH02ABC_01	2 500	中华石楠	3	13.50	6.62
2010	HTFZH02ABC_01	2 500	中华石楠	3	13.50	6.62
2011	HTFZH02ABC_01	2 500	中华石楠	3	13.53	6.62
2012	HTFZH02ABC_01	2 500	中华石楠	3	13.59	6.52
2013	HTFZH02ABC_01	2 500	中华石楠	3	13.60	6.47
2014	HTFZH02ABC_01	2 500	中华石楠	3	14.04	6.78
2015	HTFZH02ABC_01	2 500	中华石楠	3	13.75	6.46

注：株数为重复数；—表示重复数量达不到统计标准差的要求。

表 3-7　灌木层各物种基径

年份	样地代码	样地面积/m²	调查面积/m²	植物名称	植物株数/株	基径/cm	标准差
2010	HTFZH01ABC_01	2 000	400	菝葜	28	0.28	0.01
2010	HTFZH01ABC_01	2 000	400	白栎	2	0.92	—
2010	HTFZH01ABC_01	2 000	400	白叶莓	1	0.17	—
2010	HTFZH01ABC_01	2 000	400	薄叶山矾	2	1.11	—
2010	HTFZH01ABC_01	2 000	400	常山	6	0.87	0.00
2010	HTFZH01ABC_01	2 000	400	大叶白纸扇	66	2.26	0.05
2010	HTFZH01ABC_01	2 000	400	赤杨叶	11	1.50	0.30
2010	HTFZH01ABC_01	2 000	400	刺楸	10	0.53	0.04
2010	HTFZH01ABC_01	2 000	400	楤木	9	0.83	0.02
2010	HTFZH01ABC_01	2 000	400	粗叶悬钩子	3	0.14	0.00

（续）

年份	样地代码	样地面积/m²	调查面积/m²	植物名称	植物株数/株	基径/cm	标准差
2010	HTFZH01ABC_01	2 000	400	大乌泡	4	0.22	0.00
2010	HTFZH01ABC_01	2 000	400	杜茎山	237	0.51	0.00
2010	HTFZH01ABC_01	2 000	400	短梗菝葜	6	0.38	0.00
2010	HTFZH01ABC_01	2 000	400	梵天花	42	0.54	0.01
2010	HTFZH01ABC_01	2 000	400	枫香树	1	1.26	—
2010	HTFZH01ABC_01	2 000	400	钩藤	21	0.52	0.07
2010	HTFZH01ABC_01	2 000	400	光萼小蜡	1	1.01	—
2010	HTFZH01ABC_01	2 000	400	光亮山矾	1	1.29	—
2010	HTFZH01ABC_01	2 000	400	广东紫珠	4	0.79	0.28
2010	HTFZH01ABC_01	2 000	400	寒莓	19	0.20	0.00
2010	HTFZH01ABC_01	2 000	400	红柴枝	17	1.32	0.06
2010	HTFZH01ABC_01	2 000	400	红果菝葜	2	0.15	—
2010	HTFZH01ABC_01	2 000	400	湖南悬钩子	1	0.15	—
2010	HTFZH01ABC_01	2 000	400	虎皮楠	4	0.85	0.26
2010	HTFZH01ABC_01	2 000	400	华中樱桃	1	2.58	—
2010	HTFZH01ABC_01	2 000	400	黄牛奶树	6	1.41	0.40
2010	HTFZH01ABC_01	2 000	400	黄樟	2	0.36	—
2010	HTFZH01ABC_01	2 000	400	鲫鱼胆	158	0.30	0.00
2010	HTFZH01ABC_01	2 000	400	空心泡	29	0.17	0.00
2010	HTFZH01ABC_01	2 000	400	苦树	2	2.78	—
2010	HTFZH01ABC_01	2 000	400	亮叶桦	1	0.27	—
2010	HTFZH01ABC_01	2 000	400	满树星	13	0.56	0.03
2010	HTFZH01ABC_01	2 000	400	毛豹皮樟	4	1.50	0.70
2010	HTFZH01ABC_01	2 000	400	毛桐	2	1.37	—
2010	HTFZH01ABC_01	2 000	400	毛叶高粱泡	1	0.10	—
2010	HTFZH01ABC_01	2 000	400	木蜡树	5	1.79	0.21
2010	HTFZH01ABC_01	2 000	400	木油桐	1	1.92	—
2010	HTFZH01ABC_01	2 000	400	刨花润楠	10	1.05	0.84
2010	HTFZH01ABC_01	2 000	400	朴树	2	0.60	—
2010	HTFZH01ABC_01	2 000	400	青冈	16	0.87	0.21
2010	HTFZH01ABC_01	2 000	400	毛叶木姜子	5	3.75	5.60
2010	HTFZH01ABC_01	2 000	400	瑞香	1	0.20	—
2010	HTFZH01ABC_01	2 000	400	山胡椒	2	0.87	—

（续）

年份	样地代码	样地面积/m²	调查面积/m²	植物名称	植物株数/株	基径/cm	标准差
2010	HTFZH01ABC _ 01	2 000	400	山鸡椒	1	2.30	—
2010	HTFZH01ABC _ 01	2 000	400	山莓	37	0.16	0.02
2010	HTFZH01ABC _ 01	2 000	400	山乌桕	5	2.45	0.00
2010	HTFZH01ABC _ 01	2 000	400	杉木	1	3.89	—
2010	HTFZH01ABC _ 01	2 000	400	深山含笑	5	2.25	0.01
2010	HTFZH01ABC _ 01	2 000	400	太平莓	388	0.26	0.00
2010	HTFZH01ABC _ 01	2 000	400	藤黄檀	5	1.62	1.16
2010	HTFZH01ABC _ 01	2 000	400	土茯苓	11	0.29	0.02
2010	HTFZH01ABC _ 01	2 000	400	细齿叶柃	40	0.44	0.03
2010	HTFZH01ABC _ 01	2 000	400	细枝柃	1	0.45	—
2010	HTFZH01ABC _ 01	2 000	400	腺毛莓	1	0.06	—
2010	HTFZH01ABC _ 01	2 000	400	楮	2	1.85	
2010	HTFZH01ABC _ 01	2 000	400	小叶栎	7	0.49	0.32
2010	HTFZH01ABC _ 01	2 000	400	野柿	1	0.44	—
2010	HTFZH01ABC _ 01	2 000	400	异叶榕	12	1.34	0.14
2010	HTFZH01ABC _ 01	2 000	400	油茶	9	0.51	0.00
2010	HTFZH01ABC _ 01	2 000	400	油桐	5	2.23	2.25
2010	HTFZH01ABC _ 01	2 000	400	长叶柄野扇花	1	0.63	
2010	HTFZH01ABC _ 01	2 000	400	枳椇	3	5.32	3.84
2010	HTFZH01ABC _ 01	2 000	400	紫麻	33	1.16	0.20
2010	HTFZH01ABC _ 01	2 000	400	紫珠	14	0.60	0.03
2010	HTFZH01ABC _ 01	2 000	400	棕榈	1	0.10	—
2010	HTFZH01ABC _ 01	2 000	400	醉香含笑	9	1.41	0.41
2010	HTFFZ01AB0 _ 01	2 000	400	菝葜	47	0.32	0.01
2010	HTFFZ01AB0 _ 01	2 000	400	白叶莓	3	0.26	0.01
2010	HTFFZ01AB0 _ 01	2 000	400	草珊瑚	11	0.42	0.01
2010	HTFFZ01AB0 _ 01	2 000	400	常山	12	0.40	0.01
2010	HTFFZ01AB0 _ 01	2 000	400	大叶白纸扇	71	2.55	0.08
2010	HTFFZ01AB0 _ 01	2 000	400	赤杨叶	28	0.92	0.04
2010	HTFFZ01AB0 _ 01	2 000	400	刺楸	17	0.80	0.20
2010	HTFFZ01AB0 _ 01	2 000	400	楤木	8	1.41	1.47
2010	HTFFZ01AB0 _ 01	2 000	400	粗叶悬钩子	34	0.26	0.01
2010	HTFFZ01AB0 _ 01	2 000	400	大乌泡	1	0.17	—

（续）

年份	样地代码	样地面积/m²	调查面积/m²	植物名称	植物株数/株	基径/cm	标准差
2010	HTFFZ01AB0_01	2 000	400	地桃花	1	0.10	—
2010	HTFFZ01AB0_01	2 000	400	冬青	1	2.54	—
2010	HTFFZ01AB0_01	2 000	400	杜茎山	500	0.44	0.00
2010	HTFFZ01AB0_01	2 000	400	短梗菝葜	25	0.30	0.00
2010	HTFFZ01AB0_01	2 000	400	梵天花	120	0.49	0.01
2010	HTFFZ01AB0_01	2 000	400	钩藤	15	0.92	0.06
2010	HTFFZ01AB0_01	2 000	400	光亮山矾	3	1.36	0.00
2010	HTFFZ01AB0_01	2 000	400	广东紫珠	4	0.59	0.00
2010	HTFFZ01AB0_01	2 000	400	贵州桤叶树	13	1.11	0.10
2010	HTFFZ01AB0_01	2 000	400	寒莓	132	0.23	0.00
2010	HTFFZ01AB0_01	2 000	400	核子木	1	3.35	—
2010	HTFFZ01AB0_01	2 000	400	黑果菝葜	7	0.36	0.00
2010	HTFFZ01AB0_01	2 000	400	红柴枝	1	1.73	—
2010	HTFFZ01AB0_01	2 000	400	红果菝葜	9	0.35	0.02
2010	HTFFZ01AB0_01	2 000	400	虎皮楠	3	2.11	2.08
2010	HTFFZ01AB0_01	2 000	400	花竹	2	0.41	—
2010	HTFFZ01AB0_01	2 000	400	华中樱桃	9	2.45	1.52
2010	HTFFZ01AB0_01	2 000	400	黄牛奶树	10	1.45	0.18
2010	HTFFZ01AB0_01	2 000	400	黄杞	11	0.81	0.00
2010	HTFFZ01AB0_01	2 000	400	黄樟	2	0.24	—
2010	HTFFZ01AB0_01	2 000	400	鲫鱼胆	138	0.29	0.00
2010	HTFFZ01AB0_01	2 000	400	荚蒾	4	1.16	0.22
2010	HTFFZ01AB0_01	2 000	400	空心泡	364	0.26	0.01
2010	HTFFZ01AB0_01	2 000	400	满树星	6	0.73	0.04
2010	HTFFZ01AB0_01	2 000	400	毛桐	8	1.24	0.05
2010	HTFFZ01AB0_01	2 000	400	毛叶高粱泡	13	0.30	0.00
2010	HTFFZ01AB0_01	2 000	400	木蜡树	12	0.89	0.07
2010	HTFFZ01AB0_01	2 000	400	刨花润楠	15	1.60	2.16
2010	HTFFZ01AB0_01	2 000	400	朴树	5	1.23	0.80
2010	HTFFZ01AB0_01	2 000	400	青冈	1	1.18	—
2010	HTFFZ01AB0_01	2 000	400	毛叶木姜子	8	1.59	0.77
2010	HTFFZ01AB0_01	2 000	400	瑞香	1	1.61	—
2010	HTFFZ01AB0_01	2 000	400	山胡椒	8	0.67	0.02

（续）

年份	样地代码	样地面积/m²	调查面积/m²	植物名称	植物株数/株	基径/cm	标准差
2010	HTFFZ01AB0＿01	2 000	400	山橿	13	0.68	0.06
2010	HTFFZ01AB0＿01	2 000	400	山莓	29	0.26	0.00
2010	HTFFZ01AB0＿01	2 000	400	山乌桕	2	0.54	—
2010	HTFFZ01AB0＿01	2 000	400	杉木	9	0.21	0.01
2010	HTFFZ01AB0＿01	2 000	400	四川溲疏	11	0.40	0.00
2010	HTFFZ01AB0＿01	2 000	400	太平莓	94	0.22	0.00
2010	HTFFZ01AB0＿01	2 000	400	藤黄檀	1	1.20	—
2010	HTFFZ01AB0＿01	2 000	400	土茯苓	6	0.23	0.00
2010	HTFFZ01AB0＿01	2 000	400	细齿叶柃	22	0.53	0.03
2010	HTFFZ01AB0＿01	2 000	400	细枝柃	3	0.35	0.03
2010	HTFFZ01AB0＿01	2 000	400	狭叶润楠	4	0.86	0.78
2010	HTFFZ01AB0＿01	2 000	400	槠	17	1.58	0.39
2010	HTFFZ01AB0＿01	2 000	400	盐肤木	1	1.22	—
2010	HTFFZ01AB0＿01	2 000	400	杨梅	2	0.68	—
2010	HTFFZ01AB0＿01	2 000	400	野柿	3	1.00	0.00
2010	HTFFZ01AB0＿01	2 000	400	宜昌悬钩子	2	0.19	—
2010	HTFFZ01AB0＿01	2 000	400	异叶榕	17	0.97	0.16
2010	HTFFZ01AB0＿01	2 000	400	银果牛奶子	2	0.17	—
2010	HTFFZ01AB0＿01	2 000	400	油茶	10	0.55	0.02
2010	HTFFZ01AB0＿01	2 000	400	油桐	15	2.03	2.02
2010	HTFFZ01AB0＿01	2 000	400	珍珠莲	9	0.38	0.00
2010	HTFFZ01AB0＿01	2 000	400	枳椇	1	1.25	—
2010	HTFFZ01AB0＿01	2 000	400	苎麻	3	0.13	0.00
2010	HTFFZ01AB0＿01	2 000	400	紫麻	35	1.00	0.27
2010	HTFFZ01AB0＿01	2 000	400	紫珠	33	0.88	0.04
2010	HTFFZ01AB0＿01	2 000	400	棕榈	1	0.90	—
2010	HTFFZ01AB0＿01	2 000	400	醉香含笑	265	1.29	0.05
2010	HTFZH02ABC＿01	2 500	500	菝葜	30	0.29	0.02
2010	HTFZH02ABC＿01	2 500	500	笔罗子	14	1.07	0.65
2010	HTFZH02ABC＿01	2 500	500	赤杨叶	20	0.25	0.00
2010	HTFZH02ABC＿01	2 500	500	楤木	2	0.60	—
2010	HTFZH02ABC＿01	2 500	500	粗糠柴	1	0.52	—
2010	HTFZH02ABC＿01	2 500	500	杜茎山	103	0.31	0.00

（续）

年份	样地代码	样地面积/m²	调查面积/m²	植物名称	植物株数/株	基径/cm	标准差
2010	HTFZH02ABC _ 01	2 500	500	峨眉鼠刺	2	0.43	—
2010	HTFZH02ABC _ 01	2 500	500	薄叶羊蹄甲	10	0.28	0.03
2010	HTFZH02ABC _ 01	2 500	500	枫香树	1	0.10	—
2010	HTFZH02ABC _ 01	2 500	500	钩藤	39	0.34	0.01
2010	HTFZH02ABC _ 01	2 500	500	虎皮楠	2	0.60	—
2010	HTFZH02ABC _ 01	2 500	500	黄牛奶树	1	1.39	—
2010	HTFZH02ABC _ 01	2 500	500	黄杞	26	0.57	0.17
2010	HTFZH02ABC _ 01	2 500	500	鲫鱼胆	37	0.30	0.00
2010	HTFZH02ABC _ 01	2 500	500	九管血	1	0.21	—
2010	HTFZH02ABC _ 01	2 500	500	栲	156	0.42	0.11
2010	HTFZH02ABC _ 01	2 500	500	柯	6	1.03	0.07
2010	HTFZH02ABC _ 01	2 500	500	马甲菝葜	2	1.48	—
2010	HTFZH02ABC _ 01	2 500	500	马尾松	2	0.11	—
2010	HTFZH02ABC _ 01	2 500	500	毛桐	5	0.38	0.00
2010	HTFZH02ABC _ 01	2 500	500	密齿酸藤子	3	0.19	0.00
2010	HTFZH02ABC _ 01	2 500	500	木油桐	1	1.95	—
2010	HTFZH02ABC _ 01	2 500	500	南酸枣	6	0.26	0.00
2010	HTFZH02ABC _ 01	2 500	500	刨花润楠	31	0.19	0.00
2010	HTFZH02ABC _ 01	2 500	500	朴树	6	0.33	0.00
2010	HTFZH02ABC _ 01	2 500	500	青冈	8	1.29	0.77
2010	HTFZH02ABC _ 01	2 500	500	毛叶木姜子	7	0.36	0.00
2010	HTFZH02ABC _ 01	2 500	500	日本五月茶	6	0.61	0.07
2010	HTFZH02ABC _ 01	2 500	500	箬竹	4 862	0.54	0.01
2010	HTFZH02ABC _ 01	2 500	500	山鸡椒	2	0.33	—
2010	HTFZH02ABC _ 01	2 500	500	山莓	2	0.22	—
2010	HTFZH02ABC _ 01	2 500	500	山乌桕	12	0.28	0.01
2010	HTFZH02ABC _ 01	2 500	500	石灰花楸	2	1.70	—
2010	HTFZH02ABC _ 01	2 500	500	水团花	1	1.07	—
2010	HTFZH02ABC _ 01	2 500	500	土茯苓	6	0.24	0.00
2010	HTFZH02ABC _ 01	2 500	500	网脉崖豆藤	4	0.48	0.11
2010	HTFZH02ABC _ 01	2 500	500	细齿叶柃	8	0.50	0.07
2010	HTFZH02ABC _ 01	2 500	500	腺毛莓	1	0.14	—
2010	HTFZH02ABC _ 01	2 500	500	小瘤果茶	2	0.36	—

（续）

年份	样地代码	样地面积/m²	调查面积/m²	植物名称	植物株数/株	基径/cm	标准差
2010	HTFZH02ABC_01	2 500	500	油茶	8	0.66	0.11
2010	HTFZH02ABC_01	2 500	500	油桐	1	1.28	—
2010	HTFZH02ABC_01	2 500	500	樟	3	1.13	0.78
2010	HTFZH02ABC_01	2 500	500	长叶柄野扇花	1	0.11	—
2010	HTFZH02ABC_01	2 500	500	紫麻	13	0.34	0.00
2010	HTFZH02ABC_01	2 500	500	醉鱼草	6	0.18	0.00
2011	HTFZH01ABC_01	2 000	400	菝葜	27	0.20	0.00
2011	HTFZH01ABC_01	2 000	400	薄叶山矾	6	2.12	3.40
2011	HTFZH01ABC_01	2 000	400	常山	8	0.51	0.00
2011	HTFZH01ABC_01	2 000	400	大叶白纸扇	58	2.20	0.11
2011	HTFZH01ABC_01	2 000	400	赤杨叶	4	1.27	0.07
2011	HTFZH01ABC_01	2 000	400	刺楸	14	0.86	0.12
2011	HTFZH01ABC_01	2 000	400	楤木	12	1.54	1.21
2011	HTFZH01ABC_01	2 000	400	粗糠柴	1	1.51	—
2011	HTFZH01ABC_01	2 000	400	粗叶悬钩子	2	0.23	—
2011	HTFZH01ABC_01	2 000	400	杜茎山	341	0.46	0.00
2011	HTFZH01ABC_01	2 000	400	短梗南蛇藤	4	0.61	0.03
2011	HTFZH01ABC_01	2 000	400	多花勾儿茶	1	0.41	—
2011	HTFZH01ABC_01	2 000	400	梵天花	30	0.45	0.03
2011	HTFZH01ABC_01	2 000	400	钩藤	18	0.67	0.11
2011	HTFZH01ABC_01	2 000	400	光亮山矾	1	1.10	—
2011	HTFZH01ABC_01	2 000	400	广东紫珠	3	0.57	0.00
2011	HTFZH01ABC_01	2 000	400	核子木	1	2.72	—
2011	HTFZH01ABC_01	2 000	400	红柴枝	27	0.97	0.03
2011	HTFZH01ABC_01	2 000	400	红果菝葜	21	0.27	0.01
2011	HTFZH01ABC_01	2 000	400	红毛悬钩子	1	0.17	—
2011	HTFZH01ABC_01	2 000	400	胡枝子	3	0.38	0.00
2011	HTFZH01ABC_01	2 000	400	湖南悬钩子	3	0.31	0.00
2011	HTFZH01ABC_01	2 000	400	虎皮楠	2	0.38	—
2011	HTFZH01ABC_01	2 000	400	华中樱桃	1	1.45	—
2011	HTFZH01ABC_01	2 000	400	黄牛奶树	16	1.91	1.07
2011	HTFZH01ABC_01	2 000	400	鲫鱼胆	238	0.32	0.00
2011	HTFZH01ABC_01	2 000	400	空心泡	13	0.18	0.00

（续）

年份	样地代码	样地面积/m²	调查面积/m²	植物名称	植物株数/株	基径/cm	标准差
2011	HTFZH01ABC_01	2 000	400	亮叶桦	1	1.50	—
2011	HTFZH01ABC_01	2 000	400	马甲菝葜	5	0.10	0.00
2011	HTFZH01ABC_01	2 000	400	满树星	1	0.12	—
2011	HTFZH01ABC_01	2 000	400	毛豹皮樟	3	1.17	0.66
2011	HTFZH01ABC_01	2 000	400	毛桐	2	2.86	—
2011	HTFZH01ABC_01	2 000	400	木荷	1	0.71	—
2011	HTFZH01ABC_01	2 000	400	木蜡树	10	1.18	0.95
2011	HTFZH01ABC_01	2 000	400	刨花润楠	10	1.22	1.40
2011	HTFZH01ABC_01	2 000	400	朴树	2	1.38	—
2011	HTFZH01ABC_01	2 000	400	青冈	8	0.59	0.02
2011	HTFZH01ABC_01	2 000	400	毛叶木姜子	5	2.65	0.04
2011	HTFZH01ABC_01	2 000	400	日本五月茶	1	0.25	—
2011	HTFZH01ABC_01	2 000	400	三叶木通	2	0.31	—
2011	HTFZH01ABC_01	2 000	400	山鸡椒	3	2.73	4.53
2011	HTFZH01ABC_01	2 000	400	山橿	11	1.15	0.87
2011	HTFZH01ABC_01	2 000	400	山莓	2	0.35	—
2011	HTFZH01ABC_01	2 000	400	山乌桕	2	1.85	—
2011	HTFZH01ABC_01	2 000	400	杉木	22	0.86	0.26
2011	HTFZH01ABC_01	2 000	400	蛇葡萄	2	0.32	—
2011	HTFZH01ABC_01	2 000	400	深山含笑	19	1.44	0.03
2011	HTFZH01ABC_01	2 000	400	太平莓	70	0.22	0.00
2011	HTFZH01ABC_01	2 000	400	藤构	45	0.22	0.00
2011	HTFZH01ABC_01	2 000	400	藤黄檀	2	0.31	—
2011	HTFZH01ABC_01	2 000	400	土茯苓	23	0.20	0.00
2011	HTFZH01ABC_01	2 000	400	细齿叶柃	19	0.35	0.01
2011	HTFZH01ABC_01	2 000	400	细枝柃	1	0.10	—
2011	HTFZH01ABC_01	2 000	400	楮	6	0.61	0.29
2011	HTFZH01ABC_01	2 000	400	小叶栎	14	0.76	0.16
2011	HTFZH01ABC_01	2 000	400	杨梅	4	0.97	0.21
2011	HTFZH01ABC_01	2 000	400	野鸦椿	2	1.43	—
2011	HTFZH01ABC_01	2 000	400	异叶榕	13	1.52	0.97
2011	HTFZH01ABC_01	2 000	400	油茶	6	0.89	0.17
2011	HTFZH01ABC_01	2 000	400	油桐	6	4.02	2.95

（续）

年份	样地代码	样地面积/m²	调查面积/m²	植物名称	植物株数/株	基径/cm	标准差
2011	HTFZH01ABC_01	2 000	400	樟	4	1.06	0.63
2011	HTFZH01ABC_01	2 000	400	掌叶悬钩子	1	0.18	—
2011	HTFZH01ABC_01	2 000	400	中华猕猴桃	9	0.54	0.03
2011	HTFZH01ABC_01	2 000	400	紫麻	20	1.13	0.18
2011	HTFZH01ABC_01	2 000	400	紫珠	23	0.97	0.03
2011	HTFZH01ABC_01	2 000	400	棕榈	4	2.51	4.47
2011	HTFZH01ABC_01	2 000	400	醉香含笑	13	1.71	0.54
2011	HTFFZ01AB0_01	2 000	400	菝葜	46	0.20	0.00
2011	HTFFZ01AB0_01	2 000	400	白栎	3	0.11	0.00
2011	HTFFZ01AB0_01	2 000	400	笔罗子	1	1.15	—
2011	HTFFZ01AB0_01	2 000	400	常山	14	0.62	0.10
2011	HTFFZ01AB0_01	2 000	400	大叶白纸扇	57	2.72	0.32
2011	HTFFZ01AB0_01	2 000	400	赤杨叶	3	1.30	0.89
2011	HTFFZ01AB0_01	2 000	400	刺楸	17	1.16	1.63
2011	HTFFZ01AB0_01	2 000	400	楤木	2	0.61	—
2011	HTFFZ01AB0_01	2 000	400	粗叶悬钩子	73	0.34	0.00
2011	HTFFZ01AB0_01	2 000	400	灯台树	1	0.68	—
2011	HTFFZ01AB0_01	2 000	400	杜茎山	330	0.51	0.00
2011	HTFFZ01AB0_01	2 000	400	短梗菝葜	89	0.37	0.00
2011	HTFFZ01AB0_01	2 000	400	多花勾儿茶	1	0.18	—
2011	HTFFZ01AB0_01	2 000	400	梵天花	19	0.18	0.00
2011	HTFFZ01AB0_01	2 000	400	钩藤	10	0.63	0.02
2011	HTFFZ01AB0_01	2 000	400	贵州桤叶树	4	1.44	0.02
2011	HTFFZ01AB0_01	2 000	400	红柴枝	6	2.23	2.58
2011	HTFFZ01AB0_01	2 000	400	红果菝葜	16	0.44	0.05
2011	HTFFZ01AB0_01	2 000	400	湖南悬钩子	30	0.31	0.01
2011	HTFFZ01AB0_01	2 000	400	虎皮楠	7	1.28	0.94
2011	HTFFZ01AB0_01	2 000	400	花竹	3	0.47	0.00
2011	HTFFZ01AB0_01	2 000	400	华中樱桃	21	1.35	1.99
2011	HTFFZ01AB0_01	2 000	400	黄牛奶树	6	2.33	0.00
2011	HTFFZ01AB0_01	2 000	400	黄樟	1	1.20	—
2011	HTFFZ01AB0_01	2 000	400	灰毛鸡血藤	65	0.37	0.00
2011	HTFFZ01AB0_01	2 000	400	鲫鱼胆	38	0.30	0.00

（续）

年份	样地代码	样地面积/m²	调查面积/m²	植物名称	植物株数/株	基径/cm	标准差
2011	HTFFZ01AB0_01	2 000	400	荚蒾	2	0.22	—
2011	HTFFZ01AB0_01	2 000	400	空心泡	47	0.16	0.00
2011	HTFFZ01AB0_01	2 000	400	阔叶猕猴桃	2	0.57	—
2011	HTFFZ01AB0_01	2 000	400	六月雪	6	0.31	0.00
2011	HTFFZ01AB0_01	2 000	400	马甲菝葜	3	0.35	0.00
2011	HTFFZ01AB0_01	2 000	400	满树星	16	0.85	0.28
2011	HTFFZ01AB0_01	2 000	400	毛桐	4	1.80	1.07
2011	HTFFZ01AB0_01	2 000	400	毛叶高粱泡	7	0.16	0.00
2011	HTFFZ01AB0_01	2 000	400	木蜡树	28	1.33	0.48
2011	HTFFZ01AB0_01	2 000	400	刨花润楠	9	1.44	0.63
2011	HTFFZ01AB0_01	2 000	400	鞘柄菝葜	1	0.17	—
2011	HTFFZ01AB0_01	2 000	400	青冈	1	0.35	—
2011	HTFFZ01AB0_01	2 000	400	毛叶木姜子	3	3.83	1.49
2011	HTFFZ01AB0_01	2 000	400	三叶木通	1	0.43	—
2011	HTFFZ01AB0_01	2 000	400	山合欢	1	0.58	—
2011	HTFFZ01AB0_01	2 000	400	山胡椒	1	0.46	—
2011	HTFFZ01AB0_01	2 000	400	山橿	31	0.67	0.07
2011	HTFFZ01AB0_01	2 000	400	山莓	16	0.33	0.03
2011	HTFFZ01AB0_01	2 000	400	山乌桕	1	0.91	—
2011	HTFFZ01AB0_01	2 000	400	杉木	66	0.61	0.01
2011	HTFFZ01AB0_01	2 000	400	蛇葡萄	11	0.27	0.03
2011	HTFFZ01AB0_01	2 000	400	四川溲疏	1	0.21	—
2011	HTFFZ01AB0_01	2 000	400	太平莓	50	0.22	0.00
2011	HTFFZ01AB0_01	2 000	400	藤构	68	0.35	0.01
2011	HTFFZ01AB0_01	2 000	400	藤黄檀	15	1.09	0.30
2011	HTFFZ01AB0_01	2 000	400	土茯苓	26	0.21	0.00
2011	HTFFZ01AB0_01	2 000	400	细齿叶柃	9	0.65	0.10
2011	HTFFZ01AB0_01	2 000	400	细枝柃	4	0.37	0.00
2011	HTFFZ01AB0_01	2 000	400	楮	6	2.56	2.49
2011	HTFFZ01AB0_01	2 000	400	小槐花	2	0.44	—
2011	HTFFZ01AB0_01	2 000	400	小叶菝葜	1	0.24	—
2011	HTFFZ01AB0_01	2 000	400	小叶栎	2	0.37	—
2011	HTFFZ01AB0_01	2 000	400	杨梅	8	1.39	0.12

（续）

年份	样地代码	样地面积/m²	调查面积/m²	植物名称	植物株数/株	基径/cm	标准差
2011	HTFFZ01AB0 _ 01	2 000	400	野柿	1	0.78	—
2011	HTFFZ01AB0 _ 01	2 000	400	野鸦椿	1	3.12	—
2011	HTFFZ01AB0 _ 01	2 000	400	异叶榕	30	1.31	0.67
2011	HTFFZ01AB0 _ 01	2 000	400	银果牛奶子	2	0.43	—
2011	HTFFZ01AB0 _ 01	2 000	400	油茶	10	0.65	0.00
2011	HTFFZ01AB0 _ 01	2 000	400	油桐	14	2.72	1.55
2011	HTFFZ01AB0 _ 01	2 000	400	樟	2	0.51	—
2011	HTFFZ01AB0 _ 01	2 000	400	掌叶悬钩子	1	0.15	—
2011	HTFFZ01AB0 _ 01	2 000	400	中华猕猴桃	5	0.79	0.01
2011	HTFFZ01AB0 _ 01	2 000	400	中华石楠	1	0.45	—
2011	HTFFZ01AB0 _ 01	2 000	400	锥	2	0.19	—
2011	HTFFZ01AB0 _ 01	2 000	400	紫麻	34	0.69	0.07
2011	HTFFZ01AB0 _ 01	2 000	400	紫珠	21	0.72	0.08
2011	HTFFZ01AB0 _ 01	2 000	400	醉香含笑	223	1.58	0.33
2011	HTFZH02ABC _ 01	2 500	500	菝葜	9	0.26	0.00
2011	HTFZH02ABC _ 01	2 500	500	薄叶山矾	1	0.35	—
2011	HTFZH02ABC _ 01	2 500	500	笔罗子	13	0.80	0.04
2011	HTFZH02ABC _ 01	2 500	500	大叶白纸扇	7	0.48	0.04
2011	HTFZH02ABC _ 01	2 500	500	赤杨叶	12	0.61	0.03
2011	HTFZH02ABC _ 01	2 500	500	刺楸	5	0.75	0.00
2011	HTFZH02ABC _ 01	2 500	500	楤木	1	0.38	—
2011	HTFZH02ABC _ 01	2 500	500	冬青	1	0.50	—
2011	HTFZH02ABC _ 01	2 500	500	杜茎山	61	0.33	0.01
2011	HTFZH02ABC _ 01	2 500	500	短梗南蛇藤	18	1.03	0.33
2011	HTFZH02ABC _ 01	2 500	500	峨眉鼠刺	7	0.56	0.07
2011	HTFZH02ABC _ 01	2 500	500	薄叶羊蹄甲	21	0.27	0.02
2011	HTFZH02ABC _ 01	2 500	500	枫香树	2	0.39	—
2011	HTFZH02ABC _ 01	2 500	500	钩藤	36	0.80	0.09
2011	HTFZH02ABC _ 01	2 500	500	观音竹	1	0.10	—
2011	HTFZH02ABC _ 01	2 500	500	核子木	15	0.92	0.00
2011	HTFZH02ABC _ 01	2 500	500	红果菝葜	4	0.49	0.01
2011	HTFZH02ABC _ 01	2 500	500	虎皮楠	2	0.49	—
2011	HTFZH02ABC _ 01	2 500	500	黄杞	7	1.09	0.81

（续）

年份	样地代码	样地面积/m²	调查面积/m²	植物名称	植物株数/株	基径/cm	标准差
2011	HTFZH02ABC_01	2 500	500	黄樟	3	0.54	0.00
2011	HTFZH02ABC_01	2 500	500	灰毛鸡血藤	22	0.26	0.01
2011	HTFZH02ABC_01	2 500	500	鲫鱼胆	37	0.21	0.00
2011	HTFZH02ABC_01	2 500	500	檵木	1	0.42	—
2011	HTFZH02ABC_01	2 500	500	栲	324	0.35	0.00
2011	HTFZH02ABC_01	2 500	500	柯	23	0.73	0.04
2011	HTFZH02ABC_01	2 500	500	亮叶桦	6	0.75	0.08
2011	HTFZH02ABC_01	2 500	500	马甲菝葜	3	0.34	0.05
2011	HTFZH02ABC_01	2 500	500	毛豹皮樟	4	0.47	0.18
2011	HTFZH02ABC_01	2 500	500	毛桐	19	0.40	0.05
2011	HTFZH02ABC_01	2 500	500	木油桐	7	1.40	0.00
2011	HTFZH02ABC_01	2 500	500	刨花润楠	48	0.42	0.44
2011	HTFZH02ABC_01	2 500	500	青冈	15	0.43	0.06
2011	HTFZH02ABC_01	2 500	500	毛叶木姜子	35	1.36	0.17
2011	HTFZH02ABC_01	2 500	500	日本五月茶	4	0.61	0.00
2011	HTFZH02ABC_01	2 500	500	箬竹	5 318	0.51	0.00
2011	HTFZH02ABC_01	2 500	500	山莓	1	0.28	—
2011	HTFZH02ABC_01	2 500	500	山乌桕	64	0.52	0.02
2011	HTFZH02ABC_01	2 500	500	石灰花楸	2	0.59	—
2011	HTFZH02ABC_01	2 500	500	太平莓	2	0.29	—
2011	HTFZH02ABC_01	2 500	500	藤构	1	0.10	—
2011	HTFZH02ABC_01	2 500	500	藤黄檀	5	0.43	0.00
2011	HTFZH02ABC_01	2 500	500	土茯苓	3	0.15	0.01
2011	HTFZH02ABC_01	2 500	500	网脉崖豆藤	2	0.16	—
2011	HTFZH02ABC_01	2 500	500	细齿叶柃	6	0.24	0.00
2011	HTFZH02ABC_01	2 500	500	盐肤木	2	0.61	—
2011	HTFZH02ABC_01	2 500	500	野柿	1	0.10	—
2011	HTFZH02ABC_01	2 500	500	异叶榕	1	0.20	—
2011	HTFZH02ABC_01	2 500	500	油茶	8	0.63	0.01
2011	HTFZH02ABC_01	2 500	500	油桐	1	1.28	—
2011	HTFZH02ABC_01	2 500	500	中华猕猴桃	1	0.45	—
2011	HTFZH02ABC_01	2 500	500	朱砂根	1	0.17	—
2011	HTFZH02ABC_01	2 500	500	紫麻	2	0.31	—

（续）

年份	样地代码	样地面积/m²	调查面积/m²	植物名称	植物株数/株	基径/cm	标准差
2011	HTFZH02ABC_01	2 500	500	紫珠	1	0.62	—
2015	HTFZH01ABC_01	2 000	400	菝葜	8	0.13	0.00
2015	HTFZH01ABC_01	2 000	400	大叶白纸扇	14	2.30	0.40
2015	HTFZH01ABC_01	2 000	400	赤杨叶	3	0.58	0.00
2015	HTFZH01ABC_01	2 000	400	刺槐	2	1.27	—
2015	HTFZH01ABC_01	2 000	400	刺楸	6	1.07	0.43
2015	HTFZH01ABC_01	2 000	400	楤木	2	2.06	—
2015	HTFZH01ABC_01	2 000	400	杜茎山	274	0.47	0.01
2015	HTFZH01ABC_01	2 000	400	梵天花	5	0.21	0.00
2015	HTFZH01ABC_01	2 000	400	枫香树	1	0.60	—
2015	HTFZH01ABC_01	2 000	400	钩藤	2	0.80	—
2015	HTFZH01ABC_01	2 000	400	广东紫珠	4	0.30	0.01
2015	HTFZH01ABC_01	2 000	400	虎皮楠	5	1.21	1.65
2015	HTFZH01ABC_01	2 000	400	黄精	13	0.20	0.00
2015	HTFZH01ABC_01	2 000	400	黄牛奶树	2	2.28	—
2015	HTFZH01ABC_01	2 000	400	鲫鱼胆	48	0.26	0.01
2015	HTFZH01ABC_01	2 000	400	栲	1	0.10	—
2015	HTFZH01ABC_01	2 000	400	柯	3	0.10	0.00
2015	HTFZH01ABC_01	2 000	400	空心泡	6	0.10	0.00
2015	HTFZH01ABC_01	2 000	400	木油桐	2	0.71	—
2015	HTFZH01ABC_01	2 000	400	南酸枣	1	2.10	—
2015	HTFZH01ABC_01	2 000	400	刨花润楠	10	1.71	2.24
2015	HTFZH01ABC_01	2 000	400	青冈	1	0.90	—
2015	HTFZH01ABC_01	2 000	400	山鸡椒	7	3.81	9.29
2015	HTFZH01ABC_01	2 000	400	山姜	89	0.20	0.00
2015	HTFZH01ABC_01	2 000	400	山乌桕	3	0.19	0.02
2015	HTFZH01ABC_01	2 000	400	杉木	28	1.27	0.25
2015	HTFZH01ABC_01	2 000	400	深山含笑	25	1.88	0.24
2015	HTFZH01ABC_01	2 000	400	水麻	1	0.20	—
2015	HTFZH01ABC_01	2 000	400	太平莓	8	0.18	0.00
2015	HTFZH01ABC_01	2 000	400	藤构	3	0.10	0.00
2015	HTFZH01ABC_01	2 000	400	土茯苓	1	0.20	—
2015	HTFZH01ABC_01	2 000	400	细齿叶柃	19	0.28	0.01

（续）

年份	样地代码	样地面积/m²	调查面积/m²	植物名称	植物株数/株	基径/cm	标准差
2015	HTFZH01ABC_01	2 000	400	细枝柃	3	0.43	0.04
2015	HTFZH01ABC_01	2 000	400	小果冬青	7	1.21	0.62
2015	HTFZH01ABC_01	2 000	400	小叶青冈	4	0.51	0.12
2015	HTFZH01ABC_01	2 000	400	青花椒	1	0.40	—
2015	HTFZH01ABC_01	2 000	400	杨梅	1	0.80	—
2015	HTFZH01ABC_01	2 000	400	野鸦椿	1	1.60	—
2015	HTFZH01ABC_01	2 000	400	异叶榕	2	0.51	—
2015	HTFZH01ABC_01	2 000	400	油茶	10	0.72	0.05
2015	HTFZH01ABC_01	2 000	400	油桐	4	2.07	1.54
2015	HTFZH01ABC_01	2 000	400	紫麻	30	1.66	0.16
2015	HTFZH01ABC_01	2 000	400	棕榈	3	6.78	2.33
2015	HTFZH01ABC_01	2 000	400	醉香含笑	7	1.62	0.56
2015	HTFFZ01AB0_01	2 000	400	菝葜	27	0.35	0.01
2015	HTFFZ01AB0_01	2 000	400	白栎	2	1.35	—
2015	HTFFZ01AB0_01	2 000	400	笔罗子	2	0.45	—
2015	HTFFZ01AB0_01	2 000	400	草珊瑚	7	0.24	0.01
2015	HTFFZ01AB0_01	2 000	400	大叶白纸扇	24	2.49	0.69
2015	HTFFZ01AB0_01	2 000	400	臭樱	1	2.80	—
2015	HTFFZ01AB0_01	2 000	400	刺楸	4	0.72	0.12
2015	HTFFZ01AB0_01	2 000	400	杜茎山	313	0.45	0.00
2015	HTFFZ01AB0_01	2 000	400	梵天花	2	0.20	—
2015	HTFFZ01AB0_01	2 000	400	钩藤	1	1.50	—
2015	HTFFZ01AB0_01	2 000	400	广东紫珠	3	0.34	0.01
2015	HTFFZ01AB0_01	2 000	400	海桐	2	0.10	—
2015	HTFFZ01AB0_01	2 000	400	胡颓子	3	0.57	0.08
2015	HTFFZ01AB0_01	2 000	400	虎皮楠	9	1.64	0.14
2015	HTFFZ01AB0_01	2 000	400	华中樱桃	3	4.63	14.37
2015	HTFFZ01AB0_01	2 000	400	黄牛奶树	12	1.65	0.04
2015	HTFFZ01AB0_01	2 000	400	黄泡	18	0.17	0.01
2015	HTFFZ01AB0_01	2 000	400	黄檀	7	2.14	0.00
2015	HTFFZ01AB0_01	2 000	400	黄樟	2	3.38	—
2015	HTFFZ01AB0_01	2 000	400	鲫鱼胆	12	0.27	0.00
2015	HTFFZ01AB0_01	2 000	400	栲	4	0.10	0.00

（续）

年份	样地代码	样地面积/m²	调查面积/m²	植物名称	植物株数/株	基径/cm	标准差
2015	HTFFZ01AB0 _ 01	2 000	400	柯	3	0.40	0.00
2015	HTFFZ01AB0 _ 01	2 000	400	空心泡	49	0.16	0.01
2015	HTFFZ01AB0 _ 01	2 000	400	宽卵叶长柄山蚂蟥	4	0.10	0.00
2015	HTFFZ01AB0 _ 01	2 000	400	毛桐	2	0.76	—
2015	HTFFZ01AB0 _ 01	2 000	400	毛叶木姜子	4	4.15	7.10
2015	HTFFZ01AB0 _ 01	2 000	400	南酸枣	3	1.40	0.22
2015	HTFFZ01AB0 _ 01	2 000	400	牛尾菜	4	0.38	0.04
2015	HTFFZ01AB0 _ 01	2 000	400	刨花润楠	22	1.97	2.99
2015	HTFFZ01AB0 _ 01	2 000	400	白花泡桐	2	6.49	—
2015	HTFFZ01AB0 _ 01	2 000	400	山胡椒	1	0.30	—
2015	HTFFZ01AB0 _ 01	2 000	400	山鸡椒	12	2.59	2.19
2015	HTFFZ01AB0 _ 01	2 000	400	山姜	9	0.21	0.01
2015	HTFFZ01AB0 _ 01	2 000	400	杉木	30	1.78	0.45
2015	HTFFZ01AB0 _ 01	2 000	400	太平莓	7	0.10	0.00
2015	HTFFZ01AB0 _ 01	2 000	400	藤构	3	0.10	0.00
2015	HTFFZ01AB0 _ 01	2 000	400	天名精	1	0.20	—
2015	HTFFZ01AB0 _ 01	2 000	400	细齿叶柃	3	0.37	0.07
2015	HTFFZ01AB0 _ 01	2 000	400	细辛	1	0.10	—
2015	HTFFZ01AB0 _ 01	2 000	400	细枝柃	2	2.16	—
2015	HTFFZ01AB0 _ 01	2 000	400	楮	6	0.25	0.02
2015	HTFFZ01AB0 _ 01	2 000	400	小果冬青	13	1.23	0.06
2015	HTFFZ01AB0 _ 01	2 000	400	小叶女贞	4	0.46	0.32
2015	HTFFZ01AB0 _ 01	2 000	400	青花椒	1	0.50	—
2015	HTFFZ01AB0 _ 01	2 000	400	野漆	6	1.28	0.46
2015	HTFFZ01AB0 _ 01	2 000	400	宜昌悬钩子	2	0.10	—
2015	HTFFZ01AB0 _ 01	2 000	400	异叶榕	7	0.65	0.05
2015	HTFFZ01AB0 _ 01	2 000	400	油茶	1	0.60	—
2015	HTFFZ01AB0 _ 01	2 000	400	油桐	2	1.30	—
2015	HTFFZ01AB0 _ 01	2 000	400	苎麻	8	0.10	0.00
2015	HTFFZ01AB0 _ 01	2 000	400	紫麻	15	0.43	0.04
2015	HTFFZ01AB0 _ 01	2 000	400	紫珠	15	0.77	0.10
2015	HTFFZ01AB0 _ 01	2 000	400	醉香含笑	99	1.75	0.08
2015	HTFZH02ABC _ 01	2 500	500	菝葜	11	0.18	0.01

（续）

年份	样地代码	样地面积/m²	调查面积/m²	植物名称	植物株数/株	基径/cm	标准差
2015	HTFZH02ABC_01	2 500	500	笔罗子	26	0.94	0.72
2015	HTFZH02ABC_01	2 500	500	赤杨叶	2	2.48	—
2015	HTFZH02ABC_01	2 500	500	粗叶木	5	0.59	0.00
2015	HTFZH02ABC_01	2 500	500	灯台树	1	0.40	—
2015	HTFZH02ABC_01	2 500	500	杜茎山	41	0.30	0.01
2015	HTFZH02ABC_01	2 500	500	海桐	6	0.36	0.00
2015	HTFZH02ABC_01	2 500	500	胡颓子	2	0.10	—
2015	HTFZH02ABC_01	2 500	500	黄杞	42	0.88	0.13
2015	HTFZH02ABC_01	2 500	500	黄樟	1	0.30	—
2015	HTFZH02ABC_01	2 500	500	鲫鱼胆	2	0.35	—
2015	HTFZH02ABC_01	2 500	500	栲	170	0.73	0.13
2015	HTFZH02ABC_01	2 500	500	柯	13	0.29	0.02
2015	HTFZH02ABC_01	2 500	500	马尾松	1	0.40	—
2015	HTFZH02ABC_01	2 500	500	毛桐	1	0.30	—
2015	HTFZH02ABC_01	2 500	500	毛叶木姜子	1	0.10	—
2015	HTFZH02ABC_01	2 500	500	刨花润楠	8	0.25	0.01
2015	HTFZH02ABC_01	2 500	500	青冈	17	0.93	0.40
2015	HTFZH02ABC_01	2 500	500	日本五月茶	15	1.56	0.88
2015	HTFZH02ABC_01	2 500	500	箬竹	5 820	0.45	0.01
2015	HTFZH02ABC_01	2 500	500	山乌桕	1	0.60	—
2015	HTFZH02ABC_01	2 500	500	石灰花楸	1	0.40	—
2015	HTFZH02ABC_01	2 500	500	栓叶安息香	2	0.16	—
2015	HTFZH02ABC_01	2 500	500	细齿叶柃	5	0.13	0.00
2015	HTFZH02ABC_01	2 500	500	细枝柃	1	0.20	—
2015	HTFZH02ABC_01	2 500	500	野柿	1	0.10	—
2015	HTFZH02ABC_01	2 500	500	油茶	10	1.20	0.43
2015	HTFZH02ABC_01	2 500	500	油桐	2	1.80	—
2015	HTFZH02ABC_01	2 500	500	中华石楠	2	0.54	—
2015	HTFZH02ABC_01	2 500	500	苎麻	2	0.22	—
2015	HTFZH02ABC_01	2 500	500	紫麻	2	0.47	—

注：株数为重复数；—表示重复数量达不到统计标准差的要求。

3.1.4 物种株高数据集

3.1.4.1 概述

本数据集记录了会同杉木人工林综合观测场永久样地（HTFZH01ABC＿01）、会同常绿阔叶林综合观测场永久样地（HTFZH02ABC＿01）、杉木人工林 1 号辅助观测场永久样地（HTFFZ01AB0＿01）按群落乔灌草层分别统计物种年株高的数据。其中，乔木层数据年份为 2009—2015 年，灌木层、草本层数据年份分别为 2010 年、2011 年、2015 年。

3.1.4.2 数据采集和处理方法

乔木层数据采集方法为整个观测样地全部调查，测量记录编号树木株高；灌木层、草本层选择 5 个二级样方，整个二级样方调查，测量记录样方内所有灌木、草本物种的数量和株高。

在质控数据的基础上根据实测株高，按乔灌草层以及植物种类分类，分别统计各物种的株数和株高，乔木层统计整个样地所有乔木物种的株数、株高，灌木层、草本层统计 5 个调查二级样方内灌木物种、草本物种的株数和株高。

3.1.4.3 数据质量控制和评估

调查前期根据统一的调查规范方案，对所有参与调查的人员进行集中技术培训，尽可能保证调查人员固定，减少人为误差。乔木调查时采用测高杆测量，每次读数人员保持固定，携带并参照往年的数据，对测量指标进行核对，如树高低于往年，则需要重新核对测量；灌木、草本高度采用刻度尺精确测量。调查人和记录人完成小样方调查时，当即对原始记录表进行核查，发现有误的数据及时纠正。调查完成后，调查人和记录人完成对样方数据的进一步核查，并补充相关信息，纸质版数据录入完成时，调查人和记录人对数据进行自查，检查原始记录表和电子版数据表的一致性，根据多年数据比对，对超出历史数据阈值范围的监测数据进行校验，删除异常值或标注说明，以确保数据输入的准确性。野外纸质原始数据集妥善保存并备份，以备将来核查。

3.1.4.4 数据使用方法和建议

植物株高是植物形态学调查工作中最基本的指标之一，通过监测植物株高，可以了解植物的健康程度，以及生长对环境影响响应的重要信息。本数据集原始数据可通过湖南会同森林生态系统国家野外科学观测研究站网站（http：//htf. cern. ac. cn/meta/metaData）获取，登录后点击"资源服务"下的"数据服务"，进入相应页面下载数据。

3.1.4.5 数据

见表 3-8 至表 3-10。

表 3-8 乔木层各物种高度

年份	样地代码	样地面积/m²	植物名称	植物株数/株	平均高度/m	标准差
2009	HTFFZ01AB0＿01	2 000	杉木	182	16.31	2.66
2010	HTFFZ01AB0＿01	2 000	杉木	182	16.62	2.66
2011	HTFFZ01AB0＿01	2 000	杉木	182	16.97	2.72
2012	HTFFZ01AB0＿01	2 000	杉木	182	17.13	2.75
2013	HTFFZ01AB0＿01	2 000	杉木	182	17.23	2.76
2014	HTFFZ01AB0＿01	2 000	杉木	182	17.29	2.76
2015	HTFFZ01AB0＿01	2 000	杉木	182	17.34	2.80
2009	HTFZH01ABC＿01	2 000	杉木	207	18.52	2.44

（续）

年份	样地代码	样地面积/m²	植物名称	植物株数/株	平均高度/m	标准差
2010	HTFZH01ABC_01	2 000	杉木	207	18.81	2.46
2011	HTFZH01ABC_01	2 000	杉木	207	19.23	2.54
2012	HTFZH01ABC_01	2 000	杉木	207	19.36	2.59
2013	HTFZH01ABC_01	2 000	杉木	207	19.43	2.56
2014	HTFZH01ABC_01	2 000	杉木	207	19.50	2.56
2015	HTFZH01ABC_01	2 000	杉木	206	19.59	2.49
2009	HTFZH02ABC_01	2 500	笔罗子	49	5.39	1.91
2010	HTFZH02ABC_01	2 500	笔罗子	53	5.49	1.84
2011	HTFZH02ABC_01	2 500	笔罗子	60	5.15	1.94
2012	HTFZH02ABC_01	2 500	笔罗子	60	5.19	1.94
2013	HTFZH02ABC_01	2 500	笔罗子	60	5.29	1.95
2014	HTFZH02ABC_01	2 500	笔罗子	60	5.36	1.96
2015	HTFZH02ABC_01	2 500	笔罗子	60	5.38	1.96
2009	HTFZH02ABC_01	2 500	沉水樟	2	13.10	—
2010	HTFZH02ABC_01	2 500	沉水樟	2	13.15	—
2011	HTFZH02ABC_01	2 500	沉水樟	2	12.90	—
2012	HTFZH02ABC_01	2 500	沉水樟	2	13.05	—
2013	HTFZH02ABC_01	2 500	沉水樟	2	13.10	—
2014	HTFZH02ABC_01	2 500	沉水樟	2	13.20	—
2015	HTFZH02ABC_01	2 500	沉水樟	2	13.35	—
2009	HTFZH02ABC_01	2 500	粗糠柴	1	6.00	—
2010	HTFZH02ABC_01	2 500	粗糠柴	1	6.00	—
2011	HTFZH02ABC_01	2 500	粗糠柴	1	6.00	—
2012	HTFZH02ABC_01	2 500	粗糠柴	1	6.00	—
2013	HTFZH02ABC_01	2 500	粗糠柴	1	6.10	—
2014	HTFZH02ABC_01	2 500	粗糠柴	1	6.20	—
2015	HTFZH02ABC_01	2 500	粗糠柴	1	6.20	—
2009	HTFZH02ABC_01	2 500	冬青	1	7.20	—
2010	HTFZH02ABC_01	2 500	冬青	1	7.20	—
2011	HTFZH02ABC_01	2 500	冬青	1	7.20	—
2012	HTFZH02ABC_01	2 500	冬青	1	7.20	—
2013	HTFZH02ABC_01	2 500	冬青	1	7.20	—
2014	HTFZH02ABC_01	2 500	冬青	1	7.20	—

（续）

年份	样地代码	样地面积/m²	植物名称	植物株数/株	平均高度/m	标准差
2015	HTFZH02ABC_01	2 500	冬青	1	7.30	—
2009	HTFZH02ABC_01	2 500	枫香树	2	26.45	—
2010	HTFZH02ABC_01	2 500	枫香树	2	26.55	—
2011	HTFZH02ABC_01	2 500	枫香树	2	26.55	—
2012	HTFZH02ABC_01	2 500	枫香树	2	26.55	—
2013	HTFZH02ABC_01	2 500	枫香树	2	26.55	—
2014	HTFZH02ABC_01	2 500	枫香树	2	26.55	—
2015	HTFZH02ABC_01	2 500	枫香树	2	26.65	—
2009	HTFZH02ABC_01	2 500	光亮山矾	3	10.17	6.21
2010	HTFZH02ABC_01	2 500	光亮山矾	3	10.23	6.31
2011	HTFZH02ABC_01	2 500	光亮山矾	3	10.43	6.40
2012	HTFZH02ABC_01	2 500	光亮山矾	3	10.47	6.45
2013	HTFZH02ABC_01	2 500	光亮山矾	3	10.53	6.44
2014	HTFZH02ABC_01	2 500	光亮山矾	3	10.60	6.50
2015	HTFZH02ABC_01	2 500	光亮山矾	3	10.63	6.54
2009	HTFZH02ABC_01	2 500	虎皮楠	1	4.00	—
2010	HTFZH02ABC_01	2 500	虎皮楠	1	4.10	—
2011	HTFZH02ABC_01	2 500	虎皮楠	1	4.20	—
2012	HTFZH02ABC_01	2 500	虎皮楠	1	4.20	—
2013	HTFZH02ABC_01	2 500	虎皮楠	1	4.30	—
2014	HTFZH02ABC_01	2 500	虎皮楠	1	4.30	—
2015	HTFZH02ABC_01	2 500	虎皮楠	1	4.30	—
2009	HTFZH02ABC_01	2 500	黄棉木	2	7.35	—
2010	HTFZH02ABC_01	2 500	黄棉木	2	7.60	—
2011	HTFZH02ABC_01	2 500	黄棉木	2	7.80	—
2012	HTFZH02ABC_01	2 500	黄棉木	2	7.85	—
2013	HTFZH02ABC_01	2 500	黄棉木	2	7.95	—
2014	HTFZH02ABC_01	2 500	黄棉木	2	8.05	—
2015	HTFZH02ABC_01	2 500	黄棉木	2	8.00	—
2009	HTFZH02ABC_01	2 500	黄杞	21	7.91	2.64
2010	HTFZH02ABC_01	2 500	黄杞	19	8.31	2.68
2011	HTFZH02ABC_01	2 500	黄杞	19	8.05	3.10
2012	HTFZH02ABC_01	2 500	黄杞	19	8.08	3.12

（续）

年份	样地代码	样地面积/m²	植物名称	植物株数/株	平均高度/m	标准差
2013	HTFZH02ABC_01	2 500	黄杞	19	8.16	3.14
2014	HTFZH02ABC_01	2 500	黄杞	19	8.22	3.17
2015	HTFZH02ABC_01	2 500	黄杞	19	8.25	3.17
2009	HTFZH02ABC_01	2 500	黄樟	1	9.70	—
2010	HTFZH02ABC_01	2 500	黄樟	1	9.70	—
2011	HTFZH02ABC_01	2 500	黄樟	2	3.55	—
2012	HTFZH02ABC_01	2 500	黄樟	2	5.65	—
2013	HTFZH02ABC_01	2 500	黄樟	2	5.80	—
2014	HTFZH02ABC_01	2 500	黄樟	2	5.90	—
2015	HTFZH02ABC_01	2 500	黄樟	2	6.00	—
2009	HTFZH02ABC_01	2 500	檵木	5	8.44	2.40
2010	HTFZH02ABC_01	2 500	檵木	5	8.46	2.42
2011	HTFZH02ABC_01	2 500	檵木	5	8.46	2.42
2012	HTFZH02ABC_01	2 500	檵木	5	8.46	2.42
2013	HTFZH02ABC_01	2 500	檵木	5	8.48	2.44
2014	HTFZH02ABC_01	2 500	檵木	5	8.48	2.44
2015	HTFZH02ABC_01	2 500	檵木	5	8.52	2.49
2009	HTFZH02ABC_01	2 500	栲	63	9.55	6.73
2010	HTFZH02ABC_01	2 500	栲	63	9.62	6.77
2011	HTFZH02ABC_01	2 500	栲	71	8.95	6.79
2012	HTFZH02ABC_01	2 500	栲	71	8.87	6.84
2013	HTFZH02ABC_01	2 500	栲	71	8.94	6.81
2014	HTFZH02ABC_01	2 500	栲	71	8.97	6.82
2015	HTFZH02ABC_01	2 500	栲	71	9.05	6.86
2009	HTFZH02ABC_01	2 500	柯	13	5.32	3.58
2010	HTFZH02ABC_01	2 500	柯	9	5.23	4.12
2011	HTFZH02ABC_01	2 500	柯	10	4.61	3.82
2012	HTFZH02ABC_01	2 500	柯	10	4.63	3.85
2013	HTFZH02ABC_01	2 500	柯	10	4.67	3.87
2014	HTFZH02ABC_01	2 500	柯	10	4.69	3.91
2015	HTFZH02ABC_01	2 500	柯	10	4.72	3.93
2009	HTFZH02ABC_01	2 500	亮叶桦	1	16.60	—
2010	HTFZH02ABC_01	2 500	亮叶桦	1	16.60	—

（续）

年份	样地代码	样地面积/m²	植物名称	植物株数/株	平均高度/m	标准差
2011	HTFZH02ABC_01	2 500	亮叶桦	1	15.60	—
2012	HTFZH02ABC_01	2 500	亮叶桦	1	15.70	—
2013	HTFZH02ABC_01	2 500	亮叶桦	1	15.80	—
2014	HTFZH02ABC_01	2 500	亮叶桦	1	15.90	—
2015	HTFZH02ABC_01	2 500	亮叶桦	1	15.90	—
2009	HTFZH02ABC_01	2 500	毛豹皮樟	2	9.30	—
2010	HTFZH02ABC_01	2 500	毛豹皮樟	2	9.50	—
2011	HTFZH02ABC_01	2 500	毛豹皮樟	2	9.55	—
2012	HTFZH02ABC_01	2 500	毛豹皮樟	2	9.60	—
2013	HTFZH02ABC_01	2 500	毛豹皮樟	2	9.65	—
2014	HTFZH02ABC_01	2 500	毛豹皮樟	2	9.65	—
2015	HTFZH02ABC_01	2 500	毛豹皮樟	2	9.75	—
2014	HTFZH02ABC_01	2 500	毛叶木姜子	15	4.33	0.71
2015	HTFZH02ABC_01	2 500	毛叶木姜子	15	4.41	0.69
2013	HTFZH02ABC_01	2 500	木油桐	9	3.82	0.82
2014	HTFZH02ABC_01	2 500	木油桐	9	3.83	0.84
2015	HTFZH02ABC_01	2 500	木油桐	9	3.88	0.82
2009	HTFZH02ABC_01	2 500	南酸枣	2	13.80	—
2010	HTFZH02ABC_01	2 500	南酸枣	2	14.05	—
2011	HTFZH02ABC_01	2 500	南酸枣	2	13.95	—
2012	HTFZH02ABC_01	2 500	南酸枣	2	14.10	—
2013	HTFZH02ABC_01	2 500	南酸枣	2	14.15	—
2014	HTFZH02ABC_01	2 500	南酸枣	2	14.15	—
2015	HTFZH02ABC_01	2 500	南酸枣	2	14.25	—
2009	HTFZH02ABC_01	2 500	刨花润楠	24	15.05	6.39
2010	HTFZH02ABC_01	2 500	刨花润楠	24	15.38	6.45
2011	HTFZH02ABC_01	2 500	刨花润楠	25	15.02	6.94
2012	HTFZH02ABC_01	2 500	刨花润楠	25	15.14	6.94
2013	HTFZH02ABC_01	2 500	刨花润楠	25	15.22	6.89
2014	HTFZH02ABC_01	2 500	刨花润楠	25	15.28	6.89
2015	HTFZH02ABC_01	2 500	刨花润楠	25	15.35	6.95
2009	HTFZH02ABC_01	2 500	枇杷	2	7.10	—
2010	HTFZH02ABC_01	2 500	枇杷	2	7.25	—

（续）

年份	样地代码	样地面积/m²	植物名称	植物株数/株	平均高度/m	标准差
2011	HTFZH02ABC_01	2 500	枇杷	2	7.25	—
2012	HTFZH02ABC_01	2 500	枇杷	2	7.30	—
2013	HTFZH02ABC_01	2 500	枇杷	2	7.35	—
2014	HTFZH02ABC_01	2 500	枇杷	2	7.35	—
2015	HTFZH02ABC_01	2 500	枇杷	2	7.50	—
2011	HTFZH02ABC_01	2 500	木油桐	9	3.63	0.87
2012	HTFZH02ABC_01	2 500	木油桐	9	3.73	0.84
2009	HTFZH02ABC_01	2 500	青冈	34	8.69	4.38
2010	HTFZH02ABC_01	2 500	青冈	35	8.54	4.38
2011	HTFZH02ABC_01	2 500	青冈	37	8.33	4.52
2012	HTFZH02ABC_01	2 500	青冈	37	8.39	4.52
2013	HTFZH02ABC_01	2 500	青冈	37	8.46	4.51
2014	HTFZH02ABC_01	2 500	青冈	37	8.51	4.58
2015	HTFZH02ABC_01	2 500	青冈	37	8.55	4.55
2011	HTFZH02ABC_01	2 500	毛叶木姜子	15	4.13	0.71
2012	HTFZH02ABC_01	2 500	毛叶木姜子	15	4.23	0.70
2013	HTFZH02ABC_01	2 500	毛叶木姜子	15	4.31	0.69
2009	HTFZH02ABC_01	2 500	日本五月茶	7	4.47	0.96
2010	HTFZH02ABC_01	2 500	日本五月茶	8	4.40	1.00
2011	HTFZH02ABC_01	2 500	日本五月茶	9	4.34	1.13
2012	HTFZH02ABC_01	2 500	日本五月茶	9	4.39	1.14
2013	HTFZH02ABC_01	2 500	日本五月茶	9	4.49	1.11
2014	HTFZH02ABC_01	2 500	日本五月茶	9	4.50	1.10
2015	HTFZH02ABC_01	2 500	日本五月茶	9	4.60	1.15
2009	HTFZH02ABC_01	2 500	山乌桕	12	19.13	5.10
2010	HTFZH02ABC_01	2 500	山乌桕	12	19.29	5.06
2011	HTFZH02ABC_01	2 500	山乌桕	12	19.33	4.93
2012	HTFZH02ABC_01	2 500	山乌桕	12	19.47	4.83
2013	HTFZH02ABC_01	2 500	山乌桕	12	19.51	4.81
2014	HTFZH02ABC_01	2 500	山乌桕	12	19.58	4.75
2015	HTFZH02ABC_01	2 500	山乌桕	12	19.68	4.80
2009	HTFZH02ABC_01	2 500	石灰花楸	6	11.13	5.59
2010	HTFZH02ABC_01	2 500	石灰花楸	5	11.32	6.28

（续）

年份	样地代码	样地面积/m²	植物名称	植物株数/株	平均高度/m	标准差
2011	HTFZH02ABC_01	2 500	石灰花楸	4	10.03	6.44
2012	HTFZH02ABC_01	2 500	石灰花楸	4	10.05	6.42
2013	HTFZH02ABC_01	2 500	石灰花楸	4	10.10	6.38
2014	HTFZH02ABC_01	2 500	石灰花楸	4	9.38	7.30
2015	HTFZH02ABC_01	2 500	石灰花楸	4	10.15	6.41
2011	HTFZH02ABC_01	2 500	柿	3	13.03	7.83
2012	HTFZH02ABC_01	2 500	柿	3	13.10	7.77
2013	HTFZH02ABC_01	2 500	柿	3	13.20	7.77
2014	HTFZH02ABC_01	2 500	柿	3	13.20	7.77
2015	HTFZH02ABC_01	2 500	柿	3	13.37	7.82
2009	HTFZH02ABC_01	2 500	栓叶安息香	4	17.13	3.71
2010	HTFZH02ABC_01	2 500	栓叶安息香	4	17.28	3.70
2011	HTFZH02ABC_01	2 500	栓叶安息香	4	17.38	3.67
2012	HTFZH02ABC_01	2 500	栓叶安息香	4	17.38	3.67
2013	HTFZH02ABC_01	2 500	栓叶安息香	4	17.40	3.65
2014	HTFZH02ABC_01	2 500	栓叶安息香	4	17.53	3.69
2015	HTFZH02ABC_01	2 500	栓叶安息香	4	17.55	3.67
2009	HTFZH02ABC_01	2 500	细齿叶柃	17	4.04	0.87
2010	HTFZH02ABC_01	2 500	细齿叶柃	17	4.05	0.88
2011	HTFZH02ABC_01	2 500	细齿叶柃	17	3.98	0.94
2012	HTFZH02ABC_01	2 500	细齿叶柃	17	4.09	0.90
2013	HTFZH02ABC_01	2 500	细齿叶柃	17	4.16	0.93
2014	HTFZH02ABC_01	2 500	细齿叶柃	17	4.17	0.93
2015	HTFZH02ABC_01	2 500	细齿叶柃	17	4.24	0.96
2009	HTFZH02ABC_01	2 500	小瘤果茶	2	3.70	—
2010	HTFZH02ABC_01	2 500	小瘤果茶	2	4.00	—
2011	HTFZH02ABC_01	2 500	小瘤果茶	2	4.10	—
2012	HTFZH02ABC_01	2 500	小瘤果茶	2	4.10	—
2013	HTFZH02ABC_01	2 500	小瘤果茶	2	4.15	—
2014	HTFZH02ABC_01	2 500	小瘤果茶	2	4.20	—
2015	HTFZH02ABC_01	2 500	小瘤果茶	2	4.25	—
2009	HTFZH02ABC_01	2 500	杨梅	1	10.80	—
2010	HTFZH02ABC_01	2 500	杨梅	1	10.80	—

（续）

年份	样地代码	样地面积/m²	植物名称	植物株数/株	平均高度/m	标准差
2011	HTFZH02ABC_01	2 500	杨梅	1	10.90	—
2012	HTFZH02ABC_01	2 500	杨梅	1	11.00	—
2013	HTFZH02ABC_01	2 500	杨梅	1	11.20	—
2014	HTFZH02ABC_01	2 500	杨梅	1	11.30	—
2015	HTFZH02ABC_01	2 500	杨梅	1	11.40	—
2009	HTFZH02ABC_01	2 500	野柿	4	11.55	6.98
2010	HTFZH02ABC_01	2 500	野柿	3	12.97	7.84
2009	HTFZH02ABC_01	2 500	油茶	11	4.43	1.48
2010	HTFZH02ABC_01	2 500	油茶	11	4.50	1.48
2011	HTFZH02ABC_01	2 500	油茶	10	4.60	1.47
2012	HTFZH02ABC_01	2 500	油茶	10	4.75	1.47
2013	HTFZH02ABC_01	2 500	油茶	10	4.85	1.47
2014	HTFZH02ABC_01	2 500	油茶	10	4.87	1.49
2015	HTFZH02ABC_01	2 500	油茶	10	4.92	1.51
2009	HTFZH02ABC_01	2 500	中华石楠	3	8.63	2.87
2010	HTFZH02ABC_01	2 500	中华石楠	3	8.90	3.14
2011	HTFZH02ABC_01	2 500	中华石楠	3	9.07	3.23
2012	HTFZH02ABC_01	2 500	中华石楠	3	9.10	3.22
2013	HTFZH02ABC_01	2 500	中华石楠	3	9.23	3.17
2014	HTFZH02ABC_01	2 500	中华石楠	3	9.30	3.22
2015	HTFZH02ABC_01	2 500	中华石楠	3	9.30	3.12

注：株数为重复数；—表示重复数量达不到统计标准差的要求。

表3-9 灌木层各物种高度

年份	样地代码	样地面积/m²	调查面积/m²	植物名称	植物株数/株	平均高度/m	标准差
2010	HTFZH01ABC_01	2 000	400	菝葜	28	1.09	0.66
2010	HTFZH01ABC_01	2 000	400	白栎	2	1.20	—
2010	HTFZH01ABC_01	2 000	400	白叶莓	1	0.05	—
2010	HTFZH01ABC_01	2 000	400	薄叶山矾	2	1.15	—
2010	HTFZH01ABC_01	2 000	400	常山	6	1.15	0.00
2010	HTFZH01ABC_01	2 000	400	大叶白纸扇	66	2.57	0.09
2010	HTFZH01ABC_01	2 000	400	赤杨叶	11	1.60	0.48
2010	HTFZH01ABC_01	2 000	400	刺楸	10	0.45	0.05
2010	HTFZH01ABC_01	2 000	400	楤木	9	0.47	0.01

（续）

年份	样地代码	样地面积/m²	调查面积/m²	植物名称	植物株数/株	平均高度/m	标准差
2010	HTFZH01ABC_01	2 000	400	粗叶悬钩子	3	0.42	0.02
2010	HTFZH01ABC_01	2 000	400	大乌泡	4	0.49	0.00
2010	HTFZH01ABC_01	2 000	400	杜茎山	237	0.62	0.00
2010	HTFZH01ABC_01	2 000	400	短梗菝葜	6	3.55	4.81
2010	HTFZH01ABC_01	2 000	400	梵天花	42	0.50	0.01
2010	HTFZH01ABC_01	2 000	400	枫香树	1	0.65	—
2010	HTFZH01ABC_01	2 000	400	钩藤	21	1.42	1.47
2010	HTFZH01ABC_01	2 000	400	光萼小蜡	1	0.70	—
2010	HTFZH01ABC_01	2 000	400	光亮山矾	1	1.60	—
2010	HTFZH01ABC_01	2 000	400	广东紫珠	4	1.54	1.71
2010	HTFZH01ABC_01	2 000	400	寒莓	19	0.56	0.04
2010	HTFZH01ABC_01	2 000	400	红柴枝	17	1.33	0.17
2010	HTFZH01ABC_01	2 000	400	红果菝葜	2	0.40	—
2010	HTFZH01ABC_01	2 000	400	湖南悬钩子	1	0.35	—
2010	HTFZH01ABC_01	2 000	400	虎皮楠	4	0.64	0.43
2010	HTFZH01ABC_01	2 000	400	华中樱桃	1	2.40	—
2010	HTFZH01ABC_01	2 000	400	黄牛奶树	6	1.35	0.57
2010	HTFZH01ABC_01	2 000	400	黄樟	2	0.33	—
2010	HTFZH01ABC_01	2 000	400	鲫鱼胆	158	0.39	0.00
2010	HTFZH01ABC_01	2 000	400	空心泡	29	0.23	0.01
2010	HTFZH01ABC_01	2 000	400	苦树	2	2.65	—
2010	HTFZH01ABC_01	2 000	400	亮叶桦	1	0.65	—
2010	HTFZH01ABC_01	2 000	400	满树星	13	0.77	0.05
2010	HTFZH01ABC_01	2 000	400	毛豹皮樟	4	1.27	0.47
2010	HTFZH01ABC_01	2 000	400	毛桐	2	1.65	—
2010	HTFZH01ABC_01	2 000	400	毛叶高粱泡	1	0.30	—
2010	HTFZH01ABC_01	2 000	400	木蜡树	5	1.75	0.54
2010	HTFZH01ABC_01	2 000	400	木油桐	1	0.90	—
2010	HTFZH01ABC_01	2 000	400	刨花润楠	10	0.86	0.92
2010	HTFZH01ABC_01	2 000	400	朴树	2	0.70	—
2010	HTFZH01ABC_01	2 000	400	青冈	16	0.65	0.24
2010	HTFZH01ABC_01	2 000	400	毛叶木姜子	5	4.58	10.54
2010	HTFZH01ABC_01	2 000	400	瑞香	1	0.10	—

（续）

年份	样地代码	样地面积/m²	调查面积/m²	植物名称	植物株数/株	平均高度/m	标准差
2010	HTFZH01ABC_01	2 000	400	山胡椒	2	0.68	—
2010	HTFZH01ABC_01	2 000	400	山鸡椒	1	2.95	—
2010	HTFZH01ABC_01	2 000	400	山莓	37	0.21	0.09
2010	HTFZH01ABC_01	2 000	400	山乌桕	5	2.43	0.00
2010	HTFZH01ABC_01	2 000	400	杉木	1	3.30	—
2010	HTFZH01ABC_01	2 000	400	深山含笑	5	1.56	0.60
2010	HTFZH01ABC_01	2 000	400	太平莓	388	0.36	0.02
2010	HTFZH01ABC_01	2 000	400	藤黄檀	5	2.01	2.37
2010	HTFZH01ABC_01	2 000	400	土茯苓	11	1.49	1.70
2010	HTFZH01ABC_01	2 000	400	细齿叶柃	40	0.52	0.02
2010	HTFZH01ABC_01	2 000	400	细枝柃	1	0.25	—
2010	HTFZH01ABC_01	2 000	400	腺毛莓	1	0.10	—
2010	HTFZH01ABC_01	2 000	400	楮	2	1.40	—
2010	HTFZH01ABC_01	2 000	400	小叶栎	7	0.41	0.35
2010	HTFZH01ABC_01	2 000	400	野柿	1	0.70	—
2010	HTFZH01ABC_01	2 000	400	异叶榕	12	1.30	0.08
2010	HTFZH01ABC_01	2 000	400	油茶	9	0.54	0.07
2010	HTFZH01ABC_01	2 000	400	油桐	5	1.58	1.44
2010	HTFZH01ABC_01	2 000	400	长叶柄野扇花	1	0.90	—
2010	HTFZH01ABC_01	2 000	400	枳椇	3	4.47	2.65
2010	HTFZH01ABC_01	2 000	400	紫麻	33	1.38	0.30
2010	HTFZH01ABC_01	2 000	400	紫珠	14	0.97	0.01
2010	HTFZH01ABC_01	2 000	400	棕榈	1	0.25	—
2010	HTFZH01ABC_01	2 000	400	醉香含笑	9	1.67	0.90
2010	HTFFZ01AB0_01	2 000	400	菝葜	47	1.49	0.54
2010	HTFFZ01AB0_01	2 000	400	白叶莓	3	0.47	0.08
2010	HTFFZ01AB0_01	2 000	400	草珊瑚	11	0.51	0.03
2010	HTFFZ01AB0_01	2 000	400	常山	12	0.37	0.04
2010	HTFFZ01AB0_01	2 000	400	大叶白纸扇	71	2.89	0.18
2010	HTFFZ01AB0_01	2 000	400	赤杨叶	28	1.21	0.06
2010	HTFFZ01AB0_01	2 000	400	刺楸	17	0.71	0.41
2010	HTFFZ01AB0_01	2 000	400	楤木	8	0.89	1.44
2010	HTFFZ01AB0_01	2 000	400	粗叶悬钩子	34	0.43	0.01

（续）

年份	样地代码	样地面积/m²	调查面积/m²	植物名称	植物株数/株	平均高度/m	标准差
2010	HTFFZ01AB0 _ 01	2 000	400	大乌泡	1	0.35	—
2010	HTFFZ01AB0 _ 01	2 000	400	地桃花	1	0.10	—
2010	HTFFZ01AB0 _ 01	2 000	400	冬青	1	2.50	—
2010	HTFFZ01AB0 _ 01	2 000	400	杜茎山	500	0.48	0.00
2010	HTFFZ01AB0 _ 01	2 000	400	短梗菝葜	25	0.93	0.16
2010	HTFFZ01AB0 _ 01	2 000	400	梵天花	120	0.54	0.02
2010	HTFFZ01AB0 _ 01	2 000	400	钩藤	15	1.69	0.27
2010	HTFFZ01AB0 _ 01	2 000	400	光亮山矾	3	1.58	0.00
2010	HTFFZ01AB0 _ 01	2 000	400	广东紫珠	4	0.86	0.00
2010	HTFFZ01AB0 _ 01	2 000	400	贵州桤叶树	13	1.25	0.20
2010	HTFFZ01AB0 _ 01	2 000	400	寒莓	132	0.30	0.01
2010	HTFFZ01AB0 _ 01	2 000	400	核子木	1	2.70	—
2010	HTFFZ01AB0 _ 01	2 000	400	黑果菝葜	7	1.51	0.00
2010	HTFFZ01AB0 _ 01	2 000	400	红柴枝	1	2.65	—
2010	HTFFZ01AB0 _ 01	2 000	400	红果菝葜	9	0.83	0.86
2010	HTFFZ01AB0 _ 01	2 000	400	虎皮楠	3	1.72	1.40
2010	HTFFZ01AB0 _ 01	2 000	400	花竹	2	0.53	—
2010	HTFFZ01AB0 _ 01	2 000	400	华中樱桃	9	2.48	2.42
2010	HTFFZ01AB0 _ 01	2 000	400	黄牛奶树	10	1.34	0.09
2010	HTFFZ01AB0 _ 01	2 000	400	黄杞	11	1.01	0.00
2010	HTFFZ01AB0 _ 01	2 000	400	黄樟	2	0.25	—
2010	HTFFZ01AB0 _ 01	2 000	400	鲫鱼胆	138	0.34	0.00
2010	HTFFZ01AB0 _ 01	2 000	400	荚蒾	4	5.94	29.45
2010	HTFFZ01AB0 _ 01	2 000	400	空心泡	364	0.38	0.00
2010	HTFFZ01AB0 _ 01	2 000	400	满树星	6	0.79	0.04
2010	HTFFZ01AB0 _ 01	2 000	400	毛桐	8	1.44	0.07
2010	HTFFZ01AB0 _ 01	2 000	400	毛叶高粱泡	13	0.65	0.03
2010	HTFFZ01AB0 _ 01	2 000	400	木蜡树	12	1.15	0.18
2010	HTFFZ01AB0 _ 01	2 000	400	刨花润楠	15	1.35	2.66
2010	HTFFZ01AB0 _ 01	2 000	400	朴树	5	1.28	0.68
2010	HTFFZ01AB0 _ 01	2 000	400	青冈	1	1.90	—
2010	HTFFZ01AB0 _ 01	2 000	400	毛叶木姜子	8	1.95	1.80
2010	HTFFZ01AB0 _ 01	2 000	400	瑞香	1	1.05	—

（续）

年份	样地代码	样地面积/m²	调查面积/m²	植物名称	植物株数/株	平均高度/m	标准差
2010	HTFFZ01AB0_01	2 000	400	山胡椒	8	0.89	0.05
2010	HTFFZ01AB0_01	2 000	400	山橿	13	0.92	0.15
2010	HTFFZ01AB0_01	2 000	400	山莓	29	0.60	0.01
2010	HTFFZ01AB0_01	2 000	400	山乌柏	2	0.98	—
2010	HTFFZ01AB0_01	2 000	400	杉木	9	0.18	0.01
2010	HTFFZ01AB0_01	2 000	400	四川溲疏	11	0.95	0.00
2010	HTFFZ01AB0_01	2 000	400	太平莓	94	0.36	0.01
2010	HTFFZ01AB0_01	2 000	400	藤黄檀	1	1.80	—
2010	HTFFZ01AB0_01	2 000	400	土茯苓	6	1.25	0.55
2010	HTFFZ01AB0_01	2 000	400	细齿叶柃	22	0.63	0.06
2010	HTFFZ01AB0_01	2 000	400	细枝柃	3	0.28	0.05
2010	HTFFZ01AB0_01	2 000	400	狭叶润楠	4	0.86	1.59
2010	HTFFZ01AB0_01	2 000	400	楮	17	1.71	0.01
2010	HTFFZ01AB0_01	2 000	400	盐肤木	1	1.55	—
2010	HTFFZ01AB0_01	2 000	400	杨梅	2	0.83	—
2010	HTFFZ01AB0_01	2 000	400	野柿	3	1.15	0.23
2010	HTFFZ01AB0_01	2 000	400	宜昌悬钩子	2	0.48	—
2010	HTFFZ01AB0_01	2 000	400	异叶榕	17	0.95	0.36
2010	HTFFZ01AB0_01	2 000	400	银果牛奶子	2	0.25	—
2010	HTFFZ01AB0_01	2 000	400	油茶	10	0.75	0.00
2010	HTFFZ01AB0_01	2 000	400	油桐	15	1.91	1.12
2010	HTFFZ01AB0_01	2 000	400	珍珠莲	9	0.52	0.00
2010	HTFFZ01AB0_01	2 000	400	枳椇	1	1.80	—
2010	HTFFZ01AB0_01	2 000	400	苎麻	3	0.20	0.00
2010	HTFFZ01AB0_01	2 000	400	紫麻	35	1.12	0.25
2010	HTFFZ01AB0_01	2 000	400	紫珠	33	1.12	0.08
2010	HTFFZ01AB0_01	2 000	400	棕榈	1	0.45	—
2010	HTFFZ01AB0_01	2 000	400	醉香含笑	265	1.34	0.10
2010	HTFZH02ABC_01	2 500	500	菝葜	30	0.61	0.15
2010	HTFZH02ABC_01	2 500	500	笔罗子	14	0.89	0.67
2010	HTFZH02ABC_01	2 500	500	赤杨叶	20	0.35	0.02
2010	HTFZH02ABC_01	2 500	500	楤木	2	0.95	—
2010	HTFZH02ABC_01	2 500	500	粗糠柴	1	0.30	—

（续）

年份	样地代码	样地面积/m²	调查面积/m²	植物名称	植物株数/株	平均高度/m	标准差
2010	HTFZH02ABC_01	2 500	500	杜茎山	103	0.29	0.01
2010	HTFZH02ABC_01	2 500	500	峨眉鼠刺	2	0.45	—
2010	HTFZH02ABC_01	2 500	500	薄叶羊蹄甲	10	0.29	0.03
2010	HTFZH02ABC_01	2 500	500	枫香树	1	0.15	—
2010	HTFZH02ABC_01	2 500	500	钩藤	39	0.44	0.09
2010	HTFZH02ABC_01	2 500	500	虎皮楠	2	0.40	—
2010	HTFZH02ABC_01	2 500	500	黄牛奶树	1	2.00	—
2010	HTFZH02ABC_01	2 500	500	黄杞	26	0.75	0.48
2010	HTFZH02ABC_01	2 500	500	鲫鱼胆	37	0.37	0.04
2010	HTFZH02ABC_01	2 500	500	九管血	1	0.30	—
2010	HTFZH02ABC_01	2 500	500	栲	156	0.40	0.22
2010	HTFZH02ABC_01	2 500	500	柯	6	0.95	0.03
2010	HTFZH02ABC_01	2 500	500	马甲菝葜	2	9.00	—
2010	HTFZH02ABC_01	2 500	500	马尾松	2	0.15	—
2010	HTFZH02ABC_01	2 500	500	毛桐	5	0.32	0.00
2010	HTFZH02ABC_01	2 500	500	密齿酸藤子	3	0.52	0.00
2010	HTFZH02ABC_01	2 500	500	木油桐	1	2.00	—
2010	HTFZH02ABC_01	2 500	500	南酸枣	6	0.27	0.01
2010	HTFZH02ABC_01	2 500	500	刨花润楠	31	0.22	0.00
2010	HTFZH02ABC_01	2 500	500	朴树	6	0.62	0.00
2010	HTFZH02ABC_01	2 500	500	青冈	8	1.32	1.78
2010	HTFZH02ABC_01	2 500	500	毛叶木姜子	7	0.68	0.02
2010	HTFZH02ABC_01	2 500	500	日本五月茶	6	0.93	0.23
2010	HTFZH02ABC_01	2 500	500	箬竹	4 862	1.26	0.06
2010	HTFZH02ABC_01	2 500	500	山鸡椒	2	0.53	—
2010	HTFZH02ABC_01	2 500	500	山莓	2	0.38	—
2010	HTFZH02ABC_01	2 500	500	山乌桕	12	0.32	0.01
2010	HTFZH02ABC_01	2 500	500	石灰花楸	2	1.88	—
2010	HTFZH02ABC_01	2 500	500	水团花	1	1.80	—
2010	HTFZH02ABC_01	2 500	500	土茯苓	6	1.01	0.81
2010	HTFZH02ABC_01	2 500	500	网脉崖豆藤	4	2.83	8.96
2010	HTFZH02ABC_01	2 500	500	细齿叶柃	8	0.52	0.11
2010	HTFZH02ABC_01	2 500	500	腺毛莓	1	0.30	—

（续）

年份	样地代码	样地面积/m²	调查面积/m²	植物名称	植物株数/株	平均高度/m	标准差
2010	HTFZH02ABC_01	2 500	500	小瘤果茶	2	0.60	—
2010	HTFZH02ABC_01	2 500	500	油茶	8	0.57	0.04
2010	HTFZH02ABC_01	2 500	500	油桐	1	1.30	—
2010	HTFZH02ABC_01	2 500	500	樟	3	1.10	1.13
2010	HTFZH02ABC_01	2 500	500	长叶柄野扇花	1	0.15	—
2010	HTFZH02ABC_01	2 500	500	紫麻	13	0.52	0.00
2010	HTFZH02ABC_01	2 500	500	醉鱼草	6	0.20	0.00
2011	HTFZH01ABC_01	2 000	400	菝葜	27	0.54	0.06
2011	HTFZH01ABC_01	2 000	400	薄叶山矾	6	1.40	2.38
2011	HTFZH01ABC_01	2 000	400	常山	8	0.57	0.02
2011	HTFZH01ABC_01	2 000	400	大叶白纸扇	58	2.57	0.11
2011	HTFZH01ABC_01	2 000	400	赤杨叶	4	1.83	0.30
2011	HTFZH01ABC_01	2 000	400	刺楸	14	0.87	0.18
2011	HTFZH01ABC_01	2 000	400	楤木	12	1.10	1.82
2011	HTFZH01ABC_01	2 000	400	粗糠柴	1	1.90	—
2011	HTFZH01ABC_01	2 000	400	粗叶悬钩子	2	0.20	—
2011	HTFZH01ABC_01	2 000	400	杜茎山	341	0.65	0.00
2011	HTFZH01ABC_01	2 000	400	短梗南蛇藤	4	4.00	0.89
2011	HTFZH01ABC_01	2 000	400	多花勾儿茶	1	0.20	—
2011	HTFZH01ABC_01	2 000	400	梵天花	30	0.31	0.01
2011	HTFZH01ABC_01	2 000	400	钩藤	18	1.41	1.48
2011	HTFZH01ABC_01	2 000	400	光亮山矾	1	1.10	—
2011	HTFZH01ABC_01	2 000	400	广东紫珠	3	0.93	0.00
2011	HTFZH01ABC_01	2 000	400	核子木	1	4.10	—
2011	HTFZH01ABC_01	2 000	400	红柴枝	27	1.05	0.09
2011	HTFZH01ABC_01	2 000	400	红果菝葜	21	0.95	0.20
2011	HTFZH01ABC_01	2 000	400	红毛悬钩子	1	0.35	—
2011	HTFZH01ABC_01	2 000	400	胡枝子	3	0.43	0.00
2011	HTFZH01ABC_01	2 000	400	湖南悬钩子	3	0.57	0.00
2011	HTFZH01ABC_01	2 000	400	虎皮楠	2	0.78	—
2011	HTFZH01ABC_01	2 000	400	华中樱桃	1	1.70	—
2011	HTFZH01ABC_01	2 000	400	黄牛奶树	16	1.80	0.40
2011	HTFZH01ABC_01	2 000	400	鲫鱼胆	238	0.42	0.00

（续）

年份	样地代码	样地面积/m²	调查面积/m²	植物名称	植物株数/株	平均高度/m	标准差
2011	HTFZH01ABC_01	2 000	400	空心泡	13	0.28	0.00
2011	HTFZH01ABC_01	2 000	400	亮叶桦	1	2.60	—
2011	HTFZH01ABC_01	2 000	400	马甲菝葜	5	0.17	0.00
2011	HTFZH01ABC_01	2 000	400	满树星	1	0.10	—
2011	HTFZH01ABC_01	2 000	400	毛豹皮樟	3	0.97	0.58
2011	HTFZH01ABC_01	2 000	400	毛桐	2	2.80	—
2011	HTFZH01ABC_01	2 000	400	木荷	1	0.70	—
2011	HTFZH01ABC_01	2 000	400	木蜡树	10	1.27	0.14
2011	HTFZH01ABC_01	2 000	400	刨花润楠	10	0.85	0.19
2011	HTFZH01ABC_01	2 000	400	朴树	2	1.45	—
2011	HTFZH01ABC_01	2 000	400	青冈	8	0.63	0.11
2011	HTFZH01ABC_01	2 000	400	毛叶木姜子	5	3.23	0.60
2011	HTFZH01ABC_01	2 000	400	日本五月茶	1	0.30	—
2011	HTFZH01ABC_01	2 000	400	三叶木通	2	4.00	—
2011	HTFZH01ABC_01	2 000	400	山鸡椒	3	2.93	6.13
2011	HTFZH01ABC_01	2 000	400	山檀	11	1.68	2.45
2011	HTFZH01ABC_01	2 000	400	山莓	2	0.80	—
2011	HTFZH01ABC_01	2 000	400	山乌桕	2	2.05	—
2011	HTFZH01ABC_01	2 000	400	杉木	22	0.77	0.44
2011	HTFZH01ABC_01	2 000	400	蛇葡萄	2	0.38	—
2011	HTFZH01ABC_01	2 000	400	深山含笑	19	1.48	0.22
2011	HTFZH01ABC_01	2 000	400	太平莓	70	0.49	0.02
2011	HTFZH01ABC_01	2 000	400	藤构	45	1.22	0.21
2011	HTFZH01ABC_01	2 000	400	藤黄檀	2	0.53	—
2011	HTFZH01ABC_01	2 000	400	土茯苓	23	1.19	0.74
2011	HTFZH01ABC_01	2 000	400	细齿叶柃	19	0.37	0.01
2011	HTFZH01ABC_01	2 000	400	细枝柃	1	0.10	—
2011	HTFZH01ABC_01	2 000	400	楮	6	0.66	0.27
2011	HTFZH01ABC_01	2 000	400	小叶栎	14	0.78	0.19
2011	HTFZH01ABC_01	2 000	400	杨梅	4	1.35	1.39
2011	HTFZH01ABC_01	2 000	400	野鸦椿	2	2.54	—
2011	HTFZH01ABC_01	2 000	400	异叶榕	13	1.63	1.66
2011	HTFZH01ABC_01	2 000	400	油茶	6	0.85	0.29

（续）

年份	样地代码	样地面积/m²	调查面积/m²	植物名称	植物株数/株	平均高度/m	标准差
2011	HTFZH01ABC_01	2 000	400	油桐	6	3.15	1.32
2011	HTFZH01ABC_01	2 000	400	樟	4	1.04	0.96
2011	HTFZH01ABC_01	2 000	400	掌叶悬钩子	1	0.30	—
2011	HTFZH01ABC_01	2 000	400	中华猕猴桃	9	2.15	4.34
2011	HTFZH01ABC_01	2 000	400	紫麻	20	1.19	0.36
2011	HTFZH01ABC_01	2 000	400	紫珠	23	1.30	0.14
2011	HTFZH01ABC_01	2 000	400	棕榈	4	0.30	0.09
2011	HTFZH01ABC_01	2 000	400	醉香含笑	13	1.74	0.57
2011	HTFFZ01AB0_01	2 000	400	菝葜	46	0.52	0.10
2011	HTFFZ01AB0_01	2 000	400	白栎	3	0.13	0.01
2011	HTFFZ01AB0_01	2 000	400	笔罗子	1	1.60	—
2011	HTFFZ01AB0_01	2 000	400	常山	14	0.61	0.11
2011	HTFFZ01AB0_01	2 000	400	大叶白纸扇	57	2.95	0.50
2011	HTFFZ01AB0_01	2 000	400	赤杨叶	3	1.67	2.81
2011	HTFFZ01AB0_01	2 000	400	刺楸	17	0.81	2.40
2011	HTFFZ01AB0_01	2 000	400	楤木	2	0.35	—
2011	HTFFZ01AB0_01	2 000	400	粗叶悬钩子	73	0.48	0.03
2011	HTFFZ01AB0_01	2 000	400	灯台树	1	0.90	—
2011	HTFFZ01AB0_01	2 000	400	杜茎山	330	0.60	0.00
2011	HTFFZ01AB0_01	2 000	400	短梗菝葜	89	1.99	0.27
2011	HTFFZ01AB0_01	2 000	400	多花勾儿茶	1	0.55	—
2011	HTFFZ01AB0_01	2 000	400	梵天花	19	0.24	0.01
2011	HTFFZ01AB0_01	2 000	400	钩藤	10	1.07	0.18
2011	HTFFZ01AB0_01	2 000	400	贵州桤叶树	4	1.70	0.02
2011	HTFFZ01AB0_01	2 000	400	红柴枝	6	1.62	1.41
2011	HTFFZ01AB0_01	2 000	400	红果菝葜	16	0.68	0.13
2011	HTFFZ01AB0_01	2 000	400	湖南悬钩子	30	0.41	0.02
2011	HTFFZ01AB0_01	2 000	400	虎皮楠	7	0.89	1.45
2011	HTFFZ01AB0_01	2 000	400	花竹	3	0.60	0.00
2011	HTFFZ01AB0_01	2 000	400	华中樱桃	21	1.30	1.31
2011	HTFFZ01AB0_01	2 000	400	黄牛奶树	6	1.87	0.08
2011	HTFFZ01AB0_01	2 000	400	黄樟	1	1.80	—
2011	HTFFZ01AB0_01	2 000	400	灰毛鸡血藤	65	0.99	0.08

（续）

年份	样地代码	样地面积/m²	调查面积/m²	植物名称	植物株数/株	平均高度/m	标准差
2011	HTFFZ01AB0 _ 01	2 000	400	鲫鱼胆	38	0.46	0.05
2011	HTFFZ01AB0 _ 01	2 000	400	荚蒾	2	0.25	—
2011	HTFFZ01AB0 _ 01	2 000	400	空心泡	47	0.26	0.00
2011	HTFFZ01AB0 _ 01	2 000	400	阔叶猕猴桃	2	3.80	—
2011	HTFFZ01AB0 _ 01	2 000	400	六月雪	6	0.38	0.00
2011	HTFFZ01AB0 _ 01	2 000	400	马甲菝葜	3	0.45	0.00
2011	HTFFZ01AB0 _ 01	2 000	400	满树星	16	0.95	0.30
2011	HTFFZ01AB0 _ 01	2 000	400	毛桐	4	2.21	2.15
2011	HTFFZ01AB0 _ 01	2 000	400	毛叶高粱泡	7	0.41	0.00
2011	HTFFZ01AB0 _ 01	2 000	400	木蜡树	28	1.33	0.50
2011	HTFFZ01AB0 _ 01	2 000	400	刨花润楠	9	1.14	0.64
2011	HTFFZ01AB0 _ 01	2 000	400	鞘柄菝葜	1	0.35	—
2011	HTFFZ01AB0 _ 01	2 000	400	青冈	1	0.30	—
2011	HTFFZ01AB0 _ 01	2 000	400	毛叶木姜子	3	3.30	2.68
2011	HTFFZ01AB0 _ 01	2 000	400	三叶木通	1	2.50	—
2011	HTFFZ01AB0 _ 01	2 000	400	山合欢	1	1.75	—
2011	HTFFZ01AB0 _ 01	2 000	400	山胡椒	1	0.60	—
2011	HTFFZ01AB0 _ 01	2 000	400	山橿	31	0.82	0.11
2011	HTFFZ01AB0 _ 01	2 000	400	山莓	16	0.43	0.10
2011	HTFFZ01AB0 _ 01	2 000	400	山乌桕	1	1.80	—
2011	HTFFZ01AB0 _ 01	2 000	400	杉木	66	0.60	0.01
2011	HTFFZ01AB0 _ 01	2 000	400	蛇葡萄	11	0.41	0.78
2011	HTFFZ01AB0 _ 01	2 000	400	四川溲疏	1	0.80	—
2011	HTFFZ01AB0 _ 01	2 000	400	太平莓	50	0.22	0.00
2011	HTFFZ01AB0 _ 01	2 000	400	藤构	68	2.18	1.25
2011	HTFFZ01AB0 _ 01	2 000	400	藤黄檀	15	1.54	0.42
2011	HTFFZ01AB0 _ 01	2 000	400	土茯苓	26	0.77	0.12
2011	HTFFZ01AB0 _ 01	2 000	400	细齿叶柃	9	0.58	0.05
2011	HTFFZ01AB0 _ 01	2 000	400	细枝柃	4	0.46	0.00
2011	HTFFZ01AB0 _ 01	2 000	400	楮	6	2.81	1.22
2011	HTFFZ01AB0 _ 01	2 000	400	小槐花	2	0.50	—
2011	HTFFZ01AB0 _ 01	2 000	400	小叶菝葜	1	0.45	—
2011	HTFFZ01AB0 _ 01	2 000	400	小叶栎	2	0.38	—

（续）

年份	样地代码	样地面积/m²	调查面积/m²	植物名称	植物株数/株	平均高度/m	标准差
2011	HTFFZ01AB0_01	2 000	400	杨梅	8	1.31	0.05
2011	HTFFZ01AB0_01	2 000	400	野柿	1	1.00	—
2011	HTFFZ01AB0_01	2 000	400	野鸦椿	1	2.70	—
2011	HTFFZ01AB0_01	2 000	400	异叶榕	30	1.33	0.36
2011	HTFFZ01AB0_01	2 000	400	银果牛奶子	2	0.80	—
2011	HTFFZ01AB0_01	2 000	400	油茶	10	0.61	0.00
2011	HTFFZ01AB0_01	2 000	400	油桐	14	2.02	0.71
2011	HTFFZ01AB0_01	2 000	400	樟	2	0.50	—
2011	HTFFZ01AB0_01	2 000	400	掌叶悬钩子	1	0.20	—
2011	HTFFZ01AB0_01	2 000	400	中华猕猴桃	5	5.30	0.07
2011	HTFFZ01AB0_01	2 000	400	中华石楠	1	0.45	—
2011	HTFFZ01AB0_01	2 000	400	锥	2	0.25	—
2011	HTFFZ01AB0_01	2 000	400	紫麻	34	0.84	0.11
2011	HTFFZ01AB0_01	2 000	400	紫珠	21	0.83	0.27
2011	HTFFZ01AB0_01	2 000	400	醉香含笑	223	1.46	0.28
2011	HTFZH02ABC_01	2 500	500	菝葜	9	0.36	0.02
2011	HTFZH02ABC_01	2 500	500	薄叶山矾	1	0.40	—
2011	HTFZH02ABC_01	2 500	500	笔罗子	13	0.87	0.12
2011	HTFZH02ABC_01	2 500	500	大叶白纸扇	7	0.93	0.59
2011	HTFZH02ABC_01	2 500	500	赤杨叶	12	0.85	0.11
2011	HTFZH02ABC_01	2 500	500	刺楸	5	0.64	0.02
2011	HTFZH02ABC_01	2 500	500	楤木	1	0.40	—
2011	HTFZH02ABC_01	2 500	500	冬青	1	0.90	—
2011	HTFZH02ABC_01	2 500	500	杜茎山	61	0.38	0.00
2011	HTFZH02ABC_01	2 500	500	短梗南蛇藤	18	2.62	1.78
2011	HTFZH02ABC_01	2 500	500	峨眉鼠刺	7	0.68	0.04
2011	HTFZH02ABC_01	2 500	500	薄叶羊蹄甲	21	0.61	0.37
2011	HTFZH02ABC_01	2 500	500	枫香树	2	0.40	—
2011	HTFZH02ABC_01	2 500	500	钩藤	36	1.38	0.35
2011	HTFZH02ABC_01	2 500	500	观音竹	1	0.20	—
2011	HTFZH02ABC_01	2 500	500	核子木	15	1.47	0.00
2011	HTFZH02ABC_01	2 500	500	红果菝葜	4	0.78	0.03
2011	HTFZH02ABC_01	2 500	500	虎皮楠	2	0.30	—

（续）

年份	样地代码	样地面积/m²	调查面积/m²	植物名称	植物株数/株	平均高度/m	标准差
2011	HTFZH02ABC＿01	2 500	500	黄杞	7	1.24	0.39
2011	HTFZH02ABC＿01	2 500	500	黄樟	3	0.77	0.03
2011	HTFZH02ABC＿01	2 500	500	灰毛鸡血藤	22	0.45	0.05
2011	HTFZH02ABC＿01	2 500	500	鲫鱼胆	37	0.20	0.00
2011	HTFZH02ABC＿01	2 500	500	檵木	1	0.30	—
2011	HTFZH02ABC＿01	2 500	500	栲	324	0.31	0.00
2011	HTFZH02ABC＿01	2 500	500	柯	23	0.93	0.05
2011	HTFZH02ABC＿01	2 500	500	亮叶桦	6	1.01	0.20
2011	HTFZH02ABC＿01	2 500	500	马甲菝葜	3	0.57	0.61
2011	HTFZH02ABC＿01	2 500	500	毛豹皮樟	4	0.40	0.22
2011	HTFZH02ABC＿01	2 500	500	毛桐	19	0.51	0.08
2011	HTFZH02ABC＿01	2 500	500	木油桐	7	1.54	0.00
2011	HTFZH02ABC＿01	2 500	500	刨花润楠	48	0.35	0.15
2011	HTFZH02ABC＿01	2 500	500	青冈	15	0.31	0.02
2011	HTFZH02ABC＿01	2 500	500	毛叶木姜子	35	1.71	0.23
2011	HTFZH02ABC＿01	2 500	500	日本五月茶	4	0.71	0.01
2011	HTFZH02ABC＿01	2 500	500	箬竹	5 318	1.04	0.00
2011	HTFZH02ABC＿01	2 500	500	山莓	1	0.20	—
2011	HTFZH02ABC＿01	2 500	500	山乌桕	64	0.66	0.03
2011	HTFZH02ABC＿01	2 500	500	石灰花楸	2	1.05	—
2011	HTFZH02ABC＿01	2 500	500	太平莓	2	0.55	—
2011	HTFZH02ABC＿01	2 500	500	藤构	1	0.10	—
2011	HTFZH02ABC＿01	2 500	500	藤黄檀	5	1.08	0.00
2011	HTFZH02ABC＿01	2 500	500	土茯苓	3	0.65	1.13
2011	HTFZH02ABC＿01	2 500	500	网脉崖豆藤	2	0.48	—
2011	HTFZH02ABC＿01	2 500	500	细齿叶柃	6	0.32	0.03
2011	HTFZH02ABC＿01	2 500	500	盐肤木	2	0.83	—
2011	HTFZH02ABC＿01	2 500	500	野柿	1	0.10	—
2011	HTFZH02ABC＿01	2 500	500	异叶榕	1	0.40	—
2011	HTFZH02ABC＿01	2 500	500	油茶	8	0.84	0.13
2011	HTFZH02ABC＿01	2 500	500	油桐	1	2.00	—
2011	HTFZH02ABC＿01	2 500	500	中华猕猴桃	1	1.00	—
2011	HTFZH02ABC＿01	2 500	500	朱砂根	1	0.25	—

（续）

年份	样地代码	样地面积/m²	调查面积/m²	植物名称	植物株数/株	平均高度/m	标准差
2011	HTFZH02ABC_01	2 500	500	紫麻	2	0.73	—
2011	HTFZH02ABC_01	2 500	500	紫珠	1	0.90	—
2015	HTFZH01ABC_01	2 000	400	菝葜	8	0.51	0.11
2015	HTFZH01ABC_01	2 000	400	大叶白纸扇	14	2.39	0.71
2015	HTFZH01ABC_01	2 000	400	赤杨叶	3	0.97	0.00
2015	HTFZH01ABC_01	2 000	400	刺槐	2	1.55	—
2015	HTFZH01ABC_01	2 000	400	刺楸	6	1.39	0.24
2015	HTFZH01ABC_01	2 000	400	楤木	2	2.75	—
2015	HTFZH01ABC_01	2 000	400	杜茎山	274	0.61	0.02
2015	HTFZH01ABC_01	2 000	400	梵天花	5	0.39	0.04
2015	HTFZH01ABC_01	2 000	400	枫香树	1	1.40	—
2015	HTFZH01ABC_01	2 000	400	钩藤	2	1.00	—
2015	HTFZH01ABC_01	2 000	400	广东紫珠	4	0.68	0.05
2015	HTFZH01ABC_01	2 000	400	虎皮楠	5	0.92	1.47
2015	HTFZH01ABC_01	2 000	400	黄精	13	0.15	0.00
2015	HTFZH01ABC_01	2 000	400	黄牛奶树	2	2.25	—
2015	HTFZH01ABC_01	2 000	400	鲫鱼胆	48	0.46	0.03
2015	HTFZH01ABC_01	2 000	400	栲	1	0.25	—
2015	HTFZH01ABC_01	2 000	400	柯	3	0.10	0.00
2015	HTFZH01ABC_01	2 000	400	空心泡	6	0.07	0.00
2015	HTFZH01ABC_01	2 000	400	木油桐	2	1.08	—
2015	HTFZH01ABC_01	2 000	400	南酸枣	1	2.50	—
2015	HTFZH01ABC_01	2 000	400	刨花润楠	10	1.20	2.12
2015	HTFZH01ABC_01	2 000	400	青冈	1	1.80	—
2015	HTFZH01ABC_01	2 000	400	山鸡椒	7	2.14	2.02
2015	HTFZH01ABC_01	2 000	400	山姜	89	0.54	0.02
2015	HTFZH01ABC_01	2 000	400	山乌桕	3	0.25	0.05
2015	HTFZH01ABC_01	2 000	400	杉木	28	1.18	0.35
2015	HTFZH01ABC_01	2 000	400	深山含笑	25	1.69	0.27
2015	HTFZH01ABC_01	2 000	400	水麻	1	0.90	—
2015	HTFZH01ABC_01	2 000	400	太平莓	8	0.45	0.00
2015	HTFZH01ABC_01	2 000	400	藤构	3	0.68	0.05
2015	HTFZH01ABC_01	2 000	400	土茯苓	1	1.80	—

（续）

年份	样地代码	样地面积/m²	调查面积/m²	植物名称	植物株数/株	平均高度/m	标准差
2015	HTFZH01ABC_01	2 000	400	细齿叶柃	19	0.31	0.01
2015	HTFZH01ABC_01	2 000	400	细枝柃	3	1.03	0.14
2015	HTFZH01ABC_01	2 000	400	小果冬青	7	1.21	0.12
2015	HTFZH01ABC_01	2 000	400	小叶青冈	4	0.69	0.13
2015	HTFZH01ABC_01	2 000	400	青花椒	1	0.80	—
2015	HTFZH01ABC_01	2 000	400	杨梅	1	1.90	—
2015	HTFZH01ABC_01	2 000	400	野鸦椿	1	2.80	—
2015	HTFZH01ABC_01	2 000	400	异叶榕	2	1.75	
2015	HTFZH01ABC_01	2 000	400	油茶	10	1.04	0.10
2015	HTFZH01ABC_01	2 000	400	油桐	4	1.73	1.99
2015	HTFZH01ABC_01	2 000	400	紫麻	30	1.35	0.02
2015	HTFZH01ABC_01	2 000	400	棕榈	3	1.53	0.01
2015	HTFZH01ABC_01	2 000	400	醉香含笑	7	2.04	0.93
2015	HTFFZ01AB0_01	2 000	400	菝葜	27	3.48	4.90
2015	HTFFZ01AB0_01	2 000	400	白栎	2	1.15	—
2015	HTFFZ01AB0_01	2 000	400	笔罗子	2	1.10	—
2015	HTFFZ01AB0_01	2 000	400	草珊瑚	7	0.41	0.09
2015	HTFFZ01AB0_01	2 000	400	大叶白纸扇	24	3.43	0.86
2015	HTFFZ01AB0_01	2 000	400	臭樱	1	3.00	—
2015	HTFFZ01AB0_01	2 000	400	刺楸	4	1.14	0.25
2015	HTFFZ01AB0_01	2 000	400	杜茎山	313	0.79	0.00
2015	HTFFZ01AB0_01	2 000	400	梵天花	2	0.60	—
2015	HTFFZ01AB0_01	2 000	400	钩藤	1	1.80	—
2015	HTFFZ01AB0_01	2 000	400	广东紫珠	3	0.75	0.00
2015	HTFFZ01AB0_01	2 000	400	海桐	2	0.50	—
2015	HTFFZ01AB0_01	2 000	400	胡颓子	3	1.63	0.84
2015	HTFFZ01AB0_01	2 000	400	虎皮楠	9	1.84	0.13
2015	HTFFZ01AB0_01	2 000	400	华中樱桃	3	4.43	9.03
2015	HTFFZ01AB0_01	2 000	400	黄牛奶树	12	1.98	0.62
2015	HTFFZ01AB0_01	2 000	400	黄泡	18	0.31	0.27
2015	HTFFZ01AB0_01	2 000	400	黄檀	7	3.07	0.00
2015	HTFFZ01AB0_01	2 000	400	黄樟	2	3.45	—
2015	HTFFZ01AB0_01	2 000	400	鲫鱼胆	12	0.55	0.00

（续）

年份	样地代码	样地面积/m²	调查面积/m²	植物名称	植物株数/株	平均高度/m	标准差
2015	HTFFZ01AB0 _ 01	2 000	400	栲	4	0.15	0.00
2015	HTFFZ01AB0 _ 01	2 000	400	柯	3	1.10	0.00
2015	HTFFZ01AB0 _ 01	2 000	400	空心泡	49	0.28	0.02
2015	HTFFZ01AB0 _ 01	2 000	400	宽卵叶长柄山蚂蟥	4	0.30	0.05
2015	HTFFZ01AB0 _ 01	2 000	400	毛桐	2	1.85	—
2015	HTFFZ01AB0 _ 01	2 000	400	毛叶木姜子	4	4.43	9.24
2015	HTFFZ01AB0 _ 01	2 000	400	南酸枣	3	2.23	0.06
2015	HTFFZ01AB0 _ 01	2 000	400	牛尾菜	4	5.18	11.06
2015	HTFFZ01AB0 _ 01	2 000	400	刨花润楠	22	1.26	1.16
2015	HTFFZ01AB0 _ 01	2 000	400	白花泡桐	2	6.10	—
2015	HTFFZ01AB0 _ 01	2 000	400	山胡椒	1	0.95	—
2015	HTFFZ01AB0 _ 01	2 000	400	山鸡椒	12	1.70	0.12
2015	HTFFZ01AB0 _ 01	2 000	400	山姜	9	0.38	0.03
2015	HTFFZ01AB0 _ 01	2 000	400	杉木	30	1.00	0.11
2015	HTFFZ01AB0 _ 01	2 000	400	太平莓	7	0.15	0.01
2015	HTFFZ01AB0 _ 01	2 000	400	藤构	3	0.20	0.03
2015	HTFFZ01AB0 _ 01	2 000	400	天名精	1	0.10	—
2015	HTFFZ01AB0 _ 01	2 000	400	细齿叶柃	3	0.60	0.49
2015	HTFFZ01AB0 _ 01	2 000	400	细辛	1	0.10	—
2015	HTFFZ01AB0 _ 01	2 000	400	细枝柃	2	1.65	—
2015	HTFFZ01AB0 _ 01	2 000	400	楮	6	0.58	0.17
2015	HTFFZ01AB0 _ 01	2 000	400	小果冬青	13	2.08	0.30
2015	HTFFZ01AB0 _ 01	2 000	400	小叶女贞	4	0.38	0.61
2015	HTFFZ01AB0 _ 01	2 000	400	青花椒	1	1.50	—
2015	HTFFZ01AB0 _ 01	2 000	400	野漆	6	1.78	0.41
2015	HTFFZ01AB0 _ 01	2 000	400	宜昌悬钩子	2	0.15	—
2015	HTFFZ01AB0 _ 01	2 000	400	异叶榕	7	1.01	0.19
2015	HTFFZ01AB0 _ 01	2 000	400	油茶	1	0.50	—
2015	HTFFZ01AB0 _ 01	2 000	400	油桐	2	1.40	—
2015	HTFFZ01AB0 _ 01	2 000	400	苎麻	8	0.45	0.00
2015	HTFFZ01AB0 _ 01	2 000	400	紫麻	15	0.74	0.42
2015	HTFFZ01AB0 _ 01	2 000	400	紫珠	15	1.23	0.17
2015	HTFFZ01AB0 _ 01	2 000	400	醉香含笑	99	2.16	0.12

（续）

年份	样地代码	样地面积/m²	调查面积/m²	植物名称	植物株数/株	平均高度/m	标准差
2015	HTFZH02ABC_01	2 500	500	菝葜	11	0.35	0.03
2015	HTFZH02ABC_01	2 500	500	笔罗子	26	1.31	0.77
2015	HTFZH02ABC_01	2 500	500	赤杨叶	2	2.25	—
2015	HTFZH02ABC_01	2 500	500	粗叶木	5	1.27	0.00
2015	HTFZH02ABC_01	2 500	500	灯台树	1	0.60	—
2015	HTFZH02ABC_01	2 500	500	杜茎山	41	0.39	0.04
2015	HTFZH02ABC_01	2 500	500	海桐	6	0.87	0.04
2015	HTFZH02ABC_01	2 500	500	胡颓子	2	0.55	—
2015	HTFZH02ABC_01	2 500	500	黄杞	42	0.95	0.13
2015	HTFZH02ABC_01	2 500	500	黄樟	1	0.30	—
2015	HTFZH02ABC_01	2 500	500	鲫鱼胆	2	0.63	—
2015	HTFZH02ABC_01	2 500	500	栲	170	0.41	0.04
2015	HTFZH02ABC_01	2 500	500	柯	13	0.80	0.25
2015	HTFZH02ABC_01	2 500	500	马尾松	1	0.80	—
2015	HTFZH02ABC_01	2 500	500	毛桐	1	0.45	—
2015	HTFZH02ABC_01	2 500	500	毛叶木姜子	1	0.15	—
2015	HTFZH02ABC_01	2 500	500	刨花润楠	8	0.29	0.02
2015	HTFZH02ABC_01	2 500	500	青冈	17	0.36	0.05
2015	HTFZH02ABC_01	2 500	500	日本五月茶	15	1.36	0.25
2015	HTFZH02ABC_01	2 500	500	箬竹	5 820	1.79	0.28
2015	HTFZH02ABC_01	2 500	500	山乌桕	1	0.10	—
2015	HTFZH02ABC_01	2 500	500	石灰花楸	1	0.35	—
2015	HTFZH02ABC_01	2 500	500	栓叶安息香	2	0.15	—
2015	HTFZH02ABC_01	2 500	500	细齿叶柃	5	0.20	0.00
2015	HTFZH02ABC_01	2 500	500	细枝柃	1	0.30	—
2015	HTFZH02ABC_01	2 500	500	野柿	1	0.01	—
2015	HTFZH02ABC_01	2 500	500	油茶	10	0.77	0.31
2015	HTFZH02ABC_01	2 500	500	油桐	2	3.35	—
2015	HTFZH02ABC_01	2 500	500	中华石楠	2	1.20	—
2015	HTFZH02ABC_01	2 500	500	苎麻	2	0.33	—
2015	HTFZH02ABC_01	2 500	500	紫麻	2	1.13	—

注：株数为重复数；—表示重复数量达不到统计标准差的要求。

表 3-10 草本层各物种高度

年份	样地代码	样方面积/m²	调查面积/m²	植物种名	植物株数/株	平均高度/m	标准差
2010	HTFZH02ABC_01	2 500	500	边缘鳞盖蕨	34	0.37	0.06
2010	HTFZH02ABC_01	2 500	500	东风草	2	0.40	—
2010	HTFZH02ABC_01	2 500	500	多花黄精	1	0.10	—
2010	HTFZH02ABC_01	2 500	500	狗脊蕨	333	0.35	0.14
2010	HTFZH02ABC_01	2 500	500	海金沙	1	0.05	—
2010	HTFZH02ABC_01	2 500	500	黑足鳞毛蕨	461	0.41	0.11
2010	HTFZH02ABC_01	2 500	500	金星蕨	10	0.13	0.14
2010	HTFZH02ABC_01	2 500	500	芒	6	0.31	0.01
2010	HTFZH02ABC_01	2 500	500	芒萁	1	0.50	—
2010	HTFZH02ABC_01	2 500	500	山姜	6	0.18	0.00
2010	HTFZH02ABC_01	2 500	500	深绿卷柏	7	0.18	0.00
2010	HTFZH02ABC_01	2 500	500	碎米莎草	90	0.46	0.09
2010	HTFZH02ABC_01	2 500	500	条穗薹草	25	0.29	0.14
2010	HTFZH02ABC_01	2 500	500	团叶陵齿蕨	37	0.08	0.04
2010	HTFZH02ABC_01	2 500	500	乌蕨	8	0.16	0.11
2010	HTFZH02ABC_01	2 500	500	银果牛奶子	2	0.45	—
2010	HTFZH02ABC_01	2 500	500	轮钟花	2	0.80	—
2010	HTFZH02ABC_01	2 500	500	直鳞肋毛蕨	2	0.30	—
2011	HTFZH02ABC_01	2 500	500	半边旗	1	0.06	—
2011	HTFZH02ABC_01	2 500	500	边缘鳞盖蕨	5	0.40	0.00
2011	HTFZH02ABC_01	2 500	500	狗脊蕨	225	0.55	0.16
2011	HTFZH02ABC_01	2 500	500	海金沙	1	0.20	—
2011	HTFZH02ABC_01	2 500	500	黑老虎	16	2.38	0.76
2011	HTFZH02ABC_01	2 500	500	黑足鳞毛蕨	290	0.42	0.09
2011	HTFZH02ABC_01	2 500	500	黄毛猕猴桃	2	0.48	—
2011	HTFZH02ABC_01	2 500	500	江南星蕨	20	0.54	0.00
2011	HTFZH02ABC_01	2 500	500	金星蕨	3	0.15	0.00
2011	HTFZH02ABC_01	2 500	500	芒	37	0.82	0.35
2011	HTFZH02ABC_01	2 500	500	芒萁	41	0.38	0.11
2011	HTFZH02ABC_01	2 500	500	蓬莱葛	11	1.88	0.00
2011	HTFZH02ABC_01	2 500	500	三脉紫菀	3	0.90	0.00
2011	HTFZH02ABC_01	2 500	500	深绿卷柏	8	0.20	0.00

（续）

年份	样地代码	样方面积/m²	调查面积/m²	植物种名	植物株数/株	平均高度/m	标准差
2011	HTFZH02ABC_01	2 500	500	十字薹草	1	0.35	—
2011	HTFZH02ABC_01	2 500	500	碎米莎草	146	0.47	0.09
2011	HTFZH02ABC_01	2 500	500	团叶陵齿蕨	6	0.09	0.04
2011	HTFZH02ABC_01	2 500	500	乌蕨	91	0.49	0.13
2011	HTFZH02ABC_01	2 500	500	乌饭莓	1	3.00	—
2011	HTFZH02ABC_01	2 500	500	稀羽鳞毛蕨	9	0.17	0.00
2011	HTFZH02ABC_01	2 500	500	野雉尾金粉蕨	6	0.15	0.00
2011	HTFZH02ABC_01	2 500	500	轮钟花	2	1.38	—
2015	HTFZH02ABC_01	2 500	500	边缘鳞盖蕨	23	0.42	0.13
2015	HTFZH02ABC_01	2 500	500	狗脊蕨	202	0.59	0.12
2015	HTFZH02ABC_01	2 500	500	黑足鳞毛蕨	76	0.34	0.05
2015	HTFZH02ABC_01	2 500	500	亮鳞肋毛蕨	1	0.45	—
2015	HTFZH02ABC_01	2 500	500	江南卷柏	1	0.75	—
2015	HTFZH02ABC_01	2 500	500	里白	20	1.58	0.00
2015	HTFZH02ABC_01	2 500	500	芒萁	10	0.37	0.00
2015	HTFZH02ABC_01	2 500	500	碎米莎草	57	0.45	0.08
2015	HTFZH02ABC_01	2 500	500	乌蕨	15	0.14	0.00
2015	HTFZH02ABC_01	2 500	500	稀羽鳞毛蕨	7	0.39	0.00
2015	HTFZH02ABC_01	2 500	500	棠叶悬钩子	2	0.30	—
2015	HTFZH02ABC_01	2 500	500	朱砂根	4	0.04	0.03
2015	HTFZH02ABC_01	2 500	500	苎麻	2	0.33	—
2010	HTFFZ01AB0_01	2 000	400	半边旗	5	0.34	0.00
2010	HTFFZ01AB0_01	2 000	400	边缘鳞盖蕨	290	0.39	0.05
2010	HTFFZ01AB0_01	2 000	400	齿头鳞毛蕨	2	0.23	—
2010	HTFFZ01AB0_01	2 000	400	淡绿双盖蕨	2	0.85	—
2010	HTFFZ01AB0_01	2 000	400	淡竹叶	6 851	0.31	0.12
2010	HTFFZ01AB0_01	2 000	400	东风草	1	0.75	—
2010	HTFFZ01AB0_01	2 000	400	短毛金线草	13	0.42	0.01
2010	HTFFZ01AB0_01	2 000	400	对马耳蕨	1	0.30	—
2010	HTFFZ01AB0_01	2 000	400	钝角金星蕨	33	0.33	0.09
2010	HTFFZ01AB0_01	2 000	400	多花黄精	7	0.69	0.32
2010	HTFFZ01AB0_01	2 000	400	平羽凤尾蕨	1	0.50	—
2010	HTFFZ01AB0_01	2 000	400	盘果菊	2	0.23	—
2010	HTFFZ01AB0_01	2 000	400	狗脊蕨	35	0.41	0.07
2010	HTFFZ01AB0_01	2 000	400	海金沙	3	1.90	0.00
2010	HTFFZ01AB0_01	2 000	400	黑足鳞毛蕨	421	0.40	0.06
2010	HTFFZ01AB0_01	2 000	400	华东蹄盖蕨	1	0.60	—
2010	HTFFZ01AB0_01	2 000	400	假稀羽鳞毛蕨	2	0.38	—
2010	HTFFZ01AB0_01	2 000	400	见血青	17	0.12	0.06

（续）

年份	样地代码	样方面积/m²	调查面积/m²	植物种名	植物株数/株	平均高度/m	标准差
2010	HTFFZ01AB0_01	2 000	400	金毛狗蕨	75	1.23	0.30
2010	HTFFZ01AB0_01	2 000	400	金星蕨	366	0.37	0.07
2010	HTFFZ01AB0_01	2 000	400	荩草	7	0.31	0.06
2010	HTFFZ01AB0_01	2 000	400	锯叶合耳菊	23	0.46	0.15
2010	HTFFZ01AB0_01	2 000	400	蕨	27	0.98	0.42
2010	HTFFZ01AB0_01	2 000	400	宽卵叶长柄山蚂蟥	4	0.21	0.09
2010	HTFFZ01AB0_01	2 000	400	里白	95	1.00	0.21
2010	HTFFZ01AB0_01	2 000	400	林下凸轴蕨	2	0.33	—
2010	HTFFZ01AB0_01	2 000	400	龙芽草	1	0.25	—
2010	HTFFZ01AB0_01	2 000	400	芒	195	0.48	0.12
2010	HTFFZ01AB0_01	2 000	400	芒萁	83	0.52	0.14
2010	HTFFZ01AB0_01	2 000	400	毛堇菜	1	0.15	—
2010	HTFFZ01AB0_01	2 000	400	棉毛尼泊尔天名精	1	0.10	—
2010	HTFFZ01AB0_01	2 000	400	牛膝	1	0.20	—
2010	HTFFZ01AB0_01	2 000	400	求米草	630	0.39	0.06
2010	HTFFZ01AB0_01	2 000	400	三脉紫菀	19	0.53	0.30
2010	HTFFZ01AB0_01	2 000	400	山姜	19	0.21	0.04
2010	HTFFZ01AB0_01	2 000	400	碎米莎草	21	0.49	0.14
2010	HTFFZ01AB0_01	2 000	400	条穗薹草	58	0.39	0.00
2010	HTFFZ01AB0_01	2 000	400	委陵菜	1	0.10	—
2010	HTFFZ01AB0_01	2 000	400	乌蕨	17	0.40	0.24
2010	HTFFZ01AB0_01	2 000	400	稀羽鳞毛蕨	21	0.46	0.07
2010	HTFFZ01AB0_01	2 000	400	野雉尾金粉蕨	3	0.77	0.00
2010	HTFFZ01AB0_01	2 000	400	异基双盖蕨	3	0.50	0.11
2010	HTFFZ01AB0_01	2 000	400	有齿金星蕨	117	0.41	0.11
2010	HTFFZ01AB0_01	2 000	400	中日金星蕨	3	0.23	0.00
2010	HTFFZ01AB0_01	2 000	400	紫萁	131	0.78	0.18
2011	HTFFZ01AB0_01	2 000	400	白英	6	0.58	0.34
2011	HTFFZ01AB0_01	2 000	400	边缘鳞盖蕨	152	0.46	0.06
2011	HTFFZ01AB0_01	2 000	400	草珊瑚	22	0.35	0.09
2011	HTFFZ01AB0_01	2 000	400	丛枝蓼	1	0.35	—
2011	HTFFZ01AB0_01	2 000	400	大果俞藤	14	2.74	0.18
2011	HTFFZ01AB0_01	2 000	400	淡绿双盖蕨	4	0.55	0.00
2011	HTFFZ01AB0_01	2 000	400	淡竹叶	6 687	0.31	0.07
2011	HTFFZ01AB0_01	2 000	400	短毛金线草	3	0.25	0.00
2011	HTFFZ01AB0_01	2 000	400	多花黄精	5	0.44	0.11
2011	HTFFZ01AB0_01	2 000	400	二回羽叶边缘鳞盖蕨	3	0.30	0.00
2011	HTFFZ01AB0_01	2 000	400	盘果菊	7	0.18	0.02
2011	HTFFZ01AB0_01	2 000	400	狗脊蕨	25	0.31	0.13

（续）

年份	样地代码	样方面积/m²	调查面积/m²	植物种名	植物株数/株	平均高度/m	标准差
2011	HTFFZ01AB0_01	2 000	400	海金沙	9	1.32	0.14
2011	HTFFZ01AB0_01	2 000	400	寒莓	77	0.27	0.06
2011	HTFFZ01AB0_01	2 000	400	黑足鳞毛蕨	357	0.41	0.06
2011	HTFFZ01AB0_01	2 000	400	华东蹄盖蕨	5	0.23	0.09
2011	HTFFZ01AB0_01	2 000	400	黄毛猕猴桃	88	1.32	0.40
2011	HTFFZ01AB0_01	2 000	400	鸡矢藤	13	1.07	0.38
2011	HTFFZ01AB0_01	2 000	400	姬蕨	6	0.62	0.00
2011	HTFFZ01AB0_01	2 000	400	见血青	2	0.08	—
2011	HTFFZ01AB0_01	2 000	400	渐尖毛蕨	1	0.60	—
2011	HTFFZ01AB0_01	2 000	400	金毛狗蕨	30	1.44	0.04
2011	HTFFZ01AB0_01	2 000	400	金星蕨	364	0.45	0.10
2011	HTFFZ01AB0_01	2 000	400	荩草	3	0.35	0.00
2011	HTFFZ01AB0_01	2 000	400	锯叶合耳菊	23	0.50	0.15
2011	HTFFZ01AB0_01	2 000	400	蕨	23	0.73	0.11
2011	HTFFZ01AB0_01	2 000	400	宽卵叶长柄山蚂蟥	1	0.15	—
2011	HTFFZ01AB0_01	2 000	400	宽叶金粟兰	2	0.50	—
2011	HTFFZ01AB0_01	2 000	400	栝楼	1	5.00	—
2011	HTFFZ01AB0_01	2 000	400	阔鳞鳞毛蕨	5	0.50	0.00
2011	HTFFZ01AB0_01	2 000	400	里白	9	1.06	0.00
2011	HTFFZ01AB0_01	2 000	400	镰羽瘤足蕨	3	0.22	0.00
2011	HTFFZ01AB0_01	2 000	400	林下凸轴蕨	2	0.65	—
2011	HTFFZ01AB0_01	2 000	400	龙芽草	10	0.25	0.04
2011	HTFFZ01AB0_01	2 000	400	络石	66	0.82	0.56
2011	HTFFZ01AB0_01	2 000	400	芒	28	0.53	0.23
2011	HTFFZ01AB0_01	2 000	400	毛鸡矢藤	17	1.11	0.43
2011	HTFFZ01AB0_01	2 000	400	毛堇菜	1	0.05	—
2011	HTFFZ01AB0_01	2 000	400	棉毛尼泊尔天名精	1	0.10	—
2011	HTFFZ01AB0_01	2 000	400	牛膝	9	0.42	0.17
2011	HTFFZ01AB0_01	2 000	400	茜草	3	1.20	0.00
2011	HTFFZ01AB0_01	2 000	400	求米草	699	0.38	0.05
2011	HTFFZ01AB0_01	2 000	400	日本薯蓣	4	1.04	0.23
2011	HTFFZ01AB0_01	2 000	400	三脉紫菀	22	0.31	0.06
2011	HTFFZ01AB0_01	2 000	400	山姜	17	0.26	0.12
2011	HTFFZ01AB0_01	2 000	400	十字薹草	14	0.45	0.24
2011	HTFFZ01AB0_01	2 000	400	碎米莎草	4	0.58	0.09
2011	HTFFZ01AB0_01	2 000	400	乌蕨	10	0.42	0.15
2011	HTFFZ01AB0_01	2 000	400	稀羽鳞毛蕨	37	0.43	0.07
2011	HTFFZ01AB0_01	2 000	400	下田菊	2	0.28	—
2011	HTFFZ01AB0_01	2 000	400	显齿蛇葡萄	107	1.20	0.23

（续）

年份	样地代码	样方面积/m²	调查面积/m²	植物种名	植物株数/株	平均高度/m	标准差
2011	HTFFZ01AB0 _ 01	2 000	400	斜方复叶耳蕨	12	0.42	0.07
2011	HTFFZ01AB0 _ 01	2 000	400	有齿金星蕨	46	0.57	0.00
2011	HTFFZ01AB0 _ 01	2 000	400	俞藤	118	2.85	0.99
2011	HTFFZ01AB0 _ 01	2 000	400	苎麻	2	0.85	—
2011	HTFFZ01AB0 _ 01	2 000	400	紫萁	57	0.68	0.07
2015	HTFFZ01AB0 _ 01	2 000	400	边缘鳞盖蕨	87	0.33	0.07
2015	HTFFZ01AB0 _ 01	2 000	400	淡竹叶	5 075	0.24	0.03
2015	HTFFZ01AB0 _ 01	2 000	400	狗脊蕨	7	0.33	0.18
2015	HTFFZ01AB0 _ 01	2 000	400	黑足鳞毛蕨	223	0.34	0.05
2015	HTFFZ01AB0 _ 01	2 000	400	黄泡	18	0.14	0.08
2015	HTFFZ01AB0 _ 01	2 000	400	金毛狗蕨	19	0.86	0.00
2015	HTFFZ01AB0 _ 01	2 000	400	金星蕨	175	0.31	0.05
2015	HTFFZ01AB0 _ 01	2 000	400	空心泡	49	0.22	0.00
2015	HTFFZ01AB0 _ 01	2 000	400	宽卵叶长柄山蚂蟥	4	0.30	0.21
2015	HTFFZ01AB0 _ 01	2 000	400	牛膝	1	0.35	—
2015	HTFFZ01AB0 _ 01	2 000	400	平羽凤尾蕨	4	0.28	0.00
2015	HTFFZ01AB0 _ 01	2 000	400	茜草	5	0.50	0.00
2015	HTFFZ01AB0 _ 01	2 000	400	求米草	1 575	0.21	0.05
2015	HTFFZ01AB0 _ 01	2 000	400	三脉紫苑	2	0.28	—
2015	HTFFZ01AB0 _ 01	2 000	400	沙参	3	0.48	0.00
2015	HTFFZ01AB0 _ 01	2 000	400	山姜	9	0.63	0.12
2015	HTFFZ01AB0 _ 01	2 000	400	碎米莎草	7	0.51	0.26
2015	HTFFZ01AB0 _ 01	2 000	400	太平莓	7	0.15	0.08
2015	HTFFZ01AB0 _ 01	2 000	400	天名精	1	0.10	—
2015	HTFFZ01AB0 _ 01	2 000	400	稀羽鳞毛蕨	10	0.35	0.12
2015	HTFFZ01AB0 _ 01	2 000	400	细辛	1	0.10	—
2015	HTFFZ01AB0 _ 01	2 000	400	下田菊	8	0.35	0.20
2015	HTFFZ01AB0 _ 01	2 000	400	斜方复叶耳蕨	19	0.27	0.00
2015	HTFFZ01AB0 _ 01	2 000	400	香蓼	5	0.46	0.00
2015	HTFFZ01AB0 _ 01	2 000	400	中华里白	5	1.22	0.00
2015	HTFFZ01AB0 _ 01	2 000	400	中华鳞毛蕨	5	0.33	0.00
2015	HTFFZ01AB0 _ 01	2 000	400	苎麻	8	0.26	0.00
2015	HTFFZ01AB0 _ 01	2 000	400	醉鱼草	11	0.48	0.28
2010	HTFZH01ABC _ 01	2 000	400	边缘鳞盖蕨	667	0.57	0.06
2010	HTFZH01ABC _ 01	2 000	400	齿头鳞毛蕨	9	0.36	0.06
2010	HTFZH01ABC _ 01	2 000	400	淡绿双盖蕨	26	0.95	0.13
2010	HTFZH01ABC _ 01	2 000	400	淡竹叶	3 235	0.28	0.09
2010	HTFZH01ABC _ 01	2 000	400	对马耳蕨	14	0.45	0.03
2010	HTFZH01ABC _ 01	2 000	400	多花黄精	7	0.81	0.36

（续）

年份	样地代码	样方面积/m²	调查面积/m²	植物种名	植物株数/株	平均高度/m	标准差
2010	HTFZH01ABC_01	2 000	400	平羽凤尾蕨	5	0.76	0.00
2010	HTFZH01ABC_01	2 000	400	凤丫蕨	10	0.54	0.00
2010	HTFZH01ABC_01	2 000	400	盘果菊	2	0.27	—
2010	HTFZH01ABC_01	2 000	400	狗脊蕨	311	0.77	0.12
2010	HTFZH01ABC_01	2 000	400	海金沙	12	2.82	1.09
2010	HTFZH01ABC_01	2 000	400	黑足鳞毛蕨	296	0.42	0.06
2010	HTFZH01ABC_01	2 000	400	星宿菜	1	0.15	—
2010	HTFZH01ABC_01	2 000	400	红马蹄草	20	0.21	0.00
2010	HTFZH01ABC_01	2 000	400	亮鳞肋毛蕨	14	0.99	0.00
2010	HTFZH01ABC_01	2 000	400	华东蹄盖蕨	11	0.35	0.05
2010	HTFZH01ABC_01	2 000	400	姬蕨	4	0.29	0.00
2010	HTFZH01ABC_01	2 000	400	假稀羽鳞毛蕨	1	0.30	—
2010	HTFZH01ABC_01	2 000	400	见血青	33	0.12	0.01
2010	HTFZH01ABC_01	2 000	400	金毛狗蕨	76	1.01	0.61
2010	HTFZH01ABC_01	2 000	400	金星蕨	1 391	0.39	0.05
2010	HTFZH01ABC_01	2 000	400	苽草	141	0.37	0.06
2010	HTFZH01ABC_01	2 000	400	锯叶合耳菊	2	0.23	—
2010	HTFZH01ABC_01	2 000	400	宽卵叶长柄山蚂蟥	9	0.26	0.05
2010	HTFZH01ABC_01	2 000	400	阔鳞鳞毛蕨	6	0.53	0.15
2010	HTFZH01ABC_01	2 000	400	龙芽草	3	0.28	0.12
2010	HTFZH01ABC_01	2 000	400	芒	28	0.66	0.22
2010	HTFZH01ABC_01	2 000	400	芒萁	20	0.48	0.00
2010	HTFZH01ABC_01	2 000	400	牛膝	12	0.45	0.05
2010	HTFZH01ABC_01	2 000	400	求米草	107	0.33	0.07
2010	HTFZH01ABC_01	2 000	400	日本薯蓣	2	4.25	—
2010	HTFZH01ABC_01	2 000	400	三脉紫菀	3	0.32	0.04
2010	HTFZH01ABC_01	2 000	400	山姜	168	0.84	0.11
2010	HTFZH01ABC_01	2 000	400	蛇葡萄	1	0.40	—
2010	HTFZH01ABC_01	2 000	400	薯蓣	1	1.80	—
2010	HTFZH01ABC_01	2 000	400	碎米莎草	9	0.44	0.18
2010	HTFZH01ABC_01	2 000	400	穗花香科科	2	0.10	—
2010	HTFZH01ABC_01	2 000	400	天名精	4	0.40	0.33
2010	HTFZH01ABC_01	2 000	400	条穗薹草	27	0.34	0.10
2010	HTFZH01ABC_01	2 000	400	假斜方复叶耳蕨	5	0.54	0.19
2010	HTFZH01ABC_01	2 000	400	乌蕨	23	0.32	0.13
2010	HTFZH01ABC_01	2 000	400	稀羽鳞毛蕨	56	0.47	0.09
2010	HTFZH01ABC_01	2 000	400	斜方复叶耳蕨	6	0.38	0.00
2010	HTFZH01ABC_01	2 000	400	杏香兔儿风	1	0.10	—

（续）

年份	样地代码	样方面积/m²	调查面积/m²	植物种名	植物株数/株	平均高度/m	标准差
2010	HTFZH01ABC_01	2 000	400	异基双盖蕨	3	0.45	0.00
2010	HTFZH01ABC_01	2 000	400	有齿金星蕨	57	0.30	0.06
2010	HTFZH01ABC_01	2 000	400	直鳞肋毛蕨	13	0.49	0.00
2010	HTFZH01ABC_01	2 000	400	中日金星蕨	1	0.20	—
2010	HTFZH01ABC_01	2 000	400	紫萁	8	1.19	0.00
2011	HTFZH01ABC_01	2 000	400	白英	1	0.80	—
2011	HTFZH01ABC_01	2 000	400	半边旗	6	0.12	0.00
2011	HTFZH01ABC_01	2 000	400	边缘鳞盖蕨	802	0.54	0.15
2011	HTFZH01ABC_01	2 000	400	齿头鳞毛蕨	3	0.45	0.00
2011	HTFZH01ABC_01	2 000	400	淡绿双盖蕨	70	0.63	0.11
2011	HTFZH01ABC_01	2 000	400	淡竹叶	2 867	0.30	0.06
2011	HTFZH01ABC_01	2 000	400	东风草	5	0.28	0.24
2011	HTFZH01ABC_01	2 000	400	东南葡萄	20	1.20	0.04
2011	HTFZH01ABC_01	2 000	400	多花黄精	3	0.72	0.00
2011	HTFZH01ABC_01	2 000	400	二回羽叶边缘鳞盖蕨	63	0.56	0.06
2011	HTFZH01ABC_01	2 000	400	盘果菊	9	0.59	0.43
2011	HTFZH01ABC_01	2 000	400	傅氏凤尾蕨	5	0.27	0.00
2011	HTFZH01ABC_01	2 000	400	狗脊蕨	188	0.81	0.24
2011	HTFZH01ABC_01	2 000	400	海金沙	10	0.82	0.29
2011	HTFZH01ABC_01	2 000	400	寒莓	5	0.70	0.66
2011	HTFZH01ABC_01	2 000	400	黑老虎	1	1.50	—
2011	HTFZH01ABC_01	2 000	400	黑足鳞毛蕨	195	0.50	0.08
2011	HTFZH01ABC_01	2 000	400	红马蹄草	5	0.17	0.00
2011	HTFZH01ABC_01	2 000	400	华东蹄盖蕨	64	0.41	0.07
2011	HTFZH01ABC_01	2 000	400	黄毛猕猴桃	86	1.97	0.72
2011	HTFZH01ABC_01	2 000	400	灰毛泡	77	0.30	0.13
2011	HTFZH01ABC_01	2 000	400	鸡矢藤	7	1.43	1.00
2011	HTFZH01ABC_01	2 000	400	见血青	30	0.13	0.02
2011	HTFZH01ABC_01	2 000	400	金毛狗蕨	88	1.25	0.24
2011	HTFZH01ABC_01	2 000	400	金星蕨	1 029	0.38	0.07
2011	HTFZH01ABC_01	2 000	400	菭草	23	0.37	0.11
2011	HTFZH01ABC_01	2 000	400	锯叶合耳菊	9	0.46	0.09
2011	HTFZH01ABC_01	2 000	400	蕨	2	1.10	—
2011	HTFZH01ABC_01	2 000	400	宽卵叶长柄山蚂蟥	25	0.31	0.12
2011	HTFZH01ABC_01	2 000	400	阔鳞鳞毛蕨	7	0.34	0.24
2011	HTFZH01ABC_01	2 000	400	里白	45	1.39	0.27

（续）

年份	样地代码	样方面积/m²	调查面积/m²	植物种名	植物株数/株	平均高度/m	标准差
2011	HTFZH01ABC_01	2 000	400	龙芽草	2	0.33	—
2011	HTFZH01ABC_01	2 000	400	络石	10	0.32	0.02
2011	HTFZH01ABC_01	2 000	400	芒	40	0.46	0.11
2011	HTFZH01ABC_01	2 000	400	毛鸡矢藤	6	0.80	0.77
2011	HTFZH01ABC_01	2 000	400	棉毛尼泊尔天名精	1	0.15	—
2011	HTFZH01ABC_01	2 000	400	牛膝	23	0.35	0.20
2011	HTFZH01ABC_01	2 000	400	钮子瓜	2	1.85	—
2011	HTFZH01ABC_01	2 000	400	求米草	178	0.33	0.05
2011	HTFZH01ABC_01	2 000	400	日本薯蓣	3	1.65	1.43
2011	HTFZH01ABC_01	2 000	400	瑞香	1	0.10	—
2011	HTFZH01ABC_01	2 000	400	三脉紫菀	7	0.32	0.20
2011	HTFZH01ABC_01	2 000	400	山姜	163	0.53	0.18
2011	HTFZH01ABC_01	2 000	400	十字薹草	10	0.33	0.05
2011	HTFZH01ABC_01	2 000	400	疏羽凸轴蕨	8	0.54	0.00
2011	HTFZH01ABC_01	2 000	400	碎米莎草	26	0.82	0.07
2011	HTFZH01ABC_01	2 000	400	天名精	2	0.40	—
2011	HTFZH01ABC_01	2 000	400	团叶陵齿蕨	10	0.19	0.00
2011	HTFZH01ABC_01	2 000	400	乌蕨	33	0.39	0.11
2011	HTFZH01ABC_01	2 000	400	稀羽鳞毛蕨	109	0.43	0.12
2011	HTFZH01ABC_01	2 000	400	下田菊	2	0.38	—
2011	HTFZH01ABC_01	2 000	400	显齿蛇葡萄	3	0.50	0.35
2011	HTFZH01ABC_01	2 000	400	斜方复叶耳蕨	20	0.78	0.27
2011	HTFZH01ABC_01	2 000	400	杏香兔儿风	1	0.10	—
2011	HTFZH01ABC_01	2 000	400	羊耳菊	1	0.60	—
2011	HTFZH01ABC_01	2 000	400	俞藤	81	2.37	2.02
2011	HTFZH01ABC_01	2 000	400	直鳞肋毛蕨	12	0.44	0.09
2011	HTFZH01ABC_01	2 000	400	紫萁	26	0.90	0.12
2015	HTFZH01ABC_01	2 000	400	白茅	2	0.30	—
2015	HTFZH01ABC_01	2 000	400	边缘鳞盖蕨	328	0.38	0.10
2015	HTFZH01ABC_01	2 000	400	淡竹叶	796	0.25	0.01
2015	HTFZH01ABC_01	2 000	400	凤丫蕨	1	0.50	—
2015	HTFZH01ABC_01	2 000	400	狗脊蕨	69	0.47	0.09
2015	HTFZH01ABC_01	2 000	400	黑足鳞毛蕨	59	0.30	0.06
2015	HTFZH01ABC_01	2 000	400	亮鳞肋毛蕨	2	0.33	—
2015	HTFZH01ABC_01	2 000	400	虎耳草	5	0.11	0.00
2015	HTFZH01ABC_01	2 000	400	黄精	13	0.36	0.16

（续）

年份	样地代码	样方面积/m²	调查面积/m²	植物种名	植物株数/株	平均高度/m	标准差
2015	HTFZH01ABC_01	2 000	400	金毛狗蕨	58	1.19	0.05
2015	HTFZH01ABC_01	2 000	400	金星蕨	586	0.35	0.02
2015	HTFZH01ABC_01	2 000	400	空心泡	6	0.25	0.14
2015	HTFZH01ABC_01	2 000	400	龙牙草	1	0.70	—
2015	HTFZH01ABC_01	2 000	400	牛膝	5	0.33	0.23
2015	HTFZH01ABC_01	2 000	400	平羽凤尾蕨	4	0.29	0.15
2015	HTFZH01ABC_01	2 000	400	求米草	1 310	0.26	0.05
2015	HTFZH01ABC_01	2 000	400	沙参	3	0.67	0.00
2015	HTFZH01ABC_01	2 000	400	山姜	89	0.68	0.14
2015	HTFZH01ABC_01	2 000	400	水麻	1	0.90	—
2015	HTFZH01ABC_01	2 000	400	碎米莎草	1	0.30	—
2015	HTFZH01ABC_01	2 000	400	太平莓	8	0.16	0.06
2015	HTFZH01ABC_01	2 000	400	稀羽鳞毛蕨	3	0.40	0.00
2015	HTFZH01ABC_01	2 000	400	下田菊	11	0.38	0.18
2015	HTFZH01ABC_01	2 000	400	斜方复叶耳蕨	45	0.26	0.06
2015	HTFZH01ABC_01	2 000	400	鸭儿芹	1	0.15	—
2015	HTFZH01ABC_01	2 000	400	棠叶悬钩子	6	0.53	0.00
2015	HTFZH01ABC_01	2 000	400	香蓼	1	0.60	—
2015	HTFZH01ABC_01	2 000	400	紫萁	3	0.31	0.00
2015	HTFZH01ABC_01	2 000	400	醉鱼草	2	0.75	—

注：株数为重复数；—表示重复数量达不到统计标准差的要求。

3.1.5 植物数量数据集

3.1.5.1 概述

本数据集记录了会同杉木人工林综合观测场永久样地（HTFZH01ABC_01）、会同常绿阔叶林综合观测场永久样地（HTFZH02ABC_01）、会同杉木人工林1号辅助观测场永久样地（HT-FFZ01AB0_01）按植物物种统计的各物种年株数的数据。其中，乔木层数据年份为2009—2015年，灌木层、草本层数据年份分别为2010年、2011年、2015年。

3.1.5.2 数据采集和处理方法

乔木层数据采集方法为整个观测样地全部调查，记录编号树木株数；灌木层、草本层选择5个二级样方，整个二级样方调查，记录样方内所有灌木、草本物种的株数。

在质控数据的基础上根据实测株数，按植物种类分类，分别统计各物种的株数，乔木层统计整个样地所有乔木物种的株数，灌木层、草本层统计5个调查二级样方内灌木、草本物种的株数，然后换算成整个样地的株数，形成样地尺度的数据。

3.1.5.3 数据质量控制和评估

调查前期根据统一的调查规范方案，对所有参与调查的人员进行集中技术培训，尽可能保证调查人员固定，减少人为误差。调查过程中，乔木要登记好倒木和枯立木，首先按二级样方统计各物种数量，避免各样方交叉混乱。另外对于不能当场确定的树种名称，采集相关凭证标本并在室内进行鉴定；调查人和记录人完成小样方调查时，当即对原始记录表进行核查，发现有误的数据及时纠正。调查完成后，调查人和记录人完成对样方数据的进一步核查，并补充相关信息，纸质版数据录入完成时，调查人和记录人对数据进行自查，检查原始记录表和电子版数据表的一致性，以确保数据输入的准确性。野外纸质原始数据集妥善保存并备份，以备将来核查。

3.1.5.4 数据使用方法和建议

同 3.1.2.4。

3.1.5.5 数据

见表 3-11。

表 3-11 会同站各植物物种数量

年份	样地代码	样地面积/m²	植物名称	植物株数/株
2009	HTFZH02ABC_01	2 500	笔罗子	214
2009	HTFZH02ABC_01	2 500	沉水樟	2
2009	HTFZH02ABC_01	2 500	赤杨叶	5
2009	HTFZH02ABC_01	2 500	刺楸	5
2009	HTFZH02ABC_01	2 500	粗糠柴	1
2009	HTFZH02ABC_01	2 500	冬青	1
2009	HTFZH02ABC_01	2 500	枫香树	2
2009	HTFZH02ABC_01	2 500	光亮山矾	3
2009	HTFZH02ABC_01	2 500	虎皮楠	11
2009	HTFZH02ABC_01	2 500	黄棉木	2
2009	HTFZH02ABC_01	2 500	黄牛奶树	5
2009	HTFZH02ABC_01	2 500	黄杞	196
2009	HTFZH02ABC_01	2 500	黄樟	11
2009	HTFZH02ABC_01	2 500	檵木	5
2009	HTFZH02ABC_01	2 500	栲	913
2009	HTFZH02ABC_01	2 500	柯	183
2009	HTFZH02ABC_01	2 500	榄绿粗叶木	15
2009	HTFZH02ABC_01	2 500	亮叶桦	1
2009	HTFZH02ABC_01	2 500	马尾松	10
2009	HTFZH02ABC_01	2 500	毛豹皮樟	7
2009	HTFZH02ABC_01	2 500	毛桐	5
2009	HTFZH02ABC_01	2 500	南酸枣	2
2009	HTFZH02ABC_01	2 500	刨花润楠	364
2009	HTFZH02ABC_01	2 500	枇杷	2
2009	HTFZH02ABC_01	2 500	青冈	84

（续）

年份	样地代码	样地面积/m²	植物名称	植物株数/株
2009	HTFZH02ABC_01	2 500	毛叶木姜子	25
2009	HTFZH02ABC_01	2 500	日本五月茶	12
2009	HTFZH02ABC_01	2 500	山乌桕	12
2009	HTFZH02ABC_01	2 500	石灰花楸	6
2009	HTFZH02ABC_01	2 500	栓叶安息香	4
2009	HTFZH02ABC_01	2 500	乌桕	75
2009	HTFZH02ABC_01	2 500	细齿叶柃	52
2009	HTFZH02ABC_01	2 500	小瘤果茶	12
2009	HTFZH02ABC_01	2 500	杨梅	1
2009	HTFZH02ABC_01	2 500	野柿	4
2009	HTFZH02ABC_01	2 500	油茶	91
2009	HTFZH02ABC_01	2 500	中华石楠	3
2009	HTFZH01ABC_01	2 000	赤杨叶	65
2009	HTFZH01ABC_01	2 000	刺楸	100
2009	HTFZH01ABC_01	2 000	楤木	20
2009	HTFZH01ABC_01	2 000	冬青	5
2009	HTFZH01ABC_01	2 000	枫香树	5
2009	HTFZH01ABC_01	2 000	贵州桤叶树	5
2009	HTFZH01ABC_01	2 000	红柴枝	60
2009	HTFZH01ABC_01	2 000	虎皮楠	30
2009	HTFZH01ABC_01	2 000	华中樱桃	5
2009	HTFZH01ABC_01	2 000	黄牛奶树	20
2009	HTFZH01ABC_01	2 000	黄樟	20
2009	HTFZH01ABC_01	2 000	亮叶桦	5
2009	HTFZH01ABC_01	2 000	满树星	35
2009	HTFZH01ABC_01	2 000	毛桐	35
2009	HTFZH01ABC_01	2 000	木蜡树	20
2009	HTFZH01ABC_01	2 000	木油桐	10
2009	HTFZH01ABC_01	2 000	刨花润楠	20
2009	HTFZH01ABC_01	2 000	朴树	20
2009	HTFZH01ABC_01	2 000	青冈	5
2009	HTFZH01ABC_01	2 000	山胡椒	30
2009	HTFZH01ABC_01	2 000	山槐	30

（续）

年份	样地代码	样地面积/m²	植物名称	植物株数/株
2009	HTFZH01ABC _ 01	2 000	山鸡椒	30
2009	HTFZH01ABC _ 01	2 000	山橿	30
2009	HTFZH01ABC _ 01	2 000	杉木	367
2009	HTFZH01ABC _ 01	2 000	深山含笑	135
2009	HTFZH01ABC _ 01	2 000	藤黄檀	5
2009	HTFZH01ABC _ 01	2 000	乌桕	105
2009	HTFZH01ABC _ 01	2 000	细齿叶柃	85
2009	HTFZH01ABC _ 01	2 000	细枝柃	15
2009	HTFZH01ABC _ 01	2 000	楮	5
2009	HTFZH01ABC _ 01	2 000	小叶栎	15
2009	HTFZH01ABC _ 01	2 000	杨梅	30
2009	HTFZH01ABC _ 01	2 000	野柿	5
2009	HTFZH01ABC _ 01	2 000	异叶榕	55
2009	HTFZH01ABC _ 01	2 000	油茶	95
2009	HTFZH01ABC _ 01	2 000	油桐	5
2009	HTFZH01ABC _ 01	2 000	枳椇	15
2009	HTFZH01ABC _ 01	2 000	棕榈	10
2009	HTFZH01ABC _ 01	2 000	醉香含笑	65
2009	HTFFZ01AB0 _ 01	2 000	笔罗子	5
2009	HTFFZ01AB0 _ 01	2 000	赤杨叶	35
2009	HTFFZ01AB0 _ 01	2 000	刺楸	85
2009	HTFFZ01AB0 _ 01	2 000	楤木	15
2009	HTFFZ01AB0 _ 01	2 000	冬青	5
2009	HTFFZ01AB0 _ 01	2 000	贵州桤叶树	30
2009	HTFFZ01AB0 _ 01	2 000	红柴枝	35
2009	HTFFZ01AB0 _ 01	2 000	虎皮楠	10
2009	HTFFZ01AB0 _ 01	2 000	华中樱桃	35
2009	HTFFZ01AB0 _ 01	2 000	黄牛奶树	70
2009	HTFFZ01AB0 _ 01	2 000	黄樟	10
2009	HTFFZ01AB0 _ 01	2 000	满树星	30
2009	HTFFZ01AB0 _ 01	2 000	毛桐	15
2009	HTFFZ01AB0 _ 01	2 000	木蜡树	70
2009	HTFFZ01AB0 _ 01	2 000	木油桐	45

（续）

年份	样地代码	样地面积/m²	植物名称	植物株数/株
2009	HTFFZ01AB0 _ 01	2 000	刨花润楠	25
2009	HTFFZ01AB0 _ 01	2 000	朴树	5
2009	HTFFZ01AB0 _ 01	2 000	青冈	5
2009	HTFFZ01AB0 _ 01	2 000	山胡椒	15
2009	HTFFZ01AB0 _ 01	2 000	山鸡椒	20
2009	HTFFZ01AB0 _ 01	2 000	山橿	45
2009	HTFFZ01AB0 _ 01	2 000	杉木	317
2009	HTFFZ01AB0 _ 01	2 000	藤黄檀	40
2009	HTFFZ01AB0 _ 01	2 000	乌桕	5
2009	HTFFZ01AB0 _ 01	2 000	细齿叶柃	20
2009	HTFFZ01AB0 _ 01	2 000	细枝柃	10
2009	HTFFZ01AB0 _ 01	2 000	香叶树	10
2009	HTFFZ01AB0 _ 01	2 000	异叶榕	20
2009	HTFFZ01AB0 _ 01	2 000	油茶	30
2009	HTFFZ01AB0 _ 01	2 000	油桐	10
2009	HTFFZ01AB0 _ 01	2 000	醉香含笑	1 035
2010	HTFFZ01AB0 _ 01	2 000	菝葜	235
2010	HTFFZ01AB0 _ 01	2 000	白叶莓	15
2010	HTFFZ01AB0 _ 01	2 000	半边旗	25
2010	HTFFZ01AB0 _ 01	2 000	边缘鳞盖蕨	1 450
2010	HTFFZ01AB0 _ 01	2 000	草珊瑚	55
2010	HTFFZ01AB0 _ 01	2 000	常山	60
2010	HTFFZ01AB0 _ 01	2 000	大叶白纸扇	355
2010	HTFFZ01AB0 _ 01	2 000	齿头鳞毛蕨	10
2010	HTFFZ01AB0 _ 01	2 000	赤杨叶	280
2010	HTFFZ01AB0 _ 01	2 000	刺楸	170
2010	HTFFZ01AB0 _ 01	2 000	楤木	80
2010	HTFFZ01AB0 _ 01	2 000	粗叶悬钩子	170
2010	HTFFZ01AB0 _ 01	2 000	大乌泡	5
2010	HTFFZ01AB0 _ 01	2 000	淡绿双盖蕨	10
2010	HTFFZ01AB0 _ 01	2 000	淡竹叶	34 255
2010	HTFFZ01AB0 _ 01	2 000	地桃花	5
2010	HTFFZ01AB0 _ 01	2 000	东风草	5

（续）

年份	样地代码	样地面积/m²	植物名称	植物株数/株
2010	HTFFZ01AB0＿01	2 000	冬青	10
2010	HTFFZ01AB0＿01	2 000	杜茎山	2 500
2010	HTFFZ01AB0＿01	2 000	短梗菝葜	125
2010	HTFFZ01AB0＿01	2 000	短毛金线草	65
2010	HTFFZ01AB0＿01	2 000	对马耳蕨	5
2010	HTFFZ01AB0＿01	2 000	钝角金星蕨	165
2010	HTFFZ01AB0＿01	2 000	多花黄精	35
2010	HTFFZ01AB0＿01	2 000	梵天花	600
2010	HTFFZ01AB0＿01	2 000	凤尾蕨	5
2010	HTFFZ01AB0＿01	2 000	盘果菊	10
2010	HTFFZ01AB0＿01	2 000	钩藤	75
2010	HTFFZ01AB0＿01	2 000	狗脊蕨	175
2010	HTFFZ01AB0＿01	2 000	光亮山矾	30
2010	HTFFZ01AB0＿01	2 000	广东紫珠	20
2010	HTFFZ01AB0＿01	2 000	贵州桤叶树	130
2010	HTFFZ01AB0＿01	2 000	海金沙	15
2010	HTFFZ01AB0＿01	2 000	寒莓	660
2010	HTFFZ01AB0＿01	2 000	核子木	10
2010	HTFFZ01AB0＿01	2 000	黑果菝葜	35
2010	HTFFZ01AB0＿01	2 000	黑足鳞毛蕨	2 105
2010	HTFFZ01AB0＿01	2 000	红柴枝	10
2010	HTFFZ01AB0＿01	2 000	红果菝葜	45
2010	HTFFZ01AB0＿01	2 000	虎皮楠	30
2010	HTFFZ01AB0＿01	2 000	花竹	10
2010	HTFFZ01AB0＿01	2 000	华东蹄盖蕨	5
2010	HTFFZ01AB0＿01	2 000	华中樱桃	90
2010	HTFFZ01AB0＿01	2 000	黄牛奶树	100
2010	HTFFZ01AB0＿01	2 000	黄杞	110
2010	HTFFZ01AB0＿01	2 000	黄樟	20
2010	HTFFZ01AB0＿01	2 000	鲫鱼胆	690
2010	HTFFZ01AB0＿01	2 000	荚蒾	20
2010	HTFFZ01AB0＿01	2 000	假稀羽鳞毛蕨	10
2010	HTFFZ01AB0＿01	2 000	见血青	85

（续）

年份	样地代码	样地面积/m²	植物名称	植物株数/株
2010	HTFFZ01AB0＿01	2 000	金毛狗蕨	375
2010	HTFFZ01AB0＿01	2 000	金星蕨	1 830
2010	HTFFZ01AB0＿01	2 000	荩草	35
2010	HTFFZ01AB0＿01	2 000	锯叶合耳菊	115
2010	HTFFZ01AB0＿01	2 000	蕨	135
2010	HTFFZ01AB0＿01	2 000	空心泡	1 820
2010	HTFFZ01AB0＿01	2 000	宽卵叶长柄山蚂蟥	20
2010	HTFFZ01AB0＿01	2 000	里白	475
2010	HTFFZ01AB0＿01	2 000	林下凸轴蕨	10
2010	HTFFZ01AB0＿01	2 000	龙芽草	5
2010	HTFFZ01AB0＿01	2 000	满树星	30
2010	HTFFZ01AB0＿01	2 000	芒	975
2010	HTFFZ01AB0＿01	2 000	芒萁	415
2010	HTFFZ01AB0＿01	2 000	毛堇菜	5
2010	HTFFZ01AB0＿01	2 000	毛桐	80
2010	HTFFZ01AB0＿01	2 000	毛叶高粱泡	65
2010	HTFFZ01AB0＿01	2 000	棉毛尼泊尔天名精	5
2010	HTFFZ01AB0＿01	2 000	木蜡树	120
2010	HTFFZ01AB0＿01	2 000	牛膝	5
2010	HTFFZ01AB0＿01	2 000	刨花润楠	150
2010	HTFFZ01AB0＿01	2 000	朴树	50
2010	HTFFZ01AB0＿01	2 000	青冈	10
2010	HTFFZ01AB0＿01	2 000	毛叶木姜子	80
2010	HTFFZ01AB0＿01	2 000	求米草	3 150
2010	HTFFZ01AB0＿01	2 000	瑞香	10
2010	HTFFZ01AB0＿01	2 000	三脉紫菀	95
2010	HTFFZ01AB0＿01	2 000	山胡椒	80
2010	HTFFZ01AB0＿01	2 000	山姜	95
2010	HTFFZ01AB0＿01	2 000	山橿	130
2010	HTFFZ01AB0＿01	2 000	山莓	145
2010	HTFFZ01AB0＿01	2 000	山乌桕	20
2010	HTFFZ01AB0＿01	2 000	杉木	332
2010	HTFFZ01AB0＿01	2 000	四川溲疏	55

（续）

年份	样地代码	样地面积/m²	植物名称	植物株数/株
2010	HTFFZ01AB0＿01	2 000	碎米莎草	105
2010	HTFFZ01AB0＿01	2 000	太平莓	470
2010	HTFFZ01AB0＿01	2 000	藤黄檀	10
2010	HTFFZ01AB0＿01	2 000	条穗薹草	290
2010	HTFFZ01AB0＿01	2 000	土茯苓	30
2010	HTFFZ01AB0＿01	2 000	委陵菜	5
2010	HTFFZ01AB0＿01	2 000	乌蕨	85
2010	HTFFZ01AB0＿01	2 000	稀羽鳞毛蕨	105
2010	HTFFZ01AB0＿01	2 000	细齿叶柃	110
2010	HTFFZ01AB0＿01	2 000	细枝柃	15
2010	HTFFZ01AB0＿01	2 000	狭叶润楠	40
2010	HTFFZ01AB0＿01	2 000	楮	85
2010	HTFFZ01AB0＿01	2 000	盐肤木	10
2010	HTFFZ01AB0＿01	2 000	杨梅	20
2010	HTFFZ01AB0＿01	2 000	野柿	30
2010	HTFFZ01AB0＿01	2 000	野雉尾金粉蕨	15
2010	HTFFZ01AB0＿01	2 000	宜昌悬钩子	10
2010	HTFFZ01AB0＿01	2 000	异基双盖蕨	15
2010	HTFFZ01AB0＿01	2 000	异叶榕	170
2010	HTFFZ01AB0＿01	2 000	银果牛奶子	20
2010	HTFFZ01AB0＿01	2 000	油茶	100
2010	HTFFZ01AB0＿01	2 000	油桐	150
2010	HTFFZ01AB0＿01	2 000	有齿金星蕨	585
2010	HTFFZ01AB0＿01	2 000	珍珠莲	45
2010	HTFFZ01AB0＿01	2 000	枳椇	10
2010	HTFFZ01AB0＿01	2 000	中日金星蕨	15
2010	HTFFZ01AB0＿01	2 000	苎麻	15
2010	HTFFZ01AB0＿01	2 000	紫麻	175
2010	HTFFZ01AB0＿01	2 000	紫萁	655
2010	HTFFZ01AB0＿01	2 000	紫珠	165
2010	HTFFZ01AB0＿01	2 000	棕榈	10
2010	HTFFZ01AB0＿01	2 000	醉香含笑	2 650
2010	HTFZH01ABC＿01	2 000	菝葜	140

（续）

年份	样地代码	样地面积/m²	植物名称	植物株数/株
2010	HTFZH01ABC_01	2 000	白栎	20
2010	HTFZH01ABC_01	2 000	白叶莓	5
2010	HTFZH01ABC_01	2 000	薄叶山矾	20
2010	HTFZH01ABC_01	2 000	边缘鳞盖蕨	3 335
2010	HTFZH01ABC_01	2 000	常山	30
2010	HTFZH01ABC_01	2 000	大叶白纸扇	330
2010	HTFZH01ABC_01	2 000	齿头鳞毛蕨	45
2010	HTFZH01ABC_01	2 000	赤杨叶	110
2010	HTFZH01ABC_01	2 000	刺楸	100
2010	HTFZH01ABC_01	2 000	楤木	90
2010	HTFZH01ABC_01	2 000	粗叶悬钩子	15
2010	HTFZH01ABC_01	2 000	大乌泡	20
2010	HTFZH01ABC_01	2 000	淡绿双盖蕨	130
2010	HTFZH01ABC_01	2 000	淡竹叶	16 175
2010	HTFZH01ABC_01	2 000	杜茎山	1 185
2010	HTFZH01ABC_01	2 000	短梗菝葜	30
2010	HTFZH01ABC_01	2 000	对马耳蕨	70
2010	HTFZH01ABC_01	2 000	多花黄精	35
2010	HTFZH01ABC_01	2 000	梵天花	210
2010	HTFZH01ABC_01	2 000	枫香树	10
2010	HTFZH01ABC_01	2 000	凤尾蕨	25
2010	HTFZH01ABC_01	2 000	凤丫蕨	50
2010	HTFZH01ABC_01	2 000	盘果菊	10
2010	HTFZH01ABC_01	2 000	钩藤	105
2010	HTFZH01ABC_01	2 000	狗脊蕨	1 555
2010	HTFZH01ABC_01	2 000	光萼小蜡	10
2010	HTFZH01ABC_01	2 000	光亮山矾	10
2010	HTFZH01ABC_01	2 000	广东紫珠	20
2010	HTFZH01ABC_01	2 000	海金沙	60
2010	HTFZH01ABC_01	2 000	寒莓	95
2010	HTFZH01ABC_01	2 000	黑足鳞毛蕨	1 480
2010	HTFZH01ABC_01	2 000	红柴枝	170
2010	HTFZH01ABC_01	2 000	星宿菜	5

（续）

年份	样地代码	样地面积/m²	植物名称	植物株数/株
2010	HTFZH01ABC _ 01	2 000	红果菝葜	10
2010	HTFZH01ABC _ 01	2 000	红马蹄草	100
2010	HTFZH01ABC _ 01	2 000	亮鳞肋毛蕨	70
2010	HTFZH01ABC _ 01	2 000	湖南悬钩子	5
2010	HTFZH01ABC _ 01	2 000	虎皮楠	40
2010	HTFZH01ABC _ 01	2 000	华东蹄盖蕨	55
2010	HTFZH01ABC _ 01	2 000	华中樱桃	10
2010	HTFZH01ABC _ 01	2 000	黄牛奶树	60
2010	HTFZH01ABC _ 01	2 000	黄樟	20
2010	HTFZH01ABC _ 01	2 000	姬蕨	20
2010	HTFZH01ABC _ 01	2 000	鲫鱼胆	790
2010	HTFZH01ABC _ 01	2 000	假稀羽鳞毛蕨	5
2010	HTFZH01ABC _ 01	2 000	见血青	165
2010	HTFZH01ABC _ 01	2 000	金毛狗蕨	380
2010	HTFZH01ABC _ 01	2 000	金星蕨	6 955
2010	HTFZH01ABC _ 01	2 000	荩草	705
2010	HTFZH01ABC _ 01	2 000	锯叶合耳菊	10
2010	HTFZH01ABC _ 01	2 000	空心泡	145
2010	HTFZH01ABC _ 01	2 000	楝	20
2010	HTFZH01ABC _ 01	2 000	宽卵叶长柄山蚂蟥	45
2010	HTFZH01ABC _ 01	2 000	阔鳞鳞毛蕨	30
2010	HTFZH01ABC _ 01	2 000	亮叶桦	10
2010	HTFZH01ABC _ 01	2 000	龙芽草	15
2010	HTFZH01ABC _ 01	2 000	满树星	65
2010	HTFZH01ABC _ 01	2 000	芒	140
2010	HTFZH01ABC _ 01	2 000	芒萁	100
2010	HTFZH01ABC _ 01	2 000	毛豹皮樟	40
2010	HTFZH01ABC _ 01	2 000	毛桐	20
2010	HTFZH01ABC _ 01	2 000	毛叶高粱泡	5
2010	HTFZH01ABC _ 01	2 000	木蜡树	50
2010	HTFZH01ABC _ 01	2 000	木油桐	10
2010	HTFZH01ABC _ 01	2 000	牛膝	60
2010	HTFZH01ABC _ 01	2 000	刨花润楠	100

（续）

年份	样地代码	样地面积/m²	植物名称	植物株数/株
2010	HTFZH01ABC_01	2 000	朴树	20
2010	HTFZH01ABC_01	2 000	青冈	160
2010	HTFZH01ABC_01	2 000	毛叶木姜子	165
2010	HTFZH01ABC_01	2 000	求米草	535
2010	HTFZH01ABC_01	2 000	日本薯蓣	10
2010	HTFZH01ABC_01	2 000	瑞香	10
2010	HTFZH01ABC_01	2 000	三脉紫菀	15
2010	HTFZH01ABC_01	2 000	山胡椒	20
2010	HTFZH01ABC_01	2 000	山鸡椒	10
2010	HTFZH01ABC_01	2 000	山姜	840
2010	HTFZH01ABC_01	2 000	山莓	185
2010	HTFZH01ABC_01	2 000	山乌桕	50
2010	HTFZH01ABC_01	2 000	杉木	372
2010	HTFZH01ABC_01	2 000	蛇葡萄	5
2010	HTFZH01ABC_01	2 000	深山含笑	50
2010	HTFZH01ABC_01	2 000	薯蓣	5
2010	HTFZH01ABC_01	2 000	碎米莎草	45
2010	HTFZH01ABC_01	2 000	穗花香科科	10
2010	HTFZH01ABC_01	2 000	太平莓	1 940
2010	HTFZH01ABC_01	2 000	藤黄檀	50
2010	HTFZH01ABC_01	2 000	天名精	20
2010	HTFZH01ABC_01	2 000	条穗薹草	135
2010	HTFZH01ABC_01	2 000	土茯苓	55
2010	HTFZH01ABC_01	2 000	假斜方复叶耳蕨	25
2010	HTFZH01ABC_01	2 000	乌蕨	115
2010	HTFZH01ABC_01	2 000	稀羽鳞毛蕨	280
2010	HTFZH01ABC_01	2 000	细齿叶柃	200
2010	HTFZH01ABC_01	2 000	细枝柃	5
2010	HTFZH01ABC_01	2 000	腺毛莓	5
2010	HTFZH01ABC_01	2 000	楮	10
2010	HTFZH01ABC_01	2 000	小叶栎	65
2010	HTFZH01ABC_01	2 000	斜方复叶耳蕨	30
2010	HTFZH01ABC_01	2 000	杏香兔儿风	5

（续）

年份	样地代码	样地面积/m²	植物名称	植物株数/株
2010	HTFZH01ABC _ 01	2 000	野柿	10
2010	HTFZH01ABC _ 01	2 000	异基双盖蕨	15
2010	HTFZH01ABC _ 01	2 000	异叶榕	120
2010	HTFZH01ABC _ 01	2 000	油茶	90
2010	HTFZH01ABC _ 01	2 000	油桐	50
2010	HTFZH01ABC _ 01	2 000	有齿金星蕨	285
2010	HTFZH01ABC _ 01	2 000	长叶柄野扇花	10
2010	HTFZH01ABC _ 01	2 000	直鳞肋毛蕨	65
2010	HTFZH01ABC _ 01	2 000	枳椇	30
2010	HTFZH01ABC _ 01	2 000	中日金星蕨	5
2010	HTFZH01ABC _ 01	2 000	紫麻	165
2010	HTFZH01ABC _ 01	2 000	紫萁	40
2010	HTFZH01ABC _ 01	2 000	紫珠	70
2010	HTFZH01ABC _ 01	2 000	棕榈	10
2010	HTFZH01ABC _ 01	2 000	醉香含笑	90
2010	HTFZH02ABC _ 01	2 500	菝葜	150
2010	HTFZH02ABC _ 01	2 500	笔罗子	193
2010	HTFZH02ABC _ 01	2 500	边缘鳞盖蕨	170
2010	HTFZH02ABC _ 01	2 500	沉水樟	2
2010	HTFZH02ABC _ 01	2 500	赤杨叶	200
2010	HTFZH02ABC _ 01	2 500	楤木	20
2010	HTFZH02ABC _ 01	2 500	粗糠柴	11
2010	HTFZH02ABC _ 01	2 500	东风草	10
2010	HTFZH02ABC _ 01	2 500	冬青	1
2010	HTFZH02ABC _ 01	2 500	杜茎山	515
2010	HTFZH02ABC _ 01	2 500	多花黄精	5
2010	HTFZH02ABC _ 01	2 500	峨眉鼠刺	20
2010	HTFZH02ABC _ 01	2 500	薄叶羊蹄甲	100
2010	HTFZH02ABC _ 01	2 500	枫香树	12
2010	HTFZH02ABC _ 01	2 500	钩藤	195
2010	HTFZH02ABC _ 01	2 500	狗脊蕨	1 665
2010	HTFZH02ABC _ 01	2 500	光亮山矾	3
2010	HTFZH02ABC _ 01	2 500	海金沙	5

（续）

年份	样地代码	样地面积/m²	植物名称	植物株数/株
2010	HTFZH02ABC_01	2 500	黑足鳞毛蕨	2 305
2010	HTFZH02ABC_01	2 500	虎皮楠	21
2010	HTFZH02ABC_01	2 500	黄棉木	2
2010	HTFZH02ABC_01	2 500	黄牛奶树	10
2010	HTFZH02ABC_01	2 500	黄杞	284
2010	HTFZH02ABC_01	2 500	黄樟	1
2010	HTFZH02ABC_01	2 500	鲫鱼胆	185
2010	HTFZH02ABC_01	2 500	檵木	5
2010	HTFZH02ABC_01	2 500	金星蕨	50
2010	HTFZH02ABC_01	2 500	九管血	5
2010	HTFZH02ABC_01	2 500	栲	1 623
2010	HTFZH02ABC_01	2 500	柯	44
2010	HTFZH02ABC_01	2 500	亮叶桦	1
2010	HTFZH02ABC_01	2 500	瘤果茶	10
2010	HTFZH02ABC_01	2 500	马甲菝葜	10
2010	HTFZH02ABC_01	2 500	马尾松	20
2010	HTFZH02ABC_01	2 500	芒	30
2010	HTFZH02ABC_01	2 500	芒萁	5
2010	HTFZH02ABC_01	2 500	毛豹皮樟	2
2010	HTFZH02ABC_01	2 500	毛桐	50
2010	HTFZH02ABC_01	2 500	密齿酸藤子	15
2010	HTFZH02ABC_01	2 500	木油桐	10
2010	HTFZH02ABC_01	2 500	南酸枣	62
2010	HTFZH02ABC_01	2 500	刨花润楠	334
2010	HTFZH02ABC_01	2 500	枇杷	2
2010	HTFZH02ABC_01	2 500	朴树	60
2010	HTFZH02ABC_01	2 500	青冈	115
2010	HTFZH02ABC_01	2 500	毛叶木姜子	70
2010	HTFZH02ABC_01	2 500	日本五月茶	68
2010	HTFZH02ABC_01	2 500	箬竹	24 310
2010	HTFZH02ABC_01	2 500	山鸡椒	20
2010	HTFZH02ABC_01	2 500	山姜	30
2010	HTFZH02ABC_01	2 500	山莓	10

（续）

年份	样地代码	样地面积/m²	植物名称	植物株数/株
2010	HTFZH02ABC_01	2 500	山乌桕	132
2010	HTFZH02ABC_01	2 500	深绿卷柏	35
2010	HTFZH02ABC_01	2 500	石灰花楸	25
2010	HTFZH02ABC_01	2 500	石栎	25
2010	HTFZH02ABC_01	2 500	栓叶安息香	4
2010	HTFZH02ABC_01	2 500	水团花	10
2010	HTFZH02ABC_01	2 500	碎米莎草	450
2010	HTFZH02ABC_01	2 500	条穗薹草	125
2010	HTFZH02ABC_01	2 500	土茯苓	30
2010	HTFZH02ABC_01	2 500	团叶陵齿蕨	185
2010	HTFZH02ABC_01	2 500	网脉崖豆藤	20
2010	HTFZH02ABC_01	2 500	乌蕨	40
2010	HTFZH02ABC_01	2 500	细齿叶柃	57
2010	HTFZH02ABC_01	2 500	腺毛莓	5
2010	HTFZH02ABC_01	2 500	小瘤果茶	12
2010	HTFZH02ABC_01	2 500	杨梅	1
2010	HTFZH02ABC_01	2 500	野柿	3
2010	HTFZH02ABC_01	2 500	银果牛奶子	10
2010	HTFZH02ABC_01	2 500	油茶	91
2010	HTFZH02ABC_01	2 500	油桐	10
2010	HTFZH02ABC_01	2 500	樟	30
2010	HTFZH02ABC_01	2 500	长叶柄野扇花	10
2010	HTFZH02ABC_01	2 500	轮钟花	10
2010	HTFZH02ABC_01	2 500	直鳞肋毛蕨	10
2010	HTFZH02ABC_01	2 500	中华石楠	3
2010	HTFZH02ABC_01	2 500	紫麻	65
2010	HTFZH02ABC_01	2 500	醉鱼草	30
2011	HTFFZ01AB0_01	2 000	菝葜	230
2011	HTFFZ01AB0_01	2 000	白栎	30
2011	HTFFZ01AB0_01	2 000	白英	30
2011	HTFFZ01AB0_01	2 000	笔罗子	10
2011	HTFFZ01AB0_01	2 000	边缘鳞盖蕨	760
2011	HTFFZ01AB0_01	2 000	草珊瑚	110

（续）

年份	样地代码	样地面积/m²	植物名称	植物株数/株
2011	HTFFZ01AB0_01	2 000	常山	70
2011	HTFFZ01AB0_01	2 000	大叶白纸扇	285
2011	HTFFZ01AB0_01	2 000	赤杨叶	30
2011	HTFFZ01AB0_01	2 000	刺楸	170
2011	HTFFZ01AB0_01	2 000	楤木	10
2011	HTFFZ01AB0_01	2 000	丛枝蓼	5
2011	HTFFZ01AB0_01	2 000	粗叶悬钩子	365
2011	HTFFZ01AB0_01	2 000	大果俞藤	70
2011	HTFFZ01AB0_01	2 000	淡绿双盖蕨	20
2011	HTFFZ01AB0_01	2 000	淡竹叶	33 435
2011	HTFFZ01AB0_01	2 000	灯台树	10
2011	HTFFZ01AB0_01	2 000	杜茎山	1 650
2011	HTFFZ01AB0_01	2 000	短梗菝葜	445
2011	HTFFZ01AB0_01	2 000	短毛金线草	15
2011	HTFFZ01AB0_01	2 000	多花勾儿茶	5
2011	HTFFZ01AB0_01	2 000	多花黄精	25
2011	HTFFZ01AB0_01	2 000	二回羽叶边缘鳞盖蕨	15
2011	HTFFZ01AB0_01	2 000	梵天花	95
2011	HTFFZ01AB0_01	2 000	盘果菊	35
2011	HTFFZ01AB0_01	2 000	钩藤	50
2011	HTFFZ01AB0_01	2 000	狗脊蕨	125
2011	HTFFZ01AB0_01	2 000	贵州桤叶树	40
2011	HTFFZ01AB0_01	2 000	海金沙	45
2011	HTFFZ01AB0_01	2 000	寒莓	385
2011	HTFFZ01AB0_01	2 000	黑足鳞毛蕨	1 785
2011	HTFFZ01AB0_01	2 000	红柴枝	30
2011	HTFFZ01AB0_01	2 000	红果菝葜	80
2011	HTFFZ01AB0_01	2 000	湖南悬钩子	150
2011	HTFFZ01AB0_01	2 000	虎皮楠	70
2011	HTFFZ01AB0_01	2 000	花竹	15
2011	HTFFZ01AB0_01	2 000	华东蹄盖蕨	25
2011	HTFFZ01AB0_01	2 000	华中樱桃	210
2011	HTFFZ01AB0_01	2 000	黄毛猕猴桃	440

（续）

年份	样地代码	样地面积/m²	植物名称	植物株数/株
2011	HTFFZ01AB0＿01	2 000	黄牛奶树	30
2011	HTFFZ01AB0＿01	2 000	黄樟	10
2011	HTFFZ01AB0＿01	2 000	灰毛鸡血藤	325
2011	HTFFZ01AB0＿01	2 000	鸡矢藤	65
2011	HTFFZ01AB0＿01	2 000	姬蕨	30
2011	HTFFZ01AB0＿01	2 000	鲫鱼胆	190
2011	HTFFZ01AB0＿01	2 000	荚蒾	10
2011	HTFFZ01AB0＿01	2 000	见血青	10
2011	HTFFZ01AB0＿01	2 000	渐尖毛蕨	5
2011	HTFFZ01AB0＿01	2 000	金毛狗蕨	150
2011	HTFFZ01AB0＿01	2 000	金星蕨	1 820
2011	HTFFZ01AB0＿01	2 000	荩草	15
2011	HTFFZ01AB0＿01	2 000	锯叶合耳菊	115
2011	HTFFZ01AB0＿01	2 000	蕨	115
2011	HTFFZ01AB0＿01	2 000	空心泡	235
2011	HTFFZ01AB0＿01	2 000	宽卵叶长柄山蚂蟥	5
2011	HTFFZ01AB0＿01	2 000	宽叶金粟兰	10
2011	HTFFZ01AB0＿01	2 000	栝楼	5
2011	HTFFZ01AB0＿01	2 000	阔鳞鳞毛蕨	25
2011	HTFFZ01AB0＿01	2 000	阔叶猕猴桃	10
2011	HTFFZ01AB0＿01	2 000	里白	45
2011	HTFFZ01AB0＿01	2 000	镰羽瘤足蕨	15
2011	HTFFZ01AB0＿01	2 000	林下凸轴蕨	10
2011	HTFFZ01AB0＿01	2 000	六月雪	30
2011	HTFFZ01AB0＿01	2 000	龙芽草	50
2011	HTFFZ01AB0＿01	2 000	络石	330
2011	HTFFZ01AB0＿01	2 000	马甲菝葜	15
2011	HTFFZ01AB0＿01	2 000	满树星	80
2011	HTFFZ01AB0＿01	2 000	芒	140
2011	HTFFZ01AB0＿01	2 000	毛鸡矢藤	85
2011	HTFFZ01AB0＿01	2 000	毛堇菜	5
2011	HTFFZ01AB0＿01	2 000	毛桐	20
2011	HTFFZ01AB0＿01	2 000	毛叶高粱泡	35

（续）

年份	样地代码	样地面积/m²	植物名称	植物株数/株
2011	HTFFZ01AB0 _ 01	2 000	棉毛尼泊尔天名精	5
2011	HTFFZ01AB0 _ 01	2 000	木蜡树	140
2011	HTFFZ01AB0 _ 01	2 000	牛膝	45
2011	HTFFZ01AB0 _ 01	2 000	刨花润楠	90
2011	HTFFZ01AB0 _ 01	2 000	茜草	15
2011	HTFFZ01AB0 _ 01	2 000	鞘柄菝葜	5
2011	HTFFZ01AB0 _ 01	2 000	青冈	10
2011	HTFFZ01AB0 _ 01	2 000	毛叶木姜子	30
2011	HTFFZ01AB0 _ 01	2 000	求米草	3 495
2011	HTFFZ01AB0 _ 01	2 000	日本薯蓣	20
2011	HTFFZ01AB0 _ 01	2 000	三脉紫菀	110
2011	HTFFZ01AB0 _ 01	2 000	三叶木通	5
2011	HTFFZ01AB0 _ 01	2 000	山胡椒	5
2011	HTFFZ01AB0 _ 01	2 000	山槐	5
2011	HTFFZ01AB0 _ 01	2 000	山姜	85
2011	HTFFZ01AB0 _ 01	2 000	山橿	155
2011	HTFFZ01AB0 _ 01	2 000	山莓	80
2011	HTFFZ01AB0 _ 01	2 000	山乌桕	10
2011	HTFFZ01AB0 _ 01	2 000	杉木	767
2011	HTFFZ01AB0 _ 01	2 000	蛇葡萄	55
2011	HTFFZ01AB0 _ 01	2 000	十字薹草	70
2011	HTFFZ01AB0 _ 01	2 000	四川溲疏	5
2011	HTFFZ01AB0 _ 01	2 000	碎米莎草	20
2011	HTFFZ01AB0 _ 01	2 000	太平莓	250
2011	HTFFZ01AB0 _ 01	2 000	藤构	340
2011	HTFFZ01AB0 _ 01	2 000	藤黄檀	75
2011	HTFFZ01AB0 _ 01	2 000	土茯苓	130
2011	HTFFZ01AB0 _ 01	2 000	乌蕨	50
2011	HTFFZ01AB0 _ 01	2 000	稀羽鳞毛蕨	185
2011	HTFFZ01AB0 _ 01	2 000	细齿叶柃	45
2011	HTFFZ01AB0 _ 01	2 000	细枝柃	20
2011	HTFFZ01AB0 _ 01	2 000	下田菊	10
2011	HTFFZ01AB0 _ 01	2 000	显齿蛇葡萄	535

（续）

年份	样地代码	样地面积/m²	植物名称	植物株数/株
2011	HTFFZ01AB0 _ 01	2 000	楮	30
2011	HTFFZ01AB0 _ 01	2 000	小槐花	10
2011	HTFFZ01AB0 _ 01	2 000	小叶菝葜	5
2011	HTFFZ01AB0 _ 01	2 000	小叶栎	20
2011	HTFFZ01AB0 _ 01	2 000	斜方复叶耳蕨	60
2011	HTFFZ01AB0 _ 01	2 000	杨梅	80
2011	HTFFZ01AB0 _ 01	2 000	野鸦椿	5
2011	HTFFZ01AB0 _ 01	2 000	野柿	10
2011	HTFFZ01AB0 _ 01	2 000	异叶榕	150
2011	HTFFZ01AB0 _ 01	2 000	银果牛奶子	10
2011	HTFFZ01AB0 _ 01	2 000	油茶	50
2011	HTFFZ01AB0 _ 01	2 000	油桐	140
2011	HTFFZ01AB0 _ 01	2 000	有齿金星蕨	230
2011	HTFFZ01AB0 _ 01	2 000	俞藤	590
2011	HTFFZ01AB0 _ 01	2 000	樟	20
2011	HTFFZ01AB0 _ 01	2 000	掌叶悬钩子	5
2011	HTFFZ01AB0 _ 01	2 000	中华猕猴桃	25
2011	HTFFZ01AB0 _ 01	2 000	中华石楠	10
2011	HTFFZ01AB0 _ 01	2 000	苎麻	10
2011	HTFFZ01AB0 _ 01	2 000	锥	20
2011	HTFFZ01AB0 _ 01	2 000	紫麻	170
2011	HTFFZ01AB0 _ 01	2 000	紫萁	285
2011	HTFFZ01AB0 _ 01	2 000	紫珠	105
2011	HTFFZ01AB0 _ 01	2 000	醉香含笑	2 230
2011	HTFZH01ABC _ 01	2 000	菝葜	135
2011	HTFZH01ABC _ 01	2 000	白英	5
2011	HTFZH01ABC _ 01	2 000	半边旗	30
2011	HTFZH01ABC _ 01	2 000	薄叶山矾	60
2011	HTFZH01ABC _ 01	2 000	边缘鳞盖蕨	4 010
2011	HTFZH01ABC _ 01	2 000	常山	40
2011	HTFZH01ABC _ 01	2 000	大叶白纸扇	290
2011	HTFZH01ABC _ 01	2 000	齿头鳞毛蕨	15
2011	HTFZH01ABC _ 01	2 000	赤杨叶	40

（续）

年份	样地代码	样地面积/m²	植物名称	植物株数/株
2011	HTFZH01ABC_01	2 000	刺楸	140
2011	HTFZH01ABC_01	2 000	楤木	60
2011	HTFZH01ABC_01	2 000	粗糠柴	10
2011	HTFZH01ABC_01	2 000	粗叶悬钩子	10
2011	HTFZH01ABC_01	2 000	淡绿双盖蕨	350
2011	HTFZH01ABC_01	2 000	淡竹叶	14 335
2011	HTFZH01ABC_01	2 000	东风草	25
2011	HTFZH01ABC_01	2 000	东南葡萄	100
2011	HTFZH01ABC_01	2 000	杜茎山	1 705
2011	HTFZH01ABC_01	2 000	短梗南蛇藤	20
2011	HTFZH01ABC_01	2 000	多花勾儿茶	5
2011	HTFZH01ABC_01	2 000	多花黄精	15
2011	HTFZH01ABC_01	2 000	二回羽叶边缘鳞盖蕨	315
2011	HTFZH01ABC_01	2 000	梵天花	150
2011	HTFZH01ABC_01	2 000	盘果菊	45
2011	HTFZH01ABC_01	2 000	傅氏凤尾蕨	25
2011	HTFZH01ABC_01	2 000	钩藤	90
2011	HTFZH01ABC_01	2 000	狗脊蕨	940
2011	HTFZH01ABC_01	2 000	光亮山矾	10
2011	HTFZH01ABC_01	2 000	广东紫珠	15
2011	HTFZH01ABC_01	2 000	海金沙	50
2011	HTFZH01ABC_01	2 000	寒莓	25
2011	HTFZH01ABC_01	2 000	核子木	5
2011	HTFZH01ABC_01	2 000	黑老虎	5
2011	HTFZH01ABC_01	2 000	黑足鳞毛蕨	975
2011	HTFZH01ABC_01	2 000	红柴枝	135
2011	HTFZH01ABC_01	2 000	红果菝葜	105
2011	HTFZH01ABC_01	2 000	红马蹄草	25
2011	HTFZH01ABC_01	2 000	红毛悬钩子	5
2011	HTFZH01ABC_01	2 000	胡枝子	15
2011	HTFZH01ABC_01	2 000	湖南悬钩子	15
2011	HTFZH01ABC_01	2 000	虎皮楠	20
2011	HTFZH01ABC_01	2 000	华东蹄盖蕨	320

（续）

年份	样地代码	样地面积/m²	植物名称	植物株数/株
2011	HTFZH01ABC _ 01	2 000	华中樱桃	10
2011	HTFZH01ABC _ 01	2 000	黄毛猕猴桃	430
2011	HTFZH01ABC _ 01	2 000	黄牛奶树	80
2011	HTFZH01ABC _ 01	2 000	灰毛泡	385
2011	HTFZH01ABC _ 01	2 000	鸡矢藤	35
2011	HTFZH01ABC _ 01	2 000	鲫鱼胆	1 190
2011	HTFZH01ABC _ 01	2 000	见血青	150
2011	HTFZH01ABC _ 01	2 000	金毛狗蕨	440
2011	HTFZH01ABC _ 01	2 000	金星蕨	5 145
2011	HTFZH01ABC _ 01	2 000	荩草	115
2011	HTFZH01ABC _ 01	2 000	锯叶合耳菊	45
2011	HTFZH01ABC _ 01	2 000	蕨	10
2011	HTFZH01ABC _ 01	2 000	空心泡	65
2011	HTFZH01ABC _ 01	2 000	宽卵叶长柄山蚂蟥	125
2011	HTFZH01ABC _ 01	2 000	阔鳞鳞毛蕨	35
2011	HTFZH01ABC _ 01	2 000	里白	225
2011	HTFZH01ABC _ 01	2 000	亮叶桦	10
2011	HTFZH01ABC _ 01	2 000	龙芽草	10
2011	HTFZH01ABC _ 01	2 000	络石	50
2011	HTFZH01ABC _ 01	2 000	马甲菝葜	25
2011	HTFZH01ABC _ 01	2 000	满树星	5
2011	HTFZH01ABC _ 01	2 000	芒	200
2011	HTFZH01ABC _ 01	2 000	毛豹皮樟	30
2011	HTFZH01ABC _ 01	2 000	毛鸡矢藤	30
2011	HTFZH01ABC _ 01	2 000	毛桐	10
2011	HTFZH01ABC _ 01	2 000	棉毛尼泊尔天名精	5
2011	HTFZH01ABC _ 01	2 000	木荷	10
2011	HTFZH01ABC _ 01	2 000	木蜡树	50
2011	HTFZH01ABC _ 01	2 000	牛膝	115
2011	HTFZH01ABC _ 01	2 000	钮子瓜	10
2011	HTFZH01ABC _ 01	2 000	刨花润楠	100
2011	HTFZH01ABC _ 01	2 000	朴树	20
2011	HTFZH01ABC _ 01	2 000	青冈	80

（续）

年份	样地代码	样地面积/m²	植物名称	植物株数/株
2011	HTFZH01ABC_01	2 000	毛叶木姜子	50
2011	HTFZH01ABC_01	2 000	求米草	890
2011	HTFZH01ABC_01	2 000	日本薯蓣	15
2011	HTFZH01ABC_01	2 000	日本五月茶	5
2011	HTFZH01ABC_01	2 000	瑞香	5
2011	HTFZH01ABC_01	2 000	三脉紫菀	35
2011	HTFZH01ABC_01	2 000	三叶木通	10
2011	HTFZH01ABC_01	2 000	山鸡椒	15
2011	HTFZH01ABC_01	2 000	山姜	815
2011	HTFZH01ABC_01	2 000	山橿	55
2011	HTFZH01ABC_01	2 000	山莓	10
2011	HTFZH01ABC_01	2 000	山乌桕	20
2011	HTFZH01ABC_01	2 000	杉木	427
2011	HTFZH01ABC_01	2 000	蛇葡萄	10
2011	HTFZH01ABC_01	2 000	深山含笑	190
2011	HTFZH01ABC_01	2 000	十字薹草	50
2011	HTFZH01ABC_01	2 000	疏羽凸轴蕨	40
2011	HTFZH01ABC_01	2 000	碎米莎草	130
2011	HTFZH01ABC_01	2 000	太平莓	350
2011	HTFZH01ABC_01	2 000	藤构	225
2011	HTFZH01ABC_01	2 000	藤黄檀	10
2011	HTFZH01ABC_01	2 000	天名精	10
2011	HTFZH01ABC_01	2 000	土茯苓	115
2011	HTFZH01ABC_01	2 000	团叶陵齿蕨	50
2011	HTFZH01ABC_01	2 000	乌蕨	165
2011	HTFZH01ABC_01	2 000	稀羽鳞毛蕨	545
2011	HTFZH01ABC_01	2 000	细齿叶柃	95
2011	HTFZH01ABC_01	2 000	细枝柃	5
2011	HTFZH01ABC_01	2 000	下田菊	10
2011	HTFZH01ABC_01	2 000	显齿蛇葡萄	15
2011	HTFZH01ABC_01	2 000	楮	30
2011	HTFZH01ABC_01	2 000	小叶栎	140
2011	HTFZH01ABC_01	2 000	斜方复叶耳蕨	100

（续）

年份	样地代码	样地面积/m²	植物名称	植物株数/株
2011	HTFZH01ABC＿01	2 000	杏香兔儿风	5
2011	HTFZH01ABC＿01	2 000	羊耳菊	5
2011	HTFZH01ABC＿01	2 000	杨梅	40
2011	HTFZH01ABC＿01	2 000	野鸦椿	10
2011	HTFZH01ABC＿01	2 000	异叶榕	65
2011	HTFZH01ABC＿01	2 000	油茶	30
2011	HTFZH01ABC＿01	2 000	油桐	60
2011	HTFZH01ABC＿01	2 000	俞藤	405
2011	HTFZH01ABC＿01	2 000	樟	40
2011	HTFZH01ABC＿01	2 000	掌叶悬钩子	5
2011	HTFZH01ABC＿01	2 000	直鳞肋毛蕨	60
2011	HTFZH01ABC＿01	2 000	中华猕猴桃	45
2011	HTFZH01ABC＿01	2 000	紫麻	100
2011	HTFZH01ABC＿01	2 000	紫萁	130
2011	HTFZH01ABC＿01	2 000	紫珠	115
2011	HTFZH01ABC＿01	2 000	棕榈	40
2011	HTFZH01ABC＿01	2 000	醉香含笑	130
2011	HTFZH02ABC＿01	2 500	菝葜	45
2011	HTFZH02ABC＿01	2 500	半边旗	5
2011	HTFZH02ABC＿01	2 500	薄叶山矾	10
2011	HTFZH02ABC＿01	2 500	笔罗子	130
2011	HTFZH02ABC＿01	2 500	边缘鳞盖蕨	25
2011	HTFZH02ABC＿01	2 500	大叶白纸扇	35
2011	HTFZH02ABC＿01	2 500	赤杨叶	120
2011	HTFZH02ABC＿01	2 500	刺楸	50
2011	HTFZH02ABC＿01	2 500	楤木	5
2011	HTFZH02ABC＿01	2 500	冬青	10
2011	HTFZH02ABC＿01	2 500	杜茎山	305
2011	HTFZH02ABC＿01	2 500	短梗南蛇藤	90
2011	HTFZH02ABC＿01	2 500	峨眉鼠刺	35
2011	HTFZH02ABC＿01	2 500	薄叶羊蹄甲	105
2011	HTFZH02ABC＿01	2 500	枫香树	20
2011	HTFZH02ABC＿01	2 500	钩藤	180

（续）

年份	样地代码	样地面积/m²	植物名称	植物株数/株
2011	HTFZH02ABC_01	2 500	狗脊蕨	1 125
2011	HTFZH02ABC_01	2 500	观音竹	5
2011	HTFZH02ABC_01	2 500	海金沙	5
2011	HTFZH02ABC_01	2 500	核子木	75
2011	HTFZH02ABC_01	2 500	黑老虎	80
2011	HTFZH02ABC_01	2 500	黑足鳞毛蕨	1 450
2011	HTFZH02ABC_01	2 500	红果菝葜	20
2011	HTFZH02ABC_01	2 500	虎皮楠	20
2011	HTFZH02ABC_01	2 500	黄毛猕猴桃	10
2011	HTFZH02ABC_01	2 500	黄杞	70
2011	HTFZH02ABC_01	2 500	黄樟	30
2011	HTFZH02ABC_01	2 500	灰毛鸡血藤	110
2011	HTFZH02ABC_01	2 500	鲫鱼胆	185
2011	HTFZH02ABC_01	2 500	檵木	5
2011	HTFZH02ABC_01	2 500	江南星蕨	100
2011	HTFZH02ABC_01	2 500	金星蕨	15
2011	HTFZH02ABC_01	2 500	栲	2 890
2011	HTFZH02ABC_01	2 500	柯	230
2011	HTFZH02ABC_01	2 500	亮叶桦	60
2011	HTFZH02ABC_01	2 500	马甲菝葜	15
2011	HTFZH02ABC_01	2 500	芒	185
2011	HTFZH02ABC_01	2 500	芒萁	205
2011	HTFZH02ABC_01	2 500	毛豹皮樟	40
2011	HTFZH02ABC_01	2 500	毛桐	95
2011	HTFZH02ABC_01	2 500	木油桐	70
2011	HTFZH02ABC_01	2 500	刨花润楠	480
2011	HTFZH02ABC_01	2 500	蓬莱葛	55
2011	HTFZH02ABC_01	2 500	青冈	150
2011	HTFZH02ABC_01	2 500	毛叶木姜子	350
2011	HTFZH02ABC_01	2 500	日本五月茶	20
2011	HTFZH02ABC_01	2 500	箬竹	26 590
2011	HTFZH02ABC_01	2 500	三脉紫菀	15
2011	HTFZH02ABC_01	2 500	山莓	5

（续）

年份	样地代码	样地面积/m²	植物名称	植物株数/株
2011	HTFZH02ABC_01	2 500	山乌桕	640
2011	HTFZH02ABC_01	2 500	深绿卷柏	40
2011	HTFZH02ABC_01	2 500	十字薹草	5
2011	HTFZH02ABC_01	2 500	石灰花楸	20
2011	HTFZH02ABC_01	2 500	碎米莎草	730
2011	HTFZH02ABC_01	2 500	太平莓	10
2011	HTFZH02ABC_01	2 500	藤构	5
2011	HTFZH02ABC_01	2 500	藤黄檀	25
2011	HTFZH02ABC_01	2 500	土茯苓	15
2011	HTFZH02ABC_01	2 500	团叶陵齿蕨	30
2011	HTFZH02ABC_01	2 500	网脉崖豆藤	10
2011	HTFZH02ABC_01	2 500	乌蕨	455
2011	HTFZH02ABC_01	2 500	乌蔹莓	5
2011	HTFZH02ABC_01	2 500	稀羽鳞毛蕨	45
2011	HTFZH02ABC_01	2 500	细齿叶柃	30
2011	HTFZH02ABC_01	2 500	盐肤木	10
2011	HTFZH02ABC_01	2 500	野柿	10
2011	HTFZH02ABC_01	2 500	野雉尾金粉蕨	30
2011	HTFZH02ABC_01	2 500	异叶榕	5
2011	HTFZH02ABC_01	2 500	油茶	40
2011	HTFZH02ABC_01	2 500	油桐	10
2011	HTFZH02ABC_01	2 500	轮钟花	10
2011	HTFZH02ABC_01	2 500	中华猕猴桃	5
2011	HTFZH02ABC_01	2 500	朱砂根	5
2011	HTFZH02ABC_01	2 500	紫麻	10
2011	HTFZH02ABC_01	2 500	紫珠	5
2012	HTFZH02ABC_01	2 500	笔罗子	60
2012	HTFZH02ABC_01	2 500	沉水樟	2
2012	HTFZH02ABC_01	2 500	粗糠柴	1
2012	HTFZH02ABC_01	2 500	冬青	1
2012	HTFZH02ABC_01	2 500	枫香树	2
2012	HTFZH02ABC_01	2 500	光亮山矾	3
2012	HTFZH02ABC_01	2 500	虎皮楠	1

（续）

年份	样地代码	样地面积/m²	植物名称	植物株数/株
2012	HTFZH02ABC_01	2 500	黄棉木	2
2012	HTFZH02ABC_01	2 500	黄杞	19
2012	HTFZH02ABC_01	2 500	黄樟	2
2012	HTFZH02ABC_01	2 500	檵木	5
2012	HTFZH02ABC_01	2 500	栲	71
2012	HTFZH02ABC_01	2 500	柯	10
2012	HTFZH02ABC_01	2 500	亮叶桦	1
2012	HTFZH02ABC_01	2 500	毛豹皮樟	2
2012	HTFZH02ABC_01	2 500	木油桐	9
2012	HTFZH02ABC_01	2 500	南酸枣	2
2012	HTFZH02ABC_01	2 500	刨花润楠	25
2012	HTFZH02ABC_01	2 500	枇杷	2
2012	HTFZH02ABC_01	2 500	青冈	37
2012	HTFZH02ABC_01	2 500	毛叶木姜子	15
2012	HTFZH02ABC_01	2 500	日本五月茶	9
2012	HTFZH02ABC_01	2 500	山乌桕	12
2012	HTFZH02ABC_01	2 500	石灰花楸	4
2012	HTFZH02ABC_01	2 500	栓叶安息香	4
2012	HTFZH02ABC_01	2 500	细齿叶柃	17
2012	HTFZH02ABC_01	2 500	小瘤果茶	2
2012	HTFZH02ABC_01	2 500	杨梅	1
2012	HTFZH02ABC_01	2 500	野柿	3
2012	HTFZH02ABC_01	2 500	油茶	10
2012	HTFZH02ABC_01	2 500	中华石楠	3
2012	HTFZH01ABC_01	2 000	杉木	207
2012	HTFFZ01AB0_01	2 000	杉木	182
2013	HTFFZ01AB0_01	2 000	赤杨叶	35
2013	HTFFZ01AB0_01	2 000	刺槐	5
2013	HTFFZ01AB0_01	2 000	刺楸	25
2013	HTFFZ01AB0_01	2 000	楤木	10
2013	HTFFZ01AB0_01	2 000	光亮山矾	15
2013	HTFFZ01AB0_01	2 000	贵州桤叶树	45
2013	HTFFZ01AB0_01	2 000	红柴枝	10

（续）

年份	样地代码	样地面积/m²	植物名称	植物株数/株
2013	HTFFZ01AB0 _ 01	2 000	虎皮楠	25
2013	HTFFZ01AB0 _ 01	2 000	华中樱桃	20
2013	HTFFZ01AB0 _ 01	2 000	黄牛奶树	25
2013	HTFFZ01AB0 _ 01	2 000	黄樟	5
2013	HTFFZ01AB0 _ 01	2 000	满树星	10
2013	HTFFZ01AB0 _ 01	2 000	毛桐	10
2013	HTFFZ01AB0 _ 01	2 000	毛叶木姜子	5
2013	HTFFZ01AB0 _ 01	2 000	木油桐	20
2013	HTFFZ01AB0 _ 01	2 000	刨花润楠	30
2013	HTFFZ01AB0 _ 01	2 000	朴树	20
2013	HTFFZ01AB0 _ 01	2 000	山胡椒	45
2013	HTFFZ01AB0 _ 01	2 000	山鸡椒	20
2013	HTFFZ01AB0 _ 01	2 000	山橿	55
2013	HTFFZ01AB0 _ 01	2 000	杉木	247
2013	HTFFZ01AB0 _ 01	2 000	细齿叶柃	10
2013	HTFFZ01AB0 _ 01	2 000	异叶榕	45
2013	HTFFZ01AB0 _ 01	2 000	油茶	25
2013	HTFFZ01AB0 _ 01	2 000	油桐	30
2013	HTFFZ01AB0 _ 01	2 000	醉香含笑	535
2013	HTFZH01ABC _ 01	2 000	赤杨叶	50
2013	HTFZH01ABC _ 01	2 000	刺楸	40
2013	HTFZH01ABC _ 01	2 000	楤木	25
2013	HTFZH01ABC _ 01	2 000	枫香树	5
2013	HTFZH01ABC _ 01	2 000	红柴枝	25
2013	HTFZH01ABC _ 01	2 000	虎皮楠	20
2013	HTFZH01ABC _ 01	2 000	黄牛奶树	10
2013	HTFZH01ABC _ 01	2 000	黄樟	20
2013	HTFZH01ABC _ 01	2 000	亮叶桦	15
2013	HTFZH01ABC _ 01	2 000	满树星	15
2013	HTFZH01ABC _ 01	2 000	毛桐	25
2013	HTFZH01ABC _ 01	2 000	毛叶木姜子	5
2013	HTFZH01ABC _ 01	2 000	木油桐	5
2013	HTFZH01ABC _ 01	2 000	刨花润楠	15

（续）

年份	样地代码	样地面积/m²	植物名称	植物株数/株
2013	HTFZH01ABC_01	2 000	青冈	10
2013	HTFZH01ABC_01	2 000	山胡椒	5
2013	HTFZH01ABC_01	2 000	山槐	20
2013	HTFZH01ABC_01	2 000	山鸡椒	45
2013	HTFZH01ABC_01	2 000	山乌桕	100
2013	HTFZH01ABC_01	2 000	杉木	257
2013	HTFZH01ABC_01	2 000	深山含笑	30
2013	HTFZH01ABC_01	2 000	细齿叶柃	40
2013	HTFZH01ABC_01	2 000	盐肤木	5
2013	HTFZH01ABC_01	2 000	杨梅	5
2013	HTFZH01ABC_01	2 000	异叶榕	40
2013	HTFZH01ABC_01	2 000	油茶	5
2013	HTFZH01ABC_01	2 000	油桐	10
2013	HTFZH01ABC_01	2 000	醉香含笑	15
2013	HTFZH02ABC_01	2 000	笔罗子	195
2013	HTFZH02ABC_01	2 000	沉水樟	2
2013	HTFZH02ABC_01	2 000	粗糠柴	1
2013	HTFZH02ABC_01	2 000	冬青	1
2013	HTFZH02ABC_01	2 000	枫香树	2
2013	HTFZH02ABC_01	2 000	光亮山矾	3
2013	HTFZH02ABC_01	2 000	虎皮楠	1
2013	HTFZH02ABC_01	2 000	黄棉木	2
2013	HTFZH02ABC_01	2 000	黄牛奶树	5
2013	HTFZH02ABC_01	2 000	黄杞	179
2013	HTFZH02ABC_01	2 000	黄樟	2
2013	HTFZH02ABC_01	2 000	檵木	5
2013	HTFZH02ABC_01	2 000	栲	446
2013	HTFZH02ABC_01	2 000	柯	85
2013	HTFZH02ABC_01	2 000	亮叶桦	1
2013	HTFZH02ABC_01	2 000	瘤果茶	5
2013	HTFZH02ABC_01	2 000	毛豹皮樟	12
2013	HTFZH02ABC_01	2 000	毛桐	5
2013	HTFZH02ABC_01	2 000	木油桐	9

（续）

年份	样地代码	样地面积/m²	植物名称	植物株数/株
2013	HTFZH02ABC_01	2 000	南酸枣	2
2013	HTFZH02ABC_01	2 000	刨花润楠	30
2013	HTFZH02ABC_01	2 000	枇杷	2
2013	HTFZH02ABC_01	2 000	青冈	97
2013	HTFZH02ABC_01	2 000	毛叶木姜子	15
2013	HTFZH02ABC_01	2 000	日本五月茶	24
2013	HTFZH02ABC_01	2 000	山鸡椒	5
2013	HTFZH02ABC_01	2 000	山乌桕	37
2013	HTFZH02ABC_01	2 000	石灰花楸	4
2013	HTFZH02ABC_01	2 000	栓叶安息香	4
2013	HTFZH02ABC_01	2 000	细齿叶柃	27
2013	HTFZH02ABC_01	2 000	小瘤果茶	2
2013	HTFZH02ABC_01	2 000	杨梅	1
2013	HTFZH02ABC_01	2 000	野柿	3
2013	HTFZH02ABC_01	2 000	油茶	70
2013	HTFZH02ABC_01	2 000	中华石楠	3
2014	HTFZH02ABC_01	2 500	笔罗子	150
2014	HTFZH02ABC_01	2 500	沉水樟	2
2014	HTFZH02ABC_01	2 500	赤杨叶	85
2014	HTFZH02ABC_01	2 500	楤木	15
2014	HTFZH02ABC_01	2 500	粗糠柴	1
2014	HTFZH02ABC_01	2 500	冬青	1
2014	HTFZH02ABC_01	2 500	峨眉鼠刺	10
2014	HTFZH02ABC_01	2 500	薄叶羊蹄甲	50
2014	HTFZH02ABC_01	2 500	枫香树	2
2014	HTFZH02ABC_01	2 500	光亮山矾	3
2014	HTFZH02ABC_01	2 500	虎皮楠	11
2014	HTFZH02ABC_01	2 500	黄棉木	2
2014	HTFZH02ABC_01	2 500	黄牛奶树	5
2014	HTFZH02ABC_01	2 500	黄杞	169
2014	HTFZH02ABC_01	2 500	黄樟	2
2014	HTFZH02ABC_01	2 500	檵木	5
2014	HTFZH02ABC_01	2 500	栲	851

（续）

年份	样地代码	样地面积/m²	植物名称	植物株数/株
2014	HTFZH02ABC_01	2 500	柯	35
2014	HTFZH02ABC_01	2 500	亮叶桦	1
2014	HTFZH02ABC_01	2 500	瘤果茶	15
2014	HTFZH02ABC_01	2 500	马尾松	20
2014	HTFZH02ABC_01	2 500	毛豹皮樟	2
2014	HTFZH02ABC_01	2 500	毛桐	20
2014	HTFZH02ABC_01	2 500	毛叶木姜子	55
2014	HTFZH02ABC_01	2 500	木油桐	9
2014	HTFZH02ABC_01	2 500	南酸枣	47
2014	HTFZH02ABC_01	2 500	刨花润楠	190
2014	HTFZH02ABC_01	2 500	枇杷	2
2014	HTFZH02ABC_01	2 500	朴树	25
2014	HTFZH02ABC_01	2 500	千年桐	5
2014	HTFZH02ABC_01	2 500	青冈	102
2014	HTFZH02ABC_01	2 500	日本五月茶	39
2014	HTFZH02ABC_01	2 500	山鸡椒	15
2014	HTFZH02ABC_01	2 500	山乌桕	92
2014	HTFZH02ABC_01	2 500	石灰花楸	19
2014	HTFZH02ABC_01	2 500	栓叶安息香	4
2014	HTFZH02ABC_01	2 500	水团花	5
2014	HTFZH02ABC_01	2 500	细齿叶柃	17
2014	HTFZH02ABC_01	2 500	小瘤果茶	2
2014	HTFZH02ABC_01	2 500	杨梅	1
2014	HTFZH02ABC_01	2 500	野柿	3
2014	HTFZH02ABC_01	2 500	油茶	50
2014	HTFZH02ABC_01	2 500	油桐	5
2014	HTFZH02ABC_01	2 500	樟	10
2014	HTFZH02ABC_01	2 500	长叶柄野扇花	10
2014	HTFZH02ABC_01	2 500	中华石楠	3
2014	HTFZH01ABC_01	2 000	白栎	15
2014	HTFZH01ABC_01	2 000	薄叶山矾	10
2014	HTFZH01ABC_01	2 000	赤杨叶	45
2014	HTFZH01ABC_01	2 000	刺楸	20

（续）

年份	样地代码	样地面积/m²	植物名称	植物株数/株
2014	HTFZH01ABC _ 01	2 000	楤木	15
2014	HTFZH01ABC _ 01	2 000	枫香树	5
2014	HTFZH01ABC _ 01	2 000	红柴枝	65
2014	HTFZH01ABC _ 01	2 000	虎皮楠	20
2014	HTFZH01ABC _ 01	2 000	华中樱桃	5
2014	HTFZH01ABC _ 01	2 000	黄牛奶树	30
2014	HTFZH01ABC _ 01	2 000	黄樟	15
2014	HTFZH01ABC _ 01	2 000	毛豹皮樟	10
2014	HTFZH01ABC _ 01	2 000	毛叶木姜子	85
2014	HTFZH01ABC _ 01	2 000	木蜡树	20
2014	HTFZH01ABC _ 01	2 000	刨花润楠	40
2014	HTFZH01ABC _ 01	2 000	朴树	10
2014	HTFZH01ABC _ 01	2 000	青冈	80
2014	HTFZH01ABC _ 01	2 000	山胡椒	15
2014	HTFZH01ABC _ 01	2 000	山乌桕	20
2014	HTFZH01ABC _ 01	2 000	杉木	347
2014	HTFZH01ABC _ 01	2 000	深山含笑	25
2014	HTFZH01ABC _ 01	2 000	藤黄檀	20
2014	HTFZH01ABC _ 01	2 000	小叶栎	30
2014	HTFZH01ABC _ 01	2 000	异叶榕	65
2014	HTFZH01ABC _ 01	2 000	油茶	45
2014	HTFZH01ABC _ 01	2 000	油桐	15
2014	HTFZH01ABC _ 01	2 000	醉香含笑	55
2014	HTFFZ01AB0 _ 01	2 000	赤杨叶	140
2014	HTFFZ01AB0 _ 01	2 000	刺楸	95
2014	HTFFZ01AB0 _ 01	2 000	楤木	70
2014	HTFFZ01AB0 _ 01	2 000	冬青	5
2014	HTFFZ01AB0 _ 01	2 000	光亮山矾	15
2014	HTFFZ01AB0 _ 01	2 000	贵州桤叶树	80
2014	HTFFZ01AB0 _ 01	2 000	红柴枝	5
2014	HTFFZ01AB0 _ 01	2 000	虎皮楠	15
2014	HTFFZ01AB0 _ 01	2 000	华中樱桃	35
2014	HTFFZ01AB0 _ 01	2 000	黄牛奶树	60

（续）

年份	样地代码	样地面积/m²	植物名称	植物株数/株
2014	HTFFZ01AB0 _ 01	2 000	黄杞	45
2014	HTFFZ01AB0 _ 01	2 000	毛桐	45
2014	HTFFZ01AB0 _ 01	2 000	毛叶木姜子	50
2014	HTFFZ01AB0 _ 01	2 000	木蜡树	70
2014	HTFFZ01AB0 _ 01	2 000	刨花润楠	90
2014	HTFFZ01AB0 _ 01	2 000	朴树	20
2014	HTFFZ01AB0 _ 01	2 000	青冈	5
2014	HTFFZ01AB0 _ 01	2 000	瑞香	5
2014	HTFFZ01AB0 _ 01	2 000	山胡椒	50
2014	HTFFZ01AB0 _ 01	2 000	山檀	45
2014	HTFFZ01AB0 _ 01	2 000	山乌桕	15
2014	HTFFZ01AB0 _ 01	2 000	杉木	352
2014	HTFFZ01AB0 _ 01	2 000	藤黄檀	5
2014	HTFFZ01AB0 _ 01	2 000	狭叶润楠	15
2014	HTFFZ01AB0 _ 01	2 000	盐肤木	5
2014	HTFFZ01AB0 _ 01	2 000	杨梅	10
2014	HTFFZ01AB0 _ 01	2 000	野柿	15
2014	HTFFZ01AB0 _ 01	2 000	异叶榕	85
2014	HTFFZ01AB0 _ 01	2 000	银果牛奶子	5
2014	HTFFZ01AB0 _ 01	2 000	油茶	65
2014	HTFFZ01AB0 _ 01	2 000	油桐	90
2014	HTFFZ01AB0 _ 01	2 000	枳椇	5
2014	HTFFZ01AB0 _ 01	2 000	醉香含笑	1 300
2015	HTFFZ01AB0 _ 01	2 000	菝葜	135
2015	HTFFZ01AB0 _ 01	2 000	白栎	20
2015	HTFFZ01AB0 _ 01	2 000	笔罗子	20
2015	HTFFZ01AB0 _ 01	2 000	边缘鳞盖蕨	435
2015	HTFFZ01AB0 _ 01	2 000	草珊瑚	35
2015	HTFFZ01AB0 _ 01	2 000	大叶白纸扇	120
2015	HTFFZ01AB0 _ 01	2 000	臭樱	30
2015	HTFFZ01AB0 _ 01	2 000	刺楸	40
2015	HTFFZ01AB0 _ 01	2 000	淡竹叶	25 375
2015	HTFFZ01AB0 _ 01	2 000	杜茎山	1 565

（续）

年份	样地代码	样地面积/m²	植物名称	植物株数/株
2015	HTFFZ01AB0 _ 01	2 000	梵天花	10
2015	HTFFZ01AB0 _ 01	2 000	钩藤	5
2015	HTFFZ01AB0 _ 01	2 000	狗脊蕨	35
2015	HTFFZ01AB0 _ 01	2 000	广东紫珠	15
2015	HTFFZ01AB0 _ 01	2 000	海桐	40
2015	HTFFZ01AB0 _ 01	2 000	黑足鳞毛蕨	1 115
2015	HTFFZ01AB0 _ 01	2 000	胡颓子	15
2015	HTFFZ01AB0 _ 01	2 000	虎皮楠	100
2015	HTFFZ01AB0 _ 01	2 000	华中樱桃	30
2015	HTFFZ01AB0 _ 01	2 000	黄牛奶树	130
2015	HTFFZ01AB0 _ 01	2 000	黄泡	180
2015	HTFFZ01AB0 _ 01	2 000	黄檀	70
2 015	HTFFZ01AB0 _ 01	2 000	黄樟	20
2015	HTFFZ01AB0 _ 01	2 000	鲫鱼胆	60
2015	HTFFZ01AB0 _ 01	2 000	金毛狗蕨	95
2015	HTFFZ01AB0 _ 01	2 000	金星蕨	875
2015	HTFFZ01AB0 _ 01	2 000	栲	40
2015	HTFFZ01AB0 _ 01	2 000	柯	30
2015	HTFFZ01AB0 _ 01	2 000	空心泡	490
2015	HTFFZ01AB0 _ 01	2 000	宽卵叶长柄山蚂蟥	40
2015	HTFFZ01AB0 _ 01	2 000	毛桐	80
2015	HTFFZ01AB0 _ 01	2 000	毛叶木姜子	90
2015	HTFFZ01AB0 _ 01	2 000	南酸枣	40
2015	HTFFZ01AB0 _ 01	2 000	牛尾菜	20
2015	HTFFZ01AB0 _ 01	2 000	牛膝	5
2015	HTFFZ01AB0 _ 01	2 000	刨花润楠	220
2015	HTFFZ01AB0 _ 01	2 000	白花泡桐	20
2015	HTFFZ01AB0 _ 01	2 000	平羽凤尾蕨	20
2015	HTFFZ01AB0 _ 01	2 000	茜草	25
2015	HTFFZ01AB0 _ 01	2 000	求米草	7 875
2015	HTFFZ01AB0 _ 01	2 000	三脉紫苑	10
2015	HTFFZ01AB0 _ 01	2 000	沙参	15
2015	HTFFZ01AB0 _ 01	2 000	山胡椒	15

（续）

年份	样地代码	样地面积/m²	植物名称	植物株数/株
2015	HTFFZ01AB0_01	2 000	山鸡椒	115
2015	HTFFZ01AB0_01	2 000	山姜	90
2015	HTFFZ01AB0_01	2 000	杉木	482
2015	HTFFZ01AB0_01	2 000	碎米莎草	35
2015	HTFFZ01AB0_01	2 000	太平莓	70
2015	HTFFZ01AB0_01	2 000	藤构	15
2015	HTFFZ01AB0_01	2 000	天名精	10
2015	HTFFZ01AB0_01	2 000	稀羽鳞毛蕨	50
2015	HTFFZ01AB0_01	2 000	细齿叶枥	30
2015	HTFFZ01AB0_01	2 000	细辛	10
2015	HTFFZ01AB0_01	2 000	细枝枥	20
2015	HTFFZ01AB0_01	2 000	下田菊	40
2015	HTFFZ01AB0_01	2 000	楮	30
2015	HTFFZ01AB0_01	2 000	小果冬青	130
2015	HTFFZ01AB0_01	2 000	小叶女贞	20
2015	HTFFZ01AB0_01	2 000	斜方复叶耳蕨	95
2015	HTFFZ01AB0_01	2 000	青花椒	5
2015	HTFFZ01AB0_01	2 000	野漆树	60
2 015	HTFFZ01AB0_01	2 000	宜昌悬钩子	10
2015	HTFFZ01AB0_01	2 000	异叶榕	115
2015	HTFFZ01AB0_01	2 000	油茶	10
2015	HTFFZ01AB0_01	2 000	油桐	20
2015	HTFFZ01AB0_01	2 000	香蓼	25
2015	HTFFZ01AB0_01	2 000	中华里白	25
2015	HTFFZ01AB0_01	2 000	中华鳞毛蕨	25
2015	HTFFZ01AB0_01	2 000	苎麻	80
2015	HTFFZ01AB0_01	2 000	紫麻	75
2015	HTFFZ01AB0_01	2 000	紫珠	75
2015	HTFFZ01AB0_01	2 000	醉香含笑	995
2015	HTFFZ01AB0_01	2 000	醉鱼草	55
2015	HTFZH01ABC_01	2 000	菝葜	40
2015	HTFZH01ABC_01	2 000	白茅	10
2015	HTFZH01ABC_01	2 000	边缘鳞盖蕨	1 640

（续）

年份	样地代码	样地面积/m²	植物名称	植物株数/株
2015	HTFZH01ABC_01	2 000	大叶白纸扇	70
2015	HTFZH01ABC_01	2 000	赤杨叶	30
2015	HTFZH01ABC_01	2 000	刺槐	20
2015	HTFZH01ABC_01	2 000	刺楸	60
2015	HTFZH01ABC_01	2 000	楤木	20
2015	HTFZH01ABC_01	2 000	淡竹叶	3 980
2015	HTFZH01ABC_01	2 000	杜茎山	1 370
2015	HTFZH01ABC_01	2 000	多花黄精	130
2015	HTFZH01ABC_01	2 000	梵天花	25
2015	HTFZH01ABC_01	2 000	枫香树	10
2015	HTFZH01ABC_01	2 000	凤丫蕨	5
2015	HTFZH01ABC_01	2 000	钩藤	10
2015	HTFZH01ABC_01	2 000	狗脊蕨	345
2015	HTFZH01ABC_01	2 000	广东紫珠	20
2015	HTFZH01ABC_01	2 000	黑足鳞毛蕨	295
2015	HTFZH01ABC_01	2 000	亮鳞肋毛蕨	10
2015	HTFZH01ABC_01	2 000	虎耳草	25
2015	HTFZH01ABC_01	2 000	虎皮楠	50
2015	HTFZH01ABC_01	2 000	黄牛奶树	20
2015	HTFZH01ABC_01	2 000	鲫鱼胆	240
2015	HTFZH01ABC_01	2 000	金毛狗蕨	290
2015	HTFZH01ABC_01	2 000	金星蕨	2 930
2015	HTFZH01ABC_01	2 000	栲	10
2015	HTFZH01ABC_01	2 000	柯	30
2 015	HTFZH01ABC_01	2 000	空心泡	60
2015	HTFZH01ABC_01	2 000	龙芽草	5
2015	HTFZH01ABC_01	2 000	木油桐	20
2015	HTFZH01ABC_01	2 000	南酸枣	10
2015	HTFZH01ABC_01	2 000	牛膝	25
2015	HTFZH01ABC_01	2 000	刨花润楠	100
2015	HTFZH01ABC_01	2 000	平羽凤尾蕨	20
2015	HTFZH01ABC_01	2 000	青冈	10
2015	HTFZH01ABC_01	2 000	求米草	6 550

（续）

年份	样地代码	样地面积/m²	植物名称	植物株数/株
2015	HTFZH01ABC_01	2 000	沙参	15
2015	HTFZH01ABC_01	2 000	山鸡椒	70
2015	HTFZH01ABC_01	2 000	山姜	890
2015	HTFZH01ABC_01	2 000	山乌桕	30
2015	HTFZH01ABC_01	2 000	杉木	486
2015	HTFZH01ABC_01	2 000	深山含笑	250
2015	HTFZH01ABC_01	2 000	水麻	10
2015	HTFZH01ABC_01	2 000	碎米莎草	5
2015	HTFZH01ABC_01	2 000	太平莓	80
2015	HTFZH01ABC_01	2 000	藤构	15
2015	HTFZH01ABC_01	2 000	土茯苓	5
2015	HTFZH01ABC_01	2 000	稀羽鳞毛蕨	15
2015	HTFZH01ABC_01	2 000	细齿叶枸	190
2015	HTFZH01ABC_01	2 000	细枝枸	30
2015	HTFZH01ABC_01	2 000	下田菊	55
2015	HTFZH01ABC_01	2 000	小果冬青	70
2015	HTFZH01ABC_01	2 000	小叶青冈	40
2015	HTFZH01ABC_01	2 000	斜方复叶耳蕨	225
2015	HTFZH01ABC_01	2 000	鸭儿芹	5
2015	HTFZH01ABC_01	2 000	青花椒	5
2015	HTFZH01ABC_01	2 000	棠叶悬钩子	30
2015	HTFZH01ABC_01	2 000	杨梅	10
2015	HTFZH01ABC_01	2 000	野鸦椿	10
2015	HTFZH01ABC_01	2 000	异叶榕	20
2015	HTFZH01ABC_01	2 000	油茶	100
2015	HTFZH01ABC_01	2 000	油桐	40
2015	HTFZH01ABC_01	2 000	香蓼	5
2015	HTFZH01ABC_01	2 000	紫麻	150
2015	HTFZH01ABC_01	2 000	紫萁	15
2015	HTFZH01ABC_01	2 000	棕榈	30
2 015	HTFZH01ABC_01	2 000	醉香含笑	70
2015	HTFZH01ABC_01	2 000	醉鱼草	10
2015	HTFZH02ABC_01	2 500	菝葜	55

（续）

年份	样地代码	样地面积/m²	植物名称	植物株数/株
2015	HTFZH02ABC _ 01	2 500	笔罗子	320
2015	HTFZH02ABC _ 01	2 500	边缘鳞盖蕨	115
2015	HTFZH02ABC _ 01	2 500	沉水樟	2
2015	HTFZH02ABC _ 01	2 500	赤杨叶	10
2015	HTFZH02ABC _ 01	2 500	粗糠柴	1
2015	HTFZH02ABC _ 01	2 500	粗叶木	25
2015	HTFZH02ABC _ 01	2 500	灯台树	5
2015	HTFZH02ABC _ 01	2 500	冬青	1
2015	HTFZH02ABC _ 01	2 500	杜茎山	205
2015	HTFZH02ABC _ 01	2 500	枫香树	2
2015	HTFZH02ABC _ 01	2 500	狗脊蕨	1 010
2015	HTFZH02ABC _ 01	2 500	光亮山矾	3
2015	HTFZH02ABC _ 01	2 500	海桐	30
2015	HTFZH02ABC _ 01	2 500	黑足鳞毛蕨	380
2015	HTFZH02ABC _ 01	2 500	亮鳞肋毛蕨	5
2015	HTFZH02ABC _ 01	2 500	胡颓子	10
2015	HTFZH02ABC _ 01	2 500	虎皮楠	1
2015	HTFZH02ABC _ 01	2 500	黄棉木	2
2015	HTFZH02ABC _ 01	2 500	黄杞	439
2015	HTFZH02ABC _ 01	2 500	黄樟	12
2015	HTFZH02ABC _ 01	2 500	鲫鱼胆	10
2015	HTFZH02ABC _ 01	2 500	檵木	5
2015	HTFZH02ABC _ 01	2 500	江南卷柏	5
2015	HTFZH02ABC _ 01	2 500	栲	1 771
2015	HTFZH02ABC _ 01	2 500	柯	140
2015	HTFZH02ABC _ 01	2 500	里白	100
2015	HTFZH02ABC _ 01	2 500	亮叶桦	1
2015	HTFZH02ABC _ 01	2 500	马尾松	5
2015	HTFZH02ABC _ 01	2 500	芒萁	50
2015	HTFZH02ABC _ 01	2 500	毛豹皮樟	2
2015	HTFZH02ABC _ 01	2 500	毛桐	5
2015	HTFZH02ABC _ 01	2 500	毛叶木姜子	25
2015	HTFZH02ABC _ 01	2 500	木油桐	9

（续）

年份	样地代码	样地面积/m²	植物名称	植物株数/株
2015	HTFZH02ABC_01	2 500	南酸枣	2
2015	HTFZH02ABC_01	2 500	刨花润楠	105
2015	HTFZH02ABC_01	2 500	枇杷	2
2015	HTFZH02ABC_01	2 500	青冈	207
2015	HTFZH02ABC_01	2 500	日本五月茶	159
2015	HTFZH02ABC_01	2 500	箬竹	29 100
2015	HTFZH02ABC_01	2 500	山乌桕	22
2015	HTFZH02ABC_01	2 500	石灰花楸	14
2015	HTFZH02ABC_01	2 500	栓叶安息香	24
2015	HTFZH02ABC_01	2 500	碎米莎草	285
2015	HTFZH02ABC_01	2 500	乌蕨	75
2015	HTFZH02ABC_01	2 500	稀羽鳞毛蕨	35
2015	HTFZH02ABC_01	2 500	细齿叶柃	67
2015	HTFZH02ABC_01	2 500	细枝柃	5
2015	HTFZH02ABC_01	2 500	小瘤果茶	2
2015	HTFZH02ABC_01	2 500	棠叶悬钩子	10
2015	HTFZH02ABC_01	2 500	杨梅	1
2015	HTFZH02ABC_01	2 500	野柿	13
2015	HTFZH02ABC_01	2 500	油茶	110
2015	HTFZH02ABC_01	2 500	油桐	10
2015	HTFZH02ABC_01	2 500	中华石楠	23
2015	HTFZH02ABC_01	2 500	朱砂根	20
2015	HTFZH02ABC_01	2 500	苎麻	10
2015	HTFZH02ABC_01	2 500	紫麻	10

3.1.6 植物物种数量数据集

3.1.6.1 概述

本数据集记录了会同杉木人工林综合观测场永久样地（HTFZH01ABC_01）、会同常绿阔叶林综合观测场永久样地（HTFZH02ABC_01）、杉木人工林1号辅助观测场永久样地（HTFFZ01AB0_01）植物各物种年数量的数据。数据年份为2010年、2011年、2015年。

3.1.6.2 数据采集和处理方法

乔木层数据采集方法为整个观测样地全部调查，记录编号树木种数；灌木层、草本层选择5个二级样方，整个二级样方调查，记录样方内所有灌木、草本物种的种数。

在质控数据的基础上，根据历史乔灌草调查数据，按乔灌草层分类，分别统计植物物种数量，乔木层统计整个样地所有乔木物种的数量，灌木层、草本层统计调查的 5 个二级样方内灌木、草本物种的数量。

3.1.6.3 数据质量控制和评估

调查前期根据统一的调查规范方案，对所有参与调查的人员进行集中技术培训，尽可能保证调查人员固定，减少人为误差。调查过程中，尽可能对范围内所有的苗木进行调查，避免漏掉较小的植物种类，影响数据完整性。对于不能当场确定的树种名称，采集相关凭证标本并在室内进行鉴定；调查人和记录人完成小样方调查时，当即对原始记录表进行核查，发现有误的数据及时纠正。调查完成后，调查人和记录人完成对样方数据的进一步核查，并补充相关信息，纸质版数据录入完成时，调查人和记录人对数据进行自查，检查原始记录表和电子版数据表的一致性，以确保数据输入的准确性。野外纸质原始数据集妥善保存并备份，以备将来核查。

3.1.6.4 数据使用方法和建议

植物物种及数量是反映群落多样性的重要参数，对于植物物种和数量的研究，有利于了解群落的多样性、复杂性和稳定程度。本数据集原始数据可通过湖南会同森林生态系统国家野外科学观测研究站网站（http：//htf. cern. ac. cn/meta/metaData）获取，登录后点击"资源服务"下的"数据服务"，进入相应页面下载数据。

3.1.6.5 数据表

见表 3-12。

表 3-12 植物物种数量

年份	样地代码	样地面积/m²	乔木物种数/个	灌木物种数/个	草本物种数/个
2010	HTFFZ01AB0 _ 01	2 000	31	41	43
2010	HTFZH01ABC _ 01	2 000	34	37	45
2010	HTFZH02ABC _ 01	2 500	39	20	19
2011	HTFFZ01AB0 _ 01	2 000	34	54	41
2011	HTFZH01ABC _ 01	2 000	33	50	42
2011	HTFZH02ABC _ 01	2 500	25	29	21
2015	HTFFZ01AB0 _ 01	2 000	27	22	24
2015	HTFZH01ABC _ 01	2 000	26	18	24
2015	HTFZH02ABC _ 01	2 500	59	11	12

3.1.7 动物数量数据集

3.1.7.1 概述

本数据集记录了会同杉木人工林综合观测场永久样地（HTFZH01ABC _ 01）、会同常绿阔叶林综合观测场永久样地（HTFZH02ABC _ 01）按动物物种统计各物种年数量的数据。其中，森林鸟类种类与数量数据年份为 2010 年、2013 年、2015 年；森林大型野生动物种类与数量数据年份为 2010 年、2013 年、2015 年；森林大型土壤动物种类与数量数据年份为 2010 年、2015 年。

3.1.7.2 数据采集和处理方法

森林鸟类种类与数量：设定固定样线，可见到的鸟用相机拍摄照片，不可见到的鸟记录鸟鸣声，鉴定后记录数量和种类，集中时间调查。

森林大型野生动物种类与数量：由于人工林大型野生动物很少，未设置固定调查点，在日常监测活动过程中遇到即记录。

森林大型土壤动物种类与数量：设置科学的采样点，采用干漏斗法、湿漏斗法、手拣法对样点凋落物层及 0～5 cm、5～10 cm、10～15 cm 土壤层中的土壤动物进行分离、鉴定，分层做好相关记录，凋落物层取样体积为（$\pi \times 0.15^2 \times 0.05$）$m^3$，土壤样品的取样体积为（$\pi \times 0.022\ 5^2 \times 0.05$）$m^3$。

在质控数据的基础上，以年和物种为基础单元，分别统计不同物种的数量。

3.1.7.3　数据质量控制和评估

调查前期根据统一的调查规范方案，对所有参与调查的人员进行集中技术培训，尽可能地保证调查人员固定，减少人为误差。对于鸟类和野生动物，不能当场确定物种名称的，根据拍摄的照片请专家鉴定，数据录入后进一步核查，并补充相关信息，检查原始记录表和电子版数据表的一致性，以确保数据输入的准确性。对于各物种的补充信息、种名及其特性等，鸟类主要参考《中国鸟类野外手册》，野生动物主要参考《野生动物识别与鉴定》《中国蛇类图鉴》，土壤动物参考《中国土壤动物检索图鉴》。对原始数据采用阈值检查、一致性检查等方法进行质控。阈值检查是根据多年数据比对，对超出历史数据阈值范围的监测数据进行校验，删除异常值或标注说明；一致性检查主要对比数量级是否与其他年份测量值存在差异。

3.1.7.4　数据使用方法和建议

同 3.1.2.4。

3.1.7.5　数据

见表 3-13 至表 3-15。

表 3-13　森林鸟类种类与数量

年份	样地代码	动物类别	调查面积/m²	动物名称	数量/只
2010	HTFZH01ABC_01	鸟类	4 000	白头鹎	2
2010	HTFZH01ABC_01	鸟类	4 000	画眉	1
2010	HTFZH01ABC_01	鸟类	4 000	灰头绿啄木鸟	1
2010	HTFZH01ABC_01	鸟类	4 000	白鹡鸰	3
2010	HTFZH01ABC_01	鸟类	4 000	橙腹叶鹎	4
2010	HTFZH01ABC_01	鸟类	4 000	黄腹山雀	9
2010	HTFZH01ABC_01	鸟类	4 000	大山雀	13
2010	HTFZH01ABC_01	鸟类	4 000	棕背伯劳	3
2010	HTFZH01ABC_01	鸟类	4 000	北红尾鸲	3
2010	HTFZH01ABC_01	鸟类	4 000	三道眉草鹀	3
2010	HTFZH01ABC_01	鸟类	4 000	黄斑苇鳽	1
2010	HTFZH01ABC_01	鸟类	4 000	池鹭	2
2010	HTFZH02ABC_01	鸟类	4 000	灰胸竹鸡	2
2010	HTFZH02ABC_01	鸟类	4 000	山斑鸠	3
2010	HTFZH02ABC_01	鸟类	4 000	领雀嘴鹎	2
2010	HTFZH02ABC_01	鸟类	4 000	画眉	2
2010	HTFZH02ABC_01	鸟类	4 000	黄腹山雀	16
2010	HTFZH02ABC_01	鸟类	4 000	红头长尾山雀	3

（续）

年份	样地代码	动物类别	调查面积/m²	动物名称	数量/只
2010	HTFZH02ABC _ 01	鸟类	4 000	棕背伯劳	2
2010	HTFZH02ABC _ 01	鸟类	4 000	北红尾鸲	2
2010	HTFZH02ABC _ 01	鸟类	4 000	红胁蓝尾鸲	8
2013	HTFZH01ABC _ 01	鸟类	4 000	白鹡鸰	3
2013	HTFZH01ABC _ 01	鸟类	4 000	北红尾鸲	3
2013	HTFZH01ABC _ 01	鸟类	4 000	白头鹎	5
2013	HTFZH01ABC _ 01	鸟类	4 000	画眉	2
2013	HTFZH01ABC _ 01	鸟类	4 000	橙腹叶鹎	4
2013	HTFZH01ABC _ 01	鸟类	4 000	黄腹山雀	10
2013	HTFZH01ABC _ 01	鸟类	4 000	大山雀	13
2013	HTFZH01ABC _ 01	鸟类	4 000	棕背伯劳	3
2013	HTFZH01ABC _ 01	鸟类	4 000	灰头绿啄木鸟	1
2013	HTFZH01ABC _ 01	鸟类	4 000	三道眉草鹀	3
2013	HTFZH01ABC _ 01	鸟类	4 000	黄斑苇鳽	1
2013	HTFZH02ABC _ 01	鸟类	4 000	画眉	2
2013	HTFZH02ABC _ 01	鸟类	4 000	黄腹山雀	21
2013	HTFZH02ABC _ 01	鸟类	4 000	红头长尾山雀	3
2013	HTFZH02ABC _ 01	鸟类	4 000	灰胸竹鸡	1
2013	HTFZH02ABC _ 01	鸟类	4 000	山斑鸠	4
2013	HTFZH02ABC _ 01	鸟类	4 000	领雀嘴鹎	1
2013	HTFZH02ABC _ 01	鸟类	4 000	棕背伯劳	2
2013	HTFZH02ABC _ 01	鸟类	4 000	北红尾鸲	2
2013	HTFZH02ABC _ 01	鸟类	4 000	红胁蓝尾鸲	9
2013	HTFZH02ABC _ 01	鸟类	4 000	灰头绿啄木鸟	1
2015	HTFZH01ABC _ 01	鸟类	4 000	白头鹎	2
2015	HTFZH01ABC _ 01	鸟类	4 000	棕背伯劳	1
2015	HTFZH01ABC _ 01	鸟类	4 000	大嘴乌鸦	2
2015	HTFZH01ABC _ 01	鸟类	4 000	山斑鸠	1
2015	HTFZH01ABC _ 01	鸟类	4 000	三道眉草鹀	3
2015	HTFZH01ABC _ 01	鸟类	4 000	灰头绿啄木鸟	1
2015	HTFZH01ABC _ 01	鸟类	4 000	黄腹山雀	25
2015	HTFZH01ABC _ 01	鸟类	4 000	黄斑苇鳽	1
2015	HTFZH01ABC _ 01	鸟类	4 000	画眉	2
2015	HTFZH01ABC _ 01	鸟类	4 000	大山雀	20
2015	HTFZH01ABC _ 01	鸟类	4 000	橙腹叶鹎	2
2015	HTFZH01ABC _ 01	鸟类	4 000	北红尾鸲	1
2015	HTFZH01ABC _ 01	鸟类	4 000	白头鹎	10
2015	HTFZH01ABC _ 01	鸟类	4 000	白鹡鸰	4
2015	HTFZH02ABC _ 01	鸟类	4 000	棕背伯劳	4

（续）

年	样地代码	动物类别	调查面积/m²	动物名称	数量/只
2015	HTFZH02ABC_01	鸟类	4 000	灰胸竹鸡	1
2015	HTFZH02ABC_01	鸟类	4 000	大嘴乌鸦	1
2015	HTFZH02ABC_01	鸟类	4 000	山斑鸠	2
2015	HTFZH02ABC_01	鸟类	4 000	灰头绿啄木鸟	1
2015	HTFZH02ABC_01	鸟类	4 000	领雀嘴鹎	2
2015	HTFZH02ABC_01	鸟类	4 000	黄腹山雀	30
2015	HTFZH02ABC_01	鸟类	4 000	画眉	1
2015	HTFZH02ABC_01	鸟类	4 000	红胁蓝尾鸲	7
2015	HTFZH02ABC_01	鸟类	4 000	红头长尾山雀	4
2015	HTFZH02ABC_01	鸟类	4 000	北红尾鸲	2

表 3-14 森林大型野生动物种类与数量

年份	样地代码	动物类别	调查面积/m²	动物名称	数量/只
2010	HTFZH01ABC_01	哺乳类	2 000	隐纹花松鼠	2
2010	HTFZH02ABC_01	哺乳类	2 000	果子狸	1
2010	HTFZH02ABC_01	哺乳类	2 000	褐家鼠	3
2010	HTFZH02ABC_01	哺乳类	2 000	隐纹花松鼠	1
2010	HTFZH02ABC_01	哺乳类	2 000	中华竹鼠	1
2010	HTFZH01ABC_01	两栖类	2 000	中华蟾蜍	2
2010	HTFZH02ABC_01	两栖类	2 000	中华蟾蜍	2
2010	HTFZH01ABC_01	爬行类	2 000	王锦蛇	1
2010	HTFZH01ABC_01	爬行类	2 000	乌梢蛇	1
2010	HTFZH01ABC_01	爬行类	2 000	蝘蜓	2
2010	HTFZH02ABC_01	爬行类	2 000	灰鼠蛇	1
2010	HTFZH02ABC_01	爬行类	2 000	王锦蛇	1
2013	HTFZH01ABC_01	哺乳类	2 000	隐纹花松鼠	2
2013	HTFZH02ABC_01	哺乳类	2 000	果子狸	1
2013	HTFZH02ABC_01	哺乳类	2 000	褐家鼠	4
2013	HTFZH02ABC_01	哺乳类	2 000	隐纹花松鼠	2
2013	HTFZH02ABC_01	哺乳类	2 000	中华竹鼠	1
2013	HTFZH01ABC_01	两栖类	2 000	中华蟾蜍	2
2013	HTFZH02ABC_01	两栖类	2 000	中华蟾蜍	2
2013	HTFZH01ABC_01	爬行类	2 000	尖吻蝮	1
2013	HTFZH01ABC_01	爬行类	2 000	王锦蛇	1
2013	HTFZH01ABC_01	爬行类	2 000	乌梢蛇	2
2013	HTFZH01ABC_01	爬行类	2 000	蝘蜓	3
2013	HTFZH02ABC_01	爬行类	2 000	蝘蜓	3

（续）

年份	样地代码	动物类别	调查面积/m²	动物名称	数量/只
2013	HTFZH02ABC_01	爬行类	2 000	灰鼠蛇	1
2013	HTFZH02ABC_01	爬行类	2 000	王锦蛇	1
2015	HTFZH01ABC_01	哺乳类	2 000	隐纹花松鼠	1
2015	HTFZH02ABC_01	哺乳类	2 000	果子狸	1
2015	HTFZH02ABC_01	哺乳类	2 000	褐家鼠	4
2015	HTFZH02ABC_01	哺乳类	2 000	隐纹花松鼠	1
2015	HTFZH01ABC_01	两栖类	2 000	中华蟾蜍	2
2015	HTFZH02ABC_01	两栖类	2 000	中华蟾蜍	2
2015	HTFZH01ABC_01	爬行类	2 000	赤链蛇	2
2015	HTFZH01ABC_01	爬行类	2 000	黑眉锦蛇	1
2015	HTFZH01ABC_01	爬行类	2 000	王锦蛇	1
2015	HTFZH01ABC_01	爬行类	2 000	乌梢蛇	4
2015	HTFZH02ABC_01	爬行类	2 000	乌梢蛇	1
2015	HTFZH01ABC_01	爬行类	2 000	蝘蜓	5
2015	HTFZH02ABC_01	爬行类	2 000	蝘蜓	3
2015	HTFZH02ABC_01	爬行类	2 000	灰鼠蛇	1
2015	HTFZH02ABC_01	爬行类	2 000	王锦蛇	2

表 3 - 15　森林大型土壤动物种类与数量

年份	样地代码	动物类别	取样体积/m³	动物名称/分类	数量/只	备注
2010	HTFZH01ABC_01	土壤动物	$\pi \times 0.15^2 \times 0.05$	半翅目	1	凋落物层
2010	HTFZH01ABC_01	土壤动物	$\pi \times 0.022\ 5^2 \times 0.05$	弹尾目	22	土壤层
2010	HTFZH01ABC_01	土壤动物	$\pi \times 0.15^2 \times 0.05$	弹尾目	669	凋落物层
2010	HTFZH01ABC_01	土壤动物	$\pi \times 0.15^2 \times 0.05$	缓步动物门 001	2	凋落物层
2010	HTFZH01ABC_01	土壤动物	$\pi \times 0.15^2 \times 0.05$	缓步动物门 002	1	凋落物层
2010	HTFZH01ABC_01	土壤动物	$\pi \times 0.022\ 5^2 \times 0.05$	鳞翅目	3	土壤层
2010	HTFZH01ABC_01	土壤动物	$\pi \times 0.15^2 \times 0.05$	鳞翅目	7	凋落物层
2010	HTFZH01ABC_01	土壤动物	$\pi \times 0.022\ 5^2 \times 0.05$	马陆	1	土壤层
2010	HTFZH01ABC_01	土壤动物	$\pi \times 0.15^2 \times 0.05$	马陆	95	凋落物层
2010	HTFZH01ABC_01	土壤动物	$\pi \times 0.022\ 5^2 \times 0.05$	蚂蚁	3	土壤层
2010	HTFZH01ABC_01	土壤动物	$\pi \times 0.15^2 \times 0.05$	蚂蚁	8	凋落物层
2010	HTFZH01ABC_01	土壤动物	$\pi \times 0.022\ 5^2 \times 0.05$	蜱螨目	69	土壤层

（续）

年	样地代码	动物类别	取样体积/m³	动物名称/分类	数量/只	备注
2010	HTFZH01ABC_01	土壤动物	$\pi\times0.15^2\times0.05$	蜱螨目	1 243	凋落物层
2010	HTFZH01ABC_01	土壤动物	$\pi\times0.15^2\times0.05$	鞘翅目	2	凋落物层
2010	HTFZH01ABC_01	土壤动物	$\pi\times0.022\ 5^2\times0.05$	双翅目	13	土壤层
2010	HTFZH01ABC_01	土壤动物	$\pi\times0.15^2\times0.05$	双翅目	152	凋落物层
2010	HTFZH01ABC_01	土壤动物	$\pi\times0.022\ 5^2\times0.05$	线虫	944	土壤层
2010	HTFZH01ABC_01	土壤动物	$\pi\times0.15^2\times0.05$	线虫	534	凋落物层
2010	HTFZH01ABC_01	土壤动物	$\pi\times0.022\ 5^2\times0.05$	线蚓	44	土壤层
2010	HTFZH01ABC_01	土壤动物	$\pi\times0.15^2\times0.05$	线蚓	63	凋落物层
2010	HTFZH01ABC_01	土壤动物	$\pi\times0.022\ 5^2\times0.05$	蜘蛛目	1	土壤层
2010	HTFZH01ABC_01	土壤动物	$\pi\times0.15^2\times0.05$	蜘蛛目	1	凋落物层
2010	HTFZH01ABC_01	土壤动物	$\pi\times0.15^2\times0.05$	综合纲	3	凋落物层
2010	HTFZH02ABC_01	土壤动物	$\pi\times0.15^2\times0.05$	倍足纲	1	凋落物层
2010	HTFZH02ABC_01	土壤动物	$\pi\times0.15^2\times0.05$	唇足纲	5	凋落物层
2010	HTFZH02ABC_01	土壤动物	$\pi\times0.022\ 5^2\times0.05$	弹尾目	108	土壤层
2010	HTFZH02ABC_01	土壤动物	$\pi\times0.15^2\times0.05$	弹尾目	636	凋落物层
2010	HTFZH02ABC_01	土壤动物	$\pi\times0.15^2\times0.05$	端足目	2	凋落物层
2010	HTFZH02ABC_01	土壤动物	$\pi\times0.15^2\times0.05$	鳞翅目	9	凋落物层
2010	HTFZH02ABC_01	土壤动物	$\pi\times0.022\ 5^2\times0.05$	马陆	4	土壤层
2010	HTFZH02ABC_01	土壤动物	$\pi\times0.15^2\times0.05$	马陆	39	凋落物层
2010	HTFZH02ABC_01	土壤动物	$\pi\times0.022\ 5^2\times0.05$	蚂蚁	22	土壤层
2010	HTFZH02ABC_01	土壤动物	$\pi\times0.15^2\times0.05$	蚂蚁	28	凋落物层
2010	HTFZH02ABC_01	土壤动物	$\pi\times0.022\ 5^2\times0.05$	猛水蚤目	1	土壤层
2010	HTFZH02ABC_01	土壤动物	$\pi\times0.15^2\times0.05$	猛水蚤目	1	凋落物层
2010	HTFZH02ABC_01	土壤动物	$\pi\times0.022\ 5^2\times0.05$	蜱螨目	137	土壤层
2010	HTFZH02ABC_01	土壤动物	$\pi\times0.15^2\times0.05$	蜱螨目	1 050	凋落物层
2010	HTFZH02ABC_01	土壤动物	$\pi\times0.15^2\times0.05$	鞘翅目	6	凋落物层
2010	HTFZH02ABC_01	土壤动物	$\pi\times0.022\ 5^2\times0.05$	双翅目	29	土壤层
2010	HTFZH02ABC_01	土壤动物	$\pi\times0.15^2\times0.05$	双翅目	46	凋落物层
2010	HTFZH02ABC_01	土壤动物	$\pi\times0.022\ 5^2\times0.05$	线虫	389	土壤层
2010	HTFZH02ABC_01	土壤动物	$\pi\times0.15^2\times0.05$	线虫	306	凋落物层
2010	HTFZH02ABC_01	土壤动物	$\pi\times0.022\ 5^2\times0.05$	线蚓	45	土壤层
2010	HTFZH02ABC_01	土壤动物	$\pi\times0.15^2\times0.05$	线蚓	30	凋落物层
2010	HTFZH02ABC_01	土壤动物	$\pi\times0.15^2\times0.05$	熊虫（缓步动物）	1	凋落物层

（续）

年	样地代码	动物类别	取样体积/m³	动物名称/分类	数量/只	备注
2010	HTFZH02ABC_01	土壤动物	$\pi \times 0.15^2 \times 0.05$	缨翅目	2	凋落物层
2010	HTFZH02ABC_01	土壤动物	$\pi \times 0.15^2 \times 0.05$	蜘蛛目	15	凋落物层
2010	HTFZH02ABC_01	土壤动物	$\pi \times 0.15^2 \times 0.05$	综合纲	7	凋落物层
2015	HTFZH01ABC_01	土壤动物	$\pi \times 0.15^2 \times 0.05$	虫齿目	3	凋落物层
2015	HTFZH01ABC_01	土壤动物	$\pi \times 0.022\ 5^2 \times 0.05$	弹尾目	1	土壤层
2015	HTFZH01ABC_01	土壤动物	$\pi \times 0.15^2 \times 0.05$	弹尾目	236	凋落物层
2015	HTFZH01ABC_01	土壤动物	$\pi \times 0.022\ 5^2 \times 0.05$	等翅目	1	土壤层
2015	HTFZH01ABC_01	土壤动物	$\pi \times 0.15^2 \times 0.05$	等翅目	15	凋落物层
2015	HTFZH01ABC_01	土壤动物	$\pi \times 0.15^2 \times 0.05$	等足目	1	凋落物层
2015	HTFZH01ABC_01	土壤动物	$\pi \times 0.15^2 \times 0.05$	鳞翅目	1	凋落物层
2015	HTFZH01ABC_01	土壤动物	$\pi \times 0.022\ 5^2 \times 0.05$	轮虫	1	土壤层
2015	HTFZH01ABC_01	土壤动物	$\pi \times 0.022\ 5^2 \times 0.05$	猛水蚤目	1	土壤层
2015	HTFZH01ABC_01	土壤动物	$\pi \times 0.15^2 \times 0.05$	猛水蚤目	1	凋落物层
2015	HTFZH01ABC_01	土壤动物	$\pi \times 0.022\ 5^2 \times 0.05$	蜱螨目	6	土壤层
2015	HTFZH01ABC_01	土壤动物	$\pi \times 0.15^2 \times 0.05$	蜱螨目	139	凋落物层
2015	HTFZH01ABC_01	土壤动物	$\pi \times 0.15^2 \times 0.05$	鞘翅目	4	凋落物层
2015	HTFZH01ABC_01	土壤动物	$\pi \times 0.022\ 5^2 \times 0.05$	双翅目	2	土壤层
2015	HTFZH01ABC_01	土壤动物	$\pi \times 0.15^2 \times 0.05$	双翅目	19	凋落物层
2015	HTFZH01ABC_01	土壤动物	$\pi \times 0.15^2 \times 0.05$	同翅目	1	凋落物层
2015	HTFZH01ABC_01	土壤动物	$\pi \times 0.022\ 5^2 \times 0.05$	线虫	452	土壤层
2015	HTFZH01ABC_01	土壤动物	$\pi \times 0.022\ 5^2 \times 0.05$	线蚓	286	土壤层
2015	HTFZH01ABC_01	土壤动物	$\pi \times 0.022\ 5^2 \times 0.05$	缨翅目	1	土壤层
2015	HTFZH01ABC_01	土壤动物	$\pi \times 0.15^2 \times 0.05$	缨翅目	11	凋落物层
2015	HTFZH01ABC_01	土壤动物	$\pi \times 0.15^2 \times 0.05$	原尾纲	1	凋落物层
2015	HTFZH01ABC_01	土壤动物	$\pi \times 0.022\ 5^2 \times 0.05$	蜘蛛目	3	土壤层
2015	HTFZH01ABC_01	土壤动物	$\pi \times 0.15^2 \times 0.05$	蜘蛛目	9	凋落物层
2015	HTFZH01ABC_01	土壤动物	$\pi \times 0.15^2 \times 0.05$	直翅目	2	凋落物层
2015	HTFZH01ABC_02	土壤动物	$\pi \times 0.022\ 5^2 \times 0.05$	弹尾目	12	土壤层
2015	HTFZH01ABC_02	土壤动物	$\pi \times 0.15^2 \times 0.05$	弹尾目	113	凋落物层
2015	HTFZH01ABC_02	土壤动物	$\pi \times 0.15^2 \times 0.05$	等足目	1	凋落物层
2015	HTFZH01ABC_02	土壤动物	$\pi \times 0.022\ 5^2 \times 0.05$	膜翅目	1	土壤层
2015	HTFZH01ABC_02	土壤动物	$\pi \times 0.022\ 5^2 \times 0.05$	蜱螨目	3	土壤层
2015	HTFZH01ABC_02	土壤动物	$\pi \times 0.15^2 \times 0.05$	蜱螨目	39	凋落物层

（续）

年	样地代码	动物类别	取样体积/m³	动物名称/分类	数量/只	备注
2015	HTFZH01ABC_02	土壤动物	$\pi \times 0.022\,5^2 \times 0.05$	鞘翅目	1	土壤层
2015	HTFZH01ABC_02	土壤动物	$\pi \times 0.15^2 \times 0.05$	鞘翅目	2	凋落物层
2015	HTFZH01ABC_02	土壤动物	$\pi \times 0.022\,5^2 \times 0.05$	双翅目	3	土壤层
2015	HTFZH01ABC_02	土壤动物	$\pi \times 0.15^2 \times 0.05$	双翅目	1	凋落物层
2015	HTFZH01ABC_02	土壤动物	$\pi \times 0.022\,5^2 \times 0.05$	线虫	183	土壤层
2015	HTFZH01ABC_02	土壤动物	$\pi \times 0.022\,5^2 \times 0.05$	线蚓	106	土壤层
2015	HTFZH01ABC_02	土壤动物	$\pi \times 0.15^2 \times 0.05$	缨翅目	5	凋落物层
2015	HTFZH01ABC_02	土壤动物	$\pi \times 0.15^2 \times 0.05$	蜘蛛目	2	凋落物层
2015	HTFZH01ABC_02	土壤动物	$\pi \times 0.022\,5^2 \times 0.05$	直翅目	1	土壤层
2015	HTFZH01ABC_02	土壤动物	$\pi \times 0.15^2 \times 0.05$	综合纲	1	凋落物层
2015	HTFZH02ABC_01	土壤动物	$\pi \times 0.15^2 \times 0.05$	倍足纲	2	凋落物层
2015	HTFZH02ABC_01	土壤动物	$\pi \times 0.022\,5^2 \times 0.05$	弹尾目	49	土壤层
2015	HTFZH02ABC_01	土壤动物	$\pi \times 0.15^2 \times 0.05$	弹尾目	674	凋落物层
2015	HTFZH02ABC_01	土壤动物	$\pi \times 0.022\,5^2 \times 0.05$	等足目	1	土壤层
2015	HTFZH02ABC_01	土壤动物	$\pi \times 0.15^2 \times 0.05$	等足目	26	凋落物层
2015	HTFZH02ABC_01	土壤动物	$\pi \times 0.022\,5^2 \times 0.05$	膜翅目	2	土壤层
2015	HTFZH02ABC_01	土壤动物	$\pi \times 0.15^2 \times 0.05$	膜翅目	10	凋落物层
2015	HTFZH02ABC_01	土壤动物	$\pi \times 0.022\,5^2 \times 0.05$	蜱螨目	49	土壤层
2015	HTFZH02ABC_01	土壤动物	$\pi \times 0.15^2 \times 0.05$	蜱螨目	219	凋落物层
2015	HTFZH02ABC_01	土壤动物	$\pi \times 0.15^2 \times 0.05$	鞘翅目	1	凋落物层
2015	HTFZH02ABC_01	土壤动物	$\pi \times 0.022\,5^2 \times 0.05$	双翅目	6	土壤层
2015	HTFZH02ABC_01	土壤动物	$\pi \times 0.15^2 \times 0.05$	双翅目	32	凋落物层
2015	HTFZH02ABC_01	土壤动物	$\pi \times 0.022\,5^2 \times 0.05$	双尾纲	1	土壤层
2015	HTFZH02ABC_01	土壤动物	$\pi \times 0.15^2 \times 0.05$	双尾纲	1	凋落物层
2015	HTFZH02ABC_01	土壤动物	$\pi \times 0.022\,5^2 \times 0.05$	伪蝎目	1	土壤层
2015	HTFZH02ABC_01	土壤动物	$\pi \times 0.15^2 \times 0.05$	伪蝎目	3	凋落物层
2015	HTFZH02ABC_01	土壤动物	$\pi \times 0.022\,5^2 \times 0.05$	线虫	45	土壤层
2015	HTFZH02ABC_01	土壤动物	$\pi \times 0.022\,5^2 \times 0.05$	线蚓	201	土壤层
2015	HTFZH02ABC_01	土壤动物	$\pi \times 0.022\,5^2 \times 0.05$	缨翅目	1	土壤层
2015	HTFZH02ABC_01	土壤动物	$\pi \times 0.15^2 \times 0.05$	缨翅目	11	凋落物层
2015	HTFZH02ABC_01	土壤动物	$\pi \times 0.022\,5^2 \times 0.05$	原尾纲	4	土壤层
2015	HTFZH02ABC_01	土壤动物	$\pi \times 0.15^2 \times 0.05$	蜘蛛目	5	凋落物层
2015	HTFZH02ABC_01	土壤动物	$\pi \times 0.022\,5^2 \times 0.05$	综合纲	1	土壤层

（续）

年	样地代码	动物类别	取样体积/m³	动物名称/分类	数量/只	备注
2015	HTFZH02ABC_01	土壤动物	$\pi \times 0.15^2 \times 0.05$	综合纲	3	凋落物层
2015	HTFZH02ABC_02	土壤动物	$\pi \times 0.15^2 \times 0.05$	倍足纲	6	凋落物层
2015	HTFZH02ABC_02	土壤动物	$\pi \times 0.15^2 \times 0.05$	虫齿目	3	凋落物层
2015	HTFZH02ABC_02	土壤动物	$\pi \times 0.15^2 \times 0.05$	单向蚓目	6	凋落物层
2015	HTFZH02ABC_02	土壤动物	$\pi \times 0.022\,5^2 \times 0.05$	弹尾目	6	土壤层
2015	HTFZH02ABC_02	土壤动物	$\pi \times 0.15^2 \times 0.05$	弹尾目	171	凋落物层
2015	HTFZH02ABC_02	土壤动物	$\pi \times 0.022\,5^2 \times 0.05$	等翅目	5	土壤层
2015	HTFZH02ABC_02	土壤动物	$\pi \times 0.15^2 \times 0.05$	等翅目	1	凋落物层
2015	HTFZH02ABC_02	土壤动物	$\pi \times 0.15^2 \times 0.05$	等足目	11	凋落物层
2015	HTFZH02ABC_02	土壤动物	$\pi \times 0.15^2 \times 0.05$	膜翅目	4	凋落物层
2015	HTFZH02ABC_02	土壤动物	$\pi \times 0.022\,5^2 \times 0.05$	蜱螨目	15	土壤层
2015	HTFZH02ABC_02	土壤动物	$\pi \times 0.15^2 \times 0.05$	蜱螨目	167	凋落物层
2015	HTFZH02ABC_02	土壤动物	$\pi \times 0.15^2 \times 0.05$	鞘翅目	3	凋落物层
2015	HTFZH02ABC_02	土壤动物	$\pi \times 0.022\,5^2 \times 0.05$	双翅目	5	土壤层
2015	HTFZH02ABC_02	土壤动物	$\pi \times 0.15^2 \times 0.05$	双翅目	18	凋落物层
2015	HTFZH02ABC_02	土壤动物	$\pi \times 0.022\,5^2 \times 0.05$	双尾纲	1	土壤层
2015	HTFZH02ABC_02	土壤动物	$\pi \times 0.022\,5^2 \times 0.05$	伪蝎目	1	土壤层
2015	HTFZH02ABC_02	土壤动物	$\pi \times 0.15^2 \times 0.05$	伪蝎目	1	凋落物层
2015	HTFZH02ABC_02	土壤动物	$\pi \times 0.15^2 \times 0.05$	蜈蚣目	1	凋落物层
2015	HTFZH02ABC_02	土壤动物	$\pi \times 0.022\,5^2 \times 0.05$	线虫	120	土壤层
2015	HTFZH02ABC_02	土壤动物	$\pi \times 0.022\,5^2 \times 0.05$	线蚓	222	土壤层
2015	HTFZH02ABC_02	土壤动物	$\pi \times 0.15^2 \times 0.05$	缨翅目	9	凋落物层
2015	HTFZH02ABC_02	土壤动物	$\pi \times 0.022\,5^2 \times 0.05$	原尾纲	1	土壤层
2015	HTFZH02ABC_02	土壤动物	$\pi \times 0.022\,5^2 \times 0.05$	蜘蛛目	2	土壤层
2015	HTFZH02ABC_02	土壤动物	$\pi \times 0.15^2 \times 0.05$	蜘蛛目	7	凋落物层
2015	HTFZH02ABC_02	土壤动物	$\pi \times 0.15^2 \times 0.05$	综合纲	2	凋落物层

3.1.8　叶面积指数数据集

3.1.8.1　概述

本数据集记录了会同杉木人工林综合观测场永久样地（HTFZH01ABC_01）、会同常绿阔叶林综合观测场永久样地（HTFZH02ABC_01）、会同杉木人工林 1 号辅助观测场永久样地（HT-FFZ01AB0_01）按群落乔木层、灌木层、草本层分别统计的叶面积指数数据。数据年份为 2010 年、2011 年、2012 年、2015 年。

3.1.8.2 数据采集和处理方法

每个样地固定 5 个点，每月定点调查，用鱼眼镜头按东南西北 4 个方向拍摄该点不同乔木层、灌木层和草本层的照片，用 GLA 软件分析照片得到单张照片的叶面积指数，然后用加减法分别得到各层的叶面积指数，最后统计每个样地 5 个观测点的平均值（20 个重复），形成样地尺度的数据产品。

3.1.8.3 数据质量控制和评估

每个样地固定 5 个点定点调查，每个点按东南西北方向采集图片数据，确保数据的可靠性，数据采集尽量在天空云层不变的时候进行，数据录入后进一步核查，以确保数据输入的准确性。

3.1.8.4 数据使用方法和建议

在生态学中，叶面积指数是生态系统的一个重要结构参数，用来反映植物叶面数量、冠层结构变化、植物群落生命活力及其环境效应，为植物冠层表面物质和能量交换的描述提供结构化的定量信息，并在生态系统碳积累、植被生产力和土壤、植物、大气间相互作用的能量平衡，植被遥感等方面起重要作用。本数据集原始数据可通过湖南会同森林生态系统国家野外科学观测研究站网站（http：//htf. cern. ac. cn/meta/metaData）获取，登录后点击"资源服务"下的"数据服务"，进入相应页面下载数据。

3.1.8.5 数据

见表 3-16。

表 3-16　叶面积指数

年-月	样地代码	乔木层叶面积指数		灌木层叶面积指数		草本层叶面积指数	
		平均值	标准差	平均值	标准差	平均值	标准差
2010-01	HTFFZ01AB0_01	1.84	0.57	0.10	0.03	0.07	0.04
2010-02	HTFFZ01AB0_01	1.49	0.34	0.10	0.05	0.08	0.05
2010-03	HTFFZ01AB0_01	1.33	0.43	0.14	0.05	0.14	0.05
2010-04	HTFFZ01AB0_01	1.16	0.34	0.07	0.02	0.06	0.03
2010-05	HTFFZ01AB0_01	1.47	0.30	0.14	0.07	0.05	0.03
2010-08	HTFFZ01AB0_01	1.93	0.56	0.10	0.09	0.13	0.07
2010-09	HTFFZ01AB0_01	1.72	0.33	0.12	0.06	0.19	0.10
2010-10	HTFFZ01AB0_01	1.98	0.28	0.14	0.06	0.16	0.06
2010-11	HTFFZ01AB0_01	2.10	0.30	0.22	0.08	0.06	0.02
2010-12	HTFFZ01AB0_01	2.15	0.38	0.10	0.06	0.09	0.04
2011-01	HTFFZ01AB0_01	2.09	0.35	0.11	0.04	0.10	0.04
2011-02	HTFFZ01AB0_01	0.93	0.24	0.12	0.09	0.07	0.02
2011-03	HTFFZ01AB0_01	0.93	0.31	0.11	0.03	0.11	0.05
2011-04	HTFFZ01AB0_01	0.99	0.38	0.14	0.11	0.07	0.02
2011-05	HTFFZ01AB0_01	0.89	0.23	0.46	0.49	0.08	0.04
2011-06	HTFFZ01AB0_01	0.85	0.29	0.39	0.37	0.11	0.07

（续）

年-月	样地代码	乔木层叶面积指数		灌木层叶面积指数		草本层叶面积指数	
		平均值	标准差	平均值	标准差	平均值	标准差
2011 - 07	HTFFZ01AB0 _ 01	1.23	0.38	0.50	0.45	0.12	0.07
2011 - 08	HTFFZ01AB0 _ 01	1.01	0.46	0.39	0.30	0.12	0.06
2011 - 10	HTFFZ01AB0 _ 01	0.93	0.34	0.28	0.17	0.11	0.04
2011 - 11	HTFFZ01AB0 _ 01	0.90	0.34	0.19	0.12	0.09	0.04
2011 - 12	HTFFZ01AB0 _ 01	1.01	0.29	0.20	0.13	0.12	0.04
2012 - 12	HTFFZ01AB0 _ 01	1.18	0.22	0.17	0.10	0.06	0.03
2015 - 01	HTFFZ01AB0 _ 01	1.72	0.50	0.09	0.03	0.06	0.04
2015 - 02	HTFFZ01AB0 _ 01	1.47	0.28	0.09	0.04	0.08	0.05
2015 - 03	HTFFZ01AB0 _ 01	1.39	0.28	0.14	0.06	0.11	0.08
2015 - 04	HTFFZ01AB0 _ 01	1.23	0.24	0.07	0.02	0.10	0.06
2015 - 05	HTFFZ01AB0 _ 01	1.54	0.26	0.13	0.08	0.04	0.02
2015 - 06	HTFFZ01AB0 _ 01	1.28	0.22	0.07	0.02	0.06	0.03
2015 - 07	HTFFZ01AB0 _ 01	1.47	0.24	0.11	0.05	0.04	0.03
2015 - 08	HTFFZ01AB0 _ 01	1.75	0.39	0.09	0.05	0.11	0.07
2015 - 09	HTFFZ01AB0 _ 01	1.62	0.28	0.13	0.06	0.15	0.11
2015 - 10	HTFFZ01AB0 _ 01	2.09	0.24	0.13	0.06	0.16	0.04
2015 - 11	HTFFZ01AB0 _ 01	2.36	0.44	0.21	0.09	0.07	0.03
2015 - 12	HTFFZ01AB0 _ 01	2.22	0.40	0.10	0.07	0.09	0.04
2010 - 01	HTFZH01ABC _ 01	2.37	0.30	0.15	0.07	0.08	0.02
2010 - 02	HTFZH01ABC _ 01	1.19	0.16	0.13	0.06	0.08	0.04
2010 - 03	HTFZH01ABC _ 01	1.37	0.13	0.13	0.04	0.13	0.05
2010 - 04	HTFZH01ABC _ 01	1.58	0.19	0.11	0.05	0.11	0.07
2010 - 05	HTFZH01ABC _ 01	1.70	0.30	0.10	0.06	0.06	0.03
2010 - 08	HTFZH01ABC _ 01	2.29	0.63	0.14	0.04	0.12	0.05
2010 - 09	HTFZH01ABC _ 01	1.73	0.25	0.17	0.06	0.12	0.07
2010 - 10	HTFZH01ABC _ 01	2.18	0.20	0.16	0.06	0.17	0.07
2010 - 11	HTFZH01ABC _ 01	2.33	0.40	0.19	0.08	0.07	0.04
2010 - 12	HTFZH01ABC _ 01	1.99	0.36	0.08	0.02	0.07	0.02
2011 - 01	HTFZH01ABC _ 01	2.28	0.17	0.08	0.04	0.10	0.04
2011 - 02	HTFZH01ABC _ 01	1.27	0.21	0.09	0.02	0.10	0.05

（续）

年-月	样地代码	乔木层叶面积指数		灌木层叶面积指数		草本层叶面积指数	
		平均值	标准差	平均值	标准差	平均值	标准差
2011 - 03	HTFZH01ABC _ 01	1.19	0.23	0.16	0.07	0.10	0.04
2011 - 04	HTFZH01ABC _ 01	1.70	0.46	0.15	0.06	0.10	0.04
2011 - 05	HTFZH01ABC _ 01	1.55	0.22	0.35	0.30	0.12	0.05
2011 - 06	HTFZH01ABC _ 01	1.54	0.28	0.32	0.32	0.11	0.06
2011 - 07	HTFZH01ABC _ 01	1.57	0.36	0.29	0.25	0.12	0.06
2011 - 08	HTFZH01ABC _ 01	1.22	0.23	0.21	0.20	0.09	0.04
2011 - 10	HTFZH01ABC _ 01	1.58	0.39	0.24	0.15	0.11	0.03
2011 - 11	HTFZH01ABC _ 01	1.22	0.26	0.25	0.17	0.10	0.05
2011 - 12	HTFZH01ABC _ 01	1.15	0.19	0.23	0.09	0.12	0.04
2012 - 12	HTFZH01ABC _ 01	1.21	0.18	0.22	0.11	0.07	0.04
2015 - 01	HTFZH01ABC _ 01	2.28	0.23	0.17	0.06	0.08	0.02
2015 - 02	HTFZH01ABC _ 01	1.24	0.22	0.13	0.06	0.05	0.03
2015 - 03	HTFZH01ABC _ 01	1.36	0.10	0.14	0.05	0.14	0.04
2015 - 04	HTFZH01ABC _ 01	1.49	0.16	0.09	0.03	0.07	0.04
2015 - 05	HTFZH01ABC _ 01	1.76	0.22	0.12	0.07	0.06	0.03
2015 - 06	HTFZH01ABC _ 01	1.53	0.14	0.10	0.04	0.09	0.06
2015 - 07	HTFZH01ABC _ 01	1.62	0.37	0.13	0.08	0.05	0.02
2015 - 08	HTFZH01ABC _ 01	2.23	0.38	0.14	0.09	0.12	0.05
2015 - 09	HTFZH01ABC _ 01	1.67	0.20	0.16	0.07	0.14	0.09
2015 - 10	HTFZH01ABC _ 01	2.17	0.20	0.13	0.05	0.17	0.05
2015 - 11	HTFZH01ABC _ 01	2.21	0.25	0.21	0.07	0.07	0.04
2015 - 12	HTFZH01ABC _ 01	2.01	0.33	0.09	0.03	0.06	0.02
2010 - 01	HTFZH02ABC _ 01	2.22	0.55	0.09	0.05	0.05	0.02
2010 - 02	HTFZH02ABC _ 01	1.70	0.91	0.06	0.03	0.03	0.02
2010 - 03	HTFZH02ABC _ 01	1.78	0.44	0.12	0.06	0.11	0.07
2010 - 04	HTFZH02ABC _ 01	1.30	0.50	0.12	0.05	0.08	0.05
2010 - 05	HTFZH02ABC _ 01	1.66	0.52	0.12	0.05	0.04	0.02
2010 - 08	HTFZH02ABC _ 01	2.50	0.60	0.14	0.07	0.08	0.06
2010 - 09	HTFZH02ABC _ 01	2.32	0.63	0.21	0.06	0.18	0.10
2010 - 10	HTFZH02ABC _ 01	2.33	0.42	0.14	0.06	0.14	0.05

（续）

年-月	样地代码	乔木层叶面积指数		灌木层叶面积指数		草本层叶面积指数	
		平均值	标准差	平均值	标准差	平均值	标准差
2010 - 11	HTFZH02ABC _ 01	2.44	0.42	0.20	0.06	0.07	0.03
2010 - 12	HTFZH02ABC _ 01	2.17	0.47	0.09	0.04	0.06	0.03
2011 - 01	HTFZH02ABC _ 01	2.11	0.52	0.09	0.05	0.07	0.05
2011 - 02	HTFZH02ABC _ 01	1.81	0.65	0.12	0.04	0.12	0.05
2011 - 03	HTFZH02ABC _ 01	1.83	0.76	0.12	0.05	0.08	0.03
2011 - 04	HTFZH02ABC _ 01	1.49	0.39	0.13	0.07	0.09	0.05
2011 - 05	HTFZH02ABC _ 01	1.67	0.71	0.14	0.13	0.10	0.11
2011 - 06	HTFZH02ABC _ 01	1.49	0.59	0.15	0.09	0.06	0.04
2011 - 07	HTFZH02ABC _ 01	1.92	0.52	0.27	0.28	0.15	0.15
2011 - 08	HTFZH02ABC _ 01	1.80	0.68	0.20	0.27	0.11	0.03
2011 - 10	HTFZH02ABC _ 01	1.44	0.61	0.18	0.10	0.07	0.04
2011 - 11	HTFZH02ABC _ 01	1.48	0.62	0.23	0.24	0.09	0.03
2011 - 12	HTFZH02ABC _ 01	1.44	0.51	0.17	0.08	0.10	0.05
2012 - 12	HTFZH02ABC _ 01	1.46	0.56	0.20	0.18	0.09	0.04
2015 - 01	HTFZH02ABC _ 01	2.16	0.46	0.10	0.04	0.05	0.02
2015 - 02	HTFZH02ABC _ 01	1.73	0.79	0.09	0.04	0.06	0.04
2015 - 03	HTFZH02ABC _ 01	1.70	0.31	0.12	0.06	0.10	0.07
2015 - 04	HTFZH02ABC _ 01	1.43	0.34	0.12	0.04	0.09	0.04
2015 - 05	HTFZH02ABC _ 01	1.60	0.43	0.11	0.05	0.04	0.02
2015 - 06	HTFZH02ABC _ 01	1.34	0.28	0.12	0.04	0.09	0.04
2015 - 07	HTFZH02ABC _ 01	1.59	0.34	0.10	0.05	0.06	0.02
2015 - 08	HTFZH02ABC _ 01	2.42	0.35	0.14	0.04	0.08	0.06
2015 - 09	HTFZH02ABC _ 01	2.20	0.43	0.21	0.06	0.17	0.10
2015 - 10	HTFZH02ABC _ 01	2.22	0.37	0.17	0.06	0.14	0.05
2015 - 11	HTFZH02ABC _ 01	2.06	0.14	0.18	0.09	0.06	0.02
2015 - 12	HTFZH02ABC _ 01	2.21	0.40	0.09	0.03	0.06	0.03

3.1.9　凋落物回收量数据集

3.1.9.1　概述

本数据集记录了会同杉木人工林综合观测场永久样地（HTFZH01ABC_01）、会同常绿阔叶林综合观测场永久样地（HTFZH02ABC_01）、会同杉木人工林 1 号辅助观测场永久样地（HTFFZ01AB0_01）按植物各器官分类的凋落物回收量的数据。数据年份为 2009—2015 年。

3.1.9.2　数据采集和处理方法

每个样地固定 10 个凋落物框，每月调查，分类记录［枯枝、枯叶、落果（花）、树皮、苔藓地衣、杂物等］重量，取样回室内测定每种类别的含水量，根据含水量计算该类别的干重。以月为基础单元，统计单位面积内不同类别凋落物回收量的质量。

3.1.9.3　数据质量控制和评估

原始数据质量控制方法：每个样地固定 10 个点进行定点调查，数据录入后进一步核查，以确保数据输入的准确性。

质控方法：阈值检查（根据多年数据比对，对超出历史数据阈值范围的监测数据进行校验，删除异常值或标注说明）、一致性检查（例如数量级与其他测量值不同）等。

3.1.9.4　数据使用方法和建议

同 3.1.2.4。

3.1.9.5　数据

见表 3 - 17。

3.1.10　凋落物现存量数据集

3.1.10.1　概述

本数据集记录了会同杉木人工林综合观测场永久样地（HTFZH01ABC_01）、会同常绿阔叶林综合观测场永久样地（HTFZH02ABC_01）、会同杉木人工林 1 号辅助观测场永久样地（HTFFZ01AB0_01）按植物各器官分类的凋落物现存量的数据。数据年份为 2009—2015 年。

3.1.10.2　数据采集和处理方法

每个样地随机调查 5 个点，每月每个点用 1 m² 的样方框调查现存量，重复 3 次，分类记录［枯枝、枯叶、落果（花）、树皮、苔藓地衣、杂物等］重量，取样回室内测定每种类别的含水量，根据含水量计算该类别的干重。以月为基础单元，统计单位面积内不同类别凋落物现存量的质量。

3.1.10.3　数据质量控制和评估

原始数据质量控制方法：数据录入后进一步核查，以确保数据输入的准确性。

质控方法：阈值检查（根据多年数据比对，对超出历史数据阈值范围的监测数据进行校验，删除异常值或标注说明）、一致性检查（例如数量级与其他测量值不同）等。

3.1.10.4　数据使用方法和建议

同 3.1.2.4。

3.1.10.5　数据

见表 3 - 18。

表 3 - 17　凋落物回收量月动态

年 - 月	样地代码	枯枝干重/(g/m²)		枯叶干重/(g/m²)		树皮干重/(g/m²)		落果（花）干重/(g/m²)		苔藓地衣干重/(g/m²)		杂物干重/(g/m²)	
		平均值	标准差	平均值	标准差	平均值	标准差	平均值	标准差	平均值	标准差	平均值	标准差
2009 - 01	HTFFZ01AB0_01	10.94	6.76	28.81	17.81	0.03	0.08	5.86	4.06	0.00	—	5.67	2.53
2009 - 03	HTFFZ01AB0_01	21.01	27.30	39.24	44.25	0.15	0.41	23.74	26.99	0.00	—	8.22	6.83
2009 - 04	HTFFZ01AB0_01	3.86	2.65	9.42	6.86	0.09	0.28	3.44	3.74	0.00	—	4.39	1.97
2009 - 05	HTFFZ01AB0_01	0.90	0.92	2.00	2.05	0.00	—	2.14	3.24	0.00	—	2.88	1.44
2009 - 06	HTFFZ01AB0_01	0.72	1.33	0.25	0.32	0.00	—	0.78	1.26	0.00	—	1.86	0.28
2009 - 07	HTFFZ01AB0_01	0.93	0.99	1.32	1.19	0.52	0.73	0.43	0.61	0.00	—	4.03	1.41
2009 - 08	HTFFZ01AB0_01	0.99	0.86	2.75	2.36	0.00	—	0.88	0.72	0.00	—	4.11	1.43
2009 - 09	HTFFZ01AB0_01	8.43	7.38	18.09	16.29	0.00	—	4.45	3.75	0.00	—	13.23	4.25
2009 - 10	HTFFZ01AB0_01	1.98	2.54	6.13	7.89	0.00	—	0.48	0.91	0.00	—	6.16	2.73
2009 - 11	HTFFZ01AB0_01	40.26	5.79	105.99	24.75	0.00	—	17.76	8.27	0.00	—	8.52	4.70
2009 - 12	HTFFZ01AB0_01	14.89	6.32	44.21	18.77	0.00	—	10.08	5.58	0.00	—	21.19	20.69
2010 - 01	HTFFZ01AB0_01	13.06	7.33	47.18	26.50	0.00	—	12.28	7.18	0.00	—	6.15	2.26
2010 - 02	HTFFZ01AB0_01	26.66	10.78	96.10	39.54	0.23	0.59	34.00	16.77	0.00	—	7.23	2.61
2010 - 03	HTFFZ01AB0_01	3.27	2.21	10.91	7.37	0.40	0.42	8.07	5.43	0.00	—	4.65	2.75
2010 - 04	HTFFZ01AB0_01	1.70	1.21	4.83	3.43	0.38	0.50	5.29	4.59	0.00	—	5.96	2.30
2010 - 05	HTFFZ01AB0_01	0.92	1.66	2.66	4.85	0.00	0.00	1.47	2.38	0.00	—	3.85	1.43
2010 - 06	HTFFZ01AB0_01	0.50	0.39	0.90	0.71	0.34	0.44	0.99	1.56	0.00	—	3.62	0.96
2010 - 07	HTFFZ01AB0_01	1.37	0.99	2.93	2.13	0.00	0.00	3.46	4.16	0.00	—	7.96	4.26
2010 - 08	HTFFZ01AB0_01	0.99	1.83	1.27	2.34	0.17	0.54	1.31	1.80	0.00	—	6.02	2.52
2010 - 09	HTFFZ01AB0_01	4.40	3.98	6.52	5.89	0.08	0.26	1.98	1.94	0.00	—	6.30	2.60
2010 - 10	HTFFZ01AB0_01	4.38	3.23	14.87	10.98	0.16	0.33	2.28	2.76	0.00	—	5.64	3.80
2010 - 11	HTFFZ01AB0_01	4.56	2.37	16.34	8.48	0.00	—	4.57	4.57	0.00	—	11.60	14.45
2010 - 12	HTFFZ01AB0_01	14.16	6.37	39.50	17.85	0.00	—	11.62	7.23	0.00	—	7.74	4.42
2011 - 02	HTFFZ01AB0_01	18.49	9.67	84.48	44.19	0.00	—	21.46	14.02	0.00	—	14.98	10.97

（续）

年-月	样地代码	枯枝干重/(g/m²)		枯叶干重/(g/m²)		树皮干重/(g/m²)		落果（花）干重/(g/m²)		苔藓地衣干重/(g/m²)		杂物干重/(g/m²)	
		平均值	标准差	平均值	标准差	平均值	标准差	平均值	标准差	平均值	标准差	平均值	标准差
2011-03	HTFFZ01AB0_01	32.69	7.51	95.58	21.95	0.16	0.35	44.94	17.79	0.00	—	24.09	12.38
2011-04	HTFFZ01AB0_01	6.00	10.34	9.26	10.23	0.00	—	6.81	6.28	0.00	—	4.88	2.30
2011-05	HTFFZ01AB0_01	5.47	3.86	11.70	9.06	0.17	0.54	4.96	5.26	0.00	—	7.40	1.47
2011-06	HTFFZ01AB0_01	1.24	1.35	1.37	1.83	0.00	—	1.04	0.80	0.00	—	3.09	1.04
2011-07	HTFFZ01AB0_01	0.50	0.37	1.43	1.04	0.00	—	2.68	2.80	0.00	—	6.03	1.65
2011-08	HTFFZ01AB0_01	1.89	2.87	3.35	5.09	0.26	0.37	3.23	2.44	0.00	—	6.39	2.88
2011-09	HTFFZ01AB0_01	1.44	1.43	4.14	4.10	0.00	—	2.14	2.44	0.00	—	8.41	4.61
2011-10	HTFFZ01AB0_01	8.79	5.02	32.92	18.77	0.05	0.17	6.64	4.83	0.00	—	8.02	3.49
2011-11	HTFFZ01AB0_01	3.19	4.10	10.53	14.57	0.00	—	0.51	1.15	0.00	—	6.68	6.80
2011-12	HTFFZ01AB0_01	18.46	7.66	49.29	20.47	0.00	—	11.84	6.09	0.00	—	9.89	4.98
2012-02	HTFFZ01AB0_01	46.38	25.51	19.55	7.29	0.07	0.21	8.16	2.69	0.00	—	6.72	2.74
2012-03	HTFFZ01AB0_01	26.96	11.09	67.50	33.19	0.00	—	40.43	18.46	0.00	—	11.86	3.91
2012-04	HTFFZ01AB0_01	4.00	4.09	9.72	8.35	0.04	0.14	4.05	2.58	0.00	—	9.95	3.72
2012-05	HTFFZ01AB0_01	6.11	8.81	8.48	6.87	0.19	0.59	3.15	3.21	0.00	—	6.73	2.82
2012-06	HTFFZ01AB0_01	2.55	1.68	1.94	0.73	0.71	1.56	3.46	2.46	0.00	—	6.26	1.90
2012-07	HTFFZ01AB0_01	1.09	0.80	2.85	1.54	0.13	0.40	3.81	2.75	0.00	—	5.52	3.21
2012-08	HTFFZ01AB0_01	1.28	0.84	2.60	1.81	0.31	0.99	3.65	2.13	0.00	—	7.78	3.10
2012-11	HTFFZ01AB0_01	22.51	4.00	48.71	19.84	1.76	3.33	16.06	2.99	0.00	—	10.38	1.74
2012-12	HTFFZ01AB0_01	22.65	7.75	37.47	20.37	0.10	0.31	7.84	2.78	0.00	—	10.58	2.55
2013-01	HTFFZ01AB0_01	18.04	12.35	23.36	11.12	0.60	1.54	3.73	3.17	0.00	—	3.97	0.74
2013-02	HTFFZ01AB0_01	5.42	3.81	5.48	2.71	0.67	0.69	3.23	2.81	0.00	—	0.99	0.60
2013-03	HTFFZ01AB0_01	192.61	96.92	198.37	92.77	0.00	—	47.25	16.36	0.00	—	7.97	3.85
2013-04	HTFFZ01AB0_01	5.14	5.33	5.73	5.42	0.63	1.53	1.94	1.21	0.00	—	1.28	0.41
2013-05	HTFFZ01AB0_01	4.04	3.74	3.45	1.92	0.60	0.70	1.46	0.78	0.00	—	1.25	0.62
2013-06	HTFFZ01AB0_01	9.70	10.05	9.94	8.52	0.59	0.62	5.56	2.90	0.00	—	3.05	1.41

（续）

年-月	样地代码	枯枝干重/(g/m²) 平均值	标准差	枯叶干重/(g/m²) 平均值	标准差	树皮干重/(g/m²) 平均值	标准差	落果(花)干重/(g/m²) 平均值	标准差	苔藓地衣干重/(g/m²) 平均值	标准差	杂物干重/(g/m²) 平均值	标准差
2013-07	HTFFZ01AB0_01	5.84	5.16	7.11	3.76	0.92	0.73	4.85	2.68	0.00	—	2.88	1.40
2013-08	HTFFZ01AB0_01	19.21	25.34	22.23	26.37	0.77	1.43	3.30	3.06	0.00	—	3.63	1.49
2013-09	HTFFZ01AB0_01	1.51	1.85	3.04	1.63	0.00	—	0.21	0.35	0.00	—	1.72	0.58
2013-10	HTFFZ01AB0_01	18.78	15.33	20.72	16.01	0.21	0.15	2.24	2.61	0.00	—	1.24	0.54
2013-11	HTFFZ01AB0_01	101.99	22.26	107.72	23.52	0.42	0.34	7.27	2.63	0.00	—	1.16	0.68
2013-12	HTFFZ01AB0_01	9.46	7.07	13.87	8.61	0.23	0.41	2.65	3.17	0.00	—	1.60	1.15
2014-01	HTFFZ01AB0_01	1.40	1.20	6.03	4.76	0.14	0.35	7.64	5.36	0.00	—	1.35	0.55
2014-03	HTFFZ01AB0_01	47.36	34.61	119.13	44.94	0.50	0.40	33.70	17.40	0.00	—	2.90	1.64
2014-04	HTFFZ01AB0_01	16.53	31.85	20.03	11.83	0.22	0.27	6.45	5.18	0.00	—	1.94	0.60
2014-05	HTFFZ01AB0_01	0.95	1.43	3.42	2.15	0.14	0.17	1.05	1.23	0.00	—	0.79	0.40
2014-06	HTFFZ01AB0_01	1.31	2.03	5.45	3.94	0.25	0.38	0.68	1.55	0.00	—	1.55	0.88
2014-07	HTFFZ01AB0_01	1.53	3.88	7.77	11.46	0.00	—	0.27	0.58	0.00	—	1.59	1.25
2014-08	HTFFZ01AB0_01	0.89	1.74	4.07	2.17	0.00	—	0.14	0.45	0.00	—	2.70	1.17
2014-09	HTFFZ01AB0_01	0.63	0.47	5.84	1.65	0.24	0.29	1.07	1.20	0.00	—	5.93	2.15
2014-10	HTFFZ01AB0_01	4.79	4.51	12.55	10.64	0.24	0.24	1.27	1.55	0.00	—	2.05	0.95
2014-11	HTFFZ01AB0_01	15.14	12.35	34.46	13.79	0.32	0.36	4.57	3.45	0.00	—	1.58	0.78
2014-12	HTFFZ01AB0_01	4.69	2.57	16.38	7.94	0.09	0.22	1.52	1.61	0.00	—	1.53	0.46
2015-01	HTFFZ01AB0_01	4.72	3.60	10.25	6.22	0.03	0.05	2.91	2.53	0.00	—	1.43	0.57
2015-02	HTFFZ01AB0_01	63.16	30.33	123.18	37.32	0.41	0.29	22.56	7.77	0.00	—	3.43	1.82
2015-03	HTFFZ01AB0_01	30.16	13.91	57.56	27.15	0.06	0.12	12.57	6.65	0.00	—	2.60	0.77
2015-04	HTFFZ01AB0_01	14.20	12.16	29.33	20.82	0.22	0.21	5.68	5.43	0.00	—	2.54	0.99
2015-05	HTFFZ01AB0_01	32.09	36.75	46.50	40.94	0.31	0.34	5.94	4.34	0.00	—	3.48	1.60
2015-06	HTFFZ01AB0_01	9.98	6.73	21.15	12.12	0.26	0.21	3.27	3.14	0.00	—	2.82	1.69
2015-07	HTFFZ01AB0_01	2.53	4.03	5.97	3.43	0.13	0.12	1.68	2.00	0.00	—	2.40	0.83
2015-08	HTFFZ01AB0_01	2.14	3.02	7.04	3.39	0.22	0.40	1.10	1.57	0.00	—	3.29	0.77

（续）

年-月	样地代码	枯枝干重/(g/m²) 平均值	标准差	枯叶干重/(g/m²) 平均值	标准差	树皮干重/(g/m²) 平均值	标准差	落果（花）干重/(g/m²) 平均值	标准差	苔藓地衣干重/(g/m²) 平均值	标准差	杂物干重/(g/m²) 平均值	标准差
2015-09	HTFFZ01AB0_01	2.99	2.52	10.59	4.95	0.29	0.52	1.23	1.64	0.00	—	3.67	0.74
2015-10	HTFFZ01AB0_01	8.33	6.54	21.37	14.15	0.40	0.36	1.86	1.45	0.00	—	1.75	0.26
2015-11	HTFFZ01AB0_01	6.64	4.64	8.14	4.66	0.00	—	1.45	0.57	0.00	—	0.74	0.27
2015-12	HTFFZ01AB0_01	44.29	30.91	74.01	42.32	0.14	0.21	8.55	3.36	0.00	—	1.99	0.72
2009-01	HTFZH01ABC_01	7.50	5.43	23.49	14.30	0.10	0.21	3.39	2.77	0.00	—	1.98	0.81
2009-03	HTFZH01ABC_01	8.12	9.59	19.71	18.87	0.10	0.36	12.69	14.21	0.00	—	5.38	3.95
2009-04	HTFZH01ABC_01	2.61	3.30	6.94	9.27	0.66	0.83	2.14	3.71	0.00	—	1.78	0.56
2009-05	HTFZH01ABC_01	0.77	0.68	2.69	2.54	0.07	0.23	0.44	0.78	0.00	—	1.38	0.67
2009-06	HTFZH01ABC_01	0.91	1.02	1.71	2.40	0.16	0.50	0.67	1.18	0.00	—	1.32	0.51
2009-07	HTFZH01ABC_01	0.78	0.68	2.13	2.25	0.06	0.18	0.62	0.51	0.00	—	3.12	1.08
2009-08	HTFZH01ABC_01	0.62	0.79	1.67	1.80	0.18	0.37	0.33	0.58	0.00	—	1.44	0.52
2009-09	HTFZH01ABC_01	9.34	23.85	4.90	4.88	0.07	0.22	0.65	0.75	0.00	—	2.83	1.40
2009-10	HTFZH01ABC_01	1.51	1.76	2.97	2.72	0.00	—	0.90	2.09	0.00	—	3.07	1.57
2009-11	HTFZH01ABC_01	17.19	15.51	54.42	44.31	0.00	—	12.77	18.03	0.00	—	3.27	1.81
2009-12	HTFZH01ABC_01	7.86	4.34	20.58	10.41	0.00	—	8.30	5.83	0.00	—	10.42	8.02
2010-01	HTFZH01ABC_01	15.20	8.89	47.39	24.25	0.00	—	10.23	7.13	0.00	—	3.93	1.66
2010-02	HTFZH01ABC_01	29.53	13.79	85.17	29.15	0.00	—	22.74	10.15	0.00	—	3.16	1.53
2010-03	HTFZH01ABC_01	4.77	4.33	13.58	12.46	0.00	—	4.48	3.72	0.00	—	3.85	1.01
2010-04	HTFZH01ABC_01	2.60	3.69	6.50	7.34	0.03	0.08	1.36	1.26	0.00	—	1.79	0.61
2010-05	HTFZH01ABC_01	0.12	0.16	0.58	0.67	0.00	—	0.50	1.02	0.00	—	1.83	0.88
2010-06	HTFZH01ABC_01	1.75	3.36	3.50	6.18	0.00	—	1.05	2.77	0.00	—	3.22	1.10
2010-07	HTFZH01ABC_01	3.98	7.54	4.74	4.04	0.00	—	1.82	2.15	0.00	—	3.28	1.49
2010-08	HTFZH01ABC_01	1.38	1.34	2.77	2.07	0.08	0.25	0.16	0.34	0.00	—	2.72	1.60
2010-09	HTFZH01ABC_01	1.00	2.42	3.10	8.40	0.00	—	0.58	1.45	0.00	—	1.73	1.04
2010-10	HTFZH01ABC_01	3.30	2.71	7.84	7.00	0.08	0.26	1.41	1.67	0.00	—	1.57	0.94

（续）

年-月	样地代码	枯枝干重/(g/m²) 平均值	标准差	枯叶干重/(g/m²) 平均值	标准差	树皮干重/(g/m²) 平均值	标准差	落果(花)干重/(g/m²) 平均值	标准差	苔藓地衣干重/(g/m²) 平均值	标准差	杂物干重/(g/m²) 平均值	标准差
2010-11	HTFZH01ABC_01	2.60	3.08	7.50	9.93	0.00	—	2.24	2.73	0.00	—	2.09	1.98
2010-12	HTFZH01ABC_01	10.24	5.89	27.15	15.43	0.00	—	4.21	4.53	0.00	—	3.33	1.77
2011-02	HTFZH01ABC_01	21.75	9.53	66.28	27.39	0.00	—	17.87	5.66	0.00	—	6.95	3.65
2011-03	HTFZH01ABC_01	28.50	21.02	66.61	48.07	0.00	—	17.98	5.17	0.00	—	8.15	2.68
2011-04	HTFZH01ABC_01	1.57	1.17	3.77	2.45	0.00	—	1.01	1.15	0.00	—	1.97	0.65
2011-05	HTFZH01ABC_01	8.98	16.87	7.40	6.82	0.00	—	2.84	2.74	0.00	—	4.11	1.22
2011-06	HTFZH01ABC_01	0.42	0.52	1.11	1.36	0.00	—	1.25	2.50	0.00	—	1.89	0.60
2011-07	HTFZH01ABC_01	2.80	2.92	4.99	3.47	0.16	0.51	5.79	7.64	0.00	—	4.68	1.80
2011-08	HTFZH01ABC_01	1.34	0.79	4.02	2.15	0.07	0.19	2.69	3.19	0.00	—	3.15	0.91
2011-09	HTFZH01ABC_01	1.08	1.09	3.50	3.43	0.16	0.28	1.57	3.45	0.00	—	2.15	1.25
2011-10	HTFZH01ABC_01	6.45	7.18	17.98	18.86	0.00	—	2.66	3.16	0.00	—	1.61	0.64
2011-11	HTFZH01ABC_01	2.05	3.28	5.52	8.00	0.00	—	1.54	2.01	0.00	—	2.21	1.67
2011-12	HTFZH01ABC_01	21.00	20.84	53.81	49.33	0.00	—	14.27	12.42	0.00	—	3.98	2.20
2012-02	HTFZH01ABC_01	18.98	8.21	39.94	17.26	0.06	0.20	15.72	4.97	0.00	—	12.38	4.58
2012-03	HTFZH01ABC_01	24.38	14.97	30.03	22.64	0.10	0.33	10.14	7.53	0.00	—	8.08	4.80
2012-04	HTFZH01ABC_01	1.39	0.98	3.81	1.77	0.02	0.06	1.30	1.46	0.00	—	2.18	1.24
2012-05	HTFZH01ABC_01	1.05	0.98	2.56	2.07	0.27	0.78	1.54	1.10	0.00	—	3.36	2.98
2012-06	HTFZH01ABC_01	4.00	7.53	4.41	4.21	0.04	0.14	1.70	2.42	0.00	—	1.79	0.68
2012-07	HTFZH01ABC_01	2.68	2.21	2.56	2.39	0.16	0.51	3.23	3.42	0.00	—	2.06	0.75
2012-08	HTFZH01ABC_01	2.06	1.26	3.68	1.70	0.13	0.24	2.69	3.19	0.00	—	3.19	1.28
2012-11	HTFZH01ABC_01	20.71	11.12	40.13	14.18	0.10	0.17	16.43	4.06	0.00	—	12.39	5.04
2012-12	HTFZH01ABC_01	15.92	18.10	14.13	5.28	0.15	0.32	5.84	1.93	0.00	—	2.10	1.49
2013-01	HTFZH01ABC_01	11.49	11.41	13.49	11.54	0.00	—	3.69	4.58	0.00	—	3.73	1.34
2013-02	HTFZH01ABC_01	9.39	6.94	8.45	7.20	0.00	—	2.13	2.52	0.00	—	2.55	2.15
2013-03	HTFZH01ABC_01	266.51	134.39	306.61	151.25	0.00	—	36.91	24.22	0.00	—	6.58	3.56

（续）

年-月	样地代码	枯枝干重/(g/m²) 平均值	标准差	枯叶干重/(g/m²) 平均值	标准差	树皮干重/(g/m²) 平均值	标准差	落果（花）干重/(g/m²) 平均值	标准差	苔藓地衣干重/(g/m²) 平均值	标准差	杂物干重/(g/m²) 平均值	标准差
2013-04	HTFZH01ABC_01	5.97	5.26	5.36	5.38	0.00	—	2.71	2.72	0.00	—	1.28	0.62
2013-05	HTFZH01ABC_01	4.85	2.48	4.72	2.44	0.00	—	2.06	1.51	0.00	—	1.10	0.87
2013-06	HTFZH01ABC_01	19.06	23.45	21.04	24.15	0.71	0.55	5.06	4.76	0.00	—	2.50	1.01
2013-07	HTFZH01ABC_01	22.71	53.02	7.43	5.77	1.16	0.83	2.62	1.94	0.00	—	3.39	4.87
2013-08	HTFZH01ABC_01	2.30	1.49	4.62	1.48	0.36	0.21	1.40	2.61	0.00	—	1.18	0.81
2013-09	HTFZH01ABC_01	0.49	0.62	0.92	0.60	0.17	0.14	0.00	0.00	0.00	—	0.51	0.38
2013-10	HTFZH01ABC_01	10.48	7.90	10.23	5.10	0.09	0.10	3.53	3.90	0.00	—	0.77	0.45
2013-11	HTFZH01ABC_01	101.61	41.86	103.52	40.87	0.24	0.20	13.47	12.13	0.00	—	0.93	0.54
2013-12	HTFZH01ABC_01	4.85	4.38	6.02	4.36	0.08	0.11	1.31	1.88	0.00	—	0.79	1.10
2014-01	HTFZH01ABC_01	0.32	0.52	1.52	2.26	0.12	0.18	0.52	1.26	0.00	—	0.43	0.51
2014-03	HTFZH01ABC_01	46.97	10.67	109.53	23.78	0.67	0.70	27.16	13.37	0.00	—	1.99	0.98
2014-04	HTFZH01ABC_01	11.05	10.98	30.66	29.44	0.26	0.22	2.35	2.34	0.00	—	0.55	0.54
2014-05	HTFZH01ABC_01	1.81	2.68	6.48	7.88	0.24	0.26	0.30	0.67	0.00	—	0.51	0.44
2014-06	HTFZH01ABC_01	1.77	2.56	3.93	3.66	0.21	0.26	0.69	1.52	0.00	—	0.66	0.26
2014-07	HTFZH01ABC_01	7.91	7.73	8.64	8.42	0.25	0.33	1.15	1.52	0.00	—	0.76	0.40
2014-08	HTFZH01ABC_01	0.25	0.21	1.89	1.20	0.58	0.33	0.13	0.42	0.00	—	1.39	1.34
2014-09	HTFZH01ABC_01	0.69	0.92	3.07	1.87	0.65	0.44	0.44	0.75	0.00	—	1.75	1.26
2014-10	HTFZH01ABC_01	2.52	2.42	7.47	5.14	0.02	0.04	0.25	0.57	0.00	—	1.13	0.58
2014-11	HTFZH01ABC_01	11.40	7.79	21.43	13.65	0.23	0.17	2.14	1.89	0.00	—	1.07	0.86
2014-12	HTFZH01ABC_01	0.93	0.81	4.00	2.75	0.20	0.26	1.20	1.88	0.00	—	0.68	0.21
2015-01	HTFZH01ABC_01	3.26	3.12	10.80	8.66	0.11	0.18	2.88	3.72	0.00	—	0.82	0.66
2015-02	HTFZH01ABC_01	54.48	23.46	130.11	55.04	0.39	0.28	13.79	6.63	0.00	—	2.62	1.98
2015-03	HTFZH01ABC_01	32.77	19.51	55.37	21.82	0.42	0.35	14.96	8.50	0.00	—	3.72	1.06
2015-04	HTFZH01ABC_01	8.07	4.98	16.69	8.89	0.24	0.22	3.49	2.01	0.00	—	2.10	0.63
2015-05	HTFZH01ABC_01	12.26	10.10	16.38	12.45	0.31	0.17	3.26	2.98	0.00	—	1.91	1.01

（续）

年-月	样地代码	枯枝干重/(g/m²) 平均值	标准差	枯叶干重/(g/m²) 平均值	标准差	树皮干重/(g/m²) 平均值	标准差	落果（花）干重/(g/m²) 平均值	标准差	苔藓地衣干重/(g/m²) 平均值	标准差	杂物干重/(g/m²) 平均值	标准差
2015-06	HTFZH01ABC_01	2.53	4.02	4.39	2.09	0.38	0.43	0.96	1.65	0.00	—	1.75	0.88
2015-07	HTFZH01ABC_01	1.26	1.87	3.79	1.79	0.18	0.22	1.47	1.45	0.00	—	1.29	0.64
2015-08	HTFZH01ABC_01	2.96	2.66	3.80	2.28	0.26	0.50	0.86	1.40	0.00	—	1.10	0.60
2015-09	HTFZH01ABC_01	11.19	24.57	6.93	3.92	0.23	0.37	0.83	1.16	0.00	—	2.58	1.01
2015-10	HTFZH01ABC_01	7.60	10.84	13.74	17.85	0.04	0.06	2.75	4.43	0.00	—	1.11	0.70
2015-11	HTFZH01ABC_01	7.31	5.65	15.12	11.51	0.24	0.28	7.41	5.50	0.00	—	2.21	0.87
2015-12	HTFZH01ABC_01	54.15	41.82	96.32	73.32	0.54	0.46	13.97	10.37	0.00	—	1.11	0.54
2009-01	HTFZH02ABC_01	10.19	16.74	1.58	2.58	0.60	1.64	1.11	1.70	0.00	—	1.80	1.72
2009-03	HTFZH02ABC_01	21.25	64.52	10.28	7.74	0.31	1.37	0.92	2.53	0.00	—	7.30	4.36
2009-04	HTFZH02ABC_01	5.30	10.02	19.00	9.37	0.00	—	0.00	—	0.00	—	8.64	5.07
2009-05	HTFZH02ABC_01	9.69	18.60	93.72	23.03	0.00	—	0.56	1.78	0.00	—	10.43	3.90
2009-06	HTFZH02ABC_01	1.16	1.53	34.96	10.62	0.00	—	1.07	2.28	0.00	—	3.39	2.18
2009-07	HTFZH02ABC_01	84.47	240.63	24.71	6.13	0.00	—	0.79	1.99	0.00	—	4.36	1.82
2009-08	HTFZH02ABC_01	23.57	50.50	15.98	3.74	0.00	—	0.00	—	0.00	—	3.99	2.83
2009-09	HTFZH02ABC_01	8.21	5.99	24.04	9.11	0.00	—	0.43	1.35	0.00	—	2.86	2.00
2009-10	HTFZH02ABC_01	5.40	8.05	28.10	21.54	0.00	—	22.75	28.84	0.00	—	1.90	1.79
2009-11	HTFZH02ABC_01	1.90	1.01	26.93	13.88	0.00	—	8.94	16.42	0.00	—	2.10	0.88
2009-12	HTFZH02ABC_01	0.65	1.03	43.62	46.10	0.00	—	0.21	0.68	0.00	—	5.07	2.35
2010-01	HTFZH02ABC_01	1.29	1.27	2.08	1.36	0.00	—	0.57	1.58	0.00	—	2.52	1.19
2010-02	HTFZH02ABC_01	7.08	4.83	7.44	5.74	1.17	3.69	0.85	1.36	0.00	—	2.84	1.52
2010-03	HTFZH02ABC_01	3.69	5.30	6.11	2.68	0.00	0.00	0.33	1.04	0.00	—	3.38	2.09
2010-04	HTFZH02ABC_01	4.24	8.14	86.13	19.94	0.98	3.08	18.42	18.60	0.00	—	7.27	7.76
2010-05	HTFZH02ABC_01	3.58	9.61	79.71	23.37	0.00	—	26.69	28.26	0.00	—	1.99	2.86
2010-06	HTFZH02ABC_01	5.21	11.18	20.07	8.37	0.00	—	3.85	4.31	0.00	—	10.47	4.81
2010-07	HTFZH02ABC_01	9.36	12.72	13.70	5.72	1.03	3.26	0.45	1.43	0.00	—	13.48	6.24

（续）

年-月	样地代码	枯枝干重/（g/m²）		枯叶干重/（g/m²）		树皮干重/（g/m²）		落果（花）干重/（g/m²）		苔藓地衣干重/（g/m²）		杂物干重/（g/m²）	
		平均值	标准差	平均值	标准差	平均值	标准差	平均值	标准差	平均值	标准差	平均值	标准差
2010-08	HTFZH02ABC_01	8.02	16.34	10.54	3.19	0.36	1.13	0.76	1.92	0.00	—	6.87	2.68
2010-09	HTFZH02ABC_01	7.07	5.99	12.31	5.27	0.00	—	0.68	0.90	0.00	—	6.52	3.30
2010-10	HTFZH02ABC_01	6.90	18.33	24.37	15.11	0.08	0.24	1.40	2.80	0.00	—	5.24	2.74
2010-11	HTFZH02ABC_01	1.06	2.04	64.12	35.88	0.00	—	4.76	5.90	0.00	—	5.01	2.92
2010-12	HTFZH02ABC_01	10.55	18.31	11.89	11.33	0.24	0.75	0.93	0.71	0.00	—	2.67	0.94
2011-02	HTFZH02ABC_01	10.38	8.09	4.33	1.96	5.94	17.68	0.50	0.89	0.00	—	4.55	2.81
2011-03	HTFZH02ABC_01	12.18	10.41	6.58	3.75	4.44	13.00	0.94	2.97	0.00	—	4.08	2.50
2011-04	HTFZH02ABC_01	2.72	3.53	41.58	15.58	0.00	—	1.02	3.23	0.00	—	7.35	3.08
2011-05	HTFZH02ABC_01	9.39	9.61	117.80	26.69	0.00	—	43.38	22.60	0.00	—	2.72	2.04
2011-06	HTFZH02ABC_01	4.62	4.37	60.26	21.00	0.00	—	1.96	2.80	0.00	—	18.32	9.36
2011-07	HTFZH02ABC_01	9.22	17.26	18.42	4.70	0.49	1.55	18.22	18.88	0.00	—	9.53	3.81
2011-08	HTFZH02ABC_01	10.96	12.95	22.93	7.45	0.00	—	10.55	11.89	0.00	—	9.09	3.62
2011-09	HTFZH02ABC_01	8.88	9.95	27.68	6.57	0.00	—	10.23	10.34	0.00	—	11.22	8.45
2011-10	HTFZH02ABC_01	11.49	8.09	29.71	6.04	1.14	3.60	37.53	30.93	0.00	—	6.84	3.32
2011-11	HTFZH02ABC_01	16.11	20.49	56.38	34.81	0.97	3.06	85.30	55.50	0.00	—	5.19	4.54
2011-12	HTFZH02ABC_01	18.84	23.59	13.10	12.68	0.64	2.03	15.64	12.99	0.00	—	3.49	2.82
2012-02	HTFZH02ABC_01	15.50	9.46	8.63	4.61	0.88	2.70	1.76	1.75	0.00	—	7.56	3.06
2012-03	HTFZH02ABC_01	10.55	8.04	8.26	3.10	0.04	0.12	0.75	1.44	0.00	—	7.55	2.97
2012-04	HTFZH02ABC_01	3.57	2.58	28.11	16.50	0.26	0.67	0.40	1.12	0.00	—	6.87	2.14
2012-05	HTFZH02ABC_01	7.01	7.07	58.06	21.47	0.10	0.33	21.39	5.57	0.00	—	4.99	3.95
2012-06	HTFZH02ABC_01	4.03	2.53	65.60	29.78	0.05	0.17	3.97	8.03	0.00	—	7.74	3.13
2012-07	HTFZH02ABC_01	6.71	8.98	23.61	16.78	0.22	0.68	19.79	6.06	0.00	—	7.14	2.80

（续）

年-月	样地代码	枯枝干重/（g/m²）		枯叶干重/（g/m²）		树皮干重/（g/m²）		落果（花）干重/（g/m²）		苔藓地衣干重/（g/m²）		杂物干重/（g/m²）	
		平均值	标准差	平均值	标准差	平均值	标准差	平均值	标准差	平均值	标准差	平均值	标准差
2012-08	HTFZH02ABC_01	6.47	3.33	22.64	10.59	0.61	1.14	6.69	2.76	0.00	—	7.53	2.56
2012-11	HTFZH02ABC_01	26.85	4.48	25.91	6.93	0.10	0.31	25.50	4.60	0.00	—	8.94	2.14
2012-12	HTFZH02ABC_01	7.39	6.34	10.98	5.37	1.39	3.05	6.84	3.45	0.00	—	5.54	1.34
2013-01	HTFZH02ABC_01	0.70	1.19	7.39	4.13	0.34	0.58	0.33	0.56	0.00	—	2.11	1.76
2013-02	HTFZH02ABC_01	0.41	0.90	5.96	3.74	0.11	0.35	0.00	—	0.00	—	1.81	1.04
2013-03	HTFZH02ABC_01	30.18	27.98	17.59	6.23	0.67	1.65	1.63	4.90	0.00	—	2.96	2.43
2013-04	HTFZH02ABC_01	4.81	5.53	11.74	9.15	0.33	0.56	0.00	—	0.00	—	2.50	1.37
2013-05	HTFZH02ABC_01	2.80	1.92	12.03	6.04	0.23	0.74	0.00	—	0.00	—	1.48	0.68
2013-06	HTFZH02ABC_01	29.46	25.35	87.91	76.46	0.00	—	0.78	2.47	0.00	—	13.91	11.03
2013-07	HTFZH02ABC_01	12.77	29.96	10.13	4.76	0.26	0.81	0.00	—	0.00	—	9.54	5.56
2013-08	HTFZH02ABC_01	4.24	5.28	18.30	7.61	0.17	0.36	0.00	—	0.00	—	7.53	3.93
2013-09	HTFZH02ABC_01	21.11	57.23	5.92	2.46	8.16	25.55	0.13	0.21	0.00	—	3.86	1.49
2013-10	HTFZH02ABC_01	5.28	5.52	16.09	8.43	1.70	5.09	0.17	0.36	0.00	—	5.24	3.35
2013-11	HTFZH02ABC_01	5.94	9.88	80.68	37.25	0.07	0.23	0.89	1.30	0.00	—	1.63	0.91
2013-12	HTFZH02ABC_01	0.03	0.09	13.10	12.05	0.10	0.24	0.00	—	0.00	—	0.73	0.32
2014-01	HTFZH02ABC_01	0.42	1.22	4.75	1.93	0.04	0.08	0.00	—	0.00	—	0.52	0.54
2014-03	HTFZH02ABC_01	29.08	60.48	12.43	4.53	0.21	0.40	0.06	0.14	0.00	—	0.90	0.42
2014-04	HTFZH02ABC_01	37.13	65.92	24.34	13.27	0.00	—	0.00	—	0.00	—	9.76	6.03
2014-05	HTFZH02ABC_01	6.76	6.39	96.95	20.93	0.00	—	0.00	—	0.00	—	21.15	12.64
2014-06	HTFZH02ABC_01	16.92	27.00	74.38	48.91	0.00	—	2.46	4.23	0.00	—	7.78	2.95

（续）

年-月	样地代码	枯枝干重/(g/m²)		枯叶干重/(g/m²)		树皮干重/(g/m²)		落果（花）干重/(g/m²)		苔藓地衣干重/(g/m²)		杂物干重/(g/m²)	
		平均值	标准差	平均值	标准差	平均值	标准差	平均值	标准差	平均值	标准差	平均值	标准差
2014-07	HTFZH02ABC_01	131.31	399.23	4.68	2.82	0.00	—	0.00	—	0.00	—	3.48	1.84
2014-08	HTFZH02ABC_01	26.69	45.12	7.91	2.46	0.00	—	0.00	—	0.00	—	2.33	1.08
2014-09	HTFZH02ABC_01	1.86	2.25	13.26	4.37	0.00	—	0.00	—	0.00	—	8.14	3.85
2014-10	HTFZH02ABC_01	4.35	11.06	17.68	5.41	0.00	—	0.70	1.18	0.00	—	6.13	3.73
2014-11	HTFZH02ABC_01	129.58	407.45	67.07	46.02	0.00	—	1.88	2.38	0.00	—	2.59	1.81
2014-12	HTFZH02ABC_01	2.14	2.55	51.10	21.47	0.00	—	1.57	2.32	0.00	—	1.29	0.78
2015-01	HTFZH02ABC_01	14.55	37.68	3.61	4.78	0.00	—	0.26	0.82	0.00	—	0.59	0.57
2015-02	HTFZH02ABC_01	9.44	6.69	4.57	2.30	0.00	—	0.00	—	0.00	—	1.41	1.02
2015-03	HTFZH02ABC_01	9.30	7.97	15.82	8.20	0.00	—	0.00	—	0.00	—	2.63	1.91
2015-04	HTFZH02ABC_01	18.18	10.44	23.29	11.61	0.00	—	0.00	—	0.00	—	7.42	3.67
2015-05	HTFZH02ABC_01	48.66	78.52	70.75	23.13	0.00	—	0.00	—	0.00	—	12.70	6.87
2015-06	HTFZH02ABC_01	63.72	177.20	49.21	12.11	0.00	—	0.00	—	0.00	—	6.78	2.44
2015-07	HTFZH02ABC_01	5.93	7.59	17.27	4.98	0.00	—	0.53	0.72	0.00	—	5.42	1.80
2015-08	HTFZH02ABC_01	2.92	3.59	15.32	6.12	0.00	—	8.89	6.21	0.00	—	2.37	1.34
2015-09	HTFZH02ABC_01	113.27	347.09	23.15	14.62	0.00	—	6.00	5.12	0.00	—	4.99	2.22
2015-10	HTFZH02ABC_01	1.21	1.35	64.28	27.89	0.00	—	8.57	7.31	0.00	—	2.50	1.50
2015-11	HTFZH02ABC_01	1.16	1.27	86.75	40.04	0.00	—	0.00	—	0.00	—	2.12	1.10
2015-12	HTFZH02ABC_01	105.25	314.81	113.40	52.35	0.00	—	0.00	—	0.00	—	1.62	0.84

注：10个重复，0.00表示当月无该项指标数据产生，—说明数据未满足计算要求。

表 3 – 18 凋落物现存量月动态

年-月	样地代码	枯枝干重/(g/m²) 平均值	标准差	枯叶干重/(g/m²) 平均值	标准差	落果（花）干重/(g/m²) 平均值	标准差	树皮干重/(g/m²) 平均值	标准差	苔藓地衣干重/(g/m²) 平均值	标准差	杂物干重/(g/m²) 平均值	标准差
2009 – 01	HTFFZ01AB0_01	269.15	42.19	670.44	145.58	65.77	17.79	0.00	—	0.00	—	0.00	—
2009 – 03	HTFFZ01AB0_01	352.86	95.59	492.59	131.04	106.14	50.80	0.00	—	0.00	—	0.00	—
2009 – 04	HTFFZ01AB0_01	334.87	102.38	436.34	73.23	93.80	21.43	0.00	—	0.00	—	0.00	—
2009 – 05	HTFFZ01AB0_01	312.30	150.11	580.98	141.58	88.23	27.36	0.00	—	0.00	—	0.00	—
2009 – 06	HTFFZ01AB0_01	247.04	76.06	509.33	148.48	84.82	31.30	0.00	—	0.00	—	0.00	—
2009 – 07	HTFFZ01AB0_01	339.18	84.74	542.09	115.11	96.86	43.59	0.00	—	0.00	—	0.00	—
2009 – 08	HTFFZ01AB0_01	399.22	120.58	336.20	129.57	106.85	44.21	0.00	—	0.00	—	0.00	—
2009 – 09	HTFFZ01AB0_01	440.29	144.26	246.52	61.35	102.89	61.01	0.00	—	0.00	—	0.00	—
2009 – 10	HTFFZ01AB0_01	332.00	171.15	377.18	118.46	83.54	28.28	0.00	—	0.00	—	0.00	—
2009 – 11	HTFFZ01AB0_01	330.83	76.28	387.86	46.26	93.13	44.93	0.00	—	0.00	—	0.00	—
2009 – 12	HTFFZ01AB0_01	508.85	396.53	381.48	110.42	54.19	21.66	0.00	—	0.00	—	0.00	—
2010 – 01	HTFFZ01AB0_01	341.32	135.34	587.33	42.99	94.27	43.85	0.00	—	0.00	—	0.00	—
2010 – 02	HTFFZ01AB0_01	280.60	147.14	542.50	95.17	110.41	37.95	0.00	—	0.00	—	0.00	—
2010 – 03	HTFFZ01AB0_01	361.56	103.14	639.87	147.45	137.32	86.25	0.00	—	0.00	—	0.00	—
2010 – 04	HTFFZ01AB0_01	324.41	140.78	408.09	141.32	133.87	72.32	0.00	—	0.00	—	0.00	—
2010 – 05	HTFFZ01AB0_01	356.17	104.08	624.26	134.61	77.20	33.32	0.00	—	0.00	—	0.00	—
2010 – 06	HTFFZ01AB0_01	298.58	83.83	493.63	61.21	92.17	46.16	0.00	—	0.00	—	0.00	—
2010 – 07	HTFFZ01AB0_01	340.09	89.47	452.69	92.33	140.81	29.88	0.00	—	0.00	—	0.00	—
2010 – 08	HTFFZ01AB0_01	241.67	46.99	345.79	81.79	97.77	39.58	0.00	—	0.00	—	0.00	—
2010 – 09	HTFFZ01AB0_01	295.98	65.88	322.71	66.20	79.21	43.42	0.00	—	0.00	—	0.00	—
2010 – 10	HTFFZ01AB0_01	364.68	62.81	312.71	52.95	101.08	45.86	0.00	—	0.00	—	0.00	—
2010 – 11	HTFFZ01AB0_01	394.63	152.35	464.50	111.64	67.76	23.95	0.00	—	0.00	—	0.00	—
2010 – 12	HTFFZ01AB0_01	231.80	70.74	600.13	144.33	89.95	24.44	0.00	—	0.00	—	0.00	—
2011 – 02	HTFFZ01AB0_01	339.80	126.21	372.27	104.12	124.88	61.77	0.00	—	0.00	—	0.00	—

（续）

年-月	样地代码	枯枝干重/(g/m²) 平均值	标准差	枯叶干重/(g/m²) 平均值	标准差	落果（花）干重/(g/m²) 平均值	标准差	树皮干重/(g/m²) 平均值	标准差	苔藓地衣干重/(g/m²) 平均值	标准差	杂物干重/(g/m²) 平均值	标准差
2011-03	HTFFZ01AB0_01	278.23	68.26	632.39	178.35	105.78	44.35	0.00	—	0.00	—	0.00	—
2011-04	HTFFZ01AB0_01	311.55	103.78	471.19	98.71	148.22	63.96	0.00	—	0.00	—	0.00	—
2011-05	HTFFZ01AB0_01	402.16	29.33	646.86	170.08	112.80	43.65	0.00	—	0.00	—	0.00	—
2011-06	HTFFZ01AB0_01	401.14	168.43	481.23	119.77	121.05	23.73	0.00	—	0.00	—	0.00	—
2011-07	HTFFZ01AB0_01	265.21	27.42	455.50	107.03	126.65	38.98	0.00	—	0.00	—	0.00	—
2011-08	HTFFZ01AB0_01	311.86	77.17	310.15	61.19	102.36	47.36	0.00	—	0.00	—	0.00	—
2011-09	HTFFZ01AB0_01	281.90	74.71	280.89	78.03	109.07	42.88	0.00	—	0.00	—	0.00	—
2011-10	HTFFZ01AB0_01	288.64	87.17	398.62	130.96	113.95	74.37	0.00	—	0.00	—	0.00	—
2011-11	HTFFZ01AB0_01	261.32	45.21	363.28	81.34	79.48	22.91	0.00	—	0.00	—	0.00	—
2011-12	HTFFZ01AB0_01	276.91	53.67	422.58	64.21	64.75	24.09	0.00	—	0.00	—	0.00	—
2012-02	HTFFZ01AB0_01	275.35	86.71	341.70	78.81	109.61	52.20	0.00	—	0.00	—	0.00	—
2012-03	HTFFZ01AB0_01	247.93	61.11	626.34	186.38	94.36	55.24	0.00	—	0.00	—	0.00	—
2012-04	HTFFZ01AB0_01	259.48	90.52	558.68	133.49	136.00	42.90	0.00	—	0.00	—	0.00	—
2012-05	HTFFZ01AB0_01	379.47	33.56	661.89	155.97	100.33	48.18	0.00	—	0.00	—	0.00	—
2012-06	HTFFZ01AB0_01	364.36	134.75	512.24	124.65	131.86	36.52	0.00	—	0.00	—	0.00	—
2012-07	HTFFZ01AB0_01	251.32	39.31	479.63	93.97	102.43	26.86	0.00	—	0.00	—	0.00	—
2012-08	HTFFZ01AB0_01	294.34	71.96	387.42	33.07	110.53	69.17	0.00	—	0.00	—	0.00	—
2012-11	HTFFZ01AB0_01	515.58	74.50	387.70	118.48	128.22	48.99	0.00	—	0.00	—	0.00	—
2012-12	HTFFZ01AB0_01	257.56	52.65	473.11	79.49	54.31	20.38	0.00	—	0.00	—	0.00	—
2013-01	HTFFZ01AB0_01	301.52	73.98	637.40	182.83	105.16	44.36	0.00	—	0.00	—	0.00	—
2013-02	HTFFZ01AB0_01	337.63	112.47	473.26	101.07	147.81	64.48	0.00	—	0.00	—	0.00	—
2013-03	HTFFZ01AB0_01	435.83	31.79	844.11	221.82	167.82	21.36	0.00	—	0.00	—	0.00	—
2013-04	HTFFZ01AB0_01	434.72	182.53	483.76	120.53	120.41	23.25	0.00	—	0.00	—	0.00	—
2013-05	HTFFZ01AB0_01	287.41	29.71	458.45	107.28	125.93	39.21	0.00	—	0.00	—	0.00	—

（续）

年-月	样地代码	枯枝干重/(g/m²) 平均值	标准差	枯叶干重/(g/m²) 平均值	标准差	落果（花）干重/(g/m²) 平均值	标准差	树皮干重/(g/m²) 平均值	标准差	苔藓地衣干重/(g/m²) 平均值	标准差	杂物干重/(g/m²) 平均值	标准差
2013-06	HTFFZ01AB0_01	337.96	83.63	311.05	59.40	102.11	47.81	0.00	—	0.00	—	0.00	—
2013-07	HTFFZ01AB0_01	305.50	80.96	281.87	77.36	108.51	42.03	0.00	—	0.00	—	0.00	—
2013-08	HTFFZ01AB0_01	312.80	94.46	400.83	131.93	113.15	73.43	0.00	—	0.00	—	0.00	—
2013-09	HTFFZ01AB0_01	283.19	49.00	365.79	81.90	78.96	22.71	0.00	—	0.00	—	0.00	—
2013-10	HTFFZ01AB0_01	300.09	58.16	424.23	64.58	64.57	24.17	0.00	—	0.00	—	0.00	—
2013-11	HTFFZ01AB0_01	254.04	170.55	422.06	135.98	0.00	—	0.00	—	0.00	—	0.00	—
2013-12	HTFFZ01AB0_01	339.11	182.61	464.23	112.75	0.00	—	0.00	—	0.00	—	0.00	—
2014-01	HTFFZ01AB0_01	265.03	65.02	415.58	68.17	93.84	41.00	0.00	—	0.00	—	0.00	—
2014-03	HTFFZ01AB0_01	504.38	36.79	874.27	229.75	186.93	23.80	0.00	—	0.00	—	0.00	—
2014-04	HTFFZ01AB0_01	429.20	180.22	453.43	112.97	95.90	18.60	0.00	—	0.00	—	0.00	—
2014-05	HTFFZ01AB0_01	283.76	29.33	429.70	100.56	106.23	33.07	0.00	—	0.00	—	0.00	—
2014-06	HTFFZ01AB0_01	333.67	82.57	291.54	55.68	86.14	40.33	0.00	—	0.00	—	0.00	—
2014-07	HTFFZ01AB0_01	301.62	79.93	264.19	72.51	91.53	35.45	0.00	—	0.00	—	0.00	—
2014-08	HTFFZ01AB0_01	308.83	93.26	375.70	123.66	95.45	61.94	0.00	—	0.00	—	0.00	—
2014-09	HTFFZ01AB0_01	279.60	48.38	342.85	76.77	66.61	19.16	0.00	—	0.00	—	0.00	—
2014-10	HTFFZ01AB0_01	296.28	57.42	397.63	60.53	54.47	20.39	0.00	—	0.00	—	0.00	—
2014-11	HTFFZ01AB0_01	314.32	211.02	437.89	141.07	106.04	26.33	0.00	—	0.00	—	0.00	—
2014-12	HTFFZ01AB0_01	304.28	163.86	418.41	101.62	66.96	28.18	0.00	—	0.00	—	0.00	—
2015-01	HTFFZ01AB0_01	342.74	63.04	552.63	101.65	102.86	18.60	0.00	—	0.00	—	0.00	—
2015-02	HTFFZ01AB0_01	290.74	41.13	751.28	106.28	96.85	23.46	0.00	—	0.00	—	0.00	—
2015-03	HTFFZ01AB0_01	412.29	113.05	830.72	227.78	110.76	38.12	0.00	—	0.00	—	0.00	—
2015-04	HTFFZ01AB0_01	389.91	81.80	738.61	154.96	146.98	69.54	0.00	—	0.00	—	0.00	—
2015-05	HTFFZ01AB0_01	314.92	54.64	506.54	87.89	120.43	42.42	0.00	—	0.00	—	0.00	—
2015-06	HTFFZ01AB0_01	235.95	25.09	563.97	59.97	94.99	19.91	0.00	—	0.00	—	0.00	—

（续）

年-月	样地代码	枯枝干重/ (g/m²) 平均值	标准差	枯叶干重/ (g/m²) 平均值	标准差	落果（花）干重/ (g/m²) 平均值	标准差	树皮干重/ (g/m²) 平均值	标准差	苔藓地衣干重/ (g/m²) 平均值	标准差	杂物干重/ (g/m²) 平均值	标准差
2015-07	HTFFZ01AB0_01	299.39	60.36	418.43	84.35	124.27	21.91	0.00	—	0.00	—	0.00	—
2015-08	HTFFZ01AB0_01	236.85	36.27	388.41	59.48	117.28	38.51	0.00	—	0.00	—	0.00	—
2015-09	HTFFZ01AB0_01	242.74	22.05	316.96	28.79	106.28	19.41	0.00	—	0.00	—	0.00	—
2015-10	HTFFZ01AB0_01	337.30	65.27	511.95	99.06	118.07	21.55	0.00	—	0.00	—	0.00	—
2015-11	HTFFZ01AB0_01	311.15	78.27	472.26	118.79	102.41	14.54	0.00	—	0.00	—	0.00	—
2015-12	HTFFZ01AB0_01	329.84	45.25	665.35	91.27	93.80	17.93	0.00	—	0.00	—	0.00	—
2009-01	HTFZH01ABC_01	216.77	46.90	584.98	202.40	54.70	23.99	0.00	—	0.00	—	0.00	—
2009-03	HTFZH01ABC_01	321.41	131.86	530.10	167.64	88.96	40.42	0.00	—	0.00	—	0.00	—
2009-04	HTFZH01ABC_01	429.12	93.31	653.46	97.63	130.88	25.53	0.00	—	0.00	—	0.00	—
2009-05	HTFZH01ABC_01	369.12	41.40	611.63	80.94	120.06	38.67	0.00	—	0.00	—	0.00	—
2009-06	HTFZH01ABC_01	332.83	127.90	521.83	141.59	109.92	49.09	0.00	—	0.00	—	0.00	—
2009-07	HTFZH01ABC_01	382.44	93.36	447.00	100.44	72.78	25.13	0.00	—	0.00	—	0.00	—
2009-08	HTFZH01ABC_01	381.56	79.38	373.01	104.60	74.86	19.48	0.00	—	0.00	—	0.00	—
2009-09	HTFZH01ABC_01	445.94	83.64	332.40	116.70	74.30	27.45	0.00	—	0.00	—	0.00	—
2009-10	HTFZH01ABC_01	369.50	95.31	313.31	75.70	80.67	22.03	0.00	—	0.00	—	0.00	—
2009-11	HTFZH01ABC_01	380.43	115.11	283.99	88.89	91.82	16.16	0.00	—	0.00	—	0.00	—
2009-12	HTFZH01ABC_01	301.35	104.62	451.94	131.08	136.41	80.62	0.00	—	0.00	—	0.00	—
2010-01	HTFZH01ABC_01	282.17	81.90	479.75	142.77	89.13	62.88	0.00	—	0.00	—	0.00	—
2010-02	HTFZH01ABC_01	263.90	89.12	481.84	98.29	83.60	48.55	0.00	—	0.00	—	0.00	—
2010-03	HTFZH01ABC_01	353.46	148.02	579.63	97.80	94.94	55.45	0.00	—	0.00	—	0.00	—
2010-04	HTFZH01ABC_01	180.57	40.24	397.20	29.90	50.91	22.08	0.00	—	0.00	—	0.00	—
2010-05	HTFZH01ABC_01	169.54	33.15	320.37	100.02	71.18	43.01	0.00	—	0.00	—	0.00	—
2010-06	HTFZH01ABC_01	329.11	121.92	530.92	118.51	102.36	35.64	0.00	—	0.00	—	0.00	—
2010-07	HTFZH01ABC_01	382.41	100.91	379.93	84.48	131.11	85.43	0.00	—	0.00	—	0.00	—

（续）

年-月	样地代码	枯枝干重/(g/m²) 平均值	标准差	枯叶干重/(g/m²) 平均值	标准差	落果（花）干重/(g/m²) 平均值	标准差	树皮干重/(g/m²) 平均值	标准差	苔藓地衣干重/(g/m²) 平均值	标准差	杂物干重/(g/m²) 平均值	标准差
2010-08	HTFZH01ABC_01	349.19	140.66	363.63	40.00	69.99	30.57	0.00	—	0.00	—	0.00	—
2010-09	HTFZH01ABC_01	304.72	88.70	342.43	57.06	82.45	33.50	0.00	—	0.00	—	0.00	—
2010-10	HTFZH01ABC_01	327.31	99.65	341.58	63.57	98.56	26.29	0.00	—	0.00	—	0.00	—
2010-11	HTFZH01ABC_01	282.93	131.73	461.48	110.52	85.84	41.62	0.00	—	0.00	—	0.00	—
2010-12	HTFZH01ABC_01	252.45	65.03	338.54	95.93	115.42	30.97	0.00	—	0.00	—	0.00	—
2011-02	HTFZH01ABC_01	299.32	150.37	317.86	114.14	79.86	40.21	0.00	—	0.00	—	0.00	—
2011-03	HTFZH01ABC_01	332.49	66.86	594.35	154.24	64.07	56.08	0.00	—	0.00	—	0.00	—
2011-04	HTFZH01ABC_01	211.37	44.78	494.90	123.83	137.62	60.48	0.00	—	0.00	—	0.00	—
2011-05	HTFZH01ABC_01	241.75	41.52	569.16	146.45	123.35	54.71	0.00	—	0.00	—	0.00	—
2011-06	HTFZH01ABC_01	302.53	95.90	646.59	161.05	126.01	43.75	0.00	—	0.00	—	0.00	—
2011-07	HTFZH01ABC_01	275.69	57.45	437.49	97.52	93.76	47.18	0.00	—	0.00	—	0.00	—
2011-08	HTFZH01ABC_01	329.12	69.88	473.83	134.14	114.14	47.24	0.00	—	0.00	—	0.00	—
2011-09	HTFZH01ABC_01	303.53	56.41	290.65	89.71	151.00	188.85	0.00	—	0.00	—	0.00	—
2011-10	HTFZH01ABC_01	268.09	71.39	372.45	51.55	88.33	36.78	0.00	—	0.00	—	0.00	—
2011-11	HTFZH01ABC_01	271.30	66.69	247.24	45.56	91.39	30.64	0.00	—	0.00	—	0.00	—
2011-12	HTFZH01ABC_01	204.01	56.76	351.22	111.13	81.78	30.83	0.00	—	0.00	—	0.00	—
2012-02	HTFZH01ABC_01	274.25	127.18	301.08	98.22	59.58	26.10	0.00	—	0.00	—	0.00	—
2012-03	HTFZH01ABC_01	300.85	65.54	486.46	153.84	95.98	43.57	0.00	—	0.00	—	0.00	—
2012-04	HTFZH01ABC_01	199.42	42.61	346.48	91.40	137.60	53.05	0.00	—	0.00	—	0.00	—
2012-05	HTFZH01ABC_01	231.10	46.06	505.78	63.07	93.80	50.91	0.00	—	0.00	—	0.00	—
2012-06	HTFZH01ABC_01	309.36	92.65	709.82	259.60	138.70	54.66	0.00	—	0.00	—	0.00	—
2012-07	HTFZH01ABC_01	273.76	49.81	622.18	167.70	143.32	65.41	0.00	—	0.00	—	0.00	—
2012-08	HTFZH01ABC_01	323.27	81.82	544.26	166.25	151.85	37.28	0.00	—	0.00	—	0.00	—
2012-11	HTFZH01ABC_01	561.43	88.92	692.26	249.02	149.45	40.15	0.00	—	0.00	—	0.00	—

（续）

年-月	样地代码	枯枝干重/(g/m²)		枯叶干重/(g/m²)		落果(花)干重/(g/m²)		树皮干重/(g/m²)		苔藓地衣干重/(g/m²)		杂物干重/(g/m²)	
		平均值	标准差	平均值	标准差	平均值	标准差	平均值	标准差	平均值	标准差	平均值	标准差
2012-12	HTFZH01ABC_01	179.78	40.99	320.29	92.41	89.99	55.75	0.00	—	0.00	—	0.00	—
2013-01	HTFZH01ABC_01	323.59	163.66	313.64	111.66	80.95	41.04	0.00	—	0.00	—	0.00	—
2013-02	HTFZH01ABC_01	360.33	72.45	596.76	148.88	64.01	57.14	0.00	—	0.00	—	0.00	—
2013-03	HTFZH01ABC_01	542.86	170.72	680.16	171.43	151.28	38.16	0.00	—	0.00	—	0.00	—
2013-04	HTFZH01ABC_01	435.83	31.79	844.11	221.82	167.82	21.36	0.00	—	0.00	—	0.00	—
2013-05	HTFZH01ABC_01	327.85	103.92	651.32	162.04	125.09	43.45	0.00	—	0.00	—	0.00	—
2013-06	HTFZH01ABC_01	298.77	62.26	441.82	98.94	92.78	46.64	0.00	—	0.00	—	0.00	—
2013-07	HTFZH01ABC_01	356.67	75.73	475.69	134.59	113.51	46.53	0.00	—	0.00	—	0.00	—
2013-08	HTFZH01ABC_01	328.94	61.14	292.66	90.50	149.93	187.15	0.00	—	0.00	—	0.00	—
2013-09	HTFZH01ABC_01	290.54	77.36	375.00	52.16	87.54	36.18	0.00	—	0.00	—	0.00	—
2013-10	HTFZH01ABC_01	294.01	72.28	248.23	45.89	90.98	30.37	0.00	—	0.00	—	0.00	—
2013-11	HTFZH01ABC_01	221.09	61.52	352.21	109.64	81.58	31.10	0.00	—	0.00	—	0.00	—
2013-12	HTFZH01ABC_01	368.25	136.78	374.13	104.56	124.42	62.21	0.00	—	0.00	—	0.00	—
2014-01	HTFZH01ABC_01	287.99	145.66	283.22	100.83	81.54	41.42	0.00	—	0.00	—	0.00	—
2014-03	HTFZH01ABC_01	624.28	196.32	696.01	175.42	136.59	37.29	0.00	—	0.00	—	0.00	—
2014-04	HTFZH01ABC_01	416.99	30.41	788.40	207.18	146.56	18.67	0.00	—	0.00	—	0.00	—
2014-05	HTFZH01ABC_01	287.38	91.09	536.33	133.43	118.15	45.07	0.00	—	0.00	—	0.00	—
2014-06	HTFZH01ABC_01	237.98	49.59	375.49	84.09	76.88	32.93	0.00	—	0.00	—	0.00	—
2014-07	HTFZH01ABC_01	284.10	60.32	404.28	114.39	101.19	48.65	0.00	—	0.00	—	0.00	—
2014-08	HTFZH01ABC_01	262.02	48.70	248.73	76.91	145.40	187.88	0.00	—	0.00	—	0.00	—
2014-09	HTFZH01ABC_01	231.42	61.62	318.70	44.33	71.40	31.86	0.00	—	0.00	—	0.00	—
2014-10	HTFZH01ABC_01	234.19	57.57	210.96	39.00	81.12	27.54	0.00	—	0.00	—	0.00	—
2014-11	HTFZH01ABC_01	390.22	108.58	520.21	161.94	69.94	26.67	0.00	—	0.00	—	0.00	—
2014-12	HTFZH01ABC_01	441.42	163.96	402.82	112.58	123.36	61.95	0.00	—	0.00	—	0.00	—

（续）

年-月	样地代码	枯枝干重/(g/m²)		枯叶干重/(g/m²)		落果（花）干重/(g/m²)		树皮干重/(g/m²)		苔藓地衣干重/(g/m²)		杂物干重/(g/m²)	
		平均值	标准差	平均值	标准差	平均值	标准差	平均值	标准差	平均值	标准差	平均值	标准差
2015-01	HTFZH01ABC_01	130.12	29.92	429.85	98.85	83.17	33.94	0.00	—	0.00	—	0.00	—
2015-02	HTFZH01ABC_01	188.12	42.63	563.29	127.65	101.88	30.17	0.00	—	0.00	—	0.00	—
2015-03	HTFZH01ABC_01	329.05	71.20	653.84	141.47	105.44	26.32	0.00	—	0.00	—	0.00	—
2015-04	HTFZH01ABC_01	415.79	100.61	812.90	196.71	149.93	46.50	0.00	—	0.00	—	0.00	—
2015-05	HTFZH01ABC_01	375.34	68.38	695.87	126.77	107.58	39.50	0.00	—	0.00	—	0.00	—
2015-06	HTFZH01ABC_01	217.57	72.68	369.05	123.28	96.57	21.09	0.00	—	0.00	—	0.00	—
2015-07	HTFZH01ABC_01	316.82	87.90	351.74	97.59	118.91	36.05	0.00	—	0.00	—	0.00	—
2015-08	HTFZH01ABC_01	272.05	65.46	373.43	89.85	96.43	17.39	0.00	—	0.00	—	0.00	—
2015-09	HTFZH01ABC_01	215.20	29.46	329.33	45.08	91.45	18.58	0.00	—	0.00	—	0.00	—
2015-10	HTFZH01ABC_01	279.98	55.28	421.71	83.26	105.24	23.12	0.00	—	0.00	—	0.00	—
2015-11	HTFZH01ABC_01	358.56	98.37	540.07	148.16	4.26	3.34	0.00	—	0.00	—	0.00	—
2015-12	HTFZH01ABC_01	334.68	68.32	730.55	149.14	100.53	19.97	0.00	—	0.00	—	0.00	—
2009-01	HTFZH02ABC_01	485.98	207.41	507.48	234.21	52.50	72.70	0.00	—	0.00	—	0.00	—
2009-03	HTFZH02ABC_01	302.91	136.76	392.59	137.23	24.96	24.01	0.00	—	0.00	—	0.00	—
2009-04	HTFZH02ABC_01	342.92	218.81	587.81	195.53	37.07	50.86	0.00	—	0.00	—	0.00	—
2009-05	HTFZH02ABC_01	333.65	283.17	464.10	149.56	21.02	20.75	0.00	—	0.00	—	0.00	—
2009-06	HTFZH02ABC_01	567.20	346.91	639.47	199.96	15.32	23.57	0.00	—	0.00	—	0.00	—
2009-07	HTFZH02ABC_01	415.31	180.95	366.85	82.82	12.76	16.30	0.00	—	0.00	—	0.00	—
2009-08	HTFZH02ABC_01	183.95	67.74	469.66	207.65	9.70	13.46	0.00	—	0.00	—	0.00	—
2009-09	HTFZH02ABC_01	283.06	152.57	375.67	66.91	26.23	36.83	0.00	—	0.00	—	0.00	—
2009-10	HTFZH02ABC_01	342.63	93.95	515.86	182.68	11.20	11.73	0.00	—	0.00	—	0.00	—
2009-11	HTFZH02ABC_01	248.62	196.11	394.75	97.54	17.18	10.51	0.00	—	0.00	—	0.00	—
2009-12	HTFZH02ABC_01	134.65	82.03	378.49	117.81	6.20	6.69	0.00	—	0.00	—	0.00	—
2010-01	HTFZH02ABC_01	259.03	32.15	362.13	76.18	5.77	9.22	0.00	—	0.00	—	0.00	—

（续）

年-月	样地代码	枯枝干重/(g/m²)		枯叶干重/(g/m²)		落果（花）干重/(g/m²)		树皮干重/(g/m²)		苔藓地衣干重/(g/m²)		杂物干重/(g/m²)	
		平均值	标准差	平均值	标准差	平均值	标准差	平均值	标准差	平均值	标准差	平均值	标准差
2010-02	HTFZH02ABC_01	415.84	349.17	484.25	79.93	0.00	—	0.00	—	0.00	—	0.00	—
2010-03	HTFZH02ABC_01	358.44	205.35	571.16	229.61	0.00	—	0.00	—	0.00	—	0.00	—
2010-04	HTFZH02ABC_01	279.15	118.19	545.23	131.98	0.00	—	0.00	—	0.00	—	0.00	—
2010-05	HTFZH02ABC_01	350.66	286.48	429.97	142.84	15.06	21.06	0.00	—	0.00	—	0.00	—
2010-06	HTFZH02ABC_01	198.35	152.69	512.26	83.30	5.17	14.36	0.00	—	0.00	—	0.00	—
2010-07	HTFZH02ABC_01	423.74	214.83	574.18	131.81	0.00	—	0.00	—	0.00	—	0.00	—
2010-08	HTFZH02ABC_01	522.72	275.36	622.15	171.75	2.27	8.79	0.00	—	0.00	—	0.00	—
2010-09	HTFZH02ABC_01	369.18	427.16	561.71	158.59	0.00	—	0.00	—	0.00	—	0.00	—
2010-10	HTFZH02ABC_01	342.76	225.04	534.57	174.55	1.90	4.27	0.00	—	0.00	—	0.00	—
2010-11	HTFZH02ABC_01	306.15	286.41	453.78	90.96	1.90	4.27	0.00	—	0.00	—	0.00	—
2010-12	HTFZH02ABC_01	194.01	109.33	475.42	138.91	1.27	2.40	0.00	—	0.00	—	0.00	—
2011-02	HTFZH02ABC_01	234.42	157.37	420.35	135.37	0.00	—	0.00	—	0.00	—	0.00	—
2011-03	HTFZH02ABC_01	312.91	168.51	461.49	110.34	0.00	—	0.00	—	0.00	—	0.00	—
2011-04	HTFZH02ABC_01	458.59	362.79	688.15	202.79	0.00	—	0.00	—	0.00	—	0.00	—
2011-05	HTFZH02ABC_01	199.15	193.29	654.46	159.39	0.00	—	0.00	—	0.00	—	0.00	—
2011-06	HTFZH02ABC_01	150.87	99.91	448.00	48.65	0.00	—	0.00	—	0.00	—	0.00	—
2011-07	HTFZH02ABC_01	282.79	365.56	444.69	124.94	0.00	—	0.00	—	0.00	—	0.00	—
2011-08	HTFZH02ABC_01	274.61	116.09	467.65	97.92	4.11	5.96	0.00	—	0.00	—	0.00	—
2011-09	HTFZH02ABC_01	236.73	47.70	453.56	112.18	5.76	7.75	0.00	—	0.00	—	0.00	—
2011-10	HTFZH02ABC_01	231.50	218.13	566.34	112.34	30.60	36.28	0.00	—	0.00	—	0.00	—
2011-11	HTFZH02ABC_01	301.23	221.55	582.40	135.25	76.09	87.92	0.00	—	0.00	—	0.00	—
2011-12	HTFZH02ABC_01	210.84	66.55	308.33	121.09	70.27	97.11	0.00	—	0.00	—	0.00	—
2012-02	HTFZH02ABC_01	204.21	125.00	466.21	110.45	0.00	—	0.00	—	0.00	—	0.00	—
2012-03	HTFZH02ABC_01	304.63	130.79	585.03	148.82	0.00	—	0.00	—	0.00	—	0.00	—

（续）

年-月	样地代码	枯枝干重/(g/m²) 平均值	标准差	枯叶干重/(g/m²) 平均值	标准差	落果（花）干重/(g/m²) 平均值	标准差	树皮干重/(g/m²) 平均值	标准差	苔藓地衣干重/(g/m²) 平均值	标准差	杂物干重/(g/m²) 平均值	标准差
2012-04	HTFZH02ABC_01	341.86	251.17	615.26	159.72	0.00	—	0.00	—	0.00	—	0.00	—
2012-05	HTFZH02ABC_01	148.05	37.10	613.67	154.04	0.00	—	0.00	—	0.00	—	0.00	—
2012-06	HTFZH02ABC_01	255.51	112.88	479.87	125.23	0.00	—	0.00	—	0.00	—	0.00	—
2012-07	HTFZH02ABC_01	237.93	199.91	468.90	116.02	0.00	—	0.00	—	0.00	—	0.00	—
2012-08	HTFZH02ABC_01	329.23	227.52	573.65	126.09	1.77	3.88	0.00	—	0.00	—	0.00	—
2012-11	HTFZH02ABC_01	334.20	83.79	737.22	101.23	62.54	71.22	0.00	—	0.00	—	0.00	—
2012-12	HTFZH02ABC_01	155.64	44.60	356.93	87.93	65.89	46.84	0.00	—	0.00	—	0.00	—
2013-01	HTFZH02ABC_01	496.98	393.16	692.29	202.54	0.00	—	0.00	—	0.00	—	0.00	—
2013-02	HTFZH02ABC_01	222.49	206.86	656.83	158.98	0.00	—	0.00	—	0.00	—	0.00	—
2013-03	HTFZH02ABC_01	216.17	64.85	449.73	48.80	0.00	—	0.00	—	0.00	—	0.00	—
2013-04	HTFZH02ABC_01	306.46	396.16	447.05	126.23	0.00	—	0.00	—	0.00	—	0.00	—
2013-05	HTFZH02ABC_01	297.59	125.81	471.04	100.10	4.07	5.90	0.00	—	0.00	—	0.00	—
2013-06	HTFZH02ABC_01	256.55	51.69	455.79	114.72	5.76	7.76	0.00	—	0.00	—	0.00	—
2013-07	HTFZH02ABC_01	250.88	236.39	569.14	115.96	30.49	36.33	0.00	—	0.00	—	0.00	—
2013-08	HTFZH02ABC_01	326.45	240.09	585.11	134.24	75.92	88.42	0.00	—	0.00	—	0.00	—
2013-09	HTFZH02ABC_01	228.49	72.12	310.95	123.48	69.85	96.17	0.00	—	0.00	—	0.00	—
2013-10	HTFZH02ABC_01	354.71	107.99	343.08	64.60	98.25	26.28	0.00	—	0.00	—	0.00	—
2013-11	HTFZH02ABC_01	306.61	142.76	463.81	113.21	85.59	41.44	0.00	—	0.00	—	0.00	—
2013-12	HTFZH02ABC_01	273.58	70.47	340.28	96.54	114.85	30.97	0.00	—	0.00	—	0.00	—
2014-01	HTFZH02ABC_01	256.50	31.84	322.67	67.88	4.04	6.31	0.00	—	0.00	—	0.00	—
2014-03	HTFZH02ABC_01	331.00	189.63	264.65	106.39	0.00	—	0.00	—	0.00	—	0.00	—
2014-04	HTFZH02ABC_01	325.08	137.64	594.41	143.88	0.00	—	0.00	—	0.00	—	0.00	—
2014-05	HTFZH02ABC_01	174.54	142.60	194.93	64.76	10.86	15.56	0.00	—	0.00	—	0.00	—
2014-06	HTFZH02ABC_01	166.78	128.40	383.31	62.33	4.64	12.91	0.00	—	0.00	—	0.00	—

（续）

年-月	样地代码	枯枝干重/(g/m²) 平均值	标准差	枯叶干重/(g/m²) 平均值	标准差	落果（花）干重/(g/m²) 平均值	标准差	树皮干重/(g/m²) 平均值	标准差	苔藓地衣干重/(g/m²) 平均值	标准差	杂物干重/(g/m²) 平均值	标准差
2014-07	HTFZH02ABC_01	375.15	190.20	448.96	103.06	0.00	—	0.00	—	0.00	—	0.00	—
2014-08	HTFZH02ABC_01	486.10	256.07	417.66	115.30	1.54	5.95	0.00	—	0.00	—	0.00	—
2014-09	HTFZH02ABC_01	363.46	420.54	507.57	143.30	0.00	—	0.00	—	0.00	—	0.00	—
2014-10	HTFZH02ABC_01	393.39	258.28	503.26	164.33	0.00	—	0.00	—	0.00	—	0.00	—
2014-11	HTFZH02ABC_01	380.27	355.75	525.62	105.36	1.70	3.56	0.00	—	0.00	—	0.00	—
2014-12	HTFZH02ABC_01	215.90	121.67	439.90	128.53	1.50	3.27	0.00	—	0.00	—	0.00	—
2015-01	HTFZH02ABC_01	312.72	112.21	348.96	86.45	0.00	—	0.00	—	0.00	—	0.00	—
2015-02	HTFZH02ABC_01	312.76	103.81	301.87	102.11	0.00	—	0.00	—	0.00	—	0.00	—
2015-03	HTFZH02ABC_01	581.75	272.88	423.22	101.53	0.00	—	0.00	—	0.00	—	0.00	—
2015-04	HTFZH02ABC_01	407.67	151.23	399.67	101.90	0.00	—	0.00	—	0.00	—	0.00	—
2015-05	HTFZH02ABC_01	288.06	94.20	376.62	158.84	0.00	—	0.00	—	0.00	—	0.00	—
2015-06	HTFZH02ABC_01	230.41	117.11	444.80	94.80	0.00	—	0.00	—	0.00	—	0.00	—
2015-07	HTFZH02ABC_01	420.39	269.33	391.45	122.92	0.00	—	0.00	—	0.00	—	0.00	—
2015-08	HTFZH02ABC_01	329.78	183.69	385.68	167.68	0.00	—	0.00	—	0.00	—	0.00	—
2015-09	HTFZH02ABC_01	379.88	157.66	408.42	122.64	0.00	—	0.00	—	0.00	—	0.00	—
2015-10	HTFZH02ABC_01	382.46	211.69	498.38	190.13	10.18	4.66	0.00	—	0.00	—	0.00	—
2015-11	HTFZH02ABC_01	352.12	112.44	633.73	181.56	5.16	5.04	0.00	—	0.00	—	0.00	—
2015-12	HTFZH02ABC_01	456.56	359.91	723.99	213.75	5.74	5.27	0.00	—	0.00	—	0.00	—

注：15 个重复，0.00 表示当月无该项指标数据产生，—说明数据未满足计算要求。

3.1.11　优势植物物候数据集

3.1.11.1　概述

本数据集记录了会同杉木人工林综合观测场永久样地（HTFZH01ABC＿01）、会同常绿阔叶林综合观测场永久样地（HTFZH02ABC＿01）优势植物物种（包括乔灌草）年关键物候期的数据。数据年份为 2009—2015 年（2012 年未做监测）。

3.1.11.2　数据采集和处理方法

实地观测定株植物的物候，记录物候期，其中乔灌木物种主要记录芽开放期、展叶期、开花始期、开花盛期、果实或种子成熟期、叶秋季变色期和落叶期物候特征的日期，草本物种主要记录萌动期（返青期）、开花期、果实或种子成熟期、种子散布期和黄枯期物候特征的日期。然后以年为基本单元，统计优势物种的关键物候期的日期。

3.1.11.3　数据质量控制和评估

原始数据质量控制方法：定株观测记录，同时在植物的物候期拍照，数据录入后进一步核查，以确保数据输入的准确性。

质控方法：阈值检查（根据多年数据比对，对超出历史数据阈值范围的监测数据进行校验，删除异常值或标注说明）、一致性检查（例如数量级与其他测量值不同）等。

3.1.11.4　数据使用方法和建议

同 3.1.2.4。

3.1.11.5　数据

见表 3-19，表 3-20。

表 3-19　乔灌木物候

年份	样地代码	植物种名	芽开放期	展叶期	开花始期	开花盛期	果实或种子成熟期	叶秋季变色期	落叶期
2009	HTFZH01ABC＿01	白栎	03-22	03-29	03-28	04-09	10-08	11-25	12-28
2009	HTFZH01ABC＿01	刺楸	03-10	03-19	05-29	09-30	11-06	11-01	12-25
2009	HTFZH01ABC＿01	楤木	03-18	03-28	09-30	10-05	11-04	11-25	12-10
2009	HTFZH01ABC＿01	大叶白纸扇	03-24	04-05	07-06	07-10	08-31	11-15	12-15
2009	HTFZH01ABC＿01	杜茎山	03-21	04-01	03-11	03-19	05-21	00-00	00-00
2009	HTFZH01ABC＿01	梵天花	03-17	03-29	09-02	09-08	10-01	11-01	12-01
2009	HTFZH01ABC＿01	枫香树	03-09	03-19	04-29	05-11	09-17	11-20	12-20
2009	HTFZH01ABC＿01	钩藤	03-28	03-25	05-29	06-01	10-01	12-10	00-00
2009	HTFZH01ABC＿01	广东紫珠	03-24	04-04	06-10	06-22	11-01	11-25	12-20
2009	HTFZH01ABC＿01	花竹	04-20	05-01	03-22	04-01	05-20	12-05	00-00
2009	HTFZH01ABC＿01	黄毛猕猴桃	03-25	04-07	06-01	06-01	11-25	12-05	00-00
2009	HTFZH01ABC＿01	黄樟	03-15	03-20	04-20	04-29	09-08	00-00	00-00
2009	HTFZH01ABC＿01	空心泡	03-01	03-10	03-11	03-19	05-20	00-00	00-00
2009	HTFZH01ABC＿01	麻栎	03-18	03-25	03-19	03-30	10-09	12-05	12-20
2009	HTFZH01ABC＿01	马尾松	03-14	03-30	03-17	03-24	12-01	00-00	00-00
2009	HTFZH01ABC＿01	满树星	03-19	03-26	04-20	05-01	07-10	11-20	12-20
2009	HTFZH01ABC＿01	毛桐	03-18	03-29	06-01	06-09	08-10	11-02	12-18
2009	HTFZH01ABC＿01	山鸡椒	03-08	03-19	02-02	02-08	07-20	11-20	12-18

（续）

年份	样地代码	植物种名	芽开放期	展叶期	开花始期	开花盛期	果实或种子成熟期	叶秋季变色期	落叶期
2009	HTFZH01ABC_01	赤杨叶	03-09	03-18	05-01	05-11	06-17	10-28	11-15
2009	HTFZH01ABC_01	刨花润楠	03-01	03-11	03-05	03-19	07-01	00-00	00-00
2009	HTFZH01ABC_01	青冈	03-18	03-29	04-25	05-04	10-10	00-00	00-00
2009	HTFZH01ABC_01	三月泡	03-01	03-10	03-10	03-28	04-29	12-15	
2009	HTFZH01ABC_01	乌桕	04-11	04-20	06-15	06-27	10-26	11-04	12-08
2009	HTFZH01ABC_01	杉木	02-08	03-29	03-11	03-19	12-20	00-00	00-00
2009	HTFZH01ABC_01	山桃	03-25	04-10	03-09	03-19	05-29	10-20	10-28
2009	HTFZH01ABC_01	藤构	03-01	03-18	04-11	04-20	05-04	11-03	11-22
2009	HTFZH01ABC_01	中华石楠	03-01	03-18	05-04	05-20	10-05	11-22	12-18
2009	HTFZH01ABC_01	紫麻	02-07	03-18	03-13	03-19	11-28	00-00	00-00
2009	HTFZH02ABC_01	白背叶	03-24	04-07	06-07	06-15	09-28	10-18	12-10
2009	HTFZH02ABC_01	白栎	03-19	03-29	03-28	04-09	10-07	11-29	12-28
2009	HTFZH02ABC_01	笔罗子	03-25	04-10	06-15	06-27	00-00	00-00	00-00
2009	HTFZH02ABC_01	刺楸	03-08	03-16	06-07	09-28	10-04	11-02	12-08
2009	HTFZH02ABC_01	大叶白纸扇	03-23	04-05	06-15	06-20	08-31	11-05	12-06
2009	HTFZH02ABC_01	杜茎山	03-22	04-02	03-08	03-11	06-01	00-00	00-00
2009	HTFZH02ABC_01	枫香树	03-07	03-16	04-25	05-29	09-20	11-18	12-15
2009	HTFZH02ABC_01	钩藤	03-15	03-26	06-07	06-15	10-05	11-25	00-00
2009	HTFZH02ABC_01	亮叶桦	03-10	03-18	03-19	03-28	05-04	10-27	11-20
2009	HTFZH02ABC_01	广东紫珠	03-24	04-05	04-11	04-20	10-05	11-25	12-18
2009	HTFZH02ABC_01	红果菝葜	03-26	04-06	03-29	04-11	10-25	00-00	00-00
2009	HTFZH02ABC_01	华中樱桃	03-01	03-11	02-15	02-25	05-04	10-05	10-23
2009	HTFZH02ABC_01	化香树	03-13	03-24	05-29	06-07	09-22	11-05	12-15
2009	HTFZH02ABC_01	黄毛猕猴桃	03-23	04-06	05-29	06-07	11-22	00-00	00-00
2009	HTFZH02ABC_01	黄杞	03-13	03-24	06-15	06-27	08-31	00-00	00-00
2009	HTFZH02ABC_01	黄樟	03-14	03-20	04-18	04-29	09-08	00-00	00-00
2009	HTFZH02ABC_01	檵木	03-16	03-25	03-25	04-05	06-01	00-00	00-00
2009	HTFZH02ABC_01	金樱子	03-09	03-20	05-01	05-12	10-20	00-00	00-00
2009	HTFZH02ABC_01	栲	04-10	04-21	04-23	05-02	10-28	00-00	00-00
2009	HTFZH02ABC_01	空心泡	03-02	03-10	03-19	03-21	04-29	00-00	00-00
2009	HTFZH02ABC_01	六月雪	03-14	03-29	06-11	06-20	07-20	00-00	00-00
2009	HTFZH02ABC_01	麻栎	03-16	03-28	04-20	04-28	10-15	11-20	12-21
2009	HTFZH02ABC_01	满树星	03-18	03-26	04-23	04-29	07-15	11-15	12-08
2009	HTFZH02ABC_01	毛桐	03-20	03-29	06-01	06-09	08-05	10-28	11-28
2009	HTFZH02ABC_01	黄牛奶树	03-09	03-21	09-01	09-15	00-00	00-00	00-00
2009	HTFZH02ABC_01	青冈	03-17	03-28	05-01	05-12	10-05	00-00	00-00
2009	HTFZH02ABC_01	油茶	03-18	03-24	11-01	11-20	10-10	00-00	00-00
2009	HTFZH02ABC_01	箬叶竹	03-26	04-20	00-00	00-00	00-00	00-00	00-00
2009	HTFZH02ABC_01	湖南山核桃	04-09	04-20	05-12	05-21	08-30	11-05	12-04

（续）

年份	样地代码	植物种名	芽开放期	展叶期	开花始期	开花盛期	果实或种子成熟期	叶秋季变色期	落叶期
2009	HTFZH02ABC_01	乌桕	04 - 10	04 - 21	06 - 15	06 - 27	09 - 05	11 - 12	12 - 08
2009	HTFZH02ABC_01	细齿叶枸	03 - 20	04 - 07	02 - 01	02 - 07	05 - 12	00 - 00	00 - 00
2009	HTFZH02ABC_01	响叶杨	03 - 09	03 - 19	03 - 25	04 - 06	05 - 04	11 - 17	11 - 22
2009	HTFZH02ABC_01	楮	03 - 11	03 - 24	03 - 29	04 - 10	05 - 21	10 - 22	11 - 18
2009	HTFZH02ABC_01	小果蔷薇	03 - 04	03 - 15	05 - 04	05 - 12	10 - 08	00 - 00	00 - 00
2009	HTFZH02ABC_01	盐肤木	03 - 24	04 - 06	05 - 04	05 - 12	07 - 01	10 - 17	11 - 22
2009	HTFZH02ABC_01	杨梅	03 - 04	03 - 15	03 - 08	03 - 14	06 - 17	00 - 00	00 - 00
2009	HTFZH02ABC_01	中华石楠	03 - 01	03 - 16	05 - 02	05 - 18	09 - 28	11 - 16	12 - 08
2009	HTFZH02ABC_01	油桐	03 - 23	04 - 07	04 - 08	04 - 20	10 - 28	11 - 01	12 - 01
2010	HTFZH01ABC_01	白栎	03 - 28	04 - 05	04 - 01	04 - 22	10 - 08	11 - 15	12 - 15
2010	HTFZH01ABC_01	刺楸	03 - 07	03 - 19	06 - 03	09 - 27	11 - 14	11 - 01	12 - 15
2010	HTFZH01ABC_01	楤木	03 - 19	03 - 29	10 - 08	11 - 01	11 - 14	11 - 30	12 - 24
2010	HTFZH01ABC_01	大叶白纸扇	03 - 21	04 - 04	06 - 27	07 - 12	08 - 25	11 - 15	12 - 15
2010	HTFZH01ABC_01	杜茎山	03 - 21	04 - 01	03 - 07	03 - 19	05 - 14	00 - 00	00 - 00
2010	HTFZH01ABC_01	梵天花	03 - 23	04 - 01	09 - 01	09 - 14	10 - 08	11 - 01	11 - 30
2010	HTFZH01ABC_01	枫香树	03 - 08	03 - 23	04 - 05	05 - 14	09 - 25	11 - 15	12 - 15
2010	HTFZH01ABC_01	钩藤	03 - 19	03 - 23	05 - 07	06 - 08	10 - 08	12 - 15	00 - 00
2010	HTFZH01ABC_01	广东紫珠	03 - 12	04 - 04	06 - 08	06 - 15	11 - 01	11 - 30	12 - 24
2010	HTFZH01ABC_01	花竹	04 - 14	04 - 29	03 - 27	04 - 01	05 - 21	12 - 15	00 - 00
2010	HTFZH01ABC_01	黄毛猕猴桃	03 - 23	04 - 05	05 - 28	06 - 08	11 - 15	12 - 15	00 - 00
2010	HTFZH01ABC_01	黄樟	03 - 12	03 - 23	04 - 29	05 - 04	09 - 04	00 - 00	00 - 00
2010	HTFZH01ABC_01	空心泡	02 - 25	03 - 12	03 - 19	05 - 04	05 - 12	00 - 00	00 - 00
2010	HTFZH01ABC_01	麻栎	03 - 12	03 - 23	03 - 19	03 - 29	10 - 08	11 - 30	12 - 24
2010	HTFZH01ABC_01	马尾松	03 - 19	03 - 29	03 - 19	04 - 05	11 - 27	00 - 00	00 - 00
2010	HTFZH01ABC_01	满树星	03 - 12	03 - 23	03 - 16	06 - 08	08 - 27	11 - 15	12 - 24
2010	HTFZH01ABC_01	毛桐	03 - 23	03 - 29	04 - 16	05 - 04	08 - 10	11 - 12	12 - 15
2010	HTFZH01ABC_01	山鸡椒	03 - 08	03 - 20	02 - 01	02 - 07	07 - 18	11 - 12	12 - 15
2010	HTFZH01ABC_01	赤杨叶	03 - 12	03 - 20	05 - 04	05 - 14	06 - 27	10 - 24	11 - 15
2010	HTFZH01ABC_01	刨花润楠	03 - 29	03 - 08	03 - 07	03 - 19	07 - 01	00 - 00	00 - 00
2010	HTFZH01ABC_01	青冈	03 - 21	03 - 29	04 - 29	05 - 04	10 - 08	00 - 00	00 - 00
2010	HTFZH01ABC_01	三月泡	02 - 25	03 - 08	03 - 12	03 - 19	04 - 15	12 - 24	00 - 00
2010	HTFZH01ABC_01	山乌桕	04 - 16	04 - 27	06 - 08	07 - 01	10 - 20	11 - 15	12 - 10
2010	HTFZH01ABC_01	杉木	02 - 07	03 - 23	03 - 19	04 - 01	12 - 10	00 - 00	00 - 00
2010	HTFZH01ABC_01	山桃	03 - 23	04 - 16	03 - 08	06 - 08	06 - 25	10 - 08	10 - 20
2010	HTFZH01ABC_01	藤构	03 - 08	03 - 19	04 - 14	04 - 27	05 - 04	11 - 01	11 - 30
2010	HTFZH01ABC_01	中华石楠	02 - 25	03 - 19	05 - 07	05 - 14	10 - 08	11 - 30	12 - 15
2010	HTFZH01ABC_01	紫麻	02 - 25	03 - 19	03 - 23	04 - 14	11 - 30	00 - 00	00 - 00
2010	HTFZH02ABC_01	白背叶	03 - 23	04 - 04	06 - 25	07 - 01	09 - 25	10 - 20	12 - 15
2010	HTFZH02ABC_01	白栎	03 - 19	03 - 29	03 - 29	04 - 05	10 - 08	11 - 30	12 - 24

（续）

年份	样地代码	植物种名	芽开放期	展叶期	开花始期	开花盛期	果实或种子成熟期	叶秋季变色期	落叶期
2010	HTFZH02ABC_01	笔罗子	03 - 23	04 - 05	06 - 25	07 - 01	00 - 00	00 - 00	00 - 00
2010	HTFZH02ABC_01	刺楸	03 - 08	03 - 12	06 - 08	09 - 25	10 - 08	11 - 01	12 - 15
2010	HTFZH02ABC_01	大叶白纸扇	03 - 19	04 - 04	06 - 08	07 - 12	08 - 25	11 - 01	11 - 30
2010	HTFZH02ABC_01	杜茎山	03 - 23	04 - 04	03 - 12	03 - 19	06 - 08	00 - 00	00 - 00
2010	HTFZH02ABC_01	枫香树	03 - 07	03 - 19	04 - 05	05 - 21	09 - 25	11 - 14	12 - 15
2010	HTFZH02ABC_01	钩藤	03 - 12	03 - 23	06 - 08	06 - 25	10 - 08	11 - 13	00 - 00
2010	HTFZH02ABC_01	亮叶桦	03 - 12	03 - 23	04 - 01	05 - 04	05 - 14	10 - 20	11 - 14
2010	HTFZH02ABC_01	广东紫珠	03 - 08	04 - 05	06 - 08	06 - 16	10 - 08	11 - 14	12 - 15
2010	HTFZH02ABC_01	红果菝葜	03 - 23	04 - 05	04 - 01	04 - 16	10 - 20	00 - 00	00 - 00
2010	HTFZH02ABC_01	华中樱桃	03 - 25	03 - 12	02 - 18	02 - 25	05 - 14	10 - 08	11 - 01
2010	HTFZH02ABC_01	化香树	03 - 12	03 - 23	05 - 21	06 - 08	09 - 25	11 - 01	12 - 15
2010	HTFZH02ABC_01	黄毛猕猴桃	03 - 23	04 - 05	05 - 14	07 - 12	11 - 14	11 - 14	00 - 00
2010	HTFZH02ABC_01	黄杞	03 - 08	03 - 19	06 - 25	07 - 01	09 - 15	09 - 25	00 - 00
2010	HTFZH02ABC_01	黄樟	03 - 13	03 - 23	04 - 16	05 - 04	09 - 14	00 - 00	00 - 00
2010	HTFZH02ABC_01	檵木	03 - 19	03 - 23	04 - 01	04 - 05	06 - 08	00 - 00	00 - 00
2010	HTFZH02ABC_01	金樱子	03 - 08	03 - 19	05 - 04	05 - 14	10 - 24	00 - 00	00 - 00
2010	HTFZH02ABC_01	栲	04 - 16	04 - 23	04 - 29	05 - 04	10 - 24	00 - 00	00 - 00
2010	HTFZH02ABC_01	空心泡	03 - 17	03 - 08	03 - 12	03 - 19	04 - 29	00 - 00	00 - 00
2010	HTFZH02ABC_01	六月雪	03 - 12	03 - 23	06 - 15	06 - 27	07 - 28	00 - 00	00 - 00
2010	HTFZH02ABC_01	麻栎	03 - 12	03 - 23	03 - 19	03 - 29	10 - 08	11 - 14	12 - 24
2010	HTFZH02ABC_01	满树星	03 - 12	03 - 23	04 - 23	05 - 14	08 - 22	11 - 14	12 - 14
2010	HTFZH02ABC_01	毛桐	03 - 19	03 - 23	05 - 14	06 - 27	08 - 25	10 - 24	11 - 30
2010	HTFZH02ABC_01	黄牛奶树	03 - 08	03 - 19	09 - 04	09 - 25	00 - 00	00 - 00	00 - 00
2010	HTFZH02ABC_01	青冈	03 - 19	03 - 23	04 - 23	05 - 14	10 - 08	00 - 00	00 - 00
2010	HTFZH02ABC_01	油茶	03 - 19	03 - 23	11 - 01	11 - 14	10 - 08	00 - 00	00 - 00
2010	HTFZH02ABC_01	箬叶竹	03 - 23	04 - 23	00 - 00	00 - 00	00 - 00	00 - 00	00 - 00
2010	HTFZH02ABC_01	湖南山核桃	04 - 05	04 - 23	05 - 14	05 - 21	08 - 25	11 - 14	11 - 30
2010	HTFZH02ABC_01	山乌桕	04 - 05	04 - 19	06 - 27	08 - 04	09 - 15	11 - 01	12 - 10
2010	HTFZH02ABC_01	细齿叶柃	03 - 23	04 - 08	02 - 01	02 - 07	05 - 14	00 - 00	00 - 00
2010	HTFZH02ABC_01	响叶杨	03 - 08	03 - 19	03 - 23	04 - 19	08 - 25	11 - 14	12 - 10
2010	HTFZH02ABC_01	楮	03 - 12	03 - 19	03 - 23	04 - 16	05 - 25	11 - 14	12 - 10
2010	HTFZH02ABC_01	小果蔷薇	03 - 08	03 - 19	05 - 04	05 - 14	09 - 21	00 - 00	00 - 00
2010	HTFZH02ABC_01	盐肤木	03 - 23	04 - 05	05 - 04	05 - 14	06 - 27	10 - 24	11 - 30
2010	HTFZH02ABC_01	杨梅	03 - 07	03 - 19	03 - 08	03 - 12	06 - 27	00 - 00	00 - 00
2010	HTFZH02ABC_01	中华石楠	02 - 25	03 - 12	05 - 14	05 - 21	09 - 25	11 - 14	12 - 15
2010	HTFZH02ABC_01	油桐	03 - 19	04 - 08	04 - 08	04 - 23	10 - 24	11 - 01	12 - 15
2011	HTFZH01ABC_01	白栎	03 - 25	03 - 29	04 - 06	04 - 16	10 - 11	11 - 11	12 - 10
2011	HTFZH01ABC_01	刺楸	03 - 12	03 - 21	05 - 29	06 - 06	11 - 12	11 - 08	12 - 09
2011	HTFZH01ABC_01	楤木	03 - 15	04 - 01	10 - 01	10 - 16	11 - 08	11 - 21	11 - 29

（续）

年份	样地代码	植物种名	芽开放期	展叶期	开花始期	开花盛期	果实或种子成熟期	叶秋季变色期	落叶期
2011	HTFZH01ABC_01	大叶白纸扇	03-16	04-10	07-01	07-07	08-18	11-10	11-29
2011	HTFZH01ABC_01	杜茎山	03-26	04-04	03-12	03-20	06-01	00-00	00-00
2011	HTFZH01ABC_01	梵天花	03-21	04-04	09-01	09-15	10-14	11-08	11-30
2011	HTFZH01ABC_01	枫香树	03-05	03-20	04-01	04-20	10-01	11-12	11-30
2011	HTFZH01ABC_01	钩藤	03-16	03-20	05-02	05-20	10-01	12-09	00-00
2011	HTFZH01ABC_01	广东紫珠	03-05	04-01	06-06	06-13	11-10	11-22	12-01
2011	HTFZH01ABC_01	花竹	04-16	05-02	03-21	05-10	05-15	12-10	00-00
2011	HTFZH01ABC_01	黄毛猕猴桃	03-16	04-01	06-06	06-21	12-05	12-01	12-01
2011	HTFZH01ABC_01	黄樟	03-05	03-20	05-02	05-16	09-01	00-00	00-00
2011	HTFZH01ABC_01	空心泡	03-01	03-20	04-19	05-05	06-01	00-00	00-00
2011	HTFZH01ABC_01	麻栎	03-05	03-21	03-16	03-29	10-12	12-15	12-20
2011	HTFZH01ABC_01	马尾松	03-14	03-28	03-16	03-29	11-20	00-00	00-00
2011	HTFZH01ABC_01	满树星	03-05	03-16	03-21	04-01	09-01	11-10	12-18
2011	HTFZH01ABC_01	毛桐	03-25	04-01	04-21	05-05	08-05	11-08	12-10
2011	HTFZH01ABC_01	山鸡椒	03-01	03-16	02-28	03-01	08-01	11-20	12-10
2011	HTFZH01ABC_01	赤杨叶	03-05	03-21	05-01	05-16	07-15	10-20	11-20
2011	HTFZH01ABC_01	刨花润楠	03-01	03-16	03-12	03-21	07-15	00-00	00-00
2011	HTFZH01ABC_01	青冈	03-26	04-01	04-21	05-16	10-15	00-00	00-00
2011	HTFZH01ABC_01	三月泡	02-19	03-05	03-16	03-21	05-01	11-20	12-20
2011	HTFZH01ABC_01	山乌桕	04-21	05-01	06-15	07-02	10-15	11-12	12-10
2011	HTFZH01ABC_01	杉木	02-12	03-16	03-26	04-11	12-15	00-00	00-00
2011	HTFZH01ABC_01	山桃	03-16	04-12	03-21	04-12	07-01	10-08	10-30
2011	HTFZH01ABC_01	藤构	03-12	03-27	04-11	04-25	05-10	10-28	11-30
2011	HTFZH01ABC_01	中华石楠	03-01	03-16	05-01	05-11	10-01	11-25	12-05
2011	HTFZH01ABC_01	紫麻	02-19	03-12	03-21	04-11	11-25	00-00	00-00
2011	HTFZH02ABC_01	白背叶	03-26	04-11	07-01	07-15	09-15	10-25	12-20
2011	HTFZH02ABC_01	白栎	03-23	04-01	04-01	04-11	10-15	11-25	11-25
2011	HTFZH02ABC_01	笔罗子	03-21	04-01	06-21	06-28	00-00	00-00	00-00
2011	HTFZH02ABC_01	刺楸	03-06	03-16	05-23	06-01	10-12	11-15	12-18
2011	HTFZH02ABC_01	大叶白纸扇	03-11	04-01	06-28	07-04	09-02	11-08	12-10
2011	HTFZH02ABC_01	杜茎山	03-23	04-01	03-06	03-16	05-25	00-00	00-00
2011	HTFZH02ABC_01	枫香树	03-01	03-16	04-01	04-15	10-01	11-25	11-25
2011	HTFZH02ABC_01	钩藤	03-11	03-23	05-01	05-15	10-01	11-20	11-25
2011	HTFZH02ABC_01	亮叶桦	03-06	03-16	03-25	04-11	05-10	10-22	11-25
2011	HTFZH02ABC_01	广东紫珠	03-11	04-01	06-01	06-11	10-15	11-10	12-18
2011	HTFZH02ABC_01	红果菝葜	03-21	04-01	03-25	04-11	10-30	00-00	00-00
2011	HTFZH02ABC_01	华中樱桃	02-19	03-11	02-15	02-28	05-01	10-15	11-08
2011	HTFZH02ABC_01	化香树	03-11	03-23	05-15	05-25	10-01	11-08	12-18
2011	HTFZH02ABC_01	黄毛猕猴桃	03-11	03-26	06-01	06-15	12-10	12-06	12-06

（续）

年份	样地代码	植物种名	芽开放期	展叶期	开花始期	开花盛期	果实或种子成熟期	叶秋季变色期	落叶期
2011	HTFZH02ABC_01	黄杞	03 - 03	03 - 16	06 - 20	07 - 03	10 - 25	00 - 00	00 - 00
2011	HTFZH02ABC_01	黄樟	03 - 01	03 - 16	04 - 26	05 - 15	09 - 10	00 - 00	00 - 00
2011	HTFZH02ABC_01	檵木	03 - 12	03 - 21	05 - 01	05 - 16	06 - 01	00 - 00	00 - 00
2011	HTFZH02ABC_01	金樱子	03 - 01	03 - 12	05 - 01	05 - 16	11 - 08	00 - 00	00 - 00
2011	HTFZH02ABC_01	栲	04 - 11	04 - 20	05 - 01	05 - 20	11 - 08	00 - 00	00 - 00
2011	HTFZH02ABC_01	空心泡	02 - 26	03 - 12	04 - 11	05 - 01	05 - 16	00 - 00	00 - 00
2011	HTFZH02ABC_01	六月雪	03 - 06	03 - 16	06 - 11	06 - 21	08 - 01	00 - 00	00 - 00
2011	HTFZH02ABC_01	麻栎	03 - 23	04 - 01	04 - 11	04 - 26	10 - 05	12 - 01	12 - 18
2011	HTFZH02ABC_01	满树星	03 - 01	03 - 22	03 - 25	04 - 06	08 - 25	11 - 08	12 - 15
2011	HTFZH02ABC_01	毛桐	03 - 21	04 - 11	04 - 16	05 - 01	08 - 10	11 - 15	12 - 15
2011	HTFZH02ABC_01	黄牛奶树	03 - 01	03 - 21	09 - 01	09 - 20	00 - 00	00 - 00	00 - 00
2011	HTFZH02ABC_01	青冈	03 - 12	04 - 01	04 - 06	04 - 20	10 - 20	00 - 00	00 - 00
2011	HTFZH02ABC_01	油茶	03 - 16	04 - 01	11 - 06	11 - 20	10 - 10	00 - 00	00 - 00
2011	HTFZH02ABC_01	箬叶竹	03 - 12	03 - 26	00 - 00	00 - 00	00 - 00	00 - 00	00 - 00
2011	HTFZH02ABC_01	湖南山核桃	04 - 01	04 - 20	05 - 20	06 - 01	08 - 20	11 - 08	12 - 01
2011	HTFZH02ABC_01	山乌桕	03 - 28	04 - 11	07 - 01	07 - 15	10 - 20	11 - 18	12 - 10
2011	HTFZH02ABC_01	细齿叶柃	03 - 21	04 - 01	02 - 19	03 - 01	05 - 25	00 - 00	00 - 00
2011	HTFZH02ABC_01	响叶杨	03 - 01	03 - 16	03 - 21	04 - 01	05 - 15	11 - 08	11 - 25
2011	HTFZH02ABC_01	楮	03 - 20	04 - 01	03 - 26	04 - 12	06 - 05	11 - 10	11 - 25
2011	HTFZH02ABC_01	小果蔷薇	03 - 03	03 - 21	05 - 01	05 - 13	09 - 21	00 - 00	00 - 00
2011	HTFZH02ABC_01	盐肤木	03 - 12	04 - 01	05 - 10	05 - 21	07 - 01	10 - 20	11 - 15
2011	HTFZH02ABC_01	杨梅	03 - 10	03 - 20	03 - 12	03 - 25	06 - 18	00 - 00	00 - 00
2011	HTFZH02ABC_01	中华石楠	03 - 01	03 - 16	05 - 01	05 - 17	09 - 26	11 - 20	12 - 01
2011	HTFZH02ABC_01	油桐	03 - 12	03 - 26	04 - 28	05 - 13	10 - 20	11 - 05	12 - 10
2013	HTFZH01ABC_01	白栎	03 - 19	03 - 31	04 - 09	04 - 21	10 - 18	11 - 16	12 - 20
2013	HTFZH01ABC_01	刺楸	03 - 18	03 - 28	06 - 03	06 - 10	11 - 17	11 - 11	12 - 19
2013	HTFZH01ABC_01	楤木	03 - 17	04 - 05	10 - 09	10 - 21	11 - 12	11 - 21	12 - 04
2013	HTFZH01ABC_01	大叶白纸扇	03 - 21	04 - 13	07 - 05	07 - 11	08 - 21	11 - 15	12 - 09
2013	HTFZH01ABC_01	杜茎山	03 - 26	04 - 08	03 - 17	03 - 24	06 - 07	00 - 00	00 - 00
2013	HTFZH01ABC_01	梵天花	03 - 21	04 - 05	09 - 07	09 - 12	10 - 16	11 - 05	11 - 30
2013	HTFZH01ABC_01	枫香树	03 - 14	03 - 20	04 - 09	04 - 21	10 - 09	11 - 15	11 - 30
2013	HTFZH01ABC_01	钩藤	03 - 19	03 - 23	05 - 07	05 - 17	10 - 09	12 - 12	00 - 00
2013	HTFZH01ABC_01	广东紫珠	03 - 05	04 - 09	06 - 06	06 - 18	11 - 15	11 - 29	12 - 06
2013	HTFZH01ABC_01	水竹	04 - 12	05 - 03	03 - 27	05 - 12	05 - 18	12 - 13	00 - 00
2013	HTFZH01ABC_01	黄毛猕猴桃	03 - 18	04 - 06	06 - 09	06 - 21	12 - 05	12 - 01	12 - 05
2013	HTFZH01ABC_01	黄樟	03 - 05	03 - 21	05 - 02	05 - 16	09 - 11	00 - 00	00 - 00
2013	HTFZH01ABC_01	空心泡	02 - 25	03 - 20	04 - 19	05 - 09	06 - 07	00 - 00	00 - 00
2013	HTFZH01ABC_01	麻栎	03 - 07	03 - 21	03 - 13	03 - 29	10 - 19	12 - 15	12 - 20
2013	HTFZH01ABC_01	马尾松	03 - 17	04 - 03	03 - 18	03 - 29	11 - 23	00 - 00	00 - 00

（续）

年份	样地代码	植物种名	芽开放期	展叶期	开花始期	开花盛期	果实或种子成熟期	叶秋季变色期	落叶期
2013	HTFZH01ABC＿01	满树星	03－09	03－19	03－25	04－05	09－03	11－18	12－18
2013	HTFZH01ABC＿01	毛桐	03－25	04－05	04－21	05－11	08－07	11－12	12－15
2013	HTFZH01ABC＿01	山鸡椒	03－11	03－19	02－25	03－05	08－07	11－27	12－17
2013	HTFZH01ABC＿01	赤杨叶	03－11	03－21	05－08	05－19	07－18	10－23	11－27
2013	HTFZH01ABC＿01	刨花润楠	03－05	03－17	03－15	03－27	07－19	00－00	00－00
2013	HTFZH01ABC＿01	青冈	03－23	04－07	04－27	05－19	10－18	00－00	00－00
2013	HTFZH01ABC＿01	三月泡	02－15	03－01	03－19	03－29	04－22	11－25	12－25
2013	HTFZH01ABC＿01	山乌桕	04－13	05－03	06－17	07－07	10－13	11－15	12－13
2013	HTFZH01ABC＿01	杉木	02－15	03－16	03－26	04－14	12－15	00－00	00－00
2013	HTFZH01ABC＿01	山桃	03－21	04－15	03－20	04－15	07－03	10－09	10－27
2013	HTFZH01ABC＿01	藤构	03－17	03－27	04－15	04－25	05－13	10－28	12－05
2013	HTFZH01ABC＿01	中华石楠	03－01	03－16	05－05	05－13	10－09	11－23	12－15
2013	HTFZH01ABC＿01	紫麻	02－19	03－17	03－27	04－15	11－25	00－00	00－00
2013	HTFZH02ABC＿01	白背叶	03－26	04－13	07－08	07－20	09－15	10－27	12－23
2013	HTFZH02ABC＿01	白栎	03－23	04－07	04－07	04－17	10－18	11－29	11－25
2013	HTFZH02ABC＿01	笔罗子	03－21	04－05	06－21	06－30	00－00	00－00	00－00
2013	HTFZH02ABC＿01	刺楸	03－12	03－21	05－23	06－07	10－14	11－15	12－21
2013	HTFZH02ABC＿01	大叶白纸扇	03－09	04－07	06－28	07－07	09－08	11－05	12－15
2013	HTFZH02ABC＿01	杜茎山	03－23	04－07	03－08	03－19	05－25	00－00	00－00
2013	HTFZH02ABC＿01	枫香树	02－29	03－16	04－07	04－21	10－09	11－25	11－25
2013	HTFZH02ABC＿01	钩藤	03－13	03－23	05－01	05－17	10－09	11－23	11－25
2013	HTFZH02ABC＿01	亮叶桦	03－09	03－19	03－27	04－17	05－13	10－22	11－25
2013	HTFZH02ABC＿01	广东紫珠	03－11	04－07	06－07	06－15	10－15	11－10	12－21
2013	HTFZH02ABC＿01	红果菝葜	03－21	04－05	03－25	04－11	10－30	00－00	00－00
2013	HTFZH02ABC＿01	华中樱桃	02－19	03－13	02－15	03－13	05－01	10－15	11－11
2013	HTFZH02ABC＿01	化香树	03－12	03－23	05－17	05－25	10－09	11－08	12－23
2013	HTFZH02ABC＿01	黄毛猕猴桃	03－13	03－26	06－01	06－15	12－10	12－09	12－11
2013	HTFZH02ABC＿01	黄杞	03－08	03－17	06－22	07－07	10－15	00－00	00－00
2013	HTFZH02ABC＿01	黄樟	03－05	03－18	04－26	05－15	09－13	00－00	00－00
2013	HTFZH02ABC＿01	檵木	03－12	03－23	05－05	05－16	06－07	00－00	00－00
2013	HTFZH02ABC＿01	金樱子	03－01	03－15	05－07	05－19	11－12	00－00	00－00
2013	HTFZH02ABC＿01	栲	04－13	04－25	05－07	05－23	11－09	00－00	00－00
2013	HTFZH02ABC＿01	空心泡	02－26	03－06	03－25	05－05	05－17	00－00	00－00
2013	HTFZH02ABC＿01	六月雪	03－06	03－16	06－11	06－21	08－01	00－00	00－00
2013	HTFZH02ABC＿01	麻栎	03－23	04－01	04－11	04－26	10－05	12－01	12－18
2013	HTFZH02ABC＿01	满树星	03－07	03－18	03－20	04－06	08－25	11－13	12－15
2013	HTFZH02ABC＿01	毛桐	03－21	04－11	04－16	05－07	08－10	11－15	12－15
2013	HTFZH02ABC＿01	黄牛奶树	03－01	03－21	09－05	09－17	00－00	00－00	00－00
2013	HTFZH02ABC＿01	青冈	03－12	04－05	04－09	04－25	10－20	00－00	00－00

（续）

年份	样地代码	植物种名	芽开放期	展叶期	开花始期	开花盛期	果实或种子成熟期	叶秋季变色期	落叶期
2013	HTFZH02ABC_01	油茶	03-13	04-05	11-09	11-27	10-13	00-00	00-00
2013	HTFZH02ABC_01	箬叶竹	03-12	03-31	00-00	00-00	00-00	00-00	00-00
2013	HTFZH02ABC_01	湖南山核桃	04-05	04-23	05-21	06-07	08-23	11-11	12-13
2013	HTFZH02ABC_01	山乌桕	03-28	04-13	07-05	07-15	10-20	11-18	12-19
2013	HTFZH02ABC_01	细齿叶柃	03-21	04-05	02-19	03-05	05-25	00-00	00-00
2013	HTFZH02ABC_01	响叶杨	03-05	03-16	03-21	04-05	05-15	11-08	11-29
2013	HTFZH02ABC_01	楮	03-20	04-05	03-26	04-10	06-15	11-12	11-25
2013	HTFZH02ABC_01	小果蔷薇	03-01	03-21	05-07	05-25	09-13	00-00	00-00
2013	HTFZH02ABC_01	盐肤木	03-14	04-05	05-10	05-22	07-07	10-20	11-21
2013	HTFZH02ABC_01	杨梅	03-08	03-20	03-12	03-24	06-24	00-00	00-00
2013	HTFZH02ABC_01	中华石楠	03-01	03-16	05-01	05-19	09-20	11-20	12-07
2013	HTFZH02ABC_01	油桐	03-12	03-26	04-22	05-20	10-20	11-05	12-10
2014	HTFZH01ABC_01	白栎	03-14	03-25	04-04	04-16	10-08	11-09	12-18
2014	HTFZH01ABC_01	刺楸	03-09	03-19	05-28	06-03	11-11	11-02	12-19
2014	HTFZH01ABC_01	楤木	03-10	03-28	10-15	10-25	11-07	11-17	12-06
2014	HTFZH01ABC_01	大叶白纸扇	03-21	04-13	06-15	06-25	08-29	11-25	12-09
2014	HTFZH01ABC_01	杜茎山	03-20	04-03	03-10	03-24	06-07	00-00	00-00
2014	HTFZH01ABC_01	梵天花	03-21	04-07	09-05	09-12	10-16	11-02	11-25
2014	HTFZH01ABC_01	枫香树	03-08	03-16	04-09	04-20	10-09	11-12	11-30
2014	HTFZH01ABC_01	钩藤	03-15	03-20	05-09	05-17	10-09	12-15	00-00
2014	HTFZH01ABC_01	广东紫珠	03-06	04-12	06-08	06-20	11-15	11-29	12-03
2014	HTFZH01ABC_01	水竹	04-09	05-04	03-24	05-12	05-18	12-15	00-00
2014	HTFZH01ABC_01	黄毛猕猴桃	03-08	03-16	06-10	06-23	12-05	12-01	12-05
2014	HTFZH01ABC_01	黄樟	03-15	03-26	05-12	05-26	09-11	00-00	00-00
2014	HTFZH01ABC_01	空心泡	02-25	03-22	04-19	05-11	06-09	00-00	00-00
2014	HTFZH01ABC_01	麻栎	03-05	03-19	03-12	03-25	10-22	12-15	12-20
2014	HTFZH01ABC_01	马尾松	03-14	04-07	03-25	04-15	11-25	00-00	00-00
2014	HTFZH01ABC_01	满树星	03-06	03-15	03-21	04-05	09-05	11-16	12-18
2014	HTFZH01ABC_01	毛桐	03-28	04-08	04-27	05-16	08-09	11-12	12-15
2014	HTFZH01ABC_01	山鸡椒	03-15	03-24	02-21	03-07	08-07	11-27	12-15
2014	HTFZH01ABC_01	赤杨叶	03-15	03-24	05-09	05-19	07-16	10-25	11-25
2014	HTFZH01ABC_01	刨花润楠	03-09	03-19	03-19	03-27	07-15	00-00	00-00
2014	HTFZH01ABC_01	青冈	03-13	03-27	04-17	05-15	10-14	00-00	00-00
2014	HTFZH01ABC_01	三月泡	02-05	02-14	03-04	03-14	04-20	11-25	12-25
2014	HTFZH01ABC_01	山乌桕	04-01	04-12	06-07	07-05	10-13	11-15	12-15
2014	HTFZH01ABC_01	杉木	02-15	03-06	03-16	03-28	12-12	00-00	00-00
2014	HTFZH01ABC_01	山桃	03-21	04-15	03-15	03-20	07-05	10-11	10-25
2014	HTFZH01ABC_01	藤构	03-17	03-27	04-15	04-25	05-13	10-28	12-05
2014	HTFZH01ABC_01	中华石楠	03-05	03-18	05-08	05-16	10-09	11-23	12-17

（续）

年份	样地代码	植物种名	芽开放期	展叶期	开花始期	开花盛期	果实或种子成熟期	叶秋季变色期	落叶期
2014	HTFZH01ABC_01	紫麻	02 - 19	03 - 15	04 - 01	04 - 18	11 - 27	00 - 00	00 - 00
2014	HTFZH02ABC_01	白背叶	03 - 23	04 - 15	07 - 07	07 - 22	09 - 17	10 - 25	12 - 20
2014	HTFZH02ABC_01	白栎	03 - 20	04 - 05	04 - 09	04 - 19	10 - 20	11 - 27	11 - 25
2014	HTFZH02ABC_01	笔罗子	03 - 16	04 - 06	06 - 22	06 - 29	00 - 00	00 - 00	00 - 00
2014	HTFZH02ABC_01	刺楸	03 - 10	03 - 19	05 - 25	06 - 08	10 - 17	11 - 18	12 - 22
2014	HTFZH02ABC_01	大叶白纸扇	03 - 09	04 - 03	06 - 20	07 - 09	09 - 09	11 - 08	12 - 15
2014	HTFZH02ABC_01	杜茎山	03 - 13	04 - 03	03 - 21	03 - 29	05 - 25	00 - 00	00 - 00
2014	HTFZH02ABC_01	枫香树	02 - 23	03 - 13	04 - 09	04 - 24	10 - 09	11 - 24	11 - 24
2014	HTFZH02ABC_01	钩藤	03 - 13	03 - 23	05 - 01	05 - 16	10 - 07	11 - 25	11 - 25
2014	HTFZH02ABC_01	亮叶桦	03 - 03	03 - 12	03 - 25	04 - 07	05 - 17	10 - 25	11 - 25
2014	HTFZH02ABC_01	广东紫珠	03 - 13	04 - 09	06 - 09	06 - 17	10 - 17	11 - 13	12 - 21
2014	HTFZH02ABC_01	红果菝葜	03 - 21	04 - 05	03 - 25	04 - 11	10 - 30	00 - 00	00 - 00
2014	HTFZH02ABC_01	华中樱桃	02 - 15	03 - 13	02 - 03	03 - 13	05 - 07	10 - 18	11 - 15
2014	HTFZH02ABC_01	化香树	03 - 12	03 - 25	05 - 12	05 - 25	10 - 09	11 - 08	12 - 21
2014	HTFZH02ABC_01	黄毛猕猴桃	03 - 11	03 - 25	06 - 09	06 - 17	12 - 10	12 - 09	12 - 15
2014	HTFZH02ABC_01	黄杞	03 - 07	03 - 19	06 - 23	07 - 09	10 - 23	00 - 00	00 - 00
2014	HTFZH02ABC_01	黄樟	03 - 09	03 - 24	04 - 25	05 - 17	09 - 12	00 - 00	00 - 00
2014	HTFZH02ABC_01	檵木	03 - 16	03 - 26	05 - 08	05 - 19	06 - 09	00 - 00	00 - 00
2014	HTFZH02ABC_01	金樱子	02 - 28	03 - 14	05 - 09	05 - 18	11 - 14	00 - 00	00 - 00
2014	HTFZH02ABC_01	栲	04 - 10	04 - 23	05 - 08	05 - 25	11 - 08	00 - 00	00 - 00
2014	HTFZH02ABC_01	空心泡	02 - 28	03 - 08	03 - 26	05 - 08	05 - 19	00 - 00	00 - 00
2014	HTFZH02ABC_01	六月雪	03 - 09	03 - 18	06 - 14	06 - 24	08 - 03	00 - 00	00 - 00
2014	HTFZH02ABC_01	麻栎	03 - 13	03 - 21	04 - 01	04 - 16	10 - 08	12 - 01	12 - 15
2014	HTFZH02ABC_01	满树星	03 - 07	03 - 15	03 - 20	04 - 05	08 - 28	11 - 13	12 - 15
2014	HTFZH02ABC_01	毛桐	03 - 21	04 - 12	04 - 19	05 - 08	08 - 12	11 - 13	12 - 15
2014	HTFZH02ABC_01	黄牛奶树	03 - 03	03 - 25	09 - 08	09 - 19	00 - 00	00 - 00	00 - 00
2014	HTFZH02ABC_01	青冈	03 - 16	04 - 07	04 - 12	04 - 28	10 - 21	00 - 00	00 - 00
2014	HTFZH02ABC_01	油茶	03 - 13	04 - 05	11 - 11	11 - 18	10 - 08	00 - 00	00 - 00
2014	HTFZH02ABC_01	箬叶竹	03 - 15	03 - 30	00 - 00	00 - 00	00 - 00	00 - 00	00 - 00
2014	HTFZH02ABC_01	湖南山核桃	04 - 05	04 - 23	05 - 21	06 - 09	08 - 25	11 - 11	12 - 15
2014	HTFZH02ABC_01	山乌桕	04 - 01	04 - 09	07 - 05	07 - 15	10 - 20	11 - 18	12 - 15
2014	HTFZH02ABC_01	细齿叶柃	03 - 25	04 - 08	02 - 15	03 - 09	05 - 25	00 - 00	00 - 00
2014	HTFZH02ABC_01	响叶杨	03 - 09	03 - 18	03 - 25	04 - 08	05 - 16	11 - 08	11 - 28
2014	HTFZH02ABC_01	楮	03 - 21	04 - 08	03 - 24	04 - 01	06 - 07	11 - 15	11 - 27
2014	HTFZH02ABC_01	小果蔷薇	03 - 03	03 - 25	05 - 08	05 - 16	08 - 04	00 - 00	00 - 00
2014	HTFZH02ABC_01	盐肤木	03 - 15	04 - 08	05 - 15	05 - 25	07 - 09	10 - 20	11 - 25
2014	HTFZH02ABC_01	杨梅	03 - 09	03 - 20	03 - 12	03 - 24	06 - 22	00 - 00	00 - 00
2014	HTFZH02ABC_01	中华石楠	03 - 05	03 - 18	05 - 08	05 - 19	06 - 09	11 - 20	12 - 11
2014	HTFZH02ABC_01	油桐	03 - 13	03 - 24	04 - 21	04 - 28	10 - 21	11 - 09	12 - 15

（续）

年份	样地代码	植物种名	芽开放期	展叶期	开花始期	开花盛期	果实或种子成熟期	叶秋季变色期	落叶期
2015	HTFZH01ABC_01	白栎	03-15	03-25	04-05	04-15	10-05	11-08	12-15
2015	HTFZH01ABC_01	刺楸	03-06	03-20	05-28	06-05	11-13	11-05	12-20
2015	HTFZH01ABC_01	楤木	03-10	03-24	10-12	10-23	11-10	11-12	12-09
2015	HTFZH01ABC_01	大叶白纸扇	03-20	04-10	06-15	06-25	08-26	11-25	12-09
2015	HTFZH01ABC_01	杜茎山	03-15	04-01	03-03	03-28	05-20	00-00	00-00
2015	HTFZH01ABC_01	梵天花	03-20	04-05	09-06	09-15	10-12	11-05	11-25
2015	HTFZH01ABC_01	枫香树	02-26	03-05	04-09	04-20	10-10	11-08	11-30
2015	HTFZH01ABC_01	钩藤	03-15	03-20	05-12	05-22	10-10	12-15	00-00
2015	HTFZH01ABC_01	广东紫珠	03-05	04-10	06-10	06-20	11-15	11-30	12-09
2015	HTFZH01ABC_01	水竹	04-09	05-05	03-22	05-18	05-18	12-13	00-00
2015	HTFZH01ABC_01	黄毛猕猴桃	03-08	03-15	06-12	06-25	12-08	12-05	12-09
2015	HTFZH01ABC_01	黄樟	03-10	03-18	05-12	05-26	09-13	00-00	00-00
2015	HTFZH01ABC_01	空心泡	02-25	03-15	03-20	03-30	05-09	00-00	00-00
2015	HTFZH01ABC_01	麻栎	03-05	03-19	03-16	03-25	10-25	12-13	12-18
2015	HTFZH01ABC_01	马尾松	03-03	04-07	03-25	04-15	11-25	00-00	00-00
2015	HTFZH01ABC_01	满树星	03-05	03-15	03-19	04-05	09-08	11-15	12-18
2015	HTFZH01ABC_01	毛桐	03-30	04-08	04-28	05-18	08-05	11-10	12-15
2015	HTFZH01ABC_01	山鸡椒	03-15	03-20	02-26	03-05	08-09	11-25	12-15
2015	HTFZH01ABC_01	赤杨叶	03-15	03-20	05-12	05-19	07-15	10-25	11-25
2015	HTFZH01ABC_01	刨花润楠	03-09	03-15	03-22	03-30	07-15	00-00	00-00
2015	HTFZH01ABC_01	青冈	03-15	03-25	04-18	05-18	10-15	00-00	00-00
2015	HTFZH01ABC_01	三月泡	02-05	02-10	03-03	03-16	04-20	11-25	12-25
2015	HTFZH01ABC_01	山乌桕	03-30	04-15	06-10	07-02	10-15	11-15	12-15
2015	HTFZH01ABC_01	杉木	02-10	02-16	02-26	03-25	12-09	00-00	00-00
2015	HTFZH01ABC_01	山桃	03-15	04-05	03-12	03-20	07-05	10-10	10-25
2015	HTFZH01ABC_01	藤构	03-15	03-23	4-15	04-25	05-18	10-25	12-05
2015	HTFZH01ABC_01	中华石楠	03-05	03-18	05-10	05-18	10-10	11-23	12-15
2015	HTFZH01ABC_01	紫麻	02-19	3-03	04-01	04-16	11-29	00-00	00-00
2015	HTFZH02ABC_01	白背叶	03-21	04-15	07-05	07-19	09-15	10-25	12-18
2015	HTFZH02ABC_01	白栎	03-15	04-05	04-09	04-20	10-22	11-28	11-25
2015	HTFZH02ABC_01	笔罗子	03-15	04-05	06-20	06-30	00-00	00-00	00-00
2015	HTFZH02ABC_01	刺楸	03-10	03-15	05-25	06-10	10-15	11-15	12-22
2015	HTFZH02ABC_01	大叶白纸扇	03-15	04-03	06-17	07-07	09-10	11-08	12-15
2015	HTFZH02ABC_01	杜茎山	03-15	04-03	03-05	03-30	05-25	00-00	00-00
2015	HTFZH02ABC_01	枫香树	02-23	03-06	04-09	04-24	10-10	11-23	11-25
2015	HTFZH02ABC_01	钩藤	03-15	03-25	05-07	05-16	10-10	11-23	11-25
2015	HTFZH02ABC_01	亮叶桦	03-01	03-10	03-28	04-07	05-18	10-25	11-25
2015	HTFZH02ABC_01	广东紫珠	03-10	04-09	06-10	06-17	10-15	11-15	12-18
2015	HTFZH02ABC_01	红果菝葜	03-25	04-05	03-30	04-09	10-30	00-00	00-00

（续）

年份	样地代码	植物种名	芽开放期	展叶期	开花始期	开花盛期	果实或种子成熟期	叶秋季变色期	落叶期
2015	HTFZH02ABC _ 01	华中樱桃	02 - 15	03 - 05	02 - 03	03 - 05	05 - 08	10 - 20	11 - 15
2015	HTFZH02ABC _ 01	化香树	03 - 10	03 - 25	05 - 12	05 - 27	10 - 10	11 - 08	12 - 18
2015	HTFZH02ABC _ 01	黄毛猕猴桃	03 - 10	03 - 25	06 - 05	06 - 22	12 - 08	12 - 10	12 - 15
2015	HTFZH02ABC _ 01	黄杞	03 - 05	03 - 18	06 - 25	07 - 08	10 - 20	00 - 00	00 - 00
2015	HTFZH02ABC _ 01	黄樟	03 - 05	03 - 24	04 - 25	05 - 18	09 - 15	00 - 00	00 - 00
2015	HTFZH02ABC _ 01	檵木	03 - 04	03 - 20	05 - 08	05 - 19	06 - 15	00 - 00	00 - 00
2015	HTFZH02ABC _ 01	金樱子	02 - 26	03 - 14	05 - 08	05 - 18	11 - 15	00 - 00	00 - 00
2015	HTFZH02ABC _ 01	栲	04 - 10	04 - 25	05 - 08	05 - 27	11 - 08	00 - 00	00 - 00
2015	HTFZH02ABC _ 01	空心泡	02 - 26	03 - 05	03 - 15	04 - 08	05 - 15	00 - 00	00 - 00
2015	HTFZH02ABC _ 01	六月雪	03 - 10	03 - 15	06 - 13	06 - 22	08 - 05	00 - 00	00 - 00
2015	HTFZH02ABC _ 01	麻栎	03 - 13	03 - 21	03 - 30	04 - 15	10 - 10	12 - 05	12 - 18
2015	HTFZH02ABC _ 01	满树星	03 - 10	03 - 15	03 - 20	04 - 05	08 - 28	11 - 15	12 - 15
2015	HTFZH02ABC _ 01	毛桐	03 - 21	04 - 14	04 - 20	05 - 08	08 - 28	11 - 15	12 - 18
2015	HTFZH02ABC _ 01	黄牛奶树	03 - 10	03 - 20	09 - 09	09 - 17	00 - 00	00 - 00	00 - 00
2015	HTFZH02ABC _ 01	青冈	03 - 16	04 - 08	04 - 09	04 - 29	10 - 20	00 - 00	00 - 00
2015	HTFZH02ABC _ 01	油茶	03 - 05	04 - 05	11 - 05	11 - 19	10 - 16	00 - 00	00 - 00
2015	HTFZH02ABC _ 01	箬叶竹	03 - 15	03 - 30	00 - 00	00 - 00	00 - 00	00 - 00	00 - 00
2015	HTFZH02ABC _ 01	湖南山核桃	04 - 05	04 - 25	05 - 24	06 - 08	08 - 25	11 - 08	12 - 18
2015	HTFZH02ABC _ 01	山乌桕	04 - 01	04 - 09	07 - 06	07 - 15	10 - 25	11 - 15	12 - 18
2015	HTFZH02ABC _ 01	细齿叶柃	03 - 25	04 - 05	02 - 15	03 - 10	05 - 25	00 - 00	00 - 00
2015	HTFZH02ABC _ 01	响叶杨	03 - 10	03 - 18	03 - 25	04 - 08	05 - 18	11 - 08	11 - 28
2015	HTFZH02ABC _ 01	槠	03 - 20	04 - 05	03 - 25	04 - 15	06 - 22	11 - 15	11 - 25
2015	HTFZH02ABC _ 01	小果蔷薇	03 - 03	03 - 25	05 - 07	05 - 14	08 - 25	00 - 00	00 - 00
2015	HTFZH02ABC _ 01	盐肤木	03 - 15	04 - 05	05 - 15	05 - 25	07 - 10	10 - 20	11 - 25
2015	HTFZH02ABC _ 01	杨梅	02 - 26	03 - 05	03 - 15	03 - 26	06 - 24	00 - 00	00 - 00
2015	HTFZH02ABC _ 01	中华石楠	03 - 05	03 - 15	05 - 08	05 - 15	10 - 10	11 - 20	12 - 15
2015	HTFZH02ABC _ 01	油桐	03 - 10	03 - 25	04 - 22	05 - 03	10 - 20	11 - 08	12 - 15

注：03 - 22 代表 3 月 22 日，00 - 00 表示该年该物种物候无明显变化，表中日期均为起始日期，下同。

表 3 - 20　草本物候

年份	样地代码	植物种名	萌动期（返青期）	开花期	果实或种子成熟期	种子散布期	黄枯期
2009	HTFZH01ABC _ 01	边缘鳞盖蕨	03 - 14	05 - 21	05 - 29	07 - 01	00 - 00
2009	HTFZH01ABC _ 01	博落回	04 - 10	05 - 29	10 - 09	11 - 02	11 - 18
2009	HTFZH01ABC _ 01	淡竹叶	04 - 20	06 - 01	10 - 09	10 - 18	11 - 18
2009	HTFZH01ABC _ 01	狗脊蕨	03 - 22	05 - 12	10 - 02	10 - 18	11 - 18
2009	HTFZH01ABC _ 01	黑足鳞毛蕨	03 - 19	06 - 18	09 - 10	09 - 29	00 - 00
2009	HTFZH01ABC _ 01	鸡矢藤	03 - 17	09 - 10	11 - 02	11 - 30	12 - 20
2009	HTFZH01ABC _ 01	金毛狗蕨	03 - 21	06 - 10	08 - 29	09 - 10	00 - 00
2009	HTFZH01ABC _ 01	芒	03 - 20	10 - 08	11 - 10	12 - 01	12 - 20

（续）

年份	样地代码	植物种名	萌动期（返青期）	开花期	果实或种子成熟期	种子散布期	黄枯期
2009	HTFZH01ABC_01	芒萁	03-22	05-20	06-01	10-09	00-00
2009	HTFZH01ABC_01	牛膝	03-22	04-28	09-10	11-02	11-28
2009	HTFZH01ABC_01	求米草	04-10	05-12	10-01	10-18	11-28
2009	HTFZH01ABC_01	忍冬	03-14	05-20	08-10	00-00	00-00
2009	HTFZH01ABC_01	三脉紫菀	03-14	11-12	12-05	12-20	12-20
2009	HTFZH01ABC_01	山姜	03-24	04-29	08-10	12-29	00-00
2009	HTFZH01ABC_01	乌蔹莓	03-17	04-20	07-16	10-09	12-20
2009	HTFZH01ABC_01	显齿蛇葡萄	03-01	05-20	10-20	11-25	00-00
2009	HTFZH01ABC_01	天南星	03-17	04-29	06-18	07-15	08-24
2009	HTFZH01ABC_01	蕺菜	03-11	05-10	06-20	09-25	11-15
2009	HTFZH01ABC_01	俞藤	03-25	05-12	06-18	08-10	11-02
2009	HTFZH01ABC_01	紫萁	03-21	04-09	06-10	07-16	11-25
2009	HTFZH02ABC_01	苍耳	03-04	07-16	10-05	11-02	11-15
2009	HTFZH02ABC_01	大果俞藤	03-14	06-01	07-16	11-02	11-25
2009	HTFZH02ABC_01	多花黄精	04-09	05-12	10-15	11-15	11-30
2009	HTFZH02ABC_01	狗脊蕨	03-18	05-10	10-01	11-10	00-00
2009	HTFZH02ABC_01	芒萁	03-20	05-09	06-01	10-05	00-00
2009	HTFZH02ABC_01	山姜	03-22	04-28	08-10	12-12	00-00
2009	HTFZH02ABC_01	蛇葡萄	03-23	05-28	10-15	11-02	11-25
2009	HTFZH02ABC_01	刺葡萄	03-14	05-28	10-01	11-25	12-20
2009	HTFZH02ABC_01	天南星	03-16	04-28	06-17	07-16	08-10
2010	HTFZH01ABC_01	边缘鳞盖蕨	03-10	05-09	06-15	07-18	00-00
2010	HTFZH01ABC_01	博落回	04-13	05-21	10-07	11-01	11-14
2010	HTFZH01ABC_01	淡竹叶	04-15	06-13	10-08	10-20	11-14
2010	HTFZH01ABC_01	狗脊蕨	04-05	05-13	10-07	11-01	00-00
2010	HTFZH01ABC_01	黑足鳞毛蕨	03-10	06-25	09-04	09-25	00-00
2010	HTFZH01ABC_01	鸡矢藤	03-16	09-04	11-01	11-30	12-15
2010	HTFZH01ABC_01	金毛狗蕨	03-05	06-13	08-25	09-04	00-00
2010	HTFZH01ABC_01	芒	03-23	10-08	11-01	12-01	12-15
2010	HTFZH01ABC_01	芒萁	03-23	05-24	06-11	10-08	00-00
2010	HTFZH01ABC_01	牛膝	03-10	05-26	08-11	11-01	11-30
2010	HTFZH01ABC_01	求米草	04-05	05-12	10-07	10-20	11-14
2010	HTFZH01ABC_01	忍冬	03-08	05-21	08-25	00-00	00-00
2010	HTFZH01ABC_01	三脉紫菀	03-16	11-14	12-05	12-15	12-24
2010	HTFZH01ABC_01	山姜	04-02	04-21	07-28	12-15	00-00
2010	HTFZH01ABC_01	乌蔹莓	03-23	05-02	07-28	10-18	12-10
2010	HTFZH01ABC_01	显齿蛇葡萄	03-10	05-12	06-27	09-25	11-14
2010	HTFZH01ABC_01	天南星	03-22	05-13	06-27	08-25	11-14
2010	HTFZH01ABC_01	蕺菜	03-15	05-21	06-27	07-12	11-15

（续）

年份	样地代码	植物种名	萌动期（返青期）	开花期	果实或种子成熟期	种子散布期	黄枯期
2010	HTFZH01ABC _ 01	俞藤	04 - 02	05 - 12	06 - 27	08 - 11	11 - 15
2010	HTFZH01ABC _ 01	紫萁	03 - 25	04 - 13	06 - 20	09 - 25	11 - 15
2010	HTFZH02ABC _ 01	苍耳	03 - 15	07 - 12	10 - 08	11 - 01	11 - 30
2010	HTFZH02ABC _ 01	大果俞藤	03 - 14	06 - 07	07 - 12	11 - 01	11 - 30
2010	HTFZH02ABC _ 01	多花黄精	04 - 02	05 - 19	10 - 08	11 - 01	11 - 15
2010	HTFZH02ABC _ 01	狗脊蕨	03 - 21	05 - 12	10 - 08	11 - 15	11 - 30
2010	HTFZH02ABC _ 01	芒萁	03 - 15	05 - 09	06 - 08	10 - 08	00 - 00
2010	HTFZH02ABC _ 01	山姜	03 - 15	05 - 03	08 - 11	12 - 15	00 - 00
2010	HTFZH02ABC _ 01	蛇葡萄	03 - 21	05 - 27	10 - 08	11 - 02	11 - 30
2010	HTFZH02ABC _ 01	刺葡萄	03 - 14	06 - 03	10 - 08	11 - 30	12 - 15
2010	HTFZH02ABC _ 01	天南星	03 - 19	05 - 03	06 - 20	07 - 12	08 - 10
2011	HTFZH01ABC _ 01	边缘鳞盖蕨	03 - 23	03 - 29	06 - 04	07 - 15	00 - 00
2011	HTFZH01ABC _ 01	博落回	04 - 12	06 - 05	10 - 15	11 - 08	11 - 10
2011	HTFZH01ABC _ 01	淡竹叶	04 - 15	06 - 15	10 - 22	11 - 01	11 - 18
2011	HTFZH01ABC _ 01	狗脊蕨	03 - 23	05 - 15	10 - 08	11 - 20	00 - 00
2011	HTFZH01ABC _ 01	黑足鳞毛蕨	03 - 16	07 - 01	09 - 15	10 - 15	00 - 00
2011	HTFZH01ABC _ 01	鸡矢藤	03 - 16	09 - 05	11 - 08	11 - 20	12 - 10
2011	HTFZH01ABC _ 01	金毛狗蕨	02 - 19	06 - 15	09 - 01	09 - 20	00 - 00
2011	HTFZH01ABC _ 01	芒	03 - 26	10 - 13	11 - 05	11 - 15	12 - 15
2011	HTFZH01ABC _ 01	芒萁	03 - 26	05 - 15	06 - 10	10 - 15	00 - 00
2011	HTFZH01ABC _ 01	牛膝	03 - 23	05 - 01	09 - 15	10 - 30	12 - 01
2011	HTFZH01ABC _ 01	求米草	04 - 12	05 - 16	10 - 08	10 - 30	11 - 20
2011	HTFZH01ABC _ 01	忍冬	03 - 21	06 - 01	08 - 08	00 - 00	00 - 00
2011	HTFZH01ABC _ 01	三脉紫菀	03 - 09	10 - 11	12 - 10	12 - 25	12 - 31
2011	HTFZH01ABC _ 01	山姜	04 - 01	05 - 16	11 - 10	11 - 25	00 - 00
2011	HTFZH01ABC _ 01	乌蔹莓	03 - 23	05 - 01	07 - 25	10 - 15	12 - 15
2011	HTFZH01ABC _ 01	显齿蛇葡萄	03 - 12	05 - 16	10 - 10	11 - 15	11 - 15
2011	HTFZH01ABC _ 01	天南星	03 - 12	05 - 01	06 - 15	07 - 25	08 - 08
2011	HTFZH01ABC _ 01	蕺菜	03 - 12	05 - 01	06 - 15	10 - 10	11 - 20
2011	HTFZH01ABC _ 01	俞藤	03 - 23	05 - 16	06 - 23	08 - 10	11 - 20
2011	HTFZH01ABC _ 01	紫萁	03 - 16	04 - 12	06 - 15	07 - 25	11 - 25
2011	HTFZH02ABC _ 01	苍耳	03 - 01	07 - 25	10 - 01	10 - 25	11 - 20
2011	HTFZH02ABC _ 01	大果俞藤	03 - 16	06 - 06	07 - 25	10 - 25	11 - 20
2011	HTFZH02ABC _ 01	多花黄精	04 - 12	05 - 01	10 - 10	11 - 08	11 - 24
2011	HTFZH02ABC _ 01	狗脊蕨	03 - 16	06 - 01	10 - 13	11 - 26	00 - 00
2011	HTFZH02ABC _ 01	芒萁	03 - 23	05 - 10	06 - 01	11 - 20	00 - 00
2011	HTFZH02ABC _ 01	山姜	04 - 06	05 - 10	11 - 02	11 - 28	00 - 00
2011	HTFZH02ABC _ 01	蛇葡萄	03 - 28	06 - 01	10 - 25	11 - 10	11 - 10
2011	HTFZH02ABC _ 01	刺葡萄	03 - 16	06 - 06	10 - 08	11 - 30	12 - 18

（续）

年份	样地代码	植物种名	萌动期（返青期）	开花期	果实或种子成熟期	种子散布期	黄枯期
2011	HTFZH02ABC _ 01	天南星	03 - 07	04 - 29	06 - 10	07 - 25	08 - 01
2013	HTFZH01ABC _ 01	边缘鳞盖蕨	03 - 23	04 - 05	06 - 28	07 - 20	00 - 00
2013	HTFZH01ABC _ 01	博落回	04 - 18	06 - 27	10 - 20	11 - 12	12 - 05
2013	HTFZH01ABC _ 01	淡竹叶	04 - 20	06 - 19	10 - 22	11 - 05	11 - 20
2013	HTFZH01ABC _ 01	狗脊蕨	03 - 23	05 - 19	10 - 12	11 - 20	00 - 00
2013	HTFZH01ABC _ 01	黑足鳞毛蕨	03 - 20	06 - 28	09 - 19	10 - 15	00 - 00
2013	HTFZH01ABC _ 01	鸡矢藤	03 - 18	09 - 07	11 - 12	11 - 28	12 - 13
2013	HTFZH01ABC _ 01	金毛狗蕨	02 - 15	06 - 13	09 - 06	09 - 23	00 - 00
2013	HTFZH01ABC _ 01	芒	03 - 29	10 - 11	11 - 09	11 - 18	12 - 17
2013	HTFZH01ABC _ 01	芒萁	03 - 28	05 - 17	06 - 13	10 - 19	00 - 00
2013	HTFZH01ABC _ 01	牛膝	03 - 19	05 - 04	09 - 18	10 - 31	12 - 03
2013	HTFZH01ABC _ 01	求米草	04 - 12	05 - 16	10 - 08	10 - 30	11 - 20
2013	HTFZH01ABC _ 01	忍冬	03 - 25	06 - 06	08 - 07	00 - 00	00 - 00
2013	HTFZH01ABC _ 01	三脉紫菀	03 - 07	10 - 11	12 - 10	12 - 21	12 - 31
2013	HTFZH01ABC _ 01	山姜	04 - 11	05 - 19	11 - 12	11 - 27	00 - 00
2013	HTFZH01ABC _ 01	乌蔹莓	03 - 23	05 - 08	07 - 25	10 - 16	12 - 19
2013	HTFZH01ABC _ 01	显齿蛇葡萄	03 - 15	05 - 18	10 - 11	11 - 17	11 - 19
2013	HTFZH01ABC _ 01	天南星	03 - 17	05 - 09	06 - 11	07 - 21	08 - 12
2013	HTFZH01ABC _ 01	蕺菜	03 - 15	05 - 03	06 - 12	10 - 13	11 - 25
2013	HTFZH01ABC _ 01	俞藤	03 - 25	05 - 18	06 - 27	08 - 11	11 - 28
2013	HTFZH01ABC _ 01	紫萁	03 - 11	04 - 12	06 - 17	07 - 23	11 - 25
2013	HTFZH02ABC _ 01	苍耳	03 - 05	07 - 25	10 - 08	10 - 23	11 - 29
2013	HTFZH02ABC _ 01	大果俞藤	03 - 17	06 - 09	07 - 27	10 - 29	11 - 25
2013	HTFZH02ABC _ 01	多花黄精	04 - 12	05 - 09	10 - 12	11 - 11	11 - 24
2013	HTFZH02ABC _ 01	狗脊蕨	03 - 16	06 - 07	10 - 17	11 - 26	00 - 00
2013	HTFZH02ABC _ 01	芒萁	03 - 23	05 - 10	06 - 01	11 - 20	00 - 00
2013	HTFZH02ABC _ 01	山姜	04 - 11	05 - 12	11 - 07	11 - 28	00 - 00
2013	HTFZH02ABC _ 01	蛇葡萄	03 - 28	06 - 07	10 - 25	11 - 15	11 - 15
2013	HTFZH02ABC _ 01	刺葡萄	03 - 16	06 - 10	10 - 08	11 - 30	12 - 18
2013	HTFZH02ABC _ 01	天南星	03 - 08	04 - 29	06 - 11	07 - 25	08 - 09
2014	HTFZH01ABC _ 01	边缘鳞盖蕨	03 - 25	04 - 05	06 - 25	07 - 20	00 - 00
2014	HTFZH01ABC _ 01	博落回	04 - 15	06 - 17	10 - 20	11 - 12	12 - 05
2014	HTFZH01ABC _ 01	淡竹叶	04 - 23	06 - 17	10 - 25	11 - 03	11 - 23
2014	HTFZH01ABC _ 01	狗脊蕨	03 - 25	05 - 20	10 - 15	11 - 20	00 - 00
2014	HTFZH01ABC _ 01	黑足鳞毛蕨	03 - 20	06 - 28	09 - 13	10 - 15	00 - 00
2014	HTFZH01ABC _ 01	鸡矢藤	03 - 18	09 - 09	11 - 15	11 - 25	12 - 15
2014	HTFZH01ABC _ 01	金毛狗蕨	02 - 15	06 - 15	09 - 05	09 - 25	00 - 00
2014	HTFZH01ABC _ 01	芒	03 - 25	10 - 15	11 - 05	11 - 15	12 - 15
2014	HTFZH01ABC _ 01	芒萁	03 - 28	05 - 17	06 - 13	10 - 19	00 - 00
2014	HTFZH01ABC _ 01	牛膝	03 - 19	05 - 05	09 - 17	10 - 28	12 - 05
2014	HTFZH01ABC _ 01	求米草	04 - 15	05 - 16	10 - 05	10 - 30	11 - 25

（续）

年份	样地代码	植物种名	萌动期（返青期）	开花期	果实或种子成熟期	种子散布期	黄枯期
2014	HTFZH01ABC _ 01	忍冬	03 - 25	06 - 08	08 - 08	00 - 00	00 - 00
2014	HTFZH01ABC _ 01	三脉紫菀	03 - 05	10 - 15	12 - 10	12 - 21	12 - 25
2014	HTFZH01ABC _ 01	山姜	04 - 10	05 - 19	11 - 12	11 - 25	00 - 00
2014	HTFZH01ABC _ 01	乌蔹莓	03 - 23	05 - 02	07 - 25	10 - 16	12 - 19
2014	HTFZH01ABC _ 01	显齿蛇葡萄	03 - 15	05 - 18	10 - 11	11 - 17	11 - 19
2014	HTFZH01ABC _ 01	天南星	03 - 17	04 - 29	06 - 15	07 - 21	08 - 15
2014	HTFZH01ABC _ 01	蕺菜	03 - 15	04 - 25	06 - 10	10 - 15	11 - 24
2014	HTFZH01ABC _ 01	俞藤	03 - 25	05 - 10	06 - 17	08 - 15	11 - 28
2014	HTFZH01ABC _ 01	紫萁	03 - 11	04 - 12	06 - 17	07 - 23	11 - 25
2014	HTFZH02ABC _ 01	苍耳	03 - 09	07 - 26	10 - 09	10 - 22	11 - 25
2014	HTFZH02ABC _ 01	大果俞藤	03 - 15	06 - 12	07 - 25	10 - 29	11 - 25
2014	HTFZH02ABC _ 01	多花黄精	04 - 15	05 - 09	10 - 15	11 - 11	11 - 25
2014	HTFZH02ABC _ 01	狗脊蕨	03 - 14	06 - 05	10 - 15	11 - 26	00 - 00
2014	HTFZH02ABC _ 01	芒萁	03 - 20	05 - 10	06 - 05	11 - 25	00 - 00
2014	HTFZH02ABC _ 01	山姜	04 - 10	05 - 15	11 - 08	11 - 25	00 - 00
2014	HTFZH02ABC _ 01	蛇葡萄	03 - 25	06 - 05	10 - 25	11 - 16	11 - 16
2014	HTFZH02ABC _ 01	刺葡萄	03 - 16	06 - 14	10 - 09	11 - 30	12 - 19
2014	HTFZH02ABC _ 01	天南星	03 - 09	04 - 25	06 - 11	07 - 25	08 - 12
2015	HTFZH01ABC _ 01	边缘鳞盖蕨	03 - 15	04 - 05	06 - 28	07 - 23	00 - 00
2015	HTFZH01ABC _ 01	博落回	04 - 01	06 - 17	10 - 15	11 - 08	12 - 05
2015	HTFZH01ABC _ 01	淡竹叶	04 - 25	06 - 25	10 - 25	11 - 05	11 - 25
2015	HTFZH01ABC _ 01	狗脊蕨	03 - 15	05 - 22	10 - 15	11 - 18	00 - 00
2015	HTFZH01ABC _ 01	黑足鳞毛蕨	03 - 20	06 - 25	09 - 18	10 - 13	00 - 00
2015	HTFZH01ABC _ 01	鸡矢藤	03 - 15	09 - 08	11 - 15	11 - 25	12 - 15
2015	HTFZH01ABC _ 01	金毛狗蕨	02 - 20	06 - 15	09 - 08	09 - 25	00 - 00
2015	HTFZH01ABC _ 01	芒	03 - 25	10 - 15	11 - 05	11 - 15	12 - 15
2015	HTFZH01ABC _ 01	芒萁	03 - 25	05 - 18	06 - 15	10 - 20	11 - 25
2015	HTFZH01ABC _ 01	牛膝	03 - 20	05 - 08	09 - 15	10 - 28	12 - 05
2015	HTFZH01ABC _ 01	求米草	04 - 15	05 - 18	10 - 05	10 - 28	11 - 23
2015	HTFZH01ABC _ 01	忍冬	03 - 25	06 - 10	08 - 10	00 - 00	00 - 00
2015	HTFZH01ABC _ 01	三脉紫菀	03 - 05	10 - 15	12 - 15	12 - 20	12 - 25
2015	HTFZH01ABC _ 01	山姜	04 - 10	05 - 18	11 - 08	11 - 25	00 - 00
2015	HTFZH01ABC _ 01	乌蔹莓	03 - 25	05 - 04	07 - 25	10 - 13	12 - 21
2015	HTFZH01ABC _ 01	显齿蛇葡萄	03 - 15	05 - 18	10 - 10	11 - 18	11 - 21
2015	HTFZH01ABC _ 01	天南星	03 - 12	04 - 30	06 - 18	07 - 23	08 - 18
2015	HTFZH01ABC _ 01	蕺菜	03 - 15	04 - 25	06 - 14	10 - 15	11 - 25
2015	HTFZH01ABC _ 01	俞藤	03 - 30	05 - 12	06 - 20	08 - 15	11 - 25
2015	HTFZH01ABC _ 01	紫萁	03 - 10	04 - 14	06 - 20	07 - 23	11 - 25
2015	HTFZH02ABC _ 01	苍耳	03 - 09	07 - 25	10 - 10	10 - 25	11 - 23
2015	HTFZH02ABC _ 01	大果俞藤	03 - 15	06 - 15	07 - 25	10 - 28	11 - 23
2015	HTFZH02ABC _ 01	多花黄精	04 - 15	05 - 12	10 - 12	11 - 18	11 - 23
2015	HTFZH02ABC _ 01	狗脊蕨	03 - 14	06 - 05	10 - 12	11 - 23	00 - 00
2015	HTFZH02ABC _ 01	芒萁	03 - 20	05 - 12	06 - 15	11 - 25	00 - 00

（续）

年份	样地代码	植物种名	萌动期（返青期）	开花期	果实或种子成熟期	种子散布期	黄枯期
2015	HTFZH02ABC_01	山姜	04-10	05-16	11-08	11-23	00-00
2015	HTFZH02ABC_01	蛇葡萄	03-25	06-05	10-25	11-18	11-15
2015	HTFZH02ABC_01	刺葡萄	03-15	06-14	10-10	11-23	12-15
2015	HTFZH02ABC_01	天南星	03-05	04-26	06-15	07-23	08-15

注：03-14代表3月14日，00-00表示该年该物种物候无明显变化，表中日期均为起始日期，下同。

3.1.12 优势植物元素含量与能值数据集

3.1.12.1 概述

本数据集记录了会同杉木人工林综合观测场永久样地（HTFZH01ABC_01）和会同常绿阔叶林综合观测场永久样地（HTFZH02ABC_01）凋落物元素含量与能值，杉木人工林综合观测场破坏样地（HTFZH01ABC_02）和常绿阔叶林综合观测场破坏样地（HTFZH02ABC_02）优势植物各器官凋落物元素含量与能值的数据，测定指标为全碳、全氮、全磷、全钾、全硫、全钙、全镁、干重热值、灰分。

3.1.12.2 数据采集和处理方法

野外取样烘干过筛，室内分析测定，测定目标包括乔灌草各层以及凋落物。其中乔木的测定部位分树叶、树枝、树皮、树干、树根5部分；灌木的测定部位包括树叶、树枝、树根；草本植物的观测部位分地上部分和地下部分。

植物于每年的8月中旬统一采样。凋落物回收量每月分类测定，凋落物现存量按季节混合测定。相关方法见表3-21。

表3-21 优势植物元素含量测定方法

项目	符号	方法	说明	备注
全碳	C	重铬酸钾-硫酸氧化法	测定的是有机碳	CERN推荐
全氮	N	凯氏法		CERN推荐
全磷	P	比色法		CERN推荐
全钾	K	原子吸收分光光度法		CERN推荐
全硫	S	比浊法		CERN推荐
全钙	Ca	原子吸收分光光度法		CERN推荐
全镁	Mg	原子吸收分光光度法		CERN推荐
干重热值		氧弹法		CERN推荐
灰分		灼烧法		

3.1.12.3 数据质量控制和评估

原始数据质量控制方法：采样时选取同种植物多个个体的向阳面、背阳面以及不同高度的叶、枝、皮、干样品进行混合，根系部分选取不同大小级别的样品混合，测定时带标样校准。

质控方法：阈值检查（根据多年数据比对，对超出历史数据阈值范围的监测数据进行校验，删除异常值或标注说明），比值法（利用不同元素比值进行核验）。

3.1.12.4 数据使用方法和建议

同3.1.2.4。

3.1.12.5 数据

见表3-22，表3-23。

表 3 - 22　优势植物元素含量与能值

年份	样地代码	植物种名/调落物	采样部位	全碳/ (g/kg)	全氮/ (g/kg)	全磷/ (g/kg)	全钾/ (g/kg)	全硫/ (g/kg)	全钙/ (g/kg)	全镁/ (g/kg)	干重热值/ (MJ/kg)	灰分/ %
2010	HTFZH02ABC_02	刨花润楠	树根	448.81	2.74	0.58	4.12	0.34	2.95	1.81	18.27	7.09
2010	HTFZH02ABC_02	刨花润楠	树枝	456.78	3.09	0.38	2.34	0.29	6.09	1.03	19.10	2.47
2010	HTFZH02ABC_02	刨花润楠	树叶	450.52	12.28	0.95	2.66	1.29	12.02	3.97	19.85	6.03
2010	HTFZH02ABC_02	刨花润楠	树干	453.17	1.54	0.32	3.48	0.13	2.27	0.69	18.94	1.05
2010	HTFZH02ABC_02	刨花润楠	树皮	465.14	4.09	0.56	4.80	0.40	18.28	1.04	18.10	6.24
2010	HTFZH02ABC_02	栲	树根	445.09	4.01	0.39	3.38	0.55	5.72	1.51	19.11	1.82
2010	HTFZH02ABC_02	栲	树枝	399.41	3.50	0.38	1.92	0.69	7.02	2.02	16.37	11.00
2010	HTFZH02ABC_02	栲	树叶	443.25	11.71	0.84	5.54	2.00	5.62	3.52	20.00	4.62
2010	HTFZH02ABC_02	栲	树干	423.86	1.51	0.15	10.39	0.08	3.58	1.01	18.59	1.07
2010	HTFZH02ABC_02	栲	树皮	382.07	3.55	0.35	8.73	0.56	15.28	2.74	19.01	5.25
2010	HTFZH02ABC_02	青冈	树根	386.56	2.49	0.98	6.11	0.27	9.77	1.14	19.79	6.41
2010	HTFZH02ABC_02	青冈	树枝	372.82	3.63	0.90	1.89	0.42	8.87	1.00	18.46	3.96
2010	HTFZH02ABC_02	青冈	树叶	427.80	12.89	1.16	1.77	1.46	8.91	2.44	19.99	6.00
2010	HTFZH02ABC_02	青冈	树干	401.15	1.40	0.65	1.70	0.14	5.70	0.57	18.25	2.16
2010	HTFZH02ABC_02	青冈	树皮	349.84	4.37	0.42	1.66	0.27	4.36	0.68	16.70	12.02
2010	HTFZH01ABC_02	杉木	树根	433.45	3.27	0.48	2.69	0.46	4.98	0.83	18.94	5.61
2010	HTFZH01ABC_02	杉木	树根	436.64	5.43	0.45	1.90	0.45	4.83	0.89	18.67	4.66
2010	HTFZH01ABC_02	杉木	树根	413.61	2.93	0.51	5.15	0.37	5.05	1.82	17.37	15.00
2010	HTFZH01ABC_02	杉木	树枝	445.37	2.99	0.50	2.01	0.30	7.15	0.83	19.28	2.48
2010	HTFZH01ABC_02	杉木	树枝	484.96	3.15	0.43	7.42	0.28	5.93	1.01	19.46	2.10
2010	HTFZH01ABC_02	杉木	树枝	474.57	2.59	0.47	1.72	0.22	5.81	0.95	19.52	2.06

（续）

年份	样地代码	植物种名/凋落物	采样部位	全碳/ (g/kg)	全氮/ (g/kg)	全磷/ (g/kg)	全钾/ (g/kg)	全硫/ (g/kg)	全钙/ (g/kg)	全镁/ (g/kg)	干重热值/ (MJ/kg)	灰分/ %
2010	HTFZH01ABC_02	杉木	树叶	436.39	10.99	1.09	1.97	1.43	20.39	2.08	19.22	6.75
2010	HTFZH01ABC_02	杉木	树叶	480.26	11.96	0.85	2.50	1.29	12.71	2.68	19.10	5.64
2010	HTFZH01ABC_02	杉木	树叶	498.97	8.03	0.69	3.72	0.83	12.40	2.43	20.15	5.19
2010	HTFZH01ABC_02	杉木	树干	472.23	1.05	0.22	3.39	0.07	1.98	3.82	19.76	0.31
2010	HTFZH01ABC_02	杉木	树干	460.42	0.53	0.15	2.08	0.03	2.17	0.62	19.84	0.44
2010	HTFZH01ABC_02	杉木	树干	475.54	0.78	0.22	2.18	0.08	2.03	0.97	19.73	0.55
2010	HTFZH01ABC_02	杉木	树皮	472.83	3.90	0.34	1.47	0.36	3.77	0.92	19.42	2.10
2010	HTFZH01ABC_02	杉木	树皮	475.05	1.50	0.27	4.87	0.21	2.88	0.94	20.02	0.90
2010	HTFZH01ABC_02	杉木	树皮	468.68	4.10	0.59	9.03	0.51	6.44	1.42	19.79	2.63
2010	HTFZH01ABC_02	大叶白纸扇	树根	423.64	3.17	0.47	3.99	0.47	2.54	0.98	18.05	5.48
2010	HTFZH01ABC_02	大叶白纸扇	树枝	418.56	4.93	0.45	2.00	0.53	3.56	0.94	18.76	2.12
2010	HTFZH01ABC_02	大叶白纸扇	树叶	514.82	26.49	1.60	6.36	2.28	12.10	0.89	18.09	10.90
2010	HTFZH01ABC_02	杜茎山	树根	396.94	6.43	0.63	2.10	1.52	8.17	1.87	15.51	10.77
2010	HTFZH01ABC_02	杜茎山	树枝	422.41	6.72	0.63	3.02	1.25	6.87	1.96	18.23	4.20
2010	HTFZH01ABC_02	杜茎山	树叶	429.11	14.90	0.93	5.81	3.41	13.12	4.68	18.67	8.56
2010	HTFZH02ABC_02	箬竹	树根	305.58	4.45	1.56	3.18	1.07	1.82	1.12	15.60	11.43
2010	HTFZH02ABC_02	箬竹	树枝	407.75	2.07	0.83	5.24	0.80	1.44	0.76	17.98	6.25
2010	HTFZH02ABC_02	箬竹	树叶	346.59	8.54	1.48	7.84	2.35	3.72	2.00	16.05	16.86
2010	HTFZH01ABC_02	淡竹叶	地上部分	370.25	15.39	1.13	13.73	9.25	3.96	3.17	15.61	18.43
2010	HTFZH01ABC_02	淡竹叶	地下部分	336.39	10.51	0.98	5.26	5.41	3.74	2.06	13.39	22.29
2010	HTFZH02ABC_02	狗脊蕨	地上部分	378.55	8.22	0.94	7.96	1.91	4.11	6.20	16.45	9.95
2010	HTFZH02ABC_02	狗脊蕨	地下部分	360.55	4.46	0.87	7.62	1.13	1.91	5.69	16.97	6.80
2010	HTFFZ01AB0_02	金星蕨	地上部分	452.29	11.69	0.85	5.59	3.30	5.68	3.32	18.82	6.87
2010	HTFFZ01AB0_02	金星蕨	地下部分	352.62	7.90	0.85	3.77	1.32	2.08	2.70	14.83	18.15

注：杉木数据为测定的3个杉木混合样品的数据。HTFFZ01AB0_02因监测指标非常少，所以前文未表述。

表 3 – 23　会同站 2010 年和 2015 年凋落物元素含量与能值

年份	样地代码	植物种名/凋落物	采样部位	全碳/ (g/kg)	全氮/ (g/kg)	全磷/ (g/kg)	全钾/ (g/kg)	全硫/ (g/kg)	全钙/ (g/kg)	全镁/ (g/kg)	干重热值/ (MJ/kg)	灰分/ %
2010	HTFZH02ABC_01	1 月凋落物回收量	凋落枝	483.55	7.67	0.30	8.53	1.14	5.77	2.36	18.46	2.83
2010	HTFZH02ABC_01	1 月凋落物回收量	凋落叶	494.20	9.15	0.35	5.27	1.71	4.33	3.20	18.90	7.21
2010	HTFZH02ABC_01	2 月凋落物回收量	凋落枝	476.69	5.51	0.25	2.01	1.03	4.37	1.26	19.17	2.15
2010	HTFZH02ABC_01	2 月凋落物回收量	凋落叶	505.81	12.84	0.67	3.63	2.26	6.72	2.82	17.24	5.86
2010	HTFZH02ABC_01	3 月凋落物回收量	凋落枝	409.23	7.59	0.25	5.91	0.80	4.94	1.34	19.44	2.35
2010	HTFZH02ABC_01	3 月凋落物回收量	凋落叶	501.22	11.93	0.50	5.76	2.05	6.42	3.08	19.71	5.78
2010	HTFZH02ABC_01	4 月凋落物回收量	凋落枝	455.41	4.51	0.18	2.75	0.82	7.88	1.80	19.23	3.43
2010	HTFZH02ABC_01	4 月凋落物回收量	凋落叶	497.61	8.06	0.38	4.95	1.97	6.23	2.90	19.55	6.12
2010	HTFZH02ABC_01	5 月凋落物回收量	凋落枝	499.63	11.03	0.14	2.93	0.60	3.22	1.08	19.01	1.80
2010	HTFZH02ABC_01	5 月凋落物回收量	凋落叶	497.44	11.48	0.54	3.60	1.73	6.21	2.94	19.59	6.13
2010	HTFZH02ABC_01	6 月凋落物回收量	凋落枝	487.56	4.77	0.25	1.96	0.64	6.69	1.02	19.01	2.64
2010	HTFZH02ABC_01	6 月凋落物回收量	凋落叶	476.67	10.90	0.45	2.83	1.67	5.83	2.96	19.87	4.98
2010	HTFZH02ABC_01	7 月凋落物回收量	凋落枝	471.88	5.77	0.17	2.39	0.78	4.18	1.31	19.12	2.14
2010	HTFZH02ABC_01	7 月凋落物回收量	凋落叶	489.85	11.44	0.54	3.51	2.13	5.30	3.10	19.29	6.02
2010	HTFZH02ABC_01	8 月凋落物回收量	凋落枝	578.45	4.46	0.19	5.62	0.45	4.90	1.63	18.66	2.51
2010	HTFZH02ABC_01	8 月凋落物回收量	凋落叶	492.56	10.97	0.43	6.41	1.82	5.69	3.05	19.31	5.39
2010	HTFZH02ABC_01	9 月凋落物回收量	凋落枝	502.14	11.47	0.31	3.00	1.02	5.22	3.59	19.39	2.79
2010	HTFZH02ABC_01	9 月凋落物回收量	凋落叶	501.43	10.30	0.37	3.12	1.51	7.13	2.71	17.03	5.64
2010	HTFZH02ABC_01	10 月凋落物回收量	凋落枝	475.71	5.42	0.22	9.12	0.78	4.73	1.10	19.09	2.26
2010	HTFZH02ABC_01	10 月凋落物回收量	凋落叶	485.22	8.50	0.44	2.43	1.63	7.62	2.93	19.23	6.55
2010	HTFZH02ABC_01	11 月凋落物回收量	凋落枝	482.60	8.33	0.47	2.31	1.29	5.38	1.85	19.15	5.16
2010	HTFZH02ABC_01	11 月凋落物回收量	凋落叶	466.00	11.03	0.37	2.84	1.59	7.50	3.01	18.96	7.54

（续）

年份	样地代码	植物种名/凋落物	采样部位	全碳/(g/kg)	全氮/(g/kg)	全磷/(g/kg)	全钾/(g/kg)	全硫/(g/kg)	全钙/(g/kg)	全镁/(g/kg)	干重热值/(MJ/kg)	灰分/%
2010	HTFZH02ABC_01	12月凋落物回收量	凋落枝	443.95	4.79	0.23	2.46	0.82	4.00	1.68	19.35	1.90
2010	HTFZH02ABC_01	12月凋落物回收量	凋落叶	487.10	8.27	0.47	3.40	1.55	6.31	3.37	19.23	6.24
2010	HTFZH02ABC_01	12月凋落物回收量	凋落果	476.88	12.08	0.46	6.35	0.98	4.74	2.05	19.19	4.40
2010	HTFZH02ABC_01	1月凋落物现存量		510.43	8.75	0.52	2.64	1.24	7.14	2.20	17.55	9.53
2010	HTFZH02ABC_01	4月凋落物现存量		447.30	11.19	0.46	4.34	1.21	5.86	2.05	17.54	11.68
2010	HTFZH02ABC_01	7月凋落物现存量		439.93	8.16	0.53	3.19	1.43	7.15	2.45	17.65	13.27
2010	HTFZH02ABC_01	10月凋落物现存量		415.59	6.30	0.51	6.13	1.27	5.30	1.79	16.92	15.58
2010	HTFZH01ABC_01	1月凋落物回收量	凋落叶	458.97	4.99	0.42	2.94	0.90	9.39	2.76	21.03	3.94
2010	HTFZH01ABC_01	1月凋落物回收量	凋落果	492.05	5.37	0.59	1.89	0.85	3.42	1.26	20.62	2.16
2010	HTFZH01ABC_01	2月凋落物回收量	凋落枝	436.64	3.38	0.36	11.30	0.46	7.30	2.22	19.48	3.09
2010	HTFZH01ABC_01	2月凋落物回收量	凋落叶	441.64	4.76	0.59	1.70	0.84	8.28	2.88	23.30	3.89
2010	HTFZH01ABC_01	2月凋落物回收量	凋落果	472.43	5.53	0.48	2.05	0.93	1.94	1.06	20.64	1.75
2010	HTFZH01ABC_01	3月凋落物回收量	凋落枝	470.87	2.70	0.24	11.33	0.45	5.44	1.43	19.55	3.02
2010	HTFZH01ABC_01	3月凋落物回收量	凋落叶	482.52	5.56	0.55	1.65	0.86	9.01	2.37	20.56	4.30
2010	HTFZH01ABC_01	3月凋落物回收量	凋落果	489.31	4.63	0.56	2.84	0.65	2.59	1.61	20.30	1.44
2010	HTFZH01ABC_01	4月凋落物回收量	凋落枝	527.89	3.40	0.39	8.04	0.46	6.79	1.38	19.31	3.83
2010	HTFZH01ABC_01	4月凋落物回收量	凋落叶	489.90	6.43	0.56	2.98	1.03	9.83	1.66	20.15	5.06
2010	HTFZH01ABC_01	4月凋落物回收量	凋落果	482.83	6.06	0.47	2.27	0.95	2.56	0.91	21.04	6.64
2010	HTFZH01ABC_01	5月凋落物回收量	凋落枝	458.75	8.53	0.69	2.49	0.96	7.79	1.55	17.43	3.74
2010	HTFZH01ABC_01	5月凋落物回收量	凋落叶	473.45	11.82	0.89	2.56	1.44	5.83	1.71	20.49	4.24
2010	HTFZH01ABC_01	5月凋落物回收量	凋落果	475.54	7.55	0.62	1.79	0.94	3.53	1.70	20.46	2.65
2010	HTFZH01ABC_01	6月凋落物回收量	凋落枝	432.06	4.47	0.31	2.85	0.53	5.54	1.69	19.41	3.01

（续）

年份	样地代码	植物种名/凋落物	采样部位	全碳/(g/kg)	全氮/(g/kg)	全磷/(g/kg)	全钾/(g/kg)	全硫/(g/kg)	全钙/(g/kg)	全镁/(g/kg)	干重热值/(MJ/kg)	灰分/%
2010	HTFZH01ABC_01	6月凋落物回收量	凋落叶	449.07	13.00	0.79	3.40	1.52	8.71	2.15	20.17	4.81
2010	HTFZH01ABC_01	6月凋落物回收量	凋落果	460.29	7.66	0.59	6.89	1.06	7.42	1.70	20.29	3.37
2010	HTFZH01ABC_01	7月凋落物回收量	凋落枝	424.36	3.89	0.39	2.33	0.41	4.25	1.63	19.33	2.93
2010	HTFZH01ABC_01	7月凋落物回收量	凋落叶	477.05	9.20	0.70	7.60	1.08	8.18	2.09	20.40	5.14
2010	HTFZH01ABC_01	7月凋落物回收量	凋落果	430.42	6.95	0.47	2.14	0.74	1.98	1.42	19.49	3.13
2010	HTFZH01ABC_01	8月凋落物回收量	凋落枝	444.45	5.72	0.51	13.57	0.72	4.63	2.22	19.70	3.34
2010	HTFZH01ABC_01	8月凋落物回收量	凋落叶	429.21	7.97	0.62	1.88	0.92	9.02	1.85	20.53	4.18
2010	HTFZH01ABC_01	8月凋落物回收量	凋落果	440.43	6.51	0.60	3.55	0.99	2.56	1.31	16.55	3.05
2010	HTFZH01ABC_01	9月凋落物回收量	凋落枝	437.85	4.85	0.44	1.80	0.55	3.75	1.89	19.54	2.75
2010	HTFZH01ABC_01	9月凋落物回收量	凋落叶	451.38	10.59	0.76	3.59	1.22	6.58	2.62	20.76	4.30
2010	HTFZH01ABC_01	9月凋落物回收量	凋落果	444.52	7.10	0.59	3.27	0.75	1.83	1.74	18.10	2.04
2010	HTFZH01ABC_01	10月凋落物回收量	凋落枝	424.36	3.54	0.32	2.55	0.45	5.11	2.76	19.52	3.40
2010	HTFZH01ABC_01	10月凋落物回收量	凋落叶	534.31	7.14	0.53	3.71	0.90	9.79	3.49	21.00	4.64
2010	HTFZH01ABC_01	10月凋落物回收量	凋落果	456.50	6.89	0.39	2.86	0.89	3.38	1.67	20.79	1.68
2010	HTFZH01ABC_01	11月凋落物回收量	凋落枝	488.09	3.57	0.28	2.12	0.45	6.39	1.98	19.66	2.76
2010	HTFZH01ABC_01	11月凋落物回收量	凋落叶	456.90	6.03	0.48	2.91	0.80	9.31	3.02	21.06	4.19
2010	HTFZH01ABC_01	11月凋落物回收量	凋落果	462.18	5.66	0.50	6.33	0.93	2.77	2.24	17.85	1.55
2010	HTFZH01ABC_01	12月凋落物回收量	凋落枝	436.19	3.56	0.26	2.85	0.39	7.07	2.22	19.74	3.13
2010	HTFZH01ABC_01	12月凋落物回收量	凋落叶	454.72	7.63	0.50	2.23	0.93	9.15	2.43	21.07	4.02
2010	HTFZH01ABC_01	12月凋落物回收量	凋落果	459.32	6.58	0.50	4.10	0.81	3.09	1.40	21.13	1.64
2010	HTFZH01ABC_01	1月凋落物现存量		496.70	9.25	0.50	5.60	0.90	5.60	1.46	18.77	5.13
2010	HTFZH01ABC_01	4月凋落物现存量		514.07	7.06	0.44	4.92	0.99	5.90	1.60	20.27	5.27
2010	HTFZH01ABC_01	7月凋落物现存量		508.88	6.89	0.56	2.66	0.94	7.11	1.61	19.25	8.28

（续）

年份	样地代码	植物种名/凋落物	采样部位	全碳/(g/kg)	全氮/(g/kg)	全磷/(g/kg)	全钾/(g/kg)	全硫/(g/kg)	全钙/(g/kg)	全镁/(g/kg)	干重热值/(MJ/kg)	灰分/%
2010	HTFZH01ABC_01	10月凋落物现存量		498.21	6.17	0.47	4.49	0.94	5.16	1.76	16.71	9.00
2015	HTFZH02ABC_01	1月凋落物回收量	凋落枝	340.46	4.99	0.12	4.60	1.48	1.32	0.88	18.36	1.68
2015	HTFZH02ABC_01	1月凋落物回收量	凋落叶	366.85	21.92	0.45	1.59	1.47	4.49	2.10	19.69	5.46
2015	HTFZH02ABC_01	2月凋落物回收量	凋落枝	360.29	7.93	0.19	2.49	0.92	3.86	0.95	18.47	2.16
2015	HTFZH02ABC_01	2月凋落物回收量	凋落叶	323.39	20.41	0.52	2.38	2.49	4.83	1.91	18.59	6.60
2015	HTFZH02ABC_01	3月凋落物回收量	凋落枝	380.56	6.93	0.19	3.96	0.46	2.72	1.44	18.73	2.08
2015	HTFZH02ABC_01	3月凋落物回收量	凋落叶	365.04	16.29	0.52	2.86	2.99	3.66	2.07	19.96	4.89
2015	HTFZH02ABC_01	4月凋落物回收量	凋落枝	350.84	6.53	0.13	1.94	0.75	5.28	0.84	18.41	2.32
2015	HTFZH02ABC_01	4月凋落物回收量	凋落叶	371.90	19.10	0.58	3.55	2.42	5.08	2.57	19.44	5.09
2015	HTFZH02ABC_01	5月凋落物回收量	凋落枝	354.29	7.05	0.12	2.05	0.97	2.35	0.69	18.67	1.87
2015	HTFZH02ABC_01	5月凋落物回收量	凋落叶	367.14	15.62	0.30	1.91	1.49	3.24	2.30	19.47	5.30
2015	HTFZH02ABC_01	6月凋落物回收量	凋落枝	366.25	8.37	0.27	1.40	0.99	2.59	1.07	18.59	2.53
2015	HTFZH02ABC_01	6月凋落物回收量	凋落叶	350.91	19.81	0.42	1.36	2.48	3.38	2.34	19.61	5.11
2015	HTFZH02ABC_01	7月凋落物回收量	凋落枝	379.93	7.60	0.13	1.97	0.85	2.59	1.12	18.89	2.61
2015	HTFZH02ABC_01	7月凋落物回收量	凋落叶	392.51	18.01	0.41	3.08	1.49	3.30	2.81	19.53	5.28
2015	HTFZH02ABC_01	8月凋落物回收量	凋落枝	404.98	9.87	0.15	3.24	0.50	2.77	0.86	19.40	2.33
2015	HTFZH02ABC_01	8月凋落物回收量	凋落叶	371.33	18.40	0.40	3.85	1.93	3.84	2.82	18.97	5.47
2015	HTFZH02ABC_01	9月凋落物回收量	凋落枝	378.88	9.56	0.21	2.15	1.99	4.41	1.30	19.05	3.33
2015	HTFZH02ABC_01	9月凋落物回收量	凋落叶	402.89	16.77	0.37	2.98	1.48	4.27	2.98	19.48	5.13
2015	HTFZH02ABC_01	10月凋落物回收量	凋落枝	385.12	5.19	0.10	4.42	0.97	1.75	0.82	19.10	1.80
2015	HTFZH02ABC_01	10月凋落物回收量	凋落叶	376.14	14.67	0.35	2.03	1.99	4.12	2.47	18.98	6.59
2015	HTFZH02ABC_01	11月凋落物回收量	凋落枝	401.59	7.36	0.19	2.80	0.98	2.25	1.10	19.14	2.18
2015	HTFZH02ABC_01	11月凋落物回收量	凋落叶	405.79	21.00	0.43	2.36	1.74	4.87	2.20	19.04	10.31

（续）

年份	样地代码	植物种名/凋落物	采样部位	全碳/(g/kg)	全氮/(g/kg)	全磷/(g/kg)	全钾/(g/kg)	全硫/(g/kg)	全钙/(g/kg)	全镁/(g/kg)	干重热值/(MJ/kg)	灰分/%
2015	HTFZH02ABC_01	12月凋落物回收量	凋落枝	403.87	5.52	0.17	2.05	0.99	1.62	0.77	19.24	1.56
2015	HTFZH02ABC_01	12月凋落物回收量	凋落叶	357.25	20.41	0.42	2.61	1.49	4.86	2.12	19.06	9.87
2015	HTFZH02ABC_01	1月凋落物现存量		329.16	8.67	0.13	2.28	0.99	5.55	1.05	18.25	5.64
2015	HTFZH02ABC_01	4月凋落物现存量		354.53	9.30	0.16	2.03	1.49	2.35	0.95	18.15	5.12
2015	HTFZH02ABC_01	7月凋落物现存量		380.47	13.57	0.18	2.63	1.48	3.52	1.60	19.16	5.41
2015	HTFZH02ABC_01	10月凋落物现存量		378.60	9.06	0.18	4.52	1.94	3.33	1.22	18.58	4.28
2015	HTFZH01ABC_01	1月凋落物回收量	凋落枝	439.59	5.89	0.18	2.04	0.70	3.69	1.27	19.24	2.76
2015	HTFZH01ABC_01	1月凋落物回收量	凋落叶	419.23	8.83	0.42	1.92	1.43	5.95	1.77	20.92	3.82
2015	HTFZH01ABC_01	1月凋落物回收量	凋落果	343.52	11.65	0.51	1.89	0.84	2.80	0.91	20.20	1.32
2015	HTFZH01ABC_01	2月凋落物回收量	凋落枝	414.96	6.17	0.23	1.98	0.65	3.58	1.17	19.21	2.74
2015	HTFZH01ABC_01	2月凋落物回收量	凋落叶	421.42	12.27	0.51	2.68	0.94	4.81	1.46	20.21	3.66
2015	HTFZH01ABC_01	2月凋落物回收量	凋落果	376.44	10.99	0.47	2.66	0.98	1.01	0.98	20.17	1.77
2015	HTFZH01ABC_01	3月凋落物回收量	凋落枝	408.65	4.08	0.22	1.59	0.43	4.82	0.65	19.23	1.63
2015	HTFZH01ABC_01	3月凋落物回收量	凋落叶	415.19	12.47	0.47	2.01	0.94	5.61	1.51	20.42	4.57
2015	HTFZH01ABC_01	3月凋落物回收量	凋落果	426.89	10.86	0.37	2.38	0.65	1.22	1.03	19.64	1.43
2015	HTFZH01ABC_01	4月凋落物回收量	凋落枝	420.28	5.29	0.19	4.67	0.40	3.95	0.69	17.86	1.41
2015	HTFZH01ABC_01	4月凋落物回收量	凋落叶	419.54	14.09	0.61	1.60	1.48	5.90	1.70	19.58	3.69
2015	HTFZH01ABC_01	4月凋落物回收量	凋落果	423.47	9.97	0.32	2.07	0.95	1.12	0.74	19.20	1.87
2015	HTFZH01ABC_01	5月凋落物回收量	凋落枝	433.85	4.57	0.11	2.11	0.88	4.96	0.77	18.65	1.55
2015	HTFZH01ABC_01	5月凋落物回收量	凋落叶	449.64	12.83	0.53	2.19	1.97	9.11	1.61	18.99	6.08
2015	HTFZH01ABC_01	5月凋落物回收量	凋落果	383.08	10.78	0.31	1.51	0.97	1.33	0.64	19.30	1.33
2015	HTFZH01ABC_01	6月凋落物回收量	凋落枝	399.20	7.05	0.24	2.20	0.66	3.98	1.34	18.61	3.05
2015	HTFZH01ABC_01	6月凋落物回收量	凋落叶	421.42	14.17	0.16	2.99	1.47	6.55	1.34	19.90	4.80

（续）

年份	样地代码	植物种名/凋落物	采样部位	全碳/(g/kg)	全氮/(g/kg)	全磷/(g/kg)	全钾/(g/kg)	全硫/(g/kg)	全钙/(g/kg)	全镁/(g/kg)	干重热值/(MJ/kg)	灰分/%
2015	HTFZH01ABC_01	6月凋落物回收量	凋落果	407.53	9.84	0.40	4.89	0.99	4.31	0.83	19.45	1.56
2015	HTFZH01ABC_01	7月凋落物回收量	凋落枝	396.60	6.85	0.28	2.00	0.57	2.86	0.99	18.76	2.52
2015	HTFZH01ABC_01	7月凋落物回收量	凋落叶	423.99	11.31	0.58	4.66	1.29	4.90	1.39	19.54	4.06
2015	HTFZH01ABC_01	7月凋落物回收量	凋落果	416.42	10.41	0.43	2.97	0.84	1.20	0.90	18.02	1.99
2015	HTFZH01ABC_01	8月凋落物回收量	凋落枝	410.87	6.29	0.42	11.28	0.83	3.43	1.24	18.94	3.96
2015	HTFZH01ABC_01	8月凋落物回收量	凋落叶	411.65	12.95	0.63	1.93	1.04	7.88	2.03	19.92	3.11
2015	HTFZH01ABC_01	8月凋落物回收量	凋落果	406.42	10.49	0.45	2.04	0.87	1.13	0.89	19.63	1.71
2015	HTFZH01ABC_01	9月凋落物回收量	凋落枝	403.47	6.70	0.29	2.32	0.76	3.65	1.64	18.95	3.14
2015	HTFZH01ABC_01	9月凋落物回收量	凋落叶	411.47	7.16	0.36	3.34	1.84	6.16	2.14	19.88	4.27
2015	HTFZH01ABC_01	9月凋落物回收量	凋落果	437.37	11.95	0.49	2.43	0.91	1.80	1.28	20.24	1.87
2015	HTFZH01ABC_01	10月凋落物回收量	凋落枝	438.33	10.47	0.43	3.42	0.40	3.40	1.76	18.98	2.43
2015	HTFZH01ABC_01	10月凋落物回收量	凋落叶	424.16	8.28	0.38	1.70	0.84	5.52	2.16	20.21	3.79
2015	HTFZH01ABC_01	10月凋落物回收量	凋落果	435.35	10.20	0.47	3.15	0.70	3.46	1.01	19.97	1.53
2015	HTFZH01ABC_01	11月凋落物回收量	凋落枝	421.42	7.51	0.33	1.46	0.82	4.24	1.44	19.73	3.30
2015	HTFZH01ABC_01	11月凋落物回收量	凋落叶	409.19	13.65	0.51	2.72	0.86	6.64	1.87	20.27	4.55
2015	HTFZH01ABC_01	11月凋落物回收量	凋落果	406.47	10.64	0.43	6.04	0.65	1.91	0.78	20.48	1.55
2015	HTFZH01ABC_01	12月凋落物回收量	凋落枝	485.10	7.21	0.23	1.32	0.50	4.12	0.93	19.74	1.95
2015	HTFZH01ABC_01	12月凋落物回收量	凋落叶	482.74	9.27	0.44	2.39	0.96	3.97	1.29	20.84	3.72
2015	HTFZH01ABC_01	12月凋落物回收量	凋落果	459.24	9.66	0.54	3.16	0.95	1.37	1.19	20.74	2.03
2015	HTFZH01ABC_01	1月凋落物现存量		429.79	9.85	0.33	5.33	0.74	3.08	0.98	18.81	3.75
2015	HTFZH01ABC_01	4月凋落物现存量		412.01	8.35	0.32	4.78	0.94	4.35	1.57	18.88	3.83
2015	HTFZH01ABC_01	7月凋落物现存量		397.25	10.60	0.58	1.91	1.44	3.66	1.19	17.99	7.90
2015	HTFZH01ABC_01	10月凋落物现存量		387.47	8.79	0.38	3.05	0.85	4.69	1.11	17.44	14.12

3.1.13　动植物名录数据集

3.1.13.1　概述

本数据集记录了会同杉木人工林综合观测场永久样地（HTFZH01ABC_01）、会同常绿阔叶林综合观测场永久样地（HTFZH02ABC_01）、会同杉木人工林1号辅助观测场永久样地（HT-FFZ01AB0_01）中植物、动物名称。

3.1.13.2　数据采集和处理方法

以历年的调查数据为基础，对出现的动植物种类进行汇总，植物名录按乔灌草分类统计，动物名录按动物类别统计，分别形成本站植物名录表、动物名录表。

3.1.13.3　数据质量控制和评估

原始数据质量控制方法：对历年数据进行整理与规范化，统一、规范样地名称，规范动植物名称与拉丁名，统一同一样地同一物种名称。植物物种的补充信息、种名及其特性等主要采用生物分中心提供的森林填报系统生成，系统不能生成的则参考《中国植物志》电子版网站和《中国植物志》英文修订版官方网站。动物物种的补充信息、种名及其特性等，鸟类主要参考《中国鸟类野外手册》，野生动物主要参考《野生动物识别与鉴定》《中国蛇类图鉴》，土壤动物参考《中国土壤动物检索图鉴》。

3.1.13.4　数据使用方法和建议

同 3.1.2.4。

3.1.13.5　数据

见表 3-24，表 3-25。

表 3-24　植物名录

层片	植物名称	拉丁名
草本层	半边旗	*Pteris semipinnata* L.
草本层	边缘鳞盖蕨	*Microlepia marginata*（Panz.）C. Chr.
草本层	齿头鳞毛蕨	*Dryopteris labordei*（Christ）C. Chr.
草本层	丛枝蓼	*Polygonum posumbu* Buch.-Ham. ex D. Don
草本层	淡绿双盖蕨	*Diplazium virescens* Kunze
草本层	淡竹叶	*Lophatherum gracile* Brongn.
草本层	东风草	*Blumea megacephala*（Randeria）C. C. Chang et Y. Q. Tseng
草本层	短毛金线草	*Antenoron filiforme* var. *neofiliforme*（Nakai）A. J. Li
草本层	对马耳蕨	*Polystichum tsus-simense*（Hook.）J. Sm.
草本层	钝角金星蕨	*Parathelypteris angulariloba*（Ching）Ching
草本层	二回羽状边缘鳞盖蕨	*Microlepia marginata*（Houtt.）C. Chr. var. bipinnata Makino
草本层	凤尾蕨	*Pteris cretica* var. *intermedia*（Christ）C. Chr.
草本层	凤丫蕨	*Coniogramme japonica*（Thunb.）Diels
草本层	盘果菊	*Nabalus tatarinowii*（Maxim.）Nakai
草本层	傅氏凤尾蕨	*Pteris fauriei* Hieron.
草本层	狗脊	*Woodwardia japonica*（L. f.）Sm.
草本层	海金沙	*Lygodium japonicum*（Thunb.）Sw.
草本层	黑足鳞毛蕨	*Dryopteris fuscipes* C. Chr.

（续）

层片	植物名称	拉丁名
草本层	星宿菜	*Lysimachia fortunei* Maxim.
草本层	红马蹄草	*Hydrocotyle nepalensis* Hook.
草本层	亮鳞肋毛蕨	*Ctenitis subglandulosa*（Hance）Ching
草本层	虎耳草	*Saxifraga stolonifera* Curt.
草本层	日本蹄盖蕨	*Athyrium niponicum*
草本层	姬蕨	*Hypolepis punctata*（Thunb.）Mett. ex Kuhn
草本层	假稀羽鳞毛蕨	*Dryopteris pseudosparsa* Ching
草本层	见血青	*Liparis nervosa*（Thunb. ex A. Murray）Lindl.
草本层	渐尖毛蕨	*Cyclosorus acuminatus*（Houtt.）Nakai
草本层	江南卷柏	*Selaginella moellendorffii* Hieron.
草本层	江南星蕨	*Microsorum fortunei*（T. Moore）Ching
草本层	金毛狗蕨	*Cibotium barometz*（L.）J. Sm.
草本层	金星蕨	*Parathelypteris glanduligera*（Kunze）Ching
草本层	荩草	*Arthraxon hispidus*（Thunb.）Makino
草本层	九管血	*Ardisia brevicaulis* Diels
草本层	锯叶合耳菊	*Synotis nagensium*（C. B. Clarke）C. Jeffrey et Y. L. Chen
草本层	蕨	*Pteridium aquilinum* var. *latiusculum*（Desv.）Underw. ex A. Heller
草本层	阔鳞鳞毛蕨	*Dryopteris championii*（Benth.）C. Chr.
草本层	阔叶猕猴桃	*Actinidia latifolia*（Gardner et Champ.）Merr.
草本层	里白	*Diplopterygium glaucum*（Thunb. ex Houtt.）Nakai
草本层	镰羽瘤足蕨	*Plagiogyria falcata* Copel.
草本层	龙芽草	*Agrimonia pilosa* Ledeb.
草本层	芒	*Miscanthus sinensis* Andersson
草本层	芒萁	*Dicranopteris pedata*（Houtt.）Nakaike
草本层	毛堇菜	*Viola thomsonii* Oudem.
草本层	棉毛尼泊尔天名精	*Carpesium nepalense* var. *lanatum*（Hook. f. et Thomson ex C. B. Clarke）Kitam.
草本层	牛尾菜	*Smilax riparia* A. DC.
草本层	牛膝	*Achyranthes bidentata* Blume
草本层	钮子瓜	*Zehneria bodinieri*（H. Lév.）W. J. de Wilde et Duyfjes
草本层	平羽凤尾蕨	*Pteris kiuschiuensis* Hieron.
草本层	茜草	*Rubia cordifolia* L.
草本层	求米草	*Oplismenus undulatifolius*（Ard.）Roemer et Schuit.
草本层	三脉紫菀	*Aster trinervius* subsp. *ageratoides*（Turcz.）Grierson
草本层	沙参	*Adenophora stricta* Miq.
草本层	山姜	*Alpinia japonica*（Thunb.）Miq.
草本层	深绿卷柏	*Selaginella doederleinii* Hieron.
草本层	十字薹草	*Carex cruciata* Wahlenb.
草本层	疏羽凸轴蕨	*Metathelypteris laxa*（Franch. et Sav.）Ching
草本层	碎米莎草	*Cyperus iria* L.

（续）

层片	植物名称	拉丁名
草本层	穗花香科科	*Teucrium japonicum* Willd.
草本层	天名精	*Carpesium abrotanoides* L.
草本层	条穗薹草	*Carex nemostachys* Steud.
草本层	团叶陵齿蕨	*Lindsaea orbiculata* （Lam.） Mett. ex Kuhn
草本层	网脉崖豆藤	*Callerya reticulata* （Benth.） Schot
草本层	假斜方复叶耳蕨	*Arachniodes hekiana* Sa. Kurata
草本层	委陵菜	*Potentilla chinensis* Ser.
草本层	乌蕨	*Sphenomeris chinensis* （L.） Maxon
草本层	乌蔹莓	*Cayratia japonica* （Thunb.） Gagnep.
草本层	稀羽鳞毛蕨	*Dryopteris sparsa* （Buch. – Ham. ex D. Don） Kuntze
草本层	细辛	*Asarum sieboldii* Miq.
草本层	下田菊	*Adenostemma lavenia* （L.） Kuntze
草本层	斜方复叶耳蕨	*Arachniodes amabilis* （Blume） Tindale
草本层	杏香兔儿风	*Ainsliaea fragrans* Champion ex Bentham
草本层	鸭儿芹	*Cryptotaenia japonica* Hassk.
草本层	苦糖果	*Lonicera fragrantissima* var. *lancifolia*
草本层	野雉尾金粉蕨	*Onychium japonicum* （Thunb.） Kunze
草本层	异基双盖蕨	*Diplazium virescens* var. *sugimotoi* Kurata
草本层	有齿金星蕨	*Parathelypteris serrulula* （Ching） Ching
草本层	香蓼	*Polygonum viscosum* Buch. – Ham. ex D. Don
草本层	轮钟花	*Cyclocodon lancifolius* （Roxb.） Kurz
草本层	直鳞肋毛蕨	*Ctenitis eatonii* （Baker） Ching
草本层	中华里白	*Diplopterygium chinense* （Rosenst.） De Vol
草本层	中华鳞毛蕨	*Dryopteris chinensis* （Baker） Koidz.
草本层	中日金星蕨	*Parathelypteris nipponica* （Franch. et Sav.） Ching
草本层	朱砂根	*Ardisia crenata* Sims
草本层	紫萁	*Osmunda japonica* Thunb.
草本层	醉鱼草	*Buddleja lindleyana* Fortune
灌木层	菝葜	*Smilax china* L.
灌木层	白叶莓	*Rubus innominatus* S. Moore
灌木层	白英	*Solanum lyratum* Thunb.
灌木层	薄叶山矾	*Symplocos anomala* Brand
灌木层	草珊瑚	*Sarcandra glabra* （Thunb.） Nakai
灌木层	常山	*Dichroa febrifuga* Lour.
灌木层	大叶白纸扇	*Mussaenda shikokiana* Makino
灌木层	楤木	*Aralia elata* （Miq.） Seem.
灌木层	粗糠柴	*Mallotus philippinensis* （Lam.） Müll. Arg.
灌木层	粗叶木	*Lasianthus chinensis* （Champ.） Benth.
灌木层	粗叶悬钩子	*Rubus alceifolius* Poir.

（续）

层片	植物名称	拉丁名
灌木层	大果俞藤	*Yua austro-orientalis* （F. P. Metcalf) C. L. Li
灌木层	大乌泡	*Rubus multibracteatus* Levl. et Vant.
灌木层	地桃花	*Urena lobata* L.
灌木层	东南葡萄	*Vitis chunganensis* Hu
灌木层	杜茎山	*Maesa japonica* （Thunb.） Moritzi et Zoll.
灌木层	短梗菝葜	*Smilax scobinicaulis* C. H. Wright
灌木层	短梗南蛇藤	*Celastrus rosthornianus* Loes.
灌木层	多花勾儿茶	*Berchemia floribunda* （Wall.） Brongn.
灌木层	多花黄精	*Polygonatum cyrtonema* Hua
灌木层	峨眉鼠刺	*Itea omeiensis* C. K. Schneid.
灌木层	薄叶羊蹄甲	*Cheniella tenuiflora*
灌木层	梵天花	*Urena procumbens* L.
灌木层	钩藤	*Uncaria rhynchophylla* （Miq.） Miq. Ex Havil.
灌木层	观音竹	*Bambusa multiplex* var. *riviereorum* Maire
灌木层	光萼小蜡	*Ligustrum sinense* var. *myrianthum* （Diels） Hoefker
灌木层	广东紫珠	*Callicarpa kwangtungensis* Chun
灌木层	寒莓	*Rubus buergeri* Miq.
灌木层	核子木	*Perrottetia racemosa* （Oliv.） Loes.
灌木层	黑果菝葜	*Smilax glaucochina* Warb.
灌木层	黑老虎	*Kadsura coccinea* （Lem.） A. C. Sm.
灌木层	红果菝葜	*Smilax polycolea* Warb.
灌木层	红毛悬钩子	*Rubus wallichianus* Wight et Arn.
灌木层	胡颓子	*Elaeagnus pungens* Thunb.
灌木层	胡枝子	*Lespedeza bicolor* Turcz.
灌木层	湖南悬钩子	*Rubus hunanensis* Hand. - Mazz.
灌木层	花竹	*Bambusa albo-lineata* Chia
灌木层	黄毛猕猴桃	*Actinidia fulvicoma* Hance
灌木层	黄泡	*Rubus pectinellus* Maxim.
灌木层	灰毛泡	*Rubus irenaeus* Focke
灌木层	灰毛鸡血藤	*Callerya cinerea* （Bentham） Schot
灌木层	鸡矢藤	*Paederia foetida* L.
灌木层	鲫鱼胆	*Maesa perlarius* （Lour.） Merr.
灌木层	空心泡	*Rubus rosifolius* Sm.
灌木层	宽卵叶长柄山蚂蝗	*Hylodesmum podocarpum* subsp. *fallax* （Schindl.） H. Ohashi et R. R. Mill
灌木层	宽叶金粟兰	*Chloranthus henryi* Hemsl.
灌木层	栝楼	*Trichosanthes kirilowii* Maxim.
灌木层	榄绿粗叶木	*Lasianthus japonicus* var. *lancilimbus* （Merr.） Lo
灌木层	六月雪	*Serissa japonica* （Thunb.） Thunb.
灌木层	络石	*Trachelospermum jasminoides* （Lindl.） Lem.

（续）

层片	植物名称	拉丁名
灌木层	马甲菝葜	*Smilax lanceifolia* Roxb.
灌木层	满树星	*Ilex aculeolata* Nakai
灌木层	毛叶高粱泡	*Rubus lambertianus* var. *paykouangensis*（H. Lév.）Hand. - Mazz.
灌木层	密齿酸藤子	*Embelia vestita* Roxb.
灌木层	蓬莱葛	*Gardneria multiflora* Makino
灌木层	鞘柄菝葜	*Smilax stans* Maxim.
灌木层	日本薯蓣	*Dioscorea japonica* Thunb.
灌木层	瑞香	*Daphne odora* Thunb.
灌木层	箬竹	*Indocalamus tessellatus*（Munro）Keng f.
灌木层	三叶木通	*Akebia trifoliata*（Thunb.）Koidz.
灌木层	山胡椒	*Lindera glauca*（Sieb. et Zucc.）Blume
灌木层	山橿	*Lindera reflexa* Hemsl.
灌木层	山莓	*Rubus corchorifolius* L. f.
灌木层	蛇葡萄	*Ampelopsis glandulosa*（Wall.）Momiy.
灌木层	薯蓣	*Dioscorea polystachya* Turcz.
灌木层	水麻	*Debregeasia orientalis* C. J. Chen
灌木层	水团花	*Adina pilulifera*（Lam.）Franch. ex Drake
灌木层	四川溲疏	*Deutzia setchuenensis* Franch.
灌木层	酸味子	*Antidesma japonicum* Siebold et Zucc.
灌木层	太平莓	*Rubus pacificus* Hance
灌木层	藤构	*Broussonetia kaempferi* var. *australis* T. Suzuki
灌木层	藤黄檀	*Dalbergia hancei* Benth.
灌木层	土茯苓	*Smilax glabra* Roxb.
灌木层	显齿蛇葡萄	*Ampelopsis grossedentata*（Hand.-Mazz.）W. T. Wang
灌木层	腺毛莓	*Rubus adenophorus* Rolfe
灌木层	小果冬青	*Ilex micrococca* Maxim.
灌木层	小槐花	*Ohwia caudata*（Thunb.）Ohashi
灌木层	小瘤果茶	*Camellia parvimuricata* H. T. Chang
灌木层	小叶菝葜	*Smilax microphylla* C. H. Wright
灌木层	青花椒	*Zanthoxylum schinifolium* Sieb. et Zucc.
灌木层	盐肤木	*Rhus chinensis* Mill.
灌木层	羊耳菊	*Duhaldea cappa*（Buch. - Ham. ex D. Don）Pruski & Anderb.
灌木层	宜昌悬钩子	*Rubus ichangensis* Hemsl. et Kuntze
灌木层	异叶榕	*Ficus heteromorpha* Hemsl.
灌木层	银果牛奶子	*Elaeagnus magna*（Servett.）Rehder
灌木层	俞藤	*Yua thomsonii*（Lawson）C. L. Li
灌木层	长叶柄野扇花	*Sarcococca longipetiolata* M. Cheng
灌木层	掌叶悬钩子	*Rubus malifolius* Focke
灌木层	珍珠莲	*Ficus sarmentosa* var. *henryi*（King ex Oliv.）Corner

（续）

层片	植物名称	拉丁名
灌木层	中华猕猴桃	*Actinidia chinensis* Planch.
灌木层	苎麻	*Boehmeria nivea*（L.）Gaudich.
灌木层	紫麻	*Oreocnide frutescens*（Thunb.）Miq.
灌木层	紫珠	*Callicarpa bodinieri* H. Lév.
乔木层	白栎	*Quercus fabri* Hance
乔木层	白茅	*Imperata cylindrica*（L.）Raeuschel
乔木层	笔罗子	*Meliosma rigida* Siebold et Zucc.
乔木层	沉水樟	*Cinnamomum micranthum*（Hayata）Hayata
乔木层	赤杨叶	*Alniphyllum fortunei*（Hemsl.）Makino
乔木层	臭樱	*Maddenia hypoleuca* Koehne
乔木层	刺槐	*Robinia pseudoacacia* L.
乔木层	刺楸	*Kalopanax septemlobus*（Thunb.）Koidz.
乔木层	灯台树	*Bothrocaryum controversum*（Hemsl.）Pojark.
乔木层	冬青	*Ilex chinensis* Sims
乔木层	枫香树	*Liquidambar formosana* Hance
乔木层	光亮山矾	*Symplocos lucida*（Thunb.）Siebold et Zucc.
乔木层	贵州桤叶树	*Clethra kaipoensis* H. Lév.
乔木层	海桐	*Pittosporum tobira*（Thunb.）Ait.
乔木层	红柴枝	*Meliosma oldhamii* Miq. et Maxim.
乔木层	虎皮楠	*Daphniphyllum oldhami*（Hemsl.）Rosenthal
乔木层	华中樱桃	*Cerasus conradinae*（Koehne）T. T. Yu et C. L. Li
乔木层	黄棉木	*Metadina trichotoma*（Zoll. et Moritzi）Bakh. f.
乔木层	黄牛奶树	*Symplocos cochinchinensis* var. *laurina*（Retz.）Noot.
乔木层	黄杞	*Engelhardia roxburghiana* Wall.
乔木层	黄檀	*Dalbergia hupeana*
乔木层	黄樟	*Cinnamomum parthenoxylon*（Jack.）Meissn
乔木层	梾木	*Cornus macrophylla* Wall.
乔木层	荚蒾	*Viburnum dilatatum* Thunb.
乔木层	栲	*Castanopsis fargesii* Franch
乔木层	柯	*Lithocarpus glaber*（Thunb.）Nakai
乔木层	苦树	*Picrasma quassioides*（D. Don）Benn.
乔木层	亮叶桦	*Betula luminifera* H. J. P. Winkl.
乔木层	瘤果茶	*Camellia tuberculata* Chien
乔木层	马尾松	*Pinus massoniana* Lamb.
乔木层	毛豹皮樟	*Litsea coreana* var. *lanuginosa*（Migo）Yang et P. H. Huang
乔木层	毛鸡矢藤	*Paederia scandens*（Lour.）Merr. var. *tomentosa*（Bl.）Hand. -Mazz.
乔木层	毛桐	*Mallotus barbatus*（Wall.）Müll. Arg.
乔木层	毛叶木姜子	*Litsea mollis* Hemsl.
乔木层	木荷	*Schima superba* Gardner et Champ.

（续）

层片	植物名称	拉丁名
乔木层	木蜡树	*Toxicodendron sylvestre*（Siebold et Zucc.）Kuntze
乔木层	木油桐	*Vernicia montana* Lour.
乔木层	南酸枣	*Choerospondias axillaris*（Roxb.）B. L. Burtt et A. W. Hill
乔木层	刨花润楠	*Machilus pauhoi* Kaneh.
乔木层	白花泡桐	*Paulownia fortunei*
乔木层	枇杷	*Eriobotrya japonica*（Thunb.）Lindl.
乔木层	朴树	*Celtis sinensis* Pers.
乔木层	青冈	*Cyclobalanopsis glauca*（Thunb.）Oerst.
乔木层	日本五月茶	*Antidesma japonicum* Sieb. et Zucc.
乔木层	山槐	*Albizia kalkora*（Roxb.）Prain
乔木层	山鸡椒	*Litsea cubeba*（Lour.）Per.
乔木层	山乌桕	*Triadica cochinchinensis* Lour.
乔木层	杉木	*Cunninghamia lanceolata*（Lamb.）Hook.
乔木层	深山含笑	*Michelia maudiae* Dunn
乔木层	石灰花楸	*Sorbus folgneri*（C. K. Schneid.）Rehder
乔木层	栓叶安息香	*Styrax suberifolius* Hook. et Arn.
乔木层	乌桕	*Sapium sebiferum*（L.）Roxb.
乔木层	细齿叶柃	*Eurya nitida* Korth.
乔木层	细枝柃	*Eurya loquaiana* Dunn
乔木层	狭叶润楠	*Machilus rehderi* C. K. Allen
乔木层	香叶树	*Lindera communis* Hemsl.
乔木层	革叶荛花	*Wikstroemia scytophylla* Diels
乔木层	小叶栎	*Quercus chenii* Nakai
乔木层	小叶女贞	*Ligustrum quihoui* Carr.
乔木层	小叶青冈	*Cyclobalanopsis myrsinifolia*（Blume）Oersted
乔木层	杨梅	*Myrica rubra*（Lour.）Siebold et Zucc.
乔木层	野漆	*Toxicodendron succedaneum*（L.）O. Kuntze
乔木层	野柿	*Diospyros kaki* var. *silvestris* Makino
乔木层	野鸦椿	*Euscaphis japonica*（Thunb.）Dippel
乔木层	油茶	*Camellia oleifera* Abel
乔木层	油桐	*Vernicia fordii*（Hemsl.）Airy Shaw
乔木层	樟	*Cinnamomum camphora*（L.）Presl
乔木层	枳椇	*Hovenia acerba* Lindl.
乔木层	中华石楠	*Photinia beauverdiana* C. K. Schneid.
乔木层	锥	*Castanopsis chinensis*（Spreng.）Hance
乔木层	棕榈	*Trachycarpus fortunei*（Hook.）H. Wendl.
乔木层	醉香含笑	*Michelia macclurei* Dandy

表 3 - 25　动物名录

动物类别	动物名称/分类	拉丁名
鸟类	白头鹎	*Pycnonotus sinensis*
鸟类	画眉	*Garrulax canorus*
鸟类	灰头绿啄木鸟	*Picus canus*
鸟类	白鹡鸰	*Motacilla alba*
鸟类	橙腹叶鹎	*Chloropsis hardwickii*
鸟类	黄腹山雀	*Parus venustulus*
鸟类	大山雀	*Parus major*
鸟类	棕背伯劳	*Lanius schach*
鸟类	北红尾鸲	*Phoenicurus auroreus*
鸟类	三道眉草鹀	*Meadow Bunting Emberiza cioides*
鸟类	黄斑苇鳽	*Ixobrychus sinensis*
鸟类	池鹭	*Ardeola bacchus*
鸟类	灰胸竹鸡	*Bambusicola thoracica*
鸟类	山斑鸠	*Streptopelia orientalis*
鸟类	领雀嘴鹎	*Spizixos semitorques*
鸟类	红头长尾山雀	*Aegithalos concinnus*
鸟类	红胁蓝尾鸲	*Tarsiger cyanurus*
鸟类	大嘴乌鸦	*Corvus macrorhynchos*
两栖类	中华蟾蜍	*Bufo gargarizans*
爬行类	王锦蛇	*Elaphe carinata*
爬行类	蝘蜓	*Lygosoma indicum*
爬行类	乌梢蛇	*Zoacys dhumnades*
爬行类	灰鼠蛇	*Ptyas korros*
爬行类	尖吻蝮	*Deinagkistrodon acutus*
爬行类	赤链蛇	*Dinodon rufozonatum*
爬行类	黑眉锦蛇	*Elaphe taeniura*
哺乳类	隐纹花松鼠	*Tamiops swinhoei*
哺乳类	中华竹鼠	*Rhizomys sinensis*
哺乳类	褐家鼠	*Rattus norvegicus*
哺乳类	果子狸	*Paguma larvata taivana*
土壤动物	半翅目	Hemiptera
土壤动物	倍足纲	Diplopoda
土壤动物	倍足纲	Diplopoda
土壤动物	虫齿目	Psocoptera
土壤动物	唇足纲	Chilopoda
土壤动物	单向蚓目	Earthworm

（续）

动物类别	动物名称	拉丁名
土壤动物	铲圆虫兆属	*Papirinus*
土壤动物	短角虫兆属	*Neelus*
土壤动物	符虫兆属	*Folsomia*
土壤动物	钩圆虫兆属	*Bourletirlla*
土壤动物	棘虫兆属	*Onychiurus*
土壤动物	裸长角虫兆属	*Sinella*
土壤动物	乳圆虫兆属	*Papirioides*
土壤动物	小圆虫兆属	*Sminthurinus*
土壤动物	裔符虫兆属	*Folsomides*
土壤动物	等节虫兆属	*Isotoma*
土壤动物	二刺虫兆属	*Uzelia*
土壤动物	拟缺虫兆属	*Pseudanurophorus*
土壤动物	土虫兆属	*Tullbergia*
土壤动物	齿棘圆虫兆属	*Arrhopalites*
土壤动物	近缺虫兆属	*Paranurophorus*
土壤动物	隐虫兆属	*Cryptopygus*
土壤动物	长虫兆属	*Entomobrya*
土壤动物	柳虫兆属	*Willowsia*
土壤动物	图虫兆属	*Tuvia*
土壤动物	小短虫兆属	*Nelides*
土壤动物	羽圆虫兆属	*Dicyrtoma*
土壤动物	德虫兆属	*Desoria*
土壤动物	球角虫兆属	*Hypogastrura*
土壤动物	刺齿虫兆属	*Homidia*
土壤动物	原等虫兆属	*Proisotoma*
土壤动物	小等虫兆属	*Isotomiella*
土壤动物	长角长虫兆属	*Orchesellides*
土壤动物	疣虫兆属	*Neanura*
土壤动物	奇虫兆属	*Xenylla*
土壤动物	鳞虫兆属	*Tomocerus*
土壤动物	副虫兆属	*Paranura*
土壤动物	伪亚虫兆属	*Pseudachorutes*
土壤动物	等翅目	Isoptera
土壤动物	等足目	Isopoda
土壤动物	端足目	Amphipoda
土壤动物	腹足纲	Gastropoda
土壤动物	缓步动物门	Tardigrada
土壤动物	鳞翅目	Lepidoptera larvae
土壤动物	轮虫	*rotifer*

（续）

动物类别	动物名称	拉丁名
土壤动物	马陆	*Diplopoda*
土壤动物	蚂蚁	*Formicidae*
土壤动物	猛水蚤目	Harpacticoida
土壤动物	膜翅目	Hymenoptera
土壤动物	蜱螨目	Acari
土壤动物	鞘翅目	Coleoptera larvae
土壤动物	鞘翅目	Coleoptera
土壤动物	双翅目	Diptera larvae
土壤动物	双尾纲	Diplura
土壤动物	跳虫	*Collembola*
土壤动物	同翅目	Homoptera
土壤动物	伪蝎目	Pseudoscorpionida
土壤动物	蜈蚣目	Scolopendrida
土壤动物	线虫	*Nemata*
土壤动物	线蚓	*Enchytraeidae*
土壤动物	熊虫	*Eutardigrada Marcus*
土壤动物	缨翅目	Thysanoptera
土壤动物	原尾纲	Protura
土壤动物	蜘蛛目	Araneida
土壤动物	直翅目	Orthoptera
土壤动物	综合纲	Symphyla

3.1.14 土壤微生物量碳数据集

3.1.14.1 概述

本数据集记录了会同杉木人工林综合观测场破坏样地（HTFZH01ABC_02）、会同常绿阔叶林综合观测场破坏样地（HTFZH02ABC_02）各土壤层次中土壤微生物量碳（土壤微生物生物量碳）和土壤含水量年季节变化的数据。数据年份为 2009 年、2010 年、2011 年、2015 年。

3.1.14.2 数据采集和处理方法

每个样地选择 5 个采样点，按 0～5 cm、5～10 cm、10～15 cm、15～20 cm、20～30 cm 分层采集土样，及时带回实验室过筛处理，然后采用恒重烘干法计算土壤含水量，采用氯仿熏蒸、硫酸钾浸提、总有机碳（TOC）分析土壤微生物量碳，最后换算为每千克土壤中微生物量碳的含量。

3.1.14.3 数据质量控制和评估

采集的土壤样品及时带回实验室处理，防止理化性质改变而影响微生物量碳的真实含量，熏蒸过程中注意密封，测定时带标样。对数据采用阈值检查、一致性检查等方法进行质控。阈值检查是根据多年数据比对，对超出历史数据阈值范围的监测数据进行校验，删除异常值或标注说明；一致性检查主要对比数量级是否与其他测量值存在差异。

3.1.14.4 数据使用方法和建议

同 3.1.2.4。

3.1.14.5　数据

见表 3 - 26。

表 3 - 26　土壤含水量和土壤微生物量碳季节动态

年-月	样地代码	土壤层次/cm	土壤含水量/%		土壤微生物量碳/（mg/kg）	
			平均值	标准差	平均值	标准差
2009 - 03	HTFZH01ABC _ 02	0～5	28.98	2.29	277.44	84.55
2009 - 03	HTFZH01ABC _ 02	5～10	26.46	1.84	256.65	46.98
2009 - 03	HTFZH01ABC _ 02	10～15	25.96	2.31	206.21	57.37
2009 - 03	HTFZH01ABC _ 02	15～20	24.40	2.56	105.30	56.55
2009 - 03	HTFZH01ABC _ 02	20～30	24.94	1.77	99.36	69.77
2009 - 03	HTFZH02ABC _ 02	0～5	28.94	2.28	416.42	158.55
2009 - 03	HTFZH02ABC _ 02	5～10	25.26	2.11	241.84	84.55
2009 - 03	HTFZH02ABC _ 02	10～15	23.98	1.19	175.80	47.61
2009 - 03	HTFZH02ABC _ 02	15～20	23.26	2.34	203.28	103.45
2009 - 03	HTFZH02ABC _ 02	20～30	22.52	0.86	152.39	82.31
2009 - 07	HTFZH01ABC _ 02	0～5	24.34	1.67	333.96	200.45
2009 - 07	HTFZH01ABC _ 02	5～10	24.10	1.61	275.50	97.03
2009 - 07	HTFZH01ABC _ 02	10～15	24.00	1.19	275.37	100.07
2009 - 07	HTFZH01ABC _ 02	15～20	23.86	1.11	184.52	124.04
2009 - 07	HTFZH01ABC _ 02	20～30	23.66	1.11	182.35	105.53
2009 - 07	HTFZH02ABC _ 02	0～5	23.54	1.86	658.47	185.88
2009 - 07	HTFZH02ABC _ 02	5～10	21.56	1.42	460.52	173.17
2009 - 07	HTFZH02ABC _ 02	10～15	20.80	1.37	293.53	121.41
2009 - 07	HTFZH02ABC _ 02	15～20	19.92	1.16	268.37	143.56
2009 - 07	HTFZH02ABC _ 02	20～30	20.04	0.60	343.14	337.49
2009 - 09	HTFZH01ABC _ 02	0～5	24.88	1.43	377.21	91.25
2009 - 09	HTFZH01ABC _ 02	5～10	24.92	0.48	185.70	67.19
2009 - 09	HTFZH01ABC _ 02	10～15	25.08	0.95	157.23	54.86
2009 - 09	HTFZH01ABC _ 02	15～20	24.18	0.81	217.46	116.20
2009 - 09	HTFZH01ABC _ 02	20～30	23.94	1.11	110.35	64.04
2009 - 09	HTFZH02ABC _ 02	0～5	27.52	1.85	631.04	127.59
2009 - 09	HTFZH02ABC _ 02	5～10	25.00	1.34	286.18	201.27
2009 - 09	HTFZH02ABC _ 02	10～15	23.24	0.97	297.36	209.95
2009 - 09	HTFZH02ABC _ 02	15～20	22.64	1.37	261.89	50.94
2009 - 09	HTFZH02ABC _ 02	20～30	22.22	0.77	165.20	49.88
2009 - 12	HTFZH01ABC _ 02	0～5	28.88	2.53	366.19	160.79
2009 - 12	HTFZH01ABC _ 02	5～10	26.74	1.56	293.20	73.19
2009 - 12	HTFZH01ABC _ 02	10～15	26.62	1.63	256.45	203.45
2009 - 12	HTFZH01ABC _ 02	15～20	26.32	1.62	201.80	119.83
2009 - 12	HTFZH01ABC _ 02	20～30	26.20	1.57	134.83	71.57

（续）

年-月	样地代码	土壤层次/cm	土壤含水量/%		土壤微生物量碳/（mg/kg）	
			平均值	标准差	平均值	标准差
2009 - 12	HTFZH02ABC_02	0～5	25.78	0.86	411.44	136.43
2009 - 12	HTFZH02ABC_02	5～10	23.46	0.62	349.62	92.94
2009 - 12	HTFZH02ABC_02	10～15	22.40	0.60	183.04	64.78
2009 - 12	HTFZH02ABC_02	15～20	22.02	0.52	190.12	44.54
2009 - 12	HTFZH02ABC_02	20～30	21.22	0.79	209.15	145.98
2010 - 04	HTFZH01ABC_02	0～5	34.67	3.82	245.73	106.28
2010 - 04	HTFZH01ABC_02	5～10	32.59	3.66	139.40	92.48
2010 - 04	HTFZH01ABC_02	10～15	32.31	2.96	120.63	44.10
2010 - 04	HTFZH01ABC_02	15～20	32.59	3.01	107.36	30.05
2010 - 04	HTFZH01ABC_02	20～30	32.65	2.40	101.23	51.22
2010 - 04	HTFZH02ABC_02	0～5	29.61	1.50	495.39	122.33
2010 - 04	HTFZH02ABC_02	5～10	27.11	0.77	194.75	58.93
2010 - 04	HTFZH02ABC_02	10～15	27.03	1.55	170.63	84.42
2010 - 04	HTFZH02ABC_02	15～20	25.77	1.18	78.68	39.89
2010 - 04	HTFZH02ABC_02	20～30	25.52	0.86	108.60	14.96
2010 - 07	HTFZH01ABC_02	0～5	34.42	3.03	469.95	86.79
2010 - 07	HTFZH01ABC_02	5～10	32.29	2.51	346.98	124.10
2010 - 07	HTFZH01ABC_02	10～15	31.49	1.53	376.29	57.89
2010 - 07	HTFZH01ABC_02	15～20	31.31	1.64	252.85	81.81
2010 - 07	HTFZH01ABC_02	20～30	31.22	1.65	240.08	81.02
2010 - 07	HTFZH02ABC_02	0～5	30.81	1.10	755.94	255.41
2010 - 07	HTFZH02ABC_02	5～10	27.50	1.43	411.63	167.95
2010 - 07	HTFZH02ABC_02	10～15	26.86	1.92	385.61	203.68
2010 - 07	HTFZH02ABC_02	15～20	24.75	1.85	300.67	83.29
2010 - 07	HTFZH02ABC_02	20～30	26.58	4.35	281.15	136.33
2010 - 10	HTFZH01ABC_02	0～5	34.43	3.19	544.80	176.20
2010 - 10	HTFZH01ABC_02	5～10	31.28	1.75	447.73	133.89
2010 - 10	HTFZH01ABC_02	10～15	31.62	2.41	450.30	110.13
2010 - 10	HTFZH01ABC_02	15～20	30.71	2.08	347.62	44.93
2010 - 10	HTFZH01ABC_02	20～30	31.04	2.53	303.32	129.91
2010 - 10	HTFZH02ABC_02	0～5	30.19	3.08	645.68	200.45
2010 - 10	HTFZH02ABC_02	5～10	27.99	3.08	430.31	116.25
2010 - 10	HTFZH02ABC_02	10～15	26.55	1.42	352.01	141.40
2010 - 10	HTFZH02ABC_02	15～20	25.63	1.35	308.16	80.56
2010 - 10	HTFZH02ABC_02	20～30	24.76	1.98	237.88	77.29
2010 - 12	HTFZH01ABC_02	0～5	36.16	2.37	387.65	62.42
2010 - 12	HTFZH01ABC_02	5～10	34.21	1.50	179.62	46.17
2010 - 12	HTFZH01ABC_02	10～15	33.84	1.81	216.90	19.32

（续）

年-月	样地代码	土壤层次/cm	土壤含水量/%		土壤微生物量碳/（mg/kg）	
			平均值	标准差	平均值	标准差
2010 - 12	HTFZH01ABC _ 02	15～20	33.97	1.37	200.00	39.10
2010 - 12	HTFZH01ABC _ 02	20～30	33.80	1.13	267.77	188.54
2010 - 12	HTFZH02ABC _ 02	0～5	31.45	1.89	620.58	189.88
2010 - 12	HTFZH02ABC _ 02	5～10	29.21	1.06	330.80	40.96
2010 - 12	HTFZH02ABC _ 02	10～15	28.13	1.75	260.30	68.53
2010 - 12	HTFZH02ABC _ 02	15～20	26.92	1.36	202.18	52.19
2010 - 12	HTFZH02ABC _ 02	20～30	25.46	0.94	236.07	122.72
2011 - 04	HTFZH01ABC _ 02	0～5	41.15	1.53	421.64	71.40
2011 - 04	HTFZH01ABC _ 02	5～10	35.99	0.53	314.37	142.90
2011 - 04	HTFZH01ABC _ 02	10～15	37.90	4.71	271.89	61.65
2011 - 04	HTFZH01ABC _ 02	15～20	36.52	2.40	244.90	85.35
2011 - 04	HTFZH01ABC _ 02	20～30	35.66	2.24	178.52	31.63
2011 - 04	HTFZH02ABC _ 02	0～5	41.52	3.30	530.74	180.16
2011 - 04	HTFZH02ABC _ 02	5～10	34.71	3.91	297.72	57.96
2011 - 04	HTFZH02ABC _ 02	10～15	32.22	1.92	287.11	86.59
2011 - 04	HTFZH02ABC _ 02	15～20	32.25	2.24	284.90	92.89
2011 - 04	HTFZH02ABC _ 02	20～30	30.09	1.10	206.15	87.82
2011 - 07	HTFZH01ABC _ 02	0～5	39.64	4.83	456.41	59.91
2011 - 07	HTFZH01ABC _ 02	5～10	38.28	1.83	365.70	72.19
2011 - 07	HTFZH01ABC _ 02	10～15	38.13	6.23	271.31	96.58
2011 - 07	HTFZH01ABC _ 02	15～20	37.45	2.77	306.21	58.67
2011 - 07	HTFZH01ABC _ 02	20～30	36.25	1.66	304.38	60.75
2011 - 07	HTFZH02ABC _ 02	0～5	44.49	2.60	554.88	110.24
2011 - 07	HTFZH02ABC _ 02	5～10	38.86	2.31	269.57	56.32
2011 - 07	HTFZH02ABC _ 02	10～15	37.86	2.93	241.65	42.95
2011 - 07	HTFZH02ABC _ 02	15～20	36.47	3.08	224.29	63.52
2011 - 07	HTFZH02ABC _ 02	20～30	36.26	1.16	188.24	72.92
2011 - 10	HTFZH01ABC _ 02	0～5	39.46	2.49	319.36	216.30
2011 - 10	HTFZH01ABC _ 02	5～10	36.38	2.25	308.26	43.70
2011 - 10	HTFZH01ABC _ 02	10～15	35.90	1.44	209.13	59.60
2011 - 10	HTFZH01ABC _ 02	15～20	30.61	5.81	153.39	39.60
2011 - 10	HTFZH01ABC _ 02	20～30	33.12	3.67	140.90	48.02
2011 - 10	HTFZH02ABC _ 02	0～5	35.13	2.87	554.41	152.57
2011 - 10	HTFZH02ABC _ 02	5～10	31.41	1.60	286.41	83.40
2011 - 10	HTFZH02ABC _ 02	10～15	30.28	1.54	194.63	57.56
2011 - 10	HTFZH02ABC _ 02	15～20	28.96	1.48	158.54	24.47
2011 - 10	HTFZH02ABC _ 02	20～30	28.01	1.27	130.13	37.17
2011 - 12	HTFZH01ABC _ 02	0～5	34.18	2.97	353.87	80.30

（续）

年-月	样地代码	土壤层次/cm	土壤含水量/%		土壤微生物量碳/（mg/kg）	
			平均值	标准差	平均值	标准差
2011－12	HTFZH01ABC_02	5～10	32.97	2.49	371.20	90.05
2011－12	HTFZH01ABC_02	10～15	32.38	2.14	237.83	91.12
2011－12	HTFZH01ABC_02	15～20	32.50	2.11	153.15	45.47
2011－12	HTFZH01ABC_02	20～30	32.17	1.36	127.10	107.40
2011－12	HTFZH02ABC_02	0～5	30.23	3.37	449.38	75.24
2011－12	HTFZH02ABC_02	5～10	27.62	2.40	308.05	110.34
2011－12	HTFZH02ABC_02	10～15	26.52	1.88	204.04	58.98
2011－12	HTFZH02ABC_02	15～20	25.62	1.79	171.73	28.01
2011－12	HTFZH02ABC_02	20～30	25.15	1.37	94.01	36.36
2015－04	HTFZH01ABC_02	0～5	27.22	3.58	312.48	110.34
2015－04	HTFZH01ABC_02	5～10	26.51	1.85	238.54	98.65
2015－04	HTFZH01ABC_02	10～15	26.02	1.02	147.84	24.03
2015－04	HTFZH01ABC_02	15～20	25.09	0.84	121.03	23.84
2015－04	HTFZH01ABC_02	20～30	24.37	1.11	102.35	32.33
2015－04	HTFZH02ABC_02	0～5	31.04	3.39	466.17	64.00
2015－04	HTFZH02ABC_02	5～10	27.48	2.66	224.13	54.54
2015－04	HTFZH02ABC_02	10～15	25.19	1.64	194.12	72.15
2015－04	HTFZH02ABC_02	15～20	24.27	0.76	114.89	27.46
2015－04	HTFZH02ABC_02	20～30	22.81	0.84	116.42	24.28
2015－07	HTFZH01ABC_02	0～5	30.98	2.66	368.41	102.43
2015－07	HTFZH01ABC_02	5～10	27.55	1.63	345.91	57.96
2015－07	HTFZH01ABC_02	10～15	26.26	1.40	266.37	77.13
2015－07	HTFZH01ABC_02	15～20	27.27	0.22	255.75	66.45
2015－07	HTFZH01ABC_02	20～30	27.15	1.94	218.92	71.77
2015－07	HTFZH02ABC_02	0～5	35.91	1.30	288.40	134.32
2015－07	HTFZH02ABC_02	5～10	30.90	6.98	254.50	73.03
2015－07	HTFZH02ABC_02	10～15	23.55	8.75	271.60	94.03
2015－07	HTFZH02ABC_02	15～20	25.90	2.34	221.70	46.66
2015－07	HTFZH02ABC_02	20～30	25.31	2.15	212.98	101.69
2015－10	HTFZH01ABC_02	0～5	27.23	1.98	420.04	117.75
2015－10	HTFZH01ABC_02	5～10	26.30	1.04	275.68	129.24
2015－10	HTFZH01ABC_02	10～15	22.36	5.59	316.81	176.97
2015－10	HTFZH01ABC_02	15～20	22.88	1.66	269.21	194.37
2015－10	HTFZH01ABC_02	20～30	19.06	4.41	152.90	133.67
2015－10	HTFZH02ABC_02	0～5	29.92	2.86	456.41	198.43
2015－10	HTFZH02ABC_02	5～10	24.42	1.16	222.22	141.95
2015－10	HTFZH02ABC_02	10～15	23.45	1.62	225.45	99.85
2015－10	HTFZH02ABC_02	15～20	22.16	1.12	193.45	93.51

（续）

年-月	样地代码	土壤层次/cm	土壤含水量/%		土壤微生物量碳/（mg/kg）	
			平均值	标准差	平均值	标准差
2015 - 10	HTFZH02ABC _ 02	20～30	19.23	5.07	142.75	75.67
2015 - 12	HTFZH01ABC _ 02	0～5	20.08	2.63	414.16	124.52
2015 - 12	HTFZH01ABC _ 02	5～10	23.07	2.45	272.99	59.86
2015 - 12	HTFZH01ABC _ 02	10～15	23.78	1.08	163.87	35.49
2015 - 12	HTFZH01ABC _ 02	15～20	23.69	1.58	151.67	61.66
2015 - 12	HTFZH01ABC _ 02	20～30	22.29	0.98	115.19	23.69
2015 - 12	HTFZH02ABC _ 02	0～5	23.93	3.26	527.05	90.39
2015 - 12	HTFZH02ABC _ 02	5～10	24.32	3.62	337.54	54.57
2015 - 12	HTFZH02ABC _ 02	10～15	21.82	12.17	222.22	29.94
2015 - 12	HTFZH02ABC _ 02	15～20	25.86	2.68	216.76	45.33
2015 - 12	HTFZH02ABC _ 02	20～30	25.53	1.72	148.96	54.85

3.2 土壤观测数据

3.2.1 土壤交换量数据集

3.2.1.1 概述

土壤交换性能对植物营养和施肥具有重大意义，它能调节土壤溶液的浓度，保持土壤溶液成分的多样性，减少土壤中养分离子的淋失。本数据集包括会同站 2010 年和 2015 年 2 个综合观测场、18 个土壤辅助观测场的年尺度土壤交换量监测数据，包括交换性钙离子、交换性镁离子、交换性钾离子、交换性钠离子、交换性铝离子、交换性氢离子、交换性酸总量和阳离子交换量 8 项指标。

3.2.1.2 样品采集和处理方法

按照中国生态系统研究网络（CERN）长期观测规范，森林土壤交换量数据监测频率为 5 年 1 次，采样时间 8—11 月，采样层次 0～20 cm；2 个综合观测场和 1 号辅助观测场采样为 6 个重复，其余 17 个辅助观测场为 3 个重复。采样方法为用取土土钻在采样区内取 0～20 cm 表层土壤，每个重复由 10～12 个按 S 形采样方式采集的样品混合而成（约 1 kg）；取回的土样置于干净的白纸上风干，挑除根系和石子，四分法取适量碾磨后，过 2 mm 筛，进行测定。测定方法为乙二胺四乙酸（EDTA）-铵盐交换-火焰原子吸收分光光度法（交换性钙离子、交换性镁离子、交换性钾离子、交换性钠离子）、EDTA -铵盐交换-蒸馏-盐酸滴定法（阳离子交换量）、氯化钾交换-中和滴定法（交换性氢离子、交换性酸总量）、氯化钾交换-中和滴定-加减法（交换性铝离子）。

3.2.1.3 数据质量控制和评估

①测定时插入国家标准样品进行质控。②分析时进行 3 次平行样品测定。③利用校验软件检查每个监测数据是否超出相同土壤类型和采样深度的历史数据阈值范围，每个观测场监测项目均值是否超出该样地相同深度历史数据均值的 2 倍标准差，每个观测场监测项目标准差是否超出该样地相同深度历史数据的 2 倍标准差或者样地空间变异调查的 2 倍标准差等。对于超出范围的数据进行核实或再次测定。

3.2.1.4 数据价值/数据使用方法和建议

土壤交换性能是土壤肥力和质量的重要指标之一，该数据集包括亚热带典型杉木人工林、常绿阔叶林以及不同林分利用方式的森林土壤交换量指标，可为地域性森林土壤经营管理提供数据支持。

3.2.1.5　数据

见表 3-27 至表 3-46。

表 3-27　会同杉木人工林综合观测场土壤交换量

年-月	样地代码	观测层次/cm	交换性钙离子 (1/2 Ca²⁺) / (mmol/kg)		交换性镁离子 (1/2 Mg²⁺) / (mmol/kg)		交换性钾离子 (K⁺) / (mmol/kg)		交换性钠离子 (Na⁺) / (mmol/kg)	
			平均值	标准差	平均值	标准差	平均值	标准差	平均值	标准差
2010-11	HTFZH01	0～20	2.5	0.6	1.7	0.4	1.14	0.19	1.90	0.65
2015-11	HTFZH01	0～20	6.3	1.4	2.9	0.2	1.81	0.33	1.40	0.55

年-月	样地代码	观测层次/cm	交换性铝离子 (1/3 Al³⁺) / (mmol/kg)		交换性氢离子 (H⁺) / (mmol/kg)		交换性酸总量 (H⁺+1/3 Al³⁺) / (mmol/kg)		阳离子交换量/ (mmol/kg)		重复数
			平均值	标准差	平均值	标准差	平均值	标准差	平均值	标准差	
2010-11	HTFZH01	0～20	48.94	7.60	3.34	0.71	52.28	7.98	112.7	10.9	6
2015-11	HTFZH01	0～20	45.31	3.03	6.33	0.29	51.64	3.21	95.3	4.4	6

表 3-28　会同常绿阔叶林综合观测场土壤交换量

年-月	样地代码	观测层次/cm	交换性钙离子 (1/2 Ca²⁺) / (mmol/kg)		交换性镁离子 (1/2 Mg²⁺) / (mmol/kg)		交换性钾离子 (K⁺) / (mmol/kg)		交换性钠离子 (Na⁺) / (mmol/kg)	
			平均值	标准差	平均值	标准差	平均值	标准差	平均值	标准差
2010-11	HTFZH02	0～20	2.8	0.2	2.0	0.3	1.55	0.37	1.80	0.33
2015-11	HTFZH02	0～20	3.9	0.8	2.9	0.2	1.25	0.05	0.92	0.32

年-月	样地代码	观测层次/cm	交换性铝离子 (1/3 Al³⁺) / (mmol/kg)		交换性氢离子 (H⁺) / (mmol/kg)		交换性酸总量 (H⁺+1/3 Al³⁺) / (mmol/kg)		阳离子交换量/ (mmol/kg)		重复数
			平均值	标准差	平均值	标准差	平均值	标准差	平均值	标准差	
2010-11	HTFZH02	0～20	70.13	5.08	6.44	1.59	76.57	6.22	165.3	21.2	6
2015-11	HTFZH02	0～20	69.36	5.34	12.03	1.11	81.38	5.87	140.4	16.8	6

表 3-29　会同杉木人工林 1 号辅助观测场土壤交换量

年-月	样地代码	观测层次/cm	交换性钙离子 (1/2 Ca²⁺) / (mmol/kg)		交换性镁离子 (1/2 Mg²⁺) / (mmol/kg)		交换性钾离子 (K⁺) / (mmol/kg)		交换性钠离子 (Na⁺) / (mmol/kg)	
			平均值	标准差	平均值	标准差	平均值	标准差	平均值	标准差
2010-11	HTFFZ01	0～20	2.8	0.8	1.9	0.4	1.41	0.21	1.21	0.32
2015-11	HTFFZ01	0～20	7.6	2.0	3.1	0.2	1.31	0.12	1.86	0.29

年-月	样地代码	观测层次/cm	交换性铝离子 (1/3 Al³⁺) / (mmol/kg)		交换性氢离子 (H⁺) / (mmol/kg)		交换性酸总量 (H⁺+1/3 Al³⁺) / (mmol/kg)		阳离子交换量/ (mmol/kg)		重复数
			平均值	标准差	平均值	标准差	平均值	标准差	平均值	标准差	
2010-11	HTFFZ01	0～20	60.17	6.91	4.28	0.69	64.45	7.46	140.0	12.7	6
2015-11	HTFFZ01	0～20	54.03	5.43	6.85	0.87	60.88	6.16	113.5	12.8	6

表 3-30　会同杉木人工林 17 号辅助观测场土壤交换量

年-月	样地代码	观测层次/cm	交换性钙离子 (1/2 Ca²⁺) / (mmol/kg)		交换性镁离子 (1/2 Mg²⁺) / (mmol/kg)		交换性钾离子 (K⁺) / (mmol/kg)		交换性钠离子 (Na⁺) / (mmol/kg)	
			平均值	标准差	平均值	标准差	平均值	标准差	平均值	标准差
2010-11	HTFFZ17	0~20	16.5	2.7	4.4	0.5	1.71	0.20	2.41	0.21
2015-11	HTFFZ17	0~20	19.3	1.8	5.2	0.3	1.57	0.16	0.49	0.11

年-月	样地代码	观测层次/cm	交换性铝离子 (1/3 Al³⁺) / (mmol/kg)		交换性氢离子 (H⁺) / (mmol/kg)		交换性酸总量 (H⁺+1/3 Al³⁺) / (mmol/kg)		阳离子交换量/ (mmol/kg)		重复数
			平均值	标准差	平均值	标准差	平均值	标准差	平均值	标准差	
2010-11	HTFFZ17	0~20	20.91	4.74	2.20	0.70	23.11	5.38	102.4	2.5	3
2015-11	HTFFZ17	0~20	28.94	2.51	4.23	0.43	33.17	2.93	97.3	5.6	3

表 3-31　会同杉木人工林 18 号辅助观测场土壤交换量

年-月	样地代码	观测层次/cm	交换性钙离子 (1/2 Ca²⁺) / (mmol/kg)		交换性镁离子 (1/2 Mg²⁺) / (mmol/kg)		交换性钾离子 (K⁺) / (mmol/kg)		交换性钠离子 (Na⁺) / (mmol/kg)	
			平均值	标准差	平均值	标准差	平均值	标准差	平均值	标准差
2010-11	HTFFZ18	0~20	0.9	0.1	1.5	0.3	1.28	0.18	2.12	0.23
2015-11	HTFFZ18	0~20	7.7	2.1	3.1	0.2	1.24	0.13	0.31	0.02

年-月	样地代码	观测层次/cm	交换性铝离子 (1/3 Al³⁺) / (mmol/kg)		交换性氢离子 (H⁺) / (mmol/kg)		交换性酸总量 (H⁺+1/3 Al³⁺) / (mmol/kg)		阳离子交换量/ (mmol/kg)		重复数
			平均值	标准差	平均值	标准差	平均值	标准差	平均值	标准差	
2010-11	HTFFZ18	0~20	58.49	6.67	5.01	1.19	63.50	7.84	126.2	6.8	3
2015-11	HTFFZ18	0~20	39.00	12.00	6.89	3.01	45.89	15.00	99.4	4.8	3

表 3-32　会同杉栲混交林 19 号辅助观测场土壤交换量

年-月	样地代码	观测层次/cm	交换性钙离子 (1/2 Ca²⁺) / (mmol/kg)		交换性镁离子 (1/2 Mg²⁺) / (mmol/kg)		交换性钾离子 (K⁺) / (mmol/kg)		交换性钠离子 (Na⁺) / (mmol/kg)	
			平均值	标准差	平均值	标准差	平均值	标准差	平均值	标准差
2010-11	HTFFZ19	0~20	7.2	1.1	2.9	0.6	1.40	0.33	1.59	0.44
2015-11	HTFFZ19	0~20	4.7	0.6	2.8	0.1	1.23	0.21	0.38	0.05

年-月	样地代码	观测层次/cm	交换性铝离子 (1/3 Al³⁺) / (mmol/kg)		交换性氢离子 (H⁺) / (mmol/kg)		交换性酸总量 (H⁺+1/3 Al³⁺) / (mmol/kg)		阳离子交换量/ (mmol/kg)		重复数
			平均值	标准差	平均值	标准差	平均值	标准差	平均值	标准差	
2010-11	HTFFZ19	0~20	48.69	4.69	3.56	0.69	52.25	5.36	127.8	24.0	3
2015-11	HTFFZ19	0~20	47.40	2.59	7.02	0.58	54.42	3.11	94.5	2.8	3

表 3 - 33　会同杉桤混交林 20 号辅助观测场土壤交换量

年-月	样地代码	观测层次/cm	交换性钙离子 ($1/2\ Ca^{2+}$) / (mmol/kg)		交换性镁离子 ($1/2\ Mg^{2+}$) / (mmol/kg)		交换性钾离子 (K^+) / (mmol/kg)		交换性钠离子 (Na^+) / (mmol/kg)	
			平均值	标准差	平均值	标准差	平均值	标准差	平均值	标准差
2010 - 11	HTFFZ20	0～20	2.2	0.2	1.4	0.1	0.99	0.02	0.59	0.12
2015 - 11	HTFFZ20	0～20	6.1	1.0	2.8	0.1	1.12	0.10	0.51	0.13

年-月	样地代码	观测层次/cm	交换性铝离子 ($1/3\ Al^{3+}$) / (mmol/kg)		交换性氢离子 (H^+) / (mmol/kg)		交换性酸总量 ($H^+ + 1/3\ Al^{3+}$) / (mmol/kg)		阳离子交换量/ (mmol/kg)		重复数
			平均值	标准差	平均值	标准差	平均值	标准差	平均值	标准差	
2010 - 11	HTFFZ20	0～20	57.38	2.39	4.51	0.51	61.89	2.04	118.9	13.6	3
2015 - 11	HTFFZ20	0～20	55.01	4.61	8.33	1.62	63.33	6.20	105.9	13.6	3

表 3 - 34　会同杉樟混交林 21 号辅助观测场土壤交换量

年-月	样地代码	观测层次/cm	交换性钙离子 ($1/2\ Ca^{2+}$) / (mmol/kg)		交换性镁离子 ($1/2\ Mg^{2+}$) / (mmol/kg)		交换性钾离子 (K^+) / (mmol/kg)		交换性钠离子 (Na^+) / (mmol/kg)	
			平均值	标准差	平均值	标准差	平均值	标准差	平均值	标准差
2010 - 11	HTFFZ21	0～20	7.5	1.6	3.1	0.4	1.40	0.40	1.95	0.45
2015 - 11	HTFFZ21	0～20	10.4	2.6	3.9	0.6	1.46	0.07	0.80	0.22

年-月	样地代码	观测层次/cm	交换性铝离子 ($1/3\ Al^{3+}$) / (mmol/kg)		交换性氢离子 (H^+) / (mmol/kg)		交换性酸总量 ($H^+ + 1/3\ Al^{3+}$) / (mmol/kg)		阳离子交换量/ (mmol/kg)		重复数
			平均值	标准差	平均值	标准差	平均值	标准差	平均值	标准差	
2010 - 11	HTFFZ21	0～20	51.34	5.38	4.10	0.62	55.44	5.97	128.8	25.7	3
2015 - 11	HTFFZ21	0～20	45.86	4.05	8.95	1.91	54.80	5.88	102.3	1.3	3

表 3 - 35　会同杉楸混交林 22 号辅助观测场土壤交换量

年-月	样地代码	观测层次/cm	交换性钙离子 ($1/2\ Ca^{2+}$) / (mmol/kg)		交换性镁离子 ($1/2\ Mg^{2+}$) / (mmol/kg)		交换性钾离子 (K^+) / (mmol/kg)		交换性钠离子 (Na^+) / (mmol/kg)	
			平均值	标准差	平均值	标准差	平均值	标准差	平均值	标准差
2010 - 11	HTFFZ22	0～20	6.5	1.4	2.4	0.4	1.48	0.26	1.56	0.25
2015 - 11	HTFFZ22	0～20	10.1	3.5	3.4	0.3	1.65	0.11	0.31	0.08

年-月	样地代码	观测层次/cm	交换性铝离子 ($1/3\ Al^{3+}$) / (mmol/kg)		交换性氢离子 (H^+) / (mmol/kg)		交换性酸总量 ($H^+ + 1/3\ Al^{3+}$) / (mmol/kg)		阳离子交换量/ (mmol/kg)		重复数
			平均值	标准差	平均值	标准差	平均值	标准差	平均值	标准差	
2010 - 11	HTFFZ22	0～20	44.61	5.50	3.94	0.60	48.55	6.00	106.4	4.5	3
2015 - 11	HTFFZ22	0～20	44.69	0.32	7.41	0.41	52.11	0.25	96.4	3.4	3

表 3-36　会同杉楠混交林 23 号辅助观测场土壤交换量

年-月	样地代码	观测层次/cm	交换性钙离子 (1/2 Ca^{2+}) / (mmol/kg)		交换性镁离子 (1/2 Mg^{2+}) / (mmol/kg)		交换性钾离子 (K$^+$) / (mmol/kg)		交换性钠离子 (Na$^+$) / (mmol/kg)	
			平均值	标准差	平均值	标准差	平均值	标准差	平均值	标准差
2010-11	HTFFZ23	0~20	6.2	1.4	2.4	0.5	1.69	0.21	2.09	0.49
2015-11	HTFFZ23	0~20	13.1	4.2	4.0	1.1	1.55	0.27	0.45	0.11

年-月	样地代码	观测层次/cm	交换性铝离子 (1/3 Al^{3+}) / (mmol/kg)		交换性氢离子 (H$^+$) / (mmol/kg)		交换性酸总量 (H$^+$+1/3 Al^{3+}) / (mmol/kg)		阳离子交换量/ (mmol/kg)		重复数
			平均值	标准差	平均值	标准差	平均值	标准差	平均值	标准差	
2010-11	HTFFZ23	0~20	45.28	6.16	1.67	0.57	46.96	5.92	122.2	5.7	3
2015-11	HTFFZ23	0~20	39.32	8.87	5.79	1.39	45.11	10.24	110.3	1.7	3

表 3-37　会同火力楠纯林 24 号辅助观测场土壤交换量

年-月	样地代码	观测层次/cm	交换性钙离子 (1/2 Ca^{2+}) / (mmol/kg)		交换性镁离子 (1/2 Mg^{2+}) / (mmol/kg)		交换性钾离子 (K$^+$) / (mmol/kg)		交换性钠离子 (Na$^+$) / (mmol/kg)	
			平均值	标准差	平均值	标准差	平均值	标准差	平均值	标准差
2010-11	HTFFZ24	0~20	2.2	0.8	1.8	0.2	1.31	0.24	2.26	0.56
2015-11	HTFFZ24	0~20	6.3	3.0	3.3	0.7	1.26	0.16	0.29	0.05

年-月	样地代码	观测层次/cm	交换性铝离子 (1/3 Al^{3+}) / (mmol/kg)		交换性氢离子 (H$^+$) / (mmol/kg)		交换性酸总量 (H$^+$+1/3 Al^{3+}) / (mmol/kg)		阳离子交换量/ (mmol/kg)		重复数
			平均值	标准差	平均值	标准差	平均值	标准差	平均值	标准差	
2010-11	HTFFZ24	0~20	60.55	3.11	4.12	0.24	64.67	3.04	130.5	12.9	3
2015-11	HTFFZ24	0~20	54.33	1.99	6.80	0.50	61.13	2.49	118.8	5.9	3

表 3-38　会同杉木人工林 25 号辅助观测场土壤交换量

年-月	样地代码	观测层次/cm	交换性钙离子 (1/2 Ca^{2+}) / (mmol/kg)		交换性镁离子 (1/2 Mg^{2+}) / (mmol/kg)		交换性钾离子 (K$^+$) / (mmol/kg)		交换性钠离子 (Na$^+$) / (mmol/kg)	
			平均值	标准差	平均值	标准差	平均值	标准差	平均值	标准差
2010-11	HTFFZ25	0~20	8.2	1.6	3.3	0.4	1.25	0.09	1.62	0.41
2015-11	HTFFZ25	0~20	6.0	1.1	3.4	0.1	1.26	0.06	0.41	0.15

年-月	样地代码	观测层次/cm	交换性铝离子 (1/3 Al^{3+}) / (mmol/kg)		交换性氢离子 (H$^+$) / (mmol/kg)		交换性酸总量 (H$^+$+1/3 Al^{3+}) / (mmol/kg)		阳离子交换量/ (mmol/kg)		重复数
			平均值	标准差	平均值	标准差	平均值	标准差	平均值	标准差	
2010-11	HTFFZ25	0~20	42.38	6.79	2.66	0.28	45.05	6.56	116.6	2.7	3
2015-11	HTFFZ25	0~20	43.65	1.21	5.47	0.49	49.12	1.47	96.3	3.7	3

表 3 - 39　会同杉木人工林 26 号辅助观测场土壤交换量

年-月	样地代码	观测层次/cm	交换性钙离子 $(1/2\ Ca^{2+})$ / (mmol/kg)		交换性镁离子 $(1/2\ Mg^{2+})$ / (mmol/kg)		交换性钾离子 (K^+) / (mmol/kg)		交换性钠离子 (Na^+) / (mmol/kg)	
			平均值	标准差	平均值	标准差	平均值	标准差	平均值	标准差
2010 - 11	HTFFZ26	0～20	3.6	0.6	1.6	0.7	0.90	0.10	1.56	0.47
2015 - 11	HTFFZ26	0～20	3.6	1.6	2.7	0.5	0.97	0.09	0.23	0.02

年-月	样地代码	观测层次/cm	交换性铝离子 $(1/3\ Al^{3+})$ / (mmol/kg)		交换性氢离子 (H^+) / (mmol/kg)		交换性酸总量 $(H^+ + 1/3\ Al^{3+})$ / (mmol/kg)		阳离子交换量/ (mmol/kg)		重复数
			平均值	标准差	平均值	标准差	平均值	标准差	平均值	标准差	
2010 - 11	HTFFZ26	0～20	54.91	5.90	4.25	1.53	59.16	7.43	134.3	10.8	3
2015 - 11	HTFFZ26	0～20	54.98	5.37	7.32	1.48	62.30	6.72	118.5	4.6	3

表 3 - 40　会同马尾松纯林 27 号辅助观测场土壤交换量

年-月	样地代码	观测层次/cm	交换性钙离子 $(1/2\ Ca^{2+})$ / (mmol/kg)		交换性镁离子 $(1/2\ Mg^{2+})$ / (mmol/kg)		交换性钾离子 (K^+) / (mmol/kg)		交换性钠离子 (Na^+) / (mmol/kg)	
			平均值	标准差	平均值	标准差	平均值	标准差	平均值	标准差
2010 - 11	HTFFZ27	0～20	1.5	0.4	1.8	0.1	1.38	0.07	1.94	0.15
2015 - 11	HTFFZ27	0～20	5.3	0.8	2.8	0.2	1.38	0.07	0.47	0.15

年-月	样地代码	观测层次/cm	交换性铝离子 $(1/3\ Al^{3+})$ / (mmol/kg)		交换性氢离子 (H^+) / (mmol/kg)		交换性酸总量 $(H^+ + 1/3\ Al^{3+})$ / (mmol/kg)		阳离子交换量/ (mmol/kg)		重复数
			平均值	标准差	平均值	标准差	平均值	标准差	平均值	标准差	
2010 - 11	HTFFZ27	0～20	46.85	6.24	2.59	0.33	49.44	6.34	107.8	6.1	3
2015 - 11	HTFFZ27	0～20	44.40	2.85	6.84	0.93	51.24	2.67	98.9	4.9	3

表 3 - 41　会同荷木人工林 28 号辅助观测场土壤交换量

年-月	样地代码	观测层次/cm	交换性钙离子 $(1/2\ Ca^{2+})$ / (mmol/kg)		交换性镁离子 $(1/2\ Mg^{2+})$ / (mmol/kg)		交换性钾离子 (K^+) / (mmol/kg)		交换性钠离子 (Na^+) / (mmol/kg)	
			平均值	标准差	平均值	标准差	平均值	标准差	平均值	标准差
2010 - 11	HTFFZ28	0～20	5.5	1.4	1.8	0.6	1.25	0.13	2.00	0.65
2015 - 11	HTFFZ28	0～20	4.6	1.5	3.2	0.6	1.33	0.16	0.16	0.02

年-月	样地代码	观测层次/cm	交换性铝离子 $(1/3\ Al^{3+})$ / (mmol/kg)		交换性氢离子 (H^+) / (mmol/kg)		交换性酸总量 $(H^+ + 1/3\ Al^{3+})$ / (mmol/kg)		阳离子交换量/ (mmol/kg)		重复数
			平均值	标准差	平均值	标准差	平均值	标准差	平均值	标准差	
2010 - 11	HTFFZ28	0～20	42.29	7.51	2.43	0.12	44.73	7.41	124.6	15.9	3
2015 - 11	HTFFZ28	0～20	46.71	8.62	6.34	0.93	53.06	9.55	104.0	4.5	3

表 3-42 会同马尾松纯林 29 号辅助观测场土壤交换量

年-月	样地代码	观测层次/cm	交换性钙离子 (1/2 Ca^{2+}) / (mmol/kg)		交换性镁离子 (1/2 Mg^{2+}) / (mmol/kg)		交换性钾离子 (K$^+$) / (mmol/kg)		交换性钠离子 (Na$^+$) / (mmol/kg)	
			平均值	标准差	平均值	标准差	平均值	标准差	平均值	标准差
2010-11	HTFFZ29	0～20	2.4	0.7	1.6	0.2	1.20	0.06	1.36	0.39
2015-11	HTFFZ29	0～20	5.6	2.4	2.9	0.6	1.20	0.19	0.20	0.07

年-月	样地代码	观测层次/cm	交换性铝离子 (1/3 Al^{3+}) / (mmol/kg)		交换性氢离子 (H$^+$) / (mmol/kg)		交换性酸总量 (H$^+$+1/3 Al^{3+}) / (mmol/kg)		阳离子交换量/ (mmol/kg)		重复数
			平均值	标准差	平均值	标准差	平均值	标准差	平均值	标准差	
2010-11	HTFFZ29	0～20	55.84	1.90	3.11	0.78	58.95	1.18	124.6	5.9	3
2015-11	HTFFZ29	0～20	54.06	1.64	8.75	0.26	62.81	1.59	113.3	10.6	3

表 3-43 会同马荷混交林 30 号辅助观测场土壤交换量

年-月	样地代码	观测层次/cm	交换性钙离子 (1/2 Ca^{2+}) / (mmol/kg)		交换性镁离子 (1/2 Mg^{2+}) / (mmol/kg)		交换性钾离子 (K$^+$) / (mmol/kg)		交换性钠离子 (Na$^+$) / (mmol/kg)	
			平均值	标准差	平均值	标准差	平均值	标准差	平均值	标准差
2010-11	HTFFZ30	0～20	1.1	0.3	1.3	0.2	1.00	0.12	2.10	0.54
2015-11	HTFFZ30	0～20	3.9	0.9	2.6	0.0	1.13	0.04	0.09	0.02

年-月	样地代码	观测层次/cm	交换性铝离子 (1/3 Al^{3+}) / (mmol/kg)		交换性氢离子 (H$^+$) / (mmol/kg)		交换性酸总量 (H$^+$+1/3 Al^{3+}) / (mmol/kg)		阳离子交换量/ (mmol/kg)		重复数
			平均值	标准差	平均值	标准差	平均值	标准差	平均值	标准差	
2010-11	HTFFZ30	0～20	55.59	7.75	4.63	0.70	60.22	7.13	127.0	3.6	3
2015-11	HTFFZ30	0～20	60.56	3.35	10.80	0.67	71.36	4.01	117.1	7.1	3

表 3-44 会同湿地松纯林 31 号辅助观测场土壤交换量

年-月	样地代码	观测层次/cm	交换性钙离子 (1/2 Ca^{2+}) / (mmol/kg)		交换性镁离子 (1/2 Mg^{2+}) / (mmol/kg)		交换性钾离子 (K$^+$) / (mmol/kg)		交换性钠离子 (Na$^+$) / (mmol/kg)	
			平均值	标准差	平均值	标准差	平均值	标准差	平均值	标准差
2010-11	HTFFZ31	0～20	6.6	1.5	2.7	0.9	1.32	0.28	2.10	0.43
2015-11	HTFFZ31	0～20	17.4	6.1	5.1	1.0	1.38	0.09	0.11	0.03

年-月	样地代码	观测层次/cm	交换性铝离子 (1/3 Al^{3+}) / (mmol/kg)		交换性氢离子 (H$^+$) / (mmol/kg)		交换性酸总量 (H$^+$+1/3 Al^{3+}) / (mmol/kg)		阳离子交换量/ (mmol/kg)		重复数
			平均值	标准差	平均值	标准差	平均值	标准差	平均值	标准差	
2010-11	HTFFZ31	0～20	34.73	6.62	1.43	0.34	36.16	6.35	107.1	10.6	3
2015-11	HTFFZ31	0～20	29.52	3.98	3.80	1.04	33.32	4.32	99.3	3.1	3

表 3－45　会同杉木人工林 32 号辅助观测场土壤交换量

年-月	样地代码	观测层次/cm	交换性钙离子 (1/2 Ca^{2+}) / (mmol/kg)		交换性镁离子 (1/2 Mg^{2+}) / (mmol/kg)		交换性钾离子 (K$^+$) / (mmol/kg)		交换性钠离子 (Na$^+$) / (mmol/kg)	
			平均值	标准差	平均值	标准差	平均值	标准差	平均值	标准差
2010－11	HTFFZ32	0～20	2.4	0.4	2.1	0.5	1.13	0.11	1.10	0.40
2015－11	HTFFZ32	0～20	5.2	0.8	2.8	0.2	1.20	0.12	0.39	0.08

年-月	样地代码	观测层次/cm	交换性铝离子 (1/3 Al^{3+}) / (mmol/kg)		交换性氢离子 (H$^+$) / (mmol/kg)		交换性酸总量 (H$^+$+1/3 Al^{3+}) / (mmol/kg)		阳离子交换量/ (mmol/kg)		重复数
			平均值	标准差	平均值	标准差	平均值	标准差	平均值	标准差	
2010－11	HTFFZ32	0～20	48.19	2.93	1.98	0.65	50.17	3.04	120.7	10.3	3
2015－11	HTFFZ32	0～20	52.48	1.18	6.42	0.64	58.90	1.81	109.6	5.9	3

表 3－46　会同人工阔叶树混交林 33 号辅助观测场土壤交换量

年-月	样地代码	观测层次/cm	交换性钙离子 (1/2 Ca^{2+}) / (mmol/kg)		交换性镁离子 (1/2 Mg^{2+}) / (mmol/kg)		交换性钾离子 (K$^+$) / (mmol/kg)		交换性钠离子 (Na$^+$) / (mmol/kg)	
			平均值	标准差	平均值	标准差	平均值	标准差	平均值	标准差
2010－11	HTFFZ33	0～20	4.0	1.0	2.4	0.7	1.59	0.25	2.35	0.75
2015－11	HTFFZ33	0～20	13.4	1.6	4.2	1.6	1.71	0.31	0.15	0.05

年-月	样地代码	观测层次/cm	交换性铝离子 (1/3 Al^{3+}) / (mmol/kg)		交换性氢离子 (H$^+$) / (mmol/kg)		交换性酸总量 (H$^+$+1/3 Al^{3+}) / (mmol/kg)		阳离子交换量/ (mmol/kg)		重复数
			平均值	标准差	平均值	标准差	平均值	标准差	平均值	标准差	
2010－11	HTFFZ33	0～20	47.00	2.90	3.10	1.13	50.10	3.99	107.1	9.4	3
2015－11	HTFFZ33	0～20	39.02	11.84	4.61	1.13	43.62	12.90	104.2	6.3	3

3.2.2　土壤养分数据集

3.2.2.1　概述

土壤养分是土壤肥力和质量的主要评价指标。本数据集包括会同站 2007—2015 年 2 个综合观测场、18 个土壤辅助观测场的年尺度土壤养分监测数据，包括有机质、全氮、全磷、全钾、有效磷、速效钾、硝态氮、铵态氮、缓效钾和水溶液 pH 10 项指标。

3.2.2.2　样品采集和处理方法

按照 CERN 长期观测规范，表层（0～20 cm）土壤速效养分（有效磷、速效钾、硝态氮、铵态氮）的监测频率为每隔 5 年测定 1 个季节动态变化（3—11 月每隔 2 月采 1 次样），表层（0～20 cm）土壤全量养分（有机质、全氮、缓效钾）和 pH 的监测频率为 5 年 1 次（采样时间 8—11 月）；土壤剖面（0～10 cm、10～20 cm、20～40 cm、40～60 cm、60～80 cm）全量养分（有机质、全氮、全磷、全钾）的监测频率为 5 年 1 次（采样时间 8—11 月），辅助观测场土壤剖面（0～10 cm、10～20 cm、20～40 cm、40～60 cm、60～80 cm）速效氮（硝态氮和铵态氮）季节动态变化（生长季节每月采样 1 次）的监测频率为 10 年 1 次。

表层（0～20 cm）土壤的采样：2 个综合观测场和 1 号辅助观测场为 6 个重复，其余 17 个辅助观测场为 3 个重复，方法是用取土土钻在采样区内取 0～20 cm 表层土壤，每个重复由 10～12 个按 S 形采样方式采集的样品混合而成（约 1 kg）。

　　全量养分剖面土壤的采样：2 个综合观测场和 1 号辅助观测场为 3 个重复；其余 17 个辅助观测场没有重复（1 个）；速效氮季节动态变化剖面土壤的采样为 3 个重复，方法是挖取标准剖面，按规定采样深度分层，每层左、中、右多点采集混合而成（约 1 kg）。取回的土样用四分法取 1 份新鲜土壤，挑除根系和石子，过 2 mm 筛，用于测定硝态氮和铵态氮；其余土壤置于干净的白纸上风干，挑除根系和石子，分别过 2 mm 筛和 0.25 mm 筛，2 mm 土样用于分析有效磷、速效钾、缓效钾和 pH，0.25 mm 土样用于分析有机质、全氮、全磷和全钾。

　　2008、2010 年的土壤有机质采用重铬酸钾氧化-外加热法，全氮采用半微量凯氏法；2015 年的土壤有机质和全氮采用元素分析仪测定法。全磷采用氢氧化钠碱熔-钼锑抗比色法，全钾采用氢氧化钠碱熔-火焰原子吸收光度法，有效磷采用氟化铵盐酸浸提-钼锑抗比色法，速效钾采用乙酸铵浸提-火焰原子吸收光度法，缓效钾采用硝酸煮沸浸提-火焰原子吸收光度法，pH 采用水浸提-电位法，铵态氮采用氯化钾浸提-靛酚蓝比色法，硝态氮采用氯化钾浸提-紫外分光光度法。

3.2.2.3　数据质量控制和评估

　　同 3.2.1.3。

3.2.2.4　数据价值/数据使用方法和建议

　　土壤有机质不但能保持土壤肥力、改善土壤结构、提高土壤缓冲性，而且在全球碳循环中发挥着至关重要的作用；土壤氮、磷、钾要素是植物吸收的大量元素，也是森林砍伐后带走量较多的营养元素，它们在土壤肥力中起着关键作用；pH 是土壤形成和熟化过程中的一个重要指标，它对土壤养分存在的形态和有效性、微生物活动以及植物生长发育都有很大影响。以上指标都是土壤属性中基本的化学指标，是我们研究土壤肥力演变的重要依据。

　　该数据集包括亚热带典型杉木人工林、常绿阔叶林以及不同林分利用方式的森林土壤养分指标，可为地域性森林土壤演变和经营管理提供数据支持。

3.2.2.5　数据

　　见表 3-47 至表 3-88。

表 3-47　会同杉木人工林综合观测场土壤养分 1

年-月	样地代码	观测层次/cm	有机质/(g/kg)		全氮 (N)/(g/kg)		全磷 (P)/(g/kg)		全钾 (K)/(g/kg)		缓效钾 (K)/(mg/kg)		水溶液 pH		重复数
			平均值	标准差	平均值	标准差	平均值	标准差	平均值	标准差	平均值	标准差	平均值	标准差	
2008 - 09	HTFZH01	0～20	25.8	3.9	1.37	0.15	—	—	—	—	—	—	4.20	0.05	6
2010 - 11	HTFZH01	0～20	30.0	2.4	1.38	0.17	—	—	—	—	73	7	4.48	0.09	6
2015 - 11	HTFZH01	0～20	25.5	3.6	1.20	0.14	—	—	—	—	68	6	4.23	0.03	6
2010 - 11	HTFZH01	0～10	31.3	8.6	1.40	0.37	0.155	0.038	13.7	4.2	—	—	—	—	3
2010 - 11	HTFZH01	10～20	21.7	4.5	1.10	0.31	0.128	0.032	16.1	4.3	—	—	—	—	3
2010 - 11	HTFZH01	20～40	15.0	4.0	0.87	0.24	0.120	0.041	14.9	3.7	—	—	—	—	3
2010 - 11	HTFZH01	40～60	7.9	5.0	0.63	0.25	0.106	0.036	15.6	3.1	—	—	—	—	3
2010 - 11	HTFZH01	60～80	6.9	3.1	0.61	0.20	0.107	0.040	14.9	3.8	—	—	—	—	3
2015 - 11	HTFZH01	0～10	35.1	4.9	1.54	0.10	0.206	0.050	17.8	3.6	—	—	—	—	3
2015 - 11	HTFZH01	10～20	18.8	5.9	1.02	0.10	0.146	0.037	18.1	3.8	—	—	—	—	3
2015 - 11	HTFZH01	20～40	17.1	4.2	0.95	0.17	0.097	0.079	17.7	4.5	—	—	—	—	3
2015 - 11	HTFZH01	40～60	7.2	3.2	0.62	0.17	0.079	0.035	17.7	3.6	—	—	—	—	3
2015 - 11	HTFZH01	60～80	6.9	3.4	0.62	0.17	0.062	0.026	18.1	4.3	—	—	—	—	3

　　注：重复数为实际采样次数，下同。

表 3 - 48　会同杉木人工林综合观测场土壤养分 2

年-月	样地代码	观测层次/cm	有效磷（P）/(mg/kg)		速效钾（K）/(mg/kg)		硝态氮（NO₃⁻-N）/(mg/kg)		铵态氮（NH₄⁺-N）/(mg/kg)		重复数
			平均值	标准差	平均值	标准差	平均值	标准差	平均值	标准差	
2008 - 09	HTFZH01	0～20	1.5	0.3	49.3	10.0	—	—	—	—	6
2010 - 02	HTFZH01	0～20	0.9	0.2	59.6	13.4	6.6	3.0	6.7	1.4	6
2010 - 04	HTFZH01	0～20	—	—	—	—	8.7	2.5	5.5	2.8	6
2010 - 05	HTFZH01	0～20	1.9	0.3	51.0	9.1	12.1	3.9	12.6	4.0	6
2010 - 06	HTFZH01	0～20	—	—	—	—	13.7	2.2	9.2	2.6	6
2010 - 07	HTFZH01	0～20	—	—	—	—	15.8	5.4	7.6	1.3	6
2010 - 08	HTFZH01	0～20	1.3	0.2	48.4	8.8	11.9	4.2	8.0	1.9	6
2010 - 11	HTFZH01	0～20	1.0	0.3	44.2	8.2	9.4	1.2	7.1	2.8	6
2015 - 04	HTFZH01	0～20	1.5	0.5	40.7	7.0	6.0	0.9	9.1	2.3	6
2015 - 06	HTFZH01	0～20	1.5	0.7	36.9	7.2	4.4	0.6	4.6	1.2	6
2015 - 09	HTFZH01	0～20	0.7	0.5	38.3	5.0	8.7	1.8	14.1	2.8	6
2015 - 11	HTFZH01	0～20	0.6	0.3	44.7	7.1	5.6	2.4	10.4	2.7	6

表 3 - 49　会同常绿阔叶林综合观测场土壤养分 1

年-月	样地代码	观测层次/cm	有机质/(g/kg)		全氮（N）/(g/kg)		全磷（P）/(g/kg)		全钾（K）/(g/kg)		缓效钾（K）/(mg/kg)		水溶液 pH		重复数
			平均值	标准差	平均值	标准差	平均值	标准差	平均值	标准差	平均值	标准差	平均值	标准差	
2008 - 09	HTFZH02	0～20	45.3	9.0	2.10	0.36	—	—	—	—	—	—	4.02	0.14	6
2010 - 11	HTFZH02	0～20	44.7	8.3	2.06	0.30	—	—	—	—	77	23	4.29	0.03	6
2015 - 11	HTFZH02	0～20	38.2	5.6	1.75	0.25	—	—	—	—	65	8	4.05	0.04	6
2010 - 11	HTFZH02	0～10	43.4	31.6	2.05	1.16	0.153	0.033	16.5	2.3	—	—	—	—	3
2010 - 11	HTFZH02	10～20	25.5	17.6	1.44	0.64	0.152	0.028	17.3	0.6	—	—	—	—	3
2010 - 11	HTFZH02	20～40	18.9	6.0	1.15	0.28	0.122	0.014	15.8	2.9	—	—	—	—	3
2010 - 11	HTFZH02	40～60	12.8	1.5	0.91	0.11	0.139	0.048	18.0	1.0	—	—	—	—	3
2010 - 11	HTFZH02	60～80	8.6	3.2	0.76	0.11	0.117	0.034	18.5	2.7	—	—	—	—	3
2015 - 11	HTFZH02	0～10	59.2	17.2	2.77	0.73	0.240	0.036	19.2	1.2	—	—	—	—	3
2015 - 11	HTFZH02	10～20	19.1	4.8	1.13	0.16	0.086	0.010	19.5	0.4	—	—	—	—	3
2015 - 11	HTFZH02	20～40	12.4	1.4	0.90	0.08	0.077	0.008	20.1	1.2	—	—	—	—	3
2015 - 11	HTFZH02	40～60	8.9	3.4	0.76	0.08	0.084	0.008	20.6	0.3	—	—	—	—	3
2015 - 11	HTFZH02	60～80	6.2	3.9	0.72	0.07	0.086	0.014	21.0	1.2	—	—	—	—	3

表 3 - 50　会同常绿阔叶林综合观测场土壤养分 2

年-月	样地代码	观测层次/cm	有效磷（P）/(mg/kg)		速效钾（K）/(mg/kg)		硝态氮（NO₃⁻-N）/(mg/kg)		铵态氮（NH₄⁺-N）/(mg/kg)		重复数
			平均值	标准差	平均值	标准差	平均值	标准差	平均值	标准差	
2008 - 09	HTFZH02	0～20	1.5	0.1	53.3	11.5	—	—	—	—	6
2010 - 02	HTFZH02	0～20	1.5	0.5	42.3	8.1	8.6	3.5	6.2	1.4	6
2010 - 04	HTFZH02	0～20	—	—	—	—	11.6	3.3	9.3	2.7	6

（续）

年-月	样地代码	观测层次/cm	有效磷（P）/(mg/kg)		速效钾（K）/(mg/kg)		硝态氮（NO$_3^-$-N）/(mg/kg)		铵态氮（NH$_4^+$-N）/(mg/kg)		重复数
			平均值	标准差	平均值	标准差	平均值	标准差	平均值	标准差	
2010-05	HTFZH02	0～20	2.2	0.6	73.2	15.8	18.6	9.0	12.3	2.7	6
2010-06	HTFZH02	0～20	—	—	—	—	20.3	10.0	13.8	3.1	6
2010-07	HTFZH02	0～20	—	—	—	—	15.3	5.5	7.3	1.0	6
2010-08	HTFZH02	0～20	2.3	0.3	63.9	8.1	14.0	5.4	7.2	2.1	6
2010-11	HTFZH02	0～20	1.5	0.5	61.5	6.9	12.3	2.9	7.7	2.3	6
2015-04	HTFZH02	0～20	1.3	0.4	39.3	4.1	6.7	1.1	14.5	3.9	6
2015-06	HTFZH02	0～20	1.9	0.9	35.2	7.1	3.5	0.8	6.4	1.4	6
2015-09	HTFZH02	0～20	0.9	0.4	39.4	5.3	7.6	2.8	17.0	4.3	6
2015-11	HTFZH02	0～20	0.6	0.2	41.0	5.5	3.4	1.4	5.9	0.8	6

表 3－51　会同杉木人工林 1 号辅助观测场土壤养分 1

年-月	样地代码	观测层次/cm	有机质/(g/kg)		全氮（N）/(g/kg)		全磷（P）/(g/kg)		全钾（K）/(g/kg)		缓效钾（K）/(mg/kg)		水溶液 pH		重复数
			平均值	标准差	平均值	标准差	平均值	标准差	平均值	标准差	平均值	标准差	平均值	标准差	
2008-09	HTFFZ01	0～20	32.5	2.9	1.75	0.12	—	—	—	—	—	—	4.16	0.09	6
2010-11	HTFFZ01	0～20	41.3	3.8	1.84	0.13	—	—	—	—	92	30	4.39	0.10	6
2015-11	HTFFZ01	0～20	32.5	3.1	1.55	0.03	—	—	—	—	82	11	4.19	0.05	6
2010-11	HTFFZ01	0～10	46.7	1.8	2.01	0.01	0.213	0.025	15.3	0.8	—	—	—	—	3
2010-11	HTFFZ01	10～20	23.8	3.3	1.34	0.12	0.182	0.034	15.8	1.4					3
2010-11	HTFFZ01	20～40	13.1	1.1	0.96	0.02	0.168	0.042	16.9	1.5					3
2010-11	HTFFZ01	40～60	6.1	0.2	0.76	0.01	0.211	0.052	18.0	1.4					3
2010-11	HTFFZ01	60～80	4.6	1.0	0.75	0.02	0.173	0.036	17.9	1.3					3
2015-11	HTFFZ01	0～10	40.7	5.3	1.76	0.12	0.193	0.064	19.6	1.9					3
2015-11	HTFFZ01	10～20	20.3	4.5	1.13	0.12	0.156	0.035	20.6	2.4					3
2015-11	HTFFZ01	20～40	14.1	4.0	0.90	0.16	0.127	0.040	20.8	2.4					3
2015-11	HTFFZ01	40～60	4.4	1.8	0.70	0.09	0.135	0.055	22.6	2.4					3
2015-11	HTFFZ01	60～80	3.4	1.3	0.70	0.03	0.125	0.074	23.8	2.0					3

表 3－52　会同杉木人工林 1 号辅助观测场土壤养分 2

年-月	样地代码	观测层次/cm	有效磷（P）/(mg/kg)		速效钾（K）/(mg/kg)		硝态氮（NO$_3^-$-N）/(mg/kg)		铵态氮（NH$_4^+$-N）/(mg/kg)		重复数
			平均值	标准差	平均值	标准差	平均值	标准差	平均值	标准差	
2008-09	HTFFZ01	0～20	1.3	0.1	45.2	6.9	—	—	—	—	6
2010-02	HTFFZ01	0～20	0.6	0.2	42.3	11.7	6.9	3.7	8.9	1.4	6
2010-04	HTFFZ01	0～20	—	—	—	—	8.1	2.5	10.8	1.9	6
2010-05	HTFFZ01	0～20	2.3	0.5	50.4	7.9	15.7	5.2	14.2	2.4	6
2010-06	HTFFZ01	0～20	—	—	—	—	14.2	5.6	16.3	4.3	6

（续）

年-月	样地代码	观测层次/cm	有效磷（P）/（mg/kg）		速效钾（K）/（mg/kg）		硝态氮（NO₃⁻-N）/（mg/kg）		铵态氮（NH₄⁺-N）/（mg/kg）		重复数
			平均值	标准差	平均值	标准差	平均值	标准差	平均值	标准差	
2010-07	HTFFZ01	0～20	—	—	—	—	15.7	4.9	10.5	2.6	6
2010-08	HTFFZ01	0～20	1.5	0.3	47.5	6.3	14.8	5.7	8.7	3.4	6
2010-11	HTFFZ01	0～20	1.3	0.3	50.4	6.4	9.1	3.6	7.4	2.3	6
2015-04	HTFFZ01	0～20	1.9	0.7	46.1	4.4	10.7	2.9	14.4	3.0	6
2015-06	HTFFZ01	0～20	1.6	0.7	31.7	5.2	4.9	0.9	6.4	1.3	6
2015-09	HTFFZ01	0～20	0.7	0.3	35.0	5.0	9.1	2.2	13.9	2.7	6
2015-11	HTFFZ01	0～20	0.7	0.2	42.4	6.1	6.4	1.9	7.7	0.4	6

表 3-53　会同杉木人工林 17 号辅助观测场土壤养分 1

年-月	样地代码	观测层次/cm	有机质/（g/kg）		全氮（N）/（g/kg）		全磷（P）/（g/kg）		全钾（K）/（g/kg）		缓效钾（K）/（mg/kg）		水溶液 pH		重复数
			平均值	标准差	平均值	标准差	平均值	标准差	平均值	标准差	平均值	标准差	平均值	标准差	
2008-09	HTFFZ17	0～20	29.0	3.2	1.67	0.14	—	—	—	—	—	—	4.51	0.12	6
2010-11	HTFFZ17	0～20	28.9	2.5	1.59	0.05	—	—	—	—	104	18	4.77	0.06	3
2015-11	HTFFZ17	0～20	26.6	1.7	1.42	0.08	—	—	—	—	122	17	4.70	0.10	3
2010-11	HTFFZ17	0～10	32.7	1.2	1.62	0.04	0.196	0.008	12.6	2.3	—	—			3
2010-11	HTFFZ17	10～20	20.7	2.5	1.22	0.12	0.163	0.021	12.7	0.9	—	—			3
2010-11	HTFFZ17	20～40	14.6	4.8	0.97	0.16	0.145	0.010	13.2	0.4	—	—			3
2010-11	HTFFZ17	40～60	12.4	4.9	0.83	0.11	0.207	0.104	13.8	0.3	—	—			3
2010-11	HTFFZ17	60～80	11.2	4.7	0.78	0.13	0.153	0.007	13.7	0.3	—	—			3
2015-11	HTFFZ17	0～10	45.4	—	2.08	—	0.247	—	15.1	—					1
2015-11	HTFFZ17	10～20	18.1	—	1.08	—	0.198	—	16.8	—					1
2015-11	HTFFZ17	20～40	11.6	—	0.81	—	0.177	—	17.1	—					1
2015-11	HTFFZ17	40～60	11.6	—	0.84	—	0.162	—	17.2	—					1
2015-11	HTFFZ17	60～80	11.6	—	0.80	—	0.162	—	18.7	—					1

表 3-54　会同杉木人工林 17 号辅助观测场土壤养分 2

年-月	样地代码	观测层次/cm	有效磷（P）/（mg/kg）		速效钾（K）/（mg/kg）		硝态氮（NO₃⁻-N）/（mg/kg）		铵态氮（NH₄⁺-N）/（mg/kg）		重复数
			平均值	标准差	平均值	标准差	平均值	标准差	平均值	标准差	
2008-09	HTFFZ17	0～20	1.6	0.3	65.2	9.5	—	—	—	—	6
2010-02	HTFFZ17	0～20	0.8	0.1	59.2	16.5	6.8	4.0	5.2	1.4	6
2010-05	HTFFZ17	0～20	3.4	0.6	83.9	5.0	6.7	1.3	10.1	2.5	3
2010-08	HTFFZ17	0～20	1.9	0.3	67.4	10.1	10.7	0.5	6.0	0.3	3
2010-11	HTFFZ17	0～20	1.5	0.4	72.6	8.2	10.2	1.7	3.2	1.1	3
2015-04	HTFFZ17	0～20	1.6	0.4	78.6	12.9	5.7	0.6	7.3	0.5	3
2015-06	HTFFZ17	0～20	2.3	0.8	53.1	15.6	6.9	0.9	5.8	0.5	3
2015-09	HTFFZ17	0～20	0.6	0.3	60.4	9.5	13.8	1.0	7.2	1.4	3
2015-11	HTFFZ17	0～20	0.5	0.3	72.1	14.8	5.7	1.0	3.7	1.0	3

表 3 - 55　会同杉木人工林 18 号辅助观测场土壤养分 1

年-月	样地代码	观测层次/cm	有机质/(g/kg)		全氮（N）/(g/kg)		全磷（P）/(g/kg)		全钾（K）/(g/kg)		缓效钾（K）/(mg/kg)		水溶液 pH		重复数
			平均值	标准差	平均值	标准差	平均值	标准差	平均值	标准差	平均值	标准差	平均值	标准差	
2008 - 09	HTFFZ18	0～20	17.8	4.3	1.20	0.12	—	—	—	—	—	—	4.27	0.11	6
2010 - 11	HTFFZ18	0～20	24.1	2.4	1.21	0.14	—	—	—	—	68	6	4.50	0.03	3
2015 - 11	HTFFZ18	0～20	20.1	2.3	1.12	0.05	—	—	—	—	93	17	4.38	0.02	3
2010 - 11	HTFFZ18	0～10	31.2	4.8	1.46	0.13	0.167	0.014	13.6	2.5	—	—	—	—	3
2010 - 11	HTFFZ18	10～20	14.1	4.0	0.92	0.15	0.131	0.026	14.3	2.4	—	—	—	—	3
2010 - 11	HTFFZ18	20～40	10.4	5.5	0.85	0.21	0.203	0.153	15.3	2.3	—	—	—	—	3
2010 - 11	HTFFZ18	40～60	5.1	0.8	0.74	0.03	0.156	0.071	19.0	2.5	—	—	—	—	3
2010 - 11	HTFFZ18	60～80	3.9	0.2	0.75	0.06	0.126	0.017	22.1	0.9	—	—	—	—	3
2015 - 11	HTFFZ18	0～10	37.7	—	1.68	—	0.172	—	18.5	—	—	—	—	—	1
2015 - 11	HTFFZ18	10～20	11.5	—	0.79	—	0.140	—	20.3	—	—	—	—	—	1
2015 - 11	HTFFZ18	20～40	5.2	—	0.60	—	0.105	—	22.4	—	—	—	—	—	1
2015 - 11	HTFFZ18	40～60	3.2	—	0.60	—	0.109	—	25.4	—	—	—	—	—	1
2015 - 11	HTFFZ18	60～80	3.3	—	0.65	—	0.136	—	25.2	—	—	—	—	—	1

表 3 - 56　会同杉木人工林 18 号辅助观测场土壤养分 2

年-月	样地代码	观测层次/cm	有效磷（P）/(mg/kg)		速效钾（K）/(mg/kg)		硝态氮（$NO_3^- - N$）/(mg/kg)		铵态氮（$NH_4^+ - N$）/(mg/kg)		重复数
			平均值	标准差	平均值	标准差	平均值	标准差	平均值	标准差	
2008 - 09	HTFFZ18	0～20	1.5	0.2	40.4	7.7	—	—	—	—	6
2010 - 02	HTFFZ18	0～20	0.7	0.2	44.5	10.2	4.5	1.3	6.4	1.2	6
2010 - 05	HTFFZ18	0～20	2.1	0.3	56.8	9.3	8.5	6.7	12.0	1.5	3
2010 - 08	HTFFZ18	0～20	1.6	0.2	57.0	7.5	7.5	3.5	6.1	1.5	3
2010 - 11	HTFFZ18	0～20	1.2	0.4	49.0	8.2	3.0	1.2	8.2	3.1	3
2015 - 04	HTFFZ18	0～20	0.9	0.2	60.4	3.6	4.5	0.9	9.7	1.8	3
2015 - 06	HTFFZ18	0～20	2.1	1.0	38.5	8.0	3.1	0.3	4.8	1.1	3
2015 - 09	HTFFZ18	0～20	1.3	0.7	60.6	13.7	6.2	1.1	13.1	1.0	3
2015 - 11	HTFFZ18	0～20	0.5	0.2	48.2	6.1	4.9	0.6	8.9	1.9	3

表 3 - 57　会同杉栲混交林 19 号辅助观测场土壤养分 1

年-月	样地代码	观测层次/cm	有机质/(g/kg)		全氮（N）/(g/kg)		全磷（P）/(g/kg)		全钾（K）/(g/kg)		缓效钾（K）/(mg/kg)		水溶液 pH		重复数
			平均值	标准差	平均值	标准差	平均值	标准差	平均值	标准差	平均值	标准差	平均值	标准差	
2008 - 09	HTFFZ19	0～20	21.2	2.3	1.20	0.07	—	—	—	—	—	—	4.29	0.12	6
2010 - 11	HTFFZ19	0～20	22.5	2.6	1.25	0.14	—	—	—	—	90	26	4.59	0.14	3
2015 - 11	HTFFZ19	0～20	20.5	1.2	1.13	0.10	—	—	—	—	107	15	4.37	0.01	3
2010 - 11	HTFFZ19	0～10	25.8	4.7	1.32	0.02	0.172	0.006	17.4	1.4	—	—	—	—	3
2010 - 11	HTFFZ19	10～20	20.4	7.6	1.12	0.19	0.154	0.005	17.6	1.4	—	—	—	—	3

（续）

年-月	样地代码	观测层次/cm	有机质/(g/kg)		全氮（N）/(g/kg)		全磷（P）/(g/kg)		全钾（K）/(g/kg)		缓效钾（K）/(mg/kg)		水溶液 pH		重复数
			平均值	标准差	平均值	标准差	平均值	标准差	平均值	标准差	平均值	标准差	平均值	标准差	
2010-11	HTFFZ19	20~40	12.7	5.9	0.90	0.19	0.142	0.002	17.7	1.6	—	—	—	—	3
2010-11	HTFFZ19	40~60	6.9	3.0	0.75	0.04	0.143	0.010	19.0	1.4	—	—	—	—	3
2010-11	HTFFZ19	60~80	4.8	1.9	0.67	0.06	0.135	0.008	18.9	1.8	—	—	—	—	3
2015-11	HTFFZ19	0~10	15.9	—	1.08	—	0.186	—	25.5	—	—	—	—	—	1
2015-11	HTFFZ19	10~20	11.8	—	0.80	—	0.149	—	24.9	—	—	—	—	—	1
2015-11	HTFFZ19	20~40	10.2	—	0.84	—	0.183	—	25.4	—	—	—	—	—	1
2015-11	HTFFZ19	40~60	11.0	—	0.81	—	0.181	—	25.0	—	—	—	—	—	1
2015-11	HTFFZ19	60~80	11.1	—	0.87	—	0.159	—	24.4	—	—	—	—	—	1

表 3-58 会同杉栲混交森 19 号辅助观测场土壤养分 2

年-月	样地代码	观测层次/cm	有效磷（P）/(mg/kg)		速效钾（K）/(mg/kg)		硝态氮（$NO_3^- - N$）/(mg/kg)		铵态氮（$NH_4^+ - N$）/(mg/kg)		重复数
			平均值	标准差	平均值	标准差	平均值	标准差	平均值	标准差	
2008-09	HTFFZ19	0~20	1.4	0.3	61.3	8.6	—	—	—	—	6
2010-02	HTFFZ19	0~20	0.4	0.2	45.3	8.8	3.8	1.6	5.7	0.6	6
2010-05	HTFFZ19	0~20	1.3	0.0	76.7	14.9	4.7	0.4	11.9	2.9	3
2010-08	HTFFZ19	0~20	0.9	0.1	62.9	6.2	4.3	0.9	7.4	1.8	3
2010-11	HTFFZ19	0~20	1.6	0.1	62.6	8.6	3.0	1.0	6.0	2.0	3
2015-04	HTFFZ19	0~20	0.8	0.2	54.2	10.2	6.6	0.5	15.6	2.2	3
2015-06	HTFFZ19	0~20	0.7	0.0	36.1	9.3	2.2	0.2	6.7	1.3	3
2015-09	HTFFZ19	0~20	0.7	0.4	43.8	4.0	2.7	0.5	13.9	2.3	3
2015-11	HTFFZ19	0~20	0.4	0.1	43.9	8.3	1.6	0.4	10.2	2.2	3

表 3-59 会同杉桤混交林 20 号辅助观测场土壤养分 1

年-月	样地代码	观测层次/cm	有机质/(g/kg)		全氮（N）/(g/kg)		全磷（P）/(g/kg)		全钾（K）/(g/kg)		缓效钾（K）/(mg/kg)		水溶液 pH		重复数
			平均值	标准差	平均值	标准差	平均值	标准差	平均值	标准差	平均值	标准差	平均值	标准差	
2008-09	HTFFZ20	0~20	23.7	4.4	1.38	0.19	—	—	—	—	—	—	4.11	0.09	6
2010-11	HTFFZ20	0~20	23.1	2.9	1.26	0.13	—	—	—	—	74	14	4.39	0.02	3
2015-11	HTFFZ20	0~20	25.4	6.8	1.30	0.25	—	—	—	—	85	19	4.15	0.03	3
2010-11	HTFFZ20	0~10	33.7	4.8	1.68	0.15	0.199	0.024	15.3	3.2	—	—	—	—	3
2010-11	HTFFZ20	10~20	18.0	3.1	1.16	0.07	0.182	0.019	15.9	3.1	—	—	—	—	3
2010-11	HTFFZ20	20~40	17.2	1.8	1.15	0.10	0.231	0.090	15.5	2.8	—	—	—	—	3
2010-11	HTFFZ20	40~60	16.3	4.2	1.13	0.14	0.285	0.055	16.3	2.6	—	—	—	—	3
2010-11	HTFFZ20	60~80	6.4	3.1	0.78	0.10	0.179	0.006	17.0	0.4	—	—	—	—	3
2015-11	HTFFZ20	0~10	26.1	—	1.44	—	0.179	—	23.0	—	—	—	—	—	1
2015-11	HTFFZ20	10~20	21.2	—	1.13	—	0.134	—	19.5	—	—	—	—	—	1
2015-11	HTFFZ20	20~40	17.6	—	1.00	—	0.088	—	19.9	—	—	—	—	—	1

（续）

年-月	样地代码	观测层次/cm	有机质/(g/kg)		全氮（N）/(g/kg)		全磷（P）/(g/kg)		全钾（K）/(g/kg)		缓效钾（K）/(mg/kg)		水溶液 pH		重复数
			平均值	标准差	平均值	标准差	平均值	标准差	平均值	标准差	平均值	标准差	平均值	标准差	
2015－11	HTFFZ20	40~60	6.3	—	0.63	—	0.088	—	24.0						1
2015－11	HTFFZ20	60~80	3.7	—	0.63	—	0.087	—	24.2						1

表 3-60　会同杉栲混交林 20 号辅助观测场土壤养分 2

年-月	样地代码	观测层次/cm	有效磷（P）/(mg/kg)		速效钾（K）/(mg/kg)		硝态氮（$NO_3^- - N$）/(mg/kg)		铵态氮（$NH_4^+ - N$）/(mg/kg)		重复数
			平均值	标准差	平均值	标准差	平均值	标准差	平均值	标准差	
2008－09	HTFFZ20	0~20	1.4	0.1	36.2	5.6	—		—		6
2010－02	HTFFZ20	0~20	0.5	0.2	40.3	4.7	7.5	2.0	5.7	0.9	6
2010－05	HTFFZ20	0~20	1.7	0.2	48.9	10.1	11.2	3.2	12.9	0.9	3
2010－08	HTFFZ20	0~20	0.9	0.1	37.5	4.4	7.2	2.0	6.0	1.0	3
2010－11	HTFFZ20	0~20	1.2	0.1	38.7	1.4	5.6	0.6	5.7	0.5	3
2015－04	HTFFZ20	0~20	0.9	0.3	39.6	3.4	4.2	1.0	6.1	1.2	3
2015－06	HTFFZ20	0~20	1.7	0.8	28.0	3.2	4.9	0.5	3.6	0.6	3
2015－09	HTFFZ20	0~20	0.8	0.7	35.6	11.8	9.7	3.1	10.4	2.4	3
2015－11	HTFFZ20	0~20	0.9	0.4	32.6	5.8	5.2	1.5	4.8	1.9	3

表 3-61　会同杉樟混交林 21 号辅助观测场土壤养分 1

年-月	样地代码	观测层次/cm	有机质/(g/kg)		全氮（N）/(g/kg)		全磷（P）/(g/kg)		全钾（K）/(g/kg)		缓效钾（K）/(mg/kg)		水溶液 pH		重复数
			平均值	标准差	平均值	标准差	平均值	标准差	平均值	标准差	平均值	标准差	平均值	标准差	
2008－09	HTFFZ21	0~20	19.4	2.0	1.17	0.08	—		—		—		4.41	0.19	6
2010－11	HTFFZ21	0~20	25.6	2.6	1.23	0.08					70	9	4.65	0.07	3
2015－11	HTFFZ21	0~20	22.0	0.5	1.15	0.01	—				96	15	4.48	0.14	3
2010－11	HTFFZ21	0~10	22.7	3.3	1.28	0.15	0.177	0.015	12.4	1.0					3
2010－11	HTFFZ21	10~20	15.6	1.2	0.99	0.01	0.148	0.006	12.4	0.3					3
2010－11	HTFFZ21	20~40	11.5	5.8	0.86	0.19	0.214	0.132	12.6	1.0					3
2010－11	HTFFZ21	40~60	5.1	1.4	0.66	0.11	0.142	0.018	13.1	0.9					3
2010－11	HTFFZ21	60~80	1.7	0.9	0.65	0.09	0.137	0.017	15.5	2.2					3
2015－11	HTFFZ21	0~10	32.6	—	1.55	—	0.136		19.1						1
2015－11	HTFFZ21	10~20	19.5	—	1.07	—	0.112		18.0						1
2015－11	HTFFZ21	20~40	22.3	—	1.10	—	0.093		17.6						1
2015－11	HTFFZ21	40~60	11.9	—	0.79	—	0.075		18.7						1
2015－11	HTFFZ21	60~80	2.8	—	0.53	—	0.088		25.7						1

表 3 - 62　会同杉樟混交林 21 号辅助观测场土壤养分 2

年-月	样地代码	观测层次/cm	有效磷（P）/(mg/kg)		速效钾（K）/(mg/kg)		硝态氮（NO₃⁻-N）/(mg/kg)		铵态氮（NH₄⁺-N）/(mg/kg)		重复数
			平均值	标准差	平均值	标准差	平均值	标准差	平均值	标准差	
2008 - 09	HTFFZ21	0～20	1.7	0.3	60.3	15.6	—	—	—	—	6
2010 - 02	HTFFZ21	0～20	0.6	0.1	60.4	15.0	4.1	2.2	7.8	1.3	6
2010 - 05	HTFFZ21	0～20	1.8	0.5	59.2	7.4	7.6	5.2	12.9	2.4	3
2010 - 08	HTFFZ21	0～20	1.5	0.3	74.4	13.0	9.8	7.6	7.6	1.4	3
2010 - 11	HTFFZ21	0～20	2.0	0.4	46.1	8.0	3.5	1.7	6.2	2.8	3
2015 - 04	HTFFZ21	0～20	0.9	0.4	46.2	5.2	8.1	1.6	10.5	0.6	3
2015 - 06	HTFFZ21	0～20	2.7	0.7	36.8	1.7	3.2	0.3	5.8	0.4	3
2015 - 09	HTFFZ21	0～20	0.5	0.0	52.1	2.4	5.3	1.2	14.7	1.9	3
2015 - 11	HTFFZ21	0～20	0.7	0.2	50.7	14.9	1.4	0.2	9.4	0.5	3

表 3 - 63　会同杉楸混交林 22 号辅助观测场土壤养分 1

年-月	样地代码	观测层次/cm	有机质/(g/kg)		全氮（N）/(g/kg)		全磷（P）/(g/kg)		全钾（K）/(g/kg)		缓效钾（K）/(mg/kg)		水溶液 pH		重复数
			平均值	标准差	平均值	标准差	平均值	标准差	平均值	标准差	平均值	标准差	平均值	标准差	
2008 - 09	HTFFZ22	0～20	20.8	3.4	1.37	0.13	—	—	—	—	—	—	4.21	0.09	6
2010 - 11	HTFFZ22	0～20	22.2	2.7	1.31	0.14	—	—	—	—	77	12	4.59	0.09	3
2015 - 11	HTFFZ22	0～20	21.8	1.7	1.22	0.06	—	—	—	—	93	4	4.41	0.03	3
2010 - 11	HTFFZ22	0～10	19.4	3.1	1.32	0.14	0.190	0.029	16.2	3.1	—	—	—	—	3
2010 - 11	HTFFZ22	10～20	18.4	3.0	1.29	0.08	0.178	0.027	16.5	3.5	—	—	—	—	3
2010 - 11	HTFFZ22	20～40	12.3	6.8	1.09	0.14	0.174	0.030	16.4	2.6	—	—	—	—	3
2010 - 11	HTFFZ22	40～60	8.3	7.8	0.89	0.13	0.185	0.036	17.2	2.6	—	—	—	—	3
2010 - 11	HTFFZ22	60～80	6.3	7.9	0.81	0.17	0.168	0.024	16.1	1.7	—	—	—	—	3
2015 - 11	HTFFZ22	0～10	26.2	—	1.34	—	0.194	—	23.2	—	—	—	—	—	1
2015 - 11	HTFFZ22	10～20	15.4	—	1.05	—	0.136	—	24.7	—	—	—	—	—	1
2015 - 11	HTFFZ22	20～40	16.0	—	1.05	—	0.119	—	25.9	—	—	—	—	—	1
2015 - 11	HTFFZ22	40～60	15.7	—	1.06	—	0.094	—	23.8	—	—	—	—	—	1
2015 - 11	HTFFZ22	60～80	17.8	—	1.07	—	0.097	—	26.4	—	—	—	—	—	1

表 3 - 64　会同杉楸混交林 22 号辅助观测场土壤养分 2

年-月	样地代码	观测层次/cm	有效磷（P）/(mg/kg)		速效钾（K）/(mg/kg)		硝态氮（NO₃⁻-N）/(mg/kg)		铵态氮（NH₄⁺-N）/(mg/kg)		重复数
			平均值	标准差	平均值	标准差	平均值	标准差	平均值	标准差	
2008 - 09	HTFFZ22	0～20	1.3	0.0	58.4	12.8	—	—	—	—	6
2010 - 02	HTFFZ22	0～20	0.8	0.2	69.8	12.3	8.7	2.8	5.6	1.6	6
2010 - 05	HTFFZ22	0～20	1.4	0.2	78.2	9.4	11.7	1.9	13.4	2.4	3
2010 - 08	HTFFZ22	0～20	1.2	0.1	63.9	16.4	9.8	2.0	4.9	0.9	3
2010 - 11	HTFFZ22	0～20	1.4	0.5	61.9	10.7	7.9	3.0	9.1	1.2	3

(续)

年-月	样地代码	观测层次/cm	有效磷（P）/(mg/kg) 平均值	标准差	速效钾（K）/(mg/kg) 平均值	标准差	硝态氮（NO$_3^-$-N）/(mg/kg) 平均值	标准差	铵态氮（NH$_4^+$-N）/(mg/kg) 平均值	标准差	重复数
2015-04	HTFFZ22	0～20	1.2	0.4	64.7	12.5	8.4	1.2	8.4	2.2	3
2015-06	HTFFZ22	0～20	0.4	0.2	59.8	13.7	3.7	1.1	4.2	0.9	3
2015-09	HTFFZ22	0～20	0.7	0.0	80.9	9.1	10.7	3.0	12.4	3.4	3
2015-11	HTFFZ22	0～20	0.7	0.0	70.7	8.1	3.8	1.4	10.6	2.7	3

表 3-65 会同杉楠混交林 23 号辅助观测场土壤养分 1

年-月	样地代码	观测层次/cm	有机质/(g/kg) 平均值	标准差	全氮（N）/(g/kg) 平均值	标准差	全磷（P）/(g/kg) 平均值	标准差	全钾（K）/(g/kg) 平均值	标准差	缓效钾（K）/(mg/kg) 平均值	标准差	水溶液 pH 平均值	标准差	重复数
2008-09	HTFFZ23	0～20	32.3	2.5	1.77	0.15	—						4.35	0.09	6
2010-11	HTFFZ23	0～20	35.6	3.1	1.80	0.02					108	18	4.61	0.05	3
2015-11	HTFFZ23	0～20	34.3	2.2	1.68	0.02					107	16	4.39	0.14	3
2010-11	HTFFZ23	0～10	39.3	3.9	2.00	0.16	0.262	0.015	15.1	2.7					3
2010-11	HTFFZ23	10～20	26.8	0.5	1.56	0.02	0.235	0.017	16.1	2.4					3
2010-11	HTFFZ23	20～40	16.4	0.4	1.15	0.05	0.200	0.007	16.3	2.1					3
2010-11	HTFFZ23	40～60	13.0	6.1	1.03	0.13	0.217	0.012	17.4	3.1					3
2010-11	HTFFZ23	60～80	11.2	6.6	1.16	0.16	0.222	0.015	17.4	3.7					3
2015-11	HTFFZ23	0～10	31.1	—	1.57		0.152		20.7						1
2015-11	HTFFZ23	10～20	23.7	—	1.30		0.185		22.1						1
2015-11	HTFFZ23	20～40	15.7	—	1.07		0.201		23.0						1
2015-11	HTFFZ23	40～60	13.4	—	1.00		0.143		24.3						1
2015-11	HTFFZ23	60～80	6.7	—	0.85		0.246		25.6						1

表 3-66 会同杉楠混交林 23 号辅助观测场土壤养分 2

年-月	样地代码	观测层次/cm	有效磷（P）/(mg/kg) 平均值	标准差	速效钾（K）/(mg/kg) 平均值	标准差	硝态氮（NO$_3^-$-N）/(mg/kg) 平均值	标准差	铵态氮（NH$_4^+$-N）/(mg/kg) 平均值	标准差	重复数
2008-09	HTFFZ23	0～20	1.5	0.1	52.4	12.4	—	—	—	—	6
2010-02	HTFFZ23	0～20	0.8	0.2	61.3	9.2	6.8	2.4	6.7	0.8	6
2010-05	HTFFZ23	0～20	1.9	0.4	85.6	8.0	13.2	0.9	13.0	1.2	3
2010-08	HTFFZ23	0～20	2.0	0.3	82.5	6.9	14.1	2.3	5.9	0.8	3
2010-11	HTFFZ23	0～20	1.7	0.2	69.6	10.2	8.9	0.9	5.1	1.8	3
2015-04	HTFFZ23	0～20	1.3	0.4	72.9	14.5	7.2	0.7	8.5	1.1	3
2015-06	HTFFZ23	0～20	1.4	0.9	45.0	6.8	6.7	1.4	5.0	0.5	3
2015-09	HTFFZ23	0～20	1.0	0.1	63.7	2.5	15.9	1.6	11.3	2.4	3
2015-11	HTFFZ23	0～20	0.7	0.1	59.1	19.8	12.2	1.6	4.3	1.8	3

表 3 - 67　会同火力楠纯林 24 号辅助观测场土壤养分 1

年-月	样地代码	观测层次/cm	有机质/(g/kg)		全氮（N）/(g/kg)		全磷（P）/(g/kg)		全钾（K）/(g/kg)		缓效钾（K）/(mg/kg)		水溶液 pH		重复数
			平均值	标准差	平均值	标准差	平均值	标准差	平均值	标准差	平均值	标准差	平均值	标准差	
2008 - 09	HTFFZ24	0～20	33.7	5.5	1.81	0.22	—	—	—	—	—	—	4.18	0.13	6
2010 - 11	HTFFZ24	0～20	36.6	4.1	1.71	0.06	—	—	—	—	71	7	4.52	0.11	3
2015 - 11	HTFFZ24	0～20	35.5	3.9	1.70	0.16	—	—	—	—	80	7	4.38	0.04	3
2010 - 11	HTFFZ24	0～10	42.7	5.8	1.96	0.26	0.231	0.043	15.6	1.4					3
2010 - 11	HTFFZ24	10～20	18.7	2.3	1.19	0.18	0.201	0.032	16.7	2.0					3
2010 - 11	HTFFZ24	20～40	10.5	3.9	0.93	0.14	0.200	0.024	17.4	3.0					3
2010 - 11	HTFFZ24	40～60	6.1	0.9	0.81	0.04	0.210	0.019	19.1	3.3					3
2010 - 11	HTFFZ24	60～80	4.3	0.7	0.77	0.03	0.203	0.006	20.0	1.4					3
2015 - 11	HTFFZ24	0～10	45.4	—	2.00	—	0.119		18.5						1
2015 - 11	HTFFZ24	10～20	22.1		1.14		0.110		21.4						1
2015 - 11	HTFFZ24	20～40	10.5		0.84		0.192		22.7						1
2015 - 11	HTFFZ24	40～60	3.9		0.66		0.192		24.1						1
2015 - 11	HTFFZ24	60～80	2.6		0.65		0.193		23.5						1

表 3 - 68　会同火力楠纯林 24 号辅助观测场土壤养分 2

年-月	样地代码	观测层次/cm	有效磷（P）/(mg/kg)		速效钾（K）/(mg/kg)		硝态氮（NO$_3^-$ - N）/(mg/kg)		铵态氮（NH$_4^+$ - N）/(mg/kg)		重复数
			平均值	标准差	平均值	标准差	平均值	标准差	平均值	标准差	
2008 - 09	HTFFZ24	0～20	1.4	0.3	45.4	8.6	—	—	—	—	6
2010 - 02	HTFFZ24	0～20	1.1	0.1	49.2	9.1	4.9	0.7	6.7	1.4	6
2010 - 05	HTFFZ24	0～20	1.8	0.3	72.8	16.4	6.9	1.6	13.1	1.4	3
2010 - 08	HTFFZ24	0～20	0.8	0.0	46.0	3.0	6.7	0.4	4.4	1.0	3
2010 - 11	HTFFZ24	0～20	1.3	0.4	39.4	1.7	4.3	0.3	8.7	3.6	3
2015 - 04	HTFFZ24	0～20	1.9	0.5	51.6	13.3	6.6	1.6	22.8	1.7	3
2015 - 06	HTFFZ24	0～20	2.2	0.8	34.1	7.4	4.2	0.3	8.0	1.6	3
2015 - 09	HTFFZ24	0～20	0.5	0.0	41.2	3.1	6.7	1.5	18.1	3.1	3
2015 - 11	HTFFZ24	0～20	0.7	0.1	52.9	12.9	6.1	1.0	7.6	2.4	3

表 3 - 69　会同杉木人工林 25 号辅助观测场土壤养分 1

年-月	样地代码	观测层次/cm	有机质/(g/kg)		全氮（N）/(g/kg)		全磷（P）/(g/kg)		全钾（K）/(g/kg)		缓效钾（K）/(mg/kg)		水溶液 pH		重复数
			平均值	标准差	平均值	标准差	平均值	标准差	平均值	标准差	平均值	标准差	平均值	标准差	
2008 - 09	HTFFZ25	0～20	27.0	4.5	1.69	0.17	—	—	—	—	—	—	4.41	0.14	6
2010 - 11	HTFFZ25	0～20	35.3	1.3	1.89	0.10	—	—	—	—	89	14	4.72	0.03	3
2015 - 11	HTFFZ25	0～20	28.3	2.0	1.58	0.13	—	—	—	—	98	15	4.42	0.06	3
2010 - 11	HTFFZ25	0～10	38.3	3.0	2.06	0.13	0.226	0.020	17.5	1.1					3

（续）

年-月	样地代码	观测层次/cm	有机质/(g/kg)		全氮（N）/(g/kg)		全磷（P）/(g/kg)		全钾（K）/(g/kg)		缓效钾（K）/(mg/kg)		水溶液 pH		重复数
			平均值	标准差	平均值	标准差	平均值	标准差	平均值	标准差	平均值	标准差	平均值	标准差	
2010 - 11	HTFFZ25	10～20	28.5	6.3	1.55	0.15	0.184	0.008	17.6	0.6	—				3
2010 - 11	HTFFZ25	20～40	13.6	3.7	1.05	0.14	0.169	0.003	18.6	0.8	—				3
2010 - 11	HTFFZ25	40～60	7.1	1.9	0.85	0.05	0.177	0.009	19.5	1.4	—				3
2010 - 11	HTFFZ25	60～80	5.0	0.6	0.80	0.01	0.187	0.013	20.2	1.2	—				3
2015 - 11	HTFFZ25	0～10	57.0	—	2.65		0.230		18.9						1
2015 - 11	HTFFZ25	10～20	17.8	—	1.17		0.136		22.4						1
2015 - 11	HTFFZ25	20～40	12.9	—	0.96		0.182		21.6						1
2015 - 11	HTFFZ25	40～60	7.4	—	0.83		0.173		22.8						1
2015 - 11	HTFFZ25	60～80	5.5	—	0.78		0.169		25.5						1

表 3 - 70　会同杉木人工林 25 号辅助观测场土壤养分 2

年-月	样地代码	观测层次/cm	有效磷（P）/(mg/kg)		速效钾（K）/(mg/kg)		硝态氮（$NO_3^- - N$）/(mg/kg)		铵态氮（$NH_4^+ - N$）/(mg/kg)		重复数
			平均值	标准差	平均值	标准差	平均值	标准差	平均值	标准差	
2008 - 09	HTFFZ25	0～20	1.3	0.1	45.2	7.1	—	—	—	—	6
2010 - 02	HTFFZ25	0～20	0.7	0.2	62.6	12.4	3.3	0.9	7.2	1.4	6
2010 - 05	HTFFZ25	0～20	1.0	0.1	50.4	7.0	3.5	1.2	14.6	0.8	3
2010 - 08	HTFFZ25	0～20	0.9	0.1	49.6	6.8	6.5	4.0	6.5	2.9	3
2010 - 11	HTFFZ25	0～20	1.4	0.2	51.1	5.9	3.6	1.7	8.4	3.3	3
2015 - 04	HTFFZ25	0～20	1.1	0.3	50.2	11.0	7.4	0.5	12.7	2.2	3
2015 - 06	HTFFZ25	0～20	1.6	0.2	30.6	4.0	5.1	1.7	6.3	0.8	3
2015 - 09	HTFFZ25	0～20	0.4	0.1	42.8	1.8	6.4	1.8	18.7	2.1	3
2015 - 11	HTFFZ25	0～20	0.5	0.1	41.0	3.9	3.9	0.8	9.3	0.2	3

表 3 - 71　会同杉木人工林 26 号辅助观测场土壤养分 1

年-月	样地代码	观测层次/cm	有机质/(g/kg)		全氮（N）/(g/kg)		全磷（P）/(g/kg)		全钾（K）/(g/kg)		缓效钾（K）/(mg/kg)		水溶液 pH		重复数
			平均值	标准差	平均值	标准差	平均值	标准差	平均值	标准差	平均值	标准差	平均值	标准差	
2008 - 09	HTFFZ26	0～20	34.4	4.3	1.85	0.27	—	—	—	—	—	—	4.21	0.11	6
2010 - 11	HTFFZ26	0～20	43.0	4.9	1.70	0.21	—	—	—	—	59	8	4.46	0.07	3
2015 - 11	HTFFZ26	0～20	38.4	2.2	1.73	0.17	—	—	—	—	86	13	4.35	0.14	3
2010 - 11	HTFFZ26	0～10	38.6	3.6	1.76	0.13	0.185	0.024	14.4	2.0	—	—	—	—	3
2010 - 11	HTFFZ26	10～20	17.4	5.0	1.07	0.13	0.160	0.013	15.9	2.4	—	—	—	—	3
2010 - 11	HTFFZ26	20～40	7.3	2.9	0.81	0.06	0.180	0.026	19.6	3.7	—	—	—	—	3
2010 - 11	HTFFZ26	40～60	4.3	1.1	0.72	0.02	0.205	0.019	21.5	2.1	—	—	—	—	3
2010 - 11	HTFFZ26	60～80	4.6	1.8	0.73	0.09	0.214	0.015	22.1	3.0	—	—	—	—	3

（续）

年-月	样地代码	观测层次/cm	有机质/(g/kg)		全氮（N）/(g/kg)		全磷（P）/(g/kg)		全钾（K）/(g/kg)		缓效钾（K）/(mg/kg)		水溶液 pH		重复数
			平均值	标准差	平均值	标准差	平均值	标准差	平均值	标准差	平均值	标准差	平均值	标准差	
2015-11	HTFFZ26	0~10	64.9	—	3.00	—	0.272	—	13.4	—					1
2015-11	HTFFZ26	10~20	26.9	—	1.16	—	0.124	—	14.6	—					1
2015-11	HTFFZ26	20~40	12.0	—	0.75	—	0.091	—	15.8	—					1
2015-11	HTFFZ26	40~60	6.6	—	0.65	—	0.140	—	20.5	—					1
2015-11	HTFFZ26	60~80	4.0	—	0.63	—	0.219	—	26.8	—					1

表 3-72　会同杉木人工林 26 号辅助观测场土壤养分 2

年-月	样地代码	观测层次/cm	有效磷（P）/(mg/kg)		速效钾（K）/(mg/kg)		硝态氮（$NO_3^- - N$）/(mg/kg)		铵态氮（$NH_4^+ - N$）/(mg/kg)		重复数
			平均值	标准差	平均值	标准差	平均值	标准差	平均值	标准差	
2008-09	HTFFZ26	0~20	1.5	0.3	37.7	6.6	—	—	—	—	6
2010-02	HTFFZ26	0~20	1.0	0.3	49.2	10.8	4.5	1.2	6.9	1.8	6
2010-05	HTFFZ26	0~20	2.3	0.4	43.4	8.0	6.3	2.0	14.8	4.3	3
2010-08	HTFFZ26	0~20	1.9	0.4	34.0	6.1	7.6	4.3	4.5	0.7	3
2010-11	HTFFZ26	0~20	1.2	0.1	33.2	6.8	3.6	1.1	5.2	2.4	3
2015-04	HTFFZ26	0~20	1.1	0.4	31.8	1.8	6.1	1.6	14.1	3.0	3
2015-06	HTFFZ26	0~20	0.8	0.5	23.6	3.0	1.9	0.6	6.4	1.6	3
2015-09	HTFFZ26	0~20	0.5	0.0	27.6	5.4	4.2	1.1	11.3	1.3	3
2015-11	HTFFZ26	0~20	0.6	0.1	36.4	7.9	3.7	1.2	4.7	1.1	3

表 3-73　会同马尾松纯林 27 号辅助观测场土壤养分 1

年-月	样地代码	观测层次/cm	有机质/(g/kg)		全氮（N）/(g/kg)		全磷（P）/(g/kg)		全钾（K）/(g/kg)		缓效钾（K）/(mg/kg)		水溶液 pH		重复数
			平均值	标准差	平均值	标准差	平均值	标准差	平均值	标准差	平均值	标准差	平均值	标准差	
2008-09	HTFFZ27	0~20	27.1	3.4	1.57	0.10	—		—		—		4.23	0.08	6
2010-11	HTFFZ27	0~20	33.3	4.3	1.55	0.09	—		—		91	18	4.57	0.09	3
2015-11	HTFFZ27	0~20	29.0	2.4	1.46	0.09	—		—		91	2	4.37	0.07	3
2010-11	HTFFZ27	0~10	41.6	6.7	1.85	0.20	0.272	0.021	16.7	1.0	—		—		3
2010-11	HTFFZ27	10~20	19.8	4.7	1.19	0.15	0.221	0.023	18.7	1.9	—		—		3
2010-11	HTFFZ27	20~40	8.7	0.5	0.83	0.04	0.222	0.028	20.4	2.6	—		—		3
2010-11	HTFFZ27	40~60	5.8	0.9	0.78	0.04	0.231	0.028	21.5	2.4	—		—		3
2010-11	HTFFZ27	60~80	4.4	1.1	0.74	0.06	0.222	0.023	23.0	2.2	—		—		3
2015-11	HTFFZ27	0~10	41.4	—	1.81	—	0.223	—	17.8	—					1
2015-11	HTFFZ27	10~20	16.9	—	1.01	—	0.141	—	20.3	—					1
2015-11	HTFFZ27	20~40	13.8	—	0.89	—	0.117	—	18.0	—					1
2015-11	HTFFZ27	40~60	14.5	—	0.99	—	0.199	—	21.1	—					1
2015-11	HTFFZ27	60~80	9.4	—	0.81	—	0.199	—	24.5	—					1

表 3 - 74　会同马尾松纯林 27 号辅助观测场土壤养分 2

年-月	样地代码	观测层次/cm	有效磷（P）/（mg/kg）		速效钾（K）/（mg/kg）		硝态氮（NO₃⁻-N）/（mg/kg）		铵态氮（NH₄⁺-N）/（mg/kg）		重复数
			平均值	标准差	平均值	标准差	平均值	标准差	平均值	标准差	
2008-09	HTFFZ27	0～20	1.4	0.1	52.8	8.1	—	—	—	—	6
2010-02	HTFFZ27	0～20	0.7	0.2	66.7	9.9	3.8	1.6	7.5	1.9	6
2010-05	HTFFZ27	0～20	2.0	0.6	58.6	5.2	5.1	2.5	16.7	2.5	3
2010-08	HTFFZ27	0～20	1.1	0.2	51.1	3.2	5.1	2.3	9.9	2.5	3
2010-11	HTFFZ27	0～20	1.2	0.1	51.1	4.1	3.5	2.2	7.3	3.7	3
2015-04	HTFFZ27	0～20	0.6	0.2	45.4	4.7	9.7	1.8	15.8	1.0	3
2015-06	HTFFZ27	0～20	1.2	0.3	37.0	3.0	3.3	1.2	8.8	0.8	3
2015-09	HTFFZ27	0～20	0.8	0.6	42.7	7.3	7.3	1.4	11.9	1.0	3
2015-11	HTFFZ27	0～20	0.4	0.1	50.7	6.9	3.1	1.4	6.6	1.6	3

表 3 - 75　会同荷木人工林 28 号辅助观测场土壤养分 1

年-月	样地代码	观测层次/cm	有机质/（g/kg）		全氮（N）/（g/kg）		全磷（P）/（g/kg）		全钾（K）/（g/kg）		缓效钾（K）/（mg/kg）		水溶液 pH		重复数
			平均值	标准差	平均值	标准差	平均值	标准差	平均值	标准差	平均值	标准差	平均值	标准差	
2008-09	HTFFZ28	0～20	38.6	6.9	1.92	0.25	—	—	—	—			4.33	0.15	6
2010-11	HTFFZ28	0～20	37.2	0.4	1.76	0.16	—	—	—	—	85	30	4.48	0.15	3
2015-11	HTFFZ28	0～20	36.0	1.3	1.71	0.13	—	—	—	—	88	10	4.65	0.09	3
2010-11	HTFFZ28	0～10	44.3	2.9	2.02	0.10	0.257	0.011	14.3	2.0					3
2010-11	HTFFZ28	10～20	21.2	2.0	1.22	0.14	0.232	0.007	15.4	2.6					3
2010-11	HTFFZ28	20～40	10.1	3.5	0.80	0.17	0.187	0.084	15.9	2.6					3
2010-11	HTFFZ28	40～60	7.2	3.5	0.77	0.22	0.186	0.081	16.5	1.7					3
2010-11	HTFFZ28	60～80	4.4	2.1	0.70	0.09	0.188	0.079	20.2	3.5					3
2015-11	HTFFZ28	0～10	64.3	—	2.78	—	0.274		20.9						1
2015-11	HTFFZ28	10～20	24.5	—	1.41	—	0.242		20.3						1
2015-11	HTFFZ28	20～40	9.3	—	0.82	—	0.254		23.1						1
2015-11	HTFFZ28	40～60	8.1	—	0.78	—	0.240		23.1						1
2015-11	HTFFZ28	60～80	6.4	—	0.77	—	0.227		23.6						1

表 3 - 76　会同荷木人工林 28 号辅助观测场土壤养分 2

年-月	样地代码	观测层次/cm	有效磷（P）/（mg/kg）		速效钾（K）/（mg/kg）		硝态氮（NO₃⁻-N）/（mg/kg）		铵态氮（NH₄⁺-N）/（mg/kg）		重复数
			平均值	标准差	平均值	标准差	平均值	标准差	平均值	标准差	
2008-09	HTFFZ28	0～20	1.6	0.2	69.0	16.1	—	—	—	—	6
2010-02	HTFFZ28	0～20	1.0	0.1	71.2	14.1	3.1	1.0	5.2	1.2	6
2010-05	HTFFZ28	0～20	1.6	0.3	63.5	11.6	3.3	0.4	12.0	1.1	3
2010-08	HTFFZ28	0～20	1.3	0.2	55.6	7.0	3.6	1.0	3.6	1.6	3

（续）

年-月	样地代码	观测层次/cm	有效磷（P）/(mg/kg)		速效钾（K）/(mg/kg)		硝态氮（$NO_3^- - N$）/(mg/kg)		铵态氮（$NH_4^+ - N$）/(mg/kg)		重复数
			平均值	标准差	平均值	标准差	平均值	标准差	平均值	标准差	
2010-11	HTFFZ28	0~20	1.5	0.3	50.4	2.9	2.8	0.6	7.2	1.1	3
2015-04	HTFFZ28	0~20	1.1	0.1	42.5	6.9	6.1	0.8	16.6	1.9	3
2015-06	HTFFZ28	0~20	1.5	0.2	43.2	7.0	1.4	0.1	6.0	1.4	3
2015-09	HTFFZ28	0~20	0.6	0.1	39.5	3.6	3.5	0.6	10.5	1.7	3
2015-11	HTFFZ28	0~20	0.5	0.1	41.8	1.7	1.4	0.0	2.9	1.0	3

表 3-77　会同马尾松纯林 29 号辅助观测场土壤养分 1

年-月	样地代码	观测层次/cm	有机质/(g/kg)		全氮（N）/(g/kg)		全磷（P）/(g/kg)		全钾（K）/(g/kg)		缓效钾（K）/(mg/kg)		水溶液 pH		重复数
			平均值	标准差	平均值	标准差	平均值	标准差	平均值	标准差	平均值	标准差	平均值	标准差	
2008-09	HTFFZ29	0~20	33.6	3.4	1.62	0.12	—	—	—	—	—	—	4.21	0.15	6
2010-11	HTFFZ29	0~20	36.6	3.8	1.64	0.19	—	—	—	—	97	52	4.44	0.03	3
2015-11	HTFFZ29	0~20	32.1	4.9	1.51	0.17	—	—	—	—	83	11	4.33	0.04	3
2010-11	HTFFZ29	0~10	41.6	7.5	1.74	0.15	0.212	0.016	16.2	2.1	—	—			3
2010-11	HTFFZ29	10~20	27.0	6.2	1.39	0.18	0.186	0.019	17.4	1.9	—	—			3
2010-11	HTFFZ29	20~40	14.3	6.0	0.99	0.18	0.185	0.034	18.3	2.1	—	—			3
2010-11	HTFFZ29	40~60	8.7	3.9	0.84	0.12	0.181	0.030	20.0	1.9	—	—			3
2010-11	HTFFZ29	60~80	5.7	2.6	0.80	0.12	0.225	0.034	20.7	0.6	—	—			3
2015-11	HTFFZ29	0~10	66.2	—	2.40	—	0.246	—	17.0	—					1
2015-11	HTFFZ29	10~20	19.5	—	1.14	—	0.150	—	18.9	—					1
2015-11	HTFFZ29	20~40	15.6	—	0.98	—	0.188	—	19.7	—					1
2015-11	HTFFZ29	40~60	9.0	—	0.83	—	0.182	—	20.5	—					1
2015-11	HTFFZ29	60~80	7.2	—	0.80	—	0.175	—	20.2	—					1

表 3-78　会同马尾杉纯林 29 号辅助观测场土壤养分 2

年-月	样地代码	观测层次/cm	有效磷（P）/(mg/kg)		速效钾（K）/(mg/kg)		硝态氮（$NO_3^- - N$）/(mg/kg)		铵态氮（$NH_4^+ - N$）/(mg/kg)		重复数
			平均值	标准差	平均值	标准差	平均值	标准差	平均值	标准差	
2008-09	HTFFZ29	0~20	1.5	0.2	40.0	2.0	—	—	—	—	6
2010-02	HTFFZ29	0~20	0.9	0.2	45.3	8.1	5.6	1.7	8.2	1.8	6
2010-05	HTFFZ29	0~20	1.7	0.2	42.4	7.5	4.4	2.3	15.3	0.8	3
2010-08	HTFFZ29	0~20	1.3	0.1	41.2	5.2	7.8	5.4	7.0	0.7	3
2010-11	HTFFZ29	0~20	0.8	0.1	41.7	6.9	6.3	1.4	7.8	2.0	3
2015-04	HTFFZ29	0~20	1.8	0.5	52.5	11.1	5.5	1.1	14.1	1.4	3
2015-06	HTFFZ29	0~20	1.6	0.5	24.1	4.4	1.6	0.1	8.6	1.1	3
2015-09	HTFFZ29	0~20	1.3	0.3	29.0	1.9	9.2	1.6	17.1	1.0	3
2015-11	HTFFZ29	0~20	0.7	0.2	35.6	14.3	1.9	0.7	6.8	1.3	3

表 3-79 会同马荷混交林 30 号辅助观测场土壤养分 1

年-月	样地代码	观测层次/cm	有机质/(g/kg)		全氮（N）/(g/kg)		全磷（P）/(g/kg)		全钾（K）/(g/kg)		缓效钾（K）/(mg/kg)		水溶液 pH		重复数
			平均值	标准差	平均值	标准差	平均值	标准差	平均值	标准差	平均值	标准差	平均值	标准差	
2008-09	HTFFZ30	0～20	28.2	4.0	1.36	0.08	—	—	—	—	—	—	4.02	0.09	6
2010-11	HTFFZ30	0～20	30.8	4.1	1.24	0.08	—	—	—	—	70	12	4.44	0.06	3
2015-11	HTFFZ30	0～20	33.0	4.5	1.34	0.08	—	—	—	—	65	7	4.38	0.04	3
2010-11	HTFFZ30	0～10	38.4	5.3	1.45	0.16	0.197	0.011	14.1	1.4	—	—	—		3
2010-11	HTFFZ30	10～20	18.1	8.7	0.92	0.18	0.155	0.022	14.8	2.0	—	—	—		3
2010-11	HTFFZ30	20～40	6.7	0.6	0.66	0.05	0.132	0.017	15.7	2.6	—	—	—		3
2010-11	HTFFZ30	40～60	5.6	1.6	0.65	0.07	0.148	0.025	17.9	3.0	—	—	—		3
2010-11	HTFFZ30	60～80	3.6	0.8	0.64	0.09	0.169	0.049	19.7	3.9	—	—	—		3
2015-11	HTFFZ30	0～10	46.3	—	1.68		0.183		13.0		—		—		1
2015-11	HTFFZ30	10～20	17.9	—	0.94		0.139		17.2		—		—		1
2015-11	HTFFZ30	20～40	13.2	—	0.81		0.122		16.2		—		—		1
2015-11	HTFFZ30	40～60	4.6	—	0.55		0.085		16.6		—		—		1
2015-11	HTFFZ30	60～80	4.0	—	0.53		0.108		17.1		—		—		1

表 3-80 会同马荷混交林 30 号辅助观测场土壤养分 2

年-月	样地代码	观测层次/cm	有效磷（P）/(mg/kg)		速效钾（K）/(mg/kg)		硝态氮（$NO_3^- - N$）/(mg/kg)		铵态氮（$NH_4^+ - N$）/(mg/kg)		重复数
			平均值	标准差	平均值	标准差	平均值	标准差	平均值	标准差	
2008-09	HTFFZ30	0～20	1.4	0.3	39.1	4.4	—	—	—	—	6
2010-02	HTFFZ30	0～20	0.9	0.3	50.0	6.4	4.0	0.8	6.2	2.4	6
2010-05	HTFFZ30	0～20	1.4	0.4	39.9	10.6	3.3	0.4	12.3	0.6	3
2010-08	HTFFZ30	0～20	1.2	0.1	34.3	1.5	4.2	0.3	5.2	0.5	3
2010-11	HTFFZ30	0～20	1.2	0.4	33.9	2.0	2.6	0.2	5.3	1.0	3
2015-04	HTFFZ30	0～20	2.0	0.8	33.9	3.9	6.0	0.7	14.7	0.9	3
2015-06	HTFFZ30	0～20	0.4	0.2	27.3	2.3	1.4	0.1	3.1	1.0	3
2015-09	HTFFZ30	0～20	1.2	0.2	34.6	2.9	1.9	0.5	9.7	1.8	3
2015-11	HTFFZ30	0～20	0.4	0.1	40.3	6.1	1.1	0.1	3.8	0.8	3

表 3-81 会同湿地松纯林 31 号辅助观测场土壤养分 1

年-月	样地代码	观测层次/cm	有机质/(g/kg)		全氮（N）/(g/kg)		全磷（P）/(g/kg)		全钾（K）/(g/kg)		缓效钾（K）/(mg/kg)		水溶液 pH		重复数
			平均值	标准差	平均值	标准差	平均值	标准差	平均值	标准差	平均值	标准差	平均值	标准差	
2008-09	HTFFZ31	0～20	32.6	3.7	1.70	0.09	—	—	—	—	—	—	4.38	0.09	6
2010-11	HTFFZ31	0～20	30.5	3.0	1.49	0.11	—	—	—	—	92	17	4.73	0.16	3
2015-11	HTFFZ31	0～20	30.6	1.2	1.65	0.03	—	—	—	—	111	16	4.73	0.09	3
2010-11	HTFFZ31	0～10	39.4	5.8	1.79	0.13	0.225	0.033	13.7	1.2	—	—	—		3
2010-11	HTFFZ31	10～20	21.5	4.3	1.22	0.08	0.205	0.060	14.2	1.4	—	—	—		3
2010-11	HTFFZ31	20～40	9.5	4.5	0.77	0.09	0.127	0.003	14.6	1.9	—	—	—		3

（续）

年-月	样地代码	观测层次/cm	有机质/(g/kg)		全氮（N）/(g/kg)		全磷（P）/(g/kg)		全钾（K）/(g/kg)		缓效钾（K）/(mg/kg)		水溶液 pH		重复数
			平均值	标准差	平均值	标准差	平均值	标准差	平均值	标准差	平均值	标准差	平均值	标准差	
2010-11	HTFFZ31	40~60	6.0	1.7	0.66	0.07	0.115	0.019	15.2	3.3	—		—		3
2010-11	HTFFZ31	60~80	5.7	3.2	0.69	0.15	0.119	0.024	15.3	2.4	—		—		3
2015-11	HTFFZ31	0~10	49.4	—	2.63	—	0.351		20.8		—		—		1
2015-11	HTFFZ31	10~20	27.5	—	1.58		0.257		21.6		—		—		1
2015-11	HTFFZ31	20~40	9.5		0.84		0.142		17.4		—		—		1
2015-11	HTFFZ31	40~60	4.4		0.60		0.110		17.4		—		—		1
2015-11	HTFFZ31	60~80	4.0	—	0.60		0.109		18.0		—		—		1

表 3-82　会同湿地松纯林 31 号辅助观测场土壤养分 2

年-月	样地代码	观测层次/cm	有效磷（P）/(mg/kg)		速效钾（K）/(mg/kg)		硝态氮（$NO_3^- - N$）/(mg/kg)		铵态氮（$NH_4^+ - N$）/(mg/kg)		重复数
			平均值	标准差	平均值	标准差	平均值	标准差	平均值	标准差	
2008-09	HTFFZ31	0~20	1.9	0.4	60.9	16.3	—	—	—	—	6
2010-02	HTFFZ31	0~20	0.8	0.3	52.2	20.3	3.4	1.4	5.8	1.6	6
2010-05	HTFFZ31	0~20	2.6	0.3	52.1	13.4	4.1	3.4	13.5	2.9	3
2010-08	HTFFZ31	0~20	1.4	0.1	57.7	10.1	6.2	7.2	3.1	1.4	3
2010-11	HTFFZ31	0~20	1.4	0.5	55.5	9.3	3.6	1.6	5.4	0.7	3
2015-04	HTFFZ31	0~20	1.6	0.7	53.7	11.0	7.0	1.9	12.3	4.0	3
2015-06	HTFFZ31	0~20	1.6	0.3	39.8	5.7	3.2	0.5	8.7	2.1	3
2015-09	HTFFZ31	0~20	1.1	0.8	43.3	3.9	4.3	0.6	15.0	1.6	3
2015-11	HTFFZ31	0~20	0.5	0.2	43.3	8.0	1.9	0.3	6.0	1.5	3

表 3-83　会同杉木人工林 32 号辅助观测场土壤养分 1

年-月	样地代码	观测层次/cm	有机质/(g/kg)		全氮（N）/(g/kg)		全磷（P）/(g/kg)		全钾（K）/(g/kg)		缓效钾（K）/(mg/kg)		水溶液 pH		重复数
			平均值	标准差	平均值	标准差	平均值	标准差	平均值	标准差	平均值	标准差	平均值	标准差	
2008-09	HTFFZ32	0~20	30.6	2.9	1.68	0.12	—		—		—		4.35	0.19	6
2010-11	HTFFZ32	0~20	32.0	0.5	1.67	0.05	—		—		96	12	4.72	0.08	3
2015-11	HTFFZ32	0~20	32.1	3.7	1.52	0.12	—		—		90	4	4.59	0.03	3
2010-11	HTFFZ32	0~10	40.1	3.6	1.99	0.15	0.219	0.012	14.2	3.2	—		—		3
2010-11	HTFFZ32	10~20	19.5	3.2	1.23	0.06	0.167	0.021	14.8	2.8	—		—		3
2010-11	HTFFZ32	20~40	9.8	1.5	0.83	0.10	0.153	0.009	15.4	3.9	—		—		3
2010-11	HTFFZ32	40~60	5.3	1.1	0.70	0.12	0.139	0.045	16.6	4.1	—		—		3
2010-11	HTFFZ32	60~80	4.0	0.6	0.68	0.16	0.153	0.050	16.6	4.1	—		—		3
2015-11	HTFFZ32	0~10	49.4	—	2.13		0.261		14.7		—		—		1
2015-11	HTFFZ32	10~20	12.6	—	0.84		0.154		17.0		—		—		1

（续）

年-月	样地代码	观测层次/cm	有机质/(g/kg)		全氮（N）/(g/kg)		全磷（P）/(g/kg)		全钾（K）/(g/kg)		缓效钾（K）/(mg/kg)		水溶液 pH		重复数
			平均值	标准差	平均值	标准差	平均值	标准差	平均值	标准差	平均值	标准差	平均值	标准差	
2015 - 11	HTFFZ32	20～40	5.5	—	0.71	—	0.148	—	17.1	—					1
2015 - 11	HTFFZ32	40～60	5.3	—	0.70	—	0.166	—	18.8	—					1
2015 - 11	HTFFZ32	60～80	3.6	—	0.66	—	0.138	—	17.5	—					1

表 3 - 84　会同杉木人工林 32 号辅助观测场土壤养分 2

年-月	样地代码	观测层次/cm	有效磷（P）/(mg/kg)		速效钾（K）/(mg/kg)		硝态氮（$NO_3^- - N$）/(mg/kg)		铵态氮（$NH_4^+ - N$）/(mg/kg)		重复数
			平均值	标准差	平均值	标准差	平均值	标准差	平均值	标准差	
2008 - 09	HTFFZ32	0～20	1.4	0.0	48.2	14.4	—	—	—	—	6
2010 - 02	HTFFZ32	0～20	0.5	0.1	63.4	15.4	3.4	0.2	6.4	1.4	6
2010 - 05	HTFFZ32	0～20	1.0	0.1	46.0	13.3	3.8	0.6	15.6	2.7	3
2010 - 08	HTFFZ32	0～20	1.2	0.3	41.1	2.3	3.7	1.0	5.1	2.4	3
2010 - 11	HTFFZ32	0～20	1.0	0.3	41.9	3.7	2.5	0.4	5.1	0.7	3
2015 - 04	HTFFZ32	0～20	1.3	0.8	36.0	3.8	5.8	0.9	14.4	1.5	3
2015 - 06	HTFFZ32	0～20	1.3	0.6	30.4	4.8	2.3	0.1	8.1	2.1	3
2015 - 09	HTFFZ32	0～20	0.6	0.2	33.3	3.9	1.6	0.4	10.7	2.3	3
2015 - 11	HTFFZ32	0～20	0.5	0.1	37.0	5.5	1.8	0.6	7.1	2.0	3

表 3 - 85　会同人工阔叶树混交林 33 号辅助观测场土壤养分 1

年-月	样地代码	观测层次/cm	有机质/(g/kg)		全氮（N）/(g/kg)		全磷（P）/(g/kg)		全钾（K）/(g/kg)		缓效钾（K）/(mg/kg)		水溶液 pH		重复数
			平均值	标准差	平均值	标准差	平均值	标准差	平均值	标准差	平均值	标准差	平均值	标准差	
2008 - 09	HTFFZ33	0～20	30.1	4.9	1.69	0.24	—		—		—		4.27	0.12	6
2010 - 11	HTFFZ33	0～20	27.5	3.1	1.58	0.11					95	24	4.69	0.14	3
2015 - 11	HTFFZ33	0～20	29.3	1.4	1.57	0.09					126	9	4.62	0.22	3
2010 - 11	HTFFZ33	0～10	34.8	5.2	1.85	0.30	0.213	0.042	13.8	4.3	—		—		3
2010 - 11	HTFFZ33	10～20	20.7	2.2	1.32	0.22	0.178	0.038	14.1	4.1	—		—		3
2010 - 11	HTFFZ33	20～40	12.2	1.3	1.02	0.18	0.166	0.055	17.5	4.6	—		—		3
2010 - 11	HTFFZ33	40～60	6.5	2.1	0.81	0.12	0.163	0.050	20.0	4.0	—		—		3
2010 - 11	HTFFZ33	60～80	5.3	1.1	0.78	0.07	0.175	0.063	20.1	2.0	—		—		3
2015 - 11	HTFFZ33	0～10	49.8	—	2.13	—	0.256	—	13.5	—					1
2015 - 11	HTFFZ33	10～20	24.9	—	1.29	—	0.214	—	16.7	—					1
2015 - 11	HTFFZ33	20～40	11.8	—	0.87	—	0.156	—	16.1	—					1
2015 - 11	HTFFZ33	40～60	7.1	—	0.77	—	0.121	—	16.9	—					1
2015 - 11	HTFFZ33	60～80	3.7	—	0.65	—	0.144	—	18.2	—					1

表 3 - 86　会同人工阔叶树混交林 33 号辅助观测场土壤养分 2

年-月	样地代码	观测层次/cm	有效磷（P）/ (mg/kg)		速效钾（K）/ (mg/kg)		硝态氮（NO₃⁻ - N）/ (mg/kg)		铵态氮（NH₄⁺ - N）/ (mg/kg)		重复数
			平均值	标准差	平均值	标准差	平均值	标准差	平均值	标准差	
2008 - 09	HTFFZ33	0～20	2.0	0.5	55.8	11.3	—	—	—	—	6
2010 - 02	HTFFZ33	0～20	0.6	0.1	60.6	8.6	3.8	0.5	6.5	1.4	6
2010 - 05	HTFFZ33	0～20	2.3	0.6	65.9	3.8	8.9	5.9	12.9	1.8	3
2010 - 08	HTFFZ33	0～20	1.2	0.3	58.5	6.6	5.7	2.9	5.6	0.5	3
2010 - 11	HTFFZ33	0～20	1.2	0.3	62.1	8.2	6.7	1.2	7.3	1.6	3
2015 - 04	HTFFZ33	0～20	2.2	1.1	48.7	14.4	5.7	1.0	9.4	2.9	3
2015 - 06	HTFFZ33	0～20	1.3	0.5	44.2	13.3	1.9	0.6	6.3	0.7	3
2015 - 09	HTFFZ33	0～20	0.8	0.3	52.4	14.8	7.1	0.3	9.1	1.1	3
2015 - 11	HTFFZ33	0～20	0.5	0.1	55.3	8.0	2.5	0.5	7.3	0.9	3

表 3 - 87　会同站观测场土壤养分（土壤剖面硝态氮季节动态变化）

年份	样地代码	观测层次/cm	硝态氮（NO₃⁻ - N）/ (mg/kg)										重复数
			4 月		5 月		6 月		7 月		8 月		
			平均值	标准差	平均值	标准差	平均值	标准差	平均值	标准差	平均值	标准差	
2010	HTFFZ17	0～10	11.3	3.6	9.7	1.9	17.6	2.1	15.6	1.9	15.0	1.1	3
2010	HTFFZ17	10～20	10.0	7.0	3.6	0.7	7.6	2.5	8.6	3.0	6.4	1.7	3
2010	HTFFZ17	20～40	3.8	2.0	2.5	0.5	4.4	1.5	4.6	0.6	3.5	0.6	3
2010	HTFFZ17	40～60	1.8	0.4	2.2	0.5	2.5	0.1	3.0	0.5	2.4	0.2	3
2010	HTFFZ17	60～80	1.9	0.5	1.5	0.5	1.7	0.7	2.6	0.2	1.7	0.2	3
2010	HTFFZ18	0～10	6.2	5.2	11.9	10.8	10.3	9.8	10.7	8.4	9.7	5.7	3
2010	HTFFZ18	10～20	4.4	3.1	5.1	2.7	4.3	2.1	6.1	3.0	5.4	1.6	3
2010	HTFFZ18	20～40	2.0	0.3	2.9	0.4	3.4	0.8	3.7	1.2	2.3	0.8	3
2010	HTFFZ18	40～60	1.2	0.2	1.8	0.3	1.8	0.6	2.0	0.7	1.2	0.2	3
2010	HTFFZ18	60～80	1.1	0.4	1.4	0.1	1.0	0.2	1.8	0.1	1.1	0.2	3
2010	HTFFZ19	0～10	6.6	5.5	5.7	0.5	6.6	2.0	8.2	4.5	5.0	1.0	3
2010	HTFFZ19	10～20	4.1	2.9	3.7	0.8	3.4	1.4	4.9	1.4	3.6	0.8	3
2010	HTFFZ19	20～40	3.8	2.1	3.0	0.8	3.3	1.0	3.5	1.1	2.7	1.0	3
2010	HTFFZ19	40～60	2.8	3.0	1.7	0.3	0.9	0.6	2.4	0.9	1.5	0.5	3
2010	HTFFZ19	60～80	3.3	2.9	1.2	0.1	1.2	0.2	2.0	0.2	1.0	0.2	3
2010	HTFFZ20	0～10	8.2	2.9	14.6	4.5	13.5	2.0	14.9	0.8	10.6	3.6	3
2010	HTFFZ20	10～20	5.6	1.2	7.9	2.0	6.2	1.0	8.3	3.4	3.8	0.7	3
2010	HTFFZ20	20～40	5.8	1.9	7.2	1.4	8.9	3.2	6.3	1.2	4.2	0.9	3
2010	HTFFZ20	40～60	6.1	2.2	9.8	8.1	11.7	9.9	7.4	4.7	5.0	1.4	3
2010	HTFFZ20	60～80	5.1	1.4	11.7	12.3	11.1	12.4	6.6	3.9	4.4	1.6	3

（续）

| 年份 | 样地代码 | 观测层次/cm | 硝态氮（NO$_3^-$ - N）/（mg/kg） | | | | | | | | | | 重复数 |
| | | | 4 月 | | 5 月 | | 6 月 | | 7 月 | | 8 月 | | |
			平均值	标准差	平均值	标准差	平均值	标准差	平均值	标准差	平均值	标准差	
2010	HTFFZ21	0～10	5.0	0.3	9.7	8.0	8.2	4.2	11.7	8.1	12.8	10.9	3
2010	HTFFZ21	10～20	3.9	2.6	5.5	2.4	5.8	2.9	7.0	4.2	6.9	4.4	3
2010	HTFFZ21	20～40	2.8	2.4	5.3	2.6	4.8	2.6	5.3	3.2	4.1	2.9	3
2010	HTFFZ21	40～60	2.0	1.6	3.5	2.0	3.2	3.1	4.1	2.7	2.7	1.5	3
2010	HTFFZ21	60～80	0.8	0.5	2.0	0.8	2.4	2.2	3.6	2.4	2.0	1.1	3
2010	HTFFZ22	0～10	10.5	1.1	15.9	1.1	11.1	2.1	16.6	4.9	11.4	2.8	3
2010	HTFFZ22	10～20	5.9	2.0	7.5	2.8	8.0	1.8	10.1	1.2	8.3	1.8	3
2010	HTFFZ22	20～40	3.6	1.5	5.7	3.9	6.8	1.6	8.1	1.3	7.6	2.9	3
2010	HTFFZ22	40～60	2.8	2.1	5.4	5.5	4.7	1.9	5.7	2.3	5.3	2.9	3
2010	HTFFZ22	60～80	3.4	3.9	4.8	5.2	3.7	1.7	4.7	2.4	4.1	2.3	3
2010	HTFFZ23	0～10	11.6	2.3	17.7	2.1	15.9	4.4	23.2	0.7	18.1	2.5	3
2010	HTFFZ23	10～20	6.5	0.7	8.8	0.4	9.6	2.2	11.3	2.7	10.2	2.9	3
2010	HTFFZ23	20～40	3.3	1.1	5.0	1.3	4.9	0.8	5.9	1.6	5.0	1.3	3
2010	HTFFZ23	40～60	2.0	0.4	3.6	1.5	3.7	0.8	3.7	0.4	3.2	1.3	3
2010	HTFFZ23	60～80	2.2	0.2	2.6	0.4	2.9	0.7	2.9	0.1	2.5	0.2	3
2010	HTFFZ24	0～10	6.5	1.4	9.4	2.1	9.2	1.8	11.2	2.4	8.9	1.3	3
2010	HTFFZ24	10～20	4.8	2.7	4.4	1.2	3.6	0.9	6.4	1.8	4.5	0.9	3
2010	HTFFZ24	20～40	4.2	2.4	3.0	1.1	2.4	1.0	3.8	0.7	2.3	0.7	3
2010	HTFFZ24	40～60	2.8	2.2	2.0	0.1	1.7	0.4	2.3	1.5	1.5	0.3	3
2010	HTFFZ24	60～80	2.0	0.9	1.5	0.1	1.4	0.3	1.8	0.1	0.9	0.2	3
2010	HTFFZ25	0～10	4.8	2.7	4.8	2.5	5.6	2.0	10.3	8.1	10.3	7.9	3
2010	HTFFZ25	10～20	2.9	0.2	2.1	0.5	2.5	0.3	3.6	0.5	2.8	0.5	3
2010	HTFFZ25	20～40	1.8	0.5	1.6	0.4	1.8	0.2	2.4	0.3	2.2	0.6	3
2010	HTFFZ25	40～60	1.1	0.2	1.2	0.5	1.1	0.2	0.9	0.2	1.0	0.2	3
2010	HTFFZ25	60～80	0.9	0.2	1.1	0.3	0.9	0.2	0.7	0.1	1.0	0.5	3
2010	HTFFZ26	0～10	5.7	0.4	7.8	2.7	8.9	3.0	11.5	4.2	10.6	7.0	3
2010	HTFFZ26	10～20	3.2	0.6	4.8	1.5	4.4	1.4	5.8	3.1	4.5	1.6	3
2010	HTFFZ26	20～40	1.6	0.2	3.0	1.1	2.6	0.7	3.2	0.9	2.2	0.6	3
2010	HTFFZ26	40～60	1.3	0.2	1.9	0.6	1.8	0.7	2.4	1.5	1.4	0.4	3
2010	HTFFZ26	60～80	0.8	0.1	1.3	0.3	1.7	0.7	1.0	0.7	1.3	0.8	3
2010	HTFFZ27	0～10	5.8	4.0	6.1	3.1	6.0	3.3	9.2	7.9	6.7	3.1	3

（续）

| 年份 | 样地代码 | 观测层次/cm | 硝态氮（NO₃⁻-N）/（mg/kg） | | | | | | | | | | 重复数 |
| | | | 4 月 | | 5 月 | | 6 月 | | 7 月 | | 8 月 | | |
			平均值	标准差	平均值	标准差	平均值	标准差	平均值	标准差	平均值	标准差	
2010	HTFFZ27	10～20	3.4	2.9	4.1	2.1	2.4	0.5	4.8	2.7	3.5	1.6	3
2010	HTFFZ27	20～40	1.2	0.3	3.1	1.9	1.8	0.4	2.0	0.8	1.6	0.5	3
2010	HTFFZ27	40～60	1.2	0.0	1.3	0.4	1.1	0.2	1.6	0.4	0.9	0.2	3
2010	HTFFZ27	60～80	1.0	0.2	1.1	0.3	0.7	0.2	1.0	0.2	1.0	0.2	3
2010	HTFFZ28	0～10	4.0	0.7	4.2	0.7	5.5	0.6	6.5	1.5	4.8	1.2	3
2010	HTFFZ28	10～20	2.7	0.7	2.4	0.5	3.2	1.2	3.2	1.0	2.4	0.8	3
2010	HTFFZ28	20～40	1.6	0.3	1.7	0.2	2.1	1.1	1.9	0.3	1.7	0.4	3
2010	HTFFZ28	40～60	1.1	0.3	1.1	0.1	1.0	0.3	1.1	0.4	0.7	0.2	3
2010	HTFFZ28	60～80	0.9	0.1	0.8	0.0	0.7	0.1	0.7	0.3	0.8	0.2	3
2010	HTFFZ29	0～10	6.3	3.2	5.5	3.4	7.1	1.9	11.2	4.9	10.2	7.4	3
2010	HTFFZ29	10～20	3.6	1.8	3.3	1.4	3.3	1.5	5.6	1.7	5.4	3.3	3
2010	HTFFZ29	20～40	2.4	1.1	2.2	1.3	2.1	0.8	3.3	1.5	3.8	3.0	3
2010	HTFFZ29	40～60	1.9	0.7	1.7	0.4	1.9	0.8	2.0	1.0	2.0	1.4	3
2010	HTFFZ29	60～80	1.4	0.5	1.8	1.2	1.8	0.7	2.3	1.4	2.3	1.0	3
2010	HTFFZ30	0～10	5.6	1.1	4.1	0.7	5.5	1.1	7.2	0.4	5.5	0.6	3
2010	HTFFZ30	10～20	4.0	0.8	2.5	0.1	3.3	0.4	3.2	0.8	2.9	0.7	3
2010	HTFFZ30	20～40	2.2	0.3	1.5	0.2	2.8	1.6	1.9	0.6	1.6	0.6	3
2010	HTFFZ30	40～60	1.4	0.3	1.0	0.1	1.3	0.1	0.9	0.3	1.0	0.4	3
2010	HTFFZ30	60～80	1.5	1.0	0.8	0.1	1.1	0.1	0.6	0.2	0.8	0.3	3
2010	HTFFZ31	0～10	5.8	5.4	5.3	4.6	6.9	7.1	10.5	11.6	7.2	8.2	3
2010	HTFFZ31	10～20	3.9	3.6	2.9	2.2	4.2	4.9	5.5	5.5	5.1	6.3	3
2010	HTFFZ31	20～40	2.5	2.0	2.1	2.1	3.4	3.7	3.4	4.0	4.0	5.1	3
2010	HTFFZ31	40～60	2.2	1.9	1.6	1.3	1.6	1.4	1.5	1.3	2.4	2.3	3
2010	HTFFZ31	60～80	3.0	3.7	1.8	1.6	1.5	1.2	1.3	1.1	2.0	2.1	3
2010	HTFFZ32	0～10	3.7	0.5	4.7	1.0	4.4	1.4	5.5	1.2	4.6	1.3	3
2010	HTFFZ32	10～20	2.4	0.3	2.9	0.4	2.5	0.8	3.3	0.5	2.7	0.8	3
2010	HTFFZ32	20～40	1.7	0.4	1.7	0.4	1.6	0.6	1.5	0.2	1.3	0.2	3
2010	HTFFZ32	40～60	1.1	0.1	1.2	0.1	1.0	0.2	0.9	0.3	0.9	0.4	3
2010	HTFFZ32	60～80	1.1	0.3	1.3	0.2	0.9	0.2	1.0	0.2	0.6	0.1	3
2010	HTFFZ33	0～10	11.5	3.3	14.0	10.4	12.5	8.0	10.0	7.9	7.8	4.1	3
2010	HTFFZ33	10～20	4.7	1.6	3.8	1.4	3.7	1.7	5.2	2.7	3.5	1.7	3

（续）

年份	样地代码	观测层次/cm	硝态氮（NO$_3^-$-N）/（mg/kg）										重复数
			4月		5月		6月		7月		8月		
			平均值	标准差	平均值	标准差	平均值	标准差	平均值	标准差	平均值	标准差	
2010	HTFFZ33	20～40	2.1	1.0	2.5	0.7	1.8	0.6	2.4	1.0	1.4	0.3	3
2010	HTFFZ33	40～60	1.2	0.4	1.7	0.6	1.0	0.0	1.4	0.5	0.9	0.2	3
2010	HTFFZ33	60～80	1.4	0.5	1.8	0.7	1.1	0.4	1.5	0.4	1.0	0.3	3

表 3 - 88　会同站观测场土壤养分（土壤剖面铵态氮季节动态变化）

年份	样地代码	观测层次/cm	铵态氮（NH$_4^+$-N）/（mg/kg）										重复数
			4月		5月		6月		7月		8月		
			平均值	标准差	平均值	标准差	平均值	标准差	平均值	标准差	平均值	标准差	
2010	HTFFZ17	0～10	6.9	1.4	9.4	2.3	7.6	1.3	5.7	0.9	5.5	1.6	3
2010	HTFFZ17	10～20	8.9	4.0	10.8	2.7	8.4	2.6	7.0	2.5	6.4	2.0	3
2010	HTFFZ17	20～40	11.9	11.1	11.9	2.2	10.4	0.7	7.6	0.6	7.4	1.8	3
2010	HTFFZ17	40～60	7.5	0.9	10.2	2.3	9.8	1.1	8.0	2.3	5.9	2.0	3
2010	HTFFZ17	60～80	5.9	3.2	7.9	0.9	8.0	1.3	5.1	1.6	4.7	0.6	3
2010	HTFFZ18	0～10	10.1	2.4	11.5	3.2	8.3	3.6	8.5	2.2	6.6	1.1	3
2010	HTFFZ18	10～20	8.1	2.0	12.5	0.3	6.6	1.6	6.7	0.4	5.6	2.2	3
2010	HTFFZ18	20～40	9.3	2.3	10.4	1.1	8.5	2.0	10.0	2.0	6.5	2.2	3
2010	HTFFZ18	40～60	7.8	1.4	7.0	1.3	8.3	0.3	8.0	1.4	5.2	2.1	3
2010	HTFFZ18	60～80	7.8	2.2	6.7	0.4	7.1	1.2	8.2	0.7	3.5	2.3	3
2010	HTFFZ19	0～10	11.0	2.9	12.5	3.5	10.6	1.0	9.3	3.8	8.2	2.0	3
2010	HTFFZ19	10～20	8.3	1.9	11.2	2.3	8.9	1.1	8.4	1.3	6.6	2.2	3
2010	HTFFZ19	20～40	10.9	1.4	8.9	2.4	10.3	1.2	7.9	0.5	6.6	3.6	3
2010	HTFFZ19	40～60	6.9	1.6	8.9	2.3	5.2	0.8	6.4	1.6	3.8	1.2	3
2010	HTFFZ19	60～80	6.2	2.5	7.5	1.5	5.4	1.0	7.2	0.5	3.7	0.9	3
2010	HTFFZ20	0～10	9.3	3.0	14.8	2.6	10.8	0.8	9.3	0.6	7.3	2.9	3
2010	HTFFZ20	10～20	9.6	0.3	10.9	0.9	10.4	1.8	8.6	0.5	4.7	1.3	3
2010	HTFFZ20	20～40	10.7	0.9	13.0	4.8	13.4	2.8	9.1	2.4	5.1	1.7	3
2010	HTFFZ20	40～60	11.5	1.0	10.8	3.7	9.7	5.3	9.7	1.2	6.6	4.6	3
2010	HTFFZ20	60～80	10.0	1.2	14.3	1.9	9.4	1.7	9.5	0.6	4.9	3.2	3
2010	HTFFZ21	0～10	9.1	2.8	12.9	3.1	13.5	3.6	12.1	0.8	7.8	3.6	3
2010	HTFFZ21	10～20	7.7	0.6	12.9	3.1	11.6	2.3	9.2	0.8	7.3	1.7	3
2010	HTFFZ21	20～40	6.2	3.8	11.6	3.1	11.1	1.9	9.5	0.6	6.7	0.8	3
2010	HTFFZ21	40～60	9.2	2.7	10.8	1.1	8.5	2.7	8.0	2.2	5.4	2.2	3
2010	HTFFZ21	60～80	5.4	1.3	9.3	2.6	7.4	1.2	9.3	1.5	4.9	0.6	3
2010	HTFFZ22	0～10	7.2	3.5	10.8	2.2	10.4	0.9	8.4	4.1	5.6	0.5	3
2010	HTFFZ22	10～20	11.6	2.2	16.0	3.7	8.9	3.1	8.4	2.6	4.1	1.6	3
2010	HTFFZ22	20～40	10.1	4.4	12.0	1.0	10.5	2.5	7.5	3.1	7.6	2.8	3
2010	HTFFZ22	40～60	11.3	2.4	10.3	1.5	8.8	2.4	7.9	6.0	5.1	2.4	3

（续）

| 年份 | 样地代码 | 观测层次/cm | 铵态氮（NH$_4^+$－N）/（mg/kg） | | | | | | | | | | 重复数 |
| | | | 4月 | | 5月 | | 6月 | | 7月 | | 8月 | | |
			平均值	标准差	平均值	标准差	平均值	标准差	平均值	标准差	平均值	标准差	
2010	HTFFZ22	60～80	6.6	2.8	9.0	2.0	9.2	2.3	7.3	2.4	6.7	1.1	3
2010	HTFFZ23	0～10	7.5	1.7	13.4	3.1	9.4	3.9	7.9	1.2	5.8	1.9	3
2010	HTFFZ23	10～20	7.9	2.1	12.6	2.0	7.8	0.6	6.7	0.8	6.0	0.7	3
2010	HTFFZ23	20～40	6.6	3.8	13.1	1.6	9.2	2.0	7.1	1.8	5.3	0.9	3
2010	HTFFZ23	40～60	6.1	1.3	10.0	1.8	9.0	2.3	7.4	2.3	5.4	0.8	3
2010	HTFFZ23	60～80	4.9	3.1	11.1	0.6	7.8	1.5	7.2	1.3	5.1	2.7	3
2010	HTFFZ24	0～10	7.4	4.5	14.6	1.7	10.7	2.6	8.1	1.9	5.1	1.9	3
2010	HTFFZ24	10～20	8.2	2.1	11.5	1.7	9.1	1.4	7.2	1.7	3.7	0.5	3
2010	HTFFZ24	20～40	6.4	3.4	11.1	3.6	8.5	0.4	7.7	0.9	3.8	1.1	3
2010	HTFFZ24	40～60	6.6	4.6	7.6	1.6	8.4	0.5	5.8	1.7	3.5	1.5	3
2010	HTFFZ24	60～80	3.7	2.5	6.6	2.2	9.0	3.3	6.2	0.6	2.6	1.3	3
2010	HTFFZ25	0～10	10.6	4.4	17.5	1.7	11.4	1.6	6.6	3.5	8.3	4.7	3
2010	HTFFZ25	10～20	8.5	2.8	11.7	2.9	11.6	0.2	4.8	1.3	4.6	1.7	3
2010	HTFFZ25	20～40	7.8	2.5	12.6	2.7	10.2	1.3	4.5	1.2	4.5	0.7	3
2010	HTFFZ25	40～60	8.0	1.0	11.5	1.6	9.7	0.7	2.4	0.6	2.6	1.0	3
2010	HTFFZ25	60～80	9.1	1.3	11.7	2.2	12.1	1.7	2.1	0.9	2.1	1.1	3
2010	HTFFZ26	0～10	13.9	12.5	16.4	5.2	15.9	4.0	7.8	6.5	4.7	1.3	3
2010	HTFFZ26	10～20	10.8	7.0	13.2	3.5	13.8	1.2	6.2	3.9	4.3	0.6	3
2010	HTFFZ26	20～40	5.5	0.3	11.5	0.8	11.3	0.8	3.7	2.1	3.6	2.0	3
2010	HTFFZ26	40～60	5.6	2.3	15.3	3.0	10.6	0.6	2.0	0.9	3.9	0.4	3
2010	HTFFZ26	60～80	7.9	2.8	11.5	1.6	12.3	0.7	2.1	1.2	2.3	1.5	3
2010	HTFFZ27	0～10	13.2	5.7	18.0	1.6	11.5	1.5	11.8	8.3	10.5	2.4	3
2010	HTFFZ27	10～20	9.9	3.7	15.4	3.7	9.5	0.5	7.9	1.4	9.2	2.6	3
2010	HTFFZ27	20～40	9.4	3.8	15.0	3.1	11.5	4.4	5.0	0.7	6.0	0.8	3
2010	HTFFZ27	40～60	8.1	1.5	10.5	2.9	10.9	2.4	5.2	1.3	5.0	0.6	3
2010	HTFFZ27	60～80	8.1	1.8	9.1	0.7	9.2	0.9	3.2	1.2	5.7	0.9	3
2010	HTFFZ28	0～10	5.6	2.1	12.9	0.2	11.1	0.6	2.6	0.7	3.6	1.8	3
2010	HTFFZ28	10～20	6.4	1.2	11.1	2.3	10.4	0.8	2.6	0.5	3.6	1.4	3
2010	HTFFZ28	20～40	5.2	2.6	14.7	2.3	12.7	2.4	2.9	0.7	3.9	1.5	3
2010	HTFFZ28	40～60	7.4	2.1	12.3	2.5	10.4	1.3	2.7	0.4	2.8	1.3	3
2010	HTFFZ28	60～80	5.0	1.6	9.3	0.5	8.4	0.6	3.9	0.3	2.1	2.0	3
2010	HTFFZ29	0～10	10.5	1.0	14.2	1.3	11.0	1.7	12.1	6.0	8.3	0.7	3
2010	HTFFZ29	10～20	11.3	1.1	16.4	1.0	11.9	2.9	6.5	2.3	5.6	0.7	3
2010	HTFFZ29	20～40	8.7	0.3	12.8	3.1	9.8	1.1	4.8	1.8	3.4	1.3	3
2010	HTFFZ29	40～60	6.1	1.8	14.9	3.1	10.9	1.7	3.9	1.6	2.9	2.0	3
2010	HTFFZ29	60～80	5.8	0.7	17.6	8.0	10.3	2.3	3.3	1.2	1.7	0.6	3
2010	HTFFZ30	0～10	8.8	3.3	12.2	1.6	12.4	1.6	5.1	1.2	3.9	0.6	3

(续)

年份	样地代码	观测层次/cm	铵态氮（$NH_4^+ - N$）/（mg/kg）										重复数
			4月		5月		6月		7月		8月		
			平均值	标准差	平均值	标准差	平均值	标准差	平均值	标准差	平均值	标准差	
2010	HTFFZ30	10～20	6.7	2.3	12.5	0.9	10.8	1.0	5.4	0.3	6.4	0.9	3
2010	HTFFZ30	20～40	7.5	3.1	17.9	4.4	13.3	0.8	3.8	1.4	4.0	1.3	3
2010	HTFFZ30	40～60	7.3	1.7	14.2	4.7	10.6	1.9	3.2	2.2	2.3	1.0	3
2010	HTFFZ30	60～80	7.4	2.6	11.4	2.6	10.5	1.6	2.2	0.8	2.6	1.8	3
2010	HTFFZ31	0～10	5.8	3.1	15.0	3.6	15.0	3.3	8.0	3.1	4.1	2.1	3
2010	HTFFZ31	10～20	5.0	1.6	12.1	2.2	10.9	3.6	3.0	2.6	2.2	0.8	3
2010	HTFFZ31	20～40	7.0	1.5	10.4	2.1	11.5	3.8	3.6	1.3	3.1	1.3	3
2010	HTFFZ31	40～60	5.8	1.2	11.1	1.6	13.7	4.7	2.2	0.6	4.0	2.5	3
2010	HTFFZ31	60～80	6.1	1.3	12.9	2.4	10.8	1.4	1.1	0.7	2.7	1.3	3
2010	HTFFZ32	0～10	6.2	2.5	16.9	3.7	12.3	1.5	8.5	4.1	5.5	3.7	3
2010	HTFFZ32	10～20	7.9	3.1	14.2	1.7	12.9	2.6	5.5	2.5	4.7	1.4	3
2010	HTFFZ32	20～40	9.3	3.5	11.6	1.8	12.2	2.3	3.1	1.4	3.1	0.5	3
2010	HTFFZ32	40～60	5.8	1.0	11.9	2.5	10.1	3.0	2.4	1.4	2.7	1.8	3
2010	HTFFZ32	60～80	7.3	2.4	11.6	3.2	9.9	0.2	3.6	1.1	2.1	0.7	3
2010	HTFFZ33	0～10	5.0	1.2	12.7	3.0	10.7	0.6	7.6	2.4	5.6	0.8	3
2010	HTFFZ33	10～20	7.2	2.5	13.1	2.9	12.6	4.0	7.1	6.0	5.6	0.5	3
2010	HTFFZ33	20～40	6.2	0.9	13.1	1.5	9.7	1.3	4.8	1.6	6.5	0.5	3
2010	HTFFZ33	40～60	7.2	1.7	11.3	1.7	9.5	1.3	3.4	1.3	3.0	0.6	3
2010	HTFFZ33	60～80	6.2	0.8	10.1	1.2	12.6	4.9	2.6	0.5	4.0	0.8	3

3.2.3　土壤速效微量元素数据集

3.2.3.1　概述

本数据集为会同站 2 个综合观测场、1 号辅助观测场 2010 年和 2015 年表层（0～20 cm）土壤速效微量元素数据，包括有效铜、有效硼、有效锰和有效硫 4 项指标。

3.2.3.2　样品采集和处理方法

按照 CERN 长期观测规范，表层（0～20 cm）土壤速效微量元素的监测频率为 5 年 1 次，8—11 月采样。用取土土钻在采样区内取 0～20 cm 表层土壤，6 个重复，每个重复由 10～12 个按 S 形采样方式采集的样品混合而成（约 1 kg），取回的土样置于干净的白纸上风干，挑除根系和石子，四分法取适量碾磨后，过 2 mm 尼龙筛，装入广口瓶备用。

2010 年有效铜和有效锰含量采用盐酸浸提-原子吸收分光光度法测定，有效硼采用沸水提取-姜黄素比色法，有效硫采用磷酸盐提取-比浊法；2015 年有效铜和有效锰采用盐酸提取-原子吸收分光光度检测法，有效硼采用沸水提取-ICP 检测法，有效硫采用磷酸盐提取-ICP 检测法。

3.2.3.3　数据质量控制和评估

同 3.2.1.3。

3.2.3.4　数据价值/数据使用方法和建议

尽管土壤中的微量元素含量较低，但它们也是动植物正常生长所不可缺少的，对林业、农业和人类健康有重要意义。

3.2.3.5 数据

见表 3-89 至表 3-91。

表 3-89　会同杉木人工林综合观测场土壤速效微量元素

年-月	样地代码	观测层次/cm	有效铜（Cu）/(mg/kg)		有效硼（B）/(mg/kg)		有效锰（Mn）/(mg/kg)		有效硫（S）/(mg/kg)		重复数
			平均值	标准差	平均值	标准差	平均值	标准差	平均值	标准差	
2010-11	HTFZH01	0～20	0.85	0.12	0.402	0.177	22.35	12.47	50.80	1.70	6
2015-11	HTFZH01	0～20	1.49	0.45	0.193	0.021	32.90	7.25	19.97	5.57	6

表 3-90　会同常绿阔叶林综合观测场土壤速效微量元素

年-月	样地代码	观测层次/cm	有效铜（Cu）/(mg/kg)		有效硼（B）/(mg/kg)		有效锰（Mn）/(mg/kg)		有效硫（S）/(mg/kg)		重复数
			平均值	标准差	平均值	标准差	平均值	标准差	平均值	标准差	
2010-11	HTFZH02	0～20	1.29	0.30	0.349	0.128	25.18	11.23	52.10	0.91	6
2015-11	HTFZH02	0～20	1.11	0.09	0.202	0.039	21.41	5.12	26.48	5.41	6

表 3-91　会同杉木人工林 1 号辅助观测场土壤速效微量元素

年-月	样地代码	观测层次/cm	有效铜（Cu）/(mg/kg)		有效硼（B）/(mg/kg)		有效锰（Mn）/(mg/kg)		有效硫（S）/(mg/kg)		重复数
			平均值	标准差	平均值	标准差	平均值	标准差	平均值	标准差	
2010-11	HTFFZ01	0～20	0.96	0.12	0.452	0.127	17.32	13.49	53.03	1.66	6
2015-11	HTFFZ01	0～20	1.10	0.17	0.263	0.024	27.17	7.41	36.93	4.62	6

3.2.4　剖面土壤机械组成

3.2.4.1　概述

本数据集为会同站 2 个综合观测场、18 个辅助观测场 2015 年剖面（0～10 cm、10～20 cm、20～40 cm、40～60 cm、60～80 cm）土壤的机械组成。

3.2.4.2　样品采集和处理方法

按照 CERN 长期观测规范，剖面土壤机械组成的监测频率为 10 年 1 次。2 个综合观测场和 1 号辅助观测场采样为 3 个重复，在采样地内，选择上、中、下 3 个位置挖取长 1.5 m，宽 1.0 m，深 1.0 m 的 3 个土壤剖面，从下往上采集各层土样，每层约 1.5 kg，装入棉质土袋中，最后将挖出土壤按层回填；其他辅助观测场采样方法为在采样地内选取中间位置挖取 1 个剖面。取回的土样置于干净的白纸上风干，挑除根系和石子，四分法取适量碾磨后，过 2 mm 尼龙筛，装入广口瓶备用。机械组成分析方法为比重计法。

3.2.4.3　数据质量控制和评估

①分析时进行 3 次平行样品测定。②测定时保证由同一个实验人员进行操作，避免人为因素导致的结果差异。③由于土壤机械组成较为稳定，台站区域内的土壤机械组成基本一致，因此，测定时，我们会将测定结果与站内其他样地的历史机械组成结果进行对比，观察数据是否存在异常，如果同一层土壤质地划分与历史存在差异，则对数据进行核实或再次测定。

3.2.4.4　数据价值/数据使用方法和建议

土壤机械组成不仅是土壤分类的重要诊断指标，还是影响土壤水、肥、气、热状况和物质迁移转化及土壤退化过程研究的重要因素。该数据集为观察或鉴定土壤演变提供了基础数据。

3.2.4.5　数据

见表 3 - 92 至表 3 - 111。

表 3 - 92　会同杉木人工林综合观测场剖面土壤机械组成

年-月	样地代码	观测层次/cm	0.05～2 mm 土粒比例/%	0.002～0.05 mm 土粒比例/%	<0.002 mm 土粒比例/%	重复数	土壤质地名称（按美国制三角坐标图）
2015 - 12	HTFZH01	0～10	14.29	42.60	43.11	3	粉（沙）质黏土
2015 - 12	HTFZH01	10～20	13.73	40.98	45.29	3	粉（沙）质黏土
2015 - 12	HTFZH01	20～40	13.33	42.02	44.65	3	粉（沙）质黏土
2015 - 12	HTFZH01	40～60	15.58	40.54	43.88	3	粉（沙）质黏土
2015 - 12	HTFZH01	60～80	14.82	37.63	47.55	3	黏土

注：0.002～0.05 表示大于等于 0.002 小于 0.05，0.05～2 表示大于 0.05 小于 2，下同。

表 3 - 93　会同常绿阔叶林综合观测场剖面土壤机械组成

年-月	样地代码	观测层次/cm	0.05～2 mm 土粒比例/%	0.002～0.05 mm 土粒比例/%	<0.002 mm 土粒比例/%	重复数	土壤质地名称（按美国制三角坐标图）
2015 - 12	HTFZH02	0～10	6.44	51.41	42.14	3	粉（沙）质黏土
2015 - 12	HTFZH02	10～20	2.60	51.55	45.85	3	粉（沙）质黏土
2015 - 12	HTFZH02	20～40	2.46	51.79	45.75	3	粉（沙）质黏土
2015 - 12	HTFZH02	40～60	2.47	49.00	48.53	3	粉（沙）质黏土
2015 - 12	HTFZH02	60～80	2.99	49.63	47.38	3	粉（沙）质黏土

表 3 - 94　会同杉木人工林 1 号辅助观测场剖面土壤机械组成

年-月	样地代码	观测层次/cm	0.05～2 mm 土粒比例/%	0.002～0.05 mm 土粒比例/%	<0.002 mm 土粒比例/%	重复数	土壤质地名称（按美国制三角坐标图）
2015 - 12	HTFFZ01	0～10	3.33	50.39	46.29	3	粉（沙）质黏土
2015 - 12	HTFFZ01	10～20	2.65	49.71	47.63	3	粉（沙）质黏土
2015 - 12	HTFFZ01	20～40	2.05	49.27	48.68	3	粉（沙）质黏土
2015 - 12	HTFFZ01	40～60	1.32	48.91	49.77	3	粉（沙）质黏土
2015 - 12	HTFFZ01	60～80	1.85	49.51	48.64	3	粉（沙）质黏土

表 3 - 95　会同杉木人工林 17 号辅助观测场剖面土壤机械组成

年-月	样地代码	观测层次/cm	0.05～2 mm 土粒比例/%	0.002～0.05 mm 土粒比例/%	<0.002 mm 土粒比例/%	重复数	土壤质地名称（按美国制三角坐标图）
2015 - 12	HTFFZ17	0～10	25.92	43.22	30.87	1	黏壤土
2015 - 12	HTFFZ17	10～20	25.89	41.40	32.71	1	黏壤土
2015 - 12	HTFFZ17	20～40	25.76	37.12	37.12	1	黏壤土
2015 - 12	HTFFZ17	40～60	24.06	37.97	37.97	1	黏壤土
2015 - 12	HTFFZ17	60～80	23.79	38.36	37.85	1	黏壤土

表 3 - 96   会同杉木人工林 18 号辅助观测场剖面土壤机械组成

年-月	样地代码	观测层次/ cm	0.05~2 mm 土粒比例/%	0.002~0.05 mm 土粒比例/%	<0.002 mm 土粒比例/%	重复数	土壤质地名称（按美国 制三角坐标图）
2015 - 12	HTFFZ18	0~10	8.32	48.17	43.51	1	粉（沙）质黏土
2015 - 12	HTFFZ18	10~20	5.09	49.00	45.91	1	粉（沙）质黏土
2015 - 12	HTFFZ18	20~40	4.63	45.61	49.76	1	粉（沙）质黏土
2015 - 12	HTFFZ18	40~60	5.89	45.50	48.60	1	粉（沙）质黏土
2015 - 12	HTFFZ18	60~80	6.21	46.38	47.41	1	粉（沙）质黏土

表 3 - 97   会同杉栲混交林 19 号辅助观测场剖面土壤机械组成

年-月	样地代码	观测层次/ cm	0.05~2 mm 土粒比例/%	0.002~0.05 mm 土粒比例/%	<0.002 mm 土粒比例/%	重复数	土壤质地名称（按美国 制三角坐标图）
2015 - 12	HTFFZ19	0~10	3.74	55.60	40.67	1	粉（沙）质黏土
2015 - 12	HTFFZ19	10~20	2.31	51.42	46.27	1	粉（沙）质黏土
2015 - 12	HTFFZ19	20~40	4.19	52.77	43.04	1	粉（沙）质黏土
2015 - 12	HTFFZ19	40~60	3.86	52.16	43.98	1	粉（沙）质黏土
2015 - 12	HTFFZ19	60~80	5.36	50.92	43.72	1	粉（沙）质黏土

表 3 - 98   会同杉桤混交林 20 号辅助观测场剖面土壤机械组成

年-月	样地代码	观测层次/ cm	0.05~2 mm 土粒比例/%	0.002~0.05 mm 土粒比例/%	<0.002 mm 土粒比例/%	重复数	土壤质地名称（按美国 制三角坐标图）
2015 - 12	HTFFZ20	0~10	9.32	52.04	38.64	1	粉（沙）质黏壤土
2015 - 12	HTFFZ20	10~20	9.61	52.60	37.79	1	粉（沙）质黏壤土
2015 - 12	HTFFZ20	20~40	8.86	52.01	39.13	1	粉（沙）质黏壤土
2015 - 12	HTFFZ20	40~60	5.46	47.78	46.76	1	粉（沙）质黏土
2015 - 12	HTFFZ20	60~80	6.34	49.92	43.74	1	粉（沙）质黏土

表 3 - 99   会同杉樟混交林 21 号辅助观测场剖面土壤机械组成

年-月	样地代码	观测层次/ cm	0.05~2 mm 土粒比例/%	0.002~0.05 mm 土粒比例/%	<0.002 mm 土粒比例/%	重复数	土壤质地名称（按美国 制三角坐标图）
2015 - 12	HTFFZ21	0~10	7.96	52.44	39.59	1	粉（沙）质黏壤土
2015 - 12	HTFFZ21	10~20	6.21	53.30	40.49	1	粉（沙）质黏土
2015 - 12	HTFFZ21	20~40	6.75	52.26	40.99	1	粉（沙）质黏土
2015 - 12	HTFFZ21	40~60	7.94	48.08	43.98	1	粉（沙）质黏土
2015 - 12	HTFFZ21	60~80	7.10	46.71	46.19	1	粉（沙）质黏土

表 3 - 100   会同杉楸混交林 22 号辅助观测场剖面土壤机械组成

年-月	样地代码	观测层次/ cm	0.05~2 mm 土粒比例/%	0.002~0.05 mm 土粒比例/%	<0.002 mm 土粒比例/%	重复数	土壤质地名称（按美国 制三角坐标图）
2015 - 12	HTFFZ22	0~10	12.25	50.51	37.24	1	粉（沙）质黏壤土
2015 - 12	HTFFZ22	10~20	9.53	51.62	38.85	1	粉（沙）质黏壤土

（续）

年-月	样地代码	观测层次/cm	0.05~2 mm 土粒比例/%	0.002~0.05 mm 土粒比例/%	<0.002 mm 土粒比例/%	重复数	土壤质地名称（按美国制三角坐标图）
2015 - 12	HTFFZ22	20~40	8.85	51.72	39.43	1	粉（沙）质黏壤土
2015 - 12	HTFFZ22	40~60	4.09	52.83	43.08	1	粉（沙）质黏土
2015 - 12	HTFFZ22	60~80	4.67	52.79	42.54	1	粉（沙）质黏土

表 3 - 101　会同杉楠混交林 23 号辅助观测场剖面土壤机械组成

年-月	样地代码	观测层次/cm	0.05~2 mm 土粒比例/%	0.002~0.05 mm 土粒比例/%	<0.002 mm 土粒比例/%	重复数	土壤质地名称（按美国制三角坐标图）
2015 - 12	HTFFZ23	0~10	4.22	51.73	44.05	1	粉（沙）质黏土
2015 - 12	HTFFZ23	10~20	4.69	50.49	44.82	1	粉（沙）质黏土
2015 - 12	HTFFZ23	20~40	7.40	48.36	44.24	1	粉（沙）质黏土
2015 - 12	HTFFZ23	40~60	6.95	48.84	44.21	1	粉（沙）质黏土
2015 - 12	HTFFZ23	60~80	9.02	49.07	41.91	1	粉（沙）质黏土

表 3 - 102　会同火力楠纯林 24 号辅助观测场剖面土壤机械组成

年-月	样地代码	观测层次/cm	0.05~2 mm 土粒比例/%	0.002~0.05 mm 土粒比例/%	<0.002 mm 土粒比例/%	重复数	土壤质地名称（按美国制三角坐标图）
2015 - 12	HTFFZ24	0~10	11.20	49.28	39.53	1	粉（沙）质黏壤土
2015 - 12	HTFFZ24	10~20	7.20	50.01	42.79	1	粉（沙）质黏壤土
2015 - 12	HTFFZ24	20~40	4.64	46.14	49.22	1	粉（沙）质黏土
2015 - 12	HTFFZ24	40~60	5.39	49.85	44.76	1	粉（沙）质黏土
2015 - 12	HTFFZ24	60~80	6.68	48.71	44.61	1	粉（沙）质黏土

表 3 - 103　会同杉木人工林 25 号辅助观测场剖面土壤机械组成

年-月	样地代码	观测层次/cm	0.05~2 mm 土粒比例/%	0.002~0.05 mm 土粒比例/%	<0.002 mm 土粒比例/%	重复数	土壤质地名称（按美国制三角坐标图）
2015 - 12	HTFFZ25	0~10	6.92	50.68	42.41	1	粉（沙）质黏土
2015 - 12	HTFFZ25	10~20	4.00	51.61	44.39	1	粉（沙）质黏土
2015 - 12	HTFFZ25	20~40	2.37	48.81	48.81	1	粉（沙）质黏土
2015 - 12	HTFFZ25	40~60	1.19	46.32	52.49	1	粉（沙）质黏土
2015 - 12	HTFFZ25	60~80	3.46	44.40	52.14	1	粉（沙）质黏土

表 3 - 104　会同杉木人工林 26 号辅助观测场剖面土壤机械组成

年-月	样地代码	观测层次/cm	0.05~2 mm 土粒比例/%	0.002~0.05 mm 土粒比例/%	<0.002 mm 土粒比例/%	重复数	土壤质地名称（按美国制三角坐标图）
2015 - 12	HTFFZ26	0~10	12.11	55.83	32.05	1	粉（沙）质黏壤土
2015 - 12	HTFFZ26	10~20	6.66	55.39	37.95	1	粉（沙）质黏壤土
2015 - 12	HTFFZ26	20~40	5.74	54.82	39.45	1	粉（沙）质黏壤土
2015 - 12	HTFFZ26	40~60	1.59	51.26	47.16	1	粉（沙）质黏壤土
2015 - 12	HTFFZ26	60~80	3.97	48.79	47.24	1	粉（沙）质黏壤土

表 3 - 105　会同马尾松纯林 27 号辅助观测场剖面土壤机械组成

年-月	样地代码	观测层次/cm	0.05～2 mm 土粒比例/%	0.002～0.05 mm 土粒比例/%	<0.002 mm 土粒比例/%	重复数	土壤质地名称（按美国制三角坐标图）
2015 - 12	HTFFZ27	0～10	3.15	52.55	44.30	1	粉（沙）质黏土
2015 - 12	HTFFZ27	10～20	2.84	53.69	43.47	1	粉（沙）质黏土
2015 - 12	HTFFZ27	20～40	2.15	53.51	44.34	1	粉（沙）质黏土
2015 - 12	HTFFZ27	40～60	1.97	44.84	53.19	1	粉（沙）质黏土
2015 - 12	HTFFZ27	60～80	0.64	38.29	61.06	1	黏土

表 3 - 106　会同荷木人工林 28 号辅助观测场剖面土壤机械组成

年-月	样地代码	观测层次/cm	0.05～2 mm 土粒比例/%	0.002～0.05 mm 土粒比例/%	<0.002 mm 土粒比例/%	重复数	土壤质地名称（按美国制三角坐标图）
2015 - 12	HTFFZ28	0～10	12.34	48.52	39.13	1	粉（沙）质黏壤土
2015 - 12	HTFFZ28	10～20	2.21	48.89	48.89	1	粉（沙）质黏土
2015 - 12	HTFFZ28	20～40	6.49	40.22	53.28	1	粉（沙）质黏土
2015 - 12	HTFFZ28	40～60	3.16	41.35	55.48	1	粉（沙）质黏土
2015 - 12	HTFFZ28	60～80	2.70	40.80	56.50	1	粉（沙）质黏土

表 3 - 107　会同马尾松纯林 29 号辅助观测场剖面土壤机械组成

年-月	样地代码	观测层次/cm	0.05～2 mm 土粒比例/%	0.002～0.05 mm 土粒比例/%	<0.002 mm 土粒比例/%	重复数	土壤质地名称（按美国制三角坐标图）
2015 - 12	HTFFZ29	0～10	5.21	49.48	45.31	1	粉（沙）质黏土
2015 - 12	HTFFZ29	10～20	0.79	50.12	49.09	1	粉（沙）质黏土
2015 - 12	HTFFZ29	20～40	2.03	46.13	51.83	1	粉（沙）质黏土
2015 - 12	HTFFZ29	40～60	2.81	42.91	54.28	1	粉（沙）质黏土
2015 - 12	HTFFZ29	60～80	1.57	40.41	58.02	1	粉（沙）质黏土

表 3 - 108　会同马荷混交林 30 号辅助观测场剖面土壤机械组成

年-月	样地代码	观测层次/cm	0.05～2 mm 土粒比例/%	0.002～0.05 mm 土粒比例/%	<0.002 mm 土粒比例/%	重复数	土壤质地名称（按美国制三角坐标图）
2015 - 12	HTFFZ30	0～10	6.46	56.02	37.52	1	粉（沙）质黏壤土
2015 - 12	HTFFZ30	10～20	1.44	58.00	40.55	1	粉（沙）质黏土
2015 - 12	HTFFZ30	20～40	0.73	54.24	45.03	1	粉（沙）质黏土
2015 - 12	HTFFZ30	40～60	0.61	52.23	47.16	1	粉（沙）质黏土
2015 - 12	HTFFZ30	60～80	0.12	52.00	47.88	1	粉（沙）质黏土

表 3 - 109　会同湿地松纯林 31 号辅助观测场剖面土壤机械组成

年-月	样地代码	观测层次/cm	0.05～2 mm 土粒比例/%	0.002～0.05 mm 土粒比例/%	<0.002 mm 土粒比例/%	重复数	土壤质地名称（按美国制三角坐标图）
2015 - 12	HTFFZ31	0～10	6.46	53.23	40.31	1	粉（沙）质黏土
2015 - 12	HTFFZ31	10～20	8.62	51.11	40.27	1	粉（沙）质黏土

（续）

年-月	样地代码	观测层次/cm	0.05～2 mm 土粒比例/%	0.002～0.05 mm 土粒比例/%	<0.002 mm 土粒比例/%	重复数	土壤质地名称（按美国制三角坐标图）
2015-12	HTFFZ31	20～40	2.81	55.24	41.94	1	粉（沙）质黏土
2015-12	HTFFZ31	40～60	1.57	53.08	45.35	1	粉（沙）质黏土
2015-12	HTFFZ31	60～80	5.53	49.29	45.18	1	粉（沙）质黏土

表 3-110　会同杉木人工林 32 号辅助观测场剖面土壤机械组成

年-月	样地代码	观测层次/cm	0.05～2 mm 土粒比例/%	0.002～0.05 mm 土粒比例/%	<0.002 mm 土粒比例/%	重复数	土壤质地名称（按美国制三角坐标图）
2015-12	HTFFZ32	0～10	3.78	52.00	44.22	1	粉（沙）质黏土
2015-12	HTFFZ32	10～20	1.18	47.86	50.95	1	粉（沙）质黏土
2015-12	HTFFZ32	20～40	2.24	43.96	53.79	1	粉（沙）质黏土
2015-12	HTFFZ32	40～60	1.89	42.27	55.84	1	粉（沙）质黏土
2015-12	HTFFZ32	60～80	1.53	43.02	55.45	1	粉（沙）质黏土

表 3-111　会同人工阔叶树混交林 33 号辅助观测场剖面土壤机械组成

年-月	样地代码	观测层次/cm	0.05～2 mm 土粒比例/%	0.002～0.05 mm 土粒比例/%	<0.002 mm 土粒比例/%	重复数	土壤质地名称（按美国制三角坐标图）
2015-12	HTFFZ33	0～10	4.11	53.18	42.71	1	粉（沙）质黏土
2015-12	HTFFZ33	10～20	2.00	56.74	41.26	1	粉（沙）质黏土
2015-12	HTFFZ33	20～40	1.09	51.10	47.81	1	粉（沙）质黏土
2015-12	HTFFZ33	40～60	1.65	49.69	48.66	1	粉（沙）质黏土
2015-12	HTFFZ33	60～80	1.89	49.57	48.54	1	粉（沙）质黏土

3.2.5　土壤容重数据集

3.2.5.1　概述

本数据集为会同站 2 个综合观测场、18 个辅助观测场 2010 年表层（0～20 cm）土壤和 2015 年剖面（0～10 cm、10～20 cm、20～40 cm、40～60 cm、60～80 cm）土壤的容重。

3.2.5.2　样品采集和处理方法

按照 CERN 长期观测规范，表层土壤容重监测频率为 5 年 1 次、剖面土壤容重为 10 年 1 次。2010 年表层土壤容重采样 2 个综合观测场为 6 个重复，18 个辅助观测场为 3 个重复，在采样地内用环刀采集样品。2015 年剖面土壤容重采样 2 个综合观测场和 1 号辅助观测场为 3 个重复，在采样地内，选择上、中、下 3 个位置挖取长 1.5 m，宽 1.0 m，深 1.0 m 的 3 个土壤剖面，用环刀从下往上采集各层样品；其他辅助观测场采样方法为在采样地内选取中间位置挖取 1 个剖面，按剖面层次从下往上用环刀采集样品，每层分左、中、右采集，3 次重复，最后将挖出土壤按层回填。土壤容重分析方法为环刀法。

3.2.5.3　数据质量控制和评估

①环刀样品采集由同一个实验人员完成，避免人为因素导致的结果差异。②由于土壤容重较为稳定，台站区域内的土壤容重基本一致，因此，测定时，我们会将测定结果与站内其他样地的历史土壤容重结果进行对比，观察数据是否存在异常，如果同一层土壤容重与历史存在差异，则对数据进行核

实或再次测定。

3.2.5.4 数据价值/数据使用方法和建议

土壤容重的大小与土壤质地、结构、有机质含量、土壤紧实度等密切相关。该数据集可为地域性森林土壤质地状况提供参考。

3.2.5.5 数据

见表 3-112 至表 3-131。

表 3-112 会同杉木人工林综合观测场土壤容重

年-月	样地代码	观测层次/cm	容重/（g/cm³）	重复数	标准差
2010-11	HTFZH01	0～20	1.32	6	0.08
2015-12	HTFZH01	0～10	1.21	3	0.05
2015-12	HTFZH01	10～20	1.22	3	0.08
2015-12	HTFZH01	20～40	1.28	3	0.07
2015-12	HTFZH01	40～60	1.31	3	0.03
2015-12	HTFZH01	60～80	1.40	3	0.16

表 3-113 会同常绿阔叶林综合观测场土壤容重

年-月	样地代码	观测层次/cm	容重/（g/cm³）	重复数	标准差
2010-11	HTFZH02	0～20	1.13	6	0.12
2015-12	HTFZH02	0～10	1.07	3	0.15
2015-12	HTFZH02	10～20	1.19	3	0.08
2015-12	HTFZH02	20～40	1.23	3	0.09
2015-12	HTFZH02	40～60	1.25	3	0.02
2015-12	HTFZH02	60～80	1.28	3	0.04

表 3-114 会同杉木人工林 1 号辅助观测场土壤容重

年-月	样地代码	观测层次/cm	容重/（g/cm³）	重复数	标准差
2010-11	HTFFZ01	0～20	1.17	3	0.10
2015-12	HTFFZ01	0～10	1.17	3	0.02
2015-12	HTFFZ01	10～20	1.21	3	0.06
2015-12	HTFFZ01	20～40	1.25	3	0.06
2015-12	HTFFZ01	40～60	1.32	3	0.07
2015-12	HTFFZ01	60～80	1.31	3	0.10

表 3-115 会同杉木人工林 17 号辅助观测场土壤容重

年-月	样地代码	观测层次/cm	容重/（g/cm³）	重复数	标准差
2010-11	HTFFZ17	0～20	1.17	3	0.10
2015-12	HTFFZ17	0～10	1.17	3	0.02
2015-12	HTFFZ17	10～20	1.21	3	0.06
2015-12	HTFFZ17	20～40	1.25	3	0.06
2015-12	HTFFZ17	40～60	1.32	3	0.07
2015-12	HTFFZ17	60～80	1.31	3	0.10

表 3-116　会同杉木人工林 18 号辅助观测场土壤容重

年-月	样地代码	观测层次/cm	容重/（g/cm³）	重复数	标准差
2010 - 11	HTFFZ18	0～20	1.31	3	0.07
2015 - 12	HTFFZ18	0～10	1.24	3	0.03
2015 - 12	HTFFZ18	10～20	1.35	3	0.03
2015 - 12	HTFFZ18	20～40	1.33	3	0.02
2015 - 12	HTFFZ18	40～60	1.34	3	0.01
2015 - 12	HTFFZ18	60～80	1.34	3	0.01

表 3-117　会同杉栲混交林 19 号辅助观测场土壤容重

年-月	样地代码	观测层次/cm	容重/（g/cm³）	重复数	标准差
2010 - 11	HTFFZ19	0～20	1.31	3	0.03
2015 - 12	HTFFZ19	0～10	1.25	3	0.04
2015 - 12	HTFFZ19	10～20	1.23	3	0.01
2015 - 12	HTFFZ19	20～40	1.20	3	0.04
2015 - 12	HTFFZ19	40～60	1.26	3	0.06
2015 - 12	HTFFZ19	60～80	1.30	3	0.02

表 3-118　会同杉桤混交林 20 号辅助观测场土壤容重

年-月	样地代码	观测层次/cm	容重/（g/cm³）	重复数	标准差
2010 - 11	HTFFZ20	0～20	1.35	3	0.04
2015 - 12	HTFFZ20	0～10	1.31	3	0.06
2015 - 12	HTFFZ20	10～20	1.22	3	0.04
2015 - 12	HTFFZ20	20～40	1.24	3	0.04
2015 - 12	HTFFZ20	40～60	1.36	3	0.04
2015 - 12	HTFFZ20	60～80	1.38	3	0.01

表 3-119　会同杉樟混交林 21 号辅助观测场土壤容重

年-月	样地代码	观测层次/cm	容重/（g/cm³）	重复数	标准差
2010 - 11	HTFFZ21	0～20	1.31	3	0.08
2015 - 12	HTFFZ21	0～10	1.30	3	0.03
2015 - 12	HTFFZ21	10～20	1.24	3	0.03
2015 - 12	HTFFZ21	20～40	1.25	3	0.05
2015 - 12	HTFFZ21	40～60	1.35	3	0.02
2015 - 12	HTFFZ21	60～80	1.43	3	0.02

表 3 - 120　会同杉楸混交林 22 号辅助观测场土壤容重

年-月	样地代码	观测层次/cm	容重/（g/cm³）	重复数	标准差
2010 - 11	HTFFZ22	0～20	1.29	3	0.08
2015 - 12	HTFFZ22	0～10	1.24	3	0.02
2015 - 12	HTFFZ22	10～20	1.16	3	0.08
2015 - 12	HTFFZ22	20～40	1.12	3	0.06
2015 - 12	HTFFZ22	40～60	1.14	3	0.06
2015 - 12	HTFFZ22	60～80	1.19	3	0.03

表 3 - 121　会同杉楠混交林 23 号辅助观测场土壤容重

年-月	样地代码	观测层次/cm	容重/（g/cm³）	重复数	标准差
2010 - 11	HTFFZ23	0～20	1.12	3	0.10
2015 - 12	HTFFZ23	0～10	1.21	3	0.04
2015 - 12	HTFFZ23	10～20	1.17	3	0.05
2015 - 12	HTFFZ23	20～40	1.19	3	0.03
2015 - 12	HTFFZ23	40～60	1.31	3	0.05
2015 - 12	HTFFZ23	60～80	1.34	3	0.03

表 3 - 122　会同火力楠纯林 24 号辅助观测场土壤容重

年-月	样地代码	观测层次/cm	容重/（g/cm³）	重复数	标准差
2010 - 11	HTFFZ24	0～20	0.99	3	0.05
2015 - 12	HTFFZ24	0～10	1.11	3	0.04
2015 - 12	HTFFZ24	10～20	1.21	3	0.07
2015 - 12	HTFFZ24	20～40	1.28	3	0.02
2015 - 12	HTFFZ24	40～60	1.35	3	0.01
2015 - 12	HTFFZ24	60～80	1.38	3	0.02

表 3 - 123　会同杉木人工林 25 号辅助观测场土壤容重

年-月	样地代码	观测层次/cm	容重/（g/cm³）	重复数	标准差
2010 - 11	HTFFZ25	0～20	1.12	3	0.04
2015 - 12	HTFFZ25	0～10	1.16	3	0.04
2015 - 12	HTFFZ25	10～20	1.24	3	0.10
2015 - 12	HTFFZ25	20～40	1.29	3	0.09
2015 - 12	HTFFZ25	40～60	1.29	3	0.03
2015 - 12	HTFFZ25	60～80	1.33	3	0.01

表 3 - 124　会同杉木人工林 26 号辅助观测场土壤容重

年-月	样地代码	观测层次/cm	容重/（g/cm³）	重复数	标准差
2010 - 11	HTFFZ26	0～20	1.02	3	0.07
2015 - 12	HTFFZ26	0～10	1.21	3	0.05

（续）

年-月	样地代码	观测层次/cm	容重/（g/cm³）	重复数	标准差
2015－12	HTFFZ26	10～20	1.25	3	0.08
2015－12	HTFFZ26	20～40	1.37	3	0.03
2015－12	HTFFZ26	40～60	1.30	3	0.14
2015－12	HTFFZ26	60～80	1.41	3	0.02

表 3-125　会同马尾松纯林 27 号辅助观测场土壤容重

年-月	样地代码	观测层次/cm	容重/（g/cm³）	重复数	标准差
2010－11	HTFFZ27	0～20	1.23	3	0.04
2015－12	HTFFZ27	0～10	1.26	3	0.05
2015－12	HTFFZ27	10～20	1.30	3	0.06
2015－12	HTFFZ27	20～40	1.37	3	0.03
2015－12	HTFFZ27	40～60	1.29	3	0.02
2015－12	HTFFZ27	60～80	1.30	3	0.03

表 3-126　会同荷木人工林 28 号辅助观测场土壤容重

年-月	样地代码	观测层次/cm	容重/（g/cm³）	重复数	标准差
2010－11	HTFFZ28	0～20	1.12	3	0.07
2015－12	HTFFZ28	0～10	1.20	3	0.02
2015－12	HTFFZ28	10～20	1.27	3	0.06
2015－12	HTFFZ28	20～40	1.31	3	0.04
2015－12	HTFFZ28	40～60	1.37	3	0.02
2015－12	HTFFZ28	60～80	1.41	3	0.01

表 3-127　会同马尾松纯林 29 号辅助观测场土壤容重

年-月	样地代码	观测层次/cm	容重/（g/cm³）	重复数	标准差
2010－11	HTFFZ29	0～20	1.20	3	0.06
2015－12	HTFFZ29	0～10	1.16	3	0.07
2015－12	HTFFZ29	10～20	1.28	3	0.04
2015－12	HTFFZ29	20～40	1.28	3	0.02
2015－12	HTFFZ29	40～60	1.36	3	0.05
2015－12	HTFFZ29	60～80	1.41	3	0.01

表 3-128　会同马荷混交林 30 号辅助观测场土壤容重

年-月	样地代码	观测层次/cm	容重/（g/cm³）	重复数	标准差
2010－11	HTFFZ30	0～20	1.16	3	0.13
2015－12	HTFFZ30	0～10	1.16	3	0.05
2015－12	HTFFZ30	10～20	1.27	3	0.01
2015－12	HTFFZ30	20～40	1.32	3	0.05

（续）

年-月	样地代码	观测层次/cm	容重/（g/cm³）	重复数	标准差
2015 - 12	HTFFZ30	40～60	1.44	3	0.02
2015 - 12	HTFFZ30	60～80	1.46	3	0.00

表 3 - 129　会同湿地松纯林 31 号辅助观测场土壤容重

年-月	样地代码	观测层次/cm	容重/（g/cm³）	重复数	标准差
2010 - 11	HTFFZ31	0～20	1.24	3	0.04
2015 - 12	HTFFZ31	0～10	1.19	3	0.12
2015 - 12	HTFFZ31	10～20	1.24	3	0.01
2015 - 12	HTFFZ31	20～40	1.44	3	0.04
2015 - 12	HTFFZ31	40～60	1.48	3	0.01
2015 - 12	HTFFZ31	60～80	1.47	3	0.02

表 3 - 130　会同杉木人工林 32 号辅助观测场土壤容重

年-月	样地代码	观测层次/cm	容重/（g/cm³）	重复数	标准差
2010 - 11	HTFFZ32	0～20	1.17	3	0.01
2015 - 12	HTFFZ32	0～10	1.21	3	0.04
2015 - 12	HTFFZ32	10～20	1.36	3	0.06
2015 - 12	HTFFZ32	20～40	1.38	3	0.03
2015 - 12	HTFFZ32	40～60	1.40	3	0.04
2015 - 12	HTFFZ32	60～80	1.41	3	0.01

表 3 - 131　会同人工阔叶树混交林 33 号辅助观测场土壤容重

年-月	样地代码	观测层次/cm	容重/（g/cm³）	重复数	标准差
2010 - 11	HTFFZ33	0～20	1.27	3	0.05
2015 - 12	HTFFZ33	0～10	1.24	3	0.10
2015 - 12	HTFFZ33	10～20	1.26	3	0.07
2015 - 12	HTFFZ33	20～40	1.37	3	0.04
2015 - 12	HTFFZ33	40～60	1.44	3	0.01
2015 - 12	HTFFZ33	60～80	1.39	3	0.09

3.2.6　剖面土壤重金属全量数据集

3.2.6.1　概述

本数据集为会同站 2 个综合观测场、1 号辅助观测场 2015 年剖面（0～10 cm、10～20 cm、20～40 cm、40～60 cm、60～80 cm）土壤的 7 种重金属（铅、铬、镍、镉、硒、砷和汞）全量数据。

3.2.6.2　样品采集和处理方法

按照 CERN 长期观测规范，剖面土壤重金属含量的监测频率为 10 年 1 次。采样为 3 个重复，在采样地内，选择上、中、下 3 个位置挖取长 1.5 m、宽 1.0 m、深 1.0 m 的 3 个土壤剖面，从下往上采集各层样品，每层约 1.0 kg，装入棉质土袋中，最后将挖出土壤按层回填。取回的土样置于干净的白纸上风干，挑除根系和石子，四分法取适量碾磨后，过 0.25 mm 尼龙筛，装入广口瓶备用。铅、铬、镉、镍采用四酸溶样-质谱分析检测法测定，硒、汞、砷采用王水溶样-原子荧光光谱检测法。

3.2.6.3　数据质量控制和评估

同 3.2.1.3。

3.2.6.4　数据价值/数据使用方法和建议

土壤重金属含量是土壤重要的环境要素，尽管土壤具有对污染物的降解能力，但对于重金属元素，土壤尚不能发挥其天然净化功能，因此对其进行长期、系统的监测显得尤为重要。会同站剖面土壤重金属元素数据可为区域土壤环境质量评估、土壤污染风险评估以及环境土壤学研究等工作提供数据基础。

3.2.6.5　数据

见表 3-132 至表 3-134。

表 3-132　会同杉木人工林综合观测场剖面土壤重金属全量

年-月	样地代码	观测层次/cm	硒（Se）/(mg/kg)		镉（Cd）/(mg/kg)		铅（Pb）/(mg/kg)		铬（Cr）/(mg/kg)	
			平均值	标准差	平均值	标准差	平均值	标准差	平均值	标准差
2015-12	HTFZH01	0~10	0.42	0.13	0.132	0.007	25.70	4.59	59.9	4.7
2015-12	HTFZH01	10~20	0.30	0.05	0.095	0.020	22.90	3.67	58.9	2.5
2015-12	HTFZH01	20~40	0.32	0.08	0.085	0.011	22.80	5.19	62.2	3.6
2015-12	HTFZH01	40~60	0.35	0.07	0.084	0.008	23.81	5.26	60.4	12.1
2015-12	HTFZH01	60~80	0.35	0.04	0.091	0.020	26.13	6.48	64.5	2.9

年-月	样地代码	观测层次/cm	镍（Ni）/(mg/kg)		汞（Hg）/(mg/kg)		砷（As）/(mg/kg)		重复数
			平均值	标准差	平均值	标准差	平均值	标准差	
2015-12	HTFZH01	0~10	19.4	1.7	0.14	0.01	6.57	0.86	3
2015-12	HTFZH01	10~20	19.4	2.8	0.13	0.01	6.15	0.66	3
2015-12	HTFZH01	20~40	19.9	2.6	0.13	0.01	6.26	0.64	3
2015-12	HTFZH01	40~60	21.2	1.4	0.12	0.01	6.58	0.53	3
2015-12	HTFZH01	60~80	23.4	2.1	0.12	0.02	6.96	0.03	3

表 3-133　会同常绿阔叶林综合观测场剖面土壤重金属全量

年-月	样地代码	观测层次/cm	硒（Se）/(mg/kg)		镉（Cd）/(mg/kg)		铅（Pb）/(mg/kg)		铬（Cr）/(mg/kg)	
			平均值	标准差	平均值	标准差	平均值	标准差	平均值	标准差
2015-12	HTFZH02	0~10	0.30	0.05	0.131	0.021	28.63	1.30	48.9	5.1
2015-12	HTFZH02	10~20	0.31	0.04	0.091	0.022	24.09	0.34	53.3	4.0
2015-12	HTFZH02	20~40	0.32	0.08	0.072	0.005	23.61	0.89	54.9	4.0
2015-12	HTFZH02	40~60	0.31	0.09	0.085	0.011	25.37	3.47	57.0	5.2
2015-12	HTFZH02	60~80	0.28	0.03	0.077	0.012	26.78	3.44	56.4	3.4

（续）

年-月	样地代码	观测层次/ cm	镍（Ni）/ (mg/kg)		汞（Hg）/ (mg/kg)		砷（As）/ (mg/kg)		重复数
			平均值	标准差	平均值	标准差	平均值	标准差	
2015 - 12	HTFZH02	0～10	18.1	1.3	0.09	0.03	6.43	0.12	3
2015 - 12	HTFZH02	10～20	20.8	2.2	0.08	0.03	6.16	0.27	3
2015 - 12	HTFZH02	20～40	19.7	1.7	0.07	0.01	6.10	0.14	3
2015 - 12	HTFZH02	40～60	21.7	4.2	0.06	0.02	6.61	0.58	3
2015 - 12	HTFZH02	60～80	22.8	4.0	0.06	0.01	6.87	0.20	3

表 3 - 134　会同杉木人工林 1 号辅助观测场剖面土壤重金属全量

年-月	样地代码	观测层次/ cm	硒（Se）/ (mg/kg)		镉（Cd）/ (mg/kg)		铅（Pb）/ (mg/kg)		铬（Cr）/ (mg/kg)	
			平均值	标准差	平均值	标准差	平均值	标准差	平均值	标准差
2015 - 12	HTFFZ01	0～10	0.35	0.02	0.129	0.008	30.83	1.34	59.1	7.5
2015 - 12	HTFFZ01	10～20	0.31	0.01	0.095	0.015	27.02	1.30	65.6	4.2
2015 - 12	HTFFZ01	20～40	0.27	0.03	0.090	0.010	26.14	2.61	62.9	6.5
2015 - 12	HTFFZ01	40～60	0.25	0.02	0.104	0.022	28.03	3.51	65.8	5.5
2015 - 12	HTFFZ01	60～80	0.21	0.01	0.107	0.025	29.36	2.86	63.2	2.5

年-月	样地代码	观测层次/ cm	镍（Ni）/ (mg/kg)		汞（Hg）/ (mg/kg)		砷（As）/ (mg/kg)		重复数
			平均值	标准差	平均值	标准差	平均值	标准差	
2015 - 12	HTFFZ01	0～10	18.8	0.3	0.06	0.00	7.21	0.89	3
2015 - 12	HTFFZ01	10～20	21.2	1.0	0.06	0.02	6.83	0.79	3
2015 - 12	HTFFZ01	20～40	20.3	1.9	0.05	0.01	7.01	0.38	3
2015 - 12	HTFFZ01	40～60	22.5	4.0	0.06	0.01	7.26	0.97	3
2015 - 12	HTFFZ01	60～80	23.9	8.4	0.05	0.00	6.78	1.39	3

3.2.7　剖面土壤微量元素全量数据集

3.2.7.1　概述

本数据集为会同站 2 个综合观测场、1 号辅助观测场 2015 年剖面（0～10 cm、10～20 cm、20～40 cm、40～60 cm、60～80 cm）土壤的 6 种微量元素（钼、锌、锰、铜、铁和硼）全量数据。

3.2.7.2　样品采集和处理方法

按照 CERN 长期观测规范，剖面土壤微量元素含量的监测频率为 10 年 1 次。采样为 3 个重复，在采样地内，选择上、中、下 3 个位置挖取长 1.5 m、宽 1.0 m、深 1.0 m 的 3 个土壤剖面，从下往上采集各层样品，每层约 1.0 kg，装入棉质土袋中，最后将挖出土壤按层回填。取回的土样置于干净的白纸上风干，挑除根系和石子，四分法取适量碾磨后，过 0.25 mm 尼龙筛，装入广口瓶备用。硼采用电弧发射光谱法测定；铜、锌、锰、钼采用四酸溶样-质谱分析检测法；铁采用四酸溶样- ICP 检测法。

3.2.7.3　数据质量控制和评估

同 3.2.1.3。

3.2.7.4　数据价值/数据使用方法和建议

尽管土壤微量元素的含量较低，但它们在植物的正常生长中不可或缺，具有很强的专一性，并成为作物产量和品质的限制因子，因而微量元素在农林生产中具有重要作用。

3.2.7.5　数据

见表 3-135 至表 3-137。

表 3-135　会同杉木人工林综合观测场剖面土壤微量元素全量

年-月	样地代码	观测层次/cm	硼（B）/(mg/kg)		钼（Mo）/(mg/kg)		锰（Mn）/(mg/kg)	
			平均值	标准差	平均值	标准差	平均值	标准差
2015-12	HTFZH01	0~10	44.97	3.38	1.08	0.10	298.30	111.57
2015-12	HTFZH01	10~20	48.20	9.71	1.10	0.10	241.49	75.98
2015-12	HTFZH01	20~40	49.44	5.92	1.09	0.12	188.19	19.23
2015-12	HTFZH01	40~60	49.51	6.38	1.15	0.11	175.27	21.44
2015-12	HTFZH01	60~80	41.50	5.22	1.21	0.20	222.65	8.26

年-月	样地代码	观测层次/cm	锌（Zn）/(mg/kg)		铜（Cu）/(mg/kg)		铁（Fe）/(mg/kg)		重复数
			平均值	标准差	平均值	标准差	平均值	标准差	
2015-12	HTFZH01	0~10	54.59	1.92	24.62	6.09	34 415.67	7 831.67	3
2015-12	HTFZH01	10~20	52.48	3.69	23.36	4.29	35 696.00	8 883.96	3
2015-12	HTFZH01	20~40	60.06	11.63	25.17	6.59	36 639.00	8 816.99	3
2015-12	HTFZH01	40~60	56.42	4.47	24.91	3.18	38 594.00	6 480.93	3
2015-12	HTFZH01	60~80	65.62	4.12	27.14	3.09	41 840.83	5 616.01	3

表 3-136　会同常绿阔叶林综合观测场剖面土壤微量元素全量

年-月	样地代码	观测层次/cm	硼（B）/(mg/kg)		钼（Mo）/(mg/kg)		锰（Mn）/(mg/kg)	
			平均值	标准差	平均值	标准差	平均值	标准差
2015-12	HTFZH02	0~10	40.50	2.43	1.31	0.19	222.42	3.74
2015-12	HTFZH02	10~20	41.57	2.52	1.34	0.13	214.11	46.09
2015-12	HTFZH02	20~40	33.40	9.45	1.33	0.17	202.90	22.54
2015-12	HTFZH02	40~60	37.25	6.13	1.51	0.05	207.50	6.21
2015-12	HTFZH02	60~80	38.27	1.30	1.52	0.20	232.39	15.01

年-月	样地代码	观测层次/cm	锌（Zn）/(mg/kg)		铜（Cu）/(mg/kg)		铁（Fe）/(mg/kg)		重复数
			平均值	标准差	平均值	标准差	平均值	标准差	
2015-12	HTFZH02	0~10	67.82	9.14	25.63	0.85	34 741.50	3 565.50	3
2015-12	HTFZH02	10~20	74.29	11.24	25.94	0.65	38 640.00	1 943.50	3
2015-12	HTFZH02	20~40	75.74	18.04	29.14	3.80	38 586.33	1 766.38	3
2015-12	HTFZH02	40~60	83.42	27.91	27.28	4.12	41 108.67	4 957.89	3
2015-12	HTFZH02	60~80	89.76	25.49	29.02	4.65	43 040.67	4 052.74	3

表 3 - 137　会同杉木人工林 1 号辅助观测场剖面土壤微量元素全量

年-月	样地代码	观测层次/cm	硼（B）/(mg/kg)		钼（Mo）/(mg/kg)		锰（Mn）/(mg/kg)	
			平均值	标准差	平均值	标准差	平均值	标准差
2015 - 12	HTFFZ01	0～10	55.20	3.76	1.32	0.15	200.97	58.53
2015 - 12	HTFFZ01	10～20	54.71	2.09	1.37	0.05	184.68	38.72
2015 - 12	HTFFZ01	20～40	54.15	6.10	1.33	0.11	178.84	31.39
2015 - 12	HTFFZ01	40～60	50.49	3.91	1.43	0.09	193.09	31.50
2015 - 12	HTFFZ01	60～80	47.97	8.40	1.46	0.15	217.14	57.82

年-月	样地代码	观测层次/cm	锌（Zn）/(mg/kg)		铜（Cu）/(mg/kg)		铁（Fe）/(mg/kg)		重复数
			平均值	标准差	平均值	标准差	平均值	标准差	
2015 - 12	HTFFZ01	0～10	62.51	12.65	26.79	1.51	40 989.83	4 133.87	3
2015 - 12	HTFFZ01	10～20	70.17	21.26	27.16	1.65	41 610.83	3 819.95	3
2015 - 12	HTFFZ01	20～40	71.21	22.71	28.10	0.69	42 515.50	3 967.07	3
2015 - 12	HTFFZ01	40～60	77.23	36.77	29.98	1.45	47 866.83	4 090.01	3
2015 - 12	HTFFZ01	60～80	80.77	36.62	29.11	2.19	49 695.33	1 056.58	3

3.2.8　剖面土壤矿质全量数据集

3.2.8.1　概述

本数据集为会同站 2 个综合观测场、1 号辅助观测场 2015 年剖面（0～10 cm、10～20 cm、20～40 cm、40～60 cm、60～80 cm）土壤的矿质 $[SiO_2$、Fe_2O_3、Al_2O_3、TiO_2、MnO、CaO、MgO、K_2O、Na_2O、P_2O_5、烧失量（LOI）和硫（S）]全量数据。

3.2.8.2　样品采集和处理方法

按照 CERN 长期观测规范，剖面土壤矿质全量的监测频率为 10 年 1 次。采样为 3 个重复，在采样地内，选择上、中、下 3 个位置挖取长 1.5 m、宽 1.0 m、深 1.0 m 的 3 个土壤剖面，从下往上采集各层样品，每层约 1.0 kg，装入棉质土袋中，最后将挖出土壤按层回填。取回的土样置于干净的白纸上风干，挑除根系和石子，四分法取适量碾磨后，过 0.25 mm 尼龙筛，装入广口瓶备用。SiO_2、Fe_2O_3、Al_2O_3、TiO_2、MnO、CaO、MgO、K_2O、Na_2O 和 P_2O_5 采用偏硼酸锂熔融- AES 法测定，烧失量采用减重法，硫采用燃烧法。

3.2.8.3　数据质量控制和评估

①测定时插入国家标准样品进行质控。②分析时进行 3 次平行样品测定。③由于土壤矿质全量较为稳定，台站区域内的土壤矿质全量基本一致，因此，测定时，我们会将测定结果与站内其他样地的历史土壤矿质全量结果进行对比，观察数据是否存在异常，如果同一层土壤矿质全量与历史存在差异，则对数据进行核实或再次测定。

3.2.8.4　数据价值/数据使用方法和建议

土壤矿物质的组成结构和性质，对土壤物理性质（结构性、水分性质、通气性、热学性质、力学性质和耕性）、化学性质（吸附性能、表面活性、酸碱性、氧化还原电位、缓冲作用）以及生物与生物化学性质（土壤微生物、生物多样性、酶活性等）均有深刻影响。该数据集为了解区域性森林土壤的矿质全量提供参考。

3.2.8.5　数据

见表 3－138 至表 3－140。

表 3－138　会同杉木人工林综合观测场剖面土壤矿质全量

| 年－月 | 样地代码 | 观测层次/cm | SiO₂/% | | Fe₂O₃/% | | MnO/% | |
			平均值	标准差	平均值	标准差	平均值	标准差
2015－12	HTFZH01	0～10	66.75	5.33	5.02	1.24	0.034	0.012
2015－12	HTFZH01	10～20	67.24	5.59	5.15	1.38	0.027	0.011
2015－12	HTFZH01	20～40	66.59	4.72	5.45	1.49	0.021	0.002
2015－12	HTFZH01	40～60	66.49	4.11	5.75	1.10	0.020	0.002
2015－12	HTFZH01	60～80	63.34	2.58	6.17	1.10	0.025	0.001

| 年－月 | 样地代码 | 观测层次/cm | TiO₂/% | | Al₂O₃/% | | CaO/% | |
			平均值	标准差	平均值	标准差	平均值	标准差
2015－12	HTFZH01	0～10	0.917	0.098	16.099	3.200	0.120	0.018
2015－12	HTFZH01	10～20	0.889	0.101	16.496	3.738	0.073	0.012
2015－12	HTFZH01	20～40	0.889	0.160	17.143	3.936	0.070	0.005
2015－12	HTFZH01	40～60	0.870	0.180	17.806	2.546	0.056	0.008
2015－12	HTFZH01	60～80	0.841	0.119	18.800	2.438	0.069	0.005

| 年－月 | 样地代码 | 观测层次/cm | MgO/% | | K₂O/% | | Na₂O/% | |
			平均值	标准差	平均值	标准差	平均值	标准差
2015－12	HTFZH01	0～10	0.498	0.047	2.010	0.402	0.132	0.019
2015－12	HTFZH01	10～20	0.489	0.045	1.987	0.428	0.126	0.003
2015－12	HTFZH01	20～40	0.496	0.039	1.978	0.440	0.121	0.005
2015－12	HTFZH01	40～60	0.496	0.047	1.907	0.451	0.104	0.020
2015－12	HTFZH01	60～80	0.540	0.058	1.989	0.458	0.137	0.022

| 年－月 | 样地代码 | 观测层次/cm | P₂O₅/% | | LOI/% | | S/（g/kg） | | 重复数 |
			平均值	标准差	平均值	标准差	平均值	标准差	
2015－12	HTFZH01	0～10	0.061	0.006	10.42	0.49	0.26	0.04	3
2015－12	HTFZH01	10～20	0.049	0.003	8.35	1.10	0.26	0.05	3
2015－12	HTFZH01	20～40	0.049	0.006	8.55	0.97	0.26	0.06	3
2015－12	HTFZH01	40～60	0.040	0.013	7.86	0.59	0.36	0.09	3
2015－12	HTFZH01	60～80	0.047	0.006	8.09	0.61	0.37	0.05	3

表 3－139　会同常绿阔叶林综合观测场剖面土壤矿质全量

| 年－月 | 样地代码 | 观测层次/cm | SiO₂/% | | Fe₂O₃/% | | MnO/% | |
			平均值	标准差	平均值	标准差	平均值	标准差
2015－12	HTFZH02	0～10	60.43	2.86	4.90	0.36	0.026	0.002
2015－12	HTFZH02	10～20	63.40	0.88	5.46	0.23	0.024	0.005
2015－12	HTFZH02	20～40	63.85	1.11	5.51	0.36	0.023	0.002
2015－12	HTFZH02	40～60	63.23	3.52	5.87	0.82	0.023	0.001
2015－12	HTFZH02	60～80	61.75	2.95	6.20	0.67	0.026	0.002

（续）

年-月	样地代码	观测层次/cm	TiO₂/%		Al₂O₃/%		CaO/%	
			平均值	标准差	平均值	标准差	平均值	标准差
2015 - 12	HTFZH02	0～10	0.779	0.040	16.416	1.353	0.123	0.055
2015 - 12	HTFZH02	10～20	0.825	0.047	17.962	0.796	0.083	0.012
2015 - 12	HTFZH02	20～40	0.826	0.041	18.042	0.644	0.075	0.018
2015 - 12	HTFZH02	40～60	0.839	0.052	18.532	1.055	0.049	0.028
2015 - 12	HTFZH02	60～80	0.806	0.053	19.277	0.915	0.064	0.023

年-月	样地代码	观测层次/cm	MgO/%		K₂O/%		Na₂O/%	
			平均值	标准差	平均值	标准差	平均值	标准差
2015 - 12	HTFZH02	0～10	0.542	0.024	2.150	0.183	0.185	0.031
2015 - 12	HTFZH02	10～20	0.569	0.025	2.310	0.069	0.184	0.054
2015 - 12	HTFZH02	20～40	0.574	0.031	2.263	0.028	0.143	0.011
2015 - 12	HTFZH02	40～60	0.587	0.062	2.268	0.017	0.127	0.048
2015 - 12	HTFZH02	60～80	0.617	0.048	2.425	0.101	0.151	0.022

年-月	样地代码	观测层次/cm	P₂O₅/%		LOI/%		S/（g/kg）		重复数
			平均值	标准差	平均值	标准差	平均值	标准差	
2015 - 12	HTFZH02	0～10	0.069	0.011	15.02	3.88	0.37	0.08	3
2015 - 12	HTFZH02	10～20	0.044	0.004	9.32	0.63	0.22	0.01	3
2015 - 12	HTFZH02	20～40	0.042	0.004	8.77	0.45	0.22	0.02	3
2015 - 12	HTFZH02	40～60	0.037	0.007	8.58	0.53	0.24	0.03	3
2015 - 12	HTFZH02	60～80	0.041	0.003	8.36	0.42	0.22	0.06	3

表 3 - 140　会同杉木人工林 1 号辅助观测场剖面土壤矿质全量

年-月	样地代码	观测层次/cm	SiO₂/%		Fe₂O₃/%		MnO/%	
			平均值	标准差	平均值	标准差	平均值	标准差
2015 - 12	HTFFZ01	0～10	62.93	2.35	5.58	0.64	0.021	0.006
2015 - 12	HTFFZ01	10～20	63.94	2.20	5.78	0.66	0.021	0.001
2015 - 12	HTFFZ01	20～40	62.61	3.16	6.07	0.78	0.020	0.002
2015 - 12	HTFFZ01	40～60	61.35	2.73	6.89	0.48	0.022	0.002
2015 - 12	HTFFZ01	60～80	61.91	1.14	6.77	0.42	0.023	0.004

年-月	样地代码	观测层次/cm	TiO₂/%		Al₂O₃/%		CaO/%	
			平均值	标准差	平均值	标准差	平均值	标准差
2015 - 12	HTFFZ01	0～10	0.915	0.032	17.823	1.487	0.095	0.027
2015 - 12	HTFFZ01	10～20	0.938	0.023	18.406	1.500	0.087	0.020
2015 - 12	HTFFZ01	20～40	0.937	0.023	19.101	1.789	0.103	0.034
2015 - 12	HTFFZ01	40～60	0.904	0.060	20.289	1.900	0.076	0.008
2015 - 12	HTFFZ01	60～80	0.881	0.044	20.462	1.100	0.085	0.022

（续）

年-月	样地代码	观测层次/cm	MgO/%		K₂O/%		Na₂O/%	
			平均值	标准差	平均值	标准差	平均值	标准差
2015 - 12	HTFFZ01	0~10	0.519	0.016	2.206	0.146	0.174	0.005
2015 - 12	HTFFZ01	10~20	0.539	0.031	2.273	0.168	0.179	0.004
2015 - 12	HTFFZ01	20~40	0.547	0.020	2.398	0.234	0.205	0.024
2015 - 12	HTFFZ01	40~60	0.556	0.051	2.603	0.196	0.172	0.028
2015 - 12	HTFFZ01	60~80	0.526	0.034	2.677	0.225	0.192	0.021

年-月	样地代码	观测层次/cm	P₂O₅/%		LOI/%		S/(g/kg)		重复数
			平均值	标准差	平均值	标准差	平均值	标准差	
2015 - 12	HTFFZ01	0~10	0.063	0.008	10.82	0.22	0.30	0.01	3
2015 - 12	HTFFZ01	10~20	0.055	0.009	8.96	0.56	0.28	0.03	3
2015 - 12	HTFFZ01	20~40	0.053	0.005	8.40	0.82	0.34	0.07	3
2015 - 12	HTFFZ01	40~60	0.055	0.012	7.94	0.21	0.41	0.07	3
2015 - 12	HTFFZ01	60~80	0.070	0.012	7.89	0.52	0.29	0.06	3

3.3　水分观测数据

3.3.1　土壤含水量数据集（体积含水量、质量含水量）

3.3.1.1　概述

　　森林土壤含水量的长期监测为监测土层部分活跃根区参与吸取土壤水分提供信息，同时在地-气界面间物质、能量交换中起到重要作用，是森林植被生长发育的基础条件和植物蒸腾作用的基本支撑条件。会同站森林土壤含水量观测数据集为 3 个常规监测点 2009—2015 年观测的月尺度数据，包括土壤体积含水量、土壤质量含水量。

3.3.1.2　数据采集和处理方法

　　本数据集为会同站 3 个常规样地监测点 2009—2015 年观测的土壤含水量数据；体积含水量每个常规样地有 5 个平行观测点，观测频率为 5~10 天 1 次；质量含水量每个常规样地有 1 个观测点，观测频率为 1 月 1 次。3 个常规样地监测点分别为会同杉木人工林综合观测场烘干法土壤含水量监测区（HTFZH01CHG_01）、会同常绿阔叶林综合观测场烘干法土壤含水量监测区（HTFZH02CHG_01）、会同气象观测场烘干法土壤含水量监测区（HTFQX01CHG_01）。

　　会同站 2009—2015 年土壤含水量观测数据中，土壤体积含水量使用 Diviner 2000 土壤水分廓线仪测定，土壤质量含水量使用烘干法进行测定（表 3 - 141）。

表 3 - 141　会同站土壤含水量监测使用仪器和质量控制表

项目	方法	使用仪器	质量控制
土壤体积含水量	土壤介电常数变化法	Diviner 2000	标定管标定
土壤质量含水量	烘干法	天平、烘箱等	3 份平行测定

3.3.1.3　数据质量控制和评估

　　数据质量控制主要针对原始监测数据和实验室分析数据的定期获取整理、数据分析、数据评估、数据清洗、数据监控、错误预警等。会同站的野外观测数据和实验室分析数据都由长期工作在本站的专业人员进行观测。数据整理和入库质量控制方面：对各种原始数据进行定期收集、测试分析、整理结果、检测数据可靠性、变换统一格式。运用质量控制方法，包括极值检测、内部一致性检测等去除随机和系统误差，保证数据质量。根据水分中心制定的元数据标准格式，由会同站工作人员进行填报，并请相关领域专家对数据进行审核。

3.3.1.4 数据使用方法和建议

会同站长期监测和积累的土壤含水量观测资料，表征了不同年份森林各类植物生长对土壤各层次水分需求的变化规律，也为用水量平衡法计算森林水分蒸散提供基础数据。

3.3.1.5 数据

见表 3-142，表 3-143。

表 3-142　2009—2015 年土壤体积含水量观测数据

年-月	探测深度/cm	HTFQX01			HTFZH01			HTFZH02		
		体积含水量/%	重复数	标准差	体积含水量/%	重复数	标准差	体积含水量/%	重复数	标准差
2009-01	10	29.8	25	2.25	23.3	25	4.86	19.0	25	3.97
2009-01	20	28.8	25	5.85	27.4	25	1.51	23.5	25	2.75
2009-01	30	26.7	25	6.80	29.8	25	2.09	23.4	25	1.45
2009-01	40	27.2	25	7.05	29.5	25	2.71	23.5	25	2.15
2009-01	50	27.1	25	5.23	29.6	25	2.30	23.7	25	4.75
2009-01	60	26.5	25	5.38	28.8	25	2.61	24.8	25	4.87
2009-01	70	30.6	25	1.58	26.8	25	3.90	25.2	25	3.60
2009-01	80	31.6	25	1.37	25.2	25	4.93	24.8	25	3.35
2009-01	90	29.0	25	5.98	27.7	25	2.84	24.6	25	3.30
2009-01	100	29.1	25	5.22	26.6	25	2.73	26.3	25	2.51
2009-02	10	31.2	25	2.25	26.0	25	4.47	19.6	25	3.67
2009-02	20	30.3	25	6.16	30.2	25	1.36	24.5	25	3.59
2009-02	30	29.4	25	6.23	32.2	25	1.76	25.0	25	2.40
2009-02	40	29.0	25	6.76	31.6	25	2.65	25.3	25	2.51
2009-02	50	29.6	25	5.02	31.5	25	2.30	25.7	25	4.89
2009-02	60	29.6	25	5.35	30.7	25	2.71	26.8	25	4.99
2009-02	70	32.6	25	1.49	28.6	25	3.87	27.0	25	3.74
2009-02	80	33.5	25	1.43	27.2	25	4.65	26.2	25	3.46
2009-02	90	30.6	25	6.30	29.5	25	2.53	25.9	25	3.44
2009-02	100	30.8	25	5.61	28.4	25	2.41	27.6	25	2.68
2009-03	10	30.6	20	2.60	26.3	20	4.04	23.3	20	3.68
2009-03	20	29.7	20	6.24	30.3	20	1.79	26.5	20	3.92

（续）

年-月	探测深度/cm	HTFQX01			HTFZH01			HTFZH02		
		体积含水量/%	重复数	标准差	体积含水量/%	重复数	标准差	体积含水量/%	重复数	标准差
2009-03	30	28.8	20	6.42	32.2	20	1.79	27.0	20	2.54
2009-03	40	28.6	20	6.84	31.3	20	2.69	27.5	20	2.46
2009-03	50	29.3	20	5.13	31.3	20	2.43	27.8	20	3.90
2009-03	60	28.5	20	5.26	30.6	20	2.72	28.8	20	3.76
2009-03	70	32.4	20	1.33	28.8	20	4.06	29.4	20	2.80
2009-03	80	33.3	20	1.31	27.4	20	4.82	28.8	20	2.51
2009-03	90	30.4	20	6.14	29.8	20	2.90	28.5	20	2.42
2009-03	100	30.7	20	5.37	28.7	20	2.75	29.9	20	1.77
2009-04	10	32.6	25	2.00	27.6	25	3.65	26.9	25	2.47
2009-04	20	30.7	25	6.07	31.2	25	1.35	28.7	25	3.43
2009-04	30	29.7	25	6.23	32.8	25	1.41	28.9	25	2.07
2009-04	40	29.6	25	6.49	31.9	25	2.36	29.0	25	1.67
2009-04	50	30.1	25	4.85	32.0	25	2.10	28.9	25	3.51
2009-04	60	29.2	25	5.21	31.4	25	2.36	29.8	25	3.57
2009-04	70	33.0	25	1.18	29.5	25	3.78	30.4	25	2.73
2009-04	80	33.9	25	1.13	28.1	25	4.58	29.9	25	2.36
2009-04	90	31.1	25	5.81	30.4	25	2.70	29.2	25	2.43
2009-04	100	31.3	25	5.27	29.4	25	2.64	30.4	25	1.96
2009-05	10	33.1	30	2.00	28.1	30	3.85	28.7	30	1.94
2009-05	20	31.0	30	6.03	31.8	30	1.57	29.7	30	2.73
2009-05	30	30.2	30	6.21	33.2	30	1.62	29.2	30	2.02
2009-05	40	29.9	30	6.60	32.3	30	2.61	29.4	30	1.90
2009-05	50	30.5	30	5.04	32.4	30	2.21	29.3	30	3.67
2009-05	60	29.6	30	5.21	31.7	30	2.48	30.2	30	3.63
2009-05	70	33.4	30	1.47	29.8	30	3.83	30.8	30	2.66
2009-05	80	34.3	30	1.35	28.5	30	4.50	30.1	30	2.43
2009-05	90	31.4	30	5.99	30.8	30	2.79	29.9	30	2.30
2009-05	100	31.6	30	5.36	29.8	30	2.76	31.2	30	1.47
2009-06	10	28.8	30	4.42	27.3	30	3.78	24.4	30	5.42
2009-06	20	28.8	30	7.06	31.1	30	1.60	26.7	30	3.85
2009-06	30	28.2	30	7.14	32.7	30	1.78	26.2	30	3.24

（续）

年-月	探测 深度/cm	HTFQX01			HTFZH01			HTFZH02		
		体积含 水量/%	重复数	标准差	体积含 水量/%	重复数	标准差	体积含 水量/%	重复数	标准差
2009 – 06	40	28.4	30	7.36	31.8	30	2.81	26.7	30	3.13
2009 – 06	50	29.0	30	5.53	31.8	30	2.35	27.0	30	5.00
2009 – 06	60	28.5	30	5.41	31.1	30	2.70	28.1	30	5.01
2009 – 06	70	32.7	30	1.34	29.2	30	3.95	28.7	30	3.85
2009 – 06	80	33.8	30	1.24	28.0	30	4.54	28.1	30	3.63
2009 – 06	90	30.9	30	6.00	30.3	30	2.79	27.9	30	3.45
2009 – 06	100	31.1	30	5.40	29.2	30	2.71	29.6	30	2.19
2009 – 07	10	27.3	35	6.06	25.2	35	5.26	18.4	35	6.33
2009 – 07	20	27.7	35	7.77	29.6	35	3.24	22.9	35	4.42
2009 – 07	30	27.2	35	8.05	31.4	35	2.95	23.2	35	3.83
2009 – 07	40	27.2	35	8.17	31.1	35	3.09	24.3	35	3.68
2009 – 07	50	28.0	35	6.43	31.2	35	2.71	24.7	35	5.36
2009 – 07	60	27.6	35	6.06	30.5	35	2.97	26.1	35	5.50
2009 – 07	70	31.8	35	2.09	28.6	35	4.14	26.7	35	4.54
2009 – 07	80	33.2	35	1.74	27.4	35	4.73	26.0	35	4.23
2009 – 07	90	30.5	35	6.16	29.7	35	3.01	25.9	35	4.21
2009 – 07	100	30.8	35	5.43	28.7	35	2.94	27.7	35	2.89
2009 – 08	10	24.0	30	5.76	22.4	30	5.76	13.8	30	5.08
2009 – 08	20	26.0	30	7.98	27.6	30	3.97	19.4	30	3.08
2009 – 08	30	26.0	30	8.37	30.5	30	3.43	20.2	30	3.11
2009 – 08	40	26.2	30	8.87	30.7	30	3.36	21.7	30	3.38
2009 – 08	50	27.3	30	7.03	31.0	30	2.83	22.3	30	5.28
2009 – 08	60	26.8	30	6.80	30.4	30	3.24	23.9	30	5.68
2009 – 08	70	31.2	30	2.87	28.5	30	4.29	24.6	30	4.53
2009 – 08	80	33.1	30	2.23	27.3	30	4.96	24.1	30	4.18
2009 – 08	90	30.6	30	6.29	29.7	30	3.13	24.2	30	4.35
2009 – 08	100	30.9	30	5.50	28.8	30	3.13	26.3	30	3.02
2009 – 09	10	17.6	25	3.92	15.2	25	5.18	10.3	25	3.71
2009 – 09	20	22.0	25	6.91	19.4	25	3.87	16.2	25	1.66
2009 – 09	30	22.9	25	8.27	24.5	25	3.56	16.8	25	2.11
2009 – 09	40	23.2	25	8.59	26.8	25	3.37	17.9	25	2.62

（续）

年-月	探测深度/cm	HTFQX01			HTFZH01			HTFZH02		
		体积含水量/%	重复数	标准差	体积含水量/%	重复数	标准差	体积含水量/%	重复数	标准差
2009 - 09	50	24.2	25	8.04	28.2	25	2.71	18.4	25	4.21
2009 - 09	60	23.7	25	7.81	27.3	25	3.21	19.9	25	4.81
2009 - 09	70	28.0	25	3.78	25.7	25	4.23	21.1	25	3.83
2009 - 09	80	30.5	25	3.11	24.4	25	5.05	20.6	25	3.18
2009 - 09	90	28.9	25	6.40	27.0	25	2.93	21.3	25	3.68
2009 - 09	100	29.1	25	6.01	25.8	25	2.80	23.5	25	2.72
2009 - 10	10	19.8	30	5.97	14.4	30	5.51	10.4	30	3.94
2009 - 10	20	23.3	30	7.91	17.9	30	4.84	16.0	30	2.14
2009 - 10	30	23.3	30	8.55	22.8	30	4.64	16.4	30	2.59
2009 - 10	40	23.2	30	8.75	25.1	30	3.88	17.4	30	2.98
2009 - 10	50	23.8	30	7.99	26.7	30	3.20	17.9	30	4.30
2009 - 10	60	23.1	30	7.82	25.7	30	3.69	19.0	30	4.83
2009 - 10	70	27.3	30	3.96	24.2	30	4.80	20.0	30	3.73
2009 - 10	80	29.7	30	3.46	22.9	30	5.33	19.3	30	2.95
2009 - 10	90	28.2	30	6.65	25.7	30	3.19	20.0	30	3.38
2009 - 10	100	28.3	30	6.32	24.3	30	2.93	22.3	30	2.96
2009 - 11	10	20.8	20	3.28	15.2	20	5.11	10.3	20	3.23
2009 - 11	20	24.4	20	7.41	18.7	20	3.71	16.7	20	1.51
2009 - 11	30	24.1	20	8.36	23.8	20	3.73	16.7	20	2.27
2009 - 11	40	23.9	20	8.63	25.6	20	3.72	17.4	20	2.84
2009 - 11	50	24.2	20	7.76	26.9	20	3.06	18.9	20	3.31
2009 - 11	60	23.3	20	7.60	25.9	20	3.64	20.1	20	3.61
2009 - 11	70	27.4	20	3.69	24.3	20	4.75	20.8	20	2.79
2009 - 11	80	29.8	20	3.18	22.8	20	5.34	19.8	20	2.30
2009 - 11	90	28.4	20	6.12	25.5	20	3.14	20.2	20	3.07
2009 - 11	100	28.2	20	6.33	24.2	20	2.91	21.4	20	2.79
2009 - 12	10	26.5	25	4.89	18.5	25	5.54	13.0	25	4.07
2009 - 12	20	27.6	25	8.20	22.4	25	4.42	19.0	25	3.46
2009 - 12	30	26.7	25	8.62	26.6	25	4.43	18.9	25	3.87
2009 - 12	40	26.1	25	8.98	27.6	25	4.14	19.7	25	4.03
2009 - 12	50	25.9	25	7.37	28.2	25	3.29	20.0	25	5.37

（续）

年-月	探测深度/cm	HTFQX01			HTFZH01			HTFZH02		
		体积含水量/%	重复数	标准差	体积含水量/%	重复数	标准差	体积含水量/%	重复数	标准差
2009 - 12	60	24.9	25	7.07	27.1	25	3.69	20.7	25	5.57
2009 - 12	70	28.8	25	3.57	25.2	25	4.70	21.1	25	4.00
2009 - 12	80	30.7	25	2.91	23.6	25	5.34	20.2	25	3.28
2009 - 12	90	28.8	25	6.48	26.0	25	3.25	20.6	25	3.65
2009 - 12	100	28.8	25	6.23	24.6	25	3.02	22.6	25	3.28
2010 - 01	10	28.6	30	3.29	21.3	30	5.10	13.7	30	3.90
2010 - 01	20	29.5	30	7.56	25.6	30	3.25	19.6	30	2.62
2010 - 01	30	28.6	30	7.68	29.3	30	3.66	19.4	30	3.26
2010 - 01	40	27.9	30	8.57	29.7	30	3.70	20.3	30	3.44
2010 - 01	50	27.8	30	6.61	30.0	30	3.12	21.0	30	5.23
2010 - 01	60	27.0	30	6.20	29.1	30	3.61	22.1	30	5.57
2010 - 01	70	31.1	30	2.80	27.0	30	4.52	22.4	30	4.14
2010 - 01	80	32.7	30	2.38	25.2	30	5.34	21.5	30	3.41
2010 - 01	90	30.1	30	6.71	27.6	30	3.29	21.9	30	3.83
2010 - 01	100	30.0	30	6.44	26.2	30	3.11	23.9	30	3.23
2010 - 02	10	26.1	25	2.90	19.6	25	5.86	11.6	25	3.78
2010 - 02	20	28.0	25	6.76	23.9	25	3.92	17.6	25	2.06
2010 - 02	30	27.4	25	7.20	28.1	25	3.63	17.7	25	2.82
2010 - 02	40	27.0	25	8.06	28.8	25	3.46	18.7	25	3.17
2010 - 02	50	27.1	25	6.22	29.3	25	2.87	19.6	25	4.91
2010 - 02	60	26.4	25	6.02	28.4	25	3.40	20.8	25	5.31
2010 - 02	70	30.5	25	2.54	26.3	25	4.50	21.4	25	4.00
2010 - 02	80	32.2	25	2.10	24.5	25	5.42	20.6	25	3.22
2010 - 02	90	29.6	25	6.59	27.1	25	3.24	21.1	25	3.72
2010 - 02	100	29.5	25	6.25	25.7	25	3.13	23.1	25	3.13
2010 - 03	10	27.4	21	3.63	20.2	22	6.02	12.1	20	3.89
2010 - 03	20	28.5	21	7.41	23.8	22	4.06	18.1	20	2.66
2010 - 03	30	27.9	21	7.58	28.2	22	3.75	18.1	20	3.26
2010 - 03	40	27.2	21	8.33	28.8	22	3.56	19.5	20	3.63
2010 - 03	50	27.4	21	6.39	29.4	22	3.06	20.5	20	5.31
2010 - 03	60	26.6	21	6.04	28.5	22	3.60	21.6	20	5.70

（续）

年-月	探测深度/cm	HTFQX01			HTFZH01			HTFZH02		
		体积含水量/%	重复数	标准差	体积含水量/%	重复数	标准差	体积含水量/%	重复数	标准差
2010-03	70	30.2	21	3.76	26.2	22	4.80	22.2	20	4.13
2010-03	80	31.9	21	3.39	24.6	22	5.41	21.2	20	3.40
2010-03	90	29.6	21	6.72	27.3	22	3.36	21.6	20	3.60
2010-03	100	29.5	21	6.57	25.9	22	3.22	23.7	20	3.13
2010-04	10	31.5	20	2.81	24.7	20	4.49	23.7	25	3.04
2010-04	20	30.7	20	6.53	29.3	20	2.27	27.2	25	3.50
2010-04	30	30.0	20	6.85	32.3	20	1.93	26.4	25	3.76
2010-04	40	29.6	20	7.62	32.0	20	2.70	27.9	25	2.35
2010-04	50	29.7	20	6.00	32.1	20	2.60	28.1	25	4.32
2010-04	60	29.4	20	5.66	31.6	20	2.81	29.4	25	4.33
2010-04	70	32.9	20	2.18	29.5	20	4.47	29.5	25	3.65
2010-04	80	34.3	20	1.67	28.1	20	4.97	28.2	25	3.87
2010-04	90	31.6	20	6.21	30.8	20	3.04	27.3	25	4.02
2010-04	100	31.8	20	5.56	29.7	20	2.92	28.2	25	3.09
2010-05	10	29.7	25	3.99	24.2	25	4.57	24.3	25	4.11
2010-05	20	29.6	25	7.24	28.7	25	2.46	27.1	25	3.06
2010-05	30	28.9	25	7.44	31.7	25	2.01	26.1	25	3.34
2010-05	40	29.0	25	7.70	31.5	25	2.84	27.4	25	2.59
2010-05	50	29.4	25	5.72	31.7	25	2.63	27.7	25	4.03
2010-05	60	28.9	25	5.58	31.1	25	2.91	29.0	25	4.21
2010-05	70	32.6	25	1.65	29.2	25	4.41	29.2	25	3.39
2010-05	80	34.0	25	1.36	27.9	25	4.88	28.4	25	3.26
2010-05	90	31.4	25	5.84	30.5	25	3.07	27.9	25	3.29
2010-05	100	31.6	25	5.34	29.5	25	2.96	29.0	25	2.40
2010-06	10	32.5	25	2.66	26.5	25	4.02	30.0	25	2.01
2010-06	20	31.4	25	6.58	30.4	25	2.10	30.5	25	2.16
2010-06	30	30.6	25	6.73	33.0	25	1.75	29.1	25	2.76
2010-06	40	30.4	25	7.20	32.6	25	2.76	30.2	25	1.99
2010-06	50	30.7	25	5.75	32.9	25	2.57	30.0	25	3.48
2010-06	60	30.3	25	5.64	32.3	25	2.82	31.2	25	3.60
2010-06	70	33.9	25	1.42	30.3	25	4.40	31.6	25	2.57

（续）

年-月	探测深度/cm	HTFQX01			HTFZH01			HTFZH02		
		体积含水量/%	重复数	标准差	体积含水量/%	重复数	标准差	体积含水量/%	重复数	标准差
2010 - 06	80	35.1	25	1.18	29.0	25	4.80	31.1	25	2.31
2010 - 06	90	32.5	25	5.87	31.5	25	3.04	30.9	25	2.30
2010 - 06	100	32.5	25	5.60	30.5	25	3.00	32.2	25	1.43
2010 - 07	10	28.2	20	7.40	24.9	20	6.19	23.5	20	7.99
2010 - 07	20	29.1	20	9.46	29.7	20	4.25	25.4	20	6.17
2010 - 07	30	29.0	20	9.53	33.2	20	3.74	24.6	20	5.48
2010 - 07	40	29.2	20	9.16	33.0	20	4.05	25.9	20	5.11
2010 - 07	50	30.4	20	6.87	33.4	20	3.69	26.4	20	6.37
2010 - 07	60	30.0	20	6.67	32.7	20	4.01	28.1	20	6.31
2010 - 07	70	33.9	20	3.07	30.7	20	5.12	28.6	20	5.71
2010 - 07	80	35.6	20	2.83	29.1	20	5.59	28.4	20	5.33
2010 - 07	90	32.9	20	6.58	31.9	20	3.93	28.5	20	5.29
2010 - 07	100	33.1	20	6.00	30.9	20	3.85	30.4	20	4.15
2010 - 08	10	20.8	25	6.58	17.4	25	6.15	12.0	25	3.57
2010 - 08	20	22.9	25	8.31	21.6	25	4.69	17.0	25	2.75
2010 - 08	30	23.3	25	9.02	26.1	25	4.09	17.6	25	2.99
2010 - 08	40	23.4	25	9.15	27.4	25	3.60	19.1	25	2.98
2010 - 08	50	24.4	25	8.33	28.4	25	3.03	19.7	25	4.51
2010 - 08	60	23.7	25	8.06	27.5	25	3.28	21.2	25	4.97
2010 - 08	70	27.8	25	4.40	25.7	25	4.49	22.2	25	4.35
2010 - 08	80	30.3	25	3.42	24.3	25	5.27	21.8	25	3.72
2010 - 08	90	28.8	25	6.57	26.9	25	3.24	22.3	25	3.97
2010 - 08	100	29.1	25	6.14	25.8	25	3.15	24.3	25	2.85
2010 - 09	10	18.5	20	4.20	14.6	20	5.78	10.7	20	3.23
2010 - 09	20	21.5	20	7.29	18.8	20	5.18	15.8	20	2.04
2010 - 09	30	22.9	20	8.62	24.0	20	5.07	16.3	20	2.29
2010 - 09	40	23.2	20	8.86	26.1	20	4.36	17.3	20	2.48
2010 - 09	50	24.5	20	8.38	27.9	20	3.47	18.1	20	4.12
2010 - 09	60	23.9	20	8.22	27.4	20	3.68	19.5	20	4.57
2010 - 09	70	27.9	20	4.55	25.6	20	4.70	20.8	20	4.19
2010 - 09	80	30.4	20	3.45	24.3	20	5.33	20.4	20	3.46

（续）

年-月	探测深度/cm	HTFQX01			HTFZH01			HTFZH02		
		体积含水量/%	重复数	标准差	体积含水量/%	重复数	标准差	体积含水量/%	重复数	标准差
2010-09	90	29.2	20	6.62	27.0	20	3.21	21.3	20	3.93
2010-09	100	29.3	20	6.33	25.7	20	3.06	23.5	20	3.00
2010-10	10	30.5	20	3.01	23.8	20	4.15	16.1	22	4.06
2010-10	20	29.6	20	6.73	28.0	20	2.75	20.5	22	3.97
2010-10	30	29.2	20	6.86	31.5	20	2.25	20.3	22	3.84
2010-10	40	28.7	20	7.66	31.3	20	3.09	21.3	22	3.12
2010-10	50	28.8	20	6.36	31.5	20	2.81	21.9	22	5.30
2010-10	60	28.1	20	6.26	30.8	20	3.14	22.8	22	5.11
2010-10	70	31.8	20	2.66	28.6	20	4.56	23.1	22	4.15
2010-10	80	33.5	20	2.06	27.4	20	5.07	22.4	22	3.38
2010-10	90	30.9	20	6.59	29.8	20	3.16	22.9	22	3.59
2010-10	100	31.0	20	6.12	28.6	20	2.95	24.7	22	2.78
2010-11	10	26.8	20	4.67	19.2	20	5.72	12.0	20	2.93
2010-11	20	27.0	20	8.04	23.9	20	3.87	17.1	20	2.02
2010-11	30	26.7	20	8.27	28.5	20	3.20	17.4	20	2.53
2010-11	40	26.7	20	8.31	29.3	20	3.14	18.4	20	2.44
2010-11	50	27.3	20	6.61	30.1	20	2.72	19.3	20	4.31
2010-11	60	26.8	20	6.43	29.4	20	3.23	20.7	20	4.56
2010-11	70	30.8	20	2.38	27.4	20	4.43	21.7	20	3.81
2010-11	80	32.9	20	1.47	26.4	20	4.90	21.0	20	3.15
2010-11	90	30.5	20	5.86	28.8	20	3.12	21.8	20	3.65
2010-11	100	30.4	20	5.88	27.7	20	3.12	23.7	20	3.09
2010-12	10	30.4	20	2.94	23.3	20	5.05	16.7	20	4.76
2010-12	20	29.2	20	6.96	27.6	20	3.61	21.1	20	4.79
2010-12	30	28.5	20	7.53	30.6	20	3.16	20.9	20	4.77
2010-12	40	28.3	20	7.89	30.5	20	3.21	22.5	20	4.50
2010-12	50	28.5	20	6.10	30.8	20	2.76	23.3	20	5.71
2010-12	60	27.9	20	5.87	30.0	20	3.23	24.8	20	5.84
2010-12	70	31.4	20	2.43	28.0	20	4.39	25.3	20	5.01
2010-12	80	32.9	20	1.83	26.7	20	4.97	24.4	20	4.51
2010-12	90	30.3	20	6.34	29.2	20	3.16	24.5	20	4.54

（续）

年-月	探测深度/cm	HTFQX01			HTFZH01			HTFZH02		
		体积含水量/%	重复数	标准差	体积含水量/%	重复数	标准差	体积含水量/%	重复数	标准差
2010-12	100	30.5	20	5.69	28.0	20	3.19	25.9	20	3.88
2011-01	10	31.1	10	2.31	25.8	8	3.63	20.2	10	3.64
2011-01	20	29.8	10	6.06	28.9	8	2.91	24.2	10	3.30
2011-01	30	29.3	10	6.42	31.5	8	2.44	23.7	10	3.01
2011-01	40	29.0	10	6.90	30.8	8	2.82	25.1	10	1.67
2011-01	50	29.5	10	5.24	30.9	8	2.66	25.9	10	3.88
2011-01	60	28.9	10	5.41	30.6	8	3.21	27.2	10	3.89
2011-01	70	32.4	10	1.58	27.4	8	3.94	27.1	10	3.45
2011-01	80	33.6	10	1.29	26.0	8	4.18	26.2	10	3.27
2011-01	90	30.9	10	6.02	29.1	8	2.93	25.9	10	3.77
2011-01	100	31.0	10	5.43	28.2	8	3.30	27.1	10	3.31
2011-02	10	30.2	15	2.45	24.0	15	4.11	19.8	15	3.41
2011-02	20	29.4	15	6.25	28.7	15	2.66	24.3	15	3.65
2011-02	30	28.8	15	6.76	31.5	15	2.19	23.8	15	3.30
2011-02	40	28.6	15	6.98	31.2	15	2.96	25.3	15	2.27
2011-02	50	29.1	15	5.33	31.4	15	2.72	26.1	15	4.85
2011-02	60	28.8	15	5.54	30.9	15	2.85	27.7	15	4.85
2011-02	70	32.3	15	1.61	28.8	15	4.46	27.8	15	4.12
2011-02	80	33.6	15	1.32	27.7	15	4.82	27.0	15	3.56
2011-02	90	30.9	15	6.04	30.2	15	2.93	26.6	15	3.77
2011-02	100	31.1	15	5.44	29.1	15	3.06	27.9	15	2.71
2011-03	10	30.6	30	2.55	24.1	30	4.02	20.1	30	3.45
2011-03	20	29.5	30	6.14	28.6	30	2.70	23.7	30	3.20
2011-03	30	28.9	30	6.57	31.4	30	2.20	22.8	30	3.00
2011-03	40	28.8	30	6.87	31.0	30	2.86	23.9	30	2.29
2011-03	50	29.1	30	5.20	31.2	30	2.69	24.6	30	4.75
2011-03	60	28.6	30	5.53	30.6	30	2.77	26.2	30	4.91
2011-03	70	32.2	30	1.53	28.5	30	4.29	26.2	30	4.13
2011-03	80	33.4	30	1.25	27.4	30	4.73	25.7	30	3.70
2011-03	90	30.7	30	5.83	29.8	30	2.88	25.6	30	3.92
2011-03	100	31.0	30	5.15	28.7	30	3.01	27.0	30	3.00

（续）

年-月	探测深度/cm	HTFQX01			HTFZH01			HTFZH02		
		体积含水量/%	重复数	标准差	体积含水量/%	重复数	标准差	体积含水量/%	重复数	标准差
2011-04	10	26.9	20	6.93	23.7	20	4.71	18.5	20	4.97
2011-04	20	27.1	20	8.62	28.1	20	3.25	22.3	20	4.63
2011-04	30	27.0	20	8.77	30.9	20	2.65	21.6	20	4.04
2011-04	40	27.3	20	8.81	30.8	20	3.09	22.8	20	3.55
2011-04	50	28.8	20	5.41	31.0	20	2.94	23.7	20	5.44
2011-04	60	28.1	20	5.48	30.4	20	3.04	25.3	20	5.62
2011-04	70	31.7	20	2.17	28.5	20	4.41	25.3	20	4.91
2011-04	80	33.1	20	1.90	27.1	20	5.04	24.8	20	4.30
2011-04	90	30.5	20	5.94	29.7	20	3.17	24.9	20	4.24
2011-04	100	30.7	20	5.40	28.7	20	3.26	26.4	20	2.93
2011-05	10	28.5	20	4.47	24.1	20	4.47	21.0	20	4.15
2011-05	20	28.4	20	7.36	29.0	20	2.52	25.0	20	3.93
2011-05	30	28.0	20	7.66	31.7	20	2.33	24.5	20	3.96
2011-05	40	28.1	20	7.96	31.3	20	2.84	25.9	20	2.96
2011-05	50	28.8	20	5.60	31.5	20	2.62	26.6	20	4.44
2011-05	60	28.6	20	5.35	31.1	20	2.65	28.1	20	4.18
2011-05	70	32.1	20	1.88	28.9	20	4.35	28.3	20	3.86
2011-05	80	33.6	20	1.38	27.7	20	4.75	27.9	20	3.37
2011-05	90	31.0	20	5.82	30.2	20	3.00	27.8	20	3.73
2011-05	100	31.1	20	5.45	29.2	20	2.97	29.2	20	2.83
2011-06	10	30.8	20	3.93	25.8	20	3.99	24.4	20	3.40
2011-06	20	29.9	20	7.93	30.1	20	2.62	26.2	20	4.41
2011-06	30	29.3	20	7.99	32.5	20	2.21	25.3	20	4.14
2011-06	40	29.2	20	8.29	32.4	20	2.76	26.3	20	2.83
2011-06	50	29.8	20	5.81	32.5	20	2.58	26.7	20	5.04
2011-06	60	29.3	20	5.42	32.0	20	2.60	27.9	20	5.09
2011-06	70	32.8	20	2.11	29.9	20	4.09	28.0	20	4.87
2011-06	80	34.5	20	1.37	28.4	20	4.72	27.5	20	4.42
2011-06	90	32.1	20	5.39	31.0	20	2.78	27.4	20	4.57
2011-06	100	31.8	20	5.92	30.1	20	2.75	28.8	20	3.03
2011-07	10	24.4	25	7.48	21.1	25	7.23	17.4	22	7.63

（续）

年-月	探测深度/cm	HTFQX01			HTFZH01			HTFZH02		
		体积含水量/%	重复数	标准差	体积含水量/%	重复数	标准差	体积含水量/%	重复数	标准差
2011 - 07	20	25.4	25	8.74	25.8	25	6.38	20.7	22	5.94
2011 - 07	30	25.8	25	9.10	29.6	25	5.01	20.8	22	5.40
2011 - 07	40	26.6	25	8.92	30.6	25	4.26	21.7	22	5.36
2011 - 07	50	28.3	25	6.72	31.4	25	3.57	22.7	22	6.89
2011 - 07	60	28.0	25	6.56	30.9	25	3.69	24.1	22	7.15
2011 - 07	70	32.0	25	3.15	28.8	25	4.94	25.0	22	6.58
2011 - 07	80	34.0	25	2.24	27.6	25	5.31	24.7	22	5.96
2011 - 07	90	31.7	25	6.09	30.3	25	3.60	25.2	22	5.59
2011 - 07	100	31.8	25	5.82	29.3	25	3.64	27.5	22	3.75
2011 - 08	10	19.8	25	5.86	15.0	25	6.77	9.5	25	3.46
2011 - 08	20	21.0	25	6.78	18.1	25	5.41	14.7	25	1.81
2011 - 08	30	22.2	25	7.72	22.2	25	4.16	15.0	25	1.89
2011 - 08	40	22.1	25	7.65	24.1	25	3.37	15.6	25	2.16
2011 - 08	50	23.6	25	7.06	25.9	25	3.03	16.4	25	3.61
2011 - 08	60	23.0	25	7.10	25.0	25	3.56	17.8	25	4.47
2011 - 08	70	25.2	25	5.50	23.1	25	5.08	19.0	25	4.19
2011 - 08	80	27.9	25	4.77	22.8	25	4.83	18.4	25	3.31
2011 - 08	90	27.4	25	6.11	25.5	25	3.33	19.6	25	3.69
2011 - 08	100	27.1	25	6.57	24.2	25	3.44	21.9	25	3.00
2011 - 09	10	14.5	25	4.03	8.5	25	3.86	7.5	25	2.90
2011 - 09	20	17.3	25	5.82	11.8	25	4.25	12.4	25	1.36
2011 - 09	30	19.1	25	7.37	16.6	25	4.27	12.9	25	1.67
2011 - 09	40	20.0	25	7.91	20.7	25	3.34	13.4	25	2.06
2011 - 09	50	22.2	25	7.43	23.3	25	3.65	14.0	25	3.18
2011 - 09	60	22.1	25	7.65	22.6	25	4.22	15.3	25	4.23
2011 - 09	70	25.4	25	4.72	21.7	25	5.46	16.3	25	3.79
2011 - 09	80	27.5	25	3.63	21.0	25	5.52	15.6	25	2.68
2011 - 09	90	26.8	25	6.15	24.1	25	3.46	16.6	25	3.09
2011 - 09	100	26.8	25	6.60	22.7	25	3.18	18.9	25	3.67
2011 - 10	10	28.2	20	4.30	19.5	20	4.37	13.2	20	4.27
2011 - 10	20	27.3	20	7.74	24.9	20	4.18	18.7	20	3.52

（续）

年-月	探测深度/cm	HTFQX01			HTFZH01			HTFZH02		
		体积含水量/%	重复数	标准差	体积含水量/%	重复数	标准差	体积含水量/%	重复数	标准差
2011-10	30	26.9	20	8.78	28.9	20	4.15	18.9	20	3.43
2011-10	40	26.7	20	9.26	29.7	20	4.27	20.0	20	3.15
2011-10	50	26.8	20	7.49	30.3	20	3.43	21.0	20	4.70
2011-10	60	25.8	20	7.30	29.7	20	3.40	22.2	20	5.15
2011-10	70	29.8	20	3.77	27.5	20	4.66	22.2	20	4.74
2011-10	80	31.9	20	2.74	26.0	20	5.15	20.7	20	3.97
2011-10	90	29.6	20	6.63	28.3	20	3.20	21.0	20	3.81
2011-10	100	29.7	20	6.27	27.0	20	3.17	22.5	20	3.59
2011-11	10	27.4	25	3.85	19.6	25	4.48	12.8	24	4.13
2011-11	20	27.0	25	7.14	25.4	25	3.45	18.1	24	2.95
2011-11	30	26.8	25	7.72	29.5	25	2.50	18.2	24	2.71
2011-11	40	26.8	25	8.27	30.0	25	3.17	19.1	24	2.40
2011-11	50	27.2	25	6.42	30.4	25	2.76	20.6	24	4.74
2011-11	60	26.6	25	6.06	29.9	25	2.96	22.4	24	5.37
2011-11	70	30.6	25	2.51	27.7	25	4.43	22.7	24	4.73
2011-11	80	32.4	25	1.68	26.5	25	4.79	21.7	24	3.65
2011-11	90	29.9	25	6.12	29.1	25	2.95	22.1	24	3.78
2011-11	100	30.0	25	5.63	28.1	25	2.90	23.5	24	3.24
2011-12	10	27.9	25	3.60	19.7	25	4.40	12.6	25	4.15
2011-12	20	27.1	25	7.38	25.3	25	3.24	17.6	25	2.69
2011-12	30	26.7	25	8.01	29.3	25	2.36	17.5	25	2.39
2011-12	40	26.7	25	8.41	29.7	25	3.17	18.4	25	2.02
2011-12	50	26.9	25	6.33	30.0	25	2.74	19.5	25	4.18
2011-12	60	26.1	25	6.11	29.4	25	2.94	20.9	25	4.78
2011-12	70	30.3	25	2.53	27.2	25	4.39	21.3	25	4.24
2011-12	80	32.0	25	1.88	26.1	25	4.77	20.5	25	3.29
2011-12	90	29.5	25	6.10	28.6	25	2.98	21.0	25	3.52
2011-12	100	29.4	25	6.01	27.5	25	2.98	22.6	25	3.14
2012-01	10	24.7	1	0.00	21.9	15	4.27	12.7	2	3.07
2012-01	20	13.4	1	0.00	26.8	15	3.45	17.6	2	2.27
2012-01	30	12.4	1	0.00	29.9	15	2.81	18.0	2	3.10

（续）

年-月	探测深度/cm	HTFQX01			HTFZH01			HTFZH02		
		体积含水量/%	重复数	标准差	体积含水量/%	重复数	标准差	体积含水量/%	重复数	标准差
2012-01	40	10.8	1	0.00	30.1	15	3.35	18.4	2	2.26
2012-01	50	18.9	1	0.00	30.3	15	3.22	18.2	2	5.92
2012-01	60	22.9	1	0.00	29.8	15	3.29	18.3	2	5.66
2012-01	70	27.1	1	0.00	27.6	15	4.67	19.9	2	5.11
2012-01	80	30.1	1	0.00	26.4	15	5.06	19.0	2	2.80
2012-01	90	19.9	1	0.00	28.9	15	3.51	19.7	2	1.55
2012-01	100	17.9	1	0.00	27.9	15	3.38	22.6	2	3.09
2012-02	10	29.4	15	3.20	21.4	15	3.71	18.4	15	3.73
2012-02	20	28.0	15	6.47	26.0	15	2.63	22.8	15	3.38
2012-02	30	27.6	15	7.07	29.1	15	2.00	22.4	15	3.41
2012-02	40	27.6	15	7.38	29.2	15	2.77	23.2	15	3.05
2012-02	50	27.9	15	5.52	29.3	15	2.52	23.8	15	5.18
2012-02	60	27.2	15	5.77	29.0	15	2.45	24.8	15	5.52
2012-02	70	31.0	15	2.57	26.7	15	4.20	24.6	15	5.03
2012-02	80	32.2	15	2.54	25.6	15	4.46	23.6	15	4.23
2012-02	90	29.6	15	5.98	28.1	15	2.67	23.4	15	4.45
2012-02	100	29.7	15	5.73	27.1	15	2.59	24.5	15	3.77
2012-03	10	28.7	15	2.46	20.9	25	4.37	19.3	15	3.34
2012-03	20	27.3	15	6.09	26.2	25	3.39	23.6	15	3.03
2012-03	30	26.9	15	6.53	29.8	25	2.83	23.0	15	3.20
2012-03	40	27.1	15	6.89	30.1	25	3.34	23.7	15	2.29
2012-03	50	27.3	15	5.04	30.3	25	3.16	24.2	15	4.30
2012-03	60	26.8	15	5.07	29.9	25	3.19	25.1	15	4.79
2012-03	70	30.2	15	1.51	27.8	25	4.52	24.9	15	4.43
2012-03	80	31.3	15	1.19	26.5	25	5.14	23.9	15	3.77
2012-03	90	28.9	15	5.19	29.1	25	3.40	23.5	15	4.05
2012-03	100	28.7	15	5.53	28.2	25	3.28	24.6	15	3.14
2012-04	10	27.7	25	4.16	22.6	25	4.23	17.5	25	3.87
2012-04	20	27.9	25	6.68	27.8	25	2.78	22.2	25	3.62
2012-04	30	27.9	25	7.06	31.0	25	2.08	22.0	25	3.86
2012-04	40	28.1	25	7.13	31.1	25	2.92	22.9	25	3.55

（续）

年-月	探测深度/cm	HTFQX01			HTFZH01			HTFZH02		
		体积含水量/%	重复数	标准差	体积含水量/%	重复数	标准差	体积含水量/%	重复数	标准差
2012-04	50	28.4	25	5.62	31.5	25	2.77	23.9	25	5.19
2012-04	60	27.8	25	5.65	30.9	25	2.63	25.4	25	5.49
2012-04	70	31.1	25	2.59	29.0	25	4.43	25.5	25	5.05
2012-04	80	32.5	25	2.36	27.9	25	4.95	24.9	25	4.35
2012-04	90	30.3	25	5.59	30.3	25	3.03	25.1	25	4.46
2012-04	100	30.5	25	5.19	29.4	25	2.86	26.4	25	3.39
2012-05	10	29.7	25	3.81	22.5	15	4.30	23.1	25	2.47
2012-05	20	28.6	25	6.58	27.7	15	2.60	26.2	25	2.81
2012-05	30	28.4	25	7.02	31.0	15	2.14	25.7	25	3.34
2012-05	40	28.5	25	7.42	30.9	15	3.06	26.6	25	2.80
2012-05	50	29.3	25	5.23	31.3	15	2.76	27.1	25	4.14
2012-05	60	28.6	25	5.22	30.8	15	2.76	28.5	25	4.03
2012-05	70	32.0	25	1.78	28.6	15	4.41	28.6	25	3.73
2012-05	80	33.4	25	1.38	27.4	15	4.77	28.4	25	3.20
2012-05	90	30.8	25	5.85	29.9	15	2.95	28.2	25	3.58
2012-05	100	30.8	25	5.76	28.9	15	2.84	29.5	25	2.63
2012-06	10	27.4	15	4.72	20.5	20	5.28	22.7	15	3.44
2012-06	20	27.6	15	7.43	25.6	20	4.25	25.1	15	3.14
2012-06	30	27.4	15	7.81	29.4	20	3.23	24.3	15	3.13
2012-06	40	27.8	15	7.54	29.9	20	3.26	25.3	15	3.21
2012-06	50	28.8	15	5.33	30.2	20	3.03	26.0	15	4.67
2012-06	60	28.4	15	5.40	29.7	20	3.11	27.5	15	4.64
2012-06	70	31.9	15	1.66	27.9	20	4.49	27.7	15	4.28
2012-06	80	33.4	15	1.22	26.2	20	5.18	27.6	15	3.54
2012-06	90	31.0	15	5.48	28.9	20	3.26	27.8	15	3.52
2012-06	100	31.0	15	5.33	28.0	20	3.23	29.3	15	2.51
2012-07	10	24.8	20	7.55	18.4	20	5.61	16.6	20	5.29
2012-07	20	25.1	20	7.91	23.2	20	5.01	21.0	20	4.38
2012-07	30	25.6	20	8.23	27.8	20	3.91	20.7	20	4.04
2012-07	40	25.9	20	8.23	28.9	20	3.78	21.8	20	4.00
2012-07	50	27.1	20	6.21	29.7	20	3.26	22.8	20	5.31

（续）

年-月	探测深度/cm	HTFQX01			HTFZH01			HTFZH02		
		体积含水量/%	重复数	标准差	体积含水量/%	重复数	标准差	体积含水量/%	重复数	标准差
2012-07	60	26.6	20	6.35	29.3	20	3.39	24.5	20	5.60
2012-07	70	30.3	20	2.74	27.2	20	4.69	24.9	20	5.57
2012-07	80	32.3	20	1.71	25.9	20	5.06	25.0	20	4.65
2012-07	90	30.3	20	5.36	28.6	20	3.32	25.5	20	4.45
2012-07	100	29.9	20	6.12	27.6	20	3.30	27.2	20	3.26
2012-08	10	21.4	20	6.51	19.2	15	4.98	14.0	20	5.69
2012-08	20	23.9	20	7.33	23.4	15	4.54	18.2	20	4.27
2012-08	30	24.4	20	7.96	27.4	15	4.03	18.1	20	3.77
2012-08	40	25.1	20	7.75	28.1	15	3.93	19.0	20	3.80
2012-08	50	26.2	20	6.84	29.0	15	3.12	19.8	20	5.33
2012-08	60	25.2	20	7.17	28.3	15	3.17	21.6	20	5.71
2012-08	70	29.4	20	3.52	26.2	15	4.58	22.4	20	5.55
2012-08	80	31.9	20	2.12	25.1	15	4.96	22.4	20	4.81
2012-08	90	30.5	20	4.89	27.6	15	3.11	23.3	20	4.56
2012-08	100	30.2	20	5.52	26.5	15	3.07	25.5	20	3.45
2012-09	10	23.8	15	6.17	21.3	5	3.20	12.8	15	3.81
2012-09	20	24.8	15	8.30	24.7	5	3.02	17.6	15	3.11
2012-09	30	24.8	15	9.18	28.9	5	2.53	17.6	15	2.74
2012-09	40	25.0	15	9.34	30.2	5	2.77	18.7	15	2.75
2012-09	50	25.7	15	7.84	30.8	5	2.64	19.5	15	4.67
2012-09	60	24.7	15	7.74	30.5	5	2.75	20.9	15	5.20
2012-09	70	28.2	15	4.59	28.7	5	4.12	21.7	15	4.75
2012-09	80	30.6	15	3.23	27.5	5	4.60	21.3	15	3.84
2012-09	90	29.5	15	5.81	30.1	5	2.93	22.2	15	3.77
2012-09	100	28.9	15	6.97	29.1	5	2.82	24.3	15	2.59
2013-10	10	28.3	5	5.13	22.6	30	4.06	13.6	5	3.07
2013-10	20	28.1	5	8.00	26.6	30	3.23	18.9	5	2.11
2013-10	30	27.4	5	9.09	30.3	30	2.44	18.7	5	1.58
2013-10	40	27.6	5	8.87	30.9	30	3.00	19.8	5	2.15
2013-10	50	28.0	5	7.18	31.2	30	2.70	21.1	5	4.52
2013-10	60	26.9	5	7.40	30.6	30	2.62	22.7	5	4.92

（续）

年-月	探测深度/cm	HTFQX01			HTFZH01			HTFZH02		
		体积含水量/%	重复数	标准差	体积含水量/%	重复数	标准差	体积含水量/%	重复数	标准差
2013 - 10	70	30.8	5	3.54	28.5	30	3.96	23.0	5	4.70
2013 - 10	80	33.5	5	1.20	27.0	30	4.69	22.7	5	3.68
2013 - 10	90	32.9	5	2.49	29.5	30	2.69	24.0	5	4.07
2013 - 10	100	32.3	5	3.07	28.6	30	2.62	26.0	5	3.16
2013 - 11	10	29.5	30	4.50	21.1	30	4.56	13.6	29	3.77
2013 - 11	20	28.3	30	7.42	26.3	30	3.34	18.9	29	4.20
2013 - 11	30	27.7	30	8.56	30.6	30	2.45	18.5	29	3.69
2013 - 11	40	27.7	30	8.74	31.3	30	3.09	19.2	29	3.63
2013 - 11	50	28.2	30	6.44	31.7	30	2.79	20.4	29	5.03
2013 - 11	60	26.9	30	6.66	31.2	30	2.79	22.1	29	5.35
2013 - 11	70	30.4	30	3.83	29.0	30	4.38	22.2	29	5.12
2013 - 11	80	32.7	30	1.82	27.5	30	4.93	21.9	29	4.37
2013 - 11	90	32.0	30	2.84	30.1	30	3.00	23.3	29	3.98
2013 - 11	100	31.3	30	3.45	29.2	30	2.98	25.1	29	3.06
2013 - 12	10	28.0	30	4.43	19.8	25	4.42	13.4	30	3.80
2013 - 12	20	28.3	30	7.03	25.1	25	3.08	19.4	30	3.21
2013 - 12	30	28.0	30	8.03	29.7	25	2.04	19.4	30	2.91
2013 - 12	40	28.1	30	8.70	30.4	25	2.85	20.6	30	2.86
2013 - 12	50	28.7	30	6.72	31.0	25	2.63	21.8	30	4.96
2013 - 12	60	27.4	30	6.66	30.4	25	2.82	23.6	30	5.72
2013 - 12	70	31.2	30	3.88	28.1	25	4.35	23.6	30	4.92
2013 - 12	80	33.7	30	1.86	27.0	25	4.67	23.0	30	3.80
2013 - 12	90	33.0	30	2.71	29.5	25	2.88	23.9	30	4.18
2013 - 12	100	32.1	30	3.94	28.4	25	3.00	25.6	30	3.33
2014 - 01	10	26.6	25	4.39	22.4	15	5.42	13.0	25	2.95
2014 - 01	20	27.0	25	7.12	26.6	15	4.66	18.8	25	2.21
2014 - 01	30	26.9	25	7.89	30.7	15	4.39	19.0	25	2.17
2014 - 01	40	27.1	25	8.37	31.4	15	4.99	20.1	25	2.51
2014 - 01	50	27.4	25	6.65	31.8	15	4.93	21.3	25	4.65
2014 - 01	60	26.4	25	6.55	31.1	15	5.04	23.3	25	5.74
2014 - 01	70	30.3	25	3.25	28.7	15	5.98	22.9	25	5.07

（续）

年-月	探测深度/cm	HTFQX01			HTFZH01			HTFZH02		
		体积含水量/%	重复数	标准差	体积含水量/%	重复数	标准差	体积含水量/%	重复数	标准差
2014 - 01	80	32.8	25	1.33	27.4	15	6.36	22.6	25	3.94
2014 - 01	90	32.2	25	2.19	29.8	15	5.05	23.6	25	4.18
2014 - 01	100	31.2	25	3.71	28.6	15	4.92	25.2	25	3.27
2014 - 02	10	30.1	15	4.86	22.6	20	4.61	15.3	15	4.71
2014 - 02	20	29.4	15	7.48	26.5	20	3.75	20.5	15	5.23
2014 - 02	30	28.9	15	8.87	29.9	20	3.14	19.8	15	4.91
2014 - 02	40	28.7	15	9.59	30.2	20	3.69	20.7	15	5.04
2014 - 02	50	29.0	15	7.78	30.4	20	3.44	21.7	15	6.46
2014 - 02	60	27.6	15	7.76	30.1	20	3.34	23.6	15	7.15
2014 - 02	70	31.3	15	5.38	27.6	20	4.72	23.7	15	6.54
2014 - 02	80	33.9	15	4.42	26.6	20	5.12	22.9	15	5.45
2014 - 02	90	33.0	15	4.96	29.1	20	3.59	23.9	15	5.83
2014 - 02	100	32.2	15	5.68	28.2	20	3.68	25.7	15	5.21
2014 - 03	10	29.3	20	4.36	26.1	20	4.05	16.5	20	3.77
2014 - 03	20	28.3	20	5.96	30.4	20	3.03	21.3	20	5.18
2014 - 03	30	27.9	20	6.84	33.9	20	2.15	20.5	20	4.78
2014 - 03	40	27.8	20	7.27	34.1	20	2.77	21.1	20	4.51
2014 - 03	50	28.3	20	5.51	34.4	20	2.61	21.6	20	6.10
2014 - 03	60	27.3	20	5.66	33.9	20	2.59	23.1	20	6.87
2014 - 03	70	30.8	20	2.91	31.7	20	4.39	23.0	20	6.28
2014 - 03	80	32.5	20	2.47	30.4	20	4.88	22.5	20	5.60
2014 - 03	90	31.5	20	3.16	33.1	20	2.98	23.1	20	5.87
2014 - 03	100	31.0	20	3.68	32.1	20	2.95	24.6	20	4.72
2014 - 04	10	33.1	20	3.59	24.8	30	3.99	22.6	20	3.73
2014 - 04	20	31.9	20	5.85	28.7	30	2.96	27.0	20	4.26
2014 - 04	30	31.4	20	6.91	32.0	30	2.29	26.8	20	4.24
2014 - 04	40	31.5	20	7.40	32.1	30	2.99	28.1	20	4.04
2014 - 04	50	31.9	20	5.55	32.3	30	2.85	28.8	20	5.73
2014 - 04	60	30.9	20	5.68	31.8	30	2.71	30.1	20	6.05
2014 - 04	70	34.7	20	1.95	29.6	30	4.27	30.2	20	5.55
2014 - 04	80	36.6	20	0.97	28.4	30	4.76	29.6	20	4.85

（续）

年-月	探测深度/cm	HTFQX01			HTFZH01			HTFZH02		
		体积含水量/%	重复数	标准差	体积含水量/%	重复数	标准差	体积含水量/%	重复数	标准差
2014-04	90	35.8	20	1.80	31.0	30	3.02	30.0	20	5.24
2014-04	100	35.1	20	2.94	30.0	30	2.92	31.3	20	4.01
2014-05	10	31.7	30	3.61	25.0	30	3.85	22.6	30	3.05
2014-05	20	30.2	30	5.86	28.9	30	2.77	26.2	30	3.44
2014-05	30	29.6	30	6.88	32.0	30	2.17	26.1	30	3.10
2014-05	40	29.6	30	7.34	32.0	30	2.70	27.2	30	3.00
2014-05	50	30.1	30	5.33	32.2	30	2.50	28.0	30	4.44
2014-05	60	29.1	30	5.58	31.7	30	2.41	29.3	30	4.87
2014-05	70	32.7	30	2.04	29.7	30	4.09	29.3	30	4.06
2014-05	80	34.5	30	1.36	28.6	30	4.43	29.0	30	3.26
2014-05	90	33.7	30	1.98	30.9	30	2.88	29.2	30	3.57
2014-05	100	33.0	30	2.91	30.1	30	2.63	30.6	30	2.66
2014-06	10	31.4	30	3.86	24.5	30	4.27	24.0	30	3.48
2014-06	20	30.4	30	5.37	28.9	30	3.02	26.9	30	3.45
2014-06	30	29.7	30	6.46	32.5	30	2.31	26.8	30	3.25
2014-06	40	29.6	30	7.10	32.6	30	2.93	27.8	30	3.34
2014-06	50	30.2	30	4.95	32.9	30	2.68	28.4	30	4.51
2014-06	60	29.1	30	5.46	32.4	30	2.58	30.0	30	4.10
2014-06	70	32.5	30	1.78	30.3	30	4.29	30.1	30	3.32
2014-06	80	34.3	30	0.88	29.0	30	4.74	29.4	30	2.99
2014-06	90	33.5	30	1.78	31.5	30	2.93	29.7	30	3.33
2014-06	100	33.1	30	2.27	30.5	30	2.86	31.1	30	2.12
2014-07	10	28.9	30	6.17	24.9	30	4.33	20.4	30	5.16
2014-07	20	28.9	30	7.53	29.4	30	3.70	24.8	30	4.23
2014-07	30	29.0	30	7.49	33.0	30	2.92	24.7	30	4.23
2014-07	40	29.3	30	7.84	33.3	30	3.29	25.4	30	4.03
2014-07	50	30.2	30	5.41	33.5	30	2.98	26.4	30	5.45
2014-07	60	29.2	30	5.65	33.1	30	2.93	28.5	30	5.25
2014-07	70	33.0	30	2.01	30.8	30	4.60	28.4	30	5.04
2014-07	80	35.0	30	1.08	29.5	30	5.01	28.3	30	4.39
2014-07	90	34.3	30	1.86	32.1	30	3.24	28.8	30	4.52

（续）

年-月	探测深度/cm	HTFQX01			HTFZH01			HTFZH02		
		体积含水量/%	重复数	标准差	体积含水量/%	重复数	标准差	体积含水量/%	重复数	标准差
2014 - 07	100	33.8	30	2.49	31.1	30	3.18	30.4	30	3.35
2014 - 08	10	29.9	30	6.39	23.6	30	5.02	21.9	30	4.60
2014 - 08	20	29.8	30	7.97	28.7	30	3.87	26.5	30	4.10
2014 - 08	30	30.0	30	7.76	32.5	30	2.97	27.0	30	4.28
2014 - 08	40	29.7	30	8.75	33.1	30	3.25	27.9	30	4.02
2014 - 08	50	30.3	30	6.71	33.4	30	2.93	28.5	30	5.37
2014 - 08	60	29.5	30	6.60	32.9	30	2.86	30.4	30	5.31
2014 - 08	70	33.6	30	2.88	30.5	30	4.43	30.3	30	4.64
2014 - 08	80	35.9	30	1.44	29.1	30	5.08	30.0	30	3.78
2014 - 08	90	35.3	30	2.00	31.8	30	3.01	30.3	30	4.15
2014 - 08	100	34.6	30	2.96	30.8	30	2.95	31.7	30	2.89
2014 - 09	10	27.3	30	7.26	20.0	30	6.64	17.7	30	4.71
2014 - 09	20	27.9	30	8.91	24.7	30	6.27	22.3	30	3.64
2014 - 09	30	28.6	30	8.50	29.2	30	4.81	22.4	30	3.77
2014 - 09	40	28.8	30	8.74	30.8	30	3.99	23.6	30	3.92
2014 - 09	50	29.9	30	6.56	31.8	30	3.13	24.6	30	5.64
2014 - 09	60	28.8	30	6.57	31.4	30	3.44	26.8	30	5.98
2014 - 09	70	33.1	30	2.84	29.3	30	4.46	26.6	30	5.97
2014 - 09	80	35.6	30	1.27	28.2	30	5.04	26.4	30	5.17
2014 - 09	90	34.9	30	2.04	30.6	30	3.32	27.4	30	5.21
2014 - 09	100	34.3	30	2.72	29.6	30	3.10	29.2	30	3.94
2014 - 10	10	24.2	30	7.78	25.4	28	4.38	15.5	30	5.08
2014 - 10	20	25.7	30	8.89	30.1	28	3.02	20.6	30	4.69
2014 - 10	30	26.5	30	8.76	33.6	28	2.22	21.2	30	5.06
2014 - 10	40	27.2	30	8.67	33.6	28	2.80	22.6	30	5.09
2014 - 10	50	28.1	30	7.47	33.8	28	2.60	23.4	30	6.18
2014 - 10	60	27.2	30	7.46	33.2	28	2.51	25.8	30	6.42
2014 - 10	70	31.5	30	4.12	30.6	28	4.38	26.0	30	6.41
2014 - 10	80	34.3	30	1.85	29.5	28	4.72	25.8	30	5.36
2014 - 10	90	33.9	30	2.39	32.2	28	3.01	26.6	30	5.11
2014 - 10	100	33.3	30	3.20	31.1	28	2.93	28.4	30	3.70

（续）

年-月	探测深度/cm	HTFQX01			HTFZH01			HTFZH02		
		体积含水量/%	重复数	标准差	体积含水量/%	重复数	标准差	体积含水量/%	重复数	标准差
2014 - 11	10	33.1	30	3.20	24.2	30	4.49	24.5	26	2.64
2014 - 11	20	31.6	30	6.36	29.3	30	3.13	27.6	26	2.69
2014 - 11	30	31.9	30	5.82	33.2	30	2.21	27.5	26	3.35
2014 - 11	40	31.8	30	6.36	33.4	30	2.91	28.4	26	3.05
2014 - 11	50	31.2	30	5.88	33.6	30	2.65	29.0	26	4.58
2014 - 11	60	30.2	30	6.02	33.1	30	2.65	30.5	26	4.53
2014 - 11	70	33.9	30	2.53	30.6	30	4.48	30.6	26	4.17
2014 - 11	80	35.9	30	1.18	29.5	30	4.88	30.1	26	3.37
2014 - 11	90	35.1	30	1.96	32.0	30	2.95	30.4	26	3.78
2014 - 11	100	34.6	30	2.54	30.9	30	2.93	31.9	26	2.82
2014 - 12	10	31.4	30	3.82	25.4	30	4.50	22.4	30	3.62
2014 - 12	20	30.6	30	6.86	29.2	30	3.39	26.1	30	2.48
2014 - 12	30	31.0	30	5.92	33.0	30	2.45	26.3	30	2.83
2014 - 12	40	31.2	30	5.93	33.2	30	2.85	27.2	30	2.78
2014 - 12	50	31.1	30	5.40	33.3	30	2.54	28.2	30	4.62
2014 - 12	60	30.3	30	5.85	32.8	30	2.51	29.7	30	4.80
2014 - 12	70	33.9	30	1.96	30.4	30	4.36	29.3	30	5.02
2014 - 12	80	35.8	30	1.00	29.1	30	4.87	28.8	30	4.40
2014 - 12	90	35.0	30	1.91	31.7	30	2.91	29.1	30	4.53
2014 - 12	100	34.3	30	2.49	30.4	30	2.92	30.5	30	3.60
2015 - 01	10	32.5	30	3.92	27.2	15	4.16	23.3	30	3.84
2015 - 01	20	31.6	30	6.22	31.2	15	3.26	26.3	30	2.20
2015 - 01	30	31.3	30	5.98	34.4	15	2.44	25.9	30	2.43
2015 - 01	40	31.4	30	6.03	34.5	15	2.80	26.6	30	2.57
2015 - 01	50	30.7	30	5.79	34.6	15	2.71	27.4	30	4.86
2015 - 01	60	29.4	30	6.11	33.9	15	2.73	28.8	30	5.27
2015 - 01	70	33.1	30	3.50	31.7	15	4.32	28.3	30	5.44
2015 - 01	80	35.0	30	2.91	30.2	15	5.02	27.9	30	4.64
2015 - 01	90	34.4	30	3.10	32.7	15	2.98	28.3	30	4.79
2015 - 01	100	34.3	30	2.36	31.7	15	2.80	29.9	30	3.63
2015 - 02	10	33.7	15	3.81	28.0	30	3.88	25.7	15	3.69

（续）

年-月	探测深度/cm	HTFQX01			HTFZH01			HTFZH02		
		体积含水量/%	重复数	标准差	体积含水量/%	重复数	标准差	体积含水量/%	重复数	标准差
2015 - 02	20	32.4	15	6.33	31.7	30	2.97	28.6	15	2.51
2015 - 02	30	32.6	15	5.59	34.8	30	2.20	28.0	15	3.02
2015 - 02	40	32.8	15	5.41	34.8	30	2.79	28.8	15	2.97
2015 - 02	50	32.5	15	5.15	34.9	30	2.59	29.3	15	4.86
2015 - 02	60	31.5	15	5.62	34.5	30	2.50	30.7	15	5.23
2015 - 02	70	34.8	15	2.24	32.1	30	4.49	30.3	15	5.10
2015 - 02	80	36.6	15	1.55	30.9	30	4.76	29.8	15	4.51
2015 - 02	90	35.7	15	2.13	33.4	30	3.00	30.1	15	4.51
2015 - 02	100	34.9	15	3.08	32.3	30	2.99	31.5	15	3.54
2015 - 03	10	34.6	30	3.08	26.6	30	4.31	27.4	30	1.78
2015 - 03	20	32.9	30	6.07	31.5	30	3.59	29.8	30	2.32
2015 - 03	30	33.1	30	5.33	35.0	30	3.26	29.6	30	2.89
2015 - 03	40	33.4	30	5.22	35.1	30	3.64	30.3	30	2.70
2015 - 03	50	32.8	30	5.27	35.4	30	3.51	31.1	30	4.20
2015 - 03	60	32.0	30	5.62	34.9	30	3.54	32.5	30	4.37
2015 - 03	70	35.7	30	1.66	32.6	30	5.00	32.4	30	3.91
2015 - 03	80	37.3	30	1.01	31.7	30	5.13	31.9	30	3.31
2015 - 03	90	36.4	30	1.75	33.9	30	3.77	32.2	30	3.65
2015 - 03	100	35.8	30	2.47	32.9	30	3.70	33.3	30	2.56
2015 - 04	10	30.5	30	6.38	27.3	25	3.53	23.8	30	3.72
2015 - 04	20	31.0	30	8.41	31.2	25	2.64	27.6	30	3.42
2015 - 04	30	31.8	30	7.64	34.5	25	2.12	27.3	30	3.88
2015 - 04	40	32.7	30	7.00	34.4	25	2.91	28.4	30	3.94
2015 - 04	50	32.6	30	6.24	34.5	25	2.63	29.7	30	5.64
2015 - 04	60	32.1	30	6.11	33.9	25	2.67	31.6	30	5.84
2015 - 04	70	35.8	30	3.24	31.4	25	4.43	31.6	30	5.44
2015 - 04	80	37.8	30	2.70	30.0	25	4.91	31.4	30	4.58
2015 - 04	90	37.0	30	2.87	32.7	25	2.98	31.9	30	4.85
2015 - 04	100	36.2	30	3.62	31.5	25	2.94	33.4	30	3.71
2015 - 05	10	31.6	25	5.85	28.4	35	3.69	24.5	25	3.43
2015 - 05	20	30.8	25	8.47	32.4	35	2.63	27.2	25	2.92

（续）

年-月	探测深度/cm	HTFQX01			HTFZH01			HTFZH02		
		体积含水量/%	重复数	标准差	体积含水量/%	重复数	标准差	体积含水量/%	重复数	标准差
2015-05	30	31.1	25	7.85	35.4	35	2.09	26.6	25	3.91
2015-05	40	31.4	25	7.41	35.4	35	2.82	27.2	25	3.94
2015-05	50	31.4	25	6.07	35.6	35	2.63	28.4	25	5.86
2015-05	60	30.7	25	5.79	35.1	35	2.60	30.0	25	6.07
2015-05	70	34.6	25	2.43	32.8	35	4.44	29.6	25	5.84
2015-05	80	36.7	25	1.26	31.7	35	4.69	29.4	25	4.79
2015-05	90	35.9	25	1.90	34.3	35	2.93	29.7	25	4.88
2015-05	100	35.2	25	2.95	33.2	35	2.91	31.1	25	3.37
2015-06	10	34.2	35	4.85	28.0	35	3.98	28.8	35	3.76
2015-06	20	32.7	35	6.83	31.8	35	3.13	30.5	35	3.12
2015-06	30	33.0	35	6.14	35.2	35	2.41	29.6	35	3.70
2015-06	40	33.3	35	5.94	35.2	35	2.89	30.3	35	3.79
2015-06	50	33.2	35	5.30	35.4	35	2.59	30.8	35	5.20
2015-06	60	32.4	35	5.44	35.0	35	2.64	32.3	35	5.09
2015-06	70	36.0	35	1.80	32.8	35	4.35	32.0	35	4.87
2015-06	80	37.9	35	1.06	31.6	35	4.58	32.0	35	3.78
2015-06	90	37.1	35	1.73	34.0	35	3.00	32.3	35	3.93
2015-06	100	36.5	35	2.36	33.1	35	3.11	33.8	35	2.39
2015-07	10	32.3	35	6.30	26.8	25	3.74	23.5	35	5.40
2015-07	20	31.5	35	7.74	31.0	25	3.06	27.3	35	4.31
2015-07	30	31.9	35	7.45	34.7	25	2.37	27.6	35	4.57
2015-07	40	32.3	35	7.07	34.7	25	2.99	28.5	35	4.51
2015-07	50	32.4	35	6.03	35.1	25	2.73	29.5	35	5.53
2015-07	60	31.9	35	5.62	34.6	25	2.72	31.3	35	5.41
2015-07	70	35.6	35	2.22	32.3	25	4.52	31.1	35	5.61
2015-07	80	37.5	35	1.16	31.0	25	4.79	31.1	35	4.60
2015-07	90	36.9	35	1.78	33.5	25	3.10	31.7	35	4.43
2015-07	100	36.2	35	2.54	32.4	25	3.05	33.1	35	3.23
2015-08	10	31.6	25	5.67	28.4	25	3.59	22.3	25	4.43
2015-08	20	31.0	25	8.23	31.6	25	2.88	26.7	25	4.00
2015-08	30	31.5	25	7.66	34.5	25	2.21	26.5	25	4.18

（续）

年-月	探测深度/cm	HTFQX01			HTFZH01			HTFZH02		
		体积含水量/%	重复数	标准差	体积含水量/%	重复数	标准差	体积含水量/%	重复数	标准差
2015 - 08	40	31.9	25	7.47	34.4	25	2.97	27.5	25	4.04
2015 - 08	50	32.0	25	6.04	34.7	25	2.60	28.4	25	5.49
2015 - 08	60	31.5	25	5.78	34.1	25	2.51	30.2	25	5.51
2015 - 08	70	35.3	25	2.47	31.9	25	4.33	30.1	25	5.74
2015 - 08	80	37.4	25	1.49	30.4	25	4.76	30.3	25	4.51
2015 - 08	90	36.7	25	2.04	33.1	25	2.83	30.8	25	4.56
2015 - 08	100	36.0	25	2.77	32.1	25	2.83	32.3	25	3.47
2015 - 09	10	34.1	25	4.21	26.2	25	4.46	25.1	25	3.79
2015 - 09	20	31.9	25	7.39	30.3	25	3.79	28.4	25	3.86
2015 - 09	30	32.1	25	6.68	34.7	25	2.79	27.6	25	4.42
2015 - 09	40	32.3	25	6.59	35.2	25	3.51	28.1	25	4.12
2015 - 09	50	32.2	25	5.47	35.7	25	3.23	28.8	25	5.70
2015 - 09	60	31.6	25	5.22	35.2	25	3.33	30.3	25	5.46
2015 - 09	70	34.9	25	2.21	32.9	25	4.90	30.1	25	5.75
2015 - 09	80	36.9	25	1.16	31.8	25	5.05	30.2	25	4.45
2015 - 09	90	36.2	25	1.62	34.3	25	3.51	30.7	25	4.47
2015 - 09	100	35.4	25	2.62	33.2	25	3.51	32.2	25	3.45
2015 - 10	10	29.6	25	6.17	28.0	20	3.68	22.5	25	4.32
2015 - 10	20	30.0	25	8.42	30.8	20	3.47	26.9	25	3.89
2015 - 10	30	31.2	25	7.72	33.6	20	2.71	26.6	25	4.26
2015 - 10	40	31.8	25	7.44	33.4	20	2.98	28.0	25	4.82
2015 - 10	50	32.5	25	6.22	33.9	20	2.61	28.3	25	6.21
2015 - 10	60	32.0	25	5.96	33.4	20	2.57	30.1	25	6.12
2015 - 10	70	35.8	25	2.89	31.4	20	4.30	29.8	25	6.73
2015 - 10	80	38.1	25	2.20	30.5	20	4.65	30.0	25	5.39
2015 - 10	90	37.3	25	2.66	32.7	20	3.08	30.7	25	5.33
2015 - 10	100	36.8	25	3.18	31.5	20	2.91	32.3	25	4.39
2015 - 11	10	32.6	20	5.11	28.8	30	4.00	24.6	20	4.54
2015 - 11	20	31.0	20	7.27	31.9	30	3.37	27.5	20	4.30
2015 - 11	30	30.9	20	7.24	34.5	30	2.68	26.6	20	4.42
2015 - 11	40	30.9	20	7.43	34.3	30	3.44	27.5	20	4.63

（续）

年-月	探测深度/cm	HTFQX01			HTFZH01			HTFZH02		
		体积含水量/%	重复数	标准差	体积含水量/%	重复数	标准差	体积含水量/%	重复数	标准差
2015 - 11	50	30.8	20	6.43	34.5	30	3.17	27.6	20	5.47
2015 - 11	60	29.8	20	6.15	34.0	30	3.10	29.3	20	5.51
2015 - 11	70	33.4	20	3.14	31.8	30	4.71	28.9	20	5.89
2015 - 11	80	35.6	20	1.56	30.4	30	5.07	28.9	20	4.80
2015 - 11	90	35.2	20	1.78	33.1	30	3.47	29.3	20	5.05
2015 - 11	100	34.2	20	3.26	32.0	30	3.40	30.7	20	4.28
2015 - 12	10	34.5	30	2.98	28.8	30	4.00	27.8	30	2.09
2015 - 12	20	32.6	30	5.67	31.9	30	3.37	30.3	30	2.98
2015 - 12	30	32.6	30	5.48	34.5	30	2.68	29.1	30	3.31
2015 - 12	40	32.5	30	5.41	34.3	30	3.44	30.1	30	3.55
2015 - 12	50	32.1	30	5.33	34.5	30	3.17	30.1	30	4.62
2015 - 12	60	31.3	30	5.47	34.0	30	3.10	31.3	30	4.55
2015 - 12	70	34.6	30	2.53	31.8	30	4.71	31.1	30	4.84
2015 - 12	80	36.5	30	1.93	30.4	30	5.07	30.9	30	3.80
2015 - 12	90	35.9	30	2.17	33.1	30	3.47	31.3	30	4.00
2015 - 12	100	34.9	30	3.40	32.0	30	3.40	32.6	30	3.26

注：表格中 2012 - 10—2013 - 09 数据缺失系人员变动、仪器损坏造成。

表 3 - 143　2009—2015 年土壤质量含水量观测数据

年-月	采样层次/cm	HTFQX01C HG_01 质量含水量/%	HTFZH01C HG_01 质量含水量/%	HTFZH02C HG_01 质量含水量/%	年-月	采样层次/cm	HTFQX01C HG_01 质量含水量/%	HTFZH01C HG_01 质量含水量/%	HTFZH02C HG_01 质量含水量/%
2009 - 01	10	31.42	41.37	32.66	2009 - 02	40	38.74	31.45	31.89
2009 - 01	20	33.37	37.92	28.40	2009 - 02	50	29.77	27.73	31.99
2009 - 01	30	34.78	35.24	26.88	2009 - 02	60	38.58	32.11	33.60
2009 - 01	40	35.68	33.30	24.96	2009 - 02	70	33.62	32.85	33.74
2009 - 01	50	35.59	29.62	25.88	2009 - 02	80	32.94	33.00	30.30
2009 - 01	60	36.27	28.76	25.62	2009 - 02	90	34.88	33.25	29.57
2009 - 01	70	32.38	30.92	26.05	2009 - 02	100	34.26	32.93	29.80
2009 - 01	80	30.93	32.15	25.41	2009 - 03	10	34.01	42.27	37.45
2009 - 01	90	33.20	31.39	25.66	2009 - 03	20	35.33	33.20	34.29
2009 - 01	100	34.08	31.38	26.76	2009 - 03	30	33.98	34.57	30.60
2009 - 02	10	38.66	40.15	38.91	2009 - 03	40	35.23	31.90	26.27
2009 - 02	20	34.60	36.69	33.45	2009 - 03	50	37.78	32.74	29.09
2009 - 02	30	35.70	35.14	33.28	2009 - 03	60	34.45	31.77	27.17

（续）

年-月	采样层次/cm	HTFQX01C HG_01质量含水量/%	HTFZH01C HG_01质量含水量/%	HTFZH02C HG_01质量含水量/%	年-月	采样层次/cm	HTFQX01C HG_01质量含水量/%	HTFZH01C HG_01质量含水量/%	HTFZH02C HG_01质量含水量/%
2009 - 03	70	35.60	34.25	28.78	2009 - 07	40	32.29	32.27	28.11
2009 - 03	80	32.92	35.75	26.94	2009 - 07	50	30.92	30.92	27.32
2009 - 03	90	35.02	32.25	26.31	2009 - 07	60	31.98	31.98	25.28
2009 - 03	100	46.79	33.09	29.10	2009 - 07	70	33.20	33.11	24.48
2009 - 04	10	33.35	39.19	36.07	2009 - 07	80	33.19	33.19	23.72
2009 - 04	20	34.32	36.07	31.71	2009 - 07	90	32.04	32.04	25.07
2009 - 04	30	38.56	37.76	29.88	2009 - 07	100	31.46	31.46	24.54
2009 - 04	40	39.92	31.75	28.83	2009 - 08	10	29.74	31.40	27.08
2009 - 04	50	40.86	32.58	30.35	2009 - 08	20	29.14	28.37	26.87
2009 - 04	60	36.44	33.12	29.28	2009 - 08	30	29.96	27.98	25.45
2009 - 04	70	37.96	34.57	30.27	2009 - 08	40	30.26	29.87	25.07
2009 - 04	80	34.23	35.38	30.58	2009 - 08	50	29.81	30.70	24.93
2009 - 04	90	33.34	33.41	31.94	2009 - 08	60	29.45	31.38	25.15
2009 - 04	100	32.87	35.21	28.44	2009 - 08	70	30.28	35.24	24.78
2009 - 05	10	35.67	48.72	35.61	2009 - 08	80	30.58	30.93	26.04
2009 - 05	20	36.83	41.32	30.31	2009 - 08	90	28.73	30.44	21.13
2009 - 05	30	39.19	36.26	29.29	2009 - 08	100	30.12	29.97	25.95
2009 - 05	40	37.12	32.38	28.44	2009 - 09	10	20.38	27.06	19.51
2009 - 05	50	39.01	34.10	28.56	2009 - 09	20	23.59	26.13	22.18
2009 - 05	60	39.37	35.20	28.38	2009 - 09	30	25.72	27.18	21.28
2009 - 05	70	39.03	35.23	29.80	2009 - 09	40	27.39	25.01	22.16
2009 - 05	80	37.52	33.28	27.65	2009 - 09	50	27.36	25.61	22.19
2009 - 05	90	33.41	32.97	27.70	2009 - 09	60	28.62	28.52	21.11
2009 - 05	100	32.37	33.60	27.63	2009 - 09	70	28.31	28.68	23.38
2009 - 06	10	32.46	45.05	28.88	2009 - 09	80	28.08	29.10	23.58
2009 - 06	20	30.62	40.01	26.49	2009 - 09	90	29.43	31.80	23.99
2009 - 06	30	33.75	36.59	25.09	2009 - 09	100	29.59	31.76	22.83
2009 - 06	40	34.86	31.06	24.88	2009 - 10	10	29.40	36.39	24.60
2009 - 06	50	34.35	30.07	25.50	2009 - 10	20	33.73	33.09	22.73
2009 - 06	60	33.89	32.04	26.49	2009 - 10	30	34.74	31.45	22.99
2009 - 06	70	33.10	32.45	26.38	2009 - 10	40	35.21	34.18	23.39
2009 - 06	80	32.24	32.21	26.93	2009 - 10	50	33.82	30.15	23.81
2009 - 06	90	31.32	31.16	27.06	2009 - 10	60	32.53	29.92	23.31
2009 - 06	100	31.29	31.00	26.49	2009 - 10	70	31.22	29.84	23.30
2009 - 07	10	30.11	30.11	34.54	2009 - 10	80	29.98	30.16	25.51
2009 - 07	20	32.86	32.86	30.20	2009 - 10	90	28.49	31.47	21.35
2009 - 07	30	32.35	32.35	28.58	2009 - 10	100	27.46	30.47	24.81

（续）

年-月	采样层次/cm	HTFQX01C HG_01质量含水量/%	HTFZH01C HG_01质量含水量/%	HTFZH02C HG_01质量含水量/%	年-月	采样层次/cm	HTFQX01C HG_01质量含水量/%	HTFZH01C HG_01质量含水量/%	HTFZH02C HG_01质量含水量/%
2009 - 11	10	29.53	32.29	24.90	2010 - 02	80	32.57	29.72	22.06
2009 - 11	20	29.59	31.20	23.07	2010 - 02	90	29.93	30.39	15.79
2009 - 11	30	31.27	30.27	23.33	2010 - 02	100	28.51	30.66	24.41
2009 - 11	40	30.47	27.20	21.89	2010 - 04	10	30.53	31.64	33.47
2009 - 11	50	32.02	26.17	22.08	2010 - 04	20	33.14	34.04	28.23
2009 - 11	60	31.45	29.22	22.45	2010 - 04	30	35.11	31.78	27.15
2009 - 11	70	31.09	30.63	20.27	2010 - 04	40	37.39	30.79	24.45
2009 - 11	80	30.06	29.56	21.63	2010 - 04	50	37.75	33.41	25.77
2009 - 11	90	28.14	28.40	24.59	2010 - 04	60	34.41	31.72	24.10
2009 - 11	100	28.03	29.68	21.82	2010 - 04	70	37.73	33.71	24.70
2009 - 12	10	32.82	35.47	27.31	2010 - 04	80	37.91	32.33	24.31
2009 - 12	20	33.98	31.81	26.37	2010 - 04	90	37.10	33.41	25.51
2009 - 12	30	36.03	31.62	25.52	2010 - 04	100	34.01	35.17	23.75
2009 - 12	40	35.72	31.61	24.63	2010 - 05	10	27.24	34.14	26.43
2009 - 12	50	36.49	32.50	24.16	2010 - 05	20	28.72	32.83	26.18
2009 - 12	60	37.81	31.71	21.85	2010 - 05	30	31.80	31.34	26.76
2009 - 12	70	35.24	32.46	25.75	2010 - 05	40	33.93	29.46	25.41
2009 - 12	80	34.39	32.24	26.64	2010 - 05	50	33.07	29.35	25.54
2009 - 12	90	32.38	30.81	27.10	2010 - 05	60	36.09	30.81	26.32
2009 - 12	100	30.39	30.25	26.45	2010 - 05	70	35.56	31.53	25.35
2010 - 01	10	35.09	35.09	22.92	2010 - 05	80	32.60	32.00	22.15
2010 - 01	20	34.23	34.23	23.29	2010 - 05	90	32.63	31.03	24.05
2010 - 01	30	36.72	36.72	23.43	2010 - 05	100	30.56	32.47	25.23
2010 - 01	40	36.00	36.00	23.01	2010 - 06	10	36.30	34.91	35.31
2010 - 01	50	36.10	36.10	22.44	2010 - 06	20	33.83	32.11	28.22
2010 - 01	60	38.50	38.50	24.41	2010 - 06	30	36.37	35.57	28.43
2010 - 01	70	34.31	34.31	20.25	2010 - 06	40	35.80	30.18	28.31
2010 - 01	80	34.35	34.35	22.72	2010 - 06	50	37.86	29.81	30.77
2010 - 01	90	32.45	32.49	23.58	2010 - 06	60	39.34	31.91	29.10
2010 - 01	100	32.43	32.43	23.06	2010 - 06	70	32.37	31.07	30.07
2010 - 02	10	28.15	32.79	22.30	2010 - 06	80	30.65	34.43	28.28
2010 - 02	20	30.78	32.76	22.38	2010 - 06	90	31.18	33.73	27.29
2010 - 02	30	33.50	33.79	21.17	2010 - 06	100	32.30	33.05	28.22
2010 - 02	40	34.92	29.58	21.86	2010 - 08	10	18.01	29.74	20.68
2010 - 02	50	33.19	28.32	21.91	2010 - 08	20	23.48	28.46	23.34
2010 - 02	60	34.44	28.54	23.59	2010 - 08	30	23.30	27.48	22.13
2010 - 02	70	33.65	29.41	23.64	2010 - 08	40	27.46	28.31	22.76

（续）

年-月	采样层次/cm	HTFQX01C HG_01质量含水量/%	HTFZH01C HG_01质量含水量/%	HTFZH02C HG_01质量含水量/%	年-月	采样层次/cm	HTFQX01C HG_01质量含水量/%	HTFZH01C HG_01质量含水量/%	HTFZH02C HG_01质量含水量/%
2010 - 08	50	27.43	29.65	20.31	2011 - 03	20	30.92	37.28	28.49
2010 - 08	60	29.03	30.69	23.39	2011 - 03	30	31.49	34.82	26.91
2010 - 08	70	29.95	30.85	23.45	2011 - 03	40	33.62	32.01	25.15
2010 - 08	80	28.60	31.30	24.13	2011 - 03	50	34.34	29.78	25.98
2010 - 08	90	25.20	31.41	26.17	2011 - 03	60	36.41	30.35	25.66
2010 - 08	100	27.43	33.12	25.18	2011 - 03	70	35.56	31.80	26.61
2010 - 09	10	21.74	30.73	24.30	2011 - 03	80	38.34	32.27	25.94
2010 - 09	20	26.44	29.50	22.96	2011 - 03	90	34.43	32.09	24.71
2010 - 09	30	27.30	29.66	23.35	2011 - 03	100	32.63	31.49	19.94
2010 - 09	40	27.97	28.22	22.48	2011 - 04	10	29.78	34.07	25.38
2010 - 09	50	29.53	29.75	23.13	2011 - 04	20	28.34	34.08	24.74
2010 - 09	60	30.38	28.07	23.41	2011 - 04	30	29.90	34.48	25.46
2010 - 09	70	28.92	28.62	23.38	2011 - 04	40	31.30	33.36	23.46
2010 - 09	80	27.14	29.68	23.36	2011 - 04	50	30.02	32.72	24.99
2010 - 09	90	28.11	29.02	24.88	2011 - 04	60	31.35	32.08	26.39
2010 - 09	100	27.19	29.90	25.26	2011 - 04	70	33.67	31.73	26.35
2010 - 10	10	31.89	35.75	34.56	2011 - 04	80	32.18	32.33	28.73
2010 - 10	20	35.30	32.71	30.56	2011 - 04	90	35.62	32.00	28.27
2010 - 10	30	34.20	30.65	29.95	2011 - 04	100	35.87	31.43	27.60
2010 - 10	40	38.03	32.48	28.58	2011 - 06	10	27.04	41.74	32.84
2010 - 10	50	37.39	34.13	26.50	2011 - 06	20	29.34	43.95	27.88
2010 - 10	60	35.51	33.68	25.22	2011 - 06	30	31.24	35.94	25.90
2010 - 10	70	33.35	31.91	21.54	2011 - 06	40	33.78	34.36	25.45
2010 - 10	80	31.42	32.47	22.11	2011 - 06	50	32.68	31.14	26.00
2010 - 10	90	31.67	32.80	24.81	2011 - 06	60	34.52	31.95	23.65
2010 - 10	100	34.19	31.80	22.89	2011 - 06	70	34.03	32.43	26.49
2010 - 12	10	32.20	45.27	31.86	2011 - 06	80	34.48	31.47	25.26
2010 - 12	20	32.32	36.78	26.25	2011 - 06	90	42.78	33.10	25.46
2010 - 12	30	34.77	37.26	23.77	2011 - 06	100	39.57	32.87	22.55
2010 - 12	40	34.65	33.89	23.49	2011 - 07	10	32.12	38.14	42.81
2010 - 12	50	35.27	31.43	23.32	2011 - 07	20	32.79	34.68	34.97
2010 - 12	60	32.95	31.53	24.12	2011 - 07	30	34.09	35.46	30.41
2010 - 12	70	32.74	31.92	23.62	2011 - 07	40	33.19	31.25	29.56
2010 - 12	80	34.91	32.44	23.83	2011 - 07	50	35.11	32.54	29.68
2010 - 12	90	33.68	31.30	25.84	2011 - 07	60	35.29	33.79	30.16
2010 - 12	100	33.27	30.77	26.83	2011 - 07	70	37.56	33.85	29.00
2011 - 03	10	33.66	43.00	30.71	2011 - 07	80	35.91	33.26	29.40

（续）

年-月	采样层次/cm	HTFQX01C HG_01质量含水量/%	HTFZH01C HG_01质量含水量/%	HTFZH02C HG_01质量含水量/%	年-月	采样层次/cm	HTFQX01C HG_01质量含水量/%	HTFZH01C HG_01质量含水量/%	HTFZH02C HG_01质量含水量/%
2011 - 07	90	35.27	33.40	30.39	2011 - 12	60	35.92	33.72	24.32
2011 - 07	100	32.30	32.22	32.37	2011 - 12	70	36.63	33.48	24.36
2011 - 08	10	30.30	35.89	21.06	2011 - 12	80	36.47	32.26	23.77
2011 - 08	20	28.28	33.70	21.07	2011 - 12	90	39.38	32.68	23.45
2011 - 08	30	33.08	34.17	21.79	2011 - 12	100	35.01	31.23	22.96
2011 - 08	40	31.38	30.78	22.03	2012 - 01	10	34.53	42.71	33.93
2011 - 08	50	27.75	29.86	22.18	2012 - 01	20	35.13	37.44	27.12
2011 - 08	60	26.44	29.45	23.07	2012 - 01	30	34.56	33.35	17.54
2011 - 08	70	28.45	29.95	23.06	2012 - 01	40	34.30	32.31	24.31
2011 - 08	80	26.50	30.09	22.22	2012 - 01	50	35.35	33.19	24.31
2011 - 08	90	31.06	29.43	21.68	2012 - 01	60	33.04	33.48	23.86
2011 - 08	100	30.73	29.99	20.87	2012 - 01	70	32.07	32.91	25.21
2011 - 09	10	23.15	26.23	20.06	2012 - 01	80	32.65	33.62	25.12
2011 - 09	20	24.07	26.74	17.99	2012 - 01	90	34.20	33.55	24.15
2011 - 09	30	27.41	25.45	18.40	2012 - 01	100	34.38	33.77	25.98
2011 - 09	40	24.25	26.77	21.96	2012 - 03	10	33.87	44.27	36.09
2011 - 09	50	26.58	27.62	21.45	2012 - 03	20	36.25	38.98	36.53
2011 - 09	60	27.44	28.60	20.87	2012 - 03	30	37.71	36.09	30.67
2011 - 09	70	27.71	28.46	19.36	2012 - 03	40	37.49	33.68	28.74
2011 - 09	80	29.81	28.53	22.80	2012 - 03	50	36.71	34.50	29.33
2011 - 09	90	28.32	28.22	23.78	2012 - 03	60	36.92	35.58	27.56
2011 - 09	100	27.15	25.55	22.52	2012 - 03	70	38.48	36.94	26.71
2011 - 11	10	29.12	36.39	33.32	2012 - 03	80	38.74	35.06	27.22
2011 - 11	20	29.14	37.55	30.73	2012 - 03	90	36.62	33.11	26.43
2011 - 11	30	31.92	36.04	26.33	2012 - 03	100	37.14	32.29	27.61
2011 - 11	40	32.81	32.62	27.07	2012 - 04	10	29.97	41.28	34.48
2011 - 11	50	34.80	31.94	27.76	2012 - 04	20	33.61	36.24	30.66
2011 - 11	60	32.44	32.89	26.84	2012 - 04	30	34.36	33.71	30.88
2011 - 11	70	32.87	33.32	25.64	2012 - 04	40	36.39	32.84	31.81
2011 - 11	80	34.48	33.31	26.14	2012 - 04	50	35.89	33.02	30.90
2011 - 11	90	34.47	32.14	24.84	2012 - 04	60	35.02	33.78	30.28
2011 - 11	100	36.09	31.76	27.97	2012 - 04	70	36.45	35.43	29.24
2011 - 12	10	28.61	44.27	29.71	2012 - 04	80	35.50	36.43	27.59
2011 - 12	20	35.37	35.82	25.21	2012 - 04	90	37.61	35.06	28.23
2011 - 12	30	33.36	32.68	25.56	2012 - 04	100	35.10	33.93	27.14
2011 - 12	40	34.56	32.42	25.63	2012 - 05	10	38.18	38.43	39.18
2011 - 12	50	34.95	34.45	24.65	2012 - 05	20	33.99	38.99	39.52

（续）

年-月	采样层次/cm	HTFQX01C HG_01 质量含水量/%	HTFZH01C HG_01 质量含水量/%	HTFZH02C HG_01 质量含水量/%	年-月	采样层次/cm	HTFQX01C HG_01 质量含水量/%	HTFZH01C HG_01 质量含水量/%	HTFZH02C HG_01 质量含水量/%
2012 - 05	30	36.37	35.86	36.44	2013 - 01	100	36.74	34.19	25.34
2012 - 05	40	36.83	34.49	31.58	2013 - 02	10	32.39	40.50	27.97
2012 - 05	50	38.11	34.83	31.95	2013 - 02	20	34.85	34.22	29.35
2012 - 05	60	38.14	34.65	30.23	2013 - 02	30	34.35	34.18	27.40
2012 - 05	70	38.94	35.73	31.06	2013 - 02	40	33.62	33.43	26.26
2012 - 05	80	37.51	33.99	31.27	2013 - 02	50	33.98	34.66	25.50
2012 - 05	90	35.03	37.07	33.93	2013 - 02	60	36.66	33.40	24.73
2012 - 05	100	33.62	38.94	35.59	2013 - 02	70	38.63	33.07	24.10
2012 - 07	10	23.65	40.39	28.35	2013 - 02	80	35.35	34.59	22.90
2012 - 07	20	27.41	38.12	24.55	2013 - 02	90	36.71	31.91	25.22
2012 - 07	30	28.12	34.70	24.30	2013 - 02	100	38.12	33.25	23.92
2012 - 07	40	30.30	31.85	24.75	2013 - 03	10	35.65	45.71	36.58
2012 - 07	50	31.24	30.74	24.35	2013 - 03	20	35.62	41.36	30.78
2012 - 07	60	31.75	30.90	23.51	2013 - 03	30	35.58	35.81	26.53
2012 - 07	70	33.04	31.11	22.23	2013 - 03	40	32.90	33.63	26.39
2012 - 07	80	34.60	31.30	24.19	2013 - 03	50	36.17	33.66	25.68
2012 - 07	90	32.28	32.99	24.61	2013 - 03	60	35.66	33.87	24.78
2012 - 07	100	31.80	32.79	23.76	2013 - 03	70	37.62	34.86	25.24
2012 - 08	10	15.48	25.97	24.89	2013 - 03	80	27.27	34.74	25.43
2012 - 08	20	24.54	31.54	23.52	2013 - 03	90	38.30	33.17	25.36
2012 - 08	30	27.15	28.81	22.46	2013 - 03	100	38.40	32.11	24.05
2012 - 08	40	28.18	28.39	23.05	2013 - 04	10	33.48	43.20	39.10
2012 - 08	50	29.79	28.89	21.44	2013 - 04	20	35.69	51.06	32.80
2012 - 08	60	29.37	28.54	22.36	2013 - 04	30	36.47	42.52	29.62
2012 - 08	70	30.33	29.08	24.06	2013 - 04	40	33.73	36.37	28.72
2012 - 08	80	32.00	28.66	23.90	2013 - 04	50	36.65	34.41	30.40
2012 - 08	90	30.65	30.33	23.44	2013 - 04	60	36.07	33.42	28.48
2012 - 08	100	28.75	29.89	23.74	2013 - 04	70	39.63	35.03	29.33
2013 - 01	10	32.92	40.11	39.85	2013 - 04	80	38.28	34.60	24.98
2013 - 01	20	32.50	42.58	32.09	2013 - 04	90	38.06	35.13	31.18
2013 - 01	30	34.09	37.11	33.17	2013 - 04	100	38.51	36.67	31.49
2013 - 01	40	33.22	33.95	30.66	2013 - 05	10	27.08	44.82	35.42
2013 - 01	50	38.70	32.21	30.26	2013 - 05	20	31.03	38.42	28.44
2013 - 01	60	37.72	33.21	25.80	2013 - 05	30	33.30	46.92	28.18
2013 - 01	70	36.81	33.72	27.56	2013 - 05	40	36.09	33.22	29.67
2013 - 01	80	37.20	34.43	27.29	2013 - 05	50	36.04	31.87	29.37
2013 - 01	90	37.93	33.82	24.97	2013 - 05	60	37.82	33.55	31.48

（续）

年-月	采样层次/cm	HTFQX01C HG_01质量含水量/%	HTFZH01C HG_01质量含水量/%	HTFZH02C HG_01质量含水量/%	年-月	采样层次/cm	HTFQX01C HG_01质量含水量/%	HTFZH01C HG_01质量含水量/%	HTFZH02C HG_01质量含水量/%
2013-05	70	36.33	34.31	27.35	2013-09	40	32.78	31.30	26.34
2013-05	80	40.02	35.51	25.94	2013-09	50	33.49	30.33	26.56
2013-05	90	39.22	35.13	28.33	2013-09	60	33.61	32.26	26.40
2013-05	100	38.96	33.57	28.99	2013-09	70	32.88	32.05	26.54
2013-06	10	27.32	38.76	48.72	2013-09	80	30.58	32.23	26.99
2013-06	20	28.44	33.36	32.51	2013-09	90	32.06	31.30	28.82
2013-06	30	30.16	35.12	31.33	2013-09	100	31.16	30.82	27.87
2013-06	40	27.00	31.92	28.84	2013-10	10	22.37	35.56	33.84
2013-06	50	30.72	29.84	29.60	2013-10	20	28.84	33.65	29.90
2013-06	60	33.18	30.65	29.68	2013-10	30	31.22	32.57	26.96
2013-06	70	33.60	30.42	31.88	2013-10	40	31.70	31.90	27.16
2013-06	80	33.43	31.68	31.98	2013-10	50	32.38	30.74	27.25
2013-06	90	34.85	31.10	32.02	2013-10	60	32.38	32.09	27.56
2013-06	100	31.33	30.70	32.25	2013-10	70	31.85	31.99	28.82
2013-07	10	15.28	30.50	24.11	2013-10	80	31.02	32.66	29.90
2013-07	20	21.41	31.09	22.90	2013-10	90	31.70	31.95	29.39
2013-07	30	25.02	29.86	24.78	2013-10	100	30.09	31.39	29.16
2013-07	40	24.39	28.95	25.84	2013-11	10	31.85	41.64	36.90
2013-07	50	26.09	28.52	25.42	2013-11	20	35.86	35.80	29.88
2013-07	60	27.58	29.60	25.85	2013-11	30	35.13	33.44	27.52
2013-07	70	26.09	29.12	27.90	2013-11	40	35.97	31.98	27.07
2013-07	80	27.46	32.46	27.21	2013-11	50	35.06	31.68	25.76
2013-07	90	28.69	30.64	28.04	2013-11	60	37.99	31.29	26.73
2013-07	100	30.62	30.53	29.13	2013-11	70	35.41	33.68	27.92
2013-08	10	20.76	30.76	30.56	2013-11	80	32.64	33.20	28.06
2013-08	20	23.57	30.07	25.14	2013-11	90	31.38	33.09	29.32
2013-08	30	25.00	29.58	25.44	2013-11	100	33.43	31.99	29.09
2013-08	40	26.72	29.50	24.72	2013-12	10	28.66	35.83	35.13
2013-08	50	26.76	29.24	25.38	2013-12	20	30.56	33.07	31.98
2013-08	60	28.96	30.52	25.26	2013-12	30	32.70	33.37	28.35
2013-08	70	28.88	30.56	26.04	2013-12	40	33.50	32.58	26.38
2013-08	80	26.99	30.75	26.77	2013-12	50	33.93	31.70	27.35
2013-08	90	29.74	29.10	28.49	2013-12	60	32.66	32.45	27.65
2013-08	100	31.05	29.51	29.03	2013-12	70	34.00	32.42	28.00
2013-09	10	28.79	36.44	32.66	2013-12	80	31.59	32.42	29.52
2013-09	20	31.89	34.24	27.91	2013-12	90	32.24	33.08	27.06
2013-09	30	33.31	32.80	27.57	2013-12	100	33.90	31.96	30.39

（续）

年-月	采样层次/cm	HTFQX01C HG_01 质量含水量/%	HTFZH01C HG_01 质量含水量/%	HTFZH02C HG_01 质量含水量/%	年-月	采样层次/cm	HTFQX01C HG_01 质量含水量/%	HTFZH01C HG_01 质量含水量/%	HTFZH02C HG_01 质量含水量/%
2014 - 01	10	27.55	32.16	31.87	2014 - 04	80	36.06	33.26	30.05
2014 - 01	20	31.69	33.41	29.70	2014 - 04	90	34.70	31.94	33.48
2014 - 01	30	34.03	31.89	27.15	2014 - 04	100	35.52	30.96	30.76
2014 - 01	40	36.15	31.67	26.34	2014 - 05	10	31.44	38.64	43.68
2014 - 01	50	35.35	30.97	26.64	2014 - 05	20	35.41	37.25	43.26
2014 - 01	60	34.61	31.83	27.30	2014 - 05	30	36.98	35.59	34.03
2014 - 01	70	33.09	31.47	25.31	2014 - 05	40	38.53	34.10	31.00
2014 - 01	80	31.36	32.34	27.75	2014 - 05	50	36.70	33.77	32.00
2014 - 01	90	30.25	31.36	26.47	2014 - 05	60	35.84	34.23	30.50
2014 - 01	100	31.34	35.26	22.17	2014 - 05	70	35.66	34.76	32.43
2014 - 02	10	33.02	39.82	44.73	2014 - 05	80	32.24	34.91	34.77
2014 - 02	20	35.70	36.67	32.83	2014 - 05	90	34.52	33.14	27.66
2014 - 02	30	37.60	34.63	28.12	2014 - 05	100	36.55	32.18	28.91
2014 - 02	40	37.81	34.20	27.51	2014 - 06	10	32.08	40.20	49.60
2014 - 02	50	38.23	33.30	27.43	2014 - 06	20	34.82	41.14	38.45
2014 - 02	60	40.42	34.13	27.21	2014 - 06	30	33.68	34.50	32.44
2014 - 02	70	38.44	33.74	27.97	2014 - 06	40	37.04	31.80	27.88
2014 - 02	80	33.46	33.69	25.95	2014 - 06	50	39.59	34.57	33.43
2014 - 02	90	35.44	34.06	24.97	2014 - 06	60	40.33	35.23	20.06
2014 - 02	100	35.67	34.08	26.62	2014 - 06	70	39.44	34.31	29.02
2014 - 03	10	32.08	39.39	40.02	2014 - 06	80	33.38	34.73	32.68
2014 - 03	20	34.80	37.45	32.23	2014 - 06	90	33.16	34.06	30.24
2014 - 03	30	34.90	34.98	29.07	2014 - 06	100	34.55	30.18	23.85
2014 - 03	40	36.82	31.97	29.28	2014 - 07	10	19.58	35.65	48.61
2014 - 03	50	36.96	32.36	31.04	2014 - 07	20	27.38	34.13	33.02
2014 - 03	60	38.13	34.85	30.82	2014 - 07	30	29.90	32.79	31.83
2014 - 03	70	36.72	33.79	25.04	2014 - 07	40	32.40	32.29	28.80
2014 - 03	80	33.75	33.21	30.75	2014 - 07	50	36.71	31.98	30.69
2014 - 03	90	34.03	33.32	27.96	2014 - 07	60	36.91	33.03	30.17
2014 - 03	100	33.35	32.09	25.16	2014 - 07	70	34.20	32.80	26.88
2014 - 04	10	32.84	38.64	37.00	2014 - 07	80	31.45	34.17	30.69
2014 - 04	20	35.06	39.28	29.60	2014 - 07	90	32.54	32.54	27.79
2014 - 04	30	35.44	39.16	29.88	2014 - 07	100	32.54	31.88	28.31
2014 - 04	40	35.19	33.96	30.14	2014 - 08	10	31.49	37.56	45.24
2014 - 04	50	35.69	33.90	31.68	2014 - 08	20	34.06	36.42	33.38
2014 - 04	60	34.85	33.66	31.02	2014 - 08	30	35.91	34.21	32.88
2014 - 04	70	37.01	33.82	30.31	2014 - 08	40	35.00	32.70	29.89

（续）

年-月	采样层次/cm	HTFQX01C HG_01质量 含水量/%	HTFZH01C HG_01质量 含水量/%	HTFZH02C HG_01质量 含水量/%	年-月	采样层次/cm	HTFQX01C HG_01质量 含水量/%	HTFZH01C HG_01质量 含水量/%	HTFZH02C HG_01质量 含水量/%
2014-08	50	34.19	32.55	29.27	2014-12	20	31.07	35.88	34.55
2014-08	60	35.75	33.38	26.18	2014-12	30	35.15	33.43	32.66
2014-08	70	37.72	32.87	19.84	2014-12	40	35.72	34.40	33.03
2014-08	80	34.21	35.06	31.50	2014-12	50	35.75	31.16	32.94
2014-08	90	34.96	35.94	31.42	2014-12	60	36.45	31.82	35.16
2014-08	100	27.14	34.61	27.43	2014-12	70	31.62	31.53	34.17
2014-09	10	25.83	37.14	35.11	2014-12	80	34.93	31.41	34.23
2014-09	20	29.47	35.47	30.57	2014-12	90	35.11	32.09	35.13
2014-09	30	32.19	33.93	28.04	2014-12	100	35.99	30.26	33.71
2014-09	40	32.91	33.09	27.94	2015-01	10	31.50	40.13	44.48
2014-09	50	34.02	31.51	27.37	2015-01	20	34.47	36.81	40.20
2014-09	60	31.04	31.99	28.76	2015-01	30	35.85	34.42	34.36
2014-09	70	35.45	31.77	28.08	2015-01	40	37.99	32.84	33.20
2014-09	80	32.37	30.92	29.01	2015-01	50	36.02	30.99	30.27
2014-09	90	33.35	31.85	28.13	2015-01	60	36.34	31.91	31.33
2014-09	100	33.22	31.22	25.24	2015-01	70	30.41	32.39	33.61
2014-10	10	31.07	37.43	39.81	2015-01	80	33.03	31.62	32.05
2014-10	20	34.13	39.47	28.30	2015-01	90	31.13	30.82	39.71
2014-10	30	36.33	41.58	28.58	2015-01	100	32.97	30.69	31.96
2014-10	40	38.71	40.31	26.14	2015-02	10	34.30	39.01	40.69
2014-10	50	37.06	37.71	26.84	2015-02	20	35.66	40.98	41.96
2014-10	60	35.03	35.63	26.93	2015-02	30	36.81	36.96	37.73
2014-10	70	33.26	34.93	27.99	2015-02	40	36.74	34.20	33.78
2014-10	80	35.32	35.50	27.67	2015-02	50	37.75	33.02	32.87
2014-10	90	35.47	34.04	29.13	2015-02	60	37.07	34.02	34.14
2014-10	100	34.77	33.79	25.96	2015-02	70	37.19	34.93	33.93
2014-11	10	33.47	40.14	53.55	2015-02	80	35.97	34.73	35.01
2014-11	20	34.65	38.40	38.17	2015-02	90	35.42	35.21	38.28
2014-11	30	36.73	37.75	34.40	2015-02	100	34.91	33.46	35.47
2014-11	40	37.87	33.92	34.37	2015-03	10	30.40	38.85	39.72
2014-11	50	37.02	34.24	30.91	2015-03	20	33.52	38.37	39.31
2014-11	60	36.71	33.16	27.00	2015-03	30	38.11	26.52	26.98
2014-11	70	38.19	32.81	34.60	2015-03	40	30.57	33.50	33.22
2014-11	80	33.80	33.17	34.99	2015-03	50	36.35	34.81	34.68
2014-11	90	34.46	33.01	34.11	2015-03	60	36.43	34.59	34.66
2014-11	100	39.79	31.33	33.43	2015-03	70	34.74	35.18	34.33
2014-12	10	30.63	38.46	45.15	2015-03	80	34.00	34.99	35.22

（续）

年-月	采样层次/cm	HTFQX01C HG_01 质量含水量/%	HTFZH01C HG_01 质量含水量/%	HTFZH02C HG_01 质量含水量/%	年-月	采样层次/cm	HTFQX01C HG_01 质量含水量/%	HTFZH01C HG_01 质量含水量/%	HTFZH02C HG_01 质量含水量/%
2015 - 03	90	34.63	36.35	39.33	2015 - 07	10	31.18	38.97	42.32
2015 - 03	100	26.00	36.26	38.78	2015 - 07	20	32.98	37.14	32.88
2015 - 04	10	26.72	36.25	35.76	2015 - 07	30	33.00	36.22	33.54
2015 - 04	20	27.30	33.59	28.08	2015 - 07	40	35.90	33.83	31.55
2015 - 04	30	27.84	32.08	28.04	2015 - 07	50	36.96	32.62	30.22
2015 - 04	40	25.74	31.79	26.88	2015 - 07	60	37.81	33.19	30.07
2015 - 04	50	30.72	32.46	27.46	2015 - 07	70	38.11	31.06	31.55
2015 - 04	60	34.11	29.44	27.74	2015 - 07	80	39.10	30.79	33.72
2015 - 04	70	33.45	28.57	26.48	2015 - 07	90	37.67	31.13	33.04
2015 - 04	80	34.20	28.06	29.78	2015 - 07	100	35.58	31.85	35.00
2015 - 04	90	34.87	28.03	29.94	2015 - 08	10	30.39	40.72	49.94
2015 - 04	100	34.28	28.77	31.89	2015 - 08	20	33.29	36.52	35.16
2015 - 05	10	29.48	35.75	53.61	2015 - 08	30	35.07	35.91	31.30
2015 - 05	20	32.53	34.63	35.99	2015 - 08	40	36.32	34.14	31.46
2015 - 05	30	33.84	34.91	33.85	2015 - 08	50	38.11	32.27	31.68
2015 - 05	40	35.21	34.09	28.26	2015 - 08	60	40.27	30.89	29.85
2015 - 05	50	38.59	32.23	26.79	2015 - 08	70	37.03	30.36	30.03
2015 - 05	60	37.06	31.19	28.44	2015 - 08	80	37.90	29.93	31.06
2015 - 05	70	36.39	32.55	29.40	2015 - 08	90	37.00	29.89	31.93
2015 - 05	80	38.63	33.10	31.14	2015 - 08	100	34.69	31.48	32.20
2015 - 05	90	35.29	32.72	28.75	2015 - 09	10	28.85	36.73	41.83
2015 - 05	100	37.05	31.60	30.84	2015 - 09	20	32.20	34.09	29.60
2015 - 06	10	30.07	43.90	47.45	2015 - 09	30	32.97	33.52	30.14
2015 - 06	20	33.42	42.70	32.16	2015 - 09	40	35.86	32.81	29.55
2015 - 06	30	34.37	38.22	32.47	2015 - 09	50	36.79	31.14	28.95
2015 - 06	40	37.92	39.59	31.08	2015 - 09	60	36.72	31.09	28.24
2015 - 06	50	36.49	40.19	31.50	2015 - 09	70	39.64	31.29	25.81
2015 - 06	60	39.87	32.35	30.59	2015 - 09	80	38.83	29.98	29.67
2015 - 06	70	39.49	30.03	29.01	2015 - 09	90	35.64	29.96	28.28
2015 - 06	80	37.08	29.86	31.95	2015 - 09	100	36.08	29.60	29.68
2015 - 06	90	36.05	31.52	32.26	2015 - 10	10	28.65	30.80	34.63
2015 - 06	100	44.80	31.77	33.01	2015 - 10	20	28.64	31.25	28.09

（续）

年-月	采样层次/cm	HTFQX01C HG_01质量含水量/%	HTFZH01C HG_01质量含水量/%	HTFZH02C HG_01质量含水量/%	年-月	采样层次/cm	HTFQX01C HG_01质量含水量/%	HTFZH01C HG_01质量含水量/%	HTFZH02C HG_01质量含水量/%
2015-10	30	29.06	31.39	27.89	2015-11	70	36.99	33.59	30.28
2015-10	40	28.64	29.94	26.75	2015-11	80	37.62	29.94	33.65
2015-10	50	29.70	27.95	26.91	2015-11	90	37.15	30.76	30.90
2015-10	60	30.97	27.41	27.69	2015-11	100	37.04	30.26	33.88
2015-10	70	32.24	27.35	28.06	2015-12	10	32.26	39.97	49.10
2015-10	80	31.43	27.64	28.03	2015-12	20	34.79	37.21	32.46
2015-10	90	33.96	27.89	29.72	2015-12	30	36.50	36.20	34.28
2015-10	100	28.04	28.44	30.43	2015-12	40	37.29	33.27	32.63
2015-11	10	31.91	40.34	43.50	2015-12	50	35.47	33.12	31.24
2015-11	20	33.52	37.46	30.41	2015-12	60	38.77	31.26	30.08
2015-11	30	32.29	35.83	32.31	2015-12	70	38.08	30.66	31.40
2015-11	40	32.28	33.50	31.16	2015-12	80	38.38	30.31	25.42
2015-11	50	32.64	33.56	30.72	2015-12	90	39.60	31.14	31.30
2015-11	60	32.16	31.54	29.66	2015-12	100	36.44	31.45	34.30

注：个别同份土壤质量含水量未做鉴测，所以会出现个别月份数据缺失情况。

3.3.2　地表水、地下水水质数据集

3.3.2.1　概述

　　森林及周边地区地表水、地下水水质情况的长期监测可为研究森林植被吸收、利用水体中物质情况提供参考数据，同时通过周边河流的水质监测可及时对水环境污染做出预警。会同站地表水、地下水水质观测数据集为 8 个常规监测点 2009—2015 年观测的雨季和非雨季时间尺度数据，包括总磷、总氮、硫酸盐、硝酸盐、溶解氧、矿化度等指标。

3.3.2.2　数据采集和处理方法

　　本数据集为会同站 8 个常规样地监测点 2009—2015 年观测的地表水、地下水水质数据，每年按照雨季和非雨季进行采样。这 8 个常规采样点分别为 HTFFZ10CLB_01_01（会同牛皮冲 10 号辅助观测场渠水流动地表水监测区）、HTFFZ10CJB_01（会同牛皮冲 10 号辅助观测场鱼塘静止地表水监测区）、HTFFZ11CDX_01_01（会同苏溪口 11 号辅助观测场地下水监测区老井）、HT-FFZ11CDX_02（会同苏溪口 11 号辅助观测场地下水监测区新井）、HTFFZ12CDX_01_01（会同么哨 12 号辅助观测场地下水监测区监测井）、HTFFZ12CDX_01_02（会同么哨 12 号辅助观测场地下水监测区饮用井）、HTFFZ13CDX_01（会同么哨 13 号辅助观测场山沟地下水采样区）、HT-FFZ14CDX_01（会同么哨 14 号辅助观测场山沟地下水采样区）。

　　会同站 2009—2015 年水体化学观测数据中钾离子、钠离子、钙离子、镁离子采用原子吸收光谱法进行测定；碳酸根离子、重碳酸根离子、氯离子、化学需氧量采用滴定法进行测定；硫酸根离子、磷酸根离子、硝酸根离子、总氮、总磷采用分光光度法测定（表 3-144）。

表 3 - 144　会同站水质监测使用仪器及质量控制表

项目	分析方法	使用仪器	质量控制
pH	玻璃电极法	玻璃电极	每年更换电极，每次使用前用标准缓冲液校准
钙离子（Ca^{2+}）	原子吸收光谱法	火焰分光光度计	分析时带标样控制分析结果
镁离子（Mg^{2+}）	原子吸收光谱法	火焰分光光度计	分析时带标样控制分析结果
钾离子（K^+）	原子吸收光谱法	火焰分光光谱计	分析时带标样控制分析结果
钠离子（Na^+）	原子吸收光谱法	火焰分光光谱计	分析时带标样控制分析结果
碳酸根离子（CO_3^{2-}）	盐酸滴定法	数字瓶口滴定器	分析时带标样控制分析结果
重碳酸根离子（HCO_3^-）	盐酸滴定法	数字瓶口滴定器	分析时带标样控制分析结果
氯离子（CL^-）	硝酸银滴定法	数字瓶口滴定器	分析时带标样控制分析结果
硫酸根离子（SO_4^{2-}）	铬酸钡分光光度法	紫外-可见分光光度计	分析时带标样控制分析结果
磷酸根离子（PO_4^{3-}）	还原分光光度法	紫外-可见分光光度计	分析时带标样控制分析结果
硝酸根离子（NO_3^-）	紫外分光光度法	紫外-可见分光光度计	分析时带标样控制分析结果
矿化度	质量法	蒸发皿	分析时带标样控制分析结果
化学需氧量（COD）	酸性高锰酸钾滴定法	数字瓶口滴定器	分析时带标样控制分析结果
水中溶解氧（DO）	碘量法	数字瓶口滴定器	分析时带标样控制分析结果
总氮（N）	碱性过硫酸钾消解紫外分光光度法	紫外-可见分光光度计	分析时带标样控制分析结果
总磷（P）	过硫酸钾消解钼酸铵分光光度法	紫外-可见分光光度计	分析时带标样控制分析结果

3.3.2.3　数据质量控制和评估

同 3.3.1.3。

3.3.2.4　数据使用方法和建议

2009—2015 年会同站地表水、地下水化学监测数据按全年雨季和非雨季进行采样化验，数据较为完整。这些数据表征了会同站及周边森林生态系统地表水、地下水的长期变化趋势，为研究中亚热带地区森林生态系统结构和服务功能提供参考及科学数据。

3.3.2.5　数据

见表 3 - 145。

表 3 - 145　2009—2015 年地表水、地下水水质化学观测数据

样地代码	采样日期 (年-月-日)	水温/℃	pH	Ca^{2+}含量/(mg/L)	Mg^{2+}含量/(mg/L)	K^+含量/(mg/L)	Na^+含量/(mg/L)	CO_3^{2-}含量/(mg/L)	HCO_3^-含量/(mg/L)	Cl^-含量/(mg/L)	SO_4^{2-}含量/(mg/L)	PO_4^{3-}含量/(mg/L)	NO_3^-含量/(mg/L)	矿化度/(mg/L)	化学需氧量/(mg/L)	水中溶解氧/(mg/L)	N含量/(mg/L)	P含量/(mg/L)
HTFFZ10CLB_01	2009-06-29	27.30	6.24	2.635	1.651	0.746	2.490	0	31.70	3.8	3.07	0.03	2.11	68	4.59	9.24	2.04	0.02
HTFFZ10CJB_01	2009-06-29	27.30	6.32	2.893	1.708	0.746	2.502	0	33.50	3.2	2.30	0.01	1.61	64	3.44	9.06	1.13	0.01
HTFFZ11CDX_01_01	2009-06-29	22.50	6.15	5.314	3.062	1.325	2.453	0	29.91	4.2	3.09	0.01	1.69	72	3.24	9.16	2.05	0.01
HTFFZ11CDX_01_02	2009-06-29	22.10	6.34	3.314	2.062	1.453	2.986	0	36.19	3.4	1.62	0.01	2.45	76	3.61	9.36	3.22	0.01
HTFFZ12CDX_01_01	2009-06-29	21.10	6.18	4.806	1.766	0.741	3.104	0	30.80	2.2	1.75	0.05	1.69	80	3.24	9.06	1.98	0.02
HTFFZ12CDX_01_02	2009-06-29	21.00	6.23	1.155	1.648	0.322	2.718	0	32.90	2	1.90	0.03	0.42	64	3.38	8.88	2.08	0.02
HTFFZ13CDX_01	2009-06-29	26.80	6.31	1.432	1.842	0.603	3.174	0	35.59	2.8	2.28	0.02	2.21	88	4.44	9.18	2.77	0.04
HTFFZ14CDX_01	2009-06-29	26.60	6.19	1.400	1.954	0.500	3.191	0	31.70	2.6	2.66	0.08	4.17	76	5.37	8.76	2.64	0.05
HTFFZ10CLB_01	2009-07-31	29.10	6.09	2.874	1.564	0.846	2.352	0	39.21	3.4	2.92	0.02	2.07	76	3.26	9.46	1.69	0.02
HTFFZ10CJB_01	2009-07-31	29.00	6.05	3.027	1.714	0.803	2.447	0	36.39	3.6	2.12	0.00	1.19	72	3.56	9.39	1.27	0.01
HTFFZ11CDX_01_01	2009-07-31	24.10	6.03	8.366	2.019	1.242	2.742	0	34.82	3.8	3.87	0.00	3.93	80	3.80	9.74	1.23	0.02
HTFFZ11CDX_01_02	2009-07-31	24.00	6.34	3.092	2.260	1.486	3.070	0	40.78	3.4	1.65	0.00	2.82	76	4.33	9.52	3.63	0.01
HTFFZ12CDX_01_01	2009-07-31	23.10	6.05	4.628	2.219	0.730	3.130	0	35.45	2.6	1.62	0.03	1.36	84	5.23	9.63	3.85	0.04
HTFFZ12CDX_01_02	2009-07-31	23.20	6.23	0.940	1.308	0.347	2.418	0	38.59	2.4	1.92	0.03	1.57	68	5.04	9.36	1.92	0.04
HTFFZ13CDX_01	2009-07-31	28.50	6.01	1.278	1.634	0.586	2.921	0	32.94	3.2	1.70	0.03	3.10	80	4.14	9.66	1.50	0.03
HTFFZ14CDX_01	2009-07-31	28.60	6.05	1.205	1.333	0.625	2.883	0	35.76	2.8	2.74	0.03	2.75	76	3.69	9.30	2.37	0.02
HTFFZ10CLB_01	2009-09-25	28.20	6.12	3.246	2.490	1.050	4.417	0	36.46	2.8	2.77	0.03	0.96	92	2.92	10.15	2.37	0.04
HTFFZ10CJB_01	2009-09-25	28.10	6.20	3.101	2.516	1.002	4.407	0	38.83	2.6	1.94	0.01	0.58	84	2.20	10.02	1.69	0.04
HTFFZ11CDX_01_01	2009-09-25	23.20	6.08	4.908	2.572	0.935	4.013	0	34.09	3.2	3.65	0.01	1.27	96	3.45	10.25	3.45	0.01
HTFFZ11CDX_01_02	2009-09-25	23.10	6.16	2.300	2.148	1.147	4.836	0	37.35	3.4	1.49	0.01	4.36	92	3.87	10.24	4.40	0.01
HTFFZ12CDX_01_01	2009-09-25	22.10	6.33	4.573	2.381	0.848	4.704	0	40.61	2	1.49	0.05	1.34	104	4.74	10.14	4.66	0.04
HTFFZ12CDX_01_02	2009-09-25	22.20	6.21	1.311	2.243	0.394	4.489	0	38.24	1.8	0.95	0.03	0.28	88	4.53	9.92	1.83	0.02
HTFFZ13CDX_01	2009-09-25	27.80	6.17	1.718	2.749	0.725	4.923	0	36.76	2.2	1.11	0.04	1.50	100	4.66	10.22	2.73	0.05
HTFFZ14CDX_01	2009-09-25	27.60	6.26	1.985	2.790	0.843	4.894	0	40.02	2.4	1.82	0.05	1.51	92	3.77	9.83	2.17	0.04
HTFFZ10CLB_01	2010-04-30	23.30	5.63	7.580	1.640	0.984	1.337	0	30.51	4	2.49	0.06	2.85	76	4.64	9.40	1.63	0.04

（续）

样地代码	采样日期(年-月-日)	水温/℃	pH	Ca^{2+}含量/(mg/L)	Mg^{2+}含量/(mg/L)	K^+含量/(mg/L)	Na^+含量/(mg/L)	CO_3^{2-}含量/(mg/L)	HCO_3^-含量/(mg/L)	Cl^-含量/(mg/L)	SO_4^{2-}含量/(mg/L)	PO_4^{3-}含量/(mg/L)	NO_3^-含量/(mg/L)	矿化度/(mg/L)	化学需氧量/(mg/L)	水中溶解氧/(mg/L)	N含量/(mg/L)	P含量/(mg/L)
HTFFZ10CJB_01	2010-04-30	23.20	5.74	7.944	1.878	1.129	1.107	0	31.69	4	2.60	0.06	2.75	72	3.73	9.22	1.38	0.04
HTFFZ11CDX_01_01	2010-04-30	15.20	6.10	10.302	2.194	0.996	1.517	0	38.80	4.4	3.93	0.17	3.29	104	4.32	9.48	2.09	0.08
HTFFZ11CDX_01_02	2010-04-30	15.00	6.12	11.584	3.121	0.864	2.132	0	57.75	3.4	1.78	0.18	3.45	112	4.30	9.92	2.16	0.09
HTFFZ12CDX_01_01	2010-04-30	14.50	6.15	16.669	2.868	1.655	2.074	0	54.79	2.6	2.25	0.22	1.61	124	3.55	9.14	1.05	0.10
HTFFZ12CDX_01_02	2010-04-30	14.40	6.25	8.596	1.713	0.851	1.460	0	31.10	2.6	1.75	0.21	1.11	68	3.54	9.13	0.66	0.08
HTFFZ13CDX_01	2010-04-30	16.80	6.08	6.426	1.829	0.896	1.641	0	29.62	2	2.15	0.22	2.02	68	4.28	9.24	1.33	0.09
HTFFZ14CDX_01	2010-04-30	16.80	6.11	7.257	1.869	0.857	1.746	0	31.39	2	1.84	0.19	2.19	76	5.47	9.41	1.13	0.08
HTFFZ10CLB_01	2010-07-31	28.00	5.64	7.384	2.702	0.874	1.785	0	38.80	3	2.73	0.10	1.25	92	2.60	10.24	1.69	0.05
HTFFZ10CJB_01	2010-07-31	27.50	5.81	8.345	2.669	0.917	1.711	0	39.10	3	3.15	0.10	1.11	92	3.17	10.16	1.27	0.05
HTFFZ11CDX_01_01	2010-07-31	19.30	5.83	13.148	1.870	1.307	2.149	0	37.02	4	3.03	0.09	2.89	96	4.25	10.12	1.43	0.06
HTFFZ11CDX_01_02	2010-07-31	19.10	5.92	10.790	2.187	0.974	2.316	0	46.50	4	1.28	0.11	2.06	96	4.63	9.96	1.78	0.07
HTFFZ12CDX_01_01	2010-07-31	18.20	5.94	11.831	2.059	1.185	2.392	0	53.61	2	1.37	0.17	1.02	120	5.25	10.32	2.31	0.07
HTFFZ12CDX_01_02	2010-07-31	18.50	5.88	5.761	1.186	0.754	2.132	0	35.84	2	1.39	0.17	0.66	88	5.56	10.36	0.89	0.07
HTFFZ13CDX_01	2010-07-31	22.90	6.09	6.229	2.965	0.683	2.076	0	31.10	2.6	1.44	0.19	1.65	80	3.85	10.21	1.50	0.09
HTFFZ14CDX_01	2010-07-31	22.50	6.10	5.849	2.719	0.635	2.236	0	31.39	2.6	2.21	0.15	1.53	68	3.41	9.80	1.96	0.07
HTFFZ10CLB_01	2010-9-28	19.20	6.13	6.423	2.010	0.914	2.051	0	38.80	3.4	3.21	0.05	1.18	76	3.59	11.36	2.16	0.04
HTFFZ10CJB_01	2010-9-28	18.90	6.15	6.807	2.394	0.902	2.167	0	37.91	3.4	3.88	0.05	1.06	80	2.48	11.32	1.69	0.04
HTFFZ11CDX_01_01	2010-9-28	18.30	6.04	10.960	2.997	1.083	2.154	0	42.35	4	4.06	0.07	1.57	96	3.94	11.72	2.35	0.03
HTFFZ11CDX_01_02	2010-9-28	18.10	6.07	13.764	3.571	1.067	3.310	0	62.20	4	2.34	0.09	2.14	128	3.94	11.48	2.54	0.04
HTFFZ12CDX_01_01	2010-9-28	18.00	6.18	12.303	2.645	3.161	3.422	0	56.87	2.2	2.44	0.10	1.47	120	4.25	11.04	2.71	0.04
HTFFZ12CDX_01_02	2010-9-28	17.20	6.08	5.333	2.228	1.066	2.350	0	42.35	2.2	3.15	0.10	0.54	84	4.07	11.00	1.83	0.04
HTFFZ13CDX_01	2010-9-28	17.80	6.15	4.921	2.197	0.863	2.681	0	42.95	2.2	2.69	0.14	1.56	88	4.36	11.42	2.42	0.07
HTFFZ14CDX_01	2010-9-28	18.00	6.21	4.995	2.187	0.857	2.558	0	44.72	2.6	3.12	0.14	1.64	80	4.22	11.49	2.17	0.07
HTFFZ10CLB_01	2011-4-30	23.50	5.61	6.584	1.628	0.926	1.312	0	29.62	2.7	2.28	0.04	2.63	64	3.96	10.84	1.61	0.03
HTFFZ10CJB_01	2011-4-30	23.50	5.73	6.638	1.773	1.127	1.424	0	31.10	2.8	2.40	0.04	2.53	60	3.72	10.92	1.50	0.04

（续）

样地代码	采样日期 (年-月-日)	水温/℃	pH	Ca^{2+}含量/(mg/L)	Mg^{2+}含量/(mg/L)	K^+含量/(mg/L)	Na^+含量/(mg/L)	CO_3^{2-}含量/(mg/L)	HCO_3^-含量/(mg/L)	Cl^-含量/(mg/L)	SO_4^{2-}含量/(mg/L)	PO_4^{3-}含量/(mg/L)	NO_3^-含量/(mg/L)	矿化度/(mg/L)	化学需氧量/(mg/L)	水中溶解氧/(mg/L)	水中N含量/(mg/L)	P含量/(mg/L)
HTFFZ11CDX_01_01	2011-4-30	16.30	6.00	11.027	2.624	1.023	1.614	0	38.50	2.5	3.57	0.10	3.11	72	4.13	11.20	2.10	0.06
HTFFZ11CDX_01_02	2011-4-30	16.10	6.02	10.584	2.535	0.767	2.020	0	57.75	2.1	1.48	0.10	3.02	92	4.05	11.08	1.70	0.06
HTFFZ12CDX_01_01	2011-4-30	15.60	6.12	15.926	3.103	1.195	2.236	0	54.79	1.8	1.87	0.10	1.58	100	3.59	10.80	1.00	0.06
HTFFZ12CDX_01_02	2011-4-30	15.20	6.05	8.539	1.758	0.773	2.167	0	31.10	1.7	1.65	0.11	1.40	64	3.39	10.76	0.80	0.06
HTFFZ13CDX_01	2011-4-30	15.90	5.98	5.974	1.790	0.743	1.927	0	29.62	1.1	1.52	0.11	1.85	60	3.69	10.96	1.20	0.06
HTFFZ14CDX_01	2011-4-30	15.90	6.01	6.324	1.806	0.707	1.849	0	31.10	1.1	1.40	0.10	1.75	72	3.69	11.04	1.10	0.06
HTFFZ10CLB_01	2011-07-31	29.20	5.73	6.631	1.782	0.802	1.751	0	38.50	3.3	2.40	0.09	1.06	68	4.54	10.00	1.70	0.05
HTFFZ10CJB_01	2011-07-31	29.20	5.80	7.627	1.843	0.846	1.776	0	39.98	2.9	2.31	0.09	0.93	72	4.60	9.84	1.50	0.05
HTFFZ11CDX_01_01	2011-07-31	21.60	5.82	11.584	2.501	1.202	2.053	0	37.02	4.6	2.99	0.08	2.03	72	3.57	10.08	1.80	0.05
HTFFZ11CDX_01_02	2011-07-31	21.20	5.91	10.826	2.510	0.714	2.210	0	47.39	3.9	1.10	0.09	1.75	80	3.90	10.04	1.50	0.06
HTFFZ12CDX_01_01	2011-07-31	20.40	5.95	13.610	2.827	1.005	2.236	0	53.31	1.7	1.31	0.13	1.04	88	4.16	10.00	1.90	0.06
HTFFZ12CDX_01_02	2011-07-31	20.10	5.90	5.894	1.197	0.683	1.935	0	35.54	1.7	1.19	0.12	0.81	68	3.85	9.92	1.00	0.06
HTFFZ13CDX_01	2011-07-31	24.50	6.02	6.153	1.836	0.598	2.138	0	31.10	1.9	1.18	0.11	1.37	68	4.25	9.60	1.60	0.07
HTFFZ14CDX_01	2011-07-31	24.50	6.00	5.936	1.953	0.551	2.084	0	31.10	1.9	1.22	0.12	1.30	60	4.00	9.64	1.40	0.07
HTFFZ10CLB_01	2011-9-30	23.30	5.89	5.385	1.845	0.894	1.797	0	38.50	3	3.28	0.05	1.46	80	3.96	10.40	1.70	0.04
HTFFZ10CJB_01	2011-9-30	23.20	5.91	5.427	2.134	0.931	1.815	0	38.50	3.2	3.26	0.05	1.39	76	3.87	10.36	1.80	0.03
HTFFZ11CDX_01_01	2011-9-30	19.50	6.00	9.564	2.854	1.103	2.322	0	42.95	3.4	3.75	0.09	1.32	80	3.77	10.68	2.00	0.05
HTFFZ11CDX_01_02	2011-9-30	19.20	6.01	9.256	2.697	1.013	1.868	0	62.20	4.2	2.79	0.08	1.69	96	3.83	10.24	1.85	0.05
HTFFZ12CDX_01_01	2011-9-30	17.50	6.12	11.246	3.789	1.613	2.477	0	56.27	1.8	1.93	0.10	1.38	92	3.48	10.72	2.20	0.05
HTFFZ12CDX_01_02	2011-9-30	16.00	6.06	4.225	2.224	1.114	1.976	0	42.95	1.6	1.87	0.10	1.04	68	3.53	10.56	1.70	0.04
HTFFZ13CDX_01	2011-9-30	17.60	6.05	4.568	1.943	0.815	1.904	0	42.95	1.9	2.56	0.10	1.43	72	3.89	10.52	2.00	0.05
HTFFZ14CDX_01	2011-9-30	17.60	6.08	4.435	2.009	0.870	1.856	0	44.43	1.8	2.85	0.10	1.23	72	4.07	10.28	2.01	0.06
HTFFZ10CLB_01	2012-4-30	26.20	5.59	7.093	1.529	1.129	1.322	0	32.58	3.3	2.86	0.05	2.72	60	4.26	10.00	1.52	0.04
HTFFZ10CJB_01	2012-4-30	26.10	5.70	7.144	1.662	1.201	1.363	0	34.06	3.2	2.90	0.05	2.68	52	3.75	9.96	1.36	0.04
HTFFZ11CDX_01_01	2012-4-30	20.10	6.07	12.110	2.999	1.041	1.852	0	39.98	4.1	4.15	0.12	3.08	68	4.34	10.20	2.76	0.06

（续）

样地代码	采样日期（年-月-日）	水温/℃	pH	Ca^{2+}含量/（mg/L）	Mg^{2+}含量/（mg/L）	K^+含量/（mg/L）	Na^+含量/（mg/L）	CO_3^{2-}含量/（mg/L）	HCO_3^-含量/（mg/L）	Cl^-含量/（mg/L）	SO_4^{2-}含量/（mg/L）	PO_4^{3-}含量/（mg/L）	NO_3^-含量/（mg/L）	矿化度/（mg/L）	化学需氧量/（mg/L）	水中溶解氧/（mg/L）	N含量/（mg/L）	P含量/（mg/L）
HTFFZ11CDX_01_02	2012-4-30	20.00	5.96	12.218	3.246	0.925	2.160	0	59.24	3.9	2.56	0.13	2.87	80	4.18	10.40	2.57	0.06
HTFFZ12CDX_01_01	2012-4-30	19.40	6.04	13.852	3.321	1.247	2.169	0	53.31	2.9	2.39	0.16	1.80	120	3.72	9.84	1.24	0.06
HTFFZ12CDX_01_02	2012-4-30	18.80	6.00	6.388	1.935	0.912	1.592	0	29.62	3	2.26	0.18	1.58	56	3.39	9.92	0.93	0.06
HTFFZ13CDX_01	2012-4-30	25.30	6.04	6.267	2.116	0.795	1.693	0	31.10	3.1	2.68	0.18	2.17	52	3.99	10.08	1.26	0.06
HTFFZ14CDX_01	2012-4-30	25.30	6.05	6.428	1.946	0.815	1.604	0	29.62	3	3.03	0.15	2.12	76	4.23	10.04	1.12	0.06
HTFFZ10CLB_01	2012-07-31	27.00	6.07	6.280	2.142	1.121	1.801	0	32.58	3.4	3.04	0.09	1.86	64	3.96	10.40	1.81	0.05
HTFFZ10CJB_01	2012-07-31	26.40	6.10	6.472	2.311	1.101	1.784	0	32.58	3.2	3.11	0.08	1.76	64	4.15	10.40	1.91	0.05
HTFFZ11CDX_01_01	2012-07-31	20.80	6.02	12.073	2.324	1.627	2.227	0	37.02	4.4	4.62	0.07	3.07	80	4.11	10.36	2.18	0.05
HTFFZ11CDX_01_02	2012-07-31	20.30	6.15	11.145	2.629	1.143	2.150	0	50.35	4.2	3.28	0.09	2.15	84	4.47	10.24	2.25	0.05
HTFFZ12CDX_01_01	2012-07-31	19.20	6.00	12.712	2.113	1.248	1.988	0	39.98	2.3	2.17	0.15	1.43	84	4.81	10.28	1.92	0.06
HTFFZ12CDX_01_02	2012-07-31	18.70	6.10	6.476	1.652	1.030	1.928	0	34.06	2.2	2.10	0.11	1.19	80	4.71	10.08	1.46	0.06
HTFFZ13CDX_01	2012-07-31	21.50	6.17	5.758	2.106	0.815	1.859	0	26.66	2.1	2.32	0.14	1.94	72	4.38	10.40	1.49	0.07
HTFFZ14CDX_01	2012-07-31	21.50	6.19	5.643	2.105	0.746	1.850	0	26.66	2	2.29	0.13	1.78	52	4.15	10.04	1.58	0.06
HTFFZ10CLB_01	2012-9-30	19.40	6.14	6.471	2.388	0.957	1.971	0	37.02	3	3.13	0.05	1.79	60	3.85	10.92	1.79	0.03
HTFFZ10CJB_01	2012-9-30	19.40	6.11	6.685	2.524	1.105	1.987	0	39.98	3.1	3.27	0.05	1.77	64	3.80	10.88	1.75	0.04
HTFFZ11CDX_01_01	2012-9-30	18.10	6.14	10.586	3.154	1.105	2.186	0	44.43	4.8	4.52	0.07	2.12	60	4.05	11.24	2.65	0.04
HTFFZ11CDX_01_02	2012-9-30	18.00	6.08	12.357	3.588	0.959	2.392	0	65.16	4.5	3.43	0.08	2.16	84	3.94	11.00	2.78	0.04
HTFFZ12CDX_01_01	2012-9-30	17.20	6.13	12.027	2.775	1.400	2.366	0	53.31	3	2.72	0.10	1.79	80	3.82	11.00	2.63	0.05
HTFFZ12CDX_01_02	2012-9-30	17.00	6.06	5.457	2.327	0.857	1.838	0	41.46	3.1	3.16	0.10	1.35	64	3.85	10.80	1.85	0.04
HTFFZ13CDX_01	2012-9-30	19.20	6.15	5.288	2.249	0.825	1.879	0	42.95	2.5	2.75	0.14	1.98	76	4.15	11.04	2.25	0.06
HTFFZ14CDX_01	2012-9-30	19.20	6.17	5.148	2.217	0.859	1.857	0	42.95	2.6	3.17	0.15	2.01	56	4.22	10.92	2.13	0.06
HTFFZ10CLB_01	2013-4-30	21.80	6.09	6.586	2.549	1.097	3.375	0	34.06	3	2.95	0.07	3.02	68	5.16	10.76	2.15	0.04
HTFFZ10CJB_01	2013-4-30	22.00	6.11	6.923	2.433	1.221	3.142	0	32.58	3	2.96	0.08	3.10	68	5.27	10.80	2.05	0.04
HTFFZ11CDX_01_01	2013-4-30	20.00	5.90	5.175	2.308	0.626	3.969	0	41.46	4	3.64	0.09	2.92	72	3.87	11.16	1.84	0.05
HTFFZ11CDX_01_02	2013-4-30	19.00	5.97	6.289	3.005	0.606	5.665	0	39.98	4	3.32	0.08	2.68	68	3.56	11.08	1.65	0.04

（续）

样地代码	采样日期 (年-月-日)	水温 /℃	pH	Ca²⁺ 含量 /(mg/L)	Mg²⁺ 含量 /(mg/L)	K⁺ 含量 /(mg/L)	Na⁺ 含量 /(mg/L)	CO₃²⁻ 含量 /(mg/L)	HCO₃⁻ 含量 /(mg/L)	Cl⁻ 含量 /(mg/L)	SO₄²⁻ 含量 /(mg/L)	PO₄³⁻ 含量 /(mg/L)	NO₃⁻ 含量 /(mg/L)	矿化度 /(mg/L)	化学需氧量 /(mg/L)	水中溶解氧 /(mg/L)	N含量 /(mg/L)	P含量 /(mg/L)
HTFFZ12CDX_01_01	2013-4-30	20.00	6.24	8.505	2.913	0.599	5.347	0	35.54	4	3.16	0.10	2.81	72	3.76	11.20	1.74	0.05
HTFFZ12CDX_01_02	2013-4-30	18.50	5.89	2.428	1.772	0.487	2.674	0	38.50	2	2.35	0.07	2.22	60	3.30	11.32	1.08	0.04
HTFFZ13CDX_01	2013-4-30	20.60	6.28	2.587	1.824	0.491	4.279	0	35.54	3	2.77	0.10	2.41	64	3.51	10.96	1.62	0.05
HTFFZ14CDX_01	2013-4-30	21.00	6.26	2.681	1.757	0.429	4.280	0	35.54	3	3.13	0.10	2.35	64	3.28	10.92	1.50	0.05
HTFFZ10CLB_01	2013-07-31	30.50	6.22	7.684	3.173	1.194	4.208	0	32.58	3	3.04	0.09	2.53	68	5.61	10.12	1.76	0.04
HTFFZ10CJB_01	2013-07-31	30.10	6.36	6.969	3.068	1.255	4.186	0	32.58	4	3.43	0.09	2.86	68	5.16	10.16	1.86	0.05
HTFFZ11CDX_01_01	2013-07-31	21.00	6.24	10.228	3.104	1.128	4.525	0	31.10	3	3.80	0.08	3.22	68	4.03	10.40	1.87	0.05
HTFFZ11CDX_01_02	2013-07-31	19.50	6.20	9.747	3.156	1.101	4.764	0	29.62	3	3.14	0.08	2.58	64	3.87	10.44	1.66	0.04
HTFFZ12CDX_01_01	2013-07-31	20.00	6.41	10.939	2.769	0.877	5.792	0	32.58	4	3.07	0.10	2.41	68	3.87	10.36	1.72	0.05
HTFFZ12CDX_01_02	2013-07-31	19.00	6.19	3.455	2.433	0.436	4.194	0	35.54	2	2.12	0.09	2.14	60	3.30	10.48	1.21	0.04
HTFFZ13CDX_01	2013-07-31	27.00	6.56	5.328	2.910	0.726	6.424	0	38.50	3	2.62	0.11	2.24	72	3.97	10.28	1.42	0.05
HTFFZ14CDX_01	2013-07-31	27.00	6.60	5.375	2.918	0.718	6.512	0	37.02	3	2.64	0.11	2.29	72	4.24	10.32	1.44	0.05
HTFFZ10CLB_01	2013-9-30	21.50	6.40	7.893	2.911	1.889	3.811	0	31.10	4	3.52	0.08	2.86	64	4.81	10.24	1.64	0.04
HTFFZ10CJB_01	2013-9-30	21.40	6.44	7.519	2.877	2.136	4.020	0	32.58	4	3.60	0.08	2.99	68	4.53	10.28	1.71	0.05
HTFFZ11CDX_01_01	2013-9-30	22.00	5.80	6.320	2.833	0.518	5.601	0	39.98	4	4.14	0.08	2.42	76	3.54	10.56	1.72	0.05
HTFFZ11CDX_01_02	2013-9-30	22.50	5.89	6.539	2.919	0.641	6.443	0	38.50	4	3.68	0.08	2.54	72	3.82	10.52	1.71	0.06
HTFFZ12CDX_01_01	2013-9-30	24.00	6.47	9.323	2.468	0.892	5.530	0	34.06	3	2.90	0.10	2.29	68	3.50	10.40	1.60	0.05
HTFFZ12CDX_01_02	2013-9-30	22.50	6.49	5.147	2.804	0.660	4.842	0	32.58	2	2.60	0.08	1.99	60	3.18	10.48	1.00	0.05
HTFFZ13CDX_01	2013-9-30	23.00	6.48	6.064	2.925	1.290	5.756	0	34.06	3	2.86	0.10	2.39	68	3.61	10.24	1.34	0.05
HTFFZ14CDX_01	2013-9-30	23.00	6.55	3.948	1.958	0.711	3.464	0	35.54	3	3.00	0.09	2.41	64	3.86	10.32	1.38	0.05
HTFFZ10CLB_01	2014-4-30	19.40	7.04	5.758	2.352	1.233	3.256	0	25.18	2	1.88	0.04	1.90	64	4.91	8.32	2.17	0.05
HTFFZ10CJB_01	2014-4-30	19.30	7.25	5.932	2.644	1.311	3.247	0	17.77	2	1.90	0.05	1.99	68	5.06	8.97	2.10	0.05
HTFFZ11CDX_01_01	2014-4-30	16.20	6.25	4.799	2.223	0.767	2.900	0	39.98	4	2.88	0.07	2.88	64	3.82	6.73	1.74	0.04
HTFFZ11CDX_01_02	2014-4-30	17.10	6.22	5.345	2.678	0.756	3.238	0	38.50	4	2.99	0.07	2.98	64	3.32	7.08	1.67	0.04
HTFFZ12CDX_01_01	2014-4-30	14.60	6.66	6.878	2.479	0.833	3.565	0	29.62	3	2.39	0.07	2.68	72	3.29	5.04	1.71	0.04

（续）

样地代码	采样日期 (年-月-日)	水温/℃	pH	Ca^{2+}含量/(mg/L)	Mg^{2+}含量/(mg/L)	K^+含量/(mg/L)	Na^+含量/(mg/L)	CO_3^{2-}含量/(mg/L)	HCO_3^-含量/(mg/L)	Cl^-含量/(mg/L)	SO_4^{2-}含量/(mg/L)	PO_4^{3-}含量/(mg/L)	NO_3^-含量/(mg/L)	矿化度/(mg/L)	化学需氧量/(mg/L)	水中溶解氧/(mg/L)	N含量/(mg/L)	P含量/(mg/L)
HTFFZI2CDX_01_02	2014-4-30	15.20	6.33	2.345	1.348	0.578	2.345	0	37.02	4	2.68	0.07	2.99	56	2.72	8.68	0.99	0.03
HTFFZI3CDX_01	2014-4-30	15.60	7.10	3.456	1.346	0.845	3.454	0	23.69	2	1.97	0.06	2.02	68	3.02	9.57	1.54	0.04
HTFFZI4CDX_01	2014-4-30	15.70	7.08	3.563	1.433	0.836	3.543	0	23.69	2	1.90	0.05	2.12	64	3.10	9.52	1.57	0.04
HTFFZI0CLB_01	2014-07-31	29.30	7.12	6.567	2.568	1.455	3.988	0	22.21	2	1.77	0.05	1.99	72	5.51	8.22	1.83	0.05
HTFFZI0CJB_01	2014-07-31	29.30	7.17	6.433	2.656	1.545	3.787	0	22.21	2	1.89	0.05	2.09	68	5.06	8.35	1.87	0.05
HTFFZI1CDX_01_01	2014-07-31	23.50	6.37	7.677	3.098	1.034	3.633	0	34.06	3	2.79	0.08	2.88	64	3.60	6.02	1.74	0.04
HTFFZI1CDX_01_02	2014-07-31	22.60	6.43	7.233	2.988	1.123	3.612	0	32.58	3	2.46	0.07	2.68	64	3.50	7.38	1.77	0.04
HTFFZI2CDX_01_01	2014-07-31	22.80	6.62	7.775	3.057	0.878	3.123	0	28.14	3	2.43	0.06	2.77	64	3.59	5.35	1.69	0.05
HTFFZI2CDX_01_02	2014-07-31	22.20	6.26	3.458	1.877	0.489	2.248	0	32.58	4	3.00	0.08	2.86	56	2.51	8.18	1.07	0.04
HTFFZI3CDX_01	2014-07-31	24.50	7.14	4.561	2.122	0.767	3.778	0	22.21	2	1.68	0.05	1.90	76	3.37	9.85	1.52	0.05
HTFFZI4CDX_01	2014-07-31	24.30	6.93	4.673	2.221	0.788	3.784	0	25.18	2	2.17	0.05	2.49	80	4.15	9.51	1.51	0.04
HTFFZI0CLB_01	2014-9-30	20.50	7.15	6.134	2.778	1.856	3.889	0	20.73	2	1.90	0.05	1.90	68	4.96	8.56	1.82	0.04
HTFFZI0CJB_01	2014-9-30	20.50	7.20	6.238	2.665	2.099	3.789	0	19.25	2	1.91	0.06	1.79	64	4.62	8.52	1.79	0.04
HTFFZI1CDX_01_01	2014-9-30	18.60	6.20	6.887	2.846	0.767	2.877	0	37.02	4	2.89	0.08	2.89	72	3.10	6.54	1.63	0.04
HTFFZI1CDX_01_02	2014-9-30	18.20	6.32	6.452	2.699	0.760	2.675	0	35.54	4	3.00	0.08	2.80	68	3.26	7.32	1.65	0.04
HTFFZI2CDX_01_01	2014-9-30	18.10	6.59	7.876	3.232	0.804	3.087	0	29.62	3	2.66	0.08	2.90	72	2.66	5.70	1.64	0.04
HTFFZI2CDX_01_02	2014-9-30	18.10	6.30	3.458	1.735	0.622	3.199	0	29.62	4	2.57	0.08	2.83	60	2.26	8.93	0.86	0.03
HTFFZI3CDX_01	2014-9-30	18.80	7.21	4.567	2.345	0.998	3.658	0	22.21	2	1.79	0.05	1.88	68	2.86	9.06	1.32	0.04
HTFFZI4CDX_01	2014-9-30	18.70	7.19	4.455	2.544	0.966	3.878	0	20.73	2	1.90	0.05	1.90	68	3.49	9.34	1.28	0.04
HTFFZI0CLB_01	2015-1-24	12.86	6.01	2.609	2.629	0.696	2.048	0	43.56	0.02	0.96	0.07	0.72	34	2.20	8.42	1.00	0.01
HTFFZI0CJB_01	2015-1-24	11.52	6.08	3.522	3.414	0.867	2.737	0	45.98	0.92	0.90	0.05	0.94	49	1.83	5.79	1.29	0.03
HTFFZI1CDX_01_01	2015-1-24	7.85	7.48	3.326	3.101	0.785	2.240	0	47.19	0.4	1.13	0.06	2.21	25	2.03	9.25	1.39	0.03
HTFFZI1CDX_01_02	2015-1-24	7.59	7.15	2.898	2.978	0.720	2.060	0	29.64	0.49	1.35	0.04	2.00	41	2.36	9.03	1.10	0.01
HTFFZI2CDX_01_01	2015-1-24	11.43	7.16	6.636	3.169	1.387	3.672	0	45.37	2.72	2.16	0.06	2.25	66	2.12	8.92	1.38	0.02
HTFFZI2CDX_01_02	2015-1-24	11.25	7.32	3.292	3.313	1.483	3.549	0	26.01	3.07	2.46	0.05	3.04	68	2.20	9.06	1.06	0.03

（续）

样地代码	采样日期/(年-月-日)	水温/℃	pH	Ca²⁺含量/(mg/L)	Mg²⁺含量/(mg/L)	K⁺含量/(mg/L)	Na⁺含量/(mg/L)	CO₃²⁻含量/(mg/L)	HCO₃⁻含量/(mg/L)	Cl⁻含量/(mg/L)	SO₄²⁻含量/(mg/L)	PO₄³⁻含量/(mg/L)	NO₃⁻含量/(mg/L)	矿化度/(mg/L)	化学需氧量/(mg/L)	水中溶解氧/(mg/L)	N含量/(mg/L)	P含量/(mg/L)
HTFFZ13CDX_01	2015-1-24	12.89	5.94	5.022	2.756	0.711	4.225	0	35.09	4.19	1.63	0.07	2.16	50	2.22	5.23	1.09	0.01
HTFFZ14CDX_01	2015-1-24	12.35	6.08	5.623	3.339	0.876	4.091	0	26.01	4.89	2.65	0.06	2.60	51	1.96	5.58	1.02	0.01
HTFFZ10CLB_01	2015-4-30	15.71	5.93	3.080	2.500	0.658	2.217	0	34.48	0.64	1.09	0.07	0.74	32	1.53	8.51	0.99	0.01
HTFFZ10CJB_01	2015-4-30	16.60	6.58	5.758	2.991	0.876	2.295	0	52.31	0.36	0.87	0.05	0.89	58	1.49	7.61	1.41	0.03
HTFFZ11CDX_01_01	2015-4-30	17.47	7.23	2.946	2.899	0.941	2.840	0	44.77	0.53	1.07	0.06	1.57	48	1.80	8.53	1.14	0.02
HTFFZ11CDX_01_02	2015-4-30	16.76	7.16	3.476	2.969	0.898	2.506	0	44.16	0.44	1.22	0.04	2.16	47	2.76	8.42	1.33	0.01
HTFFZ12CDX_01_01	2015-4-30	23.27	7.23	6.185	3.338	1.440	3.780	0	44.16	3.22	2.42	0.06	1.90	61	2.37	7.27	1.19	0.02
HTFFZ12CDX_01_02	2015-4-30	22.88	7.44	5.689	3.100	1.289	3.385	0	47.79	2.92	2.54	0.05	2.12	64	2.25	8.53	1.56	0.02
HTFFZ13CDX_01	2015-4-30	17.65	6.08	3.988	2.870	0.725	4.382	0	45.98	4.28	1.83	0.07	2.72	78	1.67	7.08	1.61	0.01
HTFFZ14CDX_01	2015-4-30	18.42	6.19	5.145	2.958	1.047	4.409	0	44.77	3.53	2.85	0.07	1.01	63	1.68	7.84	1.28	0.01
HTFFZ10CLB_01	2015-07-31	16.93	5.65	2.966	0.757	0.478	1.578	0	27.22	0.08	1.09	0.05	0.77	27	1.14	8.02	0.97	0.01
HTFFZ10CJB_01	2015-07-31	18.94	6.31	5.799	2.864	0.991	2.118	0	55.34	1.33	0.93	0.05	0.81	66	2.42	6.16	1.27	0.02
HTFFZ11CDX_01_01	2015-07-31	21.06	7.07	3.517	0.839	0.533	2.524	0	37.83	0.31	1.24	0.05	1.93	34	1.19	8.00	1.49	0.01
HTFFZ11CDX_01_02	2015-07-31	20.86	6.86	3.619	1.773	0.680	2.657	0	34.48	0.46	1.24	0.04	2.18	35	2.55	7.91	1.02	0.01
HTFFZ12CDX_01_01	2015-07-31	27.26	7.19	4.368	2.499	1.255	3.195	0	30.85	2.96	2.70	0.05	3.72	44	2.56	7.32	1.17	0.01
HTFFZ12CDX_01_02	2015-07-31	30.30	8.46	3.343	1.673	0.790	2.215	0	37.51	1.9	2.45	0.05	2.26	47	3.10	9.87	1.50	0.02
HTFFZ13CDX_01	2015-07-31	19.13	5.83	7.071	3.463	0.759	3.746	0	47.72	4.02	1.56	0.07	2.22	59	1.23	5.36	1.40	0.01
HTFFZ14CDX_01	2015-07-31	20.57	5.96	5.851	3.119	1.164	4.504	0	41.74	4.41	2.46	0.07	2.47	59	1.77	5.95	1.17	0.02
HTFFZ10CLB_01	2015-10-13	16.86	6.07	2.818	2.585	0.761	2.322	0	33.88	0.28	1.10	0.06	0.79	31	1.70	8.23	0.98	0.01
HTFFZ10CJB_01	2015-10-13	17.52	6.26	6.521	3.007	1.042	2.559	0	50.78	0.97	0.92	0.06	0.85	67	2.07	6.04	1.53	0.02
HTFFZ11CDX_01_01	2015-10-13	17.32	7.38	3.523	2.880	0.898	2.988	0	41.74	1.56	1.28	0.05	1.32	42	2.38	8.66	1.27	0.02
HTFFZ11CDX_01_02	2015-10-13	17.34	7.12	3.517	2.695	0.831	2.632	0	36.90	1.42	1.15	0.04	1.51	42	2.73	8.52	1.04	0.01
HTFFZ12CDX_01_01	2015-10-13	22.43	7.41	4.601	2.880	1.641	4.009	0	36.30	3.74	2.87	0.05	2.70	50	1.67	8.37	1.27	0.02
HTFFZ12CDX_01_02	2015-10-13	22.65	7.60	8.827	2.537	1.987	3.054	0	46.55	3.01	2.65	0.04	2.94	53	2.47	8.03	1.32	0.02
HTFFZ13CDX_01	2015-10-13	19.03	5.96	6.754	3.506	0.826	4.068	0	44.09	4.15	1.71	0.06	3.08	71	1.04	5.88	1.62	0.01
HTFFZ14CDX_01	2015-10-13	20.37	6.04	4.878	2.869	1.092	4.367	0	36.90	3.68	2.57	0.08	3.37	73	1.06	6.92	1.18	0.01

3.3.3 地下水位数据集

3.3.3.1 概述

长期监测森林及周边地区地下水位情况，可以及时了解不同月份降水对地下水位的影响情况和历年来的水位变化趋势。会同站地下水位数据集为 2 个常规样地监测点 2009—2015 年月尺度数据，主要指标为地下水埋深、标准差、有效数据、地面高程。

3.3.3.2 数据采集和处理方法

本数据集为会同站 2 个常规样地监测点 2009—2015 年观测的地下水位数据，每年按照每月 6 次的频率进行监测。这 2 个常规采样点分别为 HTFFZ11CDX＿01＿01（会同苏溪口 11 号辅助观测场地下水监测区老井）、HTFFZ12CDX＿01＿02（会同么哨 12 号辅助观测场地下水监测区饮用井）会同苏溪 011 号辅助观测场地下水监测区老井，环境为河滩地，水井周围是稻田径；会同私哨 12 号辅助观测场地下水位监测区饮用并在山沟稻田中，山沟周围有杉木林、马尾松林及杉木与其他阔叶树种混交林。

2009—2015 年通过人工监测的方式测定这 2 处地下水位高度。

3.3.3.3 数据质量控制和评估

同 3.3.1.3。

3.3.3.4 数据使用方法和建议

同 3.1.2.4。

3.3.3.5 数据

见表 3-146。

表 3-146　2009—2015 年地下水位高度观测数据

年-月	采样点代码	地下水埋深/m	标准差	有效数据/条	地面高程/m
2009-01	HTFFZ11CDX＿01＿01	3.92	0.12	6	281.00
2009-02	HTFFZ11CDX＿01＿01	3.80	0.18	6	281.00
2009-03	HTFFZ11CDX＿01＿01	2.96	0.80	6	281.00
2009-04	HTFFZ11CDX＿01＿01	1.53	1.04	6	281.00
2009-05	HTFFZ11CDX＿01＿01	0.86	0.18	6	281.00
2009-06	HTFFZ11CDX＿01＿01	0.90	0.16	6	281.00
2009-07	HTFFZ11CDX＿01＿01	0.92	0.10	7	281.00
2009-08	HTFFZ11CDX＿01＿01	1.75	0.75	5	281.00
2009-09	HTFFZ11CDX＿01＿01	3.63	0.18	6	281.00
2009-10	HTFFZ11CDX＿01＿01	3.99	0.10	7	281.00
2009-11	HTFFZ11CDX＿01＿01	4.23	0.08	6	281.00
2009-12	HTFFZ11CDX＿01＿01	3.56	0.40	6	281.00
2009-01	HTFFZ12CDX＿01＿02	0.94	0.00	5	488.00
2009-02	HTFFZ12CDX＿01＿02	0.93	0.02	6	488.00

（续）

年-月	采样点代码	地下水埋深/m	标准差	有效数据/条	地面高程/m
2009 – 03	HTFFZ12CDX_01_02	0.87	0.06	5	488.00
2009 – 04	HTFFZ12CDX_01_02	0.82	0.09	8	488.00
2009 – 05	HTFFZ12CDX_01_02	0.80	0.03	6	488.00
2009 – 06	HTFFZ12CDX_01_02	0.90	0.05	7	488.00
2009 – 07	HTFFZ12CDX_01_02	0.95	0.01	8	488.00
2009 – 08	HTFFZ12CDX_01_02	0.95	0.01	9	488.00
2009 – 09	HTFFZ12CDX_01_02	0.97	0.00	5	488.00
2009 – 10	HTFFZ12CDX_01_02	0.98	0.00	7	488.00
2009 – 11	HTFFZ12CDX_01_02	1.00	0.01	4	488.00
2009 – 12	HTFFZ12CDX_01_02	1.04	0.02	5	488.00
2010 – 01	HTFFZ11CDX_01_01	3.79	0.09	6	281.00
2010 – 02	HTFFZ11CDX_01_01	4.10	0.04	6	281.00
2010 – 03	HTFFZ11CDX_01_01	3.87	0.44	6	281.00
2010 – 04	HTFFZ11CDX_01_01	2.01	0.66	6	281.00
2010 – 05	HTFFZ11CDX_01_01	1.55	0.77	6	281.00
2010 – 06	HTFFZ11CDX_01_01	0.75	0.04	6	281.00
2010 – 07	HTFFZ11CDX_01_01	0.83	0.08	5	281.00
2010 – 08	HTFFZ11CDX_01_01	0.92	0.16	6	281.00
2010 – 09	HTFFZ11CDX_01_01	3.67	0.36	6	281.00
2010 – 10	HTFFZ11CDX_01_01	3.21	0.52	7	281.00
2010 – 11	HTFFZ11CDX_01_01	3.98	0.06	6	281.00
2010 – 12	HTFFZ11CDX_01_01	3.12	0.83	6	281.00
2010 – 01	HTFFZ12CDX_01_02	1.13	0.02	7	488.00
2010 – 02	HTFFZ12CDX_01_02	1.18	0.02	5	488.00
2010 – 03	HTFFZ12CDX_01_02	1.13	0.11	13	488.00
2010 – 04	HTFFZ12CDX_01_02	0.94	0.04	14	488.00
2010 – 05	HTFFZ12CDX_01_02	0.94	0.04	8	488.00
2010 – 06	HTFFZ12CDX_01_02	0.81	0.05	11	488.00

（续）

年-月	采样点代码	地下水埋深/m	标准差	有效数据/条	地面高程/m
2010 - 07	HTFFZ12CDX _ 01 _ 02	0.94	0.00	6	488.00
2010 - 08	HTFFZ12CDX _ 01 _ 02	0.93	0.00	4	488.00
2010 - 09	HTFFZ12CDX _ 01 _ 02	0.97	0.01	5	488.00
2010 - 10	HTFFZ12CDX _ 01 _ 02	1.00	0.03	6	488.00
2010 - 11	HTFFZ12CDX _ 01 _ 02	1.06	0.02	5	488.00
2010 - 12	HTFFZ12CDX _ 01 _ 02	1.00	0.07	5	488.00
2011 - 01	HTFFZ11CDX _ 01 _ 01	3.43	0.37	6	281.00
2011 - 02	HTFFZ11CDX _ 01 _ 01	2.02	0.95	6	281.00
2011 - 03	HTFFZ11CDX _ 01 _ 01	2.77	0.51	6	281.00
2011 - 04	HTFFZ11CDX _ 01 _ 01	2.85	0.26	6	281.00
2011 - 05	HTFFZ11CDX _ 01 _ 01	1.30	0.61	7	281.00
2011 - 06	HTFFZ11CDX _ 01 _ 01	0.79	0.02	6	281.00
2011 - 07	HTFFZ11CDX _ 01 _ 01	1.20	0.62	6	281.00
2011 - 08	HTFFZ11CDX _ 01 _ 01	1.68	0.99	6	281.00
2011 - 09	HTFFZ11CDX _ 01 _ 01	3.82	0.16	7	281.00
2011 - 10	HTFFZ11CDX _ 01 _ 01	3.46	0.33	6	281.00
2011 - 11	HTFFZ11CDX _ 01 _ 01	3.62	0.21	6	281.00
2011 - 12	HTFFZ11CDX _ 01 _ 01	3.95	0.14	6	281.00
2011 - 01	HTFFZ12CDX _ 01 _ 02	0.99	0.01	2	488.00
2011 - 02	HTFFZ12CDX _ 01 _ 02	0.97	0.00	5	488.00
2011 - 03	HTFFZ12CDX _ 01 _ 02	0.96	0.01	11	488.00
2011 - 04	HTFFZ12CDX _ 01 _ 02	0.96	0.01	12	488.00
2011 - 05	HTFFZ12CDX _ 01 _ 02	0.94	0.03	7	488.00
2011 - 06	HTFFZ12CDX _ 01 _ 02	0.94	0.02	8	488.00
2011 - 07	HTFFZ12CDX _ 01 _ 02	0.96	0.01	4	488.00
2011 - 08	HTFFZ12CDX _ 01 _ 02	0.95	0.02	7	488.00
2011 - 09	HTFFZ12CDX _ 01 _ 02	1.02	0.03	7	488.00
2011 - 10	HTFFZ12CDX _ 01 _ 02	1.02	0.06	8	488.00

（续）

年-月	采样点代码	地下水埋深/m	标准差	有效数据/条	地面高程/m
2011 – 11	HTFFZ12CDX _ 01 _ 02	1.00	0.01	7	488.00
2011 – 12	HTFFZ12CDX _ 01 _ 02	1.09	0.11	9	488.00
2012 – 01	HTFFZ11CDX _ 01 _ 01	3.55	0.52	7	281.00
2012 – 02	HTFFZ11CDX _ 01 _ 01	3.59	0.23	5	281.00
2012 – 03	HTFFZ11CDX _ 01 _ 01	3.07	0.34	6	281.00
2012 – 04	HTFFZ11CDX _ 01 _ 01	2.92	0.42	6	281.00
2012 – 05	HTFFZ11CDX _ 01 _ 01	1.20	0.41	7	281.00
2012 – 06	HTFFZ11CDX _ 01 _ 01	0.89	0.12	6	281.00
2012 – 07	HTFFZ11CDX _ 01 _ 01	0.95	0.17	6	281.00
2012 – 08	HTFFZ11CDX _ 01 _ 01	1.35	0.29	7	281.00
2012 – 09	HTFFZ11CDX _ 01 _ 01	2.78	0.52	6	281.00
2012 – 10	HTFFZ11CDX _ 01 _ 01	3.36	0.30	6	281.00
2012 – 11	HTFFZ11CDX _ 01 _ 01	2.61	0.52	6	281.00
2012 – 12	HTFFZ11CDX _ 01 _ 01	3.05	0.20	7	281.00
2012 – 02	HTFFZ12CDX _ 01 _ 02	0.97	0.00	6	488.00
2012 – 03	HTFFZ12CDX _ 01 _ 02	0.95	0.01	10	488.00
2012 – 04	HTFFZ12CDX _ 01 _ 02	0.96	0.01	9	488.00
2012 – 05	HTFFZ12CDX _ 01 _ 02	0.90	0.04	10	488.00
2012 – 06	HTFFZ12CDX _ 01 _ 02	0.88	0.08	7	488.00
2012 – 07	HTFFZ12CDX _ 01 _ 02	0.90	0.03	6	488.00
2012 – 08	HTFFZ12CDX _ 01 _ 02	0.92	0.01	4	488.00
2012 – 09	HTFFZ12CDX _ 01 _ 02	0.96	0.01	6	488.00
2012 – 10	HTFFZ12CDX _ 01 _ 02	1.00	0.02	8	488.00
2012 – 11	HTFFZ12CDX _ 01 _ 02	0.99	0.02	6	488.00
2012 – 12	HTFFZ12CDX _ 01 _ 02	0.97	0.01	6	488.00
2013 – 01	HTFFZ11CDX _ 01 _ 01	3.34	0.13	6	281.00
2013 – 02	HTFFZ11CDX _ 01 _ 01	3.78	0.13	6	281.00
2013 – 03	HTFFZ11CDX _ 01 _ 01	2.04	1.29	6	281.00

（续）

年-月	采样点代码	地下水埋深/m	标准差	有效数据/条	地面高程/m
2013 - 04	HTFFZ11CDX _ 01 _ 01	2.37	0.45	6	281.00
2013 - 05	HTFFZ11CDX _ 01 _ 01	0.83	0.07	6	281.00
2013 - 06	HTFFZ11CDX _ 01 _ 01	0.91	0.12	6	281.00
2013 - 07	HTFFZ11CDX _ 01 _ 01	1.08	0.11	7	281.00
2013 - 08	HTFFZ11CDX _ 01 _ 01	1.82	0.56	6	281.00
2013 - 09	HTFFZ11CDX _ 01 _ 01	3.37	0.53	6	281.00
2013 - 10	HTFFZ11CDX _ 01 _ 01	3.63	0.23	6	281.00
2013 - 11	HTFFZ11CDX _ 01 _ 01	3.51	0.17	6	281.00
2013 - 12	HTFFZ11CDX _ 01 _ 01	3.36	0.39	7	281.00
2013 - 01	HTFFZ12CDX _ 01 _ 02	0.65	0.00	5	488.00
2013 - 02	HTFFZ12CDX _ 01 _ 02	0.68	0.04	4	488.00
2013 - 03	HTFFZ12CDX _ 01 _ 02	0.75	0.04	6	488.00
2013 - 04	HTFFZ12CDX _ 01 _ 02	0.91	0.02	4	488.00
2013 - 05	HTFFZ12CDX _ 01 _ 02	0.84	0.05	7	488.00
2013 - 06	HTFFZ12CDX _ 01 _ 02	0.94	0.01	4	488.00
2013 - 07	HTFFZ12CDX _ 01 _ 02	0.94	0.00	5	488.00
2013 - 08	HTFFZ12CDX _ 01 _ 02	0.97	0.02	3	488.00
2013 - 09	HTFFZ12CDX _ 01 _ 02	0.98	0.03	6	488.00
2013 - 10	HTFFZ12CDX _ 01 _ 02	1.03	0.02	5	488.00
2013 - 11	HTFFZ12CDX _ 01 _ 02	1.02	0.03	6	488.00
2013 - 12	HTFFZ12CDX _ 01 _ 02	1.05	0.05	6	488.00
2014 - 01	HTFFZ11CDX _ 01 _ 01	3.73	0.12	6	281.00
2014 - 02	HTFFZ11CDX _ 01 _ 01	3.91	0.15	6	281.00
2014 - 03	HTFFZ11CDX _ 01 _ 01	3.24	0.28	6	281.00
2014 - 04	HTFFZ11CDX _ 01 _ 01	2.24	0.79	7	281.00
2014 - 05	HTFFZ11CDX _ 01 _ 01	1.46	0.83	6	281.00
2014 - 06	HTFFZ11CDX _ 01 _ 01	0.75	0.01	7	281.00
2014 - 07	HTFFZ11CDX _ 01 _ 01	0.86	0.06	6	281.00

（续）

年-月	采样点代码	地下水埋深/m	标准差	有效数据/条	地面高程/m
2014 - 08	HTFFZ11CDX_01_01	1. 21	0. 55	6	281. 00
2014 - 09	HTFFZ11CDX_01_01	3. 24	0. 22	6	281. 00
2014 - 10	HTFFZ11CDX_01_01	3. 52	0. 34	6	281. 00
2014 - 11	HTFFZ11CDX_01_01	2. 25	0. 82	7	281. 00
2014 - 12	HTFFZ11CDX_01_01	3. 31	0. 22	6	281. 00
2014 - 01	HTFFZ12CDX_01_02	1. 07	0. 02	5	488. 00
2014 - 02	HTFFZ12CDX_01_02	0. 99	0. 04	2	488. 00
2014 - 03	HTFFZ12CDX_01_02	0. 97	0. 02	5	488. 00
2014 - 04	HTFFZ12CDX_01_02	0. 93	0. 06	5	488. 00
2014 - 05	HTFFZ12CDX_01_02	0. 92	0. 06	6	488. 00
2014 - 06	HTFFZ12CDX_01_02	0. 85	0. 08	6	488. 00
2014 - 07	HTFFZ12CDX_01_02	0. 91	0. 02	6	488. 00
2014 - 08	HTFFZ12CDX_01_02	0. 92	0. 02	6	488. 00
2014 - 09	HTFFZ12CDX_01_02	0. 95	0. 01	6	488. 00
2014 - 10	HTFFZ12CDX_01_02	0. 96	0. 01	6	488. 00
2014 - 11	HTFFZ12CDX_01_02	0. 95	0. 00	6	488. 00
2014 - 12	HTFFZ12CDX_01_02	0. 96	0. 00	6	488. 00
2015 - 01	HTFFZ11CDX_01_01	3. 40	0. 14	6	281. 00
2015 - 02	HTFFZ11CDX_01_01	2. 57	1. 16	4	281. 00
2015 - 03	HTFFZ11CDX_01_01	2. 97	0. 16	6	281. 00
2015 - 04	HTFFZ11CDX_01_01	3. 26	0. 12	6	281. 00
2015 - 05	HTFFZ11CDX_01_01	2. 29	1. 24	5	281. 00
2015 - 06	HTFFZ11CDX_01_01	0. 82	0. 12	7	281. 00
2015 - 07	HTFFZ11CDX_01_01	0. 81	0. 10	6	281. 00
2015 - 08	HTFFZ11CDX_01_01	1. 12	0. 43	6	281. 00
2015 - 09	HTFFZ11CDX_01_01	2. 73	0. 79	5	281. 00
2015 - 10	HTFFZ11CDX_01_01	3. 29	0. 34	6	281. 00
2015 - 11	HTFFZ11CDX_01_01	2. 70	0. 72	4	281. 00

（续）

年-月	采样点代码	地下水埋深/m	标准差	有效数据/条	地面高程/m
2015 - 12	HTFFZ11CDX _ 01 _ 01	2.39	0.90	6	281.00
2015 - 01	HTFFZ12CDX _ 01 _ 02	0.96	0.01	6	488.00
2015 - 02	HTFFZ12CDX _ 01 _ 02	0.96	0.00	4	488.00
2015 - 03	HTFFZ12CDX _ 01 _ 02	0.96	0.01	6	488.00
2015 - 04	HTFFZ12CDX _ 01 _ 02	0.96	0.01	6	488.00
2015 - 05	HTFFZ12CDX _ 01 _ 02	0.96	0.00	5	488.00
2015 - 06	HTFFZ12CDX _ 01 _ 02	0.88	0.02	7	488.00
2015 - 07	HTFFZ12CDX _ 01 _ 02	0.95	0.02	6	488.00
2015 - 08	HTFFZ12CDX _ 01 _ 02	0.96	0.03	6	488.00
2015 - 09	HTFFZ12CDX _ 01 _ 02	0.93	0.02	5	488.00
2015 - 10	HTFFZ12CDX _ 01 _ 02	0.94	0.01	6	488.00
2015 - 11	HTFFZ12CDX _ 01 _ 02	0.93	0.00	4	488.00
2015 - 12	HTFFZ12CDX _ 01 _ 02	0.92	0.00	6	488.00

注：有效数据为实际观测次数。

3.3.4　蒸发量数据集

3.3.4.1　概述

蒸发是地表热量和水量平衡的组成部分，在中亚热带森林区域通过监测蒸发量来评估这一区域的蒸发能力，对估算森林蒸发、植物需水、植物水平衡等方面有重要参考价值。会同站蒸发量观测数据集包括月蒸发量和水温指标。

3.3.4.2　数据采集和处理方法

本数据集为会同站 1 个常规样地监测点 2009—2015 年观测的蒸发量数据，全年每天进行 1 次数据监测。这个常规采样地为 HTFQX01CZF _ 01（会同气象观测场 E601 水面蒸发仪）。2009—2015年对蒸发量和水温指标进行人工监测。

3.3.4.3　数据质量控制和评估

同 3.3.1.3。

3.3.4.4　数据使用方法和建议

会同站蒸发量数据用于评估该地区森林生态系统蒸发能力。

3.3.4.5　数据

见表 3 - 147。

表 3 - 147　2009—2015 年蒸发量观测数据

年-月	采样地代码	月蒸发量/mm	水温/℃
2009 - 01	HTFQX01CZF _ 01	40.2	6.5
2009 - 02	HTFQX01CZF _ 01	26.8	10.8
2009 - 03	HTFQX01CZF _ 01	16.6	13.3
2009 - 04	HTFQX01CZF _ 01	4.0	17.6
2009 - 05	HTFQX01CZF _ 01	23.9	22.0

（续）

年-月	采样地代码	月蒸发量/mm	水温/℃
2009 - 06	HTFQX01CZF _ 01	65.4	27.0
2009 - 07	HTFQX01CZF _ 01	69.3	28.0
2009 - 08	HTFQX01CZF _ 01	92.8	29.0
2009 - 09	HTFQX01CZF _ 01	91.3	26.1
2009 - 10	HTFQX01CZF _ 01	57.4	20.2
2009 - 11	HTFQX01CZF _ 01	39.6	12.1
2009 - 12	HTFQX01CZF _ 01	15.3	7.8
2010 - 01	HTFQX01CZF _ 01	20.0	7.8
2010 - 02	HTFQX01CZF _ 01	21.4	9.3
2010 - 03	HTFQX01CZF _ 01	36.1	12.1
2010 - 04	HTFQX01CZF _ 01	19.6	15.1
2010 - 05	HTFQX01CZF _ 01	36.1	21.4
2010 - 06	HTFQX01CZF _ 01	40.1	25.5
2010 - 07	HTFQX01CZF _ 01	85.0	30.1
2010 - 08	HTFQX01CZF _ 01	90.4	30.3
2010 - 09	HTFQX01CZF _ 01	58.0	23.7
2010 - 10	HTFQX01CZF _ 01	49.9	17.0
2010 - 11	HTFQX01CZF _ 01	53.5	13.3
2010 - 12	HTFQX01CZF _ 01	36.3	8.7
2011 - 01	HTFQX01CZF _ 01	7.1	2.8
2011 - 02	HTFQX01CZF _ 01	36.3	8.8
2011 - 03	HTFQX01CZF _ 01	39.4	9.6
2011 - 04	HTFQX01CZF _ 01	57.6	16.7
2011 - 05	HTFQX01CZF _ 01	89.4	21.4
2011 - 06	HTFQX01CZF _ 01	67.6	25.0
2011 - 07	HTFQX01CZF _ 01	154.2	27.7
2011 - 08	HTFQX01CZF _ 01	138.1	27.0
2011 - 09	HTFQX01CZF _ 01	96.4	22.6
2011 - 10	HTFQX01CZF _ 01	60.8	17.0
2011 - 11	HTFQX01CZF _ 01	61.9	15.8
2011 - 12	HTFQX01CZF _ 01	43.7	6.7
2012 - 01	HTFQX01CZF _ 01	17.5	3.9
2012 - 02	HTFQX01CZF _ 01	18.1	4.2
2012 - 03	HTFQX01CZF _ 01	55.9	9.0
2012 - 04	HTFQX01CZF _ 01	106.6	18.3
2012 - 05	HTFQX01CZF _ 01	80.2	21.0
2012 - 06	HTFQX01CZF _ 01	112.6	24.4
2012 - 07	HTFQX01CZF _ 01	150.3	27.4
2012 - 08	HTFQX01CZF _ 01	159.1	27.5

（续）

年-月	采样地代码	月蒸发量/mm	水温/℃
2012 - 09	HTFQX01CZF _ 01	118. 2	22. 7
2012 - 10	HTFQX01CZF _ 01	68. 7	17. 7
2012 - 11	HTFQX01CZF _ 01	37. 1	11. 3
2012 - 12	HTFQX01CZF _ 01	75. 4	5. 9
2013 - 01	HTFQX01CZF _ 01	48. 9	5. 8
2013 - 02	HTFQX01CZF _ 01	38. 0	7. 8
2013 - 03	HTFQX01CZF _ 01	80. 0	13. 9
2013 - 04	HTFQX01CZF _ 01	75. 5	16. 4
2013 - 05	HTFQX01CZF _ 01	91. 7	22. 5
2013 - 06	HTFQX01CZF _ 01	162. 9	26. 9
2013 - 07	HTFQX01CZF _ 01	216. 6	28. 5
2013 - 08	HTFQX01CZF _ 01	165. 6	27. 0
2013 - 09	HTFQX01CZF _ 01	108. 6	22. 4
2013 - 10	HTFQX01CZF _ 01	99. 5	17. 7
2013 - 11	HTFQX01CZF _ 01	57. 4	13. 5
2013 - 12	HTFQX01CZF _ 01	61. 4	7. 4
2014 - 01	HTFQX01CZF _ 01	76. 7	7. 4
2014 - 02	HTFQX01CZF _ 01	29. 0	4. 8
2014 - 03	HTFQX01CZF _ 01	55. 3	10. 1
2014 - 04	HTFQX01CZF _ 01	71. 5	16. 7
2014 - 05	HTFQX01CZF _ 01	78. 6	20. 1
2014 - 06	HTFQX01CZF _ 01	79. 8	23. 6
2014 - 07	HTFQX01CZF _ 01	146. 1	27. 7
2014 - 08	HTFQX01CZF _ 01	115. 3	25. 7
2014 - 09	HTFQX01CZF _ 01	135. 0	23. 7
2014 - 10	HTFQX01CZF _ 01	116. 0	19. 4
2014 - 11	HTFQX01CZF _ 01	34. 9	14. 0
2014 - 12	HTFQX01CZF _ 01	61. 0	9. 7
2015 - 01	HTFQX01CZF _ 01	48. 2	7. 4
2015 - 02	HTFQX01CZF _ 01	50. 5	7. 9
2015 - 03	HTFQX01CZF _ 01	53. 2	10. 0
2015 - 04	HTFQX01CZF _ 01	126. 0	16. 4
2015 - 05	HTFQX01CZF _ 01	92. 2	21. 1
2015 - 06	HTFQX01CZF _ 01	149. 3	24. 3
2015 - 07	HTFQX01CZF _ 01	150. 5	25. 0
2015 - 08	HTFQX01CZF _ 01	163. 9	25. 3
2015 - 09	HTFQX01CZF _ 01	108. 0	22. 7
2015 - 10	HTFQX01CZF _ 01	124. 8	18. 9
2015 - 11	HTFQX01CZF _ 01	43. 4	12. 3
2015 - 12	HTFQX01CZF _ 01	33. 7	6. 3

3.3.5　雨水水质数据集

3.3.5.1　概述

中亚热带森林地区会同站长期收集监测雨水水质，数据包括水温、pH、矿化度、硫酸根离子（SO_4^{2-}）、非溶性物质总含量、电导率指标。

3.3.5.2　数据采集和处理方法

本数据集为会同站 2 个常规样地监测点 2009—2015 年观测的雨水水质数据，每年每月底进行采样。这 2 个常规采样地分别为 HTFQX01CYS＿01（会同气象观测场雨水采样器）、HTFFZ11CYS＿01（会同苏溪口 11 号辅助观测场雨水采样器），HTFFZ11CYS＿01 样地只有 2013—2015 年数据。

2009—2015 年雨水水质观测数据中水温用温度计进行测定；pH 用玻璃电极测定；矿化度用多参数水质仪测定；硫酸根离子用分光光度法测定；非溶性物质总含量用质量法测定；电导率用便携式多参数水质分析仪测定。

3.3.5.3　数据质量控制和评估

同 3.3.1.3。

3.3.5.4　数据使用方法和建议

会同站 2009—2012 年缺少雨水水质电导率数据，从 2013 年开始，会同站主要负责收集雨水交由水分中心进行统一测定。

3.3.5.5　数据

见表 3－148。

表 3－148　2009—2015 年雨水水质观测数据

年-月	样地代码	水温/℃	pH	矿化度/（mg/L）	SO_4^{2-}/（mg/L）	非溶性物质总含量/（mg/L）	电导率/（mS/cm）
2009－01	HTFQX01CYS＿01	13.0	6.42	52.00	2.519 9	244.00	
2009－04	HTFQX01CYS＿01	23.5	6.31	44.00	2.277 8	188.00	
2009－07	HTFQX01CYS＿01	22.3	6.29	48.00	1.434 1	140.00	
2009－09	HTFQX01CYS＿01	25.8	6.01	68.00	1.368 5	220.00	
2010－01	HTFQX01CYS＿01	8.2	6.12	64.00	1.886 4	116.67	
2010－04	HTFQX01CYS＿01	25.2	6.07	76.00	2.080 1	54.05	
2010－07	HTFQX01CYS＿01	28.1	6.01	52.00	2.197 4	51.72	
2010－09	HTFQX01CYS＿01	18.5	6.03	68.00	2.530 5	83.33	
2011－01	HTFQX01CYS＿01	3.5	6.13	40.00	2.410 5	88.00	
2011－04	HTFQX01CYS＿01	23.4	6.08	68.00	3.234 6	112.00	
2011－06	HTFQX01CYS＿01	24.8	6.17	48.00	2.843 1	84.00	
2011－09	HTFQX01CYS＿01	22.8	6.02	80.00	3.429 4	108.00	
2012－01	HTFQX01CYS＿01	4.5	5.94	64.00	3.736 6	140.00	
2012－04	HTFQX01CYS＿01	24.5	6.02	56.00	3.071 8	112.00	
2012－07	HTFQX01CYS＿01	26.3	5.98	52.00	2.929 8	80.00	
2012－09	HTFQX01CYS＿01	19.6	5.92	60.00	3.601 9	124.00	
2013－01	HTFQX01CYS＿01	5.3	4.40	76.20	25.440 0	48.85	1.156
2013－02	HTFQX01CYS＿01	7.2	5.00	23.94	7.822 0	66.80	0.367
2013－03	HTFQX01CYS＿01	12.4	5.13	19.37	6.292 0	42.80	0.298

（续）

年-月	样地代码	水温/℃	pH	矿化度/ (mg/L)	SO_4^{2-}/ (mg/L)	非溶性物质 总含量/（mg/L）	电导率/ (mS/cm)
2013 - 04	HTFQX01CYS_01	15.6	6.97	19.95	4.953 0	5.80	0.306
2013 - 05	HTFQX01CYS_01	21.7	5.45	9.69	3.066 0	48.85	0.149
2013 - 06	HTFQX01CYS_01	25.8	5.64	4.96	1.681 0	48.85	0.076
2013 - 08	HTFQX01CYS_01	26.3	6.61	31.82	4.894 0	176.80	0.483
2013 - 09	HTFQX01CYS_01	21.5	5.56	14.05	5.118 0	359.80	0.218
2013 - 10	HTFQX01CYS_01	17.6	6.60	8.46	5.334 0	104.30	0.133
2013 - 11	HTFQX01CYS_01	13.3	6.29	9.87	5.465 0	48.85	0.154
2013 - 12	HTFQX01CYS_01	7.4	5.37	11.68	6.630 0	76.30	0.183
2013 - 02	HTFFZ11CYS_01	7.2	5.10	55.42	11.400 0	358.80	0.852
2013 - 03	HTFFZ11CYS_01	12.4	4.86	23.15	7.155 0	18.80	0.358
2013 - 04	HTFFZ11CYS_01	15.6	4.91	20.66	7.060 0	1.80	0.320
2013 - 05	HTFFZ11CYS_01	21.7	4.85	10.78	2.578 0	44.95	0.167
2013 - 06	HTFFZ11CYS_01	25.8	4.52	17.79	3.544 0	44.95	0.277
2013 - 08	HTFFZ11CYS_01	26.3	4.73	10.70	2.055 0	46.80	0.167
2013 - 09	HTFFZ11CYS_01	21.5	4.41	21.39	3.435 0	50.80	0.329
2013 - 10	HTFFZ11CYS_01	17.6	5.09	8.84	5.355 0	67.30	0.138
2013 - 11	HTFFZ11CYS_01	13.3	4.82	13.69	9.344 0	55.30	0.214
2013 - 12	HTFFZ11CYS_01	7.4	5.14	4.82	4.150 0	44.95	0.075
2014 - 01	HTFQX01CYS_01	9.4	4.34	51.98	17.030 0	136.90	0.820
2014 - 02	HTFQX01CYS_01	5.2	4.66	35.26	12.190 0	280.90	0.556
2014 - 03	HTFQX01CYS_01	16.7	4.75	26.30	8.490 0	65.44	0.416
2014 - 04	HTFQX01CYS_01	14.5	4.93	13.95	4.477 0	109.90	0.223
2014 - 05	HTFQX01CYS_01	30.5	6.15	16.27	4.319 0	34.90	0.332
2014 - 06	HTFQX01CYS_01	32.0	5.76	7.98	2.454 0	65.44	0.127
2014 - 07	HTFQX01CYS_01	34.6	6.20	12.42	2.050 0	113.87	0.194
2014 - 08	HTFQX01CYS_01	29.4	5.71	8.46	2.620 0	65.44	0.132
2014 - 09	HTFQX01CYS_01	23.4	5.76	9.84	2.962 0	40.07	0.153
2014 - 10	HTFQX01CYS_01	15.7	5.64	11.80	3.472 0	32.87	0.184
2014 - 11	HTFQX01CYS_01	11.6	4.65	13.12	3.706 0	65.44	0.205
2014 - 12	HTFQX01CYS_01	7.6	4.89	36.19	12.120 0	35.87	0.557
2014 - 01	HTFFZ11CYS_01	9.8	3.86	84.11	19.680 0	35.90	1.327
2014 - 02	HTFFZ11CYS_01	5.5	4.13	40.03	9.646 0	33.90	0.631
2014 - 03	HTFFZ11CYS_01	16.8	4.24	37.54	9.473 0	13.90	0.592
2014 - 04	HTFFZ11CYS_01	15.1	4.43	39.82	11.550 0	14.90	0.628
2014 - 05	HTFFZ11CYS_01	31.0	5.06	12.83	3.855 0	35.90	0.205
2014 - 06	HTFFZ11CYS_01	32.1	4.32	17.74	3.561 0	25.90	0.283
2014 - 07	HTFFZ11CYS_01	34.5	4.65	8.10	1.641 0	3.47	0.126
2014 - 08	HTFFZ11CYS_01	29.7	4.35	11.26	1.842 0	17.93	0.175

(续)

年-月	样地代码	水温/℃	pH	矿化度/(mg/L)	SO_4^{2-}/(mg/L)	非溶性物质总含量/(mg/L)	电导率/(mS/cm)
2014 - 09	HTFFZ11CYS_01	24.0	4.10	18.54	2.823 0	28.07	0.289
2014 - 10	HTFFZ11CYS_01	16.2	4.22	14.91	2.932 0	17.93	0.233
2014 - 11	HTFFZ11CYS_01	11.7	4.01	24.68	4.503 0	17.93	0.382
2014 - 12	HTFFZ11CYS_01	7.4	3.90	32.66	6.039 0	23.27	0.504
2015 - 01	HTFQX01CYS_01	2.0	5.43	71.25	29.630 0	85.50	1.072
2015 - 02	HTFQX01CYS_01	5.0	5.67	17.18	6.674 0	66.00	0.272
2015 - 03	HTFQX01CYS_01	19.0	5.81	30.70	9.891 0	48.00	0.461
2015 - 04	HTFQX01CYS_01	23.0	5.93	19.46	6.112 0	70.50	0.297
2015 - 05	HTFQX01CYS_01	22.0	5.88	11.20	3.807 0	104.00	0.172
2015 - 06	HTFQX01CYS_01	28.5	5.81	7.00	1.997 0	168.00	0.107
2015 - 07	HTFQX01CYS_01	26.0	5.79	5.43	1.640 0	81.60	0.084
2015 - 08	HTFQX01CYS_01	25.0	5.85	12.14	3.798 0	89.09	0.187
2015 - 09	HTFQX01CYS_01	23.0	5.42	12.07	4.924 0	89.09	0.185
2015 - 10	HTFQX01CYS_01	11.0	5.54	9.83	2.570 0	212.00	0.155
2015 - 11	HTFQX01CYS_01	9.0	5.80	7.73	2.171 0	188.00	0.121
2015 - 12	HTFQX01CYS_01	8.0	4.83	28.32	9.171 0	243.56	0.439
2015 - 01	HTFFZ11CYS_01	2.0	4.09	41.02	11.660 0	38.50	0.626
2015 - 02	HTFFZ11CYS_01	5.0	4.58	14.97	4.661 0	89.60	0.231
2015 - 03	HTFFZ11CYS_01	19.0	3.94	46.96	13.220 0	134.00	0.705
2015 - 04	HTFFZ11CYS_01	23.0	4.67	36.21	10.790 0	6.50	0.548
2015 - 05	HTFFZ11CYS_01	22.0	4.61	13.79	5.056 0	110.53	0.213
2015 - 06	HTFFZ11CYS_01	28.5	4.64	7.00	1.888 0	140.00	0.108
2015 - 07	HTFFZ11CYS_01	26.0	4.50	9.38	3.102 0	124.00	0.144
2015 - 08	HTFFZ11CYS_01	25.0	4.15	17.25	3.830 0	174.00	0.266
2015 - 09	HTFFZ11CYS_01	23.0	3.88	27.52	6.248 0	177.60	0.420
2015 - 10	HTFFZ11CYS_01	11.0	4.50	7.01	1.519 0	314.00	0.110
2015 - 11	HTFFZ11CYS_01	9.0	4.18	16.94	2.869 0	314.00	0.267
2015 - 12	HTFFZ11CYS_01	8.0	3.84	34.47	5.841 0	314.00	0.539

3.4 气象观测数据

按照《生态系统大气环境观测规范》的内容规定，保证所有观测传感器在有效的检定期内工作，不得使用未经检定、超过检定周期或检定不合格的仪器。日常观测过程中主要是检查各观测要素每天各时值是否有错误，是否符合一般的变化规律，极值与各时值是否矛盾，极值及其出现的时间是否有误；还要检查各要素值是否符合相互间的关系，这方面主要与观测时的天气条件（云、日照、天气现象）以及下垫面性质进行分析比较；再有各要素值是否符合日、月、年的变化规律，如果有不连续、不规则等情况，应与邻近站的资料或本站的历史资料相比较。

3.4.1　气温数据集

3.4.1.1　概述

气温就是表示空气冷热程度的物理量，主要采用型号 HMP45D 温湿度传感器观测温、湿度数值，传感器安装在自动气象站的主风杆上，距地高度 1.5 m 处固定，一般南北方向安装，温湿度传感器安装有防辐射罩。量程−40～60 ℃，单位为℃，小数位数 1 位，准确度±0.13 ℃。

3.4.1.2　数据采集和处理方法

会同气象观测场（HTFQX01）辐射观测仪器与气象要素传感器和统一型号的气象自动站组成自动气象站观测系统（MAWS301/MAWS110），自动站连续观测气象各要素值。气温数据由 MAWS301 系统 QML201 数据采集器自动采集完成。每 10 s 采测 1 个温度值，每分钟采测 6 个温度值，去除 1 个最大值和 1 个最小值后取平均值，作为每分钟的温度值存储。正点时采测 00 min 的温度值作为正点数据存储。用质控后的日均值合计值除以日数获得月平均值。

3.4.1.3　数据质量控制和评估

①超出气候学界限值域−80～60 ℃的数据为错误数据。②1 min 内允许的最大变化值为3 ℃，1 h 内变化幅度的最小值为 0.1 ℃。③定时气温大于等于日最低气温且小于等于日最高气温。④气温≥露点温度。⑤24 h 气温变化范围小于 50 ℃。⑥利用与台站下垫面及周围环境相似的一个或多个邻近站观测数据计算本站气温值，比较台站观测值和计算值，如果超出阈值即认为观测数据可疑。⑦某一定时气温缺测时，用前、后两定时数据内插求得，按正常数据统计，若连续两个及以上定时数据缺测时，不能内插，仍按缺测处理。⑧一日中若 24 次定时观测记录有缺测时，该日按照 02、08、14、20 时 4 次定时记录做日平均，若 4 次定时记录缺测 1 次及以上，但该日各定时记录缺测 5 次及以下时，按实有记录做日统计，缺测 6 次及以上时，不做日平均。

3.4.1.4　数据使用方法和建议

同 3.1.2.4。

3.4.1.5　数据

见表 3-149。

表 3-149　气温数据

年-月	气温/℃	有效数据/条	年-月	气温/℃	有效数据/条
2009-01	4.4	31	2010-03	10.2	31
2009-02	9.6	28	2010-04	14.0	30
2009-03	12.0	31	2010-05	19.5	31
2009-04	16.2	30	2010-06	23.3	30
2009-05	19.9	31	2010-07	27.2	31
2009-06	25.1	30	2010-08	26.1	31
2009-07	25.9	31	2010-09	23.6	30
2009-08	26.9	31	2010-10	16.7	31
2009-09	24.6	30	2010-11	12.8	30
2009-10	19.2	31	2010-12	7.4	31
2009-11	9.5	30	2011-01	0.0	31
2009-12	6.5	31	2011-02	8.2	28
2010-01	6.3	31	2011-03	8.5	31
2010-02	7.6	28	2011-04	16.7	30

（续）

年-月	气温/℃	有效数据/条	年-月	气温/℃	有效数据/条
2011 - 05	20.4	31	2013 - 09	21.5	30
2011 - 06	23.2	30	2013 - 10	17.5	31
2011 - 07	27.0	31	2013 - 11	13.2	30
2011 - 08	26.4	31	2013 - 12	7.2	31
2011 - 09	22.4	30	2014 - 01	8.3	31
2011 - 10	<u>16.9</u>	14	2014 - 02	4.4	28
2011 - 11	—	0	2014 - 03	11.6	31
2011 - 12	5.5	31	2014 - 04	16.7	30
2012 - 01	2.1	31	2014 - 05	19.5	31
2012 - 02	3.0	28	2014 - 06	23.1	30
2012 - 03	9.0	31	2014 - 07	<u>25.9</u>	20
2012 - 04	17.7	30	2014 - 08	24.7	31
2012 - 05	20.4	31	2014 - 09	23.0	30
2012 - 06	23.8	30	2014 - 10	19.3	31
2012 - 07	<u>26.6</u>	18	2014 - 11	11.3	30
2012 - 08	26.2	31	2014 - 12	6.6	31
2012 - 09	21.4	30	2015 - 01	7.1	31
2012 - 10	17.0	31	2015 - 02	7.7	28
2012 - 11	10.0	30	2015 - 03	10.7	31
2012 - 12	4.7	31	2015 - 04	17.2	30
2013 - 01	5.3	31	2015 - 05	21.1	31
2013 - 02	6.7	28	2015 - 06	24.2	30
2013 - 03	13.5	31	2015 - 07	24.1	31
2013 - 04	15.3	30	2015 - 08	24.7	31
2013 - 05	20.9	31	2015 - 09	22.2	30
2013 - 06	24.9	30	2015 - 10	18.5	31
2013 - 07	27.7	31	2015 - 11	11.4	30
2013 - 08	26.9	31	2015 - 12	5.9	31

注：表中数据下划线表示该数据是当月有效数据的实有平均值；—表示当月仪器系统故障，数据缺测，其有效数据条数为 0。

3.4.2　相对湿度数据集

3.4.2.1　概述

相对湿度是表示空气中的水汽含量和潮湿程度的物理量，数据获取采用 HMP45D 干温湿度传感器，1 h 测定 1 次距地面 1.5 m 的定时温度、最高及最低温度和相对湿度。相对湿度（RH）测定量程 0%～100%，测试精度 0%～90%RH，精度±2.0%；90%～100%RH，精度±3.0%。数据单位为%，保留整数。

3.4.2.2　数据采集和处理方法

会同站气象观测场（HTFQX01）辐射观测仪器与气象要素传感器和统一型号的气象自动站组成自动气象站观测系统（MAWS301/MAWS110），自动站连续观测气象各要素值。每 10 s 采测 1 个温度和湿度值，每分钟采测 6 个温度和湿度值，去掉 1 个最大值和 1 个最小值后取平均值，作为每分钟的温度和湿度值存储。正点时采测 00 min 的温度和湿度值作为正点数据存储，同时获取前 1 h 内的最大、最小温度值和最小相对湿度值及出现时间进行存储。每日 20 时从每小时的最高、最低气温和最小相对湿度及出现的时间中挑选出 1 d 内的最高、最低气温和最小相对湿度极值及出现时间进行存储。数据记录时，温度保留 1 位小数，相对湿度取整数值。

3.4.2.3 数据质量控制和评估

①相对湿度介于 0%～100%。②定时相对湿度≥日最小相对湿度。③干球温度≥湿球温度（结冰期除外）。④某一定时相对湿度缺测时，用前、后两定时数据内插求得，按正常数据统计，若连续两个及以上定时数据缺测时，不能内插，仍按缺测处理。⑤一日中若 24 次定时观测记录有缺测时，该日按照 02、08、14、20 时 4 次定时记录做日平均，若 4 次定时记录缺测 1 次及以上，但该日各定时记录缺测 5 次及以下时，按实有记录做日统计，缺测 6 次及以上时，不做日平均。

3.4.2.4 数据使用方法和建议

同 3.1.2.4。

3.4.2.5 数据

见表 3-150。

表 3-150 相对湿度数据

年-月	相对湿度/%	有效数据/条	年-月	相对湿度/%	有效数据/条
2009-01	72	31	2011-02	78	28
2009-02	88	28	2011-03	80	31
2009-03	80	31	2011-04	77	30
2009-04	82	30	2011-05	73	31
2009-05	87	31	2011-06	88	30
2009-06	81	30	2011-07	69	31
2009-07	82	31	2011-08	70	31
2009-08	78	31	2011-09	75	30
2009-09	74	30	2011-10	85	13
2009-10	78	31	2011-11	—	0
2009-11	79	30	2011-12	70	31
2009-12	81	31	2012-01	86	31
2010-01	82	31	2012-02	89	28
2010-02	80	28	2012-03	85	31
2010-03	81	31	2012-04	78	30
2010-04	86	30	2012-05	88	31
2010-05	88	31	2012-06	87	30
2010-06	84	30	2012-07	82	18
2010-07	80	31	2012-08	82	31
2010-08	77	31	2012-09	83	30
2010-09	81	30	2012-10	87	31
2010-10	77	31	2012-11	87	23
2010-11	76	30	2012-12	87	31
2010-12	75	31	2013-01	78	31
2011-01	76	31	2013-02	91	28

（续）

年-月	相对湿度/%	有效数据/条	年-月	相对湿度/%	有效数据/条
2013 - 03	79	31	2014 - 08	84	31
2013 - 04	83	30	2014 - 09	82	30
2013 - 05	83	31	2014 - 10	76	31
2013 - 06	80	30	2014 - 11	88	30
2013 - 07	70	31	2014 - 12	68	31
2013 - 08	74	31	2015 - 01	81	31
2013 - 09	80	30	2015 - 02	83	28
2013 - 10	73	31	2015 - 03	90	31
2013 - 11	79	30	2015 - 04	79	30
2013 - 12	64	31	2015 - 05	87	31
2014 - 01	63	31	2015 - 06	87	30
2014 - 02	85	28	2015 - 07	85	31
2014 - 03	85	31	2015 - 08	83	31
2014 - 04	85	30	2015 - 09	87	30
2014 - 05	86	31	2015 - 10	79	31
2014 - 06	90	30	2015 - 11	93	30
2014 - 07	85	20	2015 - 12	90	31

注：—表示当月仪器系统故障，数据缺测，其有效数据条数为 0。

3.4.3　气压数据集

3.4.3.1　概述

气压就是作用在单位面积上的大气压力，采用 DPA501 数字气压表 1 h 观测 1 次距地面 0.6 m 的大气压力，量程 550～1 100 hPa，准确度±0.3 hPa，分辨率 0.1 hPa，数据单位为 hPa，小数位数为 1 位，标识符为 P。

3.4.3.2　数据采集和处理方法

会同站气象观测场（HTFQX01）辐射观测仪器与气象要素传感器和统一型号的气象自动站组成自动气象站观测系统（MAWS301/MAWS110），自动站连续观测气象各要素值。MAWS301 采集系统每 10 s 采测 1 个气压值，每分钟采测 6 个气压值，去掉 1 个最大值和 1 个最小值后取平均值，作为每分钟的气压值存储。正点时采测 00 min 的气压值作为正点数据存储，同时获取前 1 h 内的最高和最低气压值以及出现的时间进行存储。每日 20 时从每小时的最高和最低气压值及出现的时间中挑选出 1 d 内的最高和最低气压极值及出现时间存储。

3.4.3.3　原始数据质量控制方法

①超出气候学界限值域 300～1 100 hPa 的数据为错误数据。②所观测的气压不小于日最低气压且不大于日最高气压，海拔高度大于 0 m 时，台站气压小于海平面气压，海拔高度等于 0 m 时，台站气压等于海平面气压，海拔高度小于 0 m 时，台站气压大于海平面气压。③24 h 变压的绝对值小于 50 hPa。④1 min 内允许的最大变化值为 1.0 hPa，1 h 内变化幅度的最小值为 0.1 hPa。⑤某一定时气压缺测时，用前、后两定时数据内插求得，按正常数据统计，若连续两个或以上定时数据缺测时，不能内插，仍按缺测处理。⑥一日中若 24 次定时观测记录有缺测时，该日按照 02、08、14、20 时 4 次定时记录做日平均，若 4 次定时记录缺测 1 次及以上，但该日各定时记录缺测 5 次及以下时按

实有记录做日统计，缺测 6 次及以上时，不做日平均。用质控后的日均值合计值除以日数获得月平均值。日平均值缺测 6 次及以上时，不做月统计。

3.4.3.4 数据使用方法和建议

同 3.1.2.4。

3.4.3.5 数据

见表 3-151。

表 3-151 气压数据

年-月	气压/hPa	有效数据/条	年-月	气压/hPa	有效数据/条
2009-01	962.8	31	2011-09	951.1	30
2009-02	953.9	28	2011-10	957.1	13
2009-03	954.7	31	2011-11	—	0
2009-04	952.2	30	2011-12	964.3	19
2009-05	950.7	31	2012-01	960.9	31
2009-06	944.1	30	2012-02	957.9	28
2009-07	944.4	31	2012-03	955.6	31
2009-08	947.1	31	2012-04	949.9	30
2009-09	950.7	30	2012-05	948.3	31
2009-10	955.5	31	2012-06	943.5	30
2009-11	960.5	30	2012-07	944.1	10
2009-12	961.3	31	2012-08	946.0	31
2010-01	960.3	31	2012-09	952.9	30
2010-02	955.3	28	2012-10	956.3	31
2010-03	955.2	31	2012-11	956.9	30
2010-04	954.2	30	2012-12	959.9	31
2010-05	948.3	31	2013-01	960.5	31
2010-06	946.7	30	2013-02	957.8	28
2010-07	946.0	31	2013-03	954.3	31
2010-08	947.5	31	2013-04	951.7	30
2010-09	950.1	30	2013-05	948.1	31
2010-10	957.8	31	2013-06	945.2	30
2010-11	959.4	30	2013-07	944.8	31
2010-12	958.2	31	2013-08	945.5	31
2011-01	964.0	31	2013-09	951.9	30
2011-02	955.8	28	2013-10	957.8	31
2011-03	959.7	31	2013-11	959.5	30
2011-04	953.5	30	2013-12	961.6	31
2011-05	950.0	31	2014-01	960.4	31
2011-06	945.0	30	2014-02	957.9	28
2011-07	944.7	31	2014-03	956.0	31
2011-08	947.2	31	2014-04	952.6	30

（续）

年-月	气压/hPa	有效数据/条	年-月	气压/hPa	有效数据/条
2014 - 05	949.0	31	2015 - 03	956.5	31
2014 - 06	945.0	30	2015 - 04	952.7	30
2014 - 07	945.4	20	2015 - 05	947.6	31
2014 - 08	947.8	31	2015 - 06	945.2	30
2014 - 09	950.6	30	2015 - 07	945.7	31
2014 - 10	956.4	31	2015 - 08	947.8	31
2014 - 11	958.6	30	2015 - 09	951.9	30
2014 - 12	963.6	31	2015 - 10	956.9	31
2015 - 01	961.0	31	2015 - 11	958.8	30
2015 - 02	958.0	28	2015 - 12	962.7	31

注：—表示当月仪器系统故障，数据缺测，其有效数据条数为 0。

3.4.4　10 min 风速数据集

3.4.4.1　概述

风速是表示空气移动速度大小的物理量，主要由 MAWS301 自动观测系统通过对安装在 10 m 风杆上的 WAA151 风速传感器的自动控制完成测量。数据单位为 m/s，小数位数为 1 位，标识符为 V。

3.4.4.2　数据采集和处理方法

会同站气象观测场（HTFQX01）辐射观测仪器与气象要素传感器和统一型号的气象自动站组成自动气象站观测系统（MAWS301/MAWS110），自动站连续观测气象各要素值。WAA151 风速传感器分别测量每 2 min 和每 10 min 的风速及风向、1 h 极大风速和风向。每秒采测 1 次风向和风速数据，取 3 s 平均风向和风速值，再以 3 s 为步长，用滑动平均方法计算出 2 min 平均风向和风速值；然后以 1 min 为步长，用滑动平均方法计算出 10 min 平均风向和风速值。正点时存储 00 min 的 2 min 平均风向和风速瞬时值、10 min 平均风向和风速值、10 min 最大风速和对应风向及出现的时间，同时从前 1 h 内每 3 s 平均风速中挑出 1 h 内的极大风速和出现时间，从每分钟的 10 min 平均风速值中挑取 1 h 内的最大风速和对应风向及出现时间。每日 20 时从每小时的最大风速和极大风速中挑取每日的最大风速和极大风速及对应的风向、出现时间。数据记录时，风向记录整数度数值，风速保留 1 位小数。

3.4.4.3　原始数据质量控制方法

凡超出气候学界限值域 0～75 m/s 的数据为错误数据且 10 min 平均风速小于最大风速。

3.4.4.4　数据使用方法和建议

同 3.1.2.4。

3.4.4.5　数据

见表 3 - 152。

表 3 - 152　10 min 平均风速数据

年-月	10 min 平均风速/（m/s）	有效数据/条	年-月	10 min 平均风速/（m/s）	有效数据/条
2009 - 01	1.6	31	2009 - 04	1.5	30
2009 - 02	2.2	28	2009 - 05	1.7	31
2009 - 03	1.9	31	2009 - 06	1.3	30

（续）

年-月	10 min 平均风速/（m/s）	有效数据/条	年-月	10 min 平均风速/（m/s）	有效数据/条
2009 – 07	1.6	31	2012 – 10	1.2	31
2009 – 08	1.7	31	2012 – 11	1.4	30
2009 – 09	1.7	30	2012 – 12	1.7	31
2009 – 10	1.5	31	2013 – 01	1.3	31
2009 – 11	1.9	30	2013 – 02	1.8	28
2009 – 12	1.6	31	2013 – 03	1.6	31
2010 – 01	1.7	31	2013 – 04	1.6	30
2010 – 02	2.0	28	2013 – 05	1.2	31
2010 – 03	2.0	31	2013 – 06	1.3	30
2010 – 04	1.6	30	2013 – 07	1.7	31
2010 – 05	1.5	31	2013 – 08	1.6	31
2010 – 06	1.0	30	2013 – 09	1.6	30
2010 – 07	1.5	31	2013 – 10	1.3	31
2010 – 08	1.0	31	2013 – 11	1.5	30
2010 – 09	1.8	30	2013 – 12	1.4	31
2010 – 10	1.7	31	2014 – 01	1.4	31
2010 – 11	1.4	30	2014 – 02	1.6	28
2010 – 12	1.5	31	2014 – 03	1.4	31
2011 – 01	1.5	31	2014 – 04	1.5	30
2011 – 02	2.0	28	2014 – 05	1.3	31
2011 – 03	1.5	31	2014 – 06	1.4	30
2011 – 04	1.5	30	2014 – 07	1.1	20
2011 – 05	1.6	31	2014 – 08	1.2	31
2011 – 06	1.2	30	2014 – 09	1.5	30
2011 – 07	1.5	31	2014 – 10	1.3	31
2011 – 08	1.6	31	2014 – 11	1.5	30
2011 – 09	1.8	30	2014 – 12	1.4	31
2011 – 10	1.5	13	2015 – 01	1.4	31
2011 – 11	—	0	2015 – 02	1.6	28
2011 – 12	1.6	31	2015 – 03	1.5	31
2012 – 01	1.6	31	2015 – 04	1.6	30
2012 – 02	1.8	28	2015 – 05	1.4	31
2012 – 03	1.2	31	2015 – 06	1.5	30
2012 – 04	1.5	30	2015 – 07	1.2	31
2012 – 05	1.3	31	2015 – 08	1.1	31
2012 – 06	1.0	30	2015 – 09	1.4	30
2012 – 07	1.3	18	2015 – 10	1.4	31
2012 – 08	1.1	31	2015 – 11	1.7	30
2012 – 09	1.2	30	2015 – 12	1.6	31

注：—表示当月仪器系统故障，数据缺测，其有效数据条数为0。

3.4.5　降水数据集

3.4.5.1　概述

降水是指从天空降落到地面上的液态或固态（经融化后）的水，未经蒸发、渗透、流失而在水平面上积聚的深度，主要由雨（雪）量器来完成测量。雨（雪）量器安装在距地面高 70 cm 处，冬季积雪超过 30 cm 时距地面高 1.0~1.2 m。雨（雪）量器为一直径为 20 cm 的正圆形盛水桶，其口缘镶有内直外斜的刀刃形铜圈，以防雨水滴溅和桶口变形。雨量杯为一特制的有刻度的专用量杯，有 100 分度，每一分度等于雨（雪）量器内水深 0.1 mm。

降水总量是指两次观测时间之间的降水量之和，主要利用雨（雪）量器人工每天 08 时和 20 时观测前 12 h 的累积降水量。标识符为 R。单位为 mm，小数位数为 1 位。

3.4.5.2　数据采集和处理方法

会同站气象监测人员每天 08 时和 20 时观测前 12 h 的降水量，降水量大时，要视具体情况增加观测次数，更换备份储水瓶，以免水溢出造成记录失真。观察时将水倒入量杯（倒尽），视线与水面齐平并以水面凹面最低处为准，准确度为 0.1 mm。在高温季节，为减少蒸发，降水停止后要及时进行降水量测量。无降水时不记录，降水不足 0.05 mm 时的降水量记为 0.0。当有固态降水发生时，取回储水瓶后盖上盖子，带回室内待固态降水融化后再用量杯量取，记录降水量。日常注意清理雨（雪）量器内的昆虫、尘土、树叶等杂物。定期检查雨（雪）量器的高度和水平状况，发现不符合要求时要及时纠正或更换。注意保护雨（雪）量器上的刀刃口，防止变形。

3.4.5.3　数据质量控制和评估

降水量的日总量由该日降水量各时值累加获得。一日中定时记录缺测 1 次，另一定时记录未缺测时，按实有记录做日合计，全天缺测时不做日合计。

月累计降水量由日总量累加而得。一月中降水量缺测 7 d 及以上时，该月不做月合计，按缺测处理。

3.4.5.4　数据使用方法和建议

同 3.1.2.4。

3.4.5.5　数据

见表 3-153。

表 3-153　降水量数据

年-月	月累计降水量/mm	有效数据/条	年-月	月累计降水量/mm	有效数据/条
2009-01	33.8	31	2010-01	30.8	31
2009-02	80.9	28	2010-02	10.8	28
2009-03	93.9	31	2010-03	94.0	31
2009-04	313.5	30	2010-04	170.7	30
2009-05	182.9	31	2010-05	180.5	31
2009-06	90.9	30	2010-06	418.7	30
2009-07	153.7	31	2010-07	70.4	31
2009-08	73.8	31	2010-08	92.3	31
2009-09	33.4	30	2010-09	103.7	30
2009-10	56.1	31	2010-10	59.0	31
2009-11	19.1	30	2010-11	42.6	30
2009-12	63.8	31	2010-12	120.6	31

（续）

年-月	月累计降水量/mm	有效数据/条	年-月	月累计降水量/mm	有效数据/条
2011 - 01	55.0	31	2013 - 07	0.0	31
2011 - 02	25.3	28	2013 - 08	106.7	31
2011 - 03	62.2	31	2013 - 09	179.0	30
2011 - 04	54.6	30	2013 - 10	66.2	31
2011 - 05	201.8	31	2013 - 11	57.3	30
2011 - 06	191.0	30	2013 - 12	58.6	31
2011 - 07	11.1	31	2014 - 01	22.6	31
2011 - 08	43.0	31	2014 - 02	117.8	28
2011 - 09	60.7	30	2014 - 03	106.4	31
2011 - 10	200.6	31	2014 - 04	58.7	30
2011 - 11	55.5	30	2014 - 05	270.6	31
2011 - 12	20.0	31	2014 - 06	248.8	30
2012 - 01	66.8	31	2014 - 07	91.2	31
2012 - 02	58.0	28	2014 - 08	212.0	31
2012 - 03	93.8	31	2014 - 09	59.2	30
2012 - 04	86.2	30	2014 - 10	148.6	31
2012 - 05	285.4	31	2014 - 11	124.3	30
2012 - 06	141.8	30	2014 - 12	35.5	31
2012 - 07	220.9	31	2015 - 01	47.4	31
2012 - 08	37.6	31	2015 - 02	120.3	28
2012 - 09	128.7	30	2015 - 03	90.6	31
2012 - 10	53.6	31	2015 - 04	67.9	30
2012 - 11	103.7	30	2015 - 05	222.8	31
2012 - 12	62.0	31	2015 - 06	234.6	30
2013 - 01	45.2	31	2015 - 07	226.8	31
2013 - 02	41.2	28	2015 - 08	237.4	31
2013 - 03	259.8	31	2015 - 09	148.2	30
2013 - 04	216.3	30	2015 - 10	81.9	31
2013 - 05	314.2	31	2015 - 11	155.4	30
2013 - 06	166.7	30	2015 - 12	100.0	31

3.4.6 地温数据集

3.4.6.1 概述

下垫面（裸露土壤表面）0 cm 处的地面温度为地表温度，应包括裸露土壤表面的温度、草面（或雪面）温度及最高、最低温度。下垫面（裸露土壤表面）以下 5 cm、10 cm、15 cm、20 cm、40 cm、60 cm、100 cm 处的温度，应包括裸露土壤表面以下 5 cm、10 cm、15 cm、20 cm、40 cm、60 cm、100 cm 处的温度、草面（或雪面）温度及最高、最低温度。地温以℃为单位。MAWS110 自动观测系统通过使用 QMT110 地温传感器（铂电阻 Pt100）测量土壤表面 0 cm 处及土壤表面以下 5 cm、

10 cm、15 cm、20 cm、40 cm、60 cm、100 cm 处的温度，准确度为 0.1 ℃，小数位数为 1 位。

3.4.6.2　数据采集和处理方法

会同站气象观测场（HTFQX01）辐射观测仪器与气象要素传感器和统一型号的气象自动站组成自动气象站观测系统（MAWS301/MAWS110），自动站连续观测气象各要素值。MAWS110 自动观测系统每 10 s 采集 1 次地表温度及地面以下 5 cm、10 cm、15 cm、20 cm、40 cm、60 cm、100 cm 处的温度值，每分钟采集 6 次，去掉 1 个最大值和 1 个最小值后取平均值，作为每分钟的地表温度值及 5 cm 温度值、10 cm 温度值、15 cm 温度值、20 cm 温度值、40 cm 温度值、60 cm 温度值、100 cm 温度值存储。正点时采测 00 min 的地表温度值、5 cm 温度值、10 cm 温度值、15 cm 温度值、20 cm 温度值、40 cm 温度值、60 cm 温度值、100 cm 温度值作为正点数据存储。并获取每小时地表温度、5 cm 地温、10 cm 地温、15 cm 地温、20 cm 地温、40 cm 地温、60 cm 地温、100 cm 地温的最高和最低温度值及出现时间。每日 20 时挑取每日的地表温度、5 cm 地温、10 cm 地温、15 cm 地温、20 cm 地温、40 cm 地温、60 cm 地温、100 cm 地温的最高和最低温度值及出现的时间存储。数据记录保留 1 位小数。

3.4.6.3　数据质量控制方法

①地表温度、5 cm 地温、10 cm 地温、15 cm 地温、20 cm 地温、40 cm 地温、60 cm 地温、100 cm 地温分别超出气候学界限值域 −90～90 ℃、−80～80 ℃、−60～60 ℃、−60～60 ℃、−50～50 ℃、−45～45 ℃、−45～45 ℃、−40～40 ℃ 的数据为错误数据。②地表温度、5 cm 地温、10 cm 地温、15 cm 地温、20 cm 地温、40 cm 地温、60 cm 地温、100 cm 地温 1 min 内允许的最大变化值分别为 5 ℃、1 ℃、1 ℃、1 ℃、1 ℃、0.5 ℃、0.5 ℃、0.1 ℃，1 h 内变化幅度的最小值均为 0.1 ℃。③定时观测地表温度大于等于日地表最低温度且小于等于日地表最高温度。④地表温度、5 cm 地温、10 cm 地温、15 cm 地温、20 cm 地温、40 cm 地温、60 cm 地温、100 cm 地温 24 小时变化范围分别小于 60 ℃、40 ℃、40 ℃、40 ℃、30 ℃、30 ℃、30 ℃、20 ℃。⑤某一定时温度缺测时，用前、后两定时数据内插求得，按正常数据统计，若连续两个或以上定时数据缺测时，不能内插，仍按缺测处理。⑥一日中若 24 次定时观测记录有缺测时，该日按照 02、08、14、20 时 4 次定时记录做日平均，若 4 次定时记录缺测 1 次及以上，但该日各定时记录缺测 5 次及以下时，按实有记录做日统计，缺测 6 次及以上时，不做日平均。

3.4.6.4　数据使用方法和建议

同 3.1.2.4。

3.4.6.5　数据

见表 3 - 154 至表 3 - 161。

表 3 - 154　地表温度数据

年-月	地表温度/℃	有效数据/条	年-月	地表温度/℃	有效数据/条
2009 - 01	5.1	31	2009 - 10	19.6	31
2009 - 02	10.0	28	2009 - 11	10.2	30
2009 - 03	12.4	31	2009 - 12	7.1	31
2009 - 04	16.7	30	2010 - 01	7.0	31
2009 - 05	21.2	31	2010 - 02	8.3	28
2009 - 06	26.4	30	2010 - 03	10.8	31
2009 - 07	27.9	31	2010 - 04	15.0	30
2009 - 08	28.3	31	2010 - 05	20.5	31
2009 - 09	25.6	30	2010 - 06	24.3	30

（续）

年-月	地表温度/℃	有效数据/条	年-月	地表温度/℃	有效数据/条
2010 - 07	30.2	31	2013 - 04	18.3	21
2010 - 08	28.0	31	2013 - 05	23.1	31
2010 - 09	25.6	30	2013 - 06	27.7	30
2010 - 10	18.2	31	2013 - 07	30.0	31
2010 - 11	13.8	30	2013 - 08	28.5	31
2010 - 12	8.7	31	2013 - 09	23.6	30
2011 - 01	2.5	31	2013 - 10	19.1	31
2011 - 02	9.5	28	2013 - 11	15.0	30
2011 - 03	10.6	31	2013 - 12	8.5	31
2011 - 04	18.0	30	2014 - 01	8.6	31
2011 - 05	22.6	31	2014 - 02	7.1	28
2011 - 06	25.9	30	2014 - 03	13.6	31
2011 - 07	29.8	31	2014 - 04	18.8	30
2011 - 08	29.5	31	2014 - 05	21.9	31
2011 - 09	24.4	30	2014 - 06	25.5	30
2011 - 10	19.5	13	2014 - 07	28.9	21
2011 - 11	—	0	2014 - 08	27.7	31
2011 - 12	7.3	31	2014 - 09	25.8	30
2012 - 01	4.7	31	2014 - 10	21.5	31
2012 - 02	5.4	28	2014 - 11	13.4	30
2012 - 03	10.6	31	2014 - 12	8.3	31
2012 - 04	19.5	30	2015 - 01	8.1	31
2012 - 05	22.7	31	2015 - 02	8.8	28
2012 - 06	25.9	30	2015 - 03	12.0	31
2012 - 07	27.0	18	2015 - 04	18.6	30
2012 - 08	28.4	31	2015 - 05	23.1	31
2012 - 09	23.8	30	2015 - 06	26.2	30
2012 - 10	19.1	31	2015 - 07	26.8	31
2012 - 11	12.6	30	2015 - 08	27.3	31
2012 - 12	7.0	31	2015 - 09	25.4	30
2013 - 01	6.9	31	2015 - 10	—	0
2013 - 02	9.4	28	2015 - 11	11.1	3
2013 - 03	13.4	14	2015 - 12	9.4	31

注：—表示当月仪器系统故障，数据缺测，其有效数据条数为 0。

表 3 - 155　5 cm 地温数据

年-月	5 cm 地温/℃	有效数据/条	年-月	5 cm 地温/℃	有效数据/条
2009 - 01	7.5	31	2009 - 03	11.7	31
2009 - 02	11.0	28	2009 - 04	15.9	30

（续）

年-月	5 cm 地温/℃	有效数据/条	年-月	5 cm 地温/℃	有效数据/条
2009 - 05	19.9	31	2012 - 08	27.1	31
2009 - 06	24.0	30	2012 - 09	23.8	30
2009 - 07	25.9	31	2012 - 10	19.3	31
2009 - 08	26.9	31	2012 - 11	13.6	30
2009 - 09	25.1	30	2012 - 12	8.0	31
2009 - 10	20.7	31	2013 - 01	6.8	31
2009 - 11	13.8	30	2013 - 02	9.1	28
2009 - 12	10.3	31	2013 - 03	13.4	14
2010 - 01	9.0	31	2013 - 04	17.5	21
2010 - 02	9.5	28	2013 - 05	21.9	31
2010 - 03	11.6	31	2013 - 06	26.2	30
2010 - 04	14.2	30	2013 - 07	28.6	31
2010 - 05	19.0	31	2013 - 08	28.0	31
2010 - 06	22.7	30	2013 - 09	23.8	30
2010 - 07	26.9	31	2013 - 10	20.0	31
2010 - 08	26.4	31	2013 - 11	16.0	30
2010 - 09	25.1	30	2013 - 12	10.5	31
2010 - 10	19.5	31	2014 - 01	9.3	31
2010 - 11	15.0	30	2014 - 02	7.9	28
2010 - 12	10.2	31	2014 - 03	12.6	31
2011 - 01	5.0	31	2014 - 04	17.9	30
2011 - 02	8.8	28	2014 - 05	19.8	31
2011 - 03	10.1	31	2014 - 06	23.9	30
2011 - 04	15.4	30	2014 - 07	26.7	20
2011 - 05	20.0	31	2014 - 08	26.8	31
2011 - 06	23.0	30	2014 - 09	25.5	30
2011 - 07	27.0	31	2014 - 10	21.7	31
2011 - 08	26.8	31	2014 - 11	14.2	30
2011 - 09	24.3	30	2014 - 12	9.3	31
2011 - 10	19.5	13	2015 - 01	8.9	31
2011 - 11	—	0	2015 - 02	9.1	28
2011 - 12	8.8	31	2015 - 03	12.0	31
2012 - 01	5.1	31	2015 - 04	18.5	30
2012 - 02	5.3	28	2015 - 05	22.8	31
2012 - 03	9.3	31	2015 - 06	25.9	30
2012 - 04	17.6	30	2015 - 07	26.6	31
2012 - 05	21.5	31	2015 - 08	27.2	31
2012 - 06	24.1	30	2015 - 09	25.3	30
2012 - 07	27.0	18	2015 - 10	—	0

（续）

年-月	5 cm 地温/℃	有效数据/条	年-月	5 cm 地温/℃	有效数据/条
2015 - 11	11.5	3	2015 - 12	9.6	31

注：—表示当月仪器系统故障，数据缺测，其有效数据条数为 0。

表 3 - 156 10 cm 地温数据

年-月	10 cm 地温/℃	有效数据/条	年-月	10 cm 地温/℃	有效数据/条
2009 - 01	7.7	31	2011 - 11	—	0
2009 - 02	11.0	28	2011 - 12	9.2	31
2009 - 03	11.7	31	2012 - 01	5.4	31
2009 - 04	15.9	30	2012 - 02	5.6	28
2009 - 05	19.8	31	2012 - 03	9.3	31
2009 - 06	23.8	30	2012 - 04	17.4	30
2009 - 07	25.8	31	2012 - 05	21.4	31
2009 - 08	26.9	31	2012 - 06	23.9	30
2009 - 09	25.1	30	2012 - 07	26.8	18
2009 - 10	20.9	31	2012 - 08	27.0	31
2009 - 11	14.0	30	2012 - 09	23.9	30
2009 - 12	10.5	31	2012 - 10	19.5	31
2010 - 01	9.2	31	2012 - 11	13.9	30
2010 - 02	9.5	28	2012 - 12	8.4	31
2010 - 03	11.6	31	2013 - 01	6.9	31
2010 - 04	14.1	30	2013 - 02	9.3	28
2010 - 05	18.9	31	2013 - 03	13.4	14
2010 - 06	22.7	30	2013 - 04	17.4	21
2010 - 07	26.8	31	2013 - 05	21.8	31
2010 - 08	26.3	31	2013 - 06	26.0	30
2010 - 09	25.1	30	2013 - 07	28.4	31
2010 - 10	19.6	31	2013 - 08	27.9	31
2010 - 11	15.1	30	2013 - 09	23.9	30
2010 - 12	10.4	31	2013 - 10	20.1	31
2011 - 01	5.3	31	2013 - 11	16.2	30
2011 - 02	8.8	28	2013 - 12	10.8	31
2011 - 03	10.1	31	2014 - 01	9.5	31
2011 - 04	15.2	30	2014 - 02	8.1	28
2011 - 05	19.8	31	2014 - 03	12.5	31
2011 - 06	22.8	30	2014 - 04	17.8	30
2011 - 07	26.8	31	2014 - 05	19.6	31
2011 - 08	27.1	31	2014 - 06	23.8	30
2011 - 09	24.3	30	2014 - 07	26.6	19
2011 - 10	19.7	13	2014 - 08	26.8	31

（续）

年-月	10 cm 地温/℃	有效数据/条	年-月	10 cm 地温/℃	有效数据/条
2014 - 09	25.5	30	2015 - 05	22.5	31
2014 - 10	21.8	31	2015 - 06	25.5	30
2014 - 11	14.6	30	2015 - 07	26.3	31
2014 - 12	9.8	31	2015 - 08	27.0	31
2015 - 01	9.2	31	2015 - 09	25.2	30
2015 - 02	9.2	28	2015 - 10	—	0
2015 - 03	11.9	31	2015 - 11	11.8	3
2015 - 04	18.2	30	2015 - 12	9.9	31

注：—表示当月仪器系统故障，数据缺测，其有效数据条数为 0。

表 3 - 157　15 cm 地温数据

年-月	15 cm 地温/℃	有效数据/条	年-月	15 cm 地温/℃	有效数据/条
2009 - 01	8.0	31	2011 - 04	15.0	30
2009 - 02	11.0	28	2011 - 05	19.7	31
2009 - 03	11.6	31	2011 - 06	22.6	30
2009 - 04	15.8	30	2011 - 07	26.5	31
2009 - 05	19.7	31	2011 - 08	26.6	31
2009 - 06	23.5	30	2011 - 09	24.3	30
2009 - 07	25.7	31	2011 - 10	19.8	13
2009 - 08	26.7	31	2011 - 11	—	0
2009 - 09	25.1	30	2011 - 12	9.6	31
2009 - 10	21.0	31	2012 - 01	5.7	31
2009 - 11	14.4	30	2012 - 02	5.8	28
2009 - 12	10.8	31	2012 - 03	9.2	31
2010 - 01	9.4	31	2012 - 04	17.2	30
2010 - 02	9.6	28	2012 - 05	21.2	31
2010 - 03	11.6	31	2012 - 06	23.7	30
2010 - 04	14.1	30	2012 - 07	26.6	18
2010 - 05	18.8	31	2012 - 08	26.9	31
2010 - 06	22.5	30	2012 - 09	24.0	30
2010 - 07	26.6	31	2012 - 10	19.6	31
2010 - 08	26.2	31	2012 - 11	14.1	30
2010 - 09	25.1	30	2012 - 12	8.8	31
2010 - 10	19.7	31	2013 - 01	7.1	31
2010 - 11	15.3	30	2013 - 02	9.4	28
2010 - 12	10.7	31	2013 - 03	13.2	14
2011 - 01	5.6	31	2013 - 04	17.2	21
2011 - 02	8.8	28	2013 - 05	21.5	31
2011 - 03	10.2	31	2013 - 06	25.7	30

（续）

年-月	15 cm 地温/℃	有效数据/条	年-月	15 cm 地温/℃	有效数据/条
2013 - 07	28.2	31	2014 - 10	21.9	31
2013 - 08	27.7	31	2014 - 11	15.0	30
2013 - 09	23.9	30	2014 - 12	10.2	31
2013 - 10	20.2	31	2015 - 01	9.5	31
2013 - 11	16.4	30	2015 - 02	9.3	28
2013 - 12	11.1	31	2015 - 03	11.8	31
2014 - 01	9.6	31	2015 - 04	17.9	30
2014 - 02	8.3	28	2015 - 05	22.2	31
2014 - 03	12.4	31	2015 - 06	25.3	30
2014 - 04	17.7	30	2015 - 07	26.1	31
2014 - 05	19.5	31	2015 - 08	26.9	31
2014 - 06	23.7	30	2015 - 09	25.2	30
2014 - 07	<u>26.4</u>	20	2015 - 10	—	0
2014 - 08	26.7	31	2015 - 11	<u>12.2</u>	3
2014 - 09	25.5	30	2015 - 12	10.2	31

注：表中数据下划线表示该数据是当月有效数据的实有平均值；—表示当月仪器系统故障，数据缺测，其有效数据条数为0。

表 3 - 158   20 cm 地温数据

年-月	20 cm 地温/℃	有效数据/条	年-月	20 cm 地温/℃	有效数据/条
2009 - 01	8.4	31	2010 - 09	25.1	30
2009 - 02	11.2	28	2010 - 10	20.0	31
2009 - 03	11.7	31	2010 - 11	15.6	30
2009 - 04	15.8	30	2010 - 12	11.1	31
2009 - 05	19.6	31	2011 - 01	6.1	31
2009 - 06	23.3	30	2011 - 02	8.9	28
2009 - 07	25.6	31	2011 - 03	10.3	31
2009 - 08	26.7	31	2011 - 04	14.8	30
2009 - 09	25.2	30	2011 - 05	19.5	31
2009 - 10	21.3	31	2011 - 06	22.4	30
2009 - 11	14.8	30	2011 - 07	26.4	31
2009 - 12	11.3	31	2011 - 08	26.5	31
2010 - 01	9.7	31	2011 - 09	24.4	30
2010 - 02	9.8	28	2011 - 10	<u>20.0</u>	13
2010 - 03	11.8	31	2011 - 11	—	0
2010 - 04	14.1	30	2011 - 12	10.3	31
2010 - 05	18.7	31	2012 - 01	6.3	31
2010 - 06	22.4	30	2012 - 02	6.1	28
2010 - 07	26.4	31	2012 - 03	9.2	31
2010 - 08	26.2	31	2012 - 04	16.9	30

（续）

年-月	20 cm 地温/℃	有效数据/条	年-月	20 cm 地温/℃	有效数据/条
2012 - 05	21.0	31	2014 - 03	12.3	31
2012 - 06	23.5	30	2014 - 04	17.5	30
2012 - 07	<u>26.4</u>	18	2014 - 05	19.4	31
2012 - 08	26.8	31	2014 - 06	23.5	30
2012 - 09	24.1	30	2014 - 07	<u>26.1</u>	20
2012 - 10	19.9	31	2014 - 08	26.6	31
2012 - 11	14.6	30	2014 - 09	25.5	30
2012 - 12	9.3	31	2014 - 10	22.1	31
2013 - 01	7.3	31	2014 - 11	15.3	30
2013 - 02	9.6	28	2014 - 12	10.6	31
2013 - 03	<u>13.1</u>	14	2015 - 01	9.8	31
2013 - 04	<u>17.1</u>	21	2015 - 02	9.4	28
2013 - 05	21.3	31	2015 - 03	11.7	31
2013 - 06	25.4	30	2015 - 04	17.7	30
2013 - 07	27.9	31	2015 - 05	21.9	31
2013 - 08	27.6	31	2015 - 06	25.0	30
2013 - 09	24.1	30	2015 - 07	25.9	31
2013 - 10	20.5	31	2015 - 08	26.7	31
2013 - 11	16.7	30	2015 - 09	25.1	30
2013 - 12	11.6	31	2015 - 10	—	0
2014 - 01	9.9	31	2015 - 11	<u>12.6</u>	3
2014 - 02	8.7	28	2015 - 12	10.5	31

注：表中数据下划线表示该数据是当月有效数据的实有平均值；—表示当月仪器系统故障，数据缺测，其有效数据条数为0。

表 3 - 159　40 cm 地温数据

年-月	40 cm 地温/℃	有效数据/条	年-月	40 cm 地温/℃	有效数据/条
2009 - 01	9.5	31	2010 - 02	10.2	28
2009 - 02	11.4	28	2010 - 03	11.9	31
2009 - 03	11.6	31	2010 - 04	13.9	30
2009 - 04	15.5	30	2010 - 05	18.0	31
2009 - 05	19.0	31	2010 - 06	21.9	30
2009 - 06	22.3	30	2010 - 07	25.4	31
2009 - 07	24.9	31	2010 - 08	25.7	31
2009 - 08	26.0	31	2010 - 09	24.9	30
2009 - 09	25.0	30	2010 - 10	20.5	31
2009 - 10	21.7	31	2010 - 11	16.3	30
2009 - 11	15.9	30	2010 - 12	12.2	31
2009 - 12	12.4	31	2011 - 01	7.5	31
2010 - 01	10.4	31	2011 - 02	8.9	28

（续）

年-月	40 cm 地温/℃	有效数据/条	年-月	40 cm 地温/℃	有效数据/条
2011 - 03	10.5	31	2013 - 08	26.9	31
2011 - 04	14.1	30	2013 - 09	24.2	30
2011 - 05	18.8	31	2013 - 10	20.8	31
2011 - 06	21.5	30	2013 - 11	17.4	30
2011 - 07	25.3	31	2013 - 12	12.7	31
2011 - 08	25.9	31	2014 - 01	10.6	31
2011 - 09	24.3	30	2014 - 02	9.5	28
2011 - 10	<u>20.5</u>	13	2014 - 03	12.0	31
2011 - 11	—	0	2014 - 04	17.0	30
2011 - 12	11.8	31	2014 - 05	18.8	31
2012 - 01	7.6	31	2014 - 06	22.7	30
2012 - 02	7.0	28	2014 - 07	<u>25.2</u>	20
2012 - 03	9.1	31	2014 - 08	26.1	31
2012 - 04	15.9	30	2014 - 09	25.3	30
2012 - 05	20.2	31	2014 - 10	22.3	31
2012 - 06	22.6	30	2014 - 11	16.4	30
2012 - 07	<u>25.5</u>	18	2014 - 12	11.9	31
2012 - 08	26.2	31	2015 - 01	10.6	31
2012 - 09	24.2	30	2015 - 02	9.9	28
2012 - 10	20.3	31	2015 - 03	11.6	31
2012 - 11	15.6	30	2015 - 04	16.8	30
2012 - 12	10.6	31	2015 - 05	20.8	31
2013 - 01	8.1	31	2015 - 06	24.0	30
2013 - 02	10.0	28	2015 - 07	25.2	31
2013 - 03	<u>12.5</u>	14	2015 - 08	26.1	31
2013 - 04	<u>16.4</u>	21	2015 - 09	24.9	30
2013 - 05	20.4	31	2015 - 10	—	0
2013 - 06	24.3	30	2015 - 11	<u>14.1</u>	3
2013 - 07	26.9	31	2015 - 12	11.7	31

注：表中数据下划线表示该数据是当月有效数据的实有平均值；—表示当月仪器系统故障，数据缺测，其有效数据条数为 0。

表 3 - 160　60 cm 地温数据

年-月	60 cm 地温/℃	有效数据/条	年-月	60 cm 地温/℃	有效数据/条
2009 - 01	11.0	31	2009 - 07	24.1	31
2009 - 02	11.9	28	2009 - 08	25.3	31
2009 - 03	11.9	31	2009 - 09	24.8	30
2009 - 04	15.2	30	2009 - 10	22.2	31
2009 - 05	18.5	31	2009 - 11	17.1	30
2009 - 06	21.3	30	2009 - 12	13.8	31

（续）

年-月	60 cm 地温/℃	有效数据/条	年-月	60 cm 地温/℃	有效数据/条
2010 - 01	11.4	31	2013 - 01	9.3	31
2010 - 02	10.9	28	2013 - 02	10.6	28
2010 - 03	12.3	31	2013 - 03	12.2	14
2010 - 04	13.8	30	2013 - 04	15.9	21
2010 - 05	17.3	31	2013 - 05	19.5	31
2010 - 06	21.2	30	2013 - 06	23.1	30
2010 - 07	24.3	31	2013 - 07	25.8	31
2010 - 08	25.2	31	2013 - 08	26.1	31
2010 - 09	24.7	30	2013 - 09	24.2	30
2010 - 10	21.1	31	2013 - 10	21.3	31
2010 - 11	17.3	30	2013 - 11	18.2	30
2010 - 12	13.6	31	2013 - 12	14.2	31
2011 - 01	9.4	31	2014 - 01	11.6	31
2011 - 02	9.6	28	2014 - 02	10.7	28
2011 - 03	11.1	31	2014 - 03	11.9	31
2011 - 04	13.6	30	2014 - 04	16.5	30
2011 - 05	18.6	17	2014 - 05	18.3	31
2011 - 06	20.1	4	2014 - 06	21.8	30
2011 - 07	—	0	2014 - 07	24.2	20
2011 - 08	25.2	7	2014 - 08	25.5	31
2011 - 09	24.0	22	2014 - 09	25.0	30
2011 - 10	21.2	13	2014 - 10	22.6	31
2011 - 11	—	0	2014 - 11	17.6	30
2011 - 12	13.7	31	2014 - 12	13.4	31
2012 - 01	9.3	31	2015 - 01	11.6	31
2012 - 02	8.1	28	2015 - 02	10.6	28
2012 - 03	9.3	31	2015 - 03	11.7	31
2012 - 04	14.9	30	2015 - 04	16.0	30
2012 - 05	19.3	31	2015 - 05	19.8	31
2012 - 06	21.7	30	2015 - 06	23.1	30
2012 - 07	24.4	18	2015 - 07	24.4	31
2012 - 08	25.5	31	2015 - 08	25.5	31
2012 - 09	24.2	30	2015 - 09	24.7	30
2012 - 10	20.8	31	2015 - 10	—	0
2012 - 11	16.9	30	2015 - 11	15.7	3
2012 - 12	12.3	31	2015 - 12	13.1	31

注：表中数据下划线表示该数据是当月有效数据的实有平均值；—表示当月仪器系统故障，数据缺测，其有效数据条数为 0。

表 3 - 161　100 cm 地温数据

年-月	100 cm 地温/℃	有效数据/条	年-月	100 cm 地温/℃	有效数据/条
2009 - 01	13. 0	31	2012 - 04	13. 6	30
2009 - 02	12. 6	28	2012 - 05	17. 7	31
2009 - 03	12. 3	31	2012 - 06	20. 0	30
2009 - 04	14. 7	30	2012 - 07	22. 5	18
2009 - 05	17. 4	31	2012 - 08	24. 0	31
2009 - 06	19. 7	30	2012 - 09	23. 6	30
2009 - 07	22. 5	31	2012 - 10	21. 1	31
2009 - 08	23. 9	31	2012 - 11	18. 2	30
2009 - 09	24. 0	30	2012 - 12	14. 3	31
2009 - 10	22. 4	31	2013 - 01	11. 0	31
2009 - 11	18. 4	30	2013 - 02	11. 4	28
2009 - 12	15. 6	31	2013 - 03	11. 9	14
2010 - 01	12. 9	31	2013 - 04	15. 1	21
2010 - 02	12. 0	28	2013 - 05	17. 8	31
2010 - 03	12. 8	31	2013 - 06	21. 0	30
2010 - 04	13. 7	30	2013 - 07	23. 7	31
2010 - 05	16. 3	31	2013 - 08	24. 5	31
2010 - 06	20. 0	30	2013 - 09	23. 7	30
2010 - 07	22. 4	31	2013 - 10	21. 6	31
2010 - 08	23. 9	31	2013 - 11	19. 0	30
2010 - 09	23. 8	30	2013 - 12	15. 9	31
2010 - 10	21. 5	31	2014 - 01	13. 0	31
2010 - 11	18. 4	30	2014 - 02	12. 0	28
2010 - 12	15. 3	31	2014 - 03	11. 9	31
2011 - 01	11. 5	31	2014 - 04	15. 4	30
2011 - 02	10. 3	28	2014 - 05	17. 4	31
2011 - 03	11. 3	31	2014 - 06	20. 2	30
2011 - 04	12. 9	30	2014 - 07	22. 4	20
2011 - 05	16. 9	31	2014 - 08	24. 1	31
2011 - 06	18. 9	30	2014 - 09	24. 2	30
2011 - 07	22. 3	31	2014 - 10	22. 6	31
2011 - 08	23. 7	31	2014 - 11	19. 0	30
2011 - 09	23. 4	30	2014 - 12	15. 4	31
2011 - 10	21. 5	13	2015 - 01	13. 0	31
2011 - 11	—	0	2015 - 02	11. 7	28
2011 - 12	15. 6	31	2015 - 03	12. 1	31
2012 - 01	11. 6	31	2015 - 04	15. 1	30
2012 - 02	9. 7	28	2015 - 05	18. 2	31
2012 - 03	9. 8	31	2015 - 06	21. 5	30

（续）

年-月	100 cm 地温/℃	有效数据/条	年-月	100 cm 地温/℃	有效数据/条
2015 - 07	23.1	31	2015 - 10	—	0
2015 - 08	24.4	31	2015 - 11	17.6	3
2015 - 09	24.2	30	2015 - 12	15.0	31

注：表中数据下划线表示该数据是当月有效数据的实有平均值；—表示当月仪器系统故障，数据缺测，其有效数据条数为 0。

3.4.7　太阳辐射总量数据集

3.4.7.1　概述

会同站气象观测场（HTFQX01）辐射观测仪器与气象要素传感器和统一型号的气象自动站组成自动气象站观测系统（MAWS301/MAWS110），自动站连续观测气象各要素值。

太阳总辐射：在水平面上，从 2π 球面度立体角接收到的太阳直接辐射和散射辐射之和。采用 CM11 总辐射表（观测波长为 305~2 800 nm）每小时测量 1 次距地面 1.5 m 处的太阳总辐射值。

太阳净辐射：在同一水平面上，太阳直接辐射和地面反射辐射之差。采用 QMN101 净辐射表每小时测量 1 次距地面 1.5 m 处的太阳净辐射值。

太阳反射辐射：太阳辐射被地面反射回的而不改变其单色组成的辐射，用 Er 表示，地表反射辐射量的大小取决于地面的反射能力，反照率是反射辐射与总辐射的比值。采用 CM6B 反射辐射表（观测波长为 305~2 800 nm）每小时测量 1 次距地面 1.5 m 处的太阳反射辐射值。

太阳光合有效辐射：在植物生长发育的每一过程中，其光合作用、色素形成、趋光性和光形态诱变，都集中在太阳光谱 400~700 nm 的波段，气象学上把太阳光谱 400~700 nm 的波段称为光合有效辐射，用 PAR 表示。采用 LI - 190SZ 光量子表每小时测量 1 次距地面 1.5 m 处的太阳光合有效辐射值。

3.4.7.2　数据采集和处理方法

自动气象站观测系统（MAWS301/MAWS110）分别通过 CM11 总辐射表、QMN101 净辐射表、CM6B 反射辐射表、LI - 190SZ 光量子表，每 10 s 采测 1 次总辐射瞬时值、净辐射瞬时值、反射辐射瞬时值、光合有效辐射瞬时值，每分钟采测 6 次辐照度（瞬时值），去除 1 个最大值和 1 个最小值后取平均值存储。正点（地方平均太阳时）00 min 采集存储辐射量辐照度，同时计算、存储辐射量曝辐量（累计值），挑选小时每分钟最大值及出现的时间存储。每日 24 时（地方平均太阳时）计算当日辐射要素最大辐照度和出现时间并存储，分别累加计算辐照度日总量。数据记录格式：辐照度（W/m²）、光量子密度通量（PED）[μmol/（m²·s）] 取整数，曝辐量（MJ/m²）、日总量（MJ/m²）、小时累计值光量子通量密度（mol/m²）保留 3 位小数。

一月中辐射曝辐量日总量缺测 9 d 及以下时，月平均日合计等于实有记录之和除以实有记录天数。缺测 10 d 及以上时，该月不做月统计，按缺测处理。

3.4.7.3　数据质量控制

太阳总辐射：一般情况下，各时次辐照度的极大值以及总辐射各时次的辐照度不应超过 1 367 W/m²，总辐射辐照度极大值一般小于 1 500 W/m²，在质量审核时可以根据历史观测数据确定每月的总辐射辐照度的极大值。各时次曝辐量极大值及总辐射各时次的曝辐量不能超过晴天或大气透明度很高的情况下观测到的曝辐量，一般不大于 5 MJ/m²。

①总辐射最大值不能超过气候学界限值 2 000 W/m。②当前瞬时值与前一次值的差异小于最大变幅 800 W/m。③小时总辐射量大于等于小时净辐射、反射辐射和紫外辐射；除阴天、雨天和雪天外，总辐射一般在中午前后出现极大值。④小时总辐射累计值应小于同一地理位置大气层顶的辐射总

量，可以稍微大于同一地理位置在大气具有很大透过率和非常晴朗天空状态下的小时总辐射累计值，所有夜间观测的小时总辐射累计值小于0时用0代替。⑤辐射曝辐量数小时缺测但不是全天缺测时，按实有记录做日合计，全天缺测时，不做日合计。

太阳净辐射：净全辐射的日曝辐量的月平均值始终小于相应的总日射值（总辐射日曝辐量值），还要充分考虑净全辐射各分量（天空向下的总辐射和下垫面向上的反射辐射）之间的相互关系以及与某些气象要素的关联。

在实际质量控制检查时，应着重注意几个方面：①净辐射最大值不能超过总辐射和反射率之积。②小时净辐射量小于小时总辐射量，除阴天、雨天和雪天外，净辐射一般在中午前后出现极大值。③净辐射曝辐量数小时缺测但不是全天缺测时，按实有记录做日合计，全天缺测时，不做日合计。

太阳反射辐射：保证反射辐射传感器（CM6B）在有效的检定期内工作，不得使用未经检定、超过检定周期或检定不合格的仪器。反射辐射的检查是通过地表反射率来实现数据质量控制的，这主要与观测时的天气条件（云、日照、天气现象）以及下垫面性质进行分析比较。地表反射率表征地面对太阳辐射的反射能力，反射量的大小与太阳高度角以及地面特征等一系列因子有关。

在对反射辐射观测值进行质量控制时，不管下垫面的状态如何，反射辐射在太阳高度角较高时都不应超过总日射值；如果超过了总日射，一般是由于反射辐射表的安装不水平或有积雪时下垫面反射率较大，或太阳高度角较小等造成的，因此，在反射辐射的数据检查中要特别注意太阳位置和地面状况的影响。

①反射辐射最大值不能超过总辐射和反射率之积。②小时反射辐射量小于小时总辐射量，除阴天、雨天和雪天外，反射辐射一般在中午前后出现极大值。③反射曝辐量数小时缺测但不是全天缺测时，按实有记录做日合计，全天缺测时，不做日合计。

太阳光合有效辐射：保证光合有效辐射传感器（LI-190SZ光量子表）在有效的检定期内工作，不得使用未经检定、超过检定周期或检定不合格的仪器。光合有效辐射与观测时的天气条件（云、日照、天气现象）以及下垫面性质进行分析比较。

①光合有效辐射最大值不能超过总辐射最大值。②小时光合有效辐射量小于小时总辐射量，除阴天、雨天和雪天外，光合有效辐射一般在中午前后出现极大值。③光合有效曝辐量数小时缺测但不是全天缺测时，按实有记录做日合计，全天缺测时，不做日合计。

3.4.7.4　数据使用方法和建议

同3.1.2.4。

3.4.7.5　数据

见表3-162至表3-165。

表3-162　太阳总辐射数据

年-月	日累计总辐射/（MJ/m²）	有效数据/条	年-月	日累计总辐射/（MJ/m²）	有效数据/条
2009-01	6.724	31	2009-10	9.932	31
2009-02	5.732	28	2009-11	7.452	30
2009-03	9.774	31	2009-12	5.637	31
2009-04	10.068	30	2010-01	5.082	31
2009-05	11.937	31	2010-02	7.275	28
2009-06	15.370	30	2010-03	7.812	31
2009-07	16.525	31	2010-04	8.884	30
2009-08	19.016	31	2010-05	9.223	31
2009-09	16.297	30	2010-06	13.322	30

（续）

年-月	日累计总辐射/（MJ/m²）	有效数据/条	年-月	日累计总辐射/（MJ/m²）	有效数据/条
2010 - 07	17.452	31	2013 - 04	10.373	30
2010 - 08	18.343	31	2013 - 05	13.172	31
2010 - 09	12.794	30	2013 - 06	17.307	30
2010 - 10	12.282	31	2013 - 07	20.646	31
2010 - 11	9.643	30	2013 - 08	15.781	31
2010 - 12	7.051	31	2013 - 09	12.485	30
2011 - 01	4.474	31	2013 - 10	11.172	31
2011 - 02	6.725	28	2013 - 11	8.155	30
2011 - 03	7.300	31	2013 - 12	7.613	31
2011 - 04	9.688	30	2014 - 01	8.167	31
2011 - 05	16.108	31	2014 - 02	4.853	28
2011 - 06	11.666	30	2014 - 03	7.034	31
2011 - 07	20.279	31	2014 - 04	8.350	30
2011 - 08	18.649	31	2014 - 05	10.423	31
2011 - 09	11.935	30	2014 - 06	9.791	30
2011 - 10	<u>8.973</u>	10	2014 - 07	<u>14.696</u>	21
2011 - 11	—	0	2014 - 08	14.240	31
2011 - 12	8.569	31	2014 - 09	13.846	30
2012 - 01	3.349	31	2014 - 10	12.885	31
2012 - 02	3.240	28	2014 - 11	4.871	30
2012 - 03	6.064	31	2014 - 12	7.880	31
2012 - 04	12.180	30	2015 - 01	5.296	31
2012 - 05	9.811	31	2015 - 02	5.762	28
2012 - 06	12.305	30	2015 - 03	5.789	31
2012 - 07	<u>17.174</u>	18	2015 - 04	12.517	30
2012 - 08	17.124	31	2015 - 05	10.716	31
2012 - 09	12.393	30	2015 - 06	13.327	30
2012 - 10	7.799	31	2015 - 07	14.220	31
2012 - 11	5.181	30	2015 - 08	15.571	31
2012 - 12	4.343	31	2015 - 09	10.997	30
2013 - 01	5.512	31	2015 - 10	11.921	31
2013 - 02	5.108	28	2015 - 11	5.034	30
2013 - 03	9.791	31	2015 - 12	4.629	31

注：表中数据下划线表示该数据是当月有效数据的实有平均值；—表示当月仪器系统故障，数据缺测，其有效数据条数为0。

表 3 - 163 净辐射数据

年-月	日累计净辐射/（MJ/m²）	有效数据/条	年-月	日累计净辐射/（MJ/m²）	有效数据/条
2009 - 01	62.249	31	2012 - 04	—	0
2009 - 02	63.710	28	2012 - 05	−83.103	31
2009 - 03	142.009	31	2012 - 06	263.555	30
2009 - 04	151.038	30	2012 - 07	—	0
2009 - 05	199.085	31	2012 - 08	293.395	31
2009 - 06	279.325	30	2012 - 09	187.003	30
2009 - 07	267.840	31	2012 - 10	98.691	31
2009 - 08	332.176	31	2012 - 11	—	0
2009 - 09	260.251	30	2012 - 12	—	0
2009 - 10	139.678	31	2013 - 01	50.573	31
2009 - 11	72.937	30	2013 - 02	64.238	28
2009 - 12	41.868	31	2013 - 03	146.917	31
2010 - 01	48.261	31	2013 - 04	164.154	30
2010 - 02	84.765	28	2013 - 05	231.145	31
2010 - 03	104.867	31	2013 - 06	308.353	30
2010 - 04	138.202	30	2013 - 07	385.157	31
2010 - 05	150.046	31	2013 - 08	250.858	31
2010 - 06	218.628	30	2013 - 09	198.524	30
2010 - 07	303.875	31	2013 - 10	144.849	31
2010 - 08	323.331	31	2013 - 11	89.747	30
2010 - 09	204.714	30	2013 - 12	59.075	31
2010 - 10	166.303	31	2014 - 01	75.410	31
2010 - 11	100.027	30	2014 - 02	38.731	28
2010 - 12	67.822	31	2014 - 03	104.641	31
2011 - 01	31.022	31	2014 - 04	129.302	30
2011 - 02	81.459	28	2014 - 05	180.886	31
2011 - 03	101.873	31	2014 - 06	161.411	30
2011 - 04	163.767	30	2014 - 07	—	0
2011 - 05	286.892	31	2014 - 08	241.729	31
2011 - 06	210.223	30	2014 - 09	221.619	30
2011 - 07	379.650	31	2014 - 10	174.748	31
2011 - 08	332.251	31	2014 - 11	47.869	30
2011 - 09	187.484	30	2014 - 12	77.173	31
2011 - 10	—	0	2015 - 01	49.644	31
2011 - 11	—	0	2015 - 02	63.441	28
2011 - 12	38.617	31	2015 - 03	91.646	31
2012 - 01	−115.417	31	2015 - 04	199.738	30
2012 - 02	16.083	28	2015 - 05	187.612	31
2012 - 03	—	0	2015 - 06	237.963	30

（续）

年-月	日累计净辐射/（MJ/m²）	有效数据/条	年-月	日累计净辐射/（MJ/m²）	有效数据/条
2015 - 07	239.036	31	2015 - 10	168.768	31
2015 - 08	260.362	31	2015 - 11	63.845	30
2015 - 09	182.555	30	2015 - 12	46.999	31

注：—表示当月仪器系统故障，数据缺测，其有效数据条数为 0。

表 3 - 164 反射辐射数据

年-月	日累计反射辐射/（MJ/m²）	有效数据/条	年-月	日累计反射辐射/（MJ/m²）	有效数据/条
2009 - 01	41.723	31	2011 - 09	65.544	30
2009 - 02	29.077	28	2011 - 10	—	0
2009 - 03	50.545	31	2011 - 11	—	0
2009 - 04	51.786	30	2011 - 12	36.568	31
2009 - 05	65.708	31	2012 - 01	23.317	31
2009 - 06	88.331	30	2012 - 02	16.326	28
2009 - 07	87.884	31	2012 - 03	26.509	31
2009 - 08	108.844	31	2012 - 04	56.977	30
2009 - 09	93.874	30	2012 - 05	53.054	31
2009 - 10	57.281	31	2012 - 06	68.946	30
2009 - 11	41.333	30	2012 - 07	—	0
2009 - 12	35.302	31	2012 - 08	101.521	31
2010 - 01	28.747	31	2012 - 09	68.193	30
2010 - 02	33.049	28	2012 - 10	46.714	31
2010 - 03	37.001	31	2012 - 11	31.799	30
2010 - 04	38.230	30	2012 - 12	25.728	31
2010 - 05	47.199	31	2013 - 01	32.740	31
2010 - 06	69.975	30	2013 - 02	22.726	28
2010 - 07	98.491	31	2013 - 03	47.226	31
2010 - 08	104.349	31	2013 - 04	50.808	30
2010 - 09	71.270	30	2013 - 05	70.979	31
2010 - 10	67.826	31	2013 - 06	92.503	30
2010 - 11	54.156	30	2013 - 07	115.720	31
2010 - 12	45.870	31	2013 - 08	88.150	31
2011 - 01	49.159	31	2013 - 09	64.152	30
2011 - 02	34.281	28	2013 - 10	62.336	31
2011 - 03	38.641	31	2013 - 11	42.731	30
2011 - 04	47.539	30	2013 - 12	45.394	31
2011 - 05	88.482	31	2014 - 01	48.200	31
2011 - 06	62.753	30	2014 - 02	31.625	28
2011 - 07	113.089	31	2014 - 03	33.789	31
2011 - 08	106.158	31	2014 - 04	41.577	30

年-月	日累计反射辐射/（MJ/m²）	有效数据/条	年-月	日累计反射辐射/（MJ/m²）	有效数据/条
2014 - 05	56.031	31	2015 - 03	28.161	31
2014 - 06	52.586	30	2015 - 04	66.784	30
2014 - 07	—	0	2015 - 05	61.460	31
2014 - 08	83.935	31	2015 - 06	75.455	30
2014 - 09	79.783	30	2015 - 07	86.909	31
2014 - 10	79.048	31	2015 - 08	94.208	31
2014 - 11	26.402	30	2015 - 09	60.224	30
2014 - 12	48.309	31	2015 - 10	69.122	31
2015 - 01	31.349	31	2015 - 11	26.717	30
2015 - 02	28.622	28	2015 - 12	25.450	31

注：—表示当月仪器系统故障，数据缺测，其有效数据条数为0。

表 3 - 165 光合有效辐射数据

年-月	日累计光合有效辐射/（MJ/m²）	有效数据/条	年-月	日累计光合有效辐射/（MJ/m²）	有效数据/条
2009 - 01	367.445	31	2011 - 02	364.509	28
2009 - 02	294.071	28	2011 - 03	412.745	31
2009 - 03	528.158	31	2011 - 04	527.336	30
2009 - 04	566.050	30	2011 - 05	895.467	31
2009 - 05	709.375	31	2011 - 06	643.785	30
2009 - 06	928.045	30	2011 - 07	1 188.883	31
2009 - 07	877.447	31	2011 - 08	1 131.707	31
2009 - 08	1 068.710	31	2011 - 09	712.859	30
2009 - 09	887.132	30	2011 - 10	—	0
2009 - 10	552.372	31	2011 - 11	—	0
2009 - 11	405.738	30	2011 - 12	1 260.158	31
2009 - 12	316.605	31	2012 - 01	185.155	31
2010 - 01	265.428	31	2012 - 02	170.754	28
2010 - 02	311.797	28	2012 - 03	320.482	31
2010 - 03	371.366	31	2012 - 04	608.450	30
2010 - 04	425.227	30	2012 - 05	515.010	31
2010 - 05	468.893	31	2012 - 06	605.262	30
2010 - 06	617.671	30	2012 - 07	—	0
2010 - 07	871.938	31	2012 - 08	835.994	31
2010 - 08	919.923	31	2012 - 09	581.360	30
2010 - 09	641.483	30	2012 - 10	373.799	31
2010 - 10	575.658	31	2012 - 11	238.720	30
2010 - 11	466.922	30	2012 - 12	265.885	31
2010 - 12	440.929	31	2013 - 01	295.242	31
2011 - 01	278.178	31	2013 - 02	239.647	28

（续）

年-月	日累计光合有效辐射/（MJ/m²）	有效数据/条	年-月	日累计光合有效辐射/（MJ/m²）	有效数据/条
2013 - 03	479.026	31	2014 - 08	620.981	31
2013 - 04	545.844	30	2014 - 09	743.638	30
2013 - 05	693.364	31	2014 - 10	777.331	31
2013 - 06	855.879	30	2014 - 11	290.126	30
2013 - 07	1 153.965	31	2014 - 12	448.598	31
2013 - 08	904.822	31	2015 - 01	299.888	31
2013 - 09	644.586	30	2015 - 02	292.037	28
2013 - 10	561.653	31	2015 - 03	314.931	31
2013 - 11	380.214	30	2015 - 04	635.870	30
2013 - 12	355.433	31	2015 - 05	549.850	31
2014 - 01	378.605	31	2015 - 06	664.648	30
2014 - 02	213.948	28	2015 - 07	714.789	31
2014 - 03	337.917	31	2015 - 08	773.386	31
2014 - 04	372.157	30	2015 - 09	516.330	30
2014 - 05	485.197	31	2015 - 10	570.994	31
2014 - 06	435.785	30	2015 - 11	225.227	30
2014 - 07	—	0	2015 - 12	200.661	31

注：—表示当月仪器系统故障，数据缺测，其有效数据条数为 0。

第 4 章

特色研究数据

4.1 人工林结构、功能与调控及凋落物动态

4.1.1 杉木不同叶龄针叶光合速率对间伐的响应数据集

4.1.1.1 引言

许多研究表明间伐可以提高树木的生长速率（Forrester et al.，2012；Sullivan et al.，2006），这主要得益于间伐后剩余树木叶片净光合速率的提高（Forrester et al.，2012）。对于常绿的针叶树种而言，其冠层通常由多个年龄的叶片组成，Sala（1992）报道叶龄超过 1 年的叶占总叶生物量的 40%～60%。不同年龄的叶片具有不同的光合能力，随着叶龄的增加，其光合能力呈现递减趋势（Niinemets，2016），这与其所处的光环境条件不一致有关。在冠层内部，老叶会不断被后来长出的新叶遮挡，导致光照强度也随叶龄的增加而降低。间伐可以降低冠层密度，改善光照条件，这是间伐能够促进叶片净光合速率的重要原因之一。然而，我们并不清楚是否所有叶龄的叶对间伐的响应均是如此，因为之前的研究只关注了间伐对当年生叶光合能力的影响，而忽视了其对 1 年以上叶的光合能力的影响（Moreno-Gutiérrez et al.，2011；Powers et al.，2008）。

植物光合作用受温度、水分、CO_2 浓度以及酶活性等生物和非生物因素影响。间伐可以改变林地土壤的水分供给能力，因此会对叶片净光合速率产生潜在影响。林冠在间伐之后变得更为稀疏，这将降低对降水的截留，使到达土壤的降水更多，增加土壤含水率。与此同时，间伐也降低了林地水平的树冠层生物量，进而减少了蒸腾总量（McDowell et al.，2003）。在缺水的林地，土壤含水率的提高会明显增加植物叶片的气孔导度（Huang et al.，2008），更加开放的气孔也将促使更多的 CO_2 进入到植物叶片中，进而增加净光合速率。氮（N）是组成核酮糖-1,5-二磷酸羧化酶（Rubisco 酶）的重要元素，因此植物叶片的 N 供应也是决定光合速率的一个重要因素（López-Serrano et al.，2005）。由于间伐降低了剩余树木之间对土壤养分（尤其是 N）的竞争，这意味着土壤中可被植物利用的氮增加。光照是氮在植物叶片中分配的驱动因素之一，以前的研究表明氮会优先分配到光照条件好的冠层（Medhurst et al.，2005）。所以，间伐之后叶片净光合速率得以增加的原因也可能是光照条件和氮含量在间伐以后均有所提高。然而，以前的研究很少关注导致间伐之后叶片净光合速率增加的不同机理之间的相互作用（Giuggiola et al.，2016；Moreno-Gutiérrez et al.，2011）。

本数据集整理了我国亚热带最主要的杉木人工林叶片光合作用对间伐的响应，尤其关注了不同叶龄叶片光合速率的差异，该数据集为深入研究间伐提升杉木人工林生产力的机制提供了新的视角，对推动我国人工林可持续经营和碳汇管理具有重要意义。

4.1.1.2 数据采集和处理方法

数据主要来自杉木人工林间伐长期固定样地的野外和室内测定。净光合速率于 2015 年 7 月使用便携式光合仪（LI-6400）进行测定，用其自带的红蓝光源控制光照强度，用 CO_2 注入系统控制 CO_2 浓度。由于冠层较高，所以净光合速率采用离体测量的方式进行（Niinemets et al.，2005）。每棵树选取位

于冠层中部且向南的枝条，将其剪下并立即插入水中。随后分别测定当年生和 1~4 年生叶的净光合速率。测量开始时，在光合仪进行气密性检查、零点校准以及预热之后选取 5 片左右正常生长的杉木叶并夹入叶室（2 cm×3 cm），光照强度设置为 1 500 μmol/（m²·s），CO_2 浓度设定为 400 ppm，温度设置为 25 ℃。在记录之前，先对叶片进行 5~20 min 的诱导，直至读数稳定。

水溶性氮的测定主要参照 Takashima 等（2004）中所述方法。取液氮中保存的杉木叶 1~2 g，并用液氮研磨，之后加 10 mL 磷酸缓冲液（pH=7.5），其中含 0.4 mol/L 山梨醇，2 mmol/L $MgCl_2$，10 mmol/L NaCl，5 mmol/L 碘乙酸钠，1%PVP（聚乙烯吡咯烷酮），5 mmol/L PMSF（苯甲基磺酰氟）和 5 mmol/L DTT（二硫苏糖醇）。研钵洗涤 3 次，研磨液在 15 000 g 下 4 ℃ 离心 30 min，上清液可认为是水溶性蛋白。水溶性蛋白用 10% 的三氯乙酸进行沉淀，然后完全收集沉淀蛋白并在高温灭菌锅（120 ℃，0.12 MPa）中用 200 μL 0.316 mmol/L 氢氧化钡水解 15 min。用茚三酮法测定其蛋白含量，之后再换算成氮含量（N=蛋白含量×0.16）。茚三酮法测定蛋白含量方法：取样品 1 mL，加 1 mL 茚三酮试剂 [2 g 茚三酮溶解于 50 mL 乙二醇后，加 25 mL 0.2 mol/L 醋酸缓冲液（pH=5.5）]，25 mL 去离子水，并于沸水中煮沸 30 min，冷却至室温加 50% 乙醇 6 mL，混匀在 570 nm 处比色，空白对照以去离子水代替样品，用牛血清蛋白做标准。叶片全氮的含量使用 C/N 元素分析仪进行测定。

由于杉木叶形状不规则，且不能填满整个叶室，因此使用便携式光合仪测定的光合速率值需要进行校正。首先将进行光合测定的部分准确地剪下并求算实际叶面积。叶面积通过叶面积仪（LI-3000）进行测定，然后用该叶面积对测得的净光合速率进行校准，得到实际的以面积计量的净光合速率。

4.1.1.3　数据质量控制和评估

本数据集来源于野外样地和实验室的实测数据。从前期准备、测定过程到测定完成后整个阶段对数据质量进行控制，以确保数据相对准确可靠。

前期准备质量控制：对所有参与测定的人员进行集中技术培训，尤其是便携式光合仪的使用规范，尽可能地减少人为误差。

测定过程质量控制：在每块样地内随机挑选 5 棵树，使实验结果更具有代表性。光合速率测定在 9 时到 11 时进行，因为这段时间内叶片的气孔处于充分打开状态，可尽量减小误差。光合测定完成后，在测量部位附近采集 40~50 片杉木叶用于测定全氮和水溶性氮，这样可保证测定的全氮和水溶性氮与光合速率测定的叶片基本一致，可更好地反映光合机制。采集叶片立即置于液氮中保存，可保证水溶性氮测定的准确性。

测定完成后质量控制：将光合速率数据从光合仪中导出，测定人完成对光合数据的进一步核查，并补充相关信息，确保正确无误。

4.1.1.4　数据价值

间伐是杉木人工林经营的重要措施，间伐可有效促进剩余树木的生长和生产力的提升。而光合速率数据是研究植被生长力提升的基础数据，但以往研究多关注当年生叶片，而忽略了其他叶龄叶片的光合速率的响应。因此，本数据集可以更全面地揭示间伐促进生产力的机制，为杉木人工林可持续经营和管理提供支撑。

4.1.1.5　数据

见表 4-1。

表 4-1　不同间伐处理杉木针叶光合速率、全氮和水溶性氮数据

叶龄	光合速率/[μmol/（m²·s）]		全氮/（mg/g）		水溶性氮/（mg/g）	
	对照	间伐	对照	间伐	对照	间伐
当年生	4.35±0.63	8.53±1.05	11.21±1.03	11.88±0.44	2.55±0.41	4.98±0.88

（续）

叶龄	光合速率/[μmol/（m²·s）]		全氮/（mg/g）		水溶性氮/（mg/g）	
	对照	间伐	对照	间伐	对照	间伐
1年生	3.13±0.41	6.22±0.99	11.84±0.79	13.61±2.68	2.08±0.29	4.56±0.15
2年生	2.82±0.31	3.58±0.21	10.54±0.67	9.32±0.45	1.89±0.16	2.62±0.36
3年生	2.83±0.88	2.48±0.24	9.39±0.29	8.92±0.45	2.11±0.23	3.10±0.66
4年生	2.19±0.32	1.81±0.44	7.46±0.12	8.37±0.53	2.59±0.36	2.25±0.42

4.1.2　不同修枝处理杉木树干呼吸数据集

4.1.2.1　引言

　　森林生态系统自养呼吸是陆地生态系统碳循环的重要组成部分（King et al.，2006；Piao et al.，2010）。总初级生产力（GPP）中50%～70%通过自养呼吸的形式进入大气（Delucia et al.，2007；Luyssaert et al.，2007）。在全球尺度上，每年森林通过自养呼吸可以释放44～55 Pg 碳（C）（Luyssaert et al.，2007），是化石燃料燃烧释放 CO_2 的6～7倍，占到整个大气 CO_2 含量的1/15。作为自养呼吸的重要组成部分，树干呼吸可以占到自养呼吸的12%～42%（Maier et al.，2010；Wang et al.，2010；Xu et al.，2001）。在全球变化背景下，树干呼吸的变化对树木生长以及大气 CO_2 浓度将产生极大的影响。因此，深入研究树干呼吸对当前森林生态系统碳循环和碳蓄积的估算、大气 CO_2 浓度升高和全球变暖的预测有重要意义。

　　树木生长、树干含氮量、液流速度、大气 CO_2 浓度等都影响树干呼吸（Lavigne et al.，2004；Wertin et al.，2008；Zhao et al.，2009），并有大量的研究，而底物供应影响树干呼吸的研究还相对较少，其内在机理还不是十分清楚。比如，Wertin 等发现通过改变大气中的 CO_2 浓度和光照可以显著改变杨树苗的光合作用，进而影响到杨树苗的树干呼吸。这表明树干韧皮部、形成层和木质部的代谢活动与冠层的光合作用紧密耦合。但是，这些研究多基于小树苗，对大树而言，从树冠到树干，光合产物要经过长距离运输，其转化、分配如何影响树干呼吸变得更加复杂。有研究发现树干呼吸与光合有效辐射和生态系统总初级生产力显著相关（Zha et al.，2004）。也有研究表明，环剥可以改变光合产物的供应（王文杰等，2007），从而影响树干呼吸（Wang et al.，2006；Maier et al.，2010）。尽管如此，光合产物在树体中的迁移、传输和转化是个十分复杂的生理过程，其与树干呼吸的关系并没有得到很好理解。修枝是一项重要的人工林经营措施，冠层修枝后必将影响到光合产物的分配、转化，进而影响到树干呼吸，但是相关报道还较少。

4.1.2.2　数据采集和处理方法

　　数据主要来自杉木人工林修枝长期固定样地的野外测定。树干呼吸测定采用 HOSC（horizontally oriented soil chamber）技术（Xu et al.，2000）。简单来说就是将一个 PVC 环固定在树干上用以连接树干和土壤呼吸测定气室，即 Li-Cor 6400 自带的土壤呼吸测定气室。PVC 环的一端被切割成弧形以匹配树干的弧度，另一端磨平连接土壤呼吸测定气室。在每棵树的1.3 m 处安装 PVC 环，直径为10.1 cm，轻微刮掉一些树皮，以保证树表面比较平整，但不能伤到形成层。用硅胶将 PVC 环黏合在树干上，检测气密性以保证不漏气。采用 HOSC 技术每月定期测定树干呼吸，在测定树干呼吸的 PVC 环右侧用电钻钻取一个深约3 cm 的细孔，使 Li-Cor 6400 自带的温度探头刚好插进去。在测树干呼吸时同时测定树干温度。

　　本研究采用的 HOSC 技术是 Li-Cor 6400 土壤呼吸测定系统的扩展。为了计算树干呼吸，需要对仪器测定的呼吸通量进行校正。校正过程需要 PVC 环所围的树干面积以及气室插入 PVC 环的有效深度。根据公式（1）计算 PVC 环所围的树干面积。根据公式（2）计算气室插入 PVC 环的有效深度。

$$A = \frac{\pi^2}{720} D_c D_s \arcsin\left(\frac{D_c}{D_s}\right) \tag{1}$$

式中，A 指 PVC 环所围的树干面积，D_c 是 PVC 环的直径，D_s 是树干直径。

$$H = [V_c - (D_c/2)^2 \pi d]/[(D_c/2)^2 \pi] \tag{2}$$

式中，H 是有效插入深度，V_c 和 D_c 是树干上所黏 PVC 环的体积和直径，d 是气室插入 PVC 管的深度。

4.1.2.3　数据质量控制和评估

本数据集来源于野外样地实测数据。从前期准备、测定过程到测定完成后整个阶段对数据质量进行控制，以确保数据相对准确可靠。

前期准备质量控制：对所有参与测定的人员进行集中技术培训，尤其是 Li - Cor 6400 土壤呼吸测定系统的使用规范，同时培训树干呼吸测定环的安装、气密性检查等，尽可能地减少人为误差。

测定过程质量控制：每个处理随机挑选 9 棵树，使实验结果更具有代表性。树干呼吸环统一安装在胸径位置（1.3 m），以避免呼吸测定位置的影响。另外，每次测定前检查气密性，以避免树木生长过程中造成呼吸环松动对树干呼吸测定的影响。

测定完成后质量控制：将树干呼吸数据从 Li - Cor 6400 土壤呼吸测定系统中导出，测定人完成对数据的进一步核查，并补充相关信息，确保正确无误后对其进行树干面积和插入深度的校正。

4.1.2.4　数据价值

修枝是杉木人工林经营的重要措施，以往研究多关注修枝对木材质量的影响，对其如何影响杉木人工林的碳汇功能关注不够。树干呼吸是植被自养呼吸的重要组成部分，本数据集可以为杉木人工林的碳汇管理提供数据支撑。

4.1.2.5　数据

见表 4 - 2。

表 4 - 2　不同修枝处理杉木树干呼吸数据

日期（年-月-日）	树干呼吸/[μmol/(m²·s)]		树干温度/℃	
	对照	修枝	对照	修枝
2012 - 09 - 10	2.29±0.21	2.21±0.16	26.99±0.76	27.37±0.89
2012 - 09 - 25	1.97±0.20	1.69±0.09	21.55±0.28	22.02±0.28
2012 - 10 - 10	1.86±0.30	1.74±0.26	20.29±0.66	21.11±0.81
2012 - 10 - 31	1.26±0.13	1.18±0.14	14.29±0.63	14.22±0.60
2012 - 11 - 17	0.86±0.09	0.69±0.09	9.23±0.20	9.52±0.16
2012 - 12 - 04	0.79±0.11	0.75±0.10	9.66±0.39	9.33±0.49
2013 - 01 - 07	0.35±0.04	0.29±0.02	2.46±0.46	2.76±0.53
2013 - 01 - 25	0.48±0.03	0.37±0.05	6.81±0.15	7.16±0.27
2013 - 03 - 02	0.80±0.06	0.69±0.03	4.48±0.09	4.58±0.05
2013 - 03 - 22	2.22±0.21	2.02±0.16	21.88±0.91	21.98±0.90
2013 - 04 - 14	1.42±0.17	1.12±0.06	18.38±1.38	18.29±1.20
2013 - 04 - 28	2.97±0.19	2.73±0.17	20.95±0.29	21.46±0.44
2013 - 05 - 12	3.12±0.34	2.22±0.26	21.57±0.86	22.17±0.77
2013 - 06 - 13	2.48±0.21	2.23±0.23	22.37±1.03	22.13±0.83
2013 - 07 - 04	2.35±0.20	1.90±0.19	27.72±0.59	28.10±0.55

（续）

日期 （年-月-日）	树干呼吸/[μmol/(m² · s)]		树干温度/℃	
	对照	修枝	对照	修枝
2013 - 07 - 18	2.58±0.32	1.81±0.14	27.87±0.63	27.72±0.61
2013 - 07 - 31	2.11±0.18	1.51±0.12	29.48±1.22	28.48±1.05
2013 - 08 - 30	2.13±0.18	1.81±0.11	26.33±0.28	26.42±0.31
2013 - 09 - 26	1.27±0.15	1.40±0.13	15.07±0.21	15.01±0.14
2013 - 10 - 29	1.83±0.24	1.87±0.15	17.16±0.11	17.11±0.18
2013 - 11 - 20	1.30±0.17	1.34±0.12	13.62±0.27	13.55±0.20
2013 - 12 - 12	0.80±0.11	0.87±0.11	9.05±0.18	8.99±0.17

4.1.3　不同叶龄采伐剩余物分解数据集

4.1.3.1　引言

人工林经营措施（间伐、修枝等）通常会产生许多采伐剩余物。一些研究已经比较了绿叶、树枝等不同剩余物类型间分解的差异（Palviainen et al.，2004）。虽然有研究报道对于常绿的针叶树种而言，其冠层通常由多个叶龄的叶片组成且叶龄超过 1 年的叶占总叶生物量的 40%～60%（Sala，1992），但很少有学者关注不同叶龄叶片分解的差异。因此，探讨叶龄在采伐剩余物分解中的作用可以加深我们对森林生态系统，尤其是人工林碳和养分循环的理解。

不同物种间凋落物分解速率通常与凋落物氮含量正相关（Cornwell et al.，2008）。尽管如此，有研究发现这种正相关关系在凋落物分解的后期会转变为负相关关系（Berg et al.，2010）。目前，很多研究报道指出不同叶龄的叶片氮含量存在显著差异（Mediavilla et al.，2011；Li et al.，2017），但对同一物种不同叶龄的叶片分解而言，叶片的氮含量与分解之间是否也存在这种从正相关向负相关转化的模式还不得而知。

土壤动物在凋落物分解和土壤碳氮循环中也起着重要的作用。土壤动物对凋落物分解的影响也可能取决于凋落物的质量。研究发现凋落物质量越高，其分解的土壤动物效应也越强，这可能与土壤动物的取食偏好有关（Coq et al.，2010）。尽管如此，也有学者得出完全相反的结论（Yang et al.，2009）。有研究发现木质素和养分含量等均随着叶龄有所变化，因此，全面理解凋落物质量和土壤动物效应的关系有助于理解叶龄对凋落物分解的影响。

4.1.3.2　数据采集和处理方法

数据来自杉木人工林间伐长期固定样地的野外长期凋落物分解实验。将间伐采伐剩余物中的绿叶按照叶龄分开，包括当年生叶片、1～5 年生叶片和凋落物。风干后转入到不同孔径的凋落物分解袋中。0.1 mm 孔径的用来排除土壤动物，2 mm 孔径的用来保留土壤动物。共计 700 个凋落物分解袋布置在野外，进行为期 3 年的野外分解。在布置分解袋后的第 3、6、9、12、15、18、21、24、30、36 个月将部分凋落物取回，去除粘在凋落物上的杂质后烘干称重。

为了计算凋落物分解速率并探讨其调控因子，采用指数衰减和渐进性模型分别计算。

$$X = \frac{1}{ek_e t} \tag{1}$$

$$X = A + \frac{1-A}{ek_a t} \tag{2}$$

式中，X 是特定分解时间 t 时分解残留量占初始质量的比例，k_e 是采用单指数模型拟合的凋落物分解常数，A 是凋落物分解速率趋于零时的剩余百分数，也叫渐近线，k_a 是凋落物的初始分解常数。

4.1.3.3　数据质量控制和评估

本数据集来源于野外样地和实验室的实测数据。从前期准备、测定过程到测定完成后整个阶段对数据质量进行控制，以确保数据相对准确可靠。

前期准备质量控制：对所有参与实验的人员进行集中培训，做到 3 年长期试验中特定实验过程专人负责，尽可能地减少人为误差。

测定过程质量控制：每次野外取样确保 5 个重复，尽可能降低野外微环境差异带来的误差；每次取回的凋落物分解袋由专人负责清理粘在凋落物上的杂质，避免多人造成的潜在误差；凋落物从野外取回后在 24 h 内必须处理完毕，避免凋落物放置在实验室后继续分解带来的实验误差。

测定完成后质量控制：野外取样人和记录人完成对样品数据的进一步核查，并补充相关信息；采用 2 人同时输入数据的方式将纸质版数据录入电脑中，以确保数据输入的准确性。

4.1.3.4　数据价值

在杉木人工林经营过程中，尤其是间伐会产生许多不同叶龄的采伐剩余物，但是不同叶龄的采伐剩余物的分解是否有差异还未见报道。以往凋落物分解研究多采用单指数衰减模型，其潜在假设是将凋落物看成单一碳库，忽略了凋落物分解的复杂性和长期性。我们首次分析了叶龄对其分解速率和分解极限（可以反映凋落物对土壤碳库的贡献）的影响。结果发现随着叶龄的增加，前期分解速率较慢，后期对土壤碳库的贡献不如新鲜叶片。考虑到土壤肥力是影响人工林长期生产力的重要因素，我们建议将采伐剩余物保留在样地中。该数据集为人工林残落物管理提供了新的思路。

4.1.3.5　数据

见表 4 - 3。

表 4 - 3　杉木人工林不同叶龄采伐剩余物及凋落物的分解速率和分解极限

残落物叶龄	保留土壤动物			排除土壤动物		
	K_e	K_a	A/%	K_e	K_a	A/%
当年生	0.60	1.14	25.51	0.50	0.98	28.25
1 年生	0.61	1.41	29.74	0.48	0.95	29.19
2 年生	0.59	1.07	24.23	0.44	0.89	31.40
3 年生	0.65	0.88	13.81	0.46	0.78	25.06
4 年生	0.51	1.08	30.84	0.41	0.94	35.59
5 年生	0.52	0.85	22.85	0.36	0.43	10.07
凋落物	0.33	0.34	1.68	0.26	0.28	6.36

4.1.4　杉木人工林凋落物量与组成动态

4.1.4.1　引言

凋落物也叫枯落物或有机碎屑。在森林生态系统中，凋落物是由生物组分产生的并归还林地表面，作为分解者的物质和能量的来源，借以维持生态系统功能的所有有机物质的总称。作为森林生产力的重要组成部分，凋落物是林地有机质的主要物质库和维持土壤肥力的基础，是森林生态系统物质循环和能量流动的主要途径，在改善土壤的理化性质和生物学性质等方面具有重要作用。此外，凋落物在涵养水源、保持水土方面还具有重要功能，也能够改变林内的微环境，影响土壤微生物群落的结构和动态。森林凋落物主要有直径小于 2.5 cm 的落枝、落叶、落皮、繁殖器官（花、果实、种子等）、动物残骸及代谢产物、灌草和林木的枯死根系等。

杉木作为我国特有的速生用材树种，其生态系统的凋落物量和组成的动态变化还不清楚，制约了对其人工林的科学经营管理。为此，本数据集基于湖南会同长期观测试验样地，整理了杉木人工纯林的凋落物凋落动态和组成的变化，为该区域杉木人工林生态系统物质循环与管理提供基本资料和数据。

4.1.4.2 数据采集和处理方法

本数据集的构建过程主要包括野外凋落物收集、数据加工与处理、数据质量控制与评估、数据分析以及数据集的形成与入库。具体的构建过程见图 4-1。

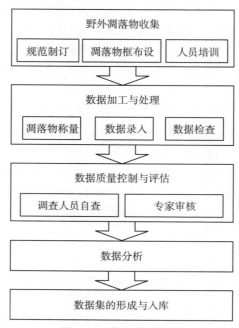

图 4-1 数据构建流程

数据主要来源于湖南会同森林生态系统国家野外科学观测研究站的杉木人工林固定样地的长期观测。2000—2002 年在 16 年生杉木纯林中放置 5 个凋落物收集框，每月定期收集凋落物框内的所有凋落物，将凋落物分为枝、叶和果实，并进行编号，然后在室内烘干后称重，并做详细记录。

野外数据的整理主要包括原始记录信息的完善和电子化。在野外凋落物收集过程中，每完成一个凋落物收集框的凋落物采集工作，调查人和记录人都须进行数据的复核，及时纠正错误，并进行编号。调查结束后，调查人和记录人应及时对原始记录表进行信息的补充和完善。在室内凋落物烘至恒重后，一人利用百分之一的电子天平进行称重记录，另外一人进行监督、核查。

数据电子化是将纸质原始记录数据录入计算机，形成原始数据的电子文件。数据录入由调查人和记录人负责，以保证原始观测真实数据与记录数据之间出现差异时，能够及时纠正。数据电子化完成后，记录人要对数据进行自查，以检查原始记录表与电子版数据表的一致性。

4.1.4.3 数据质量控制与评估

本数据集来源于野外长期观测试验样地的实测数据，并结合室内测定数据。从凋落物收集框的布置、凋落物收集到称重都对数据进行质量控制。同时，采用专家审核验证的方法，以确保数据的可靠性。

凋落物收集框布置的质量控制：根据杉木纯林的密度、坡度等环境条件设置固定观测样方，并根据样方面积均匀分布 5 个凋落物收集框，这些凋落物收集框的位置长期固定不变。

凋落物收集的质量控制：首先设置统一的凋落物收集方案，并由专人负责收集，在首次收集前对其进行专业培训，以减少人为误差。

凋落物称重的质量控制：在凋落物称重前首先对所使用天平进行标准校正，在称重过程中轻拿轻放凋落物，在天平显示数字稳定后记录凋落物重量。称重人和记录人在完成称重与记录后先将凋落物保存起来，并对原始记录表进行核查，若发现有误或异常数值，及时改正或重新称重。

4.1.4.4　数据价值/数据使用方法和建议

在森林生态系统物质循环中，凋落物分解是重要的一个环节，对森林生态系统健康和林地质量有重要的影响。本数据集包含杉木人工林纯林凋落物量和组成动态变化数据，可为该区域杉木人工林纯林物质循环提供基本资料，为杉木人工林生态系统科学管理提供可靠支持。

本数据集原始数据可通过国家生态科学数据中心资源共享服务平台服务网站（http：//www.cnern.org.cn）获取。登录系统后，在首页点击"数据论文数据"图标或在数据资源栏目选择"数据论文数据"进入相应页面下载数据。也可通过湖南会同森林生态系统国家野外科学观测研究站网站（http：//htf.cern.ac.cn/meta/metaData）获取原始数据，登录后点击"资源服务"下的"数据服务"，进入相应页面下载数据。

4.1.4.5　数据

见表 4-4。

表 4-4　杉木人工林纯林凋落物的凋落量和组成数据

月份	总凋落量/（g/m²）	叶凋落量/（g/m²）	枝凋落量/（g/m²）	果实凋落量/（g/m²）
1	33.63	21.04	8.36	4.23
2	87.27	56.76	23.55	6.96
3	109.58	62.84	32.75	13.99
4	56.19	34.90	15.74	5.56
5	20.91	12.94	5.65	2.32
6	45.09	28.68	15.57	0.85
7	24.37	16.80	7.02	0.54
8	18.48	12.76	5.24	0.48
9	19.26	12.93	6.00	0.33
10	26.48	16.77	8.07	1.64
11	99.28	60.33	28.10	10.85
12	66.58	48.93	16.97	0.68

4.2　湖南省主要森林类型碳储量

4.2.1　湖南主要树种生物量方程

4.2.1.1　引言

植物生物量是单位面积植物积累物质的数量，对生态系统结构和功能的形成具有十分重要的作用，是生态系统的功能指标和获取能量的集中表现，因此受到众多学者的广泛关注。植物生物量的计算方法比较多，如平均木法、皆伐法、相对生长法、基于材积转化的模型和 3S 技术法，其中相对生长法因其工作量小、计算简便等优点而被广泛采用。

湖南省地处中亚热带，属于亚热带季风湿润气候，具有气候温和、雨水集中、光热资源丰富的特点。植被类型为典型的常绿阔叶林，植物种类繁多，植物区系丰富。常绿阔叶林林分组成和结构复杂，上层乔木有壳斗科、樟科、山茶科、木兰科、金缕梅科、杜英科、冬青科等。

　　然而，湖南省森林生物量估算方面相对薄弱，目前尚未见湖南省主要树种生物量方程的详细报道，限制了我们对湖南省森林生态系统生物量的认识。为此，本数据集整理了湖南省主要树种的生物量方程，为深入研究该区域森林生态系统生物量提供基本资料，为该区域森林生态系统的长期监测和管理提供技术支撑。

4.2.1.2　数据采集和处理方法

　　本数据集的构建过程主要包括树种生物量野外调查、数据加工与处理、数据质量控制与评估、数据分析以及数据集的形成与入库。具体的构建过程见图 4-2。

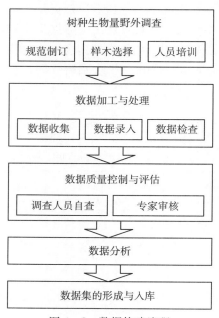

图 4-2　数据构建流程

　　数据主要来源于湖南省森林生态系统生物量野外调查。2011 年在湖南省选择了杉木、马尾松、柏木、檫木、樟树、栲、木荷、刨花润楠、青冈、栎类、杨树、毛竹、细齿叶柃等树种，每个树种选择 8 株以上不同年龄的样木，记录树种名称、胸径、树高以及树干、枝、叶和根的鲜重，采集部分样品带回实验室烘干计算失重率，计算树干、枝、叶和根的干重。

　　野外数据的整理主要包括原始记录信息的完善和电子化。在野外调查过程中，每完成一株样木的采集工作，调查人和记录人都须进行数据的复核，并及时纠正错误。调查结束后，调查人和记录人应及时对原始记录表进行信息的补充和完善。数据电子化是将野外原始记录数据录入计算机，形成原始数据的电子文件。数据录入由调查人和记录人负责，以保证原始观测真实数据与记录数据之间出现差异时，能够及时纠正。数据电子化完成后，记录人要对数据进行自查，以检查原始记录表与电子版数据表的一致性。

4.2.1.3　数据质量控制与评估

　　本数据集来源于野外样木的实测数据，并结合室内测定数据。样木的选择、样木的采伐都对数据进行质量控制。同时，采用专家审核验证的方法，以确保数据的可靠性。

　　样木选择的质量控制：首先根据以往森林调查数据，选择湖南省森林优势树种，并对其龄级分布进行估算，依此对不同林龄样木进行选择。制订统一的调查采样规范方案，对所有参与调查采样的人员进行集中技术培训，以减少人为误差。

　　样木采伐的质量控制：根据方案，在湖南省不同地区选择样木，在样木的胸径位置用油漆进行标记，并采用统一型号的胸径尺测量胸径，用米尺测量树高。每隔 2 米截断，用精确度为 0.1 kg 的电子秤称重树干、枝、叶、根的重量。树干样品采用 1.3 m 处 5 cm 厚的圆盘，树叶和树枝样品从树冠的上、中、下层的东西南北四个方位各采集 1 个树枝，混合为 1 个混合样，并将枝和叶分离，再用四分法取部分样品，树根样品从树根的东西南北四个方位各采集 1 条根系混合为 1 个混合样，根据不同等级的根系再各用四分法取部分样品进行混合。调查人和记录人完成调查后，当即对原始记录表进行核查，若发现有误，及时改正。

4.2.1.4　数据价值/数据使用方法和建议

　　树种生物量方程是快速估算森林生产力和生物量的一种重要途径，为区域森林生产力和碳储量的估算提供技术支撑。然而，以往公开发表的林木生物量方程主要针对人工林树种，如杉木、马尾松，忽视了常绿阔叶林中阔叶树种类较多且生物量方程各异的事实。本数据集包含湖南省主要树种生物量方程，可为该地区森林生产力及碳储量估算提供基础资料及技术支撑。

　　数据集的获取同 4.1.4.4。

4.2.1.5　数据

　　见表 4-5。

表 4-5　湖南主要树种生物量方程

树种	器官	生物量方程（D^2H 方程）	R^2	胸径范围/cm
杉木 *Cuninghamia lanceolata*	干	$W=0.077\,63\,(D^2H)^{0.795\,32}$	0.999	12.5～37.5
	枝	$W=0.005\,46\,(D^2H)^{0.864}$	0.999	
	叶	$W=0.106\,05\,(D^2H)^{0.684\,69}$	0.999	
	根	$W=0.064\,61\,(D^2H)^{0.524\,26}$	0.963	
	总	$W=0.183\,91\,(D^2H)^{0.758\,94}$	0.999	
马尾松 *Pinus massoniana*	干	$W=0.018\,44\,(D^2H)^{0.993}$	0.971	
	枝	$W=0.184\,88\,(D^2H)^{0.590\,4}$	0.768	
	叶	$W=0.112\,72\,(D^2H)^{0.508\,19}$	0.787	
	根	$W=0.003\,84\,(D^2H)^{1.003\,37}$	0.912	
	总	$W=0.063\,791\,(D^2H)^{0.907\,38}$	0.976	
栲 *Castanopsis fargesii*	干	$W=0.071\,59\,(D^2H)^{0.867\,47}$	0.999	2.5～115.0
	枝	$W=0.056\,02\,(D^2H)^{0.784\,11}$	0.995	
	叶	$W=0.019\,15\,(D^2H)^{0.749\,25}$	0.991	
	根	$W=0.048\,03\,(D^2H)^{0.789\,03}$	0.999	
	总	$W=0.172\,14\,(D^2H)^{0.834\,34}$	0.999	
木荷 *Schima superba*	干	$W=0.005\,43\,(D^2H)^{1.162\,77}$	0.880	10.0～38.0
	枝	$W=0.006\,2\,(D^2H)^{0.991\,13}$	0.795	
	叶	$W=0.059\,77\,(D^2H)^{0.590\,53}$	0.73	
	根	$W=0.056\,6\,(D^2H)^{0.817\,18}$	0.931	
	总	$W=0.026\,39\,(D^2H)^{1.050\,05}$	0.951	
檫木 *Sassafras tzumu*	干	$W=0.010\,22\,(D^2H)^{1.044\,36}$	0.982	10.0～42.0
	枝	$W=0.124\,28\,(D^2H)^{0.626\,07}$	0.795	
	叶	$W=0.049\,17\,(D^2H)^{0.516\,35}$	0.479	
	根	$W=0.176\,16\,(D^2H)^{0.663\,59}$	0.562	
	总	$W=0.085\,68\,(D^2H)^{0.878\,48}$	0.927	

（续）

树种	器官	生物量方程（D^2H 方程）	R^2	胸径范围/cm
樟 Cinnamomum camphora	干	$W=0.013\,05\,(D^2H)^{1.047\,77}$	0.964	
	枝	$W=0.016\,61\,(D^2H)^{0.977\,9}$	0.737	
	叶	$W=0.006\,08\,(D^2H)^{0.845\,49}$	0.584	6.5～31.0
	根	$W=0.040\,58\,(D^2H)^{0.879\,11}$	0.563	
	总	$W=0.057\,85\,(D^2H)^{0.962\,9}$	0.928	
青冈 Cyclobalanopsis glauca	干	$W=0.060\,35\,(D^2H)^{0.918\,47}$	0.987	
	枝	$W=0.035\,08\,(D^2H)^{0.885\,21}$	0.984	
	叶	$W=0.004\,35\,(D^2H)^{0.931\,64}$	0.979	2.0～43.0
	根	$W=0.039\,49\,(D^2H)^{0.863\,76}$	0.991	
	总	$W=0.136\,43\,(D^2H)^{0.899\,91}$	0.994	
刨花润楠 Machilus pauhoi	干	$W=0.065\,9\,(D^2H)^{0.863\,98}$	0.999	
	枝	$W=0.033\,5\,(D^2H)^{0.814}$	0.999	
	叶	$W=0.031\,05\,(D^2H)^{0.715}$	0.999	2.0～50.0
	根	$W=0.106\,91\,(D^2H)^{0.693}$	0.999	
	总	$W=0.182\,47\,(D^2H)^{0.815\,67}$	0.999	
栎类 Quercus spp.	干	$W=0.294\,75\,(D^2H)^{0.747\,29}$	0.682	
	枝	$W=0.160\,4\,(D^2H)^{0.633\,12}$	0.637	
	叶	$W=0.052\,21\,(D^2H)^{0.587\,36}$	0.632	11.0～42.0
	根	$W=0.273\,95\,(D^2H)^{0.642\,73}$	0.700	
	总	$W=0.659\,92\,(D^2H)^{0.709\,68}$	0.842	
柏木 Cupressus funebris	干	$W=0.269\,58\,(D^2H)^{0.692\,68}$	0.734	
	枝	$W=0.018\,01\,(D^2H)^{0.851\,68}$	0.929	
	叶	$W=0.003\,92\,(D^2H)^{0.977\,71}$	0.906	12.5～28.5
	根	$W=0.048\,76\,(D^2H)^{0.789\,74}$	0.986	
	总	$W=0.266\,32\,(D^2H)^{0.765\,59}$	0.907	
杨树 Populus spp.	干	$W=0.035\,86\,(D^2H)^{0.896\,95}$	0.956	
	枝	$W=0.045\,04\,(D^2H)^{0.708\,67}$	0.696	
	叶	$W=0.000\,09\,(D^2H)^{1.240\,84}$	0.963	21.5～43.0
	根	$W=0.008\,85\,(D^2H)^{0.931\,02}$	0.609	
	总	$W=0.076\,25\,(D^2H)^{0.866\,1}$	0.885	
细齿叶柃 Eurya nitida	干	$W=0.088\,79\,(D^2H)^{0.844\,6}$	0.999	
	枝	$W=0.043\,15\,(D^2H)^{0.821}$	0.999	
	叶	$W=0.099\,63\,(D^2H)^{0.469\,73}$	0.997	2.0～6.0
	根	$W=0.079\,43\,(D^2H)^{0.747}$	0.999	
	总	$W=0.267\,16\,(D^2H)^{0.777\,79}$	0.999	
毛竹 Phyllostachys edulis	干	$W=0.020\,24\,(D^2H)^{0.909}$	0.847	
	枝	$W=0.058\,16\,(D^2H)^{0.532\,49}$	0.261	
	叶	$W=0.034\,82\,(D^2H)^{0.396\,54}$	0.254	7.5～11.5
	根	$W=90.089\,62\,(D^2H)^{-0.541\,48}$	0.128	
	总	$W=0.160\,41\,(D^2H)^{0.665\,66}$	0.801	

4.2.2　湖南主要森林类型胸径和树高

4.2.2.1　引言

林木胸径和树高不仅是衡量森林生长状况的重要指标，还是估算森林生产力和生物量（或碳储量）的重要参数，对于认识和了解森林生态系统具有重要的指示意义，因而受到林业工作者和众多学者的高度重视，并成为森林生态系统野外调查的最基本测量指标。

湖南省是我国重要的林业大省，林地面积 1 240.9 hm²，占全省土地总面积的 58.6%，森林覆盖率为 44.76%。湖南省森林类型较多，按照乔木层优势种可分为杉木林、马尾松林、湿地松林、针阔混交林、阔叶林、杨树林、柏木林、桉树林等，这提高了森林生物多样性，也增加了野外样地设置和调查的难度。

为了详尽了解湖南省不同森林类型胸径和树高的生长动态，本数据集整理了湖南省森林生态系统 256 个野外调查样地的胸径和树高，为了解湖南省森林资源及碳储量估算提供基本资料。

4.2.2.2　数据采集和处理方法

本数据集的构建过程主要包括野外样地调查、数据加工与处理、数据质量控制与评估、数据分析以及数据集的形成与入库。具体的构建过程见图 4-3。

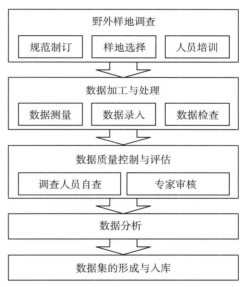

图 4-3　数据构建流程

数据主要来源于湖南省森林生态系统野外样地调查。2011 年和 2012 年在湖南省选择了 256 个野外样地，调查了不同树种的胸径和树高，并做了详细的记录。

野外数据的整理主要包括原始记录信息的完善和电子化。在野外调查过程中，每完成一株样木的采集工作，调查人和记录人都须进行数据的复核，并及时纠正错误。调查结束后，调查人和记录人应及时对原始记录表进行信息的补充和完善。

数据电子化是将野外原始记录数据录入计算机，形成原始数据的电子文件。数据录入由调查人和记录人负责，以保证原始观测真实数据与记录数据之间出现差异时，能够及时纠正。数据电子化完成后，记录人要对数据进行自查，以检查原始记录表与电子版数据表的一致性。

4.2.2.3　数据质量控制与评估

本数据集来源于野外样木的实测数据。样木的选择、样木的测量都对数据进行质量控制。同时，采用专家审核验证的方法，以确保数据的可靠性。

样木选择的质量控制：首先根据以往森林调查数据，在湖南省选择不同林龄不同森林类型的野外调查样地。制订统一的调查采样规范方案，对所有参与调查采样的人员进行集中技术培训，以减少人为误差。

样木的测定质量控制：根据方案，在样地内对每株乔木都进行调查，记录其种名，用统一型号的胸径尺测量胸径，用统一型号的测高仪测定树高。调查人和记录人完成调查后，当即对原始记录表进行核查，若发现有误，及时改正。

4.2.2.4 数据价值/数据使用方法和建议

林木胸径和树高是衡量林分生长状况的重要指标，也是估算林分生产力和蓄积量的重要参数，在森林资源调查中发挥着重要的作用。本数据集包含湖南省不同森林类型各龄级的平均胸径和树高，可为该地区森林资源调查和认识提供基础资料。

数据集的获取同 4.1.4.4。

4.2.2.5 数据

见表 4-6。

表 4-6 湖南主要森林树种胸径和树高数据

林分类型	幼龄		中龄		成熟龄	
	胸径	树高	胸径	树高	胸径	树高
杉木	6.73±0.41	5.20±0.31	13.29±0.52	9.83±0.49	18.40±0.81	14.70±0.58
马尾松	8.80±1.22	6.30±0.89	13.80±0.91	9.20±0.58	22.54±1.65	15.61±0.88
针阔混交	12.60±0.87	9.30±0.63	13.30±0.96	10.90±0.63	15.60±1.14	11.30±1.09
阔叶林	8.47±0.61	7.88±0.57	13.65±0.67	10.13±0.44	23.00±1.74	14.90±1.27
柏木	6.00±1.49	4.12±1.21	13.83±0.76	9.98±1.18	22.00±1.69	15.84±0.73
湿地松	6.40±0.88	3.80±0.65	11.31±1.18	7.18±0.20	16.07±1.70	9.75±1.35
杨树	10.10±0.77	8.80±0.37	12.81±1.46	13.43±1.98	30.70±2.19	22.30±1.28

4.2.3 湖南森林植被各器官碳含量

4.2.3.1 引言

植被碳库是陆地生态系统中最重要的碳库之一，对于全球碳循环和全球气候变化都有重要的意义，而植物碳含量是计算植被碳库的重要参数，因此受到众多生态学家和林学家的高度重视和关注。尽管许多文献报道植物碳含量平均值接近 0.5，但是不同植物之间碳含量仍有较大差异。对不同种植物碳含量进行分析，成为碳循环和全球气候变化研究的重要内容。

湖南省地处中亚热带，属于亚热带季风湿润气候，气候温和，雨水充足，光热资源丰富。地带性植被类型为典型的常绿阔叶林，植物种类繁多，植物区系丰富，但大多都被人工林所取代。常绿阔叶林林分组成和结构复杂，上层乔木有壳斗科、樟科、山茶科、木兰科、金缕梅科、杜英科、冬青科等。人工林树种主要有杉木、马尾松、木荷、杨树、湿地松等。

单用 0.5 来表征植物碳含量系数显然增加了森林碳储量估算的误差。为了更为精确估算森林生态系统碳储量，有必要对各树种碳含量进行分析，尤其是不同树种的各个器官。为此，结合野外样地调查和样木的采样，本数据集整理了湖南省森林生态系统主要树种各个器官的碳含量数据，为精确估算湖南省森林生态系统碳储量提供基本资料和数据。

4.2.3.2 数据采集和处理方法

本数据集的构建过程主要包括野外调查和样木采集、数据加工与处理、数据质量控制与评估、数据分析以及数据集的形成与入库。具体的构建过程见图 4-4。

　　数据主要来源于湖南省森林生态系统野外样地调查。2011 年和 2012 年在湖南省选择了 256 个野外样地，2011 年选择了杉木、马尾松、樟、栲、木荷、利川润楠、青冈、苦槠、石栎等样木，采集各样木的树干、枝、叶、根等器官，在室内烘干后，用有机碳分析仪测定各树种的各器官碳含量，并做详细记录。

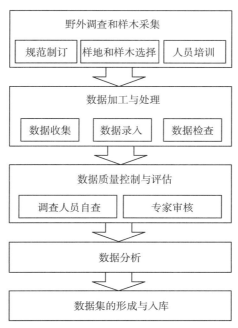

图 4-4　数据构建流程

4.2.3.3　数据质量控制与评估

　　本数据集来源于野外样木的实测数据，并结合室内测定数据。样木的选择、样木的采伐都对数据进行质量控制。同时，采用专家审核验证的方法，以确保数据的可靠性。

　　样木选择的质量控制：先根据以往森林调查数据，选择湖南省森林主要树种，各采集树干、枝、叶、根等不同器官。设置统一的调查采样规范方案，对所有参与调查采样的人员集中进行技术培训，以减少人为误差。

　　样木采伐的数据质量控制：根据方案，在湖南省不同地区选择样木，在样木的胸径位置用油漆进行标记，并采用统一型号的胸径尺进行测量胸径，用米尺测量树高。用 1.3 m 处的圆盘作为树干的采集样品；从树冠的上、中、下层的东西南北四个方位采集部分枝叶，混合成枝和叶的采集样品；树根样品也是从树的 4 个方位采集 2 mm 以下和大于 2 mm 的根系，分别混合后作为细根和粗根的采集样品。各样品室内烘干后，用有机碳分析仪测定其碳含量。调查人和记录人完成调查时，当即对原始记录表进行核查，若发现有误，及时改正。

4.2.3.4　数据价值/数据使用方法和建议

　　在森林生态系统碳储量估算中，植被碳含量是重要的参数，对碳储量估算的精确性有重要的影响。本数据集包括湖南省主要植物碳含量数据，可为该区域森林生态系统碳储量的精确估算提供基本资料，为森林生态系统固碳提供可靠支持。

　　数据集的获取同 4.1.4.4。

4.2.3.5　数据

　　见表 4-7。

表 4-7　湖南森林植被碳含量数据

树种	地上部分/（g/kg）			地下部分/（g/kg）	
	树干	枝	叶	粗根	细根
杉木 Cunningham lanceolata	519.21	511.05	506.14	495.59	441.13
马尾松 Pinus massoniana	517.07	518.64	519.11	506.79	460.99
栲 Castanopsis fargesii	494.64	474.91	495.72	474.35	409.30
木荷 Schima superba	484.32	484.57	499.74	482.54	426.90
苦槠 Castanopsis sclerophylla	488.43	468.84	465.00	464.34	427.17
枫香树 Liquidambar formosana	473.51	469.00	436.27	463.18	445.23
桤木 Alnus cremastogyne	484.56	481.04	490.39	470.85	389.84
湿地松 Pinus elliottii	526.09	509.43	526.96	494.03	491.11
樟 Cinnamomum camphora	480.13	485.71	474.50	479.78	437.84
杜英 Elaeocarpus decipiens	504.45	513.07	506.55	505.60	—
椴树 Tilia tuan	494.26	500.05	499.52	493.82	—
山柳 Salix pseudotangii	499.22	487.31	429.58	504.16	—
木莲 Manglietia fordiana	491.10	491.68	449.74	487.92	450.62
灯台树 Cornus controversa	496.07	489.25	468.48	480.68	—
檵木 Loropetalum chinensis	483.35	484.13	481.85	474.12	—
利川润楠 Machilus lichuanensis	486.76	472.20	511.55	502.36	—
麻栎 Quercus acutissima	451.08	443.94	472.51	430.72	—
杜鹃 Rhododendron simsii	480.82	498.47	495.91	492.21	430.09
红楠 Machilus thunbergii	493.35	501.58	522.48	504.00	452.65
青冈 Cyclobalanopsis glauca	464.47	467.04	472.66	458.08	445.87
石栎 Lithocarpus glaber	476.78	475.34	516.14	465.14	465.58
杨桐 Adinandra millettii	452.65	475.54	501.85	462.14	—

注：—表示未测定。

参　考　文　献

王文杰，胡英，王慧梅，等，2007. 环剥对红松（*Pinus koraiensis*）韧皮部和木质部碳水化合物的影响 ［J］. 生态学报，27（8）：3472 - 3481.

Berg B，Davey M P，De Marco A，et al.，2010. Factors influencing limit values for pine needle litter decomposition：a synthesis for boreal and temperate pine forest systems ［J］. Biogeochemistry，100：57 - 73.

Cornwell W K，Cornelissen J H C，Amatangelo K，et al.，2008. Plant species traits are the predominant control on litter decomposition rates within biomes worldwide ［J］. Ecology Letters，11：1065 - 1071.

Coq S，Souquet J M，Meudec E，et al.，2010. Interspecific variation in leaf litter tannins drives decomposition in a tropical rain forest of French Guiana ［J］. Ecology，91（7）：2080 - 2091.

Delucia E H，Drake J E，Thomas R B，et al.，2007. Forest carbon use efficiency：is respiration a constant fraction of gross primary production? ［J］. Global Change Biology，13（6）：1157 - 1167.

Forrester D I，Baker T G，2012. Growth responses to thinning and pruning in *Eucalyptus globulus*，*Eucalyptus nitens*，and *Eucalyptus grandis* plantations in southeastern Australia ［J］. Canadian Journal of Forest Research，42（1）：75 - 87.

Forrester D I，Collopy J J，Beadle C L，et al.，2012. Effect of thinning，pruning and nitrogen fertiliser application on transpiration，photosynthesis and water-use efficiency in a young *Eucalyptus nitens* plantation ［J］. Forest Ecology and Management，266：286 - 300.

Giuggiola A，Ogée J，Rigling A，er al.，2016. Improvement of water and light availability after thinning at a xeric site：which matters more? A dual isotope approach ［J］. The New Phytologist，210：108 - 121.

Huang Z Q，Xu Z H，Blumfield T J，et al.，2008. Effects of mulching on growth，foliar photosynthetic nitrogen and water use efficiency of hardwood plantation in subtropical Australia ［J］. Forest Ecology and Management，255（8 - 9）：3447 - 3454.

King A W，Gunderson C A，Post C A，et al.，2006. Atmosphere：Plant respiration in a Warmer World ［J］. Science，312：536 - 537.

Lavigne M B，Little C，Riding R T，2004. Changes in stem respiration rate during cambial reactivation can be used to refine estimates of growth and maintenance respiration ［J］. New Phytologist，162（1）：81 - 93.

Li R S，Yang Q P，Zhang W D，et al.，2017. Thinning effect on photosynthesis depends on needle ages in a Chinese fir (*Cunninghamia lanceolata*) plantation ［J］. Science of The Total Environmet ，580：900 - 906.

López-Serrano F R，De Las Heras J，González-Ochoa A I，et al.，2005. Effects of silvicultural treatments and seasonal patterns on foliar nutrients in young post-fire *Pinus halepensis* forest stands ［J］. Forest Ecology and Management，210（1 - 3）：321 - 336.

Luyssaert S，Inglima I，Jung M，et al.，2007. CO_2 balance of boreal，temperate，and tropical forests derived from a global database ［J］. Global Change Biology，13（12）：2509 - 2537.

Maier C A ，Albaugh T J ，Allen H L ，et al.，2010. Respiratory carbon use and carbon storage in mid-rotation loblolly pine (*Pinus taeda* L.) plantations：the effect of site resources on the stand carbon balance ［J］. Global Change Biology，10（8）：1335 - 1350.

Maier C A，Johnsen K H，Clinton B D，et al.，2010. Relationships between stem CO_2 efflux，substrate supply，and growth in young loblolly pine trees ［J］. New Phytologist，185（2）：502 - 513.

McDowell N G，Brooks J R，Fitzgerald S A，et al.，2003. Carbon isotope discrimination and growth response of old *Pinus ponderosa* trees to stand density reductions ［J］. Plant Cell and Environment，26：631 - 644.

Medhurst J L，Beadle C L，2005. Photosynthetic capacity and foliar nitrogen distribution in *Eucalyptus nitens* is altered by high intensity thinning [J]. Tree Physiology，25：981－991.

Mediavilla S，González-Zurdo P，García-Ciudad A，et al.，2011. Morphological and chemical leaf composition of Mediterranean evergreen tree species according to leaf age [J]. Trees，25：669－677

Moreno-Gutiérrez C，Barberá G G，Nicolás E，et al.，2011. Leaf δ^{18}O of remaining trees is affected by thinning intensity in a semiarid pine forest [J]. Plant Cell and Environment，34：1009－1019.

Niinemets Ü，2016. Leaf age dependent changes in within-canopy variation in leaf functional traits：a meta-analysis [J]. Journal of Plant Research，129：313－318.

Niinemets Ü，Cescatti A，Rodeghiero M，et al.，2005. Leaf internal diffusion conductance limits photosynthesis more strongly in older leaves of Mediterranean evergreen broad-leaved species [J]. Plant Cell and Environment，28：552－1566.

Palviainen M，Finér L，Kurka A M，et al.，2004. Decomposition and nutrient release from logging residues after clearcutting of mixed boreal forest [J]. Plant and Soil，263：53－67

Piao S L，Luyssaert S，Ciais P，et al.，2010. Forest annual carbon cost：a globalscale analysis of autotrophic respiration [J]. Ecology，91（3）：652－661.

Powers M D，Pregitzer K S，Palik B J，2008. δ_{13}C and δ_{18}Otrends across overstory environments in whole foliage and cellulose of three Pinus species [J]. Journal of The American Society for Mass Spectrometry，19：1330－1335.

Sala A，1992. Water relations，canopy structure，and canopy gas exchange in a *Quercus ilex* Forest：variation in time and space [D]. Barcelona：Universitat de Barcelona.

Sullivan T P，Sullivan D S，Lindgren P M F，et al.，2006. Long-term responses of ecosystem components to stand thinning in young lodgepole pine forest：III. Growth of crop trees and coniferous stand structure [J]. Forest Ecology and Management，228：69－81.

Takashima T，Hikosaka K，Hirose T，2004. Photosynthesis or persistence：nitrogen allocation in leaves of evergreen and deciduous Quercus species [J]. Plant Cell and Environment，27：1047－1054.

Wang W J，Zu Y G，Wang H M，et al.，2006. Newly-formed photosynthates and the respiration rate of girdled stems of Korean pine (*Pinus koraiensis* Sieb. et Zucc.) [J]. Photosynthetica，44（1）：147－150.

Wang M，Guan D X，Han S J，et al.，2010. Comparison of eddy covariance and chamber-based methods for measuring CO_2 flux in a temperate mixed forest [J]. Tree Physiology，30（1）：149－163.

Wertin T M，Teskey A R O，2008. Close coupling of whole-plant respiration to net photosynthesis and carbohydrates [J]. Tree Physiology，28（12）：1831－1840.

Xu M，DeBiase T A，Qi Y，2000. A simple technique to measure stem respiration using a horizontally oriented soil chamber [J]. Canadian Journal of Forest Research，30：1555－1560.

Xu M，Debiase T A，Qi Y，et al.，2001. Ecosystem respiration in a young ponderosa pine plantation in the Sierra Nevada Mountains，California [J]. Tree Physiology，21（5）：309－318.

Yang X D，Chen J，2009. Plant litter quality influences the contribution of soil fauna to litter decomposition in humid tropical forests，southwestern China [J]. Soil and Biology Biochemistry，41：910－918.

Zha T S，Kellomäki S，Wang K Y，et al.，2004. Seasonal and Annual Stem Respiration of Scots Pine Trees under Boreal Conditions [J]. Annals of Botany，94（6）：889－896.

Zhao P，Hlscher D，2009. The concentration and efflux of tree stem CO_2 and the role of xylem sap flow [J]. Frontiers of Biology in China，4（1）：47－54.